Werkstoffkunde
der
Hochvakuumtechnik

Eigenschaften, Verarbeitung und Verwendungstechnik der Werkstoffe für Hochvakuumröhren und gasgefüllte Entladungsgefäße

Von

W. Espe und **M. Knoll**

Dr. phil., Oberingenieur
Berlin-Siemensstadt

Dr.-Ing., Dozent an der
Techn. Hochschule Berlin

AF845533

Mit 405 Textabbildungen und
einer mehrfarbigen Tafel

Springer-Verlag Berlin Heidelberg GmbH

1936

ISBN 978-3-662-22768-8 ISBN 978-3-662-24701-3 (eBook)
DOI 10.1007/978-3-662-24701-3

Alle Rechte, insbesondere das der Übersetzung
in fremde Sprachen, vorbehalten.
Copyright 1936 by Springer-Verlag Berlin Heidelberg.
Ursprünglich erschienen bei Julius Springer in Berlin 1936.

Vorwort.

Die Notwendigkeit einer zusammenfassenden Darstellung der Eigenschaften, der Verarbeitung und der Verwendungsmethoden der im Vakuumröhrenbau gebrauchten Werkstoffe bedarf im Zeitalter einer hochentwickelten Elektronen- und Ionentechnik wohl keiner ausdrücklichen Begründung. Der Anlaß für das vorliegende Buch war jedoch weniger der Mangel eines derartigen Werkes, als das den Verfassern bei ihrer Industrie- bzw. Lehrtätigkeit gleichermaßen sich aufdrängende, wohl jedem Fachmann bekannte unbefriedigende Gefühl, daß sich dieses Arbeitsgebiet infolge seiner Vielgestaltigkeit und schwierigen Übersehbarkeit zum Teil noch im Zustande der alten Alchemie befindet. Ob eine Serie von Versuchsröhren gelingt, hängt in manchen Laboratorien buchstäblich vom Wetter ab; man arbeitet häufiger nach Rezepten und Überlieferungen als nach klaren physikalischen Erkenntnissen, und da allgemeine Gesetzmäßigkeiten kaum bekannt sind, besteht immer die Gefahr, daß die empirischen Erfahrungen des Einzelnen überschätzt und für solche gehalten werden. Die auf diese Weise verursachten Hemmungen industrieller Aufgaben und wissenschaftlicher Arbeiten zu verringern, scheinbare Widersprüche auf auseinanderliegenden Gebieten der Vakuumröhrentechnik zu klären und so weit als irgendmöglich die qualitative Betrachtungsweise durch quantitative Angaben zu ersetzen, haben sich die Verfasser als Aufgabe gestellt.

Überblickt man die große Zahl der Einzeltatsachen des Gebietes, so wird man verschiedener Meinung darüber sein können, ob eine streng systematische Einteilung, entsprechend den einzelnen Werkstoffen, oder eine an die verschiedenen Zweige der Vakuumröhrentechnik anknüpfende Darstellung vorzuziehen sei. Der besseren Übersichtlichkeit wegen haben wir überwiegend die systematische Darstellung gewählt. Hochschmelzende Metalle, Platinmetalle, unedle Metalle und ihre Legierungen, Quecksilber, Alkali- und Erdalkalimetalle, Graphit, Gläser, Quarz, keramische Baustoffe, Leuchtstoffe, Gase und Dämpfe wurden in getrennten Kapiteln behandelt, von denen jedes Gewinnung, Zusammensetzung, chemische und physikalische Eigenschaften und die Verarbeitungstechnik des betreffenden Werkstoffes bis zu den Röhreneinzelteilen enthält. Dabei wurde besonders darauf geachtet, den Stoff auf das für den Röhrenbau wesentliche zu beschränken; für alle weitergehenden Fragen der Werkstoffkunde bzw. Metallographie wurde auf die bestehenden Handbücher verwiesen. Einige für die Hochvakuumtechnik wesentliche metallographische und verarbeitungstechnische Gesichtspunkte sind in besonderen Abschnitten zusammengefaßt. Da die Röhrenelektroden im Betrieb oder schon bei der Herstellung hohen Temperaturen ausgesetzt sind, wurden hier wie in den Einzelabschnitten über die verschiedenen Werkstoffe thermische Konstanten, kristallographische Vorgänge und chemische Reaktionen bei erhöhter Temperatur besonders berücksichtigt.

Die Einzelabhandlungen über die verschiedenen Werkstoffe mußten für gewisse röhrentechnische Spezialgebiete, welche die Kenntnis der gegenseitigen Beeinflussung verschiedener Werkstoffe erfordern, ergänzt werden. Daher sind die Herstellung von Glühkathoden, Photokathoden und kalten Kathoden, vakuumdichte Verbindungen und Gettermethoden in besonderen Kapiteln behandelt. Der Anhang enthält schließlich eine Reihe von Kurventafeln und Zusammenstellungen häufig gebrauchter physikalischer Konstanten sowie ein ausführliches Literatur- und Sachverzeichnis.

Es ist selbstverständlich, daß die Verfasser unwillkürlich diejenigen Teile des Gebietes bevorzugt haben, die ihrem Erfahrungskreis näher lagen. Eine weitere Einschränkung ist dadurch gegeben, daß ein großer Teil der Vakuumröhrentechnik auf Entwicklungsarbeiten der röhrenbauenden Firmen des In- und Auslandes beruht, die nicht oder nur sehr schwer zugänglich sind. So weit als möglich waren wir bemüht, die dadurch vorhandenen Lücken zu schließen; für alle weiteren Hinweise sind wir dankbar.

Sämtliche Literaturhinweise finden sich im Text als eingeklammerte Namen mit der die einzelne Arbeit des Autors kennzeichnenden Nummer; im Literaturverzeichnis sind die Autorennamen (mit Inhaltsschlagworten der betreffenden Arbeit) alphabetisch geordnet. Entsprechend dem Charakter des Buches sind bei den Literaturangaben Erstveröffentlichungen nur dann angeführt, wenn sie eine umfassende, der heutigen Kenntnis entsprechende Darstellung des betreffenden Gebietes vermitteln. So enthält z. B. der Abschnitt „Barium-Pastekathoden" keinen Hinweis auf die grundlegenden Arbeiten von Wehnelt, der Abschnitt „Getterung mit Phosphor" keinen Hinweis auf Malignani.

Patente sind wie Literatur behandelt. Aus diesem Grunde bedeutet die Zitierung eines Patentes lediglich einen sachlichen Hinweis auf dort beschriebene Einzelheiten. Keinesfalls enthält die Nennung oder Nichtnennung eines Patentes irgendwelche patentrechtlichen Aussagen über Priorität, Schutzumfang oder Warnung vor Nachahmung; daher sind verfallene Patente ohne Unterschied neben noch bestehenden genannt. Darüber hinaus enthebt auch die Erwähnung einer Erfahrung oder Anordnung in diesem Buch niemand von der Verpflichtung, vor gewerblicher Benutzung die Patentlage zu klären.

In den Tabellen sind Durchschnittswerte mit dem Zeichen $\approx$ (ungefähr) gekennzeichnet; Zahlen ohne dieses Zeichen sind gemessene Einzelwerte. Druckeinheiten sind durchweg in Tor (1 Tor = 1 mm Hg) angegeben. Die Abbildungen wurden nach Möglichkeit mit einem Vergleichsmaßstab versehen, um die Entnahme einzelner Abmessungen zu erleichtern.

Im Interesse des Buches erschien es uns verschiedentlich notwendig, auf Grund eigener Erfahrungen Herstellerfirmen zu nennen; diese Nennungen sind selbstverständlich weder vollständig, noch sollen sie ein Werturteil gegenüber anderen nicht genannten Firmen enthalten. Einer Reihe von Firmen, insbesondere der Leitung des Siemens-Röhrenwerkes und der Leitung von Telefunken, der Deutschen Glühfadenfabrik, der Osram-G. m. b. H., den Siemens-Reiniger-Werken, der Gladitz G. m. b. H., der Steatit Magnesia Co., der Westinghouse Co. u. a. schulden wir besonderen Dank für Unterstützung des Buches durch Überlassung von Bildmaterial. Weiterhin danken wir für wesentliche Anregungen den Herren Dr. Lauster, Dir. Lenke, Dr. P. Schwarzkopf und Dr. Ungelenk, für freundliche Hilfe bei der Herstellung des Bild- und Kurvenmaterials insbesondere den Herren Dr. Gadamer, Dipl.-Ing. Michel und Dr. Molthan. Der Verlagsbuchhandlung danken wir für die verständnisvolle Sorgfalt, mit der sie die Herstellung des Buches durchgeführt hat.

Berlin, Februar 1936.

W. Espe. M. Knoll.

Inhaltsverzeichnis.

1. Einführung.

Die Auswahl und Verarbeitung der Werkstoffe wird in der Hochvakuumtechnik unter wesentlich anderen Gesichtspunkten als in der übrigen Technik vorgenommen. Bei normalen technischen Konstruktionen sind mechanische und elektrische Eigenschaften, leichte Bearbeitbarkeit, Korrosionsfestigkeit usw. maßgebend, in der Hochvakuumtechnik dagegen: leichte Entgasbarkeit, geringer Dampfdruck, genügende Festigkeit auch bei hohen Temperaturen, bestimmte Ausdehnungskoeffizienten, geeignetes Strahlungsvermögen und Lichtdurchlässigkeit, gute oder schlechte Wärme- und Stromleitfähigkeit, hohe Isolationswerte auch bei höheren Temperaturen, größt- oder kleinstmögliche Elektronenemission, geringe Kathodenzerstäubung, chemische Indifferenz oder Affinität gegenüber anderen Röhrenwerkstoffen u. a. Außerdem spielt die Reinheit der verwendeten Materialien häufig eine ausschlaggebende Rolle, da Sublimation der im verarbeiteten Material enthaltenen, oft winzig geringen Verunreinigungen und chemische Reaktionen zwischen diesen und empfindlichen Bauteilen die Betriebsdaten der Röhre und ihre Lebensdauer empfindlich beeinträchtigen können. Bearbeitbarkeit und Materialpreis der hochvakuumtechnischen Werkstoffe können dagegen oft erst in zweiter Linie berücksichtigt werden.

Die Forderung einer leichten Entgasbarkeit aller verwendeten Materialien steht an erster Stelle. Sie bedingt ihrerseits meist eine Beschränkung auf äußerst geringe Werkstoffmengen, woraus sich die überwiegende Verwendung von dünnen Blechen, Drähten und dünnwandigem keramischen Material für den inneren Aufbau der Vakuumröhren ergibt. Ein weiterer wesentlicher Unterschied der hochvakuumtechnischen Konstruktionen gegenüber den in der sonstigen Technik üblichen liegt in der eigenartigen Zusammenstellung von Metallen, Glas, Keramik, Chemikalien, Gasen und Dämpfen.

Trotz der Beschränkung auf dünnwandige Einzelteile, die sich bei den vorkommenden Temperaturen leicht verziehen, und trotz der Kombination von Werkstoffen, die wegen der Verschiedenheit ihres physikalischen und chemischen Verhaltens an sich schwer zu konstruktiven Einheiten zusammenzufassen sind, ist häufig, mit Rücksicht auf die gewünschten elektrischen Eigenschaften der Entladungsröhre, eine große Genauigkeit im Aufbau des Elektrodensystems und eine große Gleichmäßigkeit der einzelnen Stücke notwendig. Beides führt häufig schon bei relativ niedrigen Stückzahlen zur Maschinenarbeit, die sich nicht nur auf die mechanische Herstellung der Elektrodensysteme, sondern auch auf den Pumpprozeß der Entladungsröhren erstreckt. Die Maschinenarbeit setzt aber wieder ein Rohmaterial mit sehr konstanten physikalischen und chemischen Eigenschaften voraus, das in vielen Fällen erst neu geschaffen werden mußte.

Infolge dieser oft schwierig zu vereinenden und speziellen Bedingungen erfordern also Konstruktion und Bau von Vakuumröhren unbedingt eine genaue Kenntnis der Eigenschaften, kritische Auswahl, sorgfältige Kontrolle und verständnisvolle Verarbeitung der verwendbaren Werkstoffe.

2. Metallographische Vorbemerkungen.

Alle in der Hochvakuumtechnik verwendeten Werkstoffe müssen weitgehend entgast werden, um während der Lebensdauer der Röhre Hochvakuum oder Gasfüllung unverändert aufrechtzuerhalten. Die Entgasung geschieht im allgemeinen durch Erhitzung vor oder während des Pumpprozesses. Die Gasabgabe ist umso rascher und vollständiger, je höher die Entgasungstemperatur bei dieser Erhitzung gewählt wird. Die Wahrscheinlichkeit erneuter Gasabgabe nach der Entgasungserhitzung ist gering, wenn man mit der Betriebstemperatur der Röhre erheblich unter der Entgasungstemperatur bleibt.

Durch diese Erhitzung sowie durch die Abgabe von okkludierten Gasen und verdampfbaren Beimengungen erfahren die Metalle starke Veränderungen ihrer mechanischen Eigenschaften. So kann die Festigkeit eines ursprünglich durch Verformung verfestigten metallischen Werkstoffes erheblich unter die z. B. mit Rücksicht auf Transportstöße zulässige Grenze sinken. Es ist daher von Wichtigkeit, die Materialkonstanten der metallischen Werkstoffe nicht nur im Anlieferungszustand, sondern auch nach der jeweils notwendigen Entgasungsbehandlung zu kennen.

a) Rekristallisation.

(Vgl. z. B. Alterthum *4*, Liempt *1*, O. Schwarz *1*.)

Man versteht darunter eine Reihe stetig verlaufender Vorgänge, die sich bei höheren Temperaturen im Kristallgefüge des kaltverformten Werkstoffes vollziehen. Bei einer bestimmten Temperatur und Erhitzungszeit beginnen sich an den Korngrenzen bzw. Gleitlinien der durch den Reckvorgang gestreckten Kristallite neue kleine Körner zu bilden, die von Eigenspannungen und Verfestigung frei sind. Ihre Menge nimmt zu, bis das ganze Kaltreckgefüge von ihnen aufgezehrt ist (vgl. Abb. 1 und 11). Bei weiterer Temperaturerhöhung tritt ein Wachstum dieser kleinen Körner ein, indem sie sich mit benachbarten vereinigen. In diesem Zustand zeigt das Material eine hohe Bruchdehnung [1] und große Zähigkeit. Bei noch höherer bzw. längerer Erhitzung werden die Kristallite so groß, daß sich (wegen der geringeren mechanischen Festigkeit an den Grenzen der vergrößerten Kristalle) die mechanischen Eigenschaften des Metalls erheblich verschlechtern.

Abb. 2 gibt einen schematischen Überblick über diesen Verlauf der Zugfestigkeit, der Streckgrenze und der Bruchdehnung in Abhängigkeit von der Glühtemperatur für die normalen kaltverformten Werkstoffe. Angegeben ist der typische Verlauf der Festigkeitseigenschaften bei Raumtemperatur, den man erhält, nachdem die betreffende Glühtemperatur eine gewisse Zeit (Größen-

[1] Das Brechen und Reißen eines Metalls kann entweder an der Grenze zweier Kristallite oder im Kristalliten selbst erfolgen. Auch bei demselben Metall kann je nach der Temperatur der eine oder der andere Fall bevorzugt sein oder ausschließlich vorkommen. Bei den meisten Metallen, die in Form von Drähten verwendet werden, tritt der Bruch bei Zimmertemperatur im Kristalliten ein, d. h. die Korngrenzenfestigkeit ist größer als die Festigkeit der Kristallite. Eine Ausnahme bildet, wenigstens bei Zimmertemperatur, Wolfram, das sich daher in rekristallisiertem Zustand anders verhält als die gewöhnlichen Metalle (vgl. S. 15).

ordnung 1 h) eingewirkt hat. Bei einer bestimmten Temperatur („Rekristallisationstemperatur“ A) tritt eine Entfestigung des Werkstoffes ein, wobei Streckgrenze, Zugfestigkeit und Brinellhärte absinken und gleichzeitig Zähigkeit

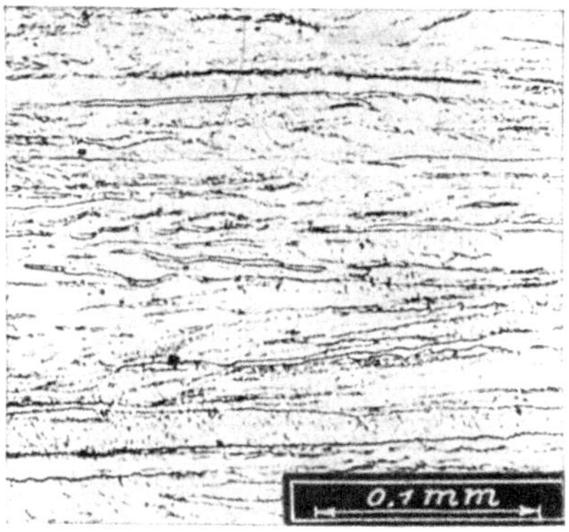

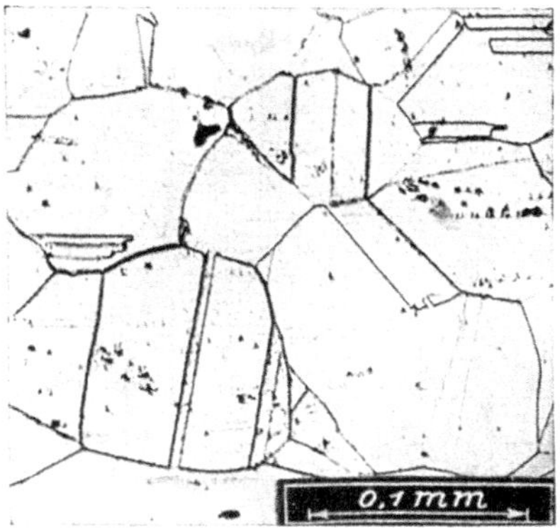

Abb. 1. Rekristallisation von kaltbearbeitetem Metall durch Glühen. Links: kaltgewalzt, 80% Querschnittsverminderung; rechts: durch Glühen rekristallisiert (O. Schwarz *1*).

und Bruchdehnung ansteigen. Das kaltgereckte (harte) Metall, das sich in einem Zwangszustand befindet, verläßt diesen also bei Erwärmung wieder und kehrt in den natürlichen, weichen Zustand zurück. Gleichzeitig beginnt das (mikroskopisch feststellbare) Wachstum neuer Körner, das im Gebiet rechts der Linie B die Festigkeitseigenschaften wesentlich verschlechtert.

Die Rekristallisationstemperatur eines Metalls ist keine Konstante; sie ist näherungsweise dem Logarithmus der Glühdauer umgekehrt proportional (vgl. Abb. 4) und nimmt mit dem Grade der vor dem Glühprozeß vorgenommenen Verformung ab. In dem „räumlichen“ Diagramm Abb. 3 ist für Fe diese letztere Abhängigkeit wiedergegeben, wobei als Kennzeichnung der Rekristallisationstemperatur das Anwachsen der Korngröße über einen bestimmten Wert hinaus dient. Der Einfluß der Glühdauer kommt in derartigen Diagrammen nicht zum Ausdruck. Es wird meist stillschweigend vorausgesetzt, daß es sich um Glühzeiten von der Größenordnung 1 h handelt, wie sie beim sog. Weichglühprozeß von Metallen nach Verfestigung durch Verformung (z. B. Tiefziehen) üblich sind. Dasselbe gilt auch für Angaben über die sog. Rekristallisations„schwelle“, die sich häufig in der metallographischen Literatur finden, die nur, wenn den Messungen gleiche Zeiträume und Verformungsgrade zugrunde gelegt sind, eine vergleichende

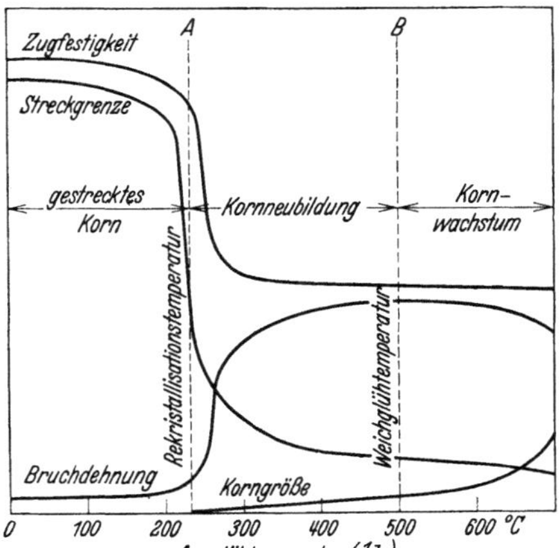

Abb. 2. Schematische Abhängigkeit der Zugfestigkeit, Streckgrenze, Bruchdehnung und Korngröße kaltverformter Metalle von der Ausglühtemperatur (½ h Einwirkungsdauer), gemessen nach Abkühlung (nach O. Schwarz *1*).

Beurteilung verschiedener Metalle hinsichtlich ihres „Widerstandes" gegen Rekristallisationsvorgänge ermöglichen (vgl. Tabelle 1).

Bei der quantitativen Verwertung derartiger Daten in der Vakuumtechnik ist selbstverständlich zu beachten, daß die verwendeten Werkstoffe

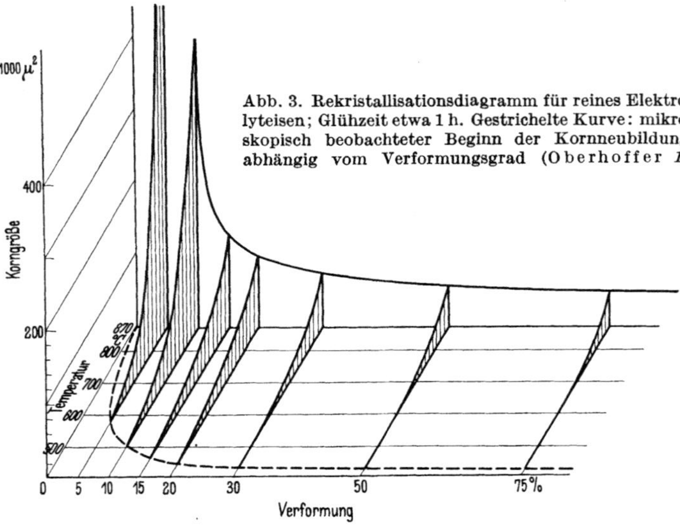

Abb. 3. Rekristallisationsdiagramm für reines Elektrolyteisen; Glühzeit etwa 1 h. Gestrichelte Kurve: mikroskopisch beobachteter Beginn der Kornneubildung, abhängig vom Verformungsgrad (Oberhoffer *1*).

in Röhren nicht nur kurze Zeit, sondern häufig 1000 h und darüber einer dauernden Erhitzung ausgesetzt sind und daß infolgedessen hier bei viel geringeren Temperaturen Rekristallisation und damit Änderungen der Festigkeitseigenschaften eintreten. In Abb. 4 ist als Beispiel der Zusammenhang zwischen Rekristallisationstemperatur und Erhitzungsdauer[1] für technisches Cu bei verschiedenen Walzgraden sowie für W wiedergegeben. Beispielsweise würde sich für Cu vom Walzgrad 71% bei Dauererhitzung über 5000 h in einer Vakuumröhre nur unterhalb 160° C Rekristallisation vermeiden lassen, während für eine kurzzeitige Erhitzung von etwa 1 h (z. B. zur Entgasung) die Temperatur bis 260° C gesteigert werden kann. Das Wort Rekristallisationstemperatur kann also immer nur im Sinne einer Temperatur-Zeitfunktion gebraucht werden.

Tabelle 1. „Rekristallisationsschwelle" einiger Metalle (Glühdauer 10—30 min).

Metall	°C
W (mit Spuren SiO_2)	1100
Ta	1000
Pt	550
Ni { 99,8%	640
Ni { sehr rein	500
Fe { Glühdauer 24 h	400
Fe { „ 2 h	450
Fe { „ 30 min	500
Cu (rein)	250
Ag	200
Au	200
Al	150

[1] Für einen bestimmten Deformationszustand ist die Rekristallisationstemperatur (in °K)

$$T_R = \frac{c\,T_S}{\ln 4\nu t},$$

wo T_S die Schmelztemperatur in °*K*, *t* die Erhitzungsdauer in h, *c* eine Konstante (etwa 5—7) und ν (sog. charakteristische monochromatische Atomfrequenz) für die meisten Metalle von der Größenordnung $5 \cdot 10^{12}$ ist (vgl. Liempt *1*). Der Verlauf der Exponentialfunktion ist bisher nur in wenigen Fällen experimentell bestimmt, besonders nicht für sehr reine Materialien, wie sie in der Vakuumtechnik meist benötigt werden.

Unangenehm bemerkbar macht sich die Rekristallisation durch Verkürzung der Röhrenlebensdauer bei hocherhitzten Leucht- und Kathodendrähten; sie wird hier entweder durch künstliche Verunreinigung verzögert oder so geleitet, daß trotz großer Kristalle relativ feste Kristallgefüge entstehen[1].

Bei Baustoffen, z. B. für Anoden und Gitter, die schon durch die relativ kurzzeitige Entgasungserhitzung mehr oder weniger weich geglüht, also rekristallisiert sind, kann die Verringerung der Festigkeit von vornherein durch entsprechende Formgebung (Stabilitätsrillen, Verstrebungen, Versteifungen, Zwischenhalter) ausgeglichen werden. Man hat dann bezüglich der Temperaturbelastung nur noch diejenigen Vorgänge zu berücksichtigen, die durch den späteren Rekristallisationsverlauf während der Lebensdauer des Rohres eintreten; erfahrungsgemäß spielen diese aber gegenüber anderen Erscheinungen (Verdampfung, thermische Sekundäremission, Rückzündung usw.) meist eine geringe Rolle.

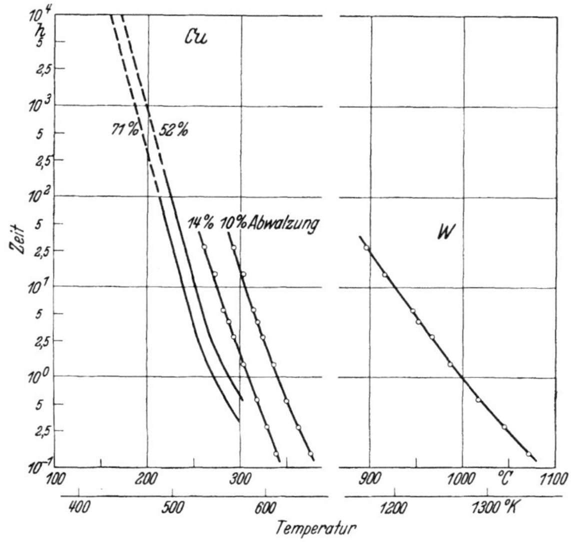

Abb. 4. Rekristallisationstemperatur als Funktion der Erhitzungsdauer für W (mit SiO_2-Spuren) und technisches Cu (Tapsel *1*, Liempt *1*).

b) Verfestigung durch Kaltverformung; Duktilität.

Ebenso wie verformte Metalle durch Glühen oberhalb der Rekristallisationstemperatur weich gemacht werden, können umgekehrt weichgeglühte Metalle durch Kaltwalzen oder Kaltziehen verfestigt werden. Durch die dabei eintretende starke Verformung der einzelnen Kristalle entsteht mit zunehmendem Verformungsgrad unter Gleitlinienbildung wieder eine vollkommene Faserstruktur, in der die einzelnen Körner nicht mehr zu unterscheiden sind (vgl. Abb. 1). Die erhöhten Festigkeitseigenschaften, die dieser Struktur entsprechen, können je nach der Walz- oder Zugrichtung voneinander abweichen. Abb. 5

[1] Es ist bekannt, daß Verunreinigungen und Beimengungen fremder Bestandteile die Rekristallisation bzw. das Kornwachstum stark verzögern. Verunreinigte Metalle neigen weniger stark oder erst bei längerer und höherer Temperatureinwirkung zu (festigkeitsverminderndem) Kornwachstum, wahrscheinlich weil die Einschlüsse, die die einzelnen Körner umhüllen, ein rasches und starkes Wachsen der Kristalle verhindern. Man mischt daher thermisch hochbelasteten vakuumtechnischen Werkstoffen zur Erschwerung der Rekristallisation derartige Beimengungen absichtlich zu (vgl. z. B. S. 16); die Wahl solcher Zusätze ist allerdings durch andere Rücksichten (Verdampfung, Vergiftung von Kathoden usw.) beschränkt. In Fällen, in denen sich die Rekristallisation auf diese Weise nicht in gewünschtem Maße verzögern läßt, wird die Ausbildung eines formfesten groben Kristallgefüges nach der Formgebung des betreffenden Röhrenteiles (jedoch meist vor dem Einbau in die Röhre) herbeigeführt (vgl. S. 17: Wolfram-„Stapeldrahtgefüge").

zeigt schematisch den Einfluß dieser Gefügeänderung, in Abhängigkeit von der Querschnittsabnahme bei der Kaltverformung, auf die Festigkeitseigenschaften [1] eines Metalles. Aus der Abbildung geht hervor, daß durch Kaltverformung die Zugfestigkeit auf Kosten der Bruchdehnung, durch Ausglühen die Bruchdehnung auf Kosten der Zugfestigkeit ansteigt.

In der Vakuumtechnik kann man von der Erhöhung der Festigkeitseigenschaften eines Metalles durch Kaltverformung dann Gebrauch machen, wenn eine Erhitzung des betreffenden Röhrenkonstruktionsteiles über die Rekristallisationstemperatur hinaus während des Betriebes vermieden werden kann [2]. Voraussetzung ist dabei natürlich, daß der besondere Verwendungszweck den Fortfall einer Entgasungserhitzung über die Rekristallisationstemperatur hinaus (nach der Kaltverformung!) ermöglicht. In den Abschnitten über die einzelnen Metalle sind daher neben den Eigenschaften in weichgeglühtem (entgastem) Zustande auch die Konstanten für hartgewalztes oder hartgezogenes Material berücksichtigt.

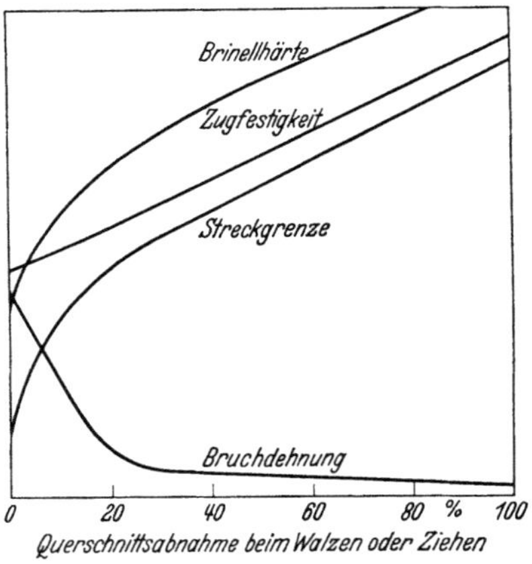

Abb. 5. Änderung der Festigkeitseigenschaften von Metallen durch Kaltwalzen oder Kaltziehen (schematisch nach O. Schwarz *1*).

Die gute Verformbarkeit eines Metalls bezeichnet man als „Duktilität". Am besten verformen lassen sich Metalle, bei denen sich während des Ziehprozesses die Beanspruchung von den verformten (und daher stark verfestigten) Stellen auf die noch nicht verformten (also relativ weichen) Stellen überträgt, so daß die durch Querschnittsabnahme geschwächten Teile trotzdem nicht reißen. Demnach entspricht einer guten Duktilität nicht nur eine hohe Bruchdehnung ($> 2\%$), sondern in erster Linie ein hohes Verhältnis der Zugfestigkeit im hartgezogenen zu der im weichgeglühten Zustand (2 : 1 bis 3 : 1). Je duktiler ein Metall ist, umso weniger Zwischenglühungen benötigt man, mit umso weniger Zügen kommt man beim Tiefziehen aus. In Richtung abnehmender Duktilität ordnen sich einige der gebräuchlichsten metallischen Werkstoffe wie folgt: Messing, Ni, C-freies Fe, Cu, Al. Ein Musterbeispiel für weiches, aber keineswegs duktiles Metall ist Ta.

c) Kriechgrenze und Formbeständigkeit.

Das Verhalten eines metallischen Werkstoffes, der bei erhöhter Temperatur im Vakuumrohr dauernd einer mechanischen Spannung ausgesetzt ist, läßt sich an Hand der in den üblichen Zerreißmaschinen erhaltenen Festigkeitswerte umso weniger vorhersagen, je näher die Betriebstemperatur der Rekristallisationstemperatur des Metalles kommt. Bei einer bestimmten Zugspannung,

[1] Wie man aus dem Diagramm sieht, kann zur angenäherten Orientierung über die Festigkeitseigenschaften eines Materials an Stelle der (nur bei Drähten leicht zu ermittelnden) Zugfestigkeit auch die Brinellhärte dienen. Besonders einfach ist ihre Bestimmung bei Materialien in Blechform.

[2] Häufig kann allein durch geschickten Aufbau des Elektrodensystems die Betriebstemperatur einzelner Teile weitgehend herabgesetzt werden.

die weit unterhalb der Fließgrenze für das kalte Metall liegt, findet ein ständiges Weiterfließen statt (Kurve 5 und 6, Abb. 6), das infolge der stetigen Abnahme des Querschnittes (z. B. bei angefederten Kathoden) im Lauf der Zeit zum Bruch führt. In anderen Fällen führt der Fließvorgang zwar nicht zum Bruch, aber zu unerwünschten Formveränderungen (Verbiegen von Gitterdrähten, Kathodenwendeln und anderen Teilen unter der Wirkung des eigenen Gewichts) — häufig selbst dann, wenn die thermische Beanspruchung kurzzeitig, z. B. während des Entgasungsvorganges, auftritt.

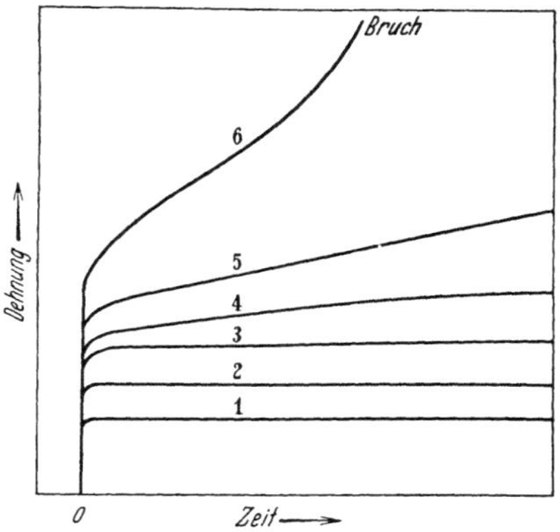

Abb. 6. Schema der Ermittlung der Kriechgrenze (Dauerstandfestigkeit); Zuglast von 1 bis 6 steigend; Kriechgrenze = Zuglast 4 (nach Sauerwald *1*).

Man muß aus diesem Grund durch Dauerversuche bei ruhender Belastung des Probestückes diejenige Zugspannung ermitteln, die der erhitzte Werkstoff auch nach sehr langer Belastungsdauer ohne Bruch aushalten kann (Kurve 3, Abb. 2; Kriechgrenze oder Dauerstandfestigkeit[1]). Handelt es sich um einfache Zugbeanspruchung, so läßt sich die Kriechgrenze mit genügender Genauigkeit auch ohne monatelange Messung dadurch ermitteln, daß man diejenige Belastung feststellt, bei der die bleibende Dehnungszunahme zwischen der 3. und 6. Belastungsstunde $< 0{,}001\%$ der Meßlänge ist[2]. Die dann noch vorhandene Dehnungszunahme klingt im Laufe der Zeit vollständig ab (vgl. Kurve 4, Abb. 6). Bei höheren Temperaturen (über 650° C) ist zwar im Sinne der obigen Definition keine praktische Dauerstandfestigkeit mehr vorhanden, jedoch ist bei diesen Temperaturen schon nach kurzer Versuchszeit mit einer gleichbleibenden Dehngeschwindigkeit zu rechnen. Es ist also möglich, aus letzterer durch Extrapolation die Gesamtdehnung für die verlangte Lebensdauer des Rohres, in dem der Werkstoff verwendet wird, zu errechnen. In der Röhrentechnik ist es meist wegen der zahlreichen mitspielenden Nebeneffekte und der Undefiniertheit der angreifenden mechanischen Kräfte (gleichzeitige Querschnittsverminderung durch Verdampfung, mechanische Stoßbeanspruchungen, zusätzliche mechanische Kräfte des elektrischen Anoden-

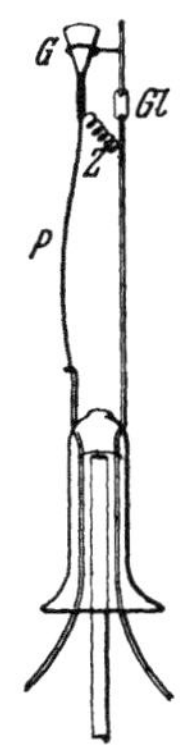

Abb. 7. Anordnung zum Prüfen der „Dauerstandfestigkeit" von Glühdrähten im Vakuum bei Betriebstemperatur, vor dem Einschmelzen (Ransley *1*).
P Prüfdraht; *G* konisches Gewicht; *Z* flexible Stromzuleitung; *Gl* Glasperle zur Isolation. In der gezeichneten Lage zur Messung der reinen Verdampfungslebensdauer; mit dem Gewicht nach unten zur Messung der durch Dauerstandfestigkeit und Verdampfung gleichzeitig beeinflußten Lebensdauer.

[1] Über eine besonders einfache Methode zur Bestimmung der Kriechgrenze vgl. Rohn *3*.

[2] Amerikanische Fabrikanten geben häufig zur Kennzeichnung der Kriechfestigkeit diejenige Belastung an, bei der eine Formveränderung („Kriechdehnung") von 1%/Jahr bei der angegebenen Temperatur stattfindet. Über andere Vorschläge zur Ermittlung von Näherungswerten der wahren Dauerstandfestigkeit vgl. Pomp *1*. Grundsätzlich lassen sich vergleichbare Werte bei der Dauerstandfestigkeitsprüfung nur dann erreichen, wenn einheitliche Versuchsbedingungen eingehalten werden.

feldes oder magnetische Heizstromfelder) sicherer, den Werkstoff (in einer Mehrzahl von Röhren) unter der verlangten Belastung einer Lebensdauerprüfung zu unterziehen. Abb. 7 zeigt eine einfache derartige Prüfanordnung für Glühdrähte und Abb. 8 einige mit ihr erhaltene typische Meßergebnisse an Ni-Draht.

Unter Formbeständigkeit wird im allgemeinen das Vermögen eines Körpers (z. B. einer Drahtwendel) verstanden, die in kaltem Zustande innegehabte Form auch bei längerer Erhitzung (hauptsächlich unter dem Einfluß des Eigengewichts) nicht zu verlieren. Da sich die dabei auftretenden Kräfte nur schwer definieren lassen, benutzt man als Maß für die Formbeständigkeit eine aus dem Werkstoff hergestellte Drahtwendel konstanter Abmessungen („Normalwendel"), deren Durchhängen während der Lebensdauer optisch bzw. photographisch gemessen wird. Die am kalten Werkstoff im Kurzversuch festgestellte Zerreißfestigkeit oder Streckgrenze kann nur bei solchen

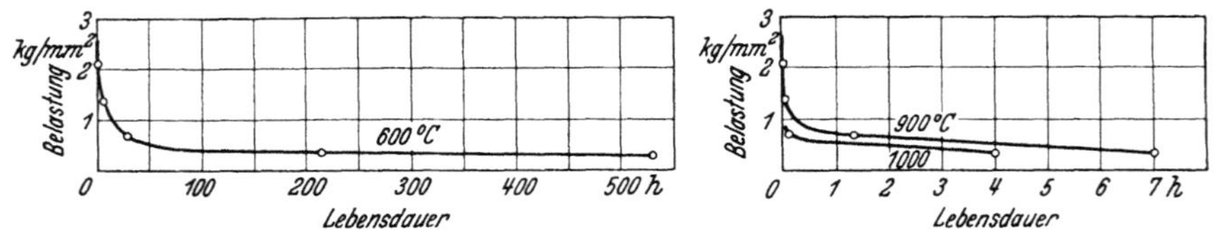

Abb. 8. Lebensdauer eines handelsüblichen Ni-Drahtes (0,0425 mm ø) in Abhängigkeit von der Zugbelastung bei verschiedenen Temperaturen (Prüfanordnung nach Abb. 7).

Metallen als Maß für die Formbeständigkeit dienen, bei denen innerhalb der vorliegenden Arbeitstemperaturen und Betriebszeiten noch keinerlei Rekristallisation oder Kristallerholung (vgl. S. 16) eintritt. In allen übrigen Fällen muß die Kriechgrenze als vergleichendes Maß für die Formbeständigkeit angesehen werden. Hierbei ist die Beobachtung von technischer Bedeutung, daß die Kriechgrenze (und damit die Formbeständigkeit) in hohem Maße von der Gefügeausbildung abhängig ist. Einem grobkörnigen Gefüge entspricht im allgemeinen eine höhere Kriechgrenze als einem feinkörnigen Gefüge [1].

d) Einfluß des Reinheitsgrades [2].

Bei den metallischen Werkstoffen ist der Reinheitsgrad besonders wichtig. Daß geringste Verunreinigungen ihre mechanischen Eigenschaften — manchmal auch im günstigen Sinn — wesentlich beeinflussen können, wurde bereits erwähnt [3]. Meist wirken die Verunreinigungen jedoch ungünstig, indem sie, z. B. beim Herausdampfen aus der Grundsubstanz, durch lichtabsorbierende

[1] In Übereinstimmung damit zeigt die Erfahrung, daß die Formbeständigkeit (ebenso wie die Kriechgrenze) eines Metalls durch kurzzeitiges Glühen oberhalb der Rekristallisations- und späteren Betriebstemperatur erheblich erhöht werden kann, während seine Zerreißfestigkeit bei derartiger Behandlung abnimmt (vgl. Abb. 49, S. 53, Abb. 97 und Tabelle 55, S. 96/97, sowie Rohn *1*, Grunert *1* und Liempt *3*).

[2] Hierunter soll hauptsächlich der Gehalt an festen Zusätzen verstanden werden; über gasförmige Verunreinigungen vgl. Abschnitt 10b, S. 118.

[3] Seltenere Metalle gelten vielfach als spröde. Die Ursache hierfür sind aber meist Verunreinigungen (Korngrenzenhäute, Oxyde usw.). Durch Erhöhung des Reinheitsgrades konnten eine erhebliche Anzahl vakuumtechnisch wichtiger Metalle in bildsamer Form hergestellt werden, z. B. Titan, Zirkon, Hafnium, Beryllium sowie in größeren Mengen Tantal und Molybdän.

Beschläge auf den Glasglocken, Isolationsfehler auf Quetschfüßen, Vergiftungen von Kathoden, Verbreitung von Wandladungen, unerwünschte Veränderung der Gasfüllung durch Getterung oder dauernde Gasabgabe die Lebensdauer von Vakuumröhren verkürzen. Daher kommt es, daß man in der Vakuumtechnik mit Vorliebe unlegierte und höchstreine Metalle verwendet. Bei der Gewinnung solcher Metalle haben vielfach wieder vakuumtechnische Methoden eine entscheidende Rolle gespielt (Sintern und Hochfrequenzschmelzen im Vakuum, Vakuumdestillation [1], Vakuumvorentgasung u. a.).

Zu einer einwandfreien Röhrenfabrikation gehört demnach auch eine ständige Kontrolle der Zusammensetzung der verwendeten Werkstoffe, besonders eine Überwachung auftretender Verunreinigungen durch laufende chemische Analysen [2], und die Kenntnis der wichtigsten bei den einzelnen Metallen zu erwartenden Beimengungen, ihrer möglichen Wirkungen und der Methoden zu ihrer Beseitigung ist unbedingt erforderlich. Den folgenden Abschnitten über die einzelnen Metalle sind nach Möglichkeit ausführliche Analysenbeispiele beigegeben.

3. Hochschmelzende Metalle und Legierungen.

a) Sinterverfahren.

Die wichtigsten hochschmelzenden Metalle sind Wolfram, Molybdän, Tantal und Niob. Ihre technologische Erforschung ist hauptsächlich im Zusammenhang mit der Entwicklung der Glühlampen- und Elektronenröhrentechnik erfolgt. Da sowohl die Lichtemission als auch die Elektronenemission elektrisch geheizter Glühdrähte mit der Temperatur stark ansteigt, war man auf diesen Gebieten ausschließlich auf die Verwendung von Metallen mit hohem Schmelzpunkt, niederem Verdampfungsgrad und hoher Rekristallisationstemperatur angewiesen. Infolge des hohen Schmelzpunktes unterscheiden sich die Gewinnungs- und Rohverarbeitungsmethoden für diese Metallgruppe wesentlich von denjenigen der anderen Metalle, die gewöhnlich durch Niederschmelzen des Erzes im Hüttenprozeß oder durch Umschmelzen nach elektrolytischer Abscheidung gewonnen werden. Für die hochschmelzenden Metalle hat sich wegen des Mangels an geeigneten Schmelzöfen eine Technik herausgebildet, die man ihrer Ähnlichkeit mit keramischen Methoden wegen als Metallkeramik (Skaupy *1*) bezeichnet. Aus dem Erz wird dabei durch chemische und physikalische Methoden das reine Metall in Pulverform gewonnen, mit einem Bindemittel zu Formkörpern gepreßt und im Vakuum bzw. unter Schutzgas zu massivem Metall gesintert.

Die metallkeramische Herstellung von Vakuumstoffen ist in vieler Hinsicht der Schmelztechnik überlegen. Sie erlaubt Beimengungen aller Art, insbesondere

---

[1] Beschreibung der Methodik z. B. bei Kroll *1*.

[2] Ein für vakuumtechnische Anforderungen besonders geeignetes Hilfsmittel ist die Spektralanalyse. In einer spektrographischen Aufnahme sind sämtliche nachweisbaren Elemente enthalten. Die Empfindlichkeit ist dabei so groß, daß 0,001 % eines Elementes im Grundstoff noch erkannt werden kann. Der Materialverbrauch ist äußerst gering und die Festlegung des günstigsten Analysenganges einer späteren normalen quantitativen chemischen Untersuchung wird wesentlich erleichtert. Allerdings lassen sich spektralanalytisch B, C, P, As und Te nicht so gut wie Metalle nachweisen, Halogene, O_2, S, Se und N_2 sogar höchst unvollkommen (vgl. Gerlach *1, 2*, F. Löwe *1*, Moritz *1*, Waibel *1*).

nichtmetallische Zusätze (z. B. zur Herbeiführung bestimmter Rekristallisationsbedingungen), in gewünschter Menge und derartig fein verteilt zwischen die einzelnen Kristallite einzuführen, wie es bei der Herstellung gegossener Metallkörper nicht möglich ist. Metallkeramisch hergestellte Körper können ferner sofort die endgültige Form erhalten, ohne daß hohe Gießtemperaturen und Formprozesse, wie Walzen, Ziehen und Pressen, notwendig sind, die überdies vielfach wegen mangelnder Formänderungsfähigkeit der hochschmelzenden Metalle nicht durchführbar sind. Die Herstellung metallkeramischer Körper erfordert außerdem wegen der im Vergleich zum Gießverfahren niedrigeren Temperatur einen entsprechend geringeren Energieverbrauch. Da kein direkter Kontakt des zu sinternden Metalls mit dem Tiegelmaterial besteht, sind chemische Einflüsse des Tiegelmaterials und seine Reaktion mit dem Metall wie bei einem Schmelzfluß nicht möglich, sodaß sich leicht hohe Reinheitsgrade erzielen lassen. Schließlich erlaubt das metallkeramische Verfahren die Herstellung poröser Körper von gewünschtem spezifischen Gewicht und gewollter elektrischer Leitfähigkeit, die als Gerüst für andere Füllkörper dienen können (vgl. S. 13 und S. 99).

Von grundsätzlicher Bedeutung für den Verdichtungsvorgang beim Erhitzen des Preßkörpers ist die Korngröße des Metallpulvers. Feine Pulver werden schon bei wesentlich niedrigerer Temperatur dicht als gröbere, während ganz grobe, selbst bei den höchsten Temperaturen und sehr langer Glühdauer, stets zu porösen Formkörpern führen. Metallkeramisch hergestellte Körper zeigen, anscheinend ohne daß irgendwelche Kaltbearbeitungseffekte mitspielen, bei hohen Temperaturen Kornwachstum und können schließlich Kristalle aufweisen, deren Größe mit der des verwendeten Ausgangspulvers keinen Zusammenhang mehr erkennen läßt [1]. Erfahrungsgemäß hängen jedoch die physikalischen Eigenschaften der auf metallkeramischem Wege gewonnenen Metalle stark von der Korngröße des Ausgangsmaterials und der Durchführung des Sinterprozesses ab. Dies ist der Grund dafür, daß die Konstanten der hochschmelzenden Metalle relativ stark streuen. In den folgenden Zahlentabellen sind daher, soweit bekannt, jeweils die oberen und unteren Grenzen der praktisch vorkommenden Werte angegeben.

b) Wolfram.

(Abbeg *1*, Alterthum *2*, Duschnitz *1*, Forsythe *2*, Gmelin *1*, Jeffriess *1, 2*, Jones *2*, Knepper *1*, Lax *1*, Smithells *2*, Zwikker *3*).

Tabelle 2. Materialkonstanten von Wolfram.

Spez. Gewicht	vorgesintert bis etwa 1400° C		10—12
	hochgesintert bis 2900° C		16,9
	gehämmert		17,6—19,2
	gezogen		19,2—19,4
Mohs-Härte	4,5—8,0		
Schmelzpunkt (° C)	3400 ± 50		
Dampfdruck (Tor)	2130° C $\approx 8 \cdot 10^{-9}$	2530° C $5 \cdot 10^{-6}$	vgl. Tabelle 5 Sp. 9 und 10, S. 20 und Abb. 403 (Anhang)

[1] In dieser Beziehung unterscheiden sich die „keramisch“ gewonnenen Metalle grundlegend von den gegossenen, bei denen sich, soweit nicht Nebeneffekte (Gußspannungen) auftreten, beim Erhitzen kein Kornwachstum mehr zeigt.

Tabelle 2. (Fortsetzung.)

Zugfestigkeit (kg/mm^2) und zugehörige Dehnung (%) bei 20° C	hochgesintert (Formstück)	13	—			
	gehämmert (Stab)	35—150	—			
	gezogen (polykristallin)	180—415	1—4%			
	ausgeglüht (rekrist.)	110	0			
	Einkristalldraht (Th-haltig), unverformt	≈ 108	bis 20%			
	„ (Th-haltig), verformt	bis 180	—			
Streckgrenze (kg/mm^2)	geglüht (0,5—1,0 mm ∅)	72—83	ungeglüht	≈ 150		
Warmfestigkeit und -dehnung	gezogene Drähte siehe S. 18, Abb. 15; nach verschiedener Vorbehandlung siehe S. 18, Abb. 14					
Brinellhärte (kg/mm^2)	schwach gehämmert	350				
Elastizitätsmodul (kg/mm^2) . .	gezogen	35—38000	Temperaturabhängigkeit vgl. Abb. 16			
	Einkristall	39000—41000				
Torsionsmodul (kg/mm^2) . . .	gezogen	13—22000				
	Einkristall	≈ 17000				
Spez. Wärme (cal/g Grad) . .	18° C 0,0340	1400° C 0,043	2100° C 0,048			
Wärmeausdehnungskoeffizient, lin. ($\alpha \cdot 10^7$)	30° C 44,4	1030° C 51,9	2030° C 72,6	Daten für relative Längenänderung vgl. Tabelle 5 Spalte 8, S. 20 u. Abb. 358		
Wärmeleitfähigkeit (cal/cm sec Grad)	20° C 0,2—0,47 (0,38)	für höhere Temperaturen vgl. Tabelle 5 Spalte 7, S. 20				
Spez. elektr. Widerstand (Ω mm^2/m) bei 20° C	rein, spannungsfrei (rekristall.)	0,055	weitere Daten sowie Werte für R_T/R 293 vgl. Tabelle 5 Spalte 5 und 6, S. 20 und Abb. 18 bzw. 281			
	stark bearbeitet	0,059—0,083				
Temperaturkoeffizient des elektr. Widerstandes zwischen 20 und + 100° C	rein, spannungsfrei (rekristall.)	$(4,8 \pm 0,05) \cdot 10^{-3}$	vgl. Abb. 18			
	stark bearbeitet	$(4,5$ bis $3,1) \cdot 10^{-3}$				
Gesamtstrahlung (Watt/cm^2) .	800° C 0,9	1600° C 18	2200° C 64	2700° C 153	weitere Daten Tabelle 5 Spalte 4, S. 20 und Abb. 282	
Strahlungsvermögen (%) für $\lambda = 0,665\ \mu$ *	20° C 47	800° C 45	2200° C 42,5	2700° C 41,5	vgl. Tabelle 5 Spalte 3, S. 20 und S. 22	
Differenz zwischen wahrer und schwarzer Temperatur	vgl. S. 20, Tabelle 5 (Spalte 1 und 2) und Abb. 283, S. 265					
Elektronenemission (mA/cm^2) .	830° C $1,5 \cdot 10^{-10}$	1630° C $2,3 \cdot 10^{-1}$	2230° C 298	weitere Daten vgl. Tabelle 5 Spalte 14 u. 15, S. 21, ferner Abschn. 21 b, insbesondere Abb. 272 u. 273		
Lichtemission (HK/cm$^2 \perp$) . .	2130° C 174	2430° C 553	weitere leuchttechnische Daten vgl. Tabelle 5 Spalte 11—13, S. 21			
Charakt.-Röntgenstrahlung (ÅE)		α_2	α_2	β_1	β_2	Absorpt.-Banden-Kante
	K-Serie	0,21345	0,20862	0,18422	0,17898	0,17822
	L-Serie	1,484	1,473	1,279	1,242	1,0235

* Blankes Metall; grobes gepreßtes W-Pulver: ≈ 80%.

Erzaufbereitung. Die Methoden der Erzaufbereitung sind nach Herkunft und Zusammensetzung der Erze verschieden. Die wichtigsten Erze sind Scheelit, $CaWO_4$ (natürliches Kalziumwolframat) und Wolframit (hauptsächlich $FeWO_4 + MnWO_4$). Aus ihnen wird auf chemischem Wege Wolframsäure (WO_3), im Handel als „Wolframkonzentrat" gewonnen [1]. Sie enthält noch etwa 2% Verunreinigungen, meist Fe, Ca und SiO_2. Zur weiteren sorgfältigen Reinigung sind verschiedene Verfahren im Gebrauch; zwei typische Beispiele sind die folgenden:

Die erste Methode bedient sich rein chemischer Prozesse (vgl. z. B. Jones *2*). Die wasserhaltige (ungeglühte!) Wolframsäure wird in Ammoniak gelöst, die Lösung von den ungelöst bleibenden Verunreinigungen abfiltriert und in langsamem Strahl in siedende Salzsäure eingebracht. Es entsteht körniges, gelbes WO_3, das in Vakuumfiltern gewaschen und wieder in Ammoniak gelöst wird. Bei Auskristallisation aus der erneut abfiltrierten Lösung durch teilweises Eindampfen entsteht Ammonium(para-)wolframat, das mit kaltem Wasser gewaschen und dann getrocknet wird. Durch Erhitzen der Kristalle über 250° C an Luft oder durch Behandlung mit Salzsäure erhält man schließlich die gereinigte Wolframsäure, die als Ausgangsmaterial für die Herstellung des metallischen Wolframs dient.

Ein anderes Reinigungsverfahren (Deutsche Glühfadenfabrik, vgl. Schwarzkopf *1*) beruht auf der leichten Sublimierbarkeit der Wolframsäure, die bei 1350° C schon einen Dampfdruck von 250 Tor besitzt, während die Dampfdrucke der hauptsächlichsten Verunreinigungen bei dieser Temperatur noch verschwindend klein sind. Das handelsübliche ungereinigte, aber entschwefelte Konzentrat (und eventuell zugegebenes W-Altmaterial) wird dabei in schrägstehenden, rotierenden Zirkonoxydöfen bei etwa 1300—1400° C unter Einblasen von Luft erhitzt. Die entstehende Wolframsäure entweicht in dichten Dampfwolken in einen Abzug, wird mittels eines Gebläses in Leinensäcke getrieben und setzt sich dort als feines Pulver ab. Nach Wiederholung dieses Vorganges erhält man Wolframsäure von hohem Reinheitsgrad. WO_3 mit einem F_2O_3-Gehalt $> 0{,}02\%$ oder mit spurenweisen alkalischen Verunreinigungen ist für die Weiterverarbeitung schon nicht mehr brauchbar. Einen Überblick über den erreichbaren Reinheitsgrad geben die folgenden Analysenbeispiele von technisch gewonnener Wolframsäure nach der Reinigung.

Tabelle 3. Analysen chemisch gereinigter Wolframsäure zur Herstellung von W-Metall für vakuumtechnische Zwecke (Jones *2*).

Analyse	I (%)	II (%)
WO_3 . . .	99,94	99,96
Fe_2O_3 . . .	0,024	0,0075
Al_2O_3 . . .	0,018	0,016
CaO	0,009	0,028
P	Spuren	—
SiO_2 . . .	0,010	—
S	—	—

Metallgewinnung. Wolframmetall wird aus der Wolframsäure durch Reduktion mit C (vgl. Skaupy *1*) oder H_2 gewonnen. Wegen der Herabsetzung der Verarbeitbarkeit durch Karbidbildung bei der Kohlenstoffreduktion ist bisher für Material, das für vakuumtechnische Zwecke, insbesondere für Glühlampen, verwendet werden soll, fast ausschließlich die Reduktion durch strömenden Wasserstoff gebräuchlich:

$$WO_3 + 3H_2 = W + 3H_2O.$$

Sie erfolgt meist in widerstandsbeheizten Rohröfen aus Chromnickel oder V 2 A-Stahl von 60 bis 100 mm ∅ und 2 bis 3 m Länge, in die das zu reduzierende Wolframmetall in V 2 A-Stahlschiffchen eingebracht wird.

Wesentlich für die Verarbeitung des W-Pulvers zu Drähten und Blechen ist seine Korngröße, die durch Variation der Reduktionsbedingungen (Temperaturhöhe, Temperaturgang, Strömungsgeschwindigkeit und Wasserdampfgehalt des H_2) weitgehend beeinfluß werden kann. Zur Erzielung eines feinkörnigen

[1] Bei der Aufbereitung des Scheelits wird das zerkleinerte Erz durch Behandlung mit heißer Salzsäure unter Abscheidung von Wolframtrioxyd (WO_3, Wolframsäure) zersetzt:

$$CaWO_4 + 2HCl = WO_3 + CaCl_2 + H_2O;$$

die Kalziumsalzlauge wird durch Auswaschen entfernt.

W-Pulvers (bis 0,5 μ herunter, mittlere Korngröße 2 bis 3 μ) wird die Reduktion in 2 Stufen vorgenommen, indem das WO_3 zuerst 2 bis 3 Stunden lang bei 550 bis 650° C zu braunem WO_2 und dann dieses zwischen 780 und 900° C mindestens 4 Stunden lang weiter zu W reduziert wird.

Die Weiterverarbeitung des W-Metallpulvers erfolgt heute ausschließlich nach metallkeramischen Verfahren (Coolidge *1*). Das Pulver wird entweder ohne Bindemittel oder mit Wasser, Glyzerin oder Wachs gemischt, in Stahlformen gefüllt und unter hohem Druck[1] zu Vierkantstäben von 75 g bis etwa 1 kg Gewicht[2] gepreßt. Diese werden bei 1200 bis 1400° C etwa 2 Stunden lang in H_2-Öfen vorgesintert. Sie sind dann noch porös und besitzen etwa die Festigkeit von Kreide, sodaß (unter Berücksichtigung der späteren Sinterschrumpfung) eine spanabhebende Formgebung, eventuell auch ein Durchtränken mit Zusatzstoffen (vgl. S. 99) schon in diesem Zustand vorgenommen werden kann. Geeignete Hartmetallwerkzeuge (Widia, Titanit) erlauben jedoch eine präzise spanabhebende Bearbeitung von W-Formkörpern auch nach dem Hochsintern (vgl. z. B. Abb. 27).

Beim Hochsintern werden die Vierkant-Preßlinge durch direkten Stromdurchgang etwa eine halbe Stunde lang bei 90% der Durchbrennstromstärke (5000 bis 10000 Amp.) bis auf etwa 2900° C erhitzt, wobei sie sich unter Verkleinerung ihres Volumens (lineare Schrumpfung 17%) verdichten und metallische Eigenschaften annehmen (vgl. Abb. 9). Dieser zweite Sintervorgang wird unter einer Haube in H_2 ausgeführt, wobei der Wolframstab an einem Ende zwischen zwei Backen festgeklemmt und am anderen Ende mit einem beweglichen Stromanschluß versehen wird oder zur Stromzuführung in gekühltes Quecksilber taucht.

Nach ähnlichen metallkeramischen Methoden lassen sich auch Suspensionen von W-Pulver in Cu, Ag oder Pb herstellen, indem W und das betreffende Metall in Pulverform innig miteinander vermischt, in Formen gepreßt und bei einer Temperatur im H_2-Ofen erhitzt wird, welche etwas oberhalb der Schmelztemperatur des Zusatzmetalles liegt („Verbundmetall"; vgl. S. 99).

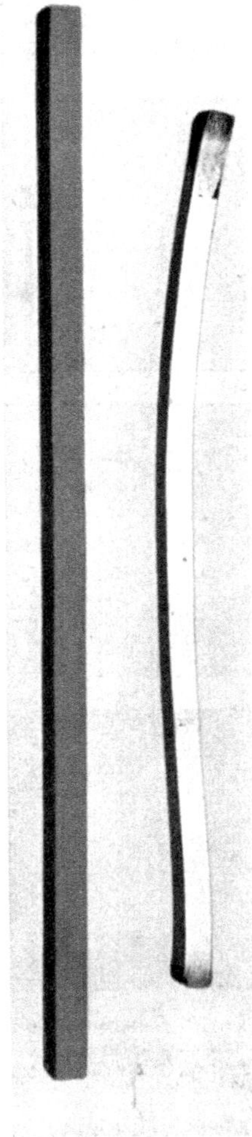

Abb. 9. Metallkeramisch hergestellter W-Stab. a Nach dem Pressen aus Pulver; b nach dem Hochsintern (Smithells *2*).

Rohverarbeitung. Die Weiterverarbeitung der hochgesinterten Rohlinge zu Blechen, Ronden oder Formkörpern erfolgt nach Entfernung der unvollständig durchgesinterten Kontaktenden durch Walzen, Hämmern und Schmieden unter wiederholter, mit zunehmendem Bearbeitungsgrad allmählich herabgesetzter Erhitzung (z. B. 6 mm-Stäbe bei 1300°, 0,8 mm-Stäbe bei 750° C) in H_2-Atmosphäre. Dabei geht naturgemäß ein Teil des Metalles durch die Oxydation

[1] Z. B. 20000 kg für Preßlinge $5 \times 5 \times 200$ mm³.
[2] max. $13 \times 13 \times 350$ mm³.

während der Verarbeitung des glühenden Formstückes in Luft verloren (bis 15%). Zur Fertigung von Rundstäben dienen besonders konstruierte Hämmermaschinen (vgl. z. B. Knepper *1*). Drähte unter 1 mm Durchmesser werden in Düsen aus Hartmetall bei 700 bis 800° C, bei kleineren Durchmessern in Diamantdüsen bei Zimmertemperatur gezogen. Der Draht wird dabei vorher zur Schonung der Düsen und zur Erschwerung der Oxydation durch eine Graphitsuspension geführt. Für manche Verwendungszwecke stört diese Graphitschicht und muß daher vor dem Gebrauch durch Glühen in H_2 bei 900—1000° C, durch Abbeizen in heißer Kalilauge oder auf elektrolytischem Wege entfernt werden.

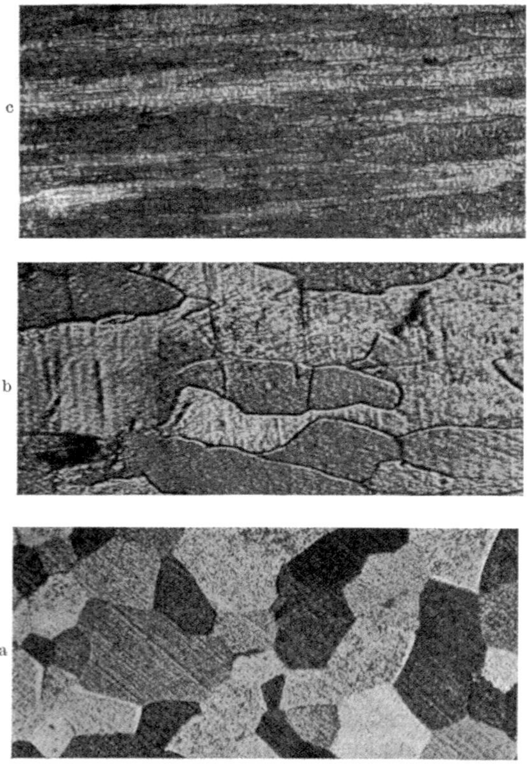

Abb. 10. Gefügeschliffbilder aus den verschiedenen Stadien der Wolframherstellung. a Sinterkörper; b mittlerer Bearbeitungsgrad; c stark verformt (Faserstruktur). Vergr. 180. (Balke *2*).

Neben dieser Herstellungsmethode, die polykristalline Drähte ergibt (vgl. S. 15), besteht noch eine andere für Einkristalldrähte: Sehr feines W-Pulver von etwa 0,5 μ Korngröße wird mit 1 bis 2% ThO_2 und mit Tragant als Bindemittel in feiner Verteilung als plastische Masse durch Diamantdüsen zu Drähten gespritzt. Die Fäden werden dann in H_2-Atmosphäre mit einer Geschwindigkeit von etwa 3 m/h durch eine elektrisch geheizte Wolframspirale gezogen, wobei der Faden innerhalb der Spirale auf 2000 bis 2200° C erhitzt wird. Dadurch wird erreicht, daß die Wachstumsgeschwindigkeit des zuerst gebildeten Kristallkeims größer ist als die Ziehgeschwindigkeit des Fadens, sodaß der erste Keim stets weiter wachsen kann, bevor neue Keime in die erhitzte Zone gelangen können (Pintsch *1*, Groß *1*). Nach diesem Verfahren lassen sich nur Einkristalldrähte von höchstens einigen Zehntel mm Durchmesser herstellen, weil sich sonst mehrere Kristallkeime im Querschnitt bilden.

Einfluß von Beimengungen auf die metallographischen Eigenschaften. Wolfram besitzt eine abnorm große Gitterfestigkeit [1], die bis zu Temperaturen von 700 bis 800° C erhalten bleibt. Daher ist die innerkristalline Festigkeit sehr viel größer als der Zusammenhang zwischen den Einzelkristallen (Korngrenzenfestigkeit). Dieses Verhalten steht im Gegensatz zu dem der meisten anderen Metalle, bei deren Verformung teilweise schon bei Zimmertemperatur ein

[1] Zugfestigkeit des W-Einkristalles etwa 110 kg/mm² (Skaupy *1*, dagegen Mo-Einkristall: 35 kg/mm²).

Nachgeben im Einzelkristall stattfindet, und erklärt eine ganze Reihe von abweichenden Eigenschaften des Wolframs. Andererseits ergeben sich hieraus Richtlinien für die Anwendung und Verarbeitung.

Bei der Herstellung von W-Drähten und -Blechen nach dem Coolidge-Verfahren werden die Kristalle des Sinterstückes durch plastische Verformung gestreckt; es entsteht allmählich eine Faserstruktur (vgl. Abb. 10). Das starke Zusammenhaften der einzelnen „Faserkristalle" in der Drahtlängsrichtung erklärt zusammen mit der großen Kristallfestigkeit die hohe Zerreißfestigkeit gezogener, nicht rekristallisierter W-Drähte; quer zum Draht ist dagegen der Zusammenhalt weit geringer. Da das Gefüge dieser Faserkristalle bei Biegungsbeanspruchungen leicht nachgibt, sind derartige Drähte andererseits weitgehend biegsam. Erst bei sehr starken Deformationen splittert der Draht in einzelne Fasern auf.

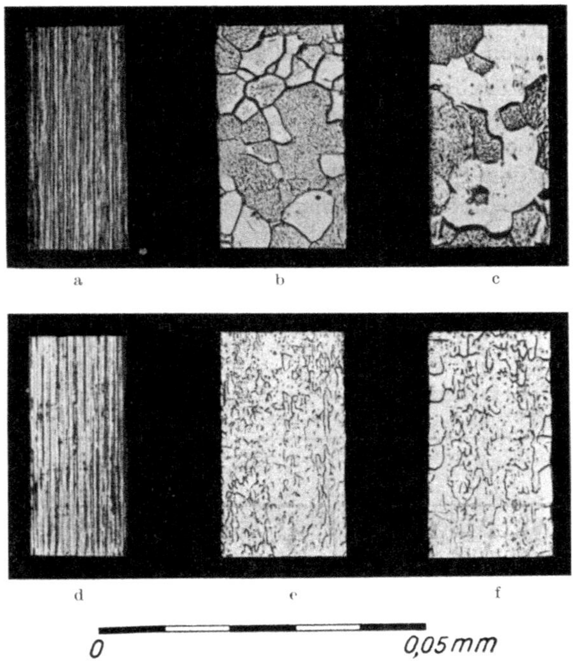

Abb. 11. Verzögerung der Rekristallisation gezogener W-Drähte durch ThO_2-Beimengungen (Schliffbilder Osram).

a Ohne ThO_2, nicht gebrannt; d mit ThO_2, nicht gebrannt;
b ohne ThO_2, 50 h gebrannt; e mit ThO_2, 50 h gebrannt;
c ohne ThO_2, 750 h gebrannt; f mit ThO_2, 750 h gebrannt.

Erhitzt man einen solchen stark verformten, aus reinem W bestehenden Draht über seine Rekristallisationstemperatur, bei der die Faserstruktur in eine mikrokristalline Struktur ohne Kristallorientierung übergeht, so zeigt er ein gänzlich anderes Verhalten als etwa ein durch Erhitzung rekristallisierter Nickeldraht. Während bei Ni-Draht durch Glühen die Duktilität erhöht wird („Weich"-glühen, vgl. Abb. 46), ist der rekristallisierte W-Draht wegen der erwähnten großen Gitterfestigkeit und des verhältnismäßig geringen Korngrenzenzusammenhalts außerordentlich brüchig (vgl. Abb. 14 und S. 18). Aus demselben Grunde erfolgt ein Bruch beim rekristallisierten W (bei niedrigen Temperaturen) im Gegensatz zu den meisten übrigen Metallen, bei denen die Kristalle selbst brechen, stets längs der Korngrenze.

Man sollte also annehmen, daß Einkristalldrähte einem nach dem Hämmerverfahren hergestellten polykristallinen Draht vorzuziehen sind, da es sich hier um einen einzelnen langgestreckten Kristall ohne Korngrenzen handelt, der trotz der erwähnten großen innerkristallinen Festigkeit eine sehr große Biegsamkeit besitzt (vgl. Tabelle 2), bei hohen Temperaturen sehr formbeständig ist und nach einer längeren Erhitzung auf 2000^0 C seine Biegsamkeit unvermindert beibehält (vgl. Schaller *1*). Einkristallfäden lassen sich jedoch nicht so wirtschaftlich wie Polykristalldrähte und nicht in beliebiger Länge herstellen. Nach etwa 20 bis 30 cm treten Stoßstellen zwischen zwei Kristallen auf, die senkrecht zur Drahtachse verlaufen und besonders leicht zu Bruch führen. Man kann solche Drähte also nur in kurzen Stücken verwenden, etwa für kleine Elektronenröhren, Glühkathodenröntgenröhren oder Niedervoltglühlampen, nicht aber für Langdraht- oder Wendel-Glühlampen. Man ist daher heute fast völlig von der Verwendung von Einkristalldrähten abgekommen und hat polykristalline W-Drähte entwickelt, bei denen entweder die Rekristallisation verzögert oder so geleitet wird, daß nach beendeter Rekristallisation ein festes Kristallgefüge vorliegt.

Verzögerung der Rekristallisation wird erreicht durch Zusätze von schwer verdampfbaren Oxyden, z. B. CaO, SiO_2, Al_2O_3 und besonders von ThO_2 (Westinghouse *1*, Smithells *1*). Die Zusätze werden meist der Wolframsäure vor dem Sintern in Form von wäßriger Thornitratlösung zugefügt[1]. Nach Trocknung (unter Bewegung), Zerreiben und Sieben erfolgt die Reduktion des Gemisches wie gewöhnlich im H_2-Ofen. Das beim Glühen entstehende ThO_2 liegt wahrscheinlich nach der Verarbeitung zwischen den Wolframfasern und verhindert rein mechanisch die Bildung neuer Kristalle oder das Wachsen schon vorhandener. Der Vergleich von Abb. 11 a bis c mit Abb. 11 d bis f zeigt den Einfluß dieser Beimengung auf die Rekristallisation, seine quantitative Größe ergibt sich aus Tabelle 4.

Tabelle 4. Einfluß von Zusätzen auf die „Rekristallisationsschwelle"* von Wolfram (K. Becker *1*).

Zusatz	Rekrist.-Schwelle (° C)	Entfestigungs-Schwelle (° C)
0%	800	600
0,75% ThO_2	1400	900
1,5% ThO_2	2000	1000
Spuren SiO_2 und Alkali	1100	700

* Entstehung von im Mikroskop beobachtbaren Kristallkeimen nach etwa 10 min Glühzeit.

In der Tabelle sind noch die Werte für die sog. „Entfestigungsschwelle" aufgetragen. Gezogene Wolframvielkristalle zeigen nämlich unterhalb ihrer Rekristallisationsschwelle nach kurzem Tempern in einem Temperaturgebiet, in dem metallographisch noch keinerlei Rekristallisation zu beobachten ist, eine Entfestigung, die auf eine Rückkehr des durch die mechanische Behandlung deformierten Kristallgitters in den normalen Zustand zurückzuführen ist („Ausglättung, Kristallerholung"). Auch die Entfestigungsschwelle wird, wie man sieht, von der vorhandenen Beimengung stark beeinflußt.

Thorierte W-Drähte mit etwa 0,7% ThO_2-Gehalt (G 7-Draht der Osram-Ges., Thoran 0,7% der Deutsch. Glühfaden-Fabr.) werden hauptsächlich für Hochvakuum-Glühlampen verwendet. Drähte für Elektronenemissionszwecke (vgl. S. 267) enthalten gewöhnlich 1,5% ThO_2 (G 15, Thoran 1,5%). Die Zusatzmenge an ThO_2 ist begrenzt, weil es schwer ist, Wolfram mit über 2% ThO_2 zu dünnen Drähten zu verarbeiten, und weil es nicht möglich ist, das Herausdampfen der Beimengung aus den Sinterblöcken zu verhüten.

Glühwendeln, auch wenn sie aus thorhaltigen Drähten hergestellt werden, sind bei Temperaturen über 2500° C nicht genügend formbeständig, sodaß sie für Wendelglühlampen oder Glühkathodenröntgenröhren ungeeignet sind. Obwohl

[1] 17 g $Th(NO_3)_4$ (entwässert) zu 1 kg WO_3 ergibt W-Draht mit 1% ThO_2-Gehalt.

nun grobkristalline W-Drähte steifer sind als mikrokristalline (vgl. S. 8) und infolgedessen als Glühwendeln selbst bei einer Temperatur von 2800° C nicht unter der Wirkung des eigenen Gewichtes „durchsacken"[1], wird ihr Gebrauch jedoch wegen der Erscheinung der „Kristallversetzung" („off setting"-Effekt) erschwert. Diese kommt dadurch zustande, daß eine nahezu ebene Korngrenze quer durch den ganzen Drahtdurchmesser verläuft (vgl. Abb. 12)[2]. Durch eine geeignete Folge von Glüh- und Verformungsprozessen (vgl. z. B. Skaupy *1*) hat man jedoch erreicht, große Kristalle zu züchten, deren Korngrenzen sich vorzugsweise in Richtung parallel zur Drahtachse erstrecken[3]. Alkali und Kieselsäurezusätze (0,2%, dem WO_3 vor der Verarbeitung als Natriumsilikatlösung zugesetzt) wirken dabei günstig auf die gewünschte Kristallausbildung. Derartige Drähte besitzen die hohe Steifigkeit grober Kristallstruktur, ohne der Kristallversetzung zu unterliegen, und sind daher gegen Erschütterungen weitgehend widerstandsfähig. Nach einem anderen Verfahren (für Glühlampen) erfolgt die Bildung der

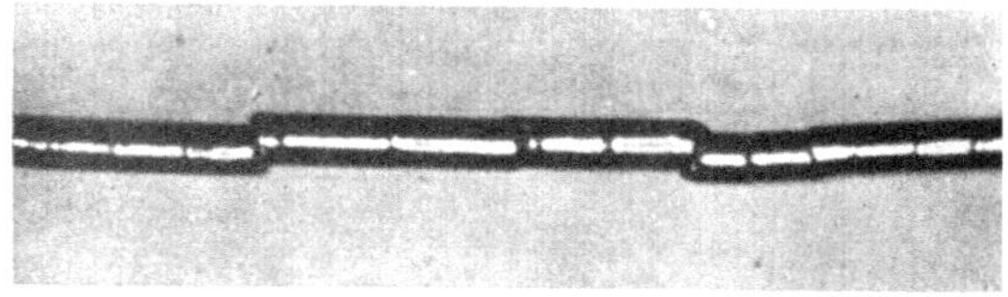

Abb. 12. Kristallversetzungen in W-Drähten; Vergr. 250. (Gehlhoff *1*).

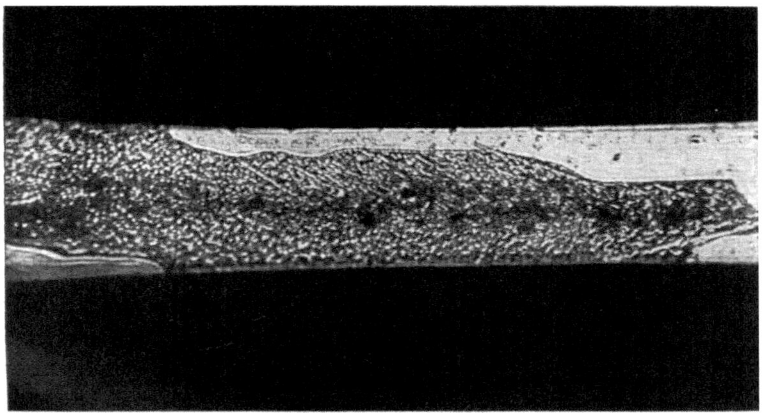

Abb. 13. Wolfram-Stapeldrahtgefüge. Vergr. 450. (Gehlhoff *1*).

gewünschten langen Kristalle (mit großflächiger Überlappung an ihren Enden, Verzahnung) durch Glühen erst nach erfolgter Wendelung[4]. NS-Draht wird auch bei nicht gewendelten Glühkathoden verwendet, wenn die durch den ThO_2-Gehalt bedingte zusätzliche Elektronenemission Störungen veranlaßt (Kathoden in Hochspannungsröhren).

[1] „non sag"- oder NS-Draht.

[2] Solche Versetzungen wie überhaupt die Bildung großer Kristalle treten bei Wechselstromerhitzung in höherem Maße auf als bei Gleichstromerhitzung. Bei gleicher Spannung ist also die Lebensdauer wechselstrombeheizter Drähte geringer (Lax *4*).

[3] „Stapelkristallgefüge" Abb. 13, verzahnter NS-Draht, Jeffries *2*, Smithells *1*, Goucher *1*, R. Jakobi *1*, Koref *2*.

[4] Vgl. S. 25.

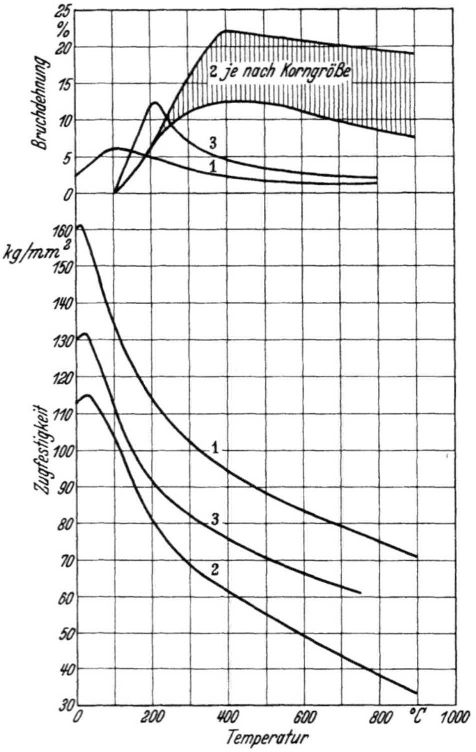

Abb. 14.

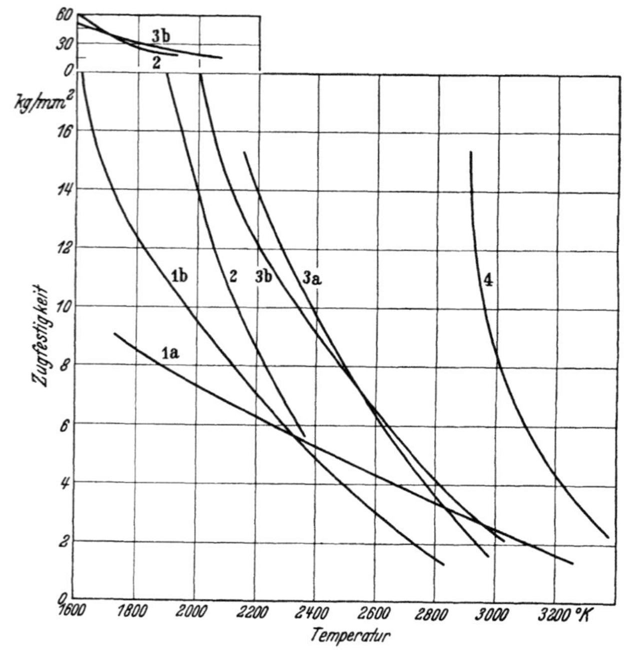

Abb. 15.

Warmfestigkeit und Warmbruchdehnung. Bei der Verarbeitung von Wolfram, besonders beim Biegen dünner Drähte und Bleche, ist auf das von den anderen Metallen grundsätzlich abweichende mechanische Verhalten und auf die Abhängigkeit der mechanischen Eigenschaften vom Bearbeitungsgrad sowie von der vorhergegangenen Wärmebehandlung des Materials Rücksicht zu nehmen. In Abb. 14 ist die Warmfestigkeit und die Warmbruchdehnung für denjenigen Temperaturbereich wiedergegeben, in dem sich eine Bearbeitung ohne wesentliche Oxydation an Luft durchführen läßt. Die Kurven 1 gelten für einen stark verformten Draht (mit infolgedessen weitgehend ausgebildeter Faserstruktur). Dabei fällt auf, daß die Bruchdehnung bei Zimmertemperatur immerhin 3% beträgt und bis zu 800° C nur wenig temperaturabhängig ist; ein solcher Draht kann also bei Zimmertemperatur verarbeitet werden. Demgegenüber geht aus den Kurven 3 eines weniger stark durch Ziehen verformten Drahtes hervor, daß die Zugfestigkeit geringer und die Bruchdehnung bei Zimmertemperatur Null ist. Dieser Draht läßt sich also nicht kalt, sondern nur bei einer Temperatur von über 100° C verarbeiten, z. B. biegen, wendeln usw. Die Kurven 2 zeigen schließlich das Verhalten von durch Glühen bei 2000° C in H_2

Abb. 14. Warmfestigkeit und Bruchdehnung von W-Drähten mit 0,75% ThO_2-Gehalt (Jeffries *1*).
1) 0,63 mm ø; Bearbeitungsgrad 97,5%; nicht rekristallisiert. 2) wie 1), jedoch bei 2000° C in H_2 geglüht, rekristallisiert. 3) 0,7 mm ø; Bearbeitungsgrad 56%; nicht rekristallisiert.

Abb. 15. Zugfestigkeit von W-Drähten bei hohen Temperaturen (in ° K!).
1a) NS-Draht, sog. 218-Wire (Fonda). 1b) ThO_2-freier Draht (Pirani). 2) ThO_2-Gehalt 0,75% (Pirani). 3a) ThO_2-Gehalt 1,5%, sog. E-Wire (Fonda). 3b) ThO_2-Gehalt nicht angegeben (Tajime). 4) Pintsch-Einkristalldraht, ThO_2-Gehalt 2% (Fonda).

rekristallisiertem W-Draht. Abgesehen von einer weiteren Abnahme der Zugfestigkeit wird auch dieser Draht erst bei höheren Temperaturen bearbeitbar. Die Bruchdehnung ist dabei im wesentlichen eine Funktion der Kristallgröße. Aus den Kurven der Bruchdehnung in Abb. 14 folgt also, daß das Biegen von W-Draht zweckmäßig meist bei höherer Temperatur (400 bis 700° C) vorzunehmen ist, um mit Sicherheit einen Bereich genügender Duktilität einhalten zu können.

Die Erhitzung bei der Verarbeitung kann sowohl durch Gasbeheizung (reduzierende Flamme!) wie auch, besonders bei dünnen Drähten, mittels Stromdurchgang erfolgen. Beim Wendeln von Drähten genügt es, den Wickeldorn (durch eine innenliegende Heizpatrone oder durch Anschluß an einen Schweißtransformator mittels Stromdurchgang) zu erhitzen.

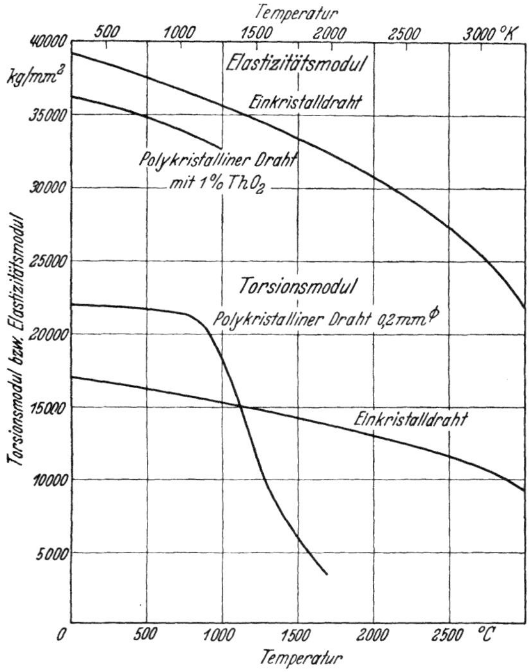

Abb. 16. Elastizitäts- und Torsionsmodul von W-Drähten in Abhängigkeit von der Temperatur (Dodge *1*, Geiss *1*, Schriever *1*).

Die Zugfestigkeit von W-Drähten in **höheren** Temperaturbereichen (bis 3000° C) zeigt Abb. 15. Im allgemeinen nimmt die Zugfestigkeit sehr stark ab als Folge der Kristallentfestigung bzw. der Rekristallisation. Die Kurven zeigen deutlich den (aus der Verzögerung der Rekristallisation verständlichen) Einfluß des ThO_2-Gehaltes auf die Warmfestigkeit. Die mit Rücksicht auf die Lebensdauer zulässigen Anfederungskräfte (Dauerstandfestigkeit!) für Kathoden oder Leuchtkörper liegen weit unterhalb der in Abb. 15 angegebenen Werte (vgl. Abschnitt 21b, Abb. 284, S. 265).

Elastizitätsmodul und Torsionsmodul. Neben den in Tabelle 2 angegebenen Zahlenwerten ist die Abhängigkeit des Elastizitäts- und Torsionsmoduls von W-Drähten von der Betriebstemperatur und vom Bearbeitungsgrad wesentlich (Abb. 16 und 17). Aus den Abbildungen sind folgende, für die Konstruktion von thermisch hoch belasteten Federn wesentliche Einzelheiten zu entnehmen:

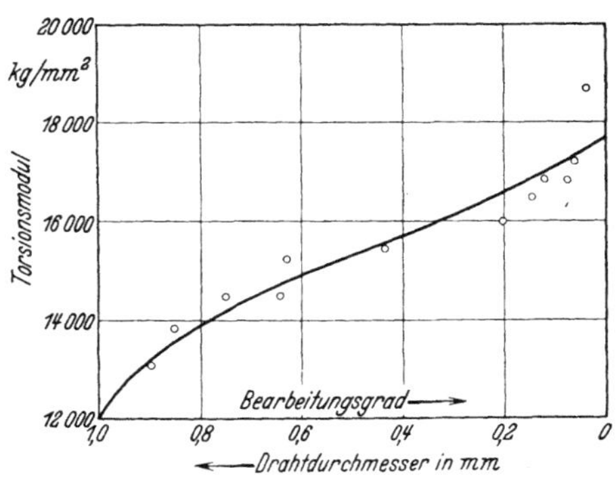

Abb. 17.
Torsionsmodul von polykristallinem W-Draht in Abhängigkeit vom Bearbeitungsgrad (Agte 2).

Tabelle 5. Thermische

1	2	3	4	5	6	7	8
Wahre Temperatur	Schwarze Temperatur	Spektr. Emissionsvermögen $\lambda = 0{,}665\,\mu$	Total-Strahlung	Spez. Widerstand	Warmwiderstandsverhältnis	Wärmeleitfähigkeit	Längenänderung
° K	° C	$e_{\lambda\,665}$	W/cm²	Ω mm²/m	$\frac{R_T}{R_{293}}$	W/cm Grad	$\frac{l_T - l_{293}}{l_{293}}$
293				$5{,}48 \cdot 10^{-2}$	1		
300		0,47	$3 \cdot 10^{-5}$	5,66	1,03		
400		0,468	$2 \cdot 10^{-3}$	8,05	1,467		$0{,}5 \cdot 10^{-3}$
500		0,466	$9{,}7 \cdot 10^{-3}$	10,57	1,924		1,0
600		0,464	$3 \cdot 10^{-2}$	13,23	2,41		1,4
700		0,462	$7{,}7 \cdot 10^{-2}$	16,08	2,93		1,8
800		0,460	0,169	19,0	3,46		2,3
900		0,458	0,331	21,94	4,0		2,8
1000	693	0,456	0,603	24,9	4,54	0,84	3,2
1100	785	0,454	1,03	27,95	5,08	0,87	3,6
1200	876	0,452	1,66	30,98	5,65	0,90	4,1
1300	967	0,45	2,57	33,66	6,22	0,93	4,6
1400	1057	0,448	3,82	37,2	6,78	0,96	5,2
1500	1147	0,445	5,52	40,35	7,36	0,99	5,7
1600	1236	0,443	7,73	43,5	7,93	1,02	6,3
1700	1324	0,441	10,6	46,8	8,52	1,04	6,9
1800	1411	0,439	14,18	50	9,12	1,07	7,5
1900	1498	0,437	18,6	53,3	9,72	1,09	8,1
2000	1584	0,435	24	56,7	10,33	1,11	8,8
2100	1670	0,433	30,45	60,1	10,93	1,13	9,4
2200	1753	0,431	38,2	63,5	11,57	1,15	10,1
2300	1836	0,429	47,2	66,9	12,19	1,17	10,8
2400	1919	0,427	57,7	70,3	12,83	1,19	11,6
2500	2001	0,425	69,8	73,9	13,47	1,21	12,4
2600	2083	0,423	83,8	77,4	14,12	1,23*	13,2
2700	2164	0,421	99,8	81,1	14,76	1,25*	14,0
2800	2243	0,419	117,5	84,7	15,43	1,27*	14,9*
2900	2322	0,417	137,5	88,3	16,1		16*
3000	2400	0,415	160,3	92,1	16,77		17*
3100	2477	0,413	185,5	95,7	17,46		18*
3200	2554	0,411	214	99,5	18,15		19*
3300	2630	0,409	245	103,3	18,83		20*
3400	2705	0,407	280	107,2	19,53		21*
3500	2780	0,405	318	111	20,24		23*
3600			360	115	20,95		
3655		0,39	383	117,2	21,34		
Autor:	Smithells	Coblentz	Jones und Langmuir (vgl. auch Forsythe 3)			Worthing	Smithells

$1\left[\frac{W}{cm\ Grad}\right] = 0{,}239\left[\frac{cal}{cm\ sec\ Grad}\right]$

* extra poliert.

Zwischen 0 und 900° C Betriebstemperatur nimmt der Torsionsmodul bei ein- und polykristallinen Drähten nur sehr wenig ab. Oberhalb 900° erfolgt ein (bei polykristallinen Drähten besonders starkes) Absinken.

Mit zunehmendem Bearbeitungsgrad (kleinerem Drahtdurchmesser) steigt der Torsionsmodul an (natürlich nur, solange nicht Rekristallisationserscheinungen die Faserstruktur aufheben, also bis etwa 900° C).

Daten von Wolfram.

9	10	11	12	13	14	15	16
Verdampfgs.-geschwindigkeit	Dampfdruck	Normale Leuchtdichte	Lichtausbeute	Leistungsaufwand für 1 HK_0	Elektronenemission	Elektronenausbeute	Wahre Temperatur
g/cm²sec	Tor	HK/cm²	HLm/W	W/HK_0	A/cm²	A/W	°C
							20
							27
							127
							227
							327
							427
							527
							627
		$1,3 \cdot 10^{-4}$			$1,07 \cdot 10^{-15}$	$1,77 \cdot 10^{-15}$	727
		$1,11 \cdot 10^{-3}$			$1,52 \cdot 10^{-13}$	$1,48 \cdot 10^{-13}$	827
		$6,7 \cdot 10^{-3}$			$9,75 \cdot 10^{-12}$	$5,88 \cdot 10^{-12}$	927
		$3,2 \cdot 10^{-2}$			$3,22 \cdot 10^{-10}$	$1,24 \cdot 10^{-10}$	1027
		0,122	0,099		$6,62 \cdot 10^{-9}$	$1,73 \cdot 10^{-9}$	1127
$1,69 \cdot 10^{-22}$		0,366	0,218		$9,15 \cdot 10^{-8}$	$1,65 \cdot 10^{-8}$	1227
$1,69 \cdot 10^{-20}$		1,02	0,441		$9,27 \cdot 10^{-7}$	$1,2 \cdot 10^{-7}$	1327
$9,9 \cdot 10^{-19}$		2,51	0,785	17,1	$7,07 \cdot 10^{-6}$	$6,66 \cdot 10^{-7}$	1427
$3,61 \cdot 10^{-17}$	$1,93 \cdot 10^{-15}$	5,6	1,23		$4,46 \cdot 10^{-5}$	$3,15 \cdot 10^{-6}$	1527
$8,83 \cdot 10^{-16}$		11,53	2,08	6,45	$2,28 \cdot 10^{-4}$	$1,22 \cdot 10^{-5}$	1627
$1,47 \cdot 10^{-14}$	$8,3 \cdot 10^{-13}$	22,2	3,07		$1,0 \cdot 10^{-3}$	$4,18 \cdot 10^{-5}$	1727
$2,01 \cdot 10^{-13}$		39,5	4,37	3,03	$3,92 \cdot 10^{-3}$	$1,28 \cdot 10^{-4}$	1827
$2,09 \cdot 10^{-12}$	$1,24 \cdot 10^{-10}$	68	6,02		$1,33 \cdot 10^{-2}$	$3,48 \cdot 10^{-4}$	1927
$1,82 \cdot 10^{-11}$		111,6	7,95	1,66	$4,08 \cdot 10^{-2}$	$8,75 \cdot 10^{-4}$	2027
$1,28 \cdot 10^{-10}$	$7,9 \cdot 10^{-9}$	174,2	10,3		$1,16 \cdot 10^{-1}$	$2,01 \cdot 10^{-3}$	2127
$7,58 \cdot 10^{-10}$		263,6	12,8	1,03	$2,98 \cdot 10^{-1}$	$4,26 \cdot 10^{-3}$	2227
$3,92 \cdot 10^{-9}$	$2,53 \cdot 10^{-7}$	385	15,7		$7,17 \cdot 10^{-1}$	$8,55 \cdot 10^{-3}$	2327
$1,78 \cdot 10^{-8}$		553	19,0		1,63	$1,64 \cdot 10^{-3}$	2427
$7,4 \cdot 10^{-8}$	$4,95 \cdot 10^{-6}$	770	22,4	0,58	3,54	$3,01 \cdot 10^{-2}$	2527
$2,76 \cdot 10^{-7}$		1053	26,2		7,32	$5,31 \cdot 10^{-2}$	2627
$9,47 \cdot 10^{-7}$	$6,55 \cdot 10^{-5}$	1395	30,1		14,15	$8,82 \cdot 10^{-2}$	2727
$3,0 \cdot 10^{-6}$		1828	34,1		26,4	0,142	2827
$8,85 \cdot 10^{-6}$	$6,33 \cdot 10^{-4}$	2342	38,0		47,85	0,224	2927
$2,44 \cdot 10^{-5}$		2980	42,3		84,5	0,344	3027
$6,35 \cdot 10^{-5}$	$4,68 \cdot 10^{-3}$	3740	46,8		142	0,507	3127
		4685	50,3		233	0,734	3227
					374	1,04	3327
		6380			479	1,25	3382
Zwikker		Smithells	Hyde, Cady, Forsythe		Jones und Langmuir		

Die Erfahrung zeigt außerdem, daß Drähte mit Rißbildung parallel zur Achse einen wesentlich kleineren Torsionsmodul (7000 bis 8000 kg/mm²) besitzen als fehlerfreie Drähte.

Thermische Daten. Infolge seiner hohen Rekristallisationstemperatur, seiner geringen Verdampfungsgeschwindigkeit und seines hohen Schmelzpunktes wird W vorzugsweise als Werkstoff in Vakuumröhren bei hohen Temperaturen verwendet. Tabelle 5 gibt eine Übersicht über die wichtigsten Daten des W zwischen 0 und 3600° *K* auf Grund einer Auswahl der zuverlässigsten Messungen aus der Literatur. Dabei ist folgendes zu bemerken:

Strahlungsvermögen. Vergleichende Kurven über die Abweichung der schwarzen von der wahren Temperatur finden sich in Abb. 283. Die Differenz zwischen wahrer und schwarzer Temperatur rührt bekanntlich von dem Unterschied zwischen dem spektralen Emissionsvermögen des betreffenden Körpers und dem des schwarzen Körpers her und ist von der Oberflächenbeschaffenheit des strahlenden Körpers abhängig. Bei kleinkristallinem W kann das Emissionsvermögen zwischen 1500 und 2300° *K* durch entsprechende Oberflächenbehandlung von 0,43 (blankpoliert) bis 0,67 (stark aufgerauht) verändert werden (gemessen bei $\lambda = 0{,}650\ \mu$), was z. B. bei Temperaturmessungen an hocherhitzten Anoden zu beachten ist. Über die pyrometrische Ermittlung der wahren Temperatur vgl. S. 126.

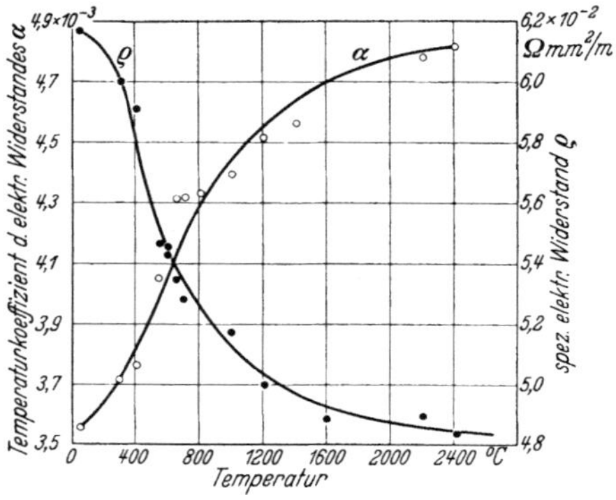

Abb. 18. Spez. elektrischer Widerstand (0° C) und sein Temperaturkoeffizient (0 bis 100° C) für reine W-Drähte in Abhängigkeit von der Ausglühtemperatur (Agte 2).

Die Zahlen der Spalte 4 sind insbesondere für die Wärmeabstrahlung hochbelasteter Elektroden wichtig. Eine kurvenmäßige Darstellung findet sich in Abb. 282 (Heizleistung für W-Kathoden).

Spezifischer Widerstand. Die in Spalte 5 angegebenen Werte gelten für spannungsfreien (entfestigten) Draht. Eine Ergänzung dieser Daten gibt Abb. 18, welche die Abhängigkeit des spezifischen Widerstandes ϱ bei 0° C und seines Temperaturkoeffizienten α zwischen 0 und 100° C von der jeweils vorausgegangenen Ausglühtemperatur reiner W-Drähte wiedergibt (vgl. auch Abb. 281). Verunreinigungen erhöhen ϱ und verkleinern α.

Chemische Eigenschaften. Vakuumtechnisch wichtig ist vor allem das Verhalten gegenüber Gasen. Bei hohen Temperaturen reagiert W hauptsächlich mit O_2, CO, N_2, H_2O und Kohlenwasserstoffen, dagegen nicht mit Hg-Dampf und mit H_2, der auch die mechanischen Eigenschaften nicht beeinflußt (im Gegensatz zu Ta!). Mit O_2 bzw. Luft bildet W bei 600 bis 700° C an der Oberfläche ein niederes stahlblaues Wolframoxyd (W_4O_{11}?), das für die Herstellung der Kerndrähte von Destillationskathoden Bedeutung hat (vgl. Abschnitt 21 f). Bei höheren Temperaturen bildet sich das gelbe Wolframtrioxyd (WO_3, Wolframsäure), das leicht von der glühenden Oberfläche abdampft und sich an nahegelegenen kalten Oberflächen niederschlägt. Von molekularem N_2 wird festes W nicht angegriffen und löst diesen auch nicht; dagegen entsteht bei etwa 2300° C durch Reaktion des W-Dampfes mit N_2, z. B. in N_2-gefüllten Glühlampen, ein Wolframnitrid (WN_2).

Besonders gefährlich für glühende W-Drähte ist Wasserdampf, der unter Bildung von WO_3 dissoziiert wird. Dieses wird nach dem Niederschlagen auf der Gefäßwand von dem freigewordenen H_2 unter erneuter Bildung von Wasserdampf zu W reduziert. Dieser Prozeß kann bei schlecht gepumpten Glühlampen in kurzer Zeit unter Schwärzung der Glaswand zum Abbau des Fadens führen.

In Gegenwart von Kohlenstoff enthaltenden Gasen (CO, CO_2, Methan, Naphthalindampf u. dgl.) und im Kontakt mit fester Kohle bildet W bei Temperaturen über 1100° C W-Karbid (W_2C + WC, Andrews *1, 2*). Derartige Karbide sind bis 2150° C beständig [1] und bewirken schon in geringen Mengen eine große Brüchigkeit des Materials. Hand in Hand damit geht eine starke Änderung der Leitfähigkeit, da das zuerst sich bildende W_2C nur 7%, das bei höheren Temperaturen sich bildende WC nur 40% der Leitfähigkeit von reinem W besitzt (vgl. Abb. 19). Über Karburierungsprozesse bei der Aktivierung von Thorwolframdrähten für Emissionszwecke vgl. Abschnitt 21 c, über die Verwendung von WC für Bearbeitungswerkzeuge Abschnitt 10 a, S. 116.

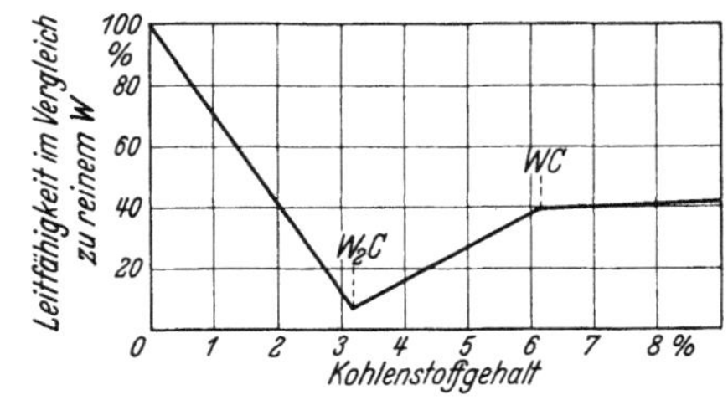

Abb. 19. Leitfähigkeit von kohlenstoffhaltigem W in Abhängigkeit vom C-Gehalt (Andrews *2*).

Al_2O_3, MgO und ZrO werden in Kontakt mit oberhalb 2000° C glühendem W reduziert, was bei dem Bau von indirekt geheizten Kathoden mit Isolationsröhrchen aus derartigen Materialien zu beachten ist (vgl. Abschnitt 13 c, S. 206). Desgleichen wird ThO_2 von W, in dem es enthalten ist, oberhalb 2400° C teilweise zu metallischem Th reduziert (vgl. Abschnitt 21 c, S. 267). Von Joddämpfen wird W im Gegensatz zu Ni praktisch nicht angegriffen, weshalb W-Stäbe als Zuleitungen in Vakuumgefäßen für die Erzeugung von seltenen Metallen (Zr, Hf, Ti) nach der Methode der thermischen Dissoziation aus Joddämpfen Verwendung finden (DeBoer *2*). Die Reaktion des glühenden Wolframs mit unedlen Restgasen wird häufig auch zu Getterungszwecken benutzt (vgl. Abschnitt 24 c, S. 309).

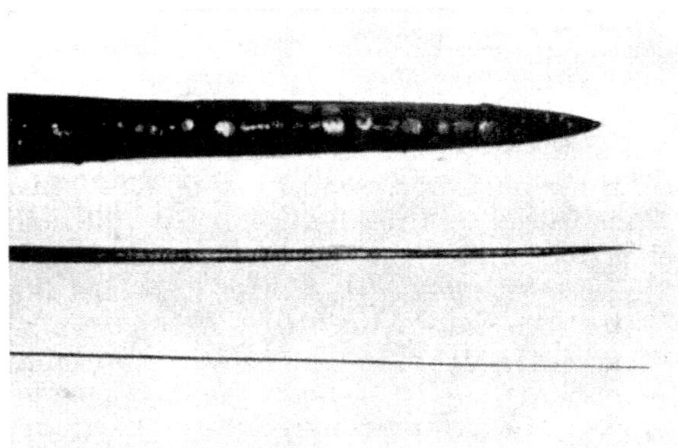

Abb. 20. Durch geschmolzenes Natriumnitrit angespitzte W-Drähte. Vergr. etwa 10 (Smithells *2*).

Von den für Beizzwecke gebräuchlichen Säuren und Laugen (H_2SO_4, HCl, HNO_3, wässeriges NaOH und wässeriges KOH) wird Wolfram überhaupt nicht oder nur sehr wenig angegriffen. Dagegen ist es leicht löslich in einer Mischung von HF + HNO_3 oder HF + HCl und besonders in auf 300° C erhitztem Natriumnitrit (Schmelzpunkt 280° C). Das Anspitzen von W-Drähten (vgl. Abb. 20) zur Einführung in Ziehdüsen gelingt z. B. leicht durch Tauchen in eine solche Schmelze oder durch Einführung des Drahtes als Anode in ein elektrolytisches Bad mit wässeriger Natriumnitrit- ($NaNO_2$-) Lösung.

[1] Nach Andrews *2* wird vollständige Dekarburierung erst nach 8stündiger Erhitzung bei 2430° C erreicht.

Technische Anwendungen des Wolframmetalls. Eine Übersicht der handelsüblichen Formen des W gibt Tabelle 6.

Tabelle 6. Handelsübliche Formen von Wolfram.

Form	Abmessungen	Zusammensetzung	Hauptsächliche Verwendung
Stäbe, gehämmert	7—1 mm Ø, Länge bis einige m	rein	Einschmelzungen, Elektrodenhalter, Heizelemente.
Stäbe, gezogen	4—1,1 mm Ø	rein	
Einkristalldrähte	0,2—0,02 mm Ø, Kristallänge bis 30 cm	mit 2% ThO_2	Niedervoltglühlampen, Elektronenmeßröhren, Torsionsfedern.
Gezogene Drähte (thoriert)	1—0,01 mm Ø, Länge bis 1000 m	mit 0,7% ThO_2	Vakuum-Langdraht-Glühlampen.
Desgl.	Desgl.	mit 1,5% ThO_2	Thorium-Glühkathoden.
Gezogene Drähte (NS)	1—0,005 mm Ø	mit Spuren SiO_2	Gasgefüllte Wendelglühlampen, W-Glühkathoden, Dest.-Kathoden, Heizelemente für indirekte Kathoden, Gitter in Elektronenröhren.
Gewalzte Bleche (hochglanz oder mattgebeizt)	Dicke bis herab zu 0,05 mm, max. Breite 215 mm	rein (99,99%)	Dauernd hoch erhitzte Anoden, Glühbänder, Strahlungsschutzbleche.
Formstücke, geschmiedet (mattgebeizt, geschmirgelt, poliert oder geschliffen)	max. Gewicht ~ 1 kg, Scheiben bis 100 mm Ø	rein (99,99%)	Antikathodenkeulen, -schaufeln oder -ronden, rotierende Antikathoden, Vakuumkontakte.

Da sich W schwer bearbeiten läßt und relativ teuer ist, wird es im wesentlichen nur dort verwendet, wo seine günstigen mechanischen und thermischen Eigenschaften dies rechtfertigen. Es wird deshalb z. B. in Elektronenröhren selten für Anoden, häufig dagegen für Glühelektroden benutzt. Die hauptsächlichsten technischen Anwendungen sind folgende:

Glühlampen[1] (Aboville *1*, Althertum *3*, Knepper *2*, Lax *3*, Ullmann *1*, Wegener *1*). Hohe Lichtausbeute wegen der hohen Betriebstemperatur; lange Lebensdauer wegen geringer Verdampfungsgeschwindigkeit (vgl. Tabelle 5, Spalte 9). Betriebstemperatur bei etwa 1000 Stunden Lebensdauer: 2050—2150° C (Vakuum-Langdrahtlampe; vgl. auch Tabelle 104) oder 2500—2660° C (gasgefüllte Wendeldrahtlampe, AEG *1*; vgl. auch Abschnitt 20a, Abb. 253). Dimensionierung des Glühdrahtes nach Strom und Spannung vgl. Abb. 285, S. 266; leuchttechnische Daten vgl. Tabelle 5, Spalte 11—13 und Barbrow *1*. Beispiele für die Anordnung des Leuchtdrahtes in Lampen vgl. Abb. 21 und 22.

Bei der Herstellung der Langdraht- (Vakuum-) Glühlampen wird der (Th enthaltende) W-Draht auf Lehren gewickelt und auf diesen in indifferenter Gasatmosphäre unter einer Glocke geglüht. Er wird dadurch gesäubert und erhält gleichzeitig die für das Bespannen in der Lampe nötige Form.

Bei der Wendelherstellung für die sog. Halbwattlampen wird gezogener NS-Draht mittels einer Wickelmaschine fortlaufend auf einen Kerndraht (Wendelseele), dessen Durchmesser etwa viermal so groß wie der des

[1] Ältere Literatur über Glühlampenherstellung: Müller *1*, Weber *1*.

W-Drahtes ist, bei einer Steigung von etwa dem 1,5fachen des W-Drahtdurchmessers gewickelt (über stroboskopische Kontrolle der Wicklung vgl. Schröter 2).

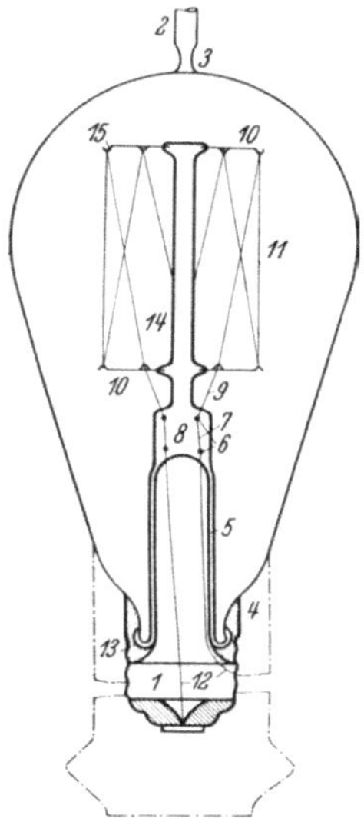

Abb. 21. Hoch evakuierte Wolfram-Langdrahtlampe. 1 Sockel; 2 Pumpstengel; 3 Abschmelzstelle; 4 Sockelkitt; 5 Fuß; 6 Schweißstelle; 7 Einschmelzdraht (Cu-Manteldraht); 8 Fußquetschung; 9 Zuleitungen (Ni oder Konstantan); 10 Haltedrähte (Mo); 11 Leuchtdraht (W); 12 Stromzuführungen (Cu); 13 Anschmelzstelle zwischen Fuß und Glocke; 14 Vollglasstab; 15 Mo-Häkchen.

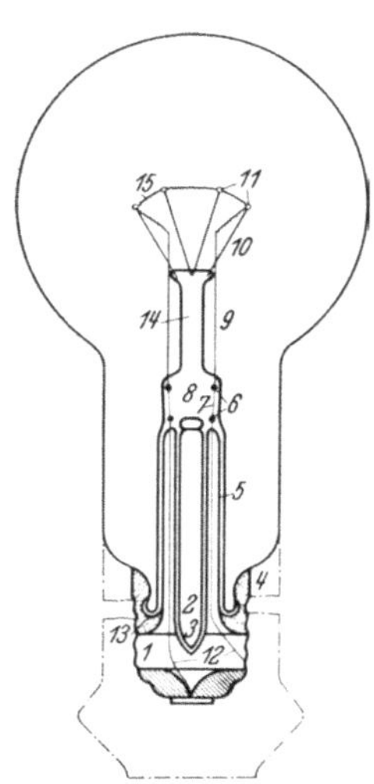

Abb. 22. Wolfram-Wendellampe mit Gasfüllung (sog. Halbwatt-Lampe). 11 Mo-Ösen zum Halten der W-Wendel. 15 Wendel aus W-Draht. Sonstige Bezugszeichen wie in Abb. 21.

Der Kerndraht mit der Wendel wird zu gewünschten Längen geschnitten und der Kern, der meist aus Messing oder Eisen besteht, chemisch herausgelöst.

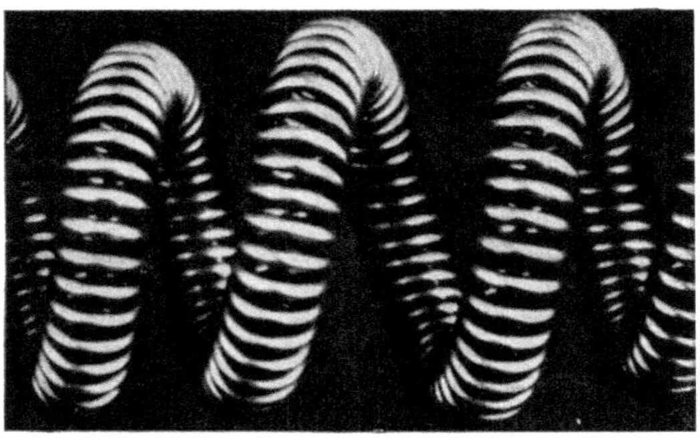

Abb. 23. Doppelwendel-Leuchtkörper aus W-Draht (aus einer sog. D-Glühlampe).

Vielfach erfolgt vorher unter H_2 eine Erhitzung (sog. „Formierung“) der auf den Kerndraht gewickelten Wendel zwecks Bildung langer Kristalle mit großflächiger Überlappung an ihren Enden (Stapelkristalle, erhöhte Formbeständigkeit, vgl. S. 17) und zur Vermeidung nachträglicher Spannungen zwischen den Überlappungen. In diesem Falle findet als Kerndraht Mo

Verwendung[1] (vgl. S. 34). Auch Doppelwendel-Leuchtkörper (vgl. Abb. 23) lassen sich auf diese Weise sehr formbeständig herstellen. Der in den größten bisher gebauten Glühlampen verwendete W-Draht besitzt Durchmesser bis zu 2,5 mm.

Heizkörper. Lange Lebensdauer bei hoher Temperatur. In Vakuum- oder H_2-Glühofen (Fehse *1*, Pirani *1*): Betriebstemperatur bis 3000° C (vgl. z. B. Abb. 129). Heizelement für indirekte Kathoden, z. B. in Rundfunkröhren und Stromrichtern: Einzelheiten vgl. Abschnitt 21 d, S. 272 und Abschnitt 13 c, S. 206.

Direkt geheizte Glühkathoden. Hohe Elektronenemission und lange Lebensdauer wegen hoher Erhitzbarkeit. Verwendet in Elektronen-Senderöhren, -Gleichrichtern und -Meßröhren, gasgefüllten Stromrichtern, Leuchtröhren und Röntgenröhren. Bei der Herstellung von W-Spiralen für Röntgenkathoden mit geringem Abstand der einzelnen Windungen (vgl. Abb. 24) wird der W-Draht

Abb. 24. Herstellung von Kathodenspiralen (für Röntgenröhren) aus baumwollumsponnenem W-Draht; links: Einbringen in die Preßform; rechts: Spiralen und Formteile (Ungelenk *2*).

zunächst mit einer Baumwollumspinnung versehen, die beim Wickeln der Spirale den zwischen den einzelnen Windungen notwendigen Abstand sichert. Die in eine Form gepreßte Spirale wird durch Glühen entspannt; die dabei verkohlte Baumwolle wird später herausgewaschen.

Einzelheiten über die Verwendung von W für Glühkathoden, insbesondere über Elektronenemissionsfähigkeit vgl. Abschnitt 21 b.

Kerndrähte für direkt geheizte Filmkathoden. Hohe Elektronenemission und gutes Haften der Th- bzw. Ba-Schicht auf dem Kerndraht. Verwendet in Elektronenröhren. Einzelheiten vgl. Abschnitt 21 c und 21 f.

Träger für Sinterkathoden. Vgl. Abschnitt 21 e.

Tabelle 7. Belastbarkeit von W-Antikathoden bei 1 und 0,1 sec Einschaltdauer (Berthold *1*, Ungelenk *3*).

Antikathoden-Konstruktion	Belastung W/mm² 1 sec	Belastung W/mm² 0,1 sec
Feststehende Ronde	200	300
Drehanode, Brennfleckkreis-∅ 6 cm, 2800 U/min	750	2000
„ „ 8 cm, 2800 U/min	—	2500
„ „ 9 cm, 5600 U/min	1000	3600

Antikathodeh in Röntgenröhren (Berthold *1*, Bouwers *1*, Halberstadt *1*, Ungelenk *1*, *3*, H. Wendt *1*). Relativ guter Nutzeffekt für Röntgenbremsstrahlung wegen hoher Ordnungszahl, hohe spezifische Belastbarkeit

[1] Die Formierung der Wendeldrähte für Glühlampen kann entweder durch direkte Stromerhitzung des Mo-Kerndrahtes oder (zusammen mit dem Kerndraht) in einem Mo-Kurzschlußofen bei etwa 1500° C erfolgen (vgl. Liempt *3*). Auch nach dem Einbau in die Lampe ist eine Formierung unter Vakuum oder Schutzgas durch kurzzeitiges Glühen auf hohe Temperaturen möglich (sog. „Blitzen" der Lampen). Dagegen dürfen die Spiralen auf keinen Fall mittels einer H_2-Flamme erhitzt werden.

a b c

Abb. 25. Zerstörte Antikathodenspiegel aus W: a wegen schlechtem Wärmekontakt durchgeschmolzene Ronde, Cu herausgeschmolzen; b gerissene Strichfokus-Antikathode, Cu herausgeschmolzen; c überlastete Ronde, W-Oberfläche geschmolzen.

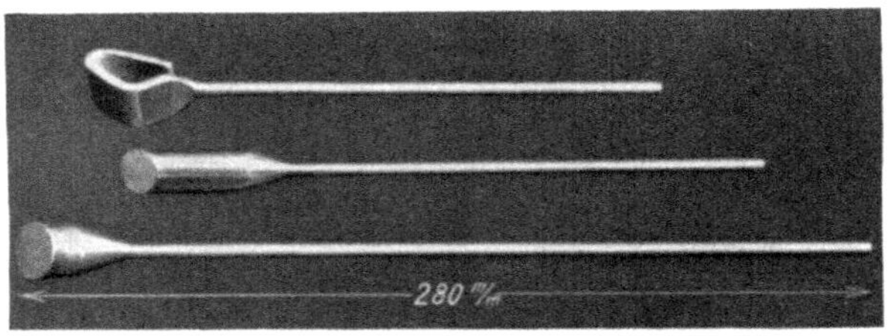

Abb. 26. Antikathoden-Keulen und -Schaufeln aus Wolfram; Kopfdurchmesser etwa 20 mm (Hersteller: Deutsche Glühfaden-Fabrik).

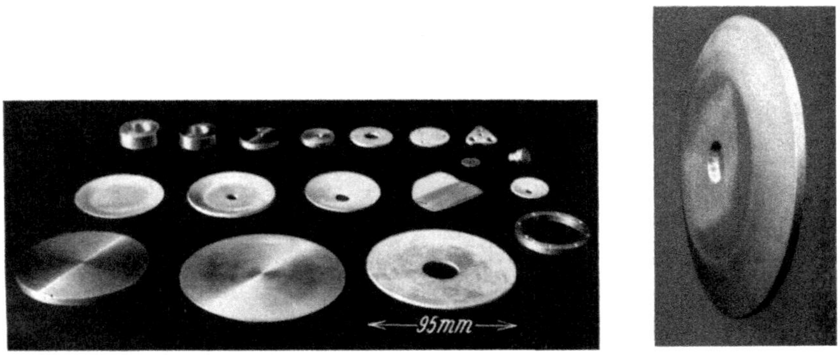

Abb. 27. Formteile aus W, abgedreht mit Titanit-Hartmetall. Bild rechts: Wolframronde für rotierende Antikathode; Gewicht 200 g, Dicke 2—3 mm, ø 60 mm (Hersteller: Deutsche Glühfaden-Fabrik).

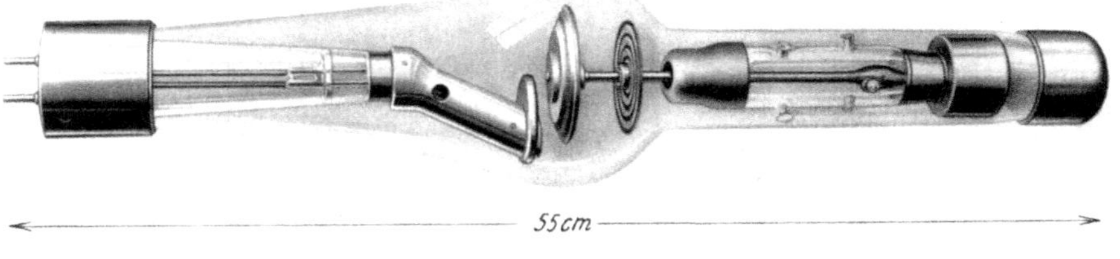

Abb. 28. Röntgenröhre mit rotierender, strahlungsgekühlter Wolfram-Antikathode; Umdrehungszahl der W-Scheibe pro min 5600; ø 90 mm (vgl. Ungelenk *2* und *3*; Hersteller: Siemens-Reiniger-Werke). Rotierende W-Anode mit Wärmeableitungskühlung vgl. Abb. 383, S. 347.

durch Elektronenstoß (vgl. Tabelle 7) wegen hohem Schmelzpunkt und relativ guter Wärmefähigkeit des W. Betriebstemperatur im Elektronenbrennfleck kurzzeitig bis 3000° C.

Das Nacharbeiten und Zerschneiden von Formstücken (vgl. Abb. 27) muß unter fließendem Kühlwasser mit Hartmetallwerkzeugen aus Widia oder Titanit oder dünnen Karborundscheiben geschehen (z. B. Herstellung von Plättchen senkrecht zur Ziehrichtung aus Stäben). Für Wolframronden und -platten als Antikathoden darf nur reinstes gasfreies und bei den höchsten Temperaturen wenig Kornwachstum aufweisendes Material verwendet werden, das bei der starken inhomogenen Temperaturbelastung durch den Kathodenfleck

Abb. 29. Pyrometerlampen mit Wolfram-Glühfäden. a Kreuzfadenlampe mit W-Band und teilweise flachgewalztem W-Draht; b normale Lampe mit geschnittenem W-Band; c desgleichen mit W-Runddraht (Hersteller: Siemens & Halske). Pyrometereichlampen vgl. Abb. 134.

nicht reißt (vgl. Abb. 25 und Ungelenk *1*) bzw. innige Haftung mit der wärmeableitenden Kupferunterlage beibehält. Über Verbindung mit der Kupferunterlage durch Vakuumguß nach Coolidge *2* vgl. S. 147. Beispiele von Antikathodenronden in Abb. 26, 27, 28 und 158.

Spannfedern für Glühelektroden. Große Festigkeit und hoher Torsionsmodul bei hohen Betriebstemperaturen (vgl. Abschnitt 21a, S. 263).

Einschmelzdrähte für Stromzuführungen in Hartglasröhren (Borosilikatglas), wegen des ähnlichen Ausdehnungskoeffizienten (vgl. Abschnitt 25b S. 335).

Lichtbogenansatzstifte für Stromrichter mit Hg-Kathode. Geringe Verdampfungsgeschwindigkeit.

Thermisch hochbelastete Gitter für Elektronenröhren und Leuchtröhren. Hohe Formbeständigkeit.

Vakuumthermoelemente (gegen Mo oder WMo als zweiter Schenkel), brauchbar bis 2000° C in nichtoxydierender Atmosphäre (vgl. Northrup *1*, Pirani *5*).

In Pyrometerlampen[1] als Vergleichsleuchtdraht (vgl. S. 126) in Form von Runddraht, geschnittenem Band oder flachgewalztem Einkristalldraht (vgl. Abb. 29). Schneiden von Bändern aus dünnen Blechfolien (3—5 μ Stärke, 10—150 μ Breite) mittels geführter Schere.

[1] Vgl. Lax *6*.

c) Molybdän.

Pokorny *1*, Worthing *1, 2*.

Tabelle 8. Materialkonstanten von Molybdän.

Spez. Gewicht	gehämmerte Stäbe etwa 10,0			gezogene Drähte $10{,}3 \pm 0{,}2$		
Mohshärte	5,5 (bei C- oder Si-Beimengung härter)					
Schmelzpunkt (°C)	2630 ± 50					
Dampfdruck (Tor)	1530° C $6{,}4 \cdot 10^{-9}$	1730° C $8 \cdot 10^{-7}$	1930° C $4 \cdot 10^{-5}$	vgl. Abb. 403, Anhang		
Verdampfungsgeschwindigkeit (g/cm² sec)	1530° C $8{,}6 \cdot 10^{-11}$	1730° C $1 \cdot 10^{-8}$	1930° C $5 \cdot 10^{-5}$	vgl. Langmuir *4*		
Zugfestigkeit (kg/mm²) und zugehörige Dehnung (%) bei 20° C	hartgezogener Draht ≈ 1,25 mm Ø „ „ ≈ 0,04 mm Ø geglühter Draht ≈ 1,25 mm Ø „ „ ≈ 0,04 mm Ø Einkristall			140—182 180—250 70—100 80—120 ≈ 35	2—5% 2—5% 10—20% 10—25%	
Streckgrenze (kg/mm²)	ungeglüht 0,1—0,5 mm Ø geglüht 0,1—0,5 mm Ø			41—61 50—60		
Warmfestigkeit und Warmdehnung (kg/mm²)	dickere Drähte (> 0,1)	400° C 60—70	800° C 50—60	dünne Drähte (< 0,1)	800° C 60—80	vgl. Abb. 30
Brinellhärte (kg/mm²)	hartgewalzt 160—185, geglüht etwa 147					
Elastizitätsmodul (kg/mm²)	hartgezogener Draht 1,0—0,5 mm Ø geglühter Draht 1,0—0,5 mm Ø			28500—30000 32000		
Spezifische Wärme (cal/g Grad)	100° C 0,062	1400° C 0,080				
Wärmeausdehnungskoeffizient, lin. ($\alpha \cdot 10^7$)	25—300° C 53—57	25—700° C 58—62		abhängig von Bearbeitungsgrad und Ausgangsmaterial (vgl. auch Abb. 358)		
Wärmeleitfähigkeit (cal/cm sec Grad)	20° C 0,35?	1000° C 0,236				
Spez. elektrischer Widerstand (Ω mm²/m)	 hartgezogen weichgeglüht	25° C 0,056 0,048	1000° C 0,32 0,27	1500° C 0,46 0,43	2000° C (0,61) 0,60	vgl. Abb. 281
Temperaturkoeffizient des elektrischen Widerstandes	20—100° C $4{,}57 \cdot 10^{-3}$					
Gesamtstrahlung (Watt/cm²)	730° C 0,55	1330° C 6,3	1730° C 19,2	vgl. Abb. 282		
Strahlungsvermögen (%) für $\lambda = 0{,}665\ \mu$	30° C 41,9	730° C 39,0	1330° C 36,7	1730° C 35,3	In H_2 zerstäubtes Material: 80% für $\lambda = 0{,}548\ \mu$, vgl. Summers *1*	
Differenz zwischen wahrer und schwarzer Temperatur	vgl. Abb. 283, S. 265					
Elektronenemission (mA/cm²)	1000° C $1 \cdot 10^{-9}$	1630° C $8{,}3 \cdot 10^{-1}$	2230° C 800	vgl. Abb. 272, S. 258		
Charakt. Röntgenstrahlung (ÅE)		α_2	α_1	α_3	β_1	Abs.-Band.-Kante
	K-Serie	0,714	0,709	—	0,632	0,611
	L-Serie	5,410	5,403	5,381	5,175	4,37

Erzaufbereitung. Die wichtigsten Erze sind: Molybdänglanz (MoS_2) und (seltener) Gelbbleierz ($PbMoO_4$). Das natürlich vorkommende MoS_2-haltige Erz wird zunächst durch Öl-Aufbereitung angereichert (Flotationsprozeß) und kommt als 60 bis 95%iges MoS_2-Konzentrat in den Handel. Dieses wird durch Rösten an Luft bei 600° C in Molybdänsäure (MoO_3) überführt. Das Entfernen der darin noch enthaltenen Verunreinigungen geschieht meist auf chemischem Wege analog dem Reinigungsprozeß des WO_3 durch Lösen in Ammoniak, Säurebehandlung und Auskristallisation über Ammonium(para)molybdat. Eine besonders wirksame Reinigung des MoO_3-Konzentrats (auch eine Wiederverwertung von Altmaterial) ist auf dem Wege der Sublimation (bei 1000 bis 1050° C) möglich (Schwarzkopf *1*); das Verfahren entspricht dem der WO_3-Gewinnung (vgl. S. 12), wobei infolge der niedrigeren Sublimationstemperatur des MoO_3 Ofeneinsätze aus Quarz Verwendung finden können. Hoher Reinheitsgrad und möglichst feines Korn („amorphes" Material) sind bei der Molybdänsäure besonders entscheidend für die Duktilität des daraus gewonnenen Metalls. Einen Überblick über den erreichbaren Reinheitsgrad technischer Mo-Säure geben die Analysenbeispiele der Tabelle 9.

Metallgewinnung. Die Reduktion von MoO_3 zu Mo erfolgt wie bei W in kräftigem Wasserstoffstrom unter Verwendung von Ni-Schiffchen, die mit Mo ausgekleidet sind. Die Reduktion wird meistens in zwei Stufen vorgenommen; die erste führt bei 400 bis 500° C zu einem niederen braunen Oxyd ($MoO_2 \cdot MoO_3$), die zweite bei 900 bis 1000° C zu hell- bis schwarzgrauem metallischen Mo-Pulver (je feinkörniger, umso dunkler). Nur durch genaue Einhaltung der jeweils ermittelten optimalen Reduktionsbedingungen (Temperatur, Zeit, H_2-Menge und -Qualität) erhält man mit Sicherheit ein Material, das nach der Sinterung ein duktiles Mo ergibt. Das fertige Mo-Pulver wird gesiebt und wie W (vgl. S. 13) auf metallkeramischem Wege, jedoch ohne Vorsinterung, weiter verarbeitet. Die maximale Temperatur der Preßlinge[1] beim Hochsintern beträgt 2300° C; im Gegensatz zum W lassen sich die späteren mechanischen Eigenschaften (Bruchdehnung, Festigkeit) durch entsprechende zeitliche Führung des Temperaturverlaufes weitgehend beeinflussen[2].

Tabelle 9. Analysen von Molybdänsäure zur Herstellung von Mo-Metall für vakuumtechnische Zwecke (Schwarzkopf *2*).

Analyse	Chemisch gereinigt	Sublimationsverfahren
Fe_2O_3	0,038	≈ 0,03
Al_2O_3	0,024	0,02 (für Al_2O_3, CaO, Alkalien, SiO_2)
CaO	—	
Alkalien	0,09	
SiO_2	nicht nachweisbar	
P	0,005	nicht nachweisbar
S	nicht vorhanden	Spuren
As	,,	nicht vorhanden

Rohverarbeitung[3]. Sie erfolgt wie die des W, jedoch bei niedrigeren Temperaturen: Stabbearbeitung bei 1400 bis 1100° C, Drahtziehen 1 bis 0,3 mm ∅ bei 500 bis 600° C, kleinere Durchmesser bei 400 bis 500° C; Drähte unter 0,1 bis 0,03 mm können in Diamantdüsen kalt gezogen werden. Durch Ausglühen in H_2 bei 900° C wird die Duktilität des Materials (im Gegensatz zu W) bedeutend erhöht und gleichzeitig die anhaftende Graphitschicht entfernt. Das kompakte reine Mo-Metall ist silberweiß.

[1] Max. Größe der Mo-Preßlinge („Ingots") : 16 × 16 × 350 mm^3 (etwa 900 g).

[2] Rascher Temperaturanstieg: mikrokristalline Struktur, hohe Duktilität; langsamer Temperaturanstieg: grobkristalline Struktur, schlechte mechanische Eigenschaften.

[3] Für gut verarbeitbares Mo muß der Gehalt an Fe + Al + Si < 0,03% und der Gehalt an Alkalien und Erdalkalien < 0,05% sein. Nicht vorhanden sein dürfen P und S, ferner das vom Mo leicht aufgenommene As, das wegen seiner Vergiftungswirkung auf Glühkathoden besonders gefährlich ist.

Eine Notwendigkeit, die kristallographischen Eigenschaften des Mo durch Zusätze ähnlich wie W zu beeinflussen, hat sich bisher nicht ergeben, und zwar nicht nur deshalb, weil Mo wegen seiner größeren Verdampfungsgeschwindigkeit selten wesentlich oberhalb seiner Rekristallisationstemperatur benutzt wird, sondern besonders deshalb, weil eine geringe Rekristallisation im Gegensatz zu W das Material nicht brüchig macht und seine Duktilität sogar erhöht (vgl. folgenden Abschnitt).

Physikalische Eigenschaften und Bearbeitbarkeit. Mo ähnelt in seinen mechanischen Eigenschaften in nichtrekristallisiertem verformten Zustand dem W; in rekristallisiertem Zustand gleicht sein Verhalten demjenigen der gewöhnlichen (duktilen) Metalle. Im einzelnen gehen diese Zusammenhänge aus den Kurven der Abb. 30 hervor. Sie zeigen, daß ein gezogener, nichtrekristallisierter Draht (Kurven 1) neben hoher Zugfestigkeit bei 20° C immerhin noch eine Bruchdehnung von 5 % besitzt, die aber schon bei geringer Temperaturerhöhung (etwa 500° C) verloren geht.

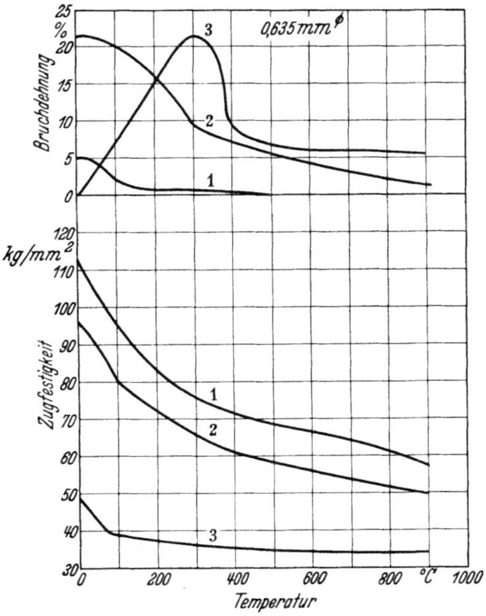

Abb. 30. Warmfestigkeit und Bruchdehnung von Mo-Drähten, abhängig von der Temperatur (W. P. Sykes *1*).
1 Gezogen bei 1300 bis 1000°C; Bearbeitungsgrad 93 %; nicht ausgeglüht (Faserstruktur). 2 wie 1, jedoch 2 sec bei 65 % der Durchschmelzstromstärke in H_2 geglüht; mittlerer Korndurchmesser 0,0053 mm. 3 wie 1, jedoch 5 sec bei 90 % der Durchschmelzstromstärke in H_2 geglüht; mittlerer Korndurchmesser 0,03 mm.

Überführt man die Faserstruktur eines derartigen verformten, harten und federnden Drahtes durch geeignete Temperaturbehandlung (Rekristallisation) in eine feinkristalline (Kurven 2), so ergibt sich zwar eine etwas geringere Zugfestigkeit, jedoch eine hohe Bruchdehnung (und Duktilität), die etwa derjenigen weichgeglühter gewöhnlicher Metalle entspricht. Die Zugfestigkeit nimmt erheblich ab, wenn durch andere Rekristallisationsbedingungen, insbesondere höhere Ausglühtemperatur, eine grobkristalline Struktur erhalten wird (Kurven 3). Die Bruchdehnung bei 20° C geht in diesem Fall fast völlig verloren; erst bei erhöhten Temperaturen werden wieder die gleichen Dehnungswerte erreicht wie bei mikrokristalliner Struktur. Besonders bei den Kurven 1 und 2 zeigt die Zugfestigkeit einen starken Abfall zwischen 0 und 200° C; oberhalb dieser Temperatur ist der Abfall weniger steil. Durch geeignete Temperaturvorbehandlung lassen sich also die für die Verarbeitbarkeit wichtige Zugfestigkeit und Dehnung in weiten Grenzen variieren; eine Formung des Mo (auch Schmieden, Walzen, Hämmern) ist also in jedem Falle bei Raumtemperatur möglich. Diese Eigenschaft (und gleichzeitig die leichte Feil- und Polierbarkeit) ergibt für das Mo eine größere Zahl von Anwendungsmöglichkeiten gegenüber dem schwerer verarbeitbaren W. Lediglich das Stanzen von Mo-Blech bietet gewisse Schwierigkeiten wegen der großen Abnützung der Werkzeuge.

Chemische Eigenschaften. Wasserstoff wird von Mo chemisch nicht gebunden und nur wenig okkludiert. In sauerstoffhaltiger Atmosphäre ist es bei Zimmertemperatur völlig beständig, läuft jedoch bei höheren Temperaturen (ab 500° C) an und oxydiert von 650° C ab zu weißlichgrauem flüchtigem MoO_3. In Wasserdampfatmosphäre oxydiert Mo stark oberhalb 700° C. Mit N_2 von niederem Druck (etwa 0,01 Tor) reagiert Mo bis 2400° C nicht (Langmuir *2*); dagegen neigt es sehr zur Bildung von Karbiden. Durch Erhitzen von Mo in CO oder CH_4 bei 800° C bildet sich Mo_2C in Form von hellgrauen Kristallen (Schmelzpunkt 2300° C). Arsen wird von Mo begierig aufgenommen; mit Hg scheint es bei längerer Einwirkung Verbindungen einzugehen, deren Natur noch nicht feststeht. Von Alkali und Erdalkalimetall wird Mo nicht angegriffen, ebenso kaum von HF, HCl und H_2SO_4 bei 20° C. Dagegen greifen verdünnte Salpetersäure (20° C) und konzentrierte Schwefelsäure (250° C) sowie Königswasser das Metall stark an. Über Beizen von Mo in geschmolzenem KNO_2 vgl. S. 152, Tab. 69.

Technische Anwendungen (vgl. auch Duschnitz *2*). Tab. 10 gibt eine Übersicht über die handelsüblichen Formen:

Tabelle 10. Handelsübliche Formen von Molybdän.

Form	Abmessungen	Vorbehandlung	Hauptsächliche Verwendung
Stäbe, gehämmert (evtl. „glatt“-gehämmert)	18—1 mm ⌀, Länge bis einige m ⌀-Toleranz ± 0,05 mm	gereinigt und geschmirgelt (evtl. „gerade gerichtet“)	Glas-Einschmelzungen, Elektrodenhalter, Heizelemente.
Stäbe bzw. Drähte, gezogen	4—0,01 mm ⌀ (unterhalb 0,1 mm mit Toleranzen bis zu ± 0,001 mm)	geglüht in H_2 (frei von Oxyd.) a) Glühung „G“ b) „ „R“	a) Häkchen für Glühlampen (Dehnung 10—15%); b) thermisch formbeständige Gitter (Dehnung 15—20%); Seelendraht für W-Glühwendeln; Einschmelzungen; Elektrodenhalter; Heizdraht für Vakuumöfen.
Gewebeband (evtl. mit eingewebter Kante)	vgl. S. 149	Dasselbe	Hochbelastete Anoden; thermisch formbeständige Gitter.
Bleche, hochglanzgewalzt oder aufgerauht	3—0,02 mm Dicke; max. Breite 215 mm; Länge bis einige m	duktil durch Glühprozeß	Schirme für W-Kathoden; thermisch hochbelastete Anoden (Blechstärke 0,5—0,2 mm).
Bänder	Dasselbe	weichgeglüht, hart gewalzt —	Flexible Zuleitungen, Federn, Heizelemente für Rohröfen.
Ronden, Viereckplatten, geschmiedet	(max. Gewicht etwa 0,9 kg)	poliert oder geschliffen	Antikathoden für Feinstruktur- und Diagnostik-Röntgenröhren.
Nieten, Schrauben, Muttern	—	Nieten geglüht	Verbindungselemente für Röhrenkonstruktionen.
Folien	≈ 15 μ Dicke	gebeizt	Quarz-Einschmelzungen

Mo unterscheidet sich von den meisten anderen vakuumtechnisch verwendbaren Werkstoffen (auch von W) dadurch, daß es gleichzeitig hohe Duktilität (große Bruchdehnung!) und große Festigkeit besitzt. Abb. 31 zeigt seine Überlegenheit in dieser Hinsicht gegenüber Nickel. Außerdem ist Mo auch bei hohen Temperaturen sehr formbeständig. Es ist bedeutend billiger als W und seine Entgasung und Oberflächenreinigung sind relativ einfach durchzuführen. Mo ist also das gegebene Material für thermisch (bis etwa 1000° C) beanspruchte Elektroden. Bei noch höheren Temperaturen ist es dem W wegen seiner größeren Verdampfungsgeschwindigkeit, seiner niedrigeren Rekristallisationstemperatur und seines tieferen Schmelzpunktes unterlegen. Die wichtigsten technischen Anwendungen sind folgende:

Halter für W-Glühdrähte (Auergesellschaft *1*). Hohe Haftfestigkeit feiner, glühend in Vollglas eingesteckter Drähte; thermische Beständigkeit in Kontakt mit glühendem W (vgl. Abb. 32). Ausführungsformen: Häkchen und Ösen in Glühlampen (Fe-frei wegen Schwärzung der Lampenglocken!), Stromzuführungen für W-Glühkathoden, besonders in Senderöhren.

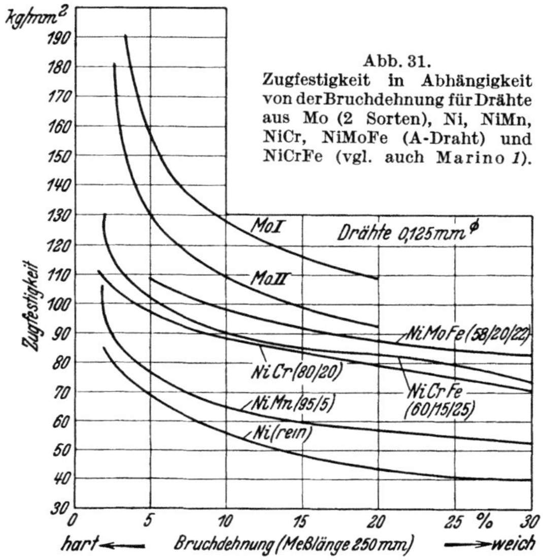

Abb. 31. Zugfestigkeit in Abhängigkeit von der Bruchdehnung für Drähte aus Mo (2 Sorten), Ni, NiMn, NiCr, NiMoFe (A-Draht) und NiCrFe (vgl. auch Marino *1*).

Thermisch hoch beanspruchte Gitter. Große Formbeständigkeit bis 1000°C (auch noch bei Drähten von 0,1 mm ⌀); leichte Formung auf der Wickelmaschine auch bei nichtrunden Gitterquerschnitten. Ausführungs-

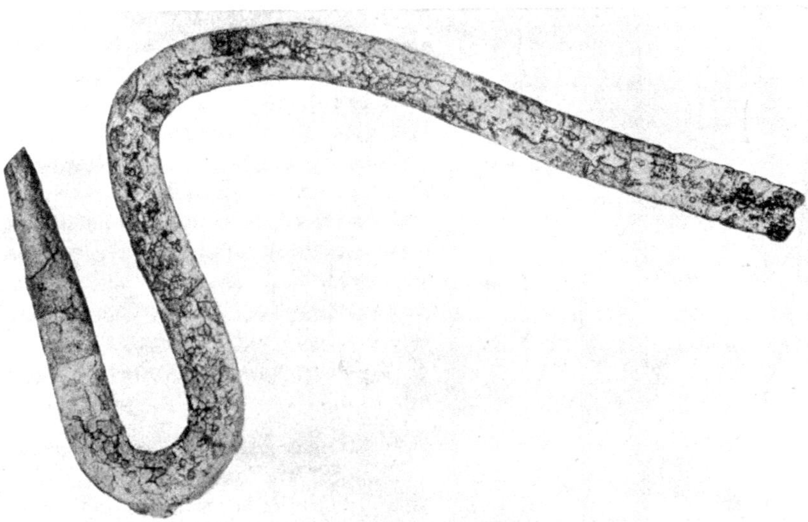

Abb. 32. Mikrophotographie eines Mo-Häkchens nach 1000 h Brenndauer einer gasgefüllten 1000-W-Glühlampe; Spitze rekristallisiert, Schaft jedoch feinkristallin, daher federnd geblieben. Vergr. 61 (Jeffries *2*).

formen: Stanzgitter (vgl. Abb. 33), Wendelgitter und Maschengitter, letztere besonders für geringe Durchgriffsstreuung bei Massenfabrikation von Mehrgitterröhren.

Anoden. Leichte Formung, z. B. beim Anbringen von Versteifungsrippen durch Eindrücken. Wegen schlechter Wärmeabstrahlung in poliertem Zustand (Belastung max. 6 W/cm²) ist vielfach Aufrauhen, Schwärzen (doppelte Belastbarkeit gegenüber blankem Metall) oder Verwendung von dichten Geflechten erforderlich.

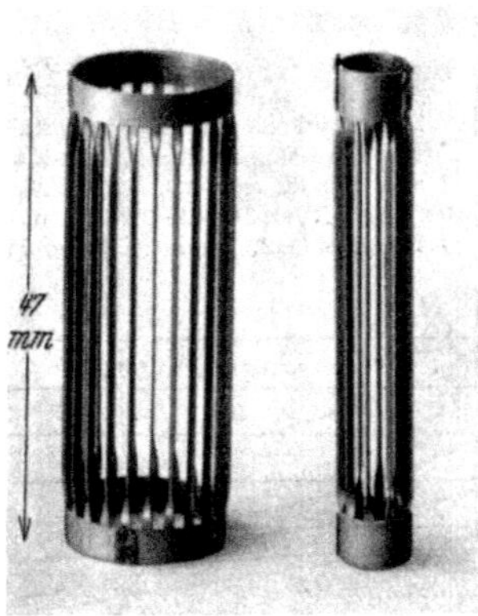

Abb. 33. Geschränkte Stanzgitter nach Schottky aus Mo (vgl. S. & H. *2*; Hersteller: Siemens-Röhren-Werk).

Hilfselektroden. Richtzylinder (Wehneltzylinder) und -kalotten z. B. in Glühkathodenröntgenröhren und -ventilröhren.

Strahlungsschutzzylinder in Hochvakuumöfen bis 2000° C.

Direkt geheizte Glühkathoden. Mo mit ThO_2-Zusatz (Mog-Draht der Deutschen Glühfaden-Fabrik). Leichte Formierbarkeit bei Betriebstemperatur ohne besondere Reduktionserhitzung, niedrige Arbeitstemperatur (vgl. Abschnitt 21 c). Verwendet in edelgasgefüllten Gleichrichterröhren.

Heizkörper. Lange Lebensdauer bei hoher Temperatur (bis 2000° C). Schnelles Hochheizen möglich, jedoch H_2 oder Formiergas bzw. Hochvakuum erforderlich. Ofenwand: Sinterkorund oder Zirkonoxyd.

Seelendraht (PG-Draht). Zur Herstellung sehr genauer Wendeln aus feinem W-Draht; besonders enge Toleranzen möglich (s. Tabelle 10). Herauslösen der Mo-Seele mit verdünnter Salpetersäure 1 : 1 + 5% Salzsäure bei 60 bis 70° C (vgl. auch S. 25 und 152, Tab. 69).

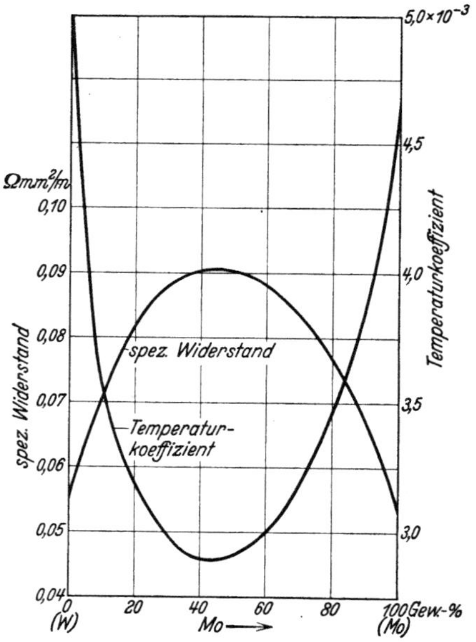

Abb. 34. Spez. elektr. Widerstand und zugehöriger Temperaturkoeffizient von W-Mo-Legierungen (Smithells *2*).

Einschmelzdraht für vakuumdichte Hartglas-Metallverbindungen vgl. Abschnitt 25 b, S. 335. Der Ausdehnungskoeffizient schwankt je nach Bearbeitungsgrad und der Korngröße des beim Sinterprozeß verwendeten Mo-Pulvers (großer Bearbeitungsgrad und feines Pulver = geringerer Ausdehnungskoeffizient). Über Quarz-Einschmelzungen vgl. Abschnitt 25c.

Vakuumthermoelement gegen W, vgl. S. 28.

d) Wolfram-Molybdän-Legierungen.

W und Mo lassen sich in beliebigem Mengenverhältnis miteinander legieren[1]. Es gelingt auf diese Weise, Schmelzpunkt, Festigkeit und spezifischen Widerstand des Mo zu erhöhen, während der Temperatur-

[1] Aus diesem Grunde ist bei der Rohverarbeitung von Mo auf Fernhaltung kleinster W-Verunreinigungen großes Gewicht zu legen, da sonst Unregelmäßigkeiten im Verhalten des hergestellten Mo unvermeidbar sind (getrennte Arbeitsräume!).

koeffizient verkleinert wird (Abb. 34). Die erhaltenen Legierungen sind andererseits duktiler und leichter bearbeitbar als W. Tabelle 11 gibt einen Überblick über die Daten einer handelsüblichen Legierung mit 51% Mo (Moly-B-100 der Deutschen Glühfaden-Fabrik).

Tabelle 11. Materialkonstanten einer W-Mo-Legierung (51% Mo).

Schmelzpunkt (° C)	2900	
Höchste Betriebstemperatur (° C)	2500	
Festigkeit	Höher als Mo (0,10 mm Mo-Draht $\approx$ 0,06 mm W-Mo-Draht)	
Spezifischer Widerstand (Ω mm^2/m) 0° C	0,09	
Spezifischer Widerstand (Ω mm^2/m) 1500° C	0,54	
Temperaturkoeffizient des elektr. Wid.	$2{,}9 \cdot 10^{-3}$	
Ausdehnungskoeffizient, lin. ($\alpha \cdot 10^7$)	25—100° C 55—60	25—700° C 60—64
Handelsübliche Formen	Gehämmerte und gezogene Drähte und Stäbe	
Verwendung	Häkchen und Ösen für Glühlampen und Glühkathoden; mit Ni-Draht umwendelt als Kerndraht für Pasteoxydkathoden (vgl. Patai *1*).	

Eine Legierung mit 75% W und 25% Mo findet als Thermoelementschenkel gegen W Verwendung (bis 3000° C brauchbar; vgl. Northrup *1*, Pirani *5*).

e) Tantal.

(Balke *1, 2*; v. Bolton *1*; Fetkenheuer *1*; Ganswindt *2, 3*; Jeffries *2*; Worthing *1, 3*.)

Tabelle 12. Materialkonstanten von Tantal.

Dichte	16,6—17,0				
Mohs-Härte	6—6,5 (?)				
Schmelzpunkt (° C)	2850—2900 *				
Dampfdruck (Tor)	zwischen W und Mo, näher an W (vgl. Abb. 403, Anhang)				
Zugfestigkeit (kg/mm)	35—120				
Bruchdehnung (%)	1—2				
Brinellhärte (kg/mm^2)	45—350 (abhängig von Temperatur, Zeit und Temperaturanstieg beim Sintern)				
Elastizitätsmodul (kg/mm^2)	19000 (für Draht 0,08 mm ∅)				
Spezifische Wärme (cal/g Grad)	100° C 0,034	1000° C 0,038	1970° C $>$0,044		
Wärmeausdehnungskoeffizient, lin. ($\alpha \cdot 10^7$)	0—100° C 65		0—500° C 66		20—1500° C 80 *
Wärmeleitfähigkeit (cal/cm sec Grad)	20° C 0,130	1430° C 0,174	1630° C 0,186	1830° C 0,198	
Spez. elektrischer Widerstand (Ω mm^2/m)	20° C 0,155	1130° C 0,61	1430° C 0,71	1730° C 0,80	vgl. Abb. 281, S. 264
Temperaturkoeffizient des elektr. Widerstandes	0—100° C $3{,}3 \cdot 10^{-3}$		0—1000° C $3{,}0 \cdot 10^{-3}$		
Gesamtstrahlung (Watt/cm^2)	1330° C 7,3	1530° C 12,8	1730° C 21,2	vgl. Abb. 282, S. 264	
Strahlungsvermögen (%) für $\lambda = 0{,}665\,\mu$	20° C 49,3	930° C 45,0	1730° C 41,8		
Differenz zwischen wahrer und schwarzer Temperatur	vgl. Abb. 283, S. 265				
Elektronenemission (mA/cm^2)	1000° C 10^{-5}	1230° C $4{,}7 \cdot 10^{-3}$	1730° C 19,5	vgl. Abb. 272, S. 258	
Richardson-Konstanten der Elektronenemission	$A_0 = 37{,}2$ A/cm^2 $Grad^2$ $\varphi_0 = 4{,}10$ Volt			vgl. Cardwell *1*, Reynolds *1*.	

* Nach Matthies *1*.

Erzaufbereitung und Metallgewinnung (Schwarzkopf *2*). Ausgangsmaterial sind die natürlichen tantalsauren Salze des Eisens, Mangans und der seltenen Erden (Tantalit, Samarskit u. a.), die sämtlich außerdem das Metall Niob (Columbium) enthalten. Bei der Aufbereitung wird das feingemahlene Erz mit Kaliumbisulfat geschmolzen und die erhaltene Schmelze mit Wasser ausgelaugt, wobei Tantal- und Nioboxyd zurückbleiben; die letzteren werden in Flußsäure gelöst und durch Kaliumfluorid in die entsprechenden Doppelfluoride übergeführt. Dabei scheidet sich das Kalium-Tantal-Fluorid (K_2TaF_7) infolge seiner Schwerlöslichkeit aus und kann von dem anhaftenden Kalium-Niob-Fluorid durch mehrmaliges Umkristallisieren getrennt werden. Das Doppelfluorid wird mit kohlenstofffreiem Natrium in einem explosionssicheren Gefäß bei 900° C zu metallischem Tantal reduziert. Die Reduktion muß sehr sorgfältig erfolgen (brauchbar ist als Endprodukt nur absolut O_2-freies kristallinisches hellgraues Pulver, nicht dunkles „amorphes" Material). Das Reaktionsgemisch wird dann in kaltes Wasser eingebracht, nach dem Absitzenlassen fein vermahlen und durch wiederholtes Dekantieren mit kaltem Wasser von dem größten Teil der vorhandenen Salze befreit. Die restlichen Salze werden durch mehrmaliges Kochen in schwach salpetersaurem Wasser entfernt. Das zurückbleibende reine Metall wird abgesaugt und mit kochendem Wasser säurefrei ausgewaschen.

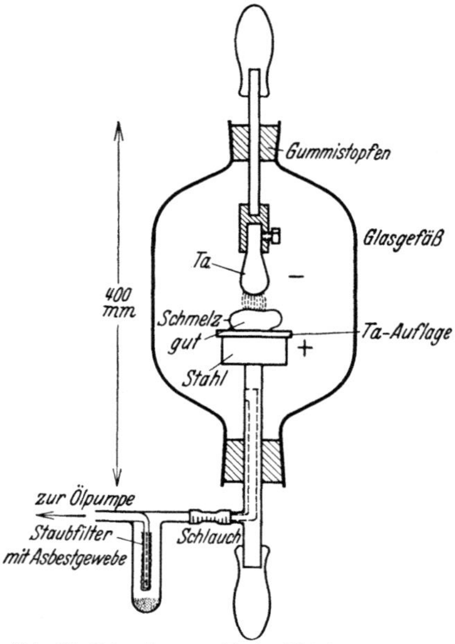

Abb. 35. Schmelzen von Ta im Gleichstromlichtbogen unter Vakuum (Stromstärke: etwa 500 A; Druck: etwa 0,1 Tor).

Das gereinigte Metallpulver wird ähnlich wie bei der W- und Mo-Fabrikation zu Stäben gepreßt und im Hochvakuum ($< 10^{-5}$ Tor, nicht in H_2!) gesintert (S. & H. *3*). Die technisch erzielbare Reinheit ist 99,9%. Die Unmöglichkeit, Ta durch H_2 zu reduzieren und in H_2 zu sintern (vgl. folgende Abschnitte) erschwert und verteuert die Gewinnung außerordentlich.

In kleineren Mengen (bis etwa 100 g) kann (vorgepreßtes) Ta-Pulver auch im elektrischen Gleichstrombogen im Vakuum zu kompakten Stücken zusammengeschmolzen werden (vgl. S. & H. *8* und Abb. 35). Als Gegenelektrode verwendet man dabei einen beweglich[1] in ein Hochvakuumgefäß eingeführten, aus groben Tantal-Pulver gepreßten Stab, der vorher im Lichtbogen oberflächlich überschmolzen wurde. Durch Bewegung der oberen Elektrode wird der Lichtbogen mehrere Minuten lang über die Oberfläche des Schmelzgutes geführt, das dabei auf über 3000° C kommt und seinen Gasgehalt (H_2, O_2, N_2) weitgehend verliert. Das so gewonnene Ta (vgl. Abb. 36) ist sehr weich und wird für Spezialzwecke dem gesinterten Material vorgezogen, insbesondere für die Herstellung von Kathodenzugfedern und für Bleche, die gebörtelt werden müssen[2].

Auch nach dem Aufwachsverfahren (Abscheidung des Metalls aus der Gasphase mit Hilfe von Tantalpentachlorid an einem glühenden W- oder Ta-Draht) läßt sich Ta herstellen (Moers *2*).

---

[1] Z. B. durch Gummipfropfen (vgl. Abb. 35).
[2] Gesintertes Ta reißt leicht bei Börtelung in der Walzrichtung.

Physikalische Eigenschaften. Das metallische Ta hat eine platingraue (weißlichbläuliche) Farbe. In reinem Zustande ist es auch bei Raumtemperatur eines der streckbarsten Metalle; trotzdem kann es nicht als duktil bezeichnet werden, da sich bei der Verarbeitung seine Zugfestigkeit nur um höchstens 20% erhöht. Diese geringe Verfestigung macht es verständlich, daß Kaltwalzen ohne Zwischenglühen vom groben Formstück bis herunter zu den dünnsten Blechen (0,01 mm) möglich ist — eine große Erleichterung für die Fabrikation, da das Ausglühen von Ta wegen seiner Empfindlichkeit gegen H_2 nicht in normalen H_2-Öfen, sondern nur in bestem Hochvakuum vorgenommen werden darf. Andererseits erschwert aber die fehlende Verfestigung außerordentlich alle Ziehprozesse (Tiefziehen, Drahtziehen, Eindrücken von Stabilitätsrillen, vgl. Abb. 38), da hierbei sehr leicht Reißen eintritt. Das ist auch der Grund, weshalb sich Ta-Drähte zu größeren Längen nur bis höchstens 0,1 mm herunter ziehen lassen.

Die Härte des Metalls läßt sich durch entsprechende Wärmebehandlung im Vakuum beeinflussen. Ähnlich wie bei Mo ist die Festigkeit bei ausreichender Walzbarkeit dann am größten, wenn durch rasches Erhitzen (nicht über 1600° C!) ein kleinkristallines Gefüge erhalten wird. Höher geglühtes Material ist zwar weich, aber grobkristallin und daher wenig zugfest (bei sehr großen Kristallen Versetzungseffekte wie bei W, ähnlich Abbildung 12). Durch längeres Glühen bei niedrigeren Temperaturen (etwa 1500° C) läßt sich ohne Zerstörung des kleinkristallinen Gefüges eine geringe Härtung herbeiführen.

Abb. 36. Im Lichtbogen geschmolzenes Ta (Hersteller: Siemens-Röhren-Werk).

Für vakuumtechnische Zwecke wird im allgemeinen Material mit einer Zugfestigkeit von 90 bis 100 kg/mm² bei 2 bis 3% Bruchdehnung verwendet. Die spanlose Formung von Ta muß wegen seiner großen Empfindlichkeit gegen O_2 und N_2 im Gegensatz zu W stets in kaltem Zustand vorgenommen werden; Schweißen erfolgt am sichersten unter Schutzflüssigkeit (vgl. Fansteel *1* und Abschnitt 10c, S. 137 und 142). Ta läßt sich wie Eisen drehen und bohren, auf Hochglanz polieren und durch Kochen in HF aufrauhen (vgl. S. 152).

Chemische Eigenschaften. Von grundlegender Wichtigkeit ist das Verhalten zum Wasserstoff, der von Ta begierig aufgenommen wird (bis zum 55fachen seines Eigenvolumens bei Rotglut, bis zum 700fachen bei Gelbglut)[1], seine Verformbarkeit und Festigkeit wesentlich verschlechtert und seinen elektrischen Widerstand erhöht (max. bis zum $2^1/_2$fachen). Der Temperaturkoeffizient des elektrischen Widerstandes fällt bei H_2-Aufnahme auf $1 \cdot 10^{-3}$. Beim Erhitzen des Ta im Vakuum wird der Wasserstoff unter Rückgewinnung der alten mechanischen Eigenschaften fast vollständig wieder

[1] Gewichtszunahme beim Glühen in reinem H_2 nach Pirani *9* etwa 0,4%, nach Moers *2* bei gezogenen Drähten und stufenweise zwischen 1400 und 1900° C gesteigerter Temperatur 1,1—1,4%, bei Aufwachsdrähten und 1400° C 1,6—2,8%, bei stufenweiser Erhitzung der letzteren sogar bis 7,8%.

abgegeben; die durch H_2-Absorption bewirkte Zunahme des Kaltwiderstandes kann jedoch dabei nur bis zu 75% rückgängig gemacht werden.

Abb. 37. Schliffbilder von Ta-Draht, ø 0,18 mm. Vergr. 125. (Jeffries *2*).
a Kaltgezogen; b geglüht 5 min im Hochvakuum bei 1600° C; c geglüht 1 min in H_2 bei 1600 ° C.

Abb. 37a zeigt einen Ta-Draht mit Faserstruktur, der ohne Ausglühen aus einem im Hochvakuum gesinterten Rohling kalt gezogen wurde. Trotz des kleinen Durchmessers von 0,18 mm hat der Draht seine Kaltbearbeitungsgrenze noch nicht erreicht und ist bei Zimmertemperatur noch biegsam. Wird ein derartiger Draht bei 1600° C 5 min im Hochvakuum ausgeheizt (Abb. 37b), so ist er trotz eingetretener Rekristallisation noch weicher (leichter walzbar) als der ursprüngliche Draht mit Faserstruktur. Glüht man denselben Draht bei derselben Temperatur nur 1 min in H_2, so tritt zwar ebenfalls Rekristallisation auf (Abb. 37c); der Draht ist jedoch außerordentlich brüchig geworden[1], zeigt also ein anderes Verhalten wie W, bei dem es gleichgültig ist, ob die Erhitzung im Hochvakuum oder in H_2 vorgenommen wird.

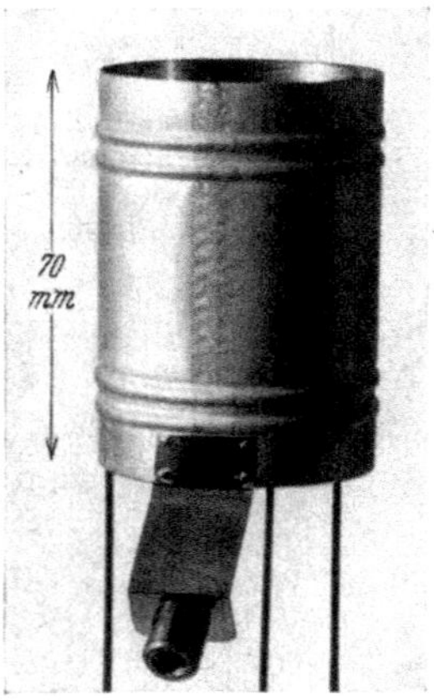

Abb. 38.
Tantalanode für Kurzwellenröhren, unter Schutzflüssigkeit punktgeschweißt, durch Sanden außen aufgerauht, zur Erhöhung der Stabilität mit eingedrückten Rillen versehen. Zuleitung (aus Ta-Blech) angenietet (Hersteller: Siemens-Röhren-Werk).

Die Eigenschaft des Ta, durch H_2-Aufnahme brüchig zu werden, wird (Schwarzkopf *2*) bei der Rückgewinnung von Ta-Pulver benutzt, indem das Ta-Altmaterial in H_2 geglüht, in der Kugelmühle zu feinem Pulver zerkleinert und (nach Auswaschen der Verunreinigungen durch Säuren) im Hochvakuumofen wieder von H_2 befreit wird. Auch andere unedle Gase und Dämpfe, insbesondere O_2 und N_2 (und Wasserdampf) werden von Ta aufgenommen und führen zu ähnlichen Verschlechterungen der mechanischen Eigenschaften wie H_2. Bei der Anwesenheit von O_2 (z. B. bei Glassprüngen von Vakuumröhren mit Ta-Elektroden im Betrieb!) läuft die Oberfläche des Metalls bei 400° C blau an, wird bei 600° C grau und bedeckt sich bei höheren Temperaturen mit einer Schicht Tantalpentoxyd (Ta_2O_5). Die große Affinität zu O_2 bzw. H_2O und der hohe Verdampfungspunkt von gebildeten, schlecht emittierenden Ta_2O_5-Oberflächenschichten verhindert in vielen Fällen die technische Ausnützung der an sich hohen Elektronenemission des reinen Tantals (vgl. Abschnitt 21b). Die

[1] Nach Oesterheld *1* genügen schon 0,1% Volumprozent H_2 (760 Tor, 0° C) zur Erreichung dieses Effektes.

Absorption von Edelgasen ist gering und beeinflußt die Eigenschaften des Tantals nur wenig.

Mit Kohlenwasserstoffen oder kohlenstoffhaltigen Gasen und Dämpfen, z. B. CO und CO_2, reagiert Ta unter Bildung von Tantal-Karbid (TaC). Die Reaktion beginnt schon bei 1200° C und wird technisch (bei 1400° C) zur Herstellung oberflächlich karburierter Drähte und Bleche ausgenützt. TaC hat einen höheren Schmelzpunkt (etwa 4000° C), eine geringere Verdampfungsgeschwindigkeit, ein höheres Strahlungsvermögen (vgl. Abb. 282, S. 264) und eine geringere spezifische Elektronenemission als W und Ta selbst (vgl. S. 258). Die letzteren Eigenschaften werden zur Unterdrückung der thermischen Elektronenemission von Ta-Gittern in Senderöhren benutzt, indem die fertigen Gitter durch kurzes Erhitzen in CO_2 oberflächlich karburiert werden. Die Festigkeit des reinen TaC ist gering (etwa 2 kg/mm²); dies erschwert seine Verwendung für massive Glühdrähte.

Von Säuren und Laugen wird das reine Ta-Metall im allgemeinen nicht (HCl, H_2SO_4) oder nur wenig (konzentrierte HNO_3, Ammoniak, Königswasser) angegriffen. Eine Ausnahme bilden Flußsäure sowie konzentrierte Alkalihydroxydlösungen und -schmelzen (z. B. KOH). Gegen Hg ist Ta unempfindlich.

Tabelle 13. Handelsübliche Formen von Tantal.

Form	Abmessungen	Hauptsächlichste Verwendung
Stäbe bzw. Drähte, gezogen	5—0,1 mm ⌀, Länge bis 50 m	Gitter in Elektronenröhren, insbesondere Senderöhren. Quarzeinschmelzungen; Torsionsfedern für Glühkathoden.
Bleche und Bänder, hochglanzpoliert oder aufgerauht	0,2—0,08 mm Dicke; max. Breite 100 mm, Länge bis 600 mm (max. Gewicht pro Platte 100 g)	Anoden in Elektronenröhren, insbesondere in hochbelasteten Senderöhren (vgl. Abb. 38), Getterbanderolen auf Mo- oder Ni-Anoden.
Nahtlose Röhren, gezogen	40—15 mm ⌀, 2—0,3 mm Wandstärke, Länge bis 700 mm	Desgl. Indir. geheizte Kathoden in Senderöhren (vgl. Abschnitt 21b).
Tantalpulver	feinkörnig	Erhöhung der Abstrahlfähigkeit hochbelasteter Elektroden; Getter.

Technische Anwendung des Tantalmetalls. Die für den Vakuumröhrenbau wichtigste Eigenschaft des Ta ist seine leichte Entgasbarkeit und die im entgasten Zustand auch bei hoher Temperatur große Absorptionsfähigkeit für unedle Gase (Optimum bei 600° C, vgl. Abschnitt 24c, S. 308). Es gibt selbst bei kurzzeitiger Erhitzung auf 800° C rasch die in ihm enthaltenen Gase ab; oberhalb dieser Temperatur wird kaum noch Gas frei, im Gegensatz zu Mo, das die gebundene Gasmenge auch bei höheren Temperaturen nur langsam und stoßweise abgibt. Man ist also beim Entgasen von Tantalelektroden durch Elektronenbombardement (besonders bei Hochspannungsröhren) vor Gasausbrüchen mit ihrer zerstörenden Wirkung auf die Kathode sicher. Über Aufrauhen von Ta zum Zwecke der Strahlungserhöhung und die Verwendung von Ta-Pulver zu denselben Zweck vgl. Abschnitt 10d, S. 151 und 155.

Der Anwendung des Ta steht vielfach der relativ hohe Preis entgegen; allerdings ist das Altmaterial weitgehend wieder verwertbar.

f) Niob (Columbium).

(Balke *2*; Bolton *2*; Hidnert *2*; Mellor *1*; Neuburger *1*; Wahlin *1*.)

Tabelle 14. Materialkonstanten von Niob.

Spez. Gewicht	8,55—8,56			
Mohs-Härte	geringer als die weichen Stahls			
Schmelzpunkt (°C)	2500—2550 *			
Zugfestigkeit (kg/mm^2)	30—60 *		schwankt sehr	
Spezifische Wärme (cal/g Grad)	100° C 0,065	1400° C 0,0797		
Wärmeausdehnung lin. ($\alpha \cdot 10^{-7}$)	20—100° C 72	20—200° C 74	20—300° C 75	20—1500° C ≈ 100 *
Wärmeleitfähigkeit (cal/cm sec Grad)				
Spez. elektrischer Widerstand ($\Omega\, mm^2/m$)	0,141			
Temperaturkoeffizient des elektrischen Widerstandes	geringer als bei Ta ($< 3{,}0 \cdot 10^{-3}$)			
Gesamtstrahlung (W/cm^2)	geringer als die von Ta (vgl. Abb. 282, S. 264)		1880° C (22)	1980° C (30)
Strahlungsvermögen (%) für $\lambda = 0{,}650\,\mu$	1730° C (37)			
Differenz zwischen wahrer und schwarzer Temperatur	vgl. Abb. 283, S. 265			
Elektronenemission (Richardson-Konstanten)	$A_0 = 57$ A/cm² Grad²		$\varphi_0 = 3{,}96$ Volt vgl. Abb. 272, S. 258	

* Nach Matthies *1*.

Nb entsteht, da es stets als Begleiter von Ta auftritt, bei der Erzaufbereitung des letzteren als Nebenprodukt in der Form von Kalium-Niob-Fluorid, $K_2NbOF_5H_2O$ (vgl. Abschnitt 3e, S. 36). Die Reinigung des Niob-Doppelfluorids ist bedeutend schwieriger als die der entsprechenden Ta-Verbindung wegen der löslichen Verunreinigungen, die mit dem Niob angereichert werden und hauptsächlich aus Sn-, W- und Ti-Fluoriden bestehen[1].

Die Metallgewinnung und Verarbeitung erfolgt analog der von Ta; auch die physikalischen und chemischen Eigenschaften sind denen des Tantals ähnlich. Die Farbe des Niobmetalls ähnelt der des Pt; sie ist etwas heller als die des Ta.

Über die Eigenschaften des Nb sind bisher relativ wenig quantitative (häufig unsichere) Angaben bekannt geworden. Ebenso wie Ta nimmt Nb begierig H_2 auf und wird wie dieses dabei sehr brüchig. Es verbindet sich ebenfalls mit N_2 und beginnt an Luft von 400° C an zu oxydieren. Bei Rotglut oxydiert es sehr rasch zu Pentoxyd, Nb_2O_5; von HCl wird es nicht angegriffen, ebenso nicht von Hg und von K-, Na- oder Mg-Dampf, dagegen von HF (Aufrauhen von Nb-Elektroden, evtl. unter Kochen). In ausgeglühtem Zustand läßt sich Nb noch besser als Ta bearbeiten. Es kann gestanzt und selbst gegen die Walzrichtung, ohne aufzusplittern, gezogen werden.

Handelsüblich ist Nb in Form von Blechen, Schalen und (auch nahtlosen) Röhren. Es ist (volumenmäßig) etwa 50% teurer als Ta. Da es nur etwa halb

[1] Zusammensetzung von Nb der Firma Fansteel: 0,93% Sn, 0,26% Fe, 0% Ti, 0% W, Rest Nb (vgl. Hidnert *2*).

so schwer ist wie dieses, ist es als Ersatz für Ta in Elektrodenaufbauten vorgeschlagen worden. Praktisch wird das Material bisher nur für indirekt geheizte Glühkathodenröhren in Groß-Senderöhren benutzt (Ganswindt *1*, *4*, vgl. Abschnitt 21b, S. 266). Die Gebrauchstemperatur liegt über 1900° K (Wahlin *1*). Wegen seines geeigneten Schmelzpunktes ist Nb ferner als Lotmetall zur Verbindung von Ta mit W geeignet (Herstellung der Verbindung unter Vakuum, vgl. S. 146). Auch Legierungen aus Ta und Nb sind im Handel erhältlich.

4. Platinmetalle und Legierungen.

Die wichtigsten Plantinmetalle und Legierungen sind Platin (Pt), Iridium (Ir) Palladium (Pd) und Osmium (Os). Pt und seine Legierungen werden in der Vakuumtechnik hauptsächlich dort verwendet, wo die chemische Beständigkeit gegen O_2 und O_2-haltige Chemikalien bei höheren Temperaturen eine Rolle spielt. Das Pt besitzt außerdem wegen seines für Glaseinschmelzungen günstigen Ausdehnungskoeffizienten, das Pd wegen der großen Durchlässigkeit für Wasserstoff gewisse Anwendungsgebiete. Das Os, welches früher wegen seines relativ hohen Schmelzpunktes (2700° C) zu Leuchtkörpern in Glühlampen verwendet wurde, wird heute durch das W ersetzt. Ir ist härter als Pt und hat einen höheren Schmelzpunkt (2340° C); des hohen Preises wegen wird es jedoch praktisch nur als Komponente von Pt-Legierungen benutzt.

a) Platin und Legierungen.

(Gmelin *3*; Laatsch *1*; Ullmann *1*; Werkstoffhandbuch *2*; Worthing *3*.)

Gewinnung und Verarbeitung. Die Pt-Metalle werden hauptsächlich aus dem Platin-Erz gewonnen, das 75—85% Pt und 2—5% Pt-Metalle enthält. Die Trennung des Pt erfolgt auf nassem Wege nach umständlichen Scheidungsmethoden (vgl. Ullmann *1*).

Das Rohplatin wird in Königswasser gelöst und die erhaltene Platinchloridlösung durch Zusatz von Ammoniumchlorid als Platinsalmiak $(NH_4)_2PtCl_6$ niedergeschlagen. Dieser wird in Quarztiegeln bei 700—800° C geglüht und geht dabei in ein feines Pulver, den sog. Platinschwamm, über. Entsprechend den jeweiligen Reinheitsanforderungen (vgl. S. 45) wird der Prozeß ein- oder mehrmals wiederholt.

Der Platinschwamm wird auf chemischem Wege von seinen Verunreinigungen befreit und dann, evtl. unter Zusatz der gewünschten Legierungskomponenten (Ir, Ni, Rho, in Pulverform), zusammengepreßt und im Hochfrequenzofen in Tiegeln geschmolzen. Als Tiegelmaterial wählt man Kalk, da dieser die Verunreinigungen des Pt teilweise bindet. Hierbei wird jedoch der Kalk durch den im Pt enthaltenen Wasserstoff reduziert, sodaß das Schmelzgut bis zu 0,1% Ca und geringe Mengen von SiO_2 und Si aufnimmt[1]. Das geschmolzene Platin wird in Formen aus Graphit oder graphitiertem Eisen umgegossen, die erhaltenen Barren oberflächlich gesäubert (evtl. abgedreht), in Säure ausgekocht und zur Beseitigung von Gußspannungen auf etwa 900° C erhitzt. Dann werden die Gußbarren kalt auf kleinere Querschnitte geschmiedet, wobei das Material ein- oder mehrmals (bei 1200° C etwa 5 min) weich geglüht wird. Legierungen, insbesondere solche mit höher schmelzenden Komponenten, werden dann noch zum Zwecke der Homogenisierung mehrere Stunden (bei 950° C) getempert.

---

[1] Aus diesem Grunde stellt man für besonders hohe Reinheitsanforderungen die Platinrohlinge nicht durch Schmelzen, sondern durch metallkeramische Verfahren her.

Die Weiterverarbeitung bis auf etwa 2 mm ∅ erfolgt durch Kaltwalzen und Kalthämmern unter Zwischenschaltung von Weichglühungen in H_2 (etwa 850 bis 900° C etwa 1 min). Kleinere Drahtdurchmesser (bis 0,015 mm) [1] erhält man durch Ziehen in Diamantdüsen. Dünne Bänder werden aus Pt-Draht durch Walzen zwischen polierten Stahlwalzen hergestellt; dünne Bleche bzw. Folien lassen sich bis zu 0,0025 mm herab walzen. Für höchstreines Material (Kathoden-

Tabelle 15. Materialkonstanten von reinem Platin.

Spez. Gewicht	21,4							
Mohs-Härte	4—5 (wie Cu)							
Schmelzpunkt (° C)	1771							
Dampfdruck (Tor)	730° C $3{,}2\cdot10^{-18}$	880° C $1{,}2\cdot10^{-14}$	1030° C $6{,}1\cdot10^{-12}$	1230° C $3{,}6\cdot10^{-9}$	vgl. Abb. 403, Anhang			
Verdampfungsgeschwindigkeit (g/cm² sec)	730° C $8{,}3\cdot10^{-20}$	880° C $2{,}8\cdot10^{-16}$	1030° C $1{,}4\cdot10^{-13}$	1230° C $7{,}5\cdot10^{-11}$	1480° C $2{,}5\cdot10^{-8}$			
Zugfestigkeit (kg/mm²) und zugehörige Dehnung (%)	techn. rein, ausgeglüht (1000° C) physik. rein, ausgeglüht (1100° C) physik. rein, 30% verformt physik. rein, 50% verformt	24 18—20 35 37	35% 45% 4% 3%					
Warmfestigkeit (kg/mm³)	800° C 15,8	vgl. Abb. 39						
Brinellhärte (kg/mm²)	techn. rein, ausgeglüht (1000—1200° C) physik. rein, ausgeglüht (1100° C) physik. rein, 30% verformt physik. rein, 50% verformt	55 50 80 90						
Elastizitätsmodul (kg/mm²)	10000—17500							
Torsionsmodul (kg/mm²)	6000—7000	bei 100° C 2% Abnahme						
Spezifische Wärme (cal/g Grad)	17—100° C 0,0326	900° C etwa 0,039						
Wärmeausdehnungskoeff., lin. ($\alpha\cdot10^7$)	25—100° C 90,7	0—500° C 95	0—800° C 99	0—1000° C 101,9	vgl. Abb. 357 u. 358 und J. B. Austin *1*			
Wärmeleitfähigkeit (cal/cm sec Grad)	20° C 0,167	100° C 0,174						
Spez. elektrischer Widerstand, ausgeglüht bei 1000° C (Ω mm²/m)	0° C 0,099	25° C 0,108	100° C 0,138	800° C 0,375	1000° C 0,435	1200° C 0,488	Kurve R_t/R_0 vgl. S. 289 Abb. 271	
Temperaturkoeffizient des elektr. Wid. (0° C) *	α_0: + $3{,}981\cdot10^{-3}$	β_0: — $0{,}585\cdot10^{-6}$	gültig zwischen — 80 bis 1000° C					
Gesamtstrahlung (W/cm²)	650° C 0,5	800° C 1,0	890° C 1,5	970° C 2,0	1060° C 3,0	1150° C 4,0	1220° C 5,0	vgl. Abb. 53, S. 55
Strahlungsvermögen (%) für $\lambda = 0{,}650\mu$	930° C 29,5	etwa 1600° C 31,0						
Elektronenemission (mA/cm²)	1730° C: $5\cdot10^{-3}$ vgl. auch Du Bridge *1*.							

* $R_T = R_O(1 + \alpha_0 T + \beta_0 T^2)$.

[1] Noch geringere Drahtdurchmesser (bis 0,001 mm) ergibt das Wollastonverfahren, bei dem ein dünner Pt-Draht in eine dickere Ag- oder Cu-Hülle gesteckt, das Ganze zu feinem Draht ausgezogen und schließlich die Hülle durch Salpetersäure entfernt wird (Angerer *1*, Benedicks *1*). Auch Pt-Bänder von einer Stärke bis zu 0,001 mm herunter lassen sich auf diese Weise herstellen.

Tabelle 16. Materialkonstanten von PtIr- und PtNi-Legierungen.

	PtIr (95/5)	PtIr (90/10)	PtIr (80/20)	(70/30)	(94/6)	PtNi (90/10)	Anmerkung
Zugfestigkeit, weich geglüht, bei 1000° C (kg/mm²)	30 *	48	80	116	50—60 **		
Zugehörige Dehnung (%) . . .	15	13	11	10	> 10		
Warmfestigkeit bei 900° C (kg/mm²)	13—19		≈ 21				vgl. Abb. 39
Brinellhärte (kg/mm²) geglüht bei 1000° C	100	140	230	350			
Brinellhärte (kg/mm²) „ „ 1200° C	85	120	190	280			
Spezifischer Widerstand, ungeglüht, bei 20° C (Ω mm²/m)	0,18—0,19 †	0,24—0,25	0,30—0,31	≈ 0,33	0,22—0,23 (vgl. Abb. 40)	≈ 0,28	Widerstand von Kathodenbändern vgl. S. 270, Abb. 288, Widerstandsverhältnis R_T/R_0 einiger Pt-Legierungen vgl. S. 271, Abb. 289.
(Geglüht bei 1000° C) für 0° C .	0,178	0,231	0,295	0,329	≈ 0,22		
Temperaturkoeffizient des elektr. Widerstandes (° C)	$1{,}88 \cdot 10^{-3}$	$1{,}26 \cdot 10^{-3}$	$0{,}81 \cdot 10^{-3}$	$0{,}58 \cdot 10^{-3}$	$+2{,}08 \cdot 10^{-3}$ (α_0') $-4{,}6 \cdot 10^{-7}$ (β_0') ††		
Wärmeleitfähigkeit bei 20° C (cal/cm sec Grad)		0,074	0,042				
Wärmeausdehnungskoeffizient lin. ($\alpha \cdot 10^7$)		0°C 89,7 200 95,6 400 100,2 600 105,4 800 110,6 1000 115,8 1200 121,0 1400 126,3	0°C 83 200 89 400 94 600 100 1000 111 1200 117 1400 123				
Strahlungsvermögen für 0,650 μ bei 900° C	≈ 30				33 (vgl. auch Abb. 300, S. 284)		

* Stark verformt 94—100 kg/mm². ** Stark verformt 115—131 kg/mm². † Stark verformt 0,196 Ω mm²/m. †† $R_T = R_0 (1 + \alpha_0' T + \beta_0' T^2)$.

kerne!) müssen sämtliche Glühprozesse im elektrischen Ofen unter Vakuum oder in H_2-Atmosphäre vorgenommen werden.

Physikalische Eigenschaften. Pt hat für die Verarbeitung günstige mechanische Eigenschaften und ist eines der duktilsten Metalle. Es läßt sich besonders gut walzen, ziehen und stanzen; Härte, Zugfestigkeit und Bruchdehnung sind stark vom Bearbeitungsgrad und von geringen Verunreinigungen (Si) abhängig. Wie die gewöhnlichen Metalle wird auch das durch Verformung gehärtete Pt bei Erhitzung über die Rekristallisationstemperatur (550° C) wieder weich und bei Raumtemperatur verform- und dehnbar. Die technisch benutzte Weichglühtemperatur liegt bei 800—900° C.

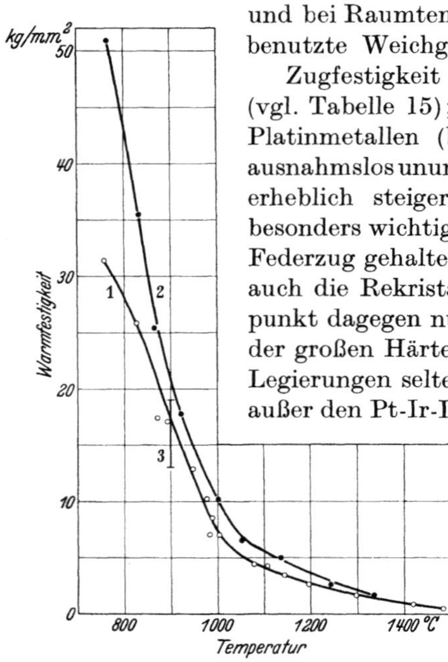

Abb. 39. Warmfestigkeit von kaltgewalzten Pt-Ir-Bändern bzw. -Drähten (Espe *4*); 1 Pt-Ir (95/5)-Band 0,25 × 0,05 mm, 2 Pt-Ir (80/20)-Draht 0,05 mm ∅, 3 Streubereich für Pt-Ir (95/5)-Band bei 900° C (5 Messungen).

Zugfestigkeit und Härte des reinen Pt sind relativ gering (vgl. Tabelle 15); sie lassen sich durch Zusätze von anderen Platinmetallen (besonders von Iridium), mit denen Pt fast ausnahmslos ununterbrochene Reihen von Mischkristallen bildet, erheblich steigern (vgl. Tabelle 16 und Abb. 39). Dies ist besonders wichtig für Kerndrähte von Oxydkathoden, die unter Federzug gehaltert werden müssen. Durch Zusatz von Ir steigt auch die Rekristallisationsschwelle beträchtlich, der Schmelzpunkt dagegen nur wenig; Ir-Zusätze über 30% werden wegen der großen Härte und der schweren Verformbarkeit derartiger Legierungen selten angewandt. In der Vakuumtechnik haben außer den Pt-Ir-Legierungen nur noch Legierungen mit 10% Rh für Thermoelemente sowie mit 5—10% Ni für Kathodenkerndrähte (Bell Telephone Man. Co. *1*, vgl. S. 271) Bedeutung erlangt.

Der spezifische Widerstand steigt mit der Menge der Verunreinigungen und dem Prozentsatz der gebräuchlichen Legierungskomponenten (Ir, Ni, vgl. Abb. 40). Er ist ferner etwas vom Bearbeitungsgrad abhängig; z. B. fällt der Kaltwiderstandswert (20° C) von stark verformtem etwa 5%igem PtNi nach dem Ausglühen von 0,232 auf 0,221 Ω mm²/m, bei 5%igem PtIr entsprechend von 0,196 auf 0,189. Wenn also die Widerstandsmessung Rückschlüsse auf die Materialreinheit gestatten soll, ist der Platindraht vor der Messung auszuglühen.

Chemische Eigenschaften. Von den meisten Gasen wird Pt nicht angegriffen. Mit O_2 bildet es zwischen 300 und 500° C oberflächliche Oxyde, die oberhalb 500° C wieder zerfallen. Glühendes Pt (ab etwa 700° C) ist für H_2 (in geringerem Maße als Pd) durchlässig, dagegen nicht für O_2, N_2, CO, CO_2, CH_4, H_2O, Ar, He. Stark reagiert Pt mit Phosphor, der den Schmelzpunkt herabsetzt und es spröde macht. Eine Getterung mit P (vgl. S. 316) ist daher in Gegenwart von Pt zu vermeiden. Si legiert sich mit Pt; C und seine Verbindungen (Öle und Fette!) greifen heißes Pt nur dann an, wenn sie Verunreinigungen (Si, P, S, As, Se) enthalten. Desgleichen geht MgO mit Pt bei höheren Temperaturen eine Legierung ein, weshalb auch Schmelzen im MgO-Tiegel zu vermeiden ist, da hierbei MgO reduziert und (bis 3%) Mg vom Pt aufgenommen werden kann, wodurch das Pt hart und spröde wird. In geschmolzenem Zustand absorbiert

Pt auch O_2; besonders reine Schmelzen (insbesondere mit oxydablen Komponenten) müssen daher stets im Vakuum oder unter H_2 geschmolzen werden.

Gegen die meisten Säuren (H_2SO_4, HCl, HNO_3, HF) mit Ausnahme von heißem Königswasser ist Pt sehr widerstandsfähig. Mit steigendem Ir-Gehalt nimmt die chemische Widerstandsfähigkeit, besonders gegen Königswasser, außerordentlich zu.

Technische Anwendungen. Für sie ist der Reinheitsgrad[1] von wesentlicher Bedeutung. Handelsüblich sind 5 Reinheitsstufen (vgl. Tabelle 17).

Reinheitstufe 1 wird für vakuumtechnische Zwecke kaum verwendet. Für Oxydkathoden ist mindestens Stufe 3 erforderlich.

Zur Prüfung des Reinheitsgrades von Pt und seinen Legierungen werden neben der chemischen Analyse (vgl. Mylius *1*) hauptsächlich physikalische Methoden angewandt (z. B. Grigorjew *1*). Die wichtigsten sind die Messung des (durch Verunreinigungen stets vergrößerten) elektrischen Widerstandes im Vergleich zu spektroskopisch geprüftem, höchst-reinem Pt und die Ermittlung der thermoelektrischen Kraft gegen ein konstantes Vergleichsmaterial. Die letztere Methode dient besonders zur Prüfung der Homogenität von größeren legierten Schmelzblöcken. (Entnahme von Proben an verschiedenen Stellen des Regulus!) Wegen seiner Unempfindlichkeit gegen unedle Gase

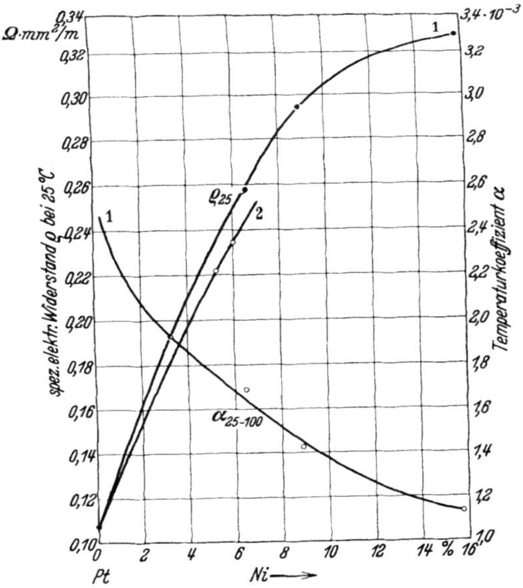

Abb. 40. Spez. elektrischer Widerstand und zugehöriger Temperaturkoeffizient von Pt-Ni-Legierungen (1 nach Kurnakow *1*; 2 nach Espe *4*).

Tabelle 17. Reinheitsstufen von handelsüblichem Platin.

Reinheitsstufe	Bezeichnung	Fremdbestandteile
1	Bijouterie-Pt	< 5% (Pt-Metalle und unedle Metalle, besonders Fe und Metalloide)
2a	technisch rein	< 1% (davon 0,5% Pt-Metalle)
2b	Geräte-Pt	< 0,3% (davon Ir < 0,3%, andere Metalle < 0,1%)
3	chemisch rein	< 0,1%
4	physikalisch rein	< 0,01%
5	spektroskopisch rein	< 0,001% (Ir)

ist Pt besonders für exakte vakuumtechnische Untersuchungen geeignet, bei denen es auf sehr reine Versuchsbedingungen ankommt. Der Anwendung in technischen Röhren steht der hohe Preis und der gegenüber den hochschmelzenden

[1] Relativ einfach lassen sich Reinheitsprüfungen von Pt spektralanalytisch durchführen (vgl. Gerlach *1*).

Tabelle 18. Handelsübliche Formen von Platin und seinen Legierungen.

Form	Abmessungen	Reinheitsgrad	Legierungskomponente	Verwendungszweck
Drähte, gezogen	Durchmesser 1—0,015 mm, Länge beliebig	2	—	Glaseinschmelzdrähte (vgl. S. 329).
		3	5—20% Ir 5—10% Ni	Oxydkathodenkerne für Elektronenröhren (vgl. S. 271).
		4	20% Ir	Vakuumthermokreuze (vgl. Abb. 41) Widerstandsthermometer, Pirani-Manometer.
		4	0—10% Ir	
Wollastondrähte	Seelendurchmesser 0,015—0,001 mm, Länge beliebig	2	—	Vakuumsicherungen für kleine Ströme (> 10 mA).
Bänder, gewalzt	Dicke 1—0,0025 mm, Breite bis mehrere cm	2	bis 30% Ir	Heizbänder für Widerstandsöfen zum Entgasen bis 1500° C.
Bänder, gewalzt aus gezogenen Drähten	Dicke 0,03—0,06 mm, Breite 0,10—0,40 mm, Länge beliebig	1 und 2	5—20% Ir 5—10% Ni	Oxydkathodenkerne für Elektronenröhren (Hochvakuumgleichrichter, Fernsprechverstärker-Röhren).
		2	bis 20% Ir	Regenerierofen für unedle Gase in Leuchtröhren (Moorelicht).
Bleche	Dicke 1—0,0025 mm, Breite bis 10 cm	2—4	rein oder mit Ir	Oxydträger für Großflächen-Glühkathoden; Anoden für Versuchsröhren; Elektroden für elektrolytische Gasentwickler, Strahlungsauffänger in Ardometerlampen (vgl. Abb. 42).
Formstücke	—	2	—	Nieten für hochbelastete Elektroden; Ring- und Topfeinschmelzungen für HF-Senderöhren und Röntgenröhren (vgl. Abb. 77a, 5 und S. 345).

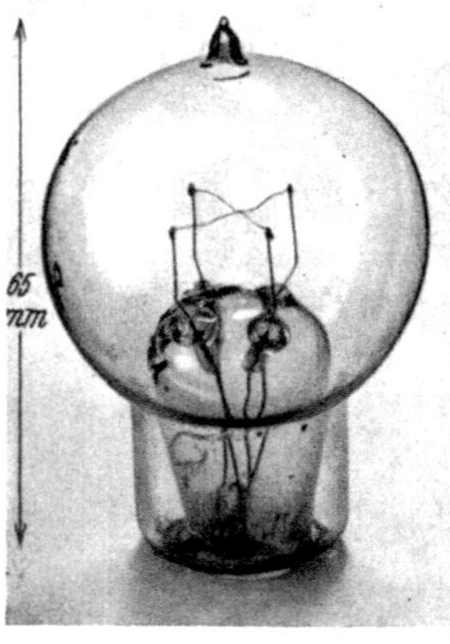

Abb. 41.

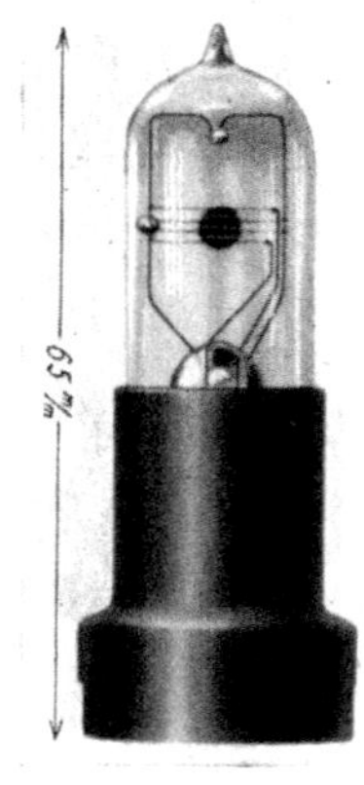

Abb. 42.

Abb. 41. Vakuumthermokreuz mit Halte- und Einschmelzdrähten aus Pt; Thermoschenkel: Konstantan und CrNi; Heizschenkel: CrNi (vgl. Keinath 3; Hersteller: Siemens & Halske).

Abb. 42. Vakuumthermoelement für Gesamtstrahlungsmessungen mit Auffangscheiben aus geschwärzter Pt-Folie („Ardometer“ Hersteller: Siemens & Halske).

Metallen niedrige Schmelzpunkt entgegen; als Kerndraht für Oxydkathoden hoher Lebensdauer (vgl. Abschnitt 21d) und für gewisse Glaseinschmelzungen (vgl. Abschnitt 25) ist es jedoch bisher unersetzlich. Über das Schweißen von Pt-Drähten vgl. Abschnitt 10c.

b) Palladium.

Tabelle 19. Materialkonstanten von Palladium.

Spez. Gewicht	12,0	
Schmelzpunkt (^{0} C)	1557	
Elastizitätsmodul (kg/mm²)	10000—14000	
	Temperatur	$\alpha \cdot 10^7$
Mittl. Wärmeausdehnungskoeffizient, lin.	0— 100° C 0— 500° C 0— 800° C 0—1000° C	119 128 134 139
Wärmeleitfähigkeit (cal/cm sec Grad)	0,168 (18° C) 0,182 (100° C)	
Spez. elektrischer Widerstand (Ω mm²/m)	0,107	
Temperaturkoeffizient des elektr. Widerstandes	$3{,}8 \cdot 10^{-3}$ (0—50° C) $3{,}1 \cdot 10^{-3}$ (0—350° C)	

Pd ist ein weißglänzendes Metall, das sich etwas schlechter als Pt verarbeiten läßt. Bei 500—600° C bildet es in der Luft infolge oberflächlicher Oxydation farbige Anlaufschichten, die durch kurzes Ausglühen bei höherer Temperatur wieder zum Verschwinden gebracht werden können. Es ist für die Vakuumtechnik

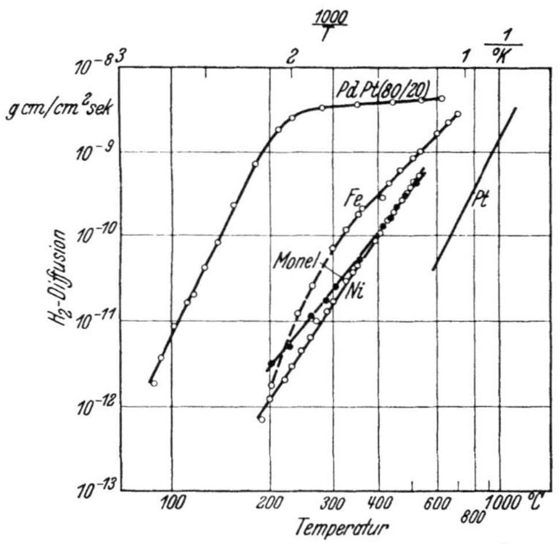

Abb. 43. Diffusion von Wasserstoff bei 760 Tor Überdruck durch PdPt (80/20), entkohltes Fe (vgl. auch Abb. 54), Monel, Ni und reines Pt (Borelius *1*, vgl. auch Smithells *3*).

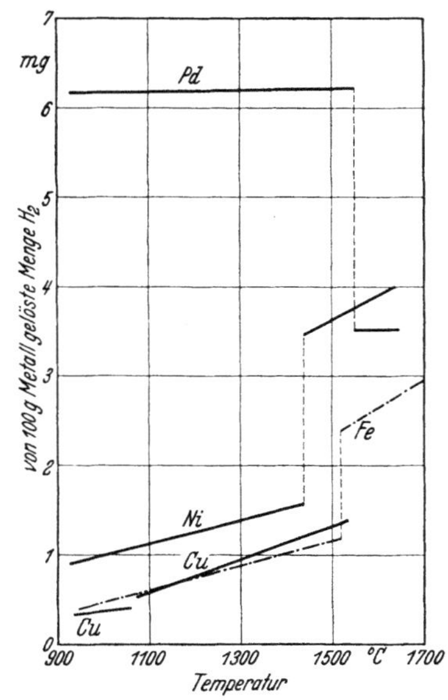

Abb. 44. Löslichkeit von H_2 in Pd, Ni, Cu und Fe bei 760 Tor in Abhängigkeit von der Temperatur (Sieverts *1*).

hauptsächlich wegen seiner großen Durchlässigkeit von Wasserstoff wichtig, der bereits bei 100—300° C und 100—700 Tor Überdruck in großen Mengen

Tabelle 20. Diffusion von Wasserstoff durch Pd (Jost *1*).

Temperatur °C	Diff.-Zahl $cm^2 sec^{-1}$
192,5	$1{,}21 \cdot 10^{-5}$
248,5	$2{,}43 \cdot 10^{-5}$
302,5	$3{,}95 \cdot 10^{-5}$

durch Pd diffundiert (vgl. Abb. 43 u. Tabelle 20). Der diffundierte Wasserstoff ist chemisch rein. Über Gasfüllungsvorrichtungen mittels erhitzter Pd-Röhrchen vgl. z. B. Pat.-Treuhand-Ges. *1* und Abschnitt 20c.

Das Metall kann ferner relativ große Mengen Wasserstoff in sich aufnehmen (vgl. Abb. 44), der bei Erhitzung im Vakuum auf 300—500° C wieder abgegeben wird. Auch diese Eigenschaft benutzt man, um Vakuumröhren mit geringen Mengen sehr reinen Wasserstoffs zu füllen.

5. Unedle Metalle.

a) Allgemeines.

Von den unedlen Metallen verwendet man in der Vakuumtechnik hauptsächlich Ni, Fe und Cu sowie ihre Legierungen, und in geringem Umfang Al, Be, Zr, Ti und Ag.

Im Gegensatz zu den hochschmelzenden erfolgt die Gewinnung der unedlen Metalle wegen ihres niedrigeren Schmelzpunktes meist durch Schmelzprozesse. Infolgedessen enthalten sie in weit höherem Maße als die hochschmelzenden oder das chemisch neutrale Platin große Mengen von unedlen Gasen und gewisse Mengen nichtmetallischer Verunreinigungen, insbesondere Oxyde, die teils zu porösen Gußstücken führen, teils durch Ausscheidung an den Korngrenzen die Weiterverarbeitung der Gußblöcke erschweren.

Man entfernt diese gasförmigen und nichtmetallischen Verunreinigungen durch Zusatz kleiner Mengen von „Desoxydationsmitteln", die mit ihnen reagieren und sie entweder gasförmig oder durch Bildung einer Schlacke binden, die bei oder nach dem Gußprozeß mechanisch entfernt werden kann. Solche Zusätze spielen für die Lebensdauer elektrischer Entladungsröhren häufig eine entscheidende, in ihren Ursachen nicht immer erkennbare Rolle, besonders da sie meist eine größere Verdampfungsgeschwindigkeit[1] haben als das Grundmetall (Glühkathodenvergiftung, Isolationsverschlechterung, Veränderung des Kontaktpotentials, Sekundäremission, Rückzündung). Für vakuumtechnisch brauchbare Metalle sind daher, soweit sie sich nicht überhaupt vermeiden lassen, nur solche Desoxydationsmittel zulässig, die den Betriebsverhältnissen (Temperatur!) des betreffenden Konstruktionsteiles in der Entladungsröhre angepaßt sind.

Aus den angeführten Gründen sind Metallgewinnungsmethoden, bei denen auf die Verwendung von Desoxydationszusätzen ganz verzichtet werden kann, trotz der im allgemeinen höheren Gestehungskosten für vakuumtechnische Zwecke grundsätzlich vorzuziehen. Die wichtigsten sind das Schmelzen im Vakuum oder das Sintern in neutraler Atmosphäre von chemisch gewonnenem pulverförmigem, reinstem Ausgangsmaterial, sowie die elektrolytische Gewinnung, insbesondere die Schmelzflußelektrolyse, häufig verbunden mit nachfolgendem Umschmelzen im Vakuum.

---

[1] Dampfdruckkurven der häufig als Zusätze oder Verunreinigungen auftretenden Metalle Mn, Mg, Be, Si, Cr, Pb, Sn, Zn in Abb. 403, Anhang.

Alle genannten unedlen Metalle verfestigen sich bei der Kaltverformung, die für vakuumtechnische Zwecke wegen der Oxydationsgefahr meist vorzuziehen ist. Mit zunehmender Verformung steigt also die Zugfestigkeit, die

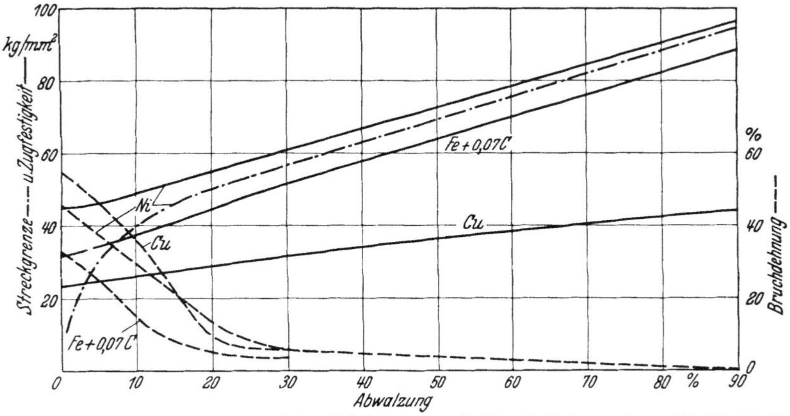

Abb. 45. Zugfestigkeit, Streckgrenze und Bruchdehnung von kaltbearbeitetem reinem Ni, Flußstahl und Cu bei 20° C in Abhängigkeit vom Bearbeitungsgrad (O. Schwarz *1*).

Bruchdehnung nimmt ab (vgl. Abb. 45). Durch Glühbehandlung, z. B. durch Entgasungserhitzung oberhalb der Rekristallisationsschwelle, können sie wieder weich gemacht werden; ihre Bruchdehnung steigt dann erheblich an, die Zug-

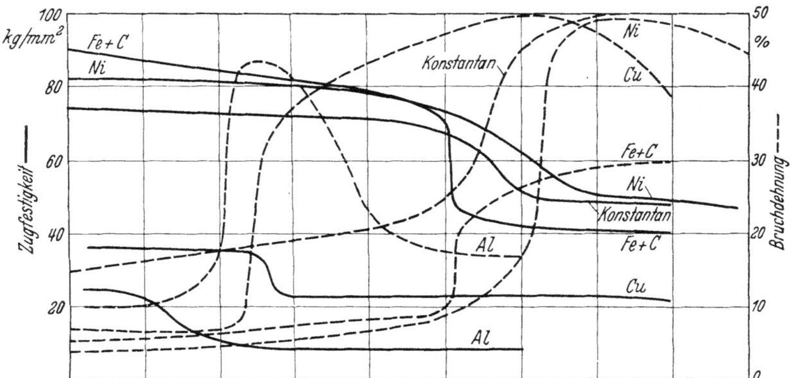

Abb. 46. Einfluß der Ausglühtemperatur auf die Festigkeitseigenschaften von unedlen Metallen und Legierungen bei Zimmertemperatur (O. Schwarz *1*).
Al: Reinheitsgrad 99,5%, gezogen; Cu: kaltgezogen, Bearbeitungsgrad 38%; Fe: Verunreinigungen: 0,08% C, 0,39 Mn, 0,059 P, 0,056 S, kaltbearbeitet; Konstantan: Ni-Gehalt 40—45%, kaltverformt; Ni: Reinheitsgrad 99,4%, kaltverformt.

festigkeit zeigt durchweg den für die normalen Metalle typischen Abfall (vgl. Abb. 46). Alle Weichglühprozesse müssen wegen der Oxydationsgefahr in neutraler Atmosphäre (z. B. H_2) oder im Hochvakuum vorgenommen werden.

Da die unedlen Metalle besonders große Mengen von Gasen gelöst enthalten, ist in der Regel vor dem Einbau in die Röhre ein Vorentgasungsprozeß notwendig (vgl. Abschnitt 10b), wodurch gleichzeitig oberflächliche Verunreinigungen entfernt werden („Blankglühen"). Schmiermittel sind bei der Verarbeitung nach Möglichkeit nicht anzuwenden. Lassen sie sich nicht vermeiden, so sind sie vor der Entgasung sorgfältig durch Waschen in geeigneten Flüssigkeiten zu entfernen (vgl. Abschnitt 10d).

Die thermische Belastbarkeit der unedlen Metalle ist durch ihre relativ hohe Verdampfungsgeschwindigkeit und dadurch begrenzt, daß Zugfestigkeit,

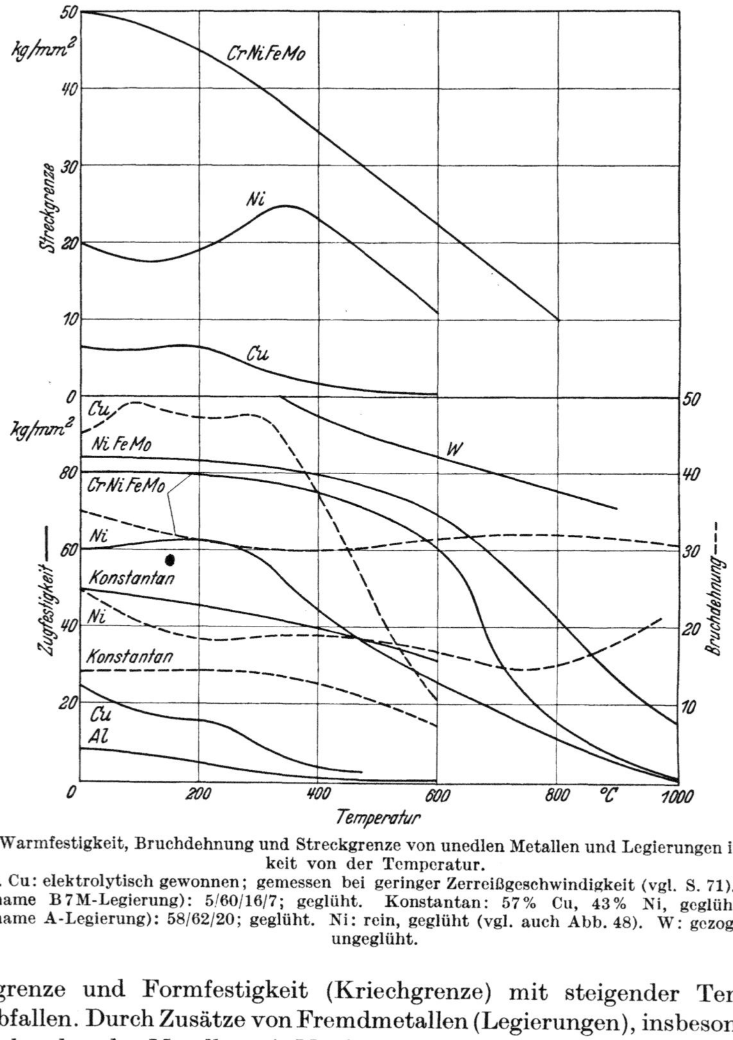

Abb. 47. Warmfestigkeit, Bruchdehnung und Streckgrenze von unedlen Metallen und Legierungen in Abhängigkeit von der Temperatur.
Al: weich. Cu: elektrolytisch gewonnen; gemessen bei geringer Zerreißgeschwindigkeit (vgl. S. 71). CrNiFeMo (Handelsname B7M-Legierung): 5/60/16/7; geglüht. Konstantan: 57% Cu, 43% Ni, geglüht. NiFeMo (Handelsname A-Legierung): 58/62/20; geglüht. Ni: rein, geglüht (vgl. auch Abb. 48). W: gezogener Draht, ungeglüht.

Streckgrenze und Formfestigkeit (Kriechgrenze) mit steigender Temperatur stark abfallen. Durch Zusätze von Fremdmetallen (Legierungen), insbesondere von höher schmelzenden Metallen wie Mo, lassen sich die mechanischen Eigenschaften für höhere Temperaturen verbessern, ohne daß Verarbeitbarkeit und Duktilität allzusehr herabgesetzt werden. In Abb. 47 ist die Temperaturabhängigkeit der wichtigsten mechanischen Daten der in der Vakuumtechnik verwendeten Metalle und Legierungen dargestellt. Die Einzelheiten der in Abb. 46 und 47 wiedergegebenen Kurven sind bei den betreffenden Metallen selbst diskutiert.

Wenn auch die unedlen Metalle in thermischer Hinsicht nicht die Güte der hochschmelzenden erreichen, so werden sie doch wegen ihres wesentlich niedrigeren Preises und ihrer erheblich leichteren Bearbeitbarkeit bei der Massenfabrikation von Vakuumröhren mit niedriger Betriebstemperatur angewendet.

b) Nickel.

(Borchers *1*, Bureau of Standards *1*, W. P. Sykes *1*.)

Tabelle 21. Materialkonstanten von reinem Nickel.

Spez. Gewicht	8,85 ± 0,03 je nach der mechanischen Vorbearbeitung
Mohs-Härte	3,8
Schmelzpunkt (° C)	1452
Dampfdruck (Tor)	vgl. Abb. 403, Anhang
Zugfestigkeit (kg/mm^2) und zugehörige Dehnung (%)	hart gewalzt: 70—80, 2% weich geglüht: 40—45, 40—50% sehr rein, geglüht: 32—35, 40—50% vgl. Abb. 31, 46 und 48
Warmfestigkeit (kg/mm^2)	vgl. Abb. 47
Warm-Bruchdehnung (%)	vgl. Abb. 47
Streckgrenze (kg/mm^2)	vgl. Abb. 47
Kriechgrenze (kg/mm^2)	700° C: 1,0 · 800° C: 0,4—0,5 · nach Vorglühung bei 1250° C vgl. Abb. 49
Brinellhärte bei 20° C (kg/mm^2)	hart gewalzt: ≈ 70% Abwalzung 220; ≈ 25% „ 180; ≈ 12% „ 150 weich geglüht (800° C): 80—90
Elastizitätsmodul (kg/mm^2)	20° C: 20 200—22 700 · 465° C: 11 900
Torsionsmodul (kg/mm^2)	27° C: 7300 · 800° C: 4940
Spezifische Wärme (cal/g Grad)	15—100° C: 0,106 · 350° C: 0,151—0,157 · 450° C: ≈ 0,134
Wärmeausdehnungskoeffizient, lin. ($\alpha \cdot 10^7$)	25—100° C: 130 ± 2 · 0—300° C: 145 · 0—500° C: 151 · 0—800° C: 161 · 0—1000° C: 168 Maximum bei 355° C; vgl. auch Harrison *1*
Wärmeleitfähigkeit (cal/cm sec Grad)	18° C: 0,215 · 350° C: 0,142 · 600° C: 0,155 · vgl. Abb. 51
Spez. elektrischer Widerstand ($\Omega\, mm^2/m$) bei 20° C	hart gewalzt: 0,095 · weich geglüht: 0,087 · für höhere Temperaturen vgl. Abb. 50 u. 289
Temperaturkoeffizient des elektrischen Widerstandes (0—60° C)	hart gewalzt: $4{,}6 \cdot 10^{-3}$ · weich geglüht: $4{,}7 \cdot 10^{-3}$
Gesamtstrahlung (W/m^2)	740° C: 1 · 830° C: 1,5 · 900° C: 2,0 · 1000° C: 3,0 · vgl. Abb. 53 und Abb. 165
Strahlungsvermögen (%) für $\lambda = 0{,}665\ \mu$	37,5 · keine Änderung mit der Temperatur zwischen 930—1400° C (Worthing)
Magnetischer Umwandlungspunkt (° C)	≈ 350—360 · vgl. S. 62 Abb. 61
Anfangspermeabilität (Gauß/Oerstedt)	hart: etwa 15 · mittel weich: 200—300 · sehr weich: 500—600 · für sehr reines Material

Erzaufbereitung und Gewinnung. Die Aufbereitungsmethoden sind je nach Herkunft bzw. Zusammensetzung der Erze verschieden. Die wichtigsten Nickelerze sind: Magnetkies (Kanada, 2—3,5% Ni, ≈ 35% Fe, 23% S, 0,8% Cu, 40% Gestein) und Garnierit (Neu Kaledonien, ≈ 8% NiO, 18% Fe_2O_3, 48% SiO_2, 6% Al_2O_3, 20% MgO). Die Erze werden (nach Ausscheiden des Cu auf chemischem Wege) mit schwefelhaltigen Zuschlägen vermengt, brikettiert und im Schachtofen verschmolzen. Der entstandene „Nickelstein" (35—40% Ni, 40—45% Fe) wird zur Oxydierung des Fe-Gehaltes abgeröstet, mit quarzhaltigen Zuschlägen erneut im Schachtofen verschmolzen und dann in der Bessemerbirne zu eisenfreiem „Nickelstein" (77—78% Ni, ≈ 0,1% Fe) verblasen. Dieser wird fein gemahlen und von seinem Schwefelgehalt durch zweimaliges Rösten befreit. Es bildet sich Nickeloxydul folgender Zusammensetzung: 78% Ni, 0,25% Fe, 0,1% SiO_2, 0,1% Cu, Rest O_2.

Das Nickeloxydul wird gewöhnlich durch Bindemittel zu runden Scheiben (≈ 40 mm ∅, 20 mm Höhe) oder Würfeln (≈ 12 × 12 mm²) gepreßt, mit Holzkohle gemischt und etwa 6 Stunden in glühenden Retorten zu Ni-Metall reduziert („Rohnickel"). Nach einem anderen Verfahren („Mondverfahren") wird CO bei einer Temperatur von 50—60° C über das zu reinigende, feinverteilte, reduzierte Ni geleitet. Es entsteht Ni-Karbonyl $[Ni(CO)_4]$, ein Gas, das dann in besonderen Zersetzungstürmen bei etwa 200° C wieder in sehr reines pulverförmiges Ni verwandelt wird (Korngröße 0,5—5 μ, Reinheitsgrad: 99,9% Ni, Rest: O_2 und C, letzteres < 0,05%, vgl. Hamprecht *1*).

Zur Herstellung von Blechen und Drähten wird das Rohnickel im Ofen unter O_2-Zufuhr geschmolzen, um es von Verunreinigungen zu befreien, die das spätere Verformen erschweren. Dabei bilden sich Ni-Sauerstoffverbindungen, die ihrerseits entfernt werden müssen. Der Schmelze wird daher vor dem Umgießen in der Regel zur Desoxydation metallisches Mn (0,2—1,5%) oder Mg (< 0,5%) zugesetzt [1].

Das normale käufliche „Reinstnickel" enthält also stets eine oder beide dieser Beimengungen. Ein geringer Mg-Gehalt, der (mit Rücksicht auf die Bearbeitbarkeit) unter 0,1% gehalten werden muß, ist für die vakuumtechnische Verwendung nicht schädlich, dagegen kann schon ein Mn-Gehalt > 0,1% in hochbelasteten Ni-Elektroden die Emission

Tabelle 22. Analysenbeispiele von Nickelblech (0,1 mm)[2].

Nr.	Bezeichnung	Ni (+ Co) %	Fe %	Mn %	Mg %	Si %	C %	S %	Cu %
1	Amerikanisches Nickel, „Grade C"	96,5—97,0	0,5—1	1,5—2	—	0,1—0,2	0,2	0,035	0,2
2	Amerikanisches Nickel, „Grade A"	98,9—99	0,5	0,2—0,35	—	0,1—0,2	0,1	0,025	0,18
3	Englisches Mond-Nickel (ohne Co)	99,68	0,28	—	—	0,001	0,025	0,008	—
4	Amerikanisches Spezialnickel für Vakuumzwecke (1932)	99,44	0,23	0,14	0,045	0,018	0,07	0,017	0,036
5	Deutsches Reinstnickel (1929) . .	99,35	0,27	0,19	0,09	0,03	0,06	0,03	0,08
6	Deutsches Reinstnickel, Hochfrequenzofen (1933)	99,82	0,015	0,006	0,049	0,005	0,09	0,006	0,012
7	Dasselbe (1934) . .	99,87	0,019	Spuren	—	0,005	0,06	0,003	0,011

[1] Mg-Zusatz verhütet ferner bei Anwesenheit von S durch Bildung von Magnesiumsulfitkügelchen die Bildung von Nickelsulfurhäuten um die Kristallite, durch die das Ni sonst äußerst spröde gemacht wird (Bureau *1*, Masing *1*).

[2] Analyse 4—7 nach eigenen Erfahrungen der Verfasser; der Gehalt an Kobalt ist bei diesen Analysen dem Nickelgehalt zugerechnet, was für vakuumtechnische Zwecke zulässig ist, da Kobalt in seinen Eigenschaften dem Nickel sehr nahe steht.

bzw. die Lebensdauer empfindlicher Kathoden (Oxydkathoden) stark herabsetzen. Durch Umschmelzen des Ni im Hochfrequenzofen unter H_2 oder im Vakuum gelangt man zu erheblich höheren Reinheitsgraden (vgl. Tabelle 22).

Ni, das in Vakuumröhren Verwendung findet, muß ferner völlig frei sein von As, Pb, Sb, Sn, Zn, P, Al. Für eine sichere Vakuumröhrenfabrikation sind also laufende Analysen des verwendeten Materials unbedingt erforderlich. In Tabelle 22 sind einige typische Analysenbeispiele wiedergegeben.

Ungenügend rein für vakuumtechnische Zwecke ist Probe 1, während die Proben 2, 4 und 5 wegen des hohen Mn-Gehalts nur bedingt brauchbar sind. Die Proben 6 und 7 genügen auch hohen Reinheitsansprüchen (Träger für indirekt geheizte Kathoden). Das sog. „vakuumgeschmolzene" Ni enthält häufig (ebenso wie vakuumgeschmolzenes Cu) bis 2% Mn. Neuerdings wird dem Vakuumnickel statt Mn das röhrentechnisch unbedenkliche Be zugesetzt (Rohn *2*).

Zur Herstellung von sehr reinem Ni bedient man sich neuerdings auch metallkeramischer Methoden: Hierbei wird ein Preßstück aus Nickelkarbonylpulver bei 1200° C 2 Stunden lang im elektrischen Ofen unter H_2 gesintert. Der Sinterblock läßt sich sehr gut weiterverarbeiten[1] (Hamprecht *1*).

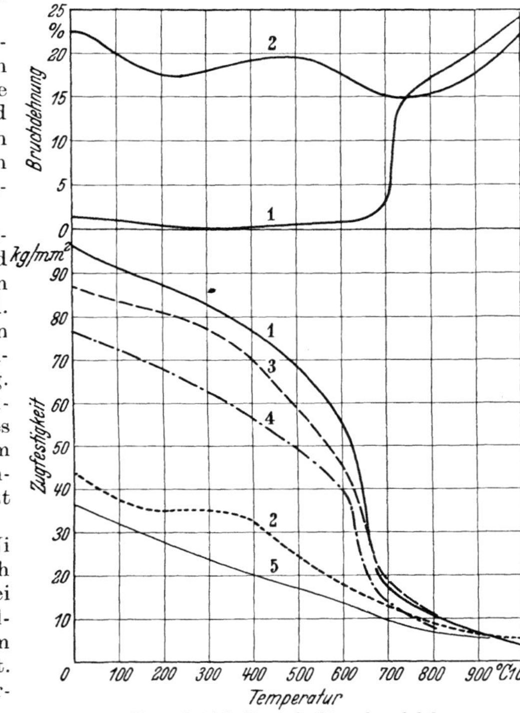

Abb. 48. Warmfestigkeit und Warmbruchdehnung von Ni-Drähten (W. P. Sykes *1*, Ransley *1*). 1 kaltgezogen von 2,3 auf 0,635 mm ø, ungeglüht; 2 derselbe Draht, geglüht (30 min, 800° C); 3 kaltgezogen von 1,0 auf 0,635 mm ø, ungeglüht; 4 warmgezogen (bei 400° C) von 1,0 auf 0,635 mm ø, ungeglüht; 5 kaltgezogen von 0,15 auf 0,043 mm ø, geglüht (1000° C). Reinheitsgrad der Drähte 1 bis 4: 99,4%; Draht 5: 99,9%.

Rohverarbeitung. Sie erfolgt in üblicher Weise durch Hämmern, Walzen und Ziehen, wobei die große Dehnfähigkeit ausgenutzt werden kann. Dabei ist auf evtl. Überstreckung des Materials zu achten; gegebenenfalls sind Zwischenglühungen in neutraler Atmosphäre einzuschalten. Für Formgußzwecke eignet sich Nickel wenig, da sein relativ hoher Schmelzpunkt und die plötzliche Abgabe der in großen Mengen (vgl. Abbildung 44) im Schmelzfluß gelösten Gase (Spratzen) den Guß sehr erschweren.

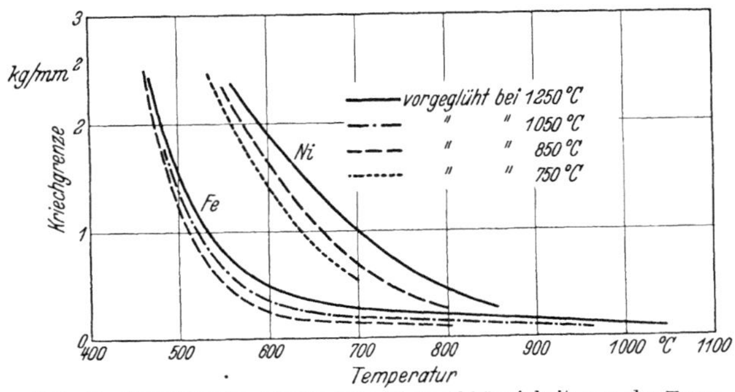

Abb. 49. Kriechgrenze von Fe und Ni in Abhängigkeit von der Temperatur nach verschieden hoher (kurzzeitiger) Vorglühung (Rohn *1*).

[1] Das auf metallkeramischem Wege gewonnene Ni-Metall besitzt in weiter verarbeitetem, weichgeglühtem Zustande folgende mechanische Eigenschaften: Zugfestigkeit 40 kg/mm²; Dehnung 50%; Streckgrenze 12 kg/mm²; Brinellhärte 90 kg/mm².

Physikalische Eigenschaften und Verarbeitung. Die Zugfestigkeit von Ni ist relativ hoch und wird von keinem unlegierten unedlen Metall übertroffen. Die außerordentliche Zähigkeit und die sehr hohe Biegezahl auch im kaltgereckten Zustand ermöglichen eine weitgehende Kaltverformung (Ziehen, Walzen, Biegen), die zu einer beträchtlichen Hebung von Streckgrenze und Festigkeit führt (vgl. S. 49, Abb. 45).

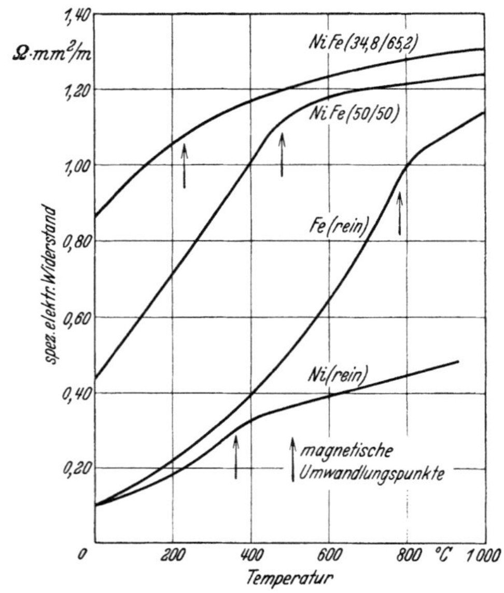

Abb. 50. Spez. elektrischer Widerstand von reinem Ni, reinem Fe und FeNi-Legierungen in Abhängigkeit von der Temperatur (Chevenard *1*).

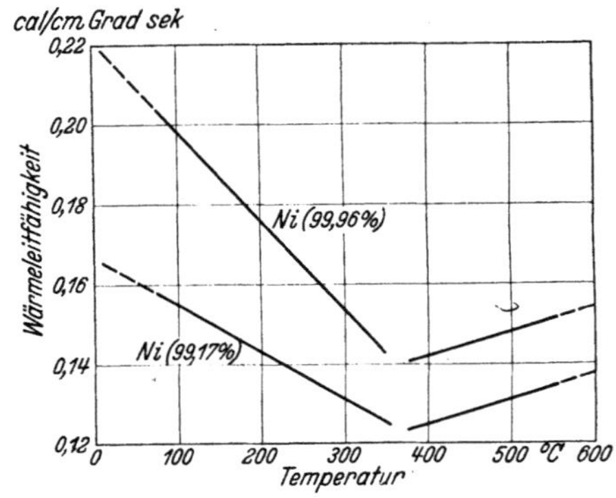

Abb. 51. Wärmeleitfähigkeit zweier Ni-Sorten von verschiedenem Reinheitsgrad in Abhängigkeit von der Temperatur (Dusen *1*).

Ni ist also ein sehr duktiles Metall, vorausgesetzt allerdings, daß es bei der Gewinnung sorgfältig desoxydiert und entschwefelt wird. Gehalt an Oxyden und Schwefel macht Ni spröde und erzeugt besonders beim Schmieden starke Neigung zum Reißen. Geringe Zusätze von Mg wirken dieser Neigung entgegen und erhöhen erheblich die Duktilität. Schwierigkeit macht die Zähigkeit beim Bearbeiten durch spanabhebende Werkzeuge, und zwar selbst dann noch, wenn das Ni in weitgehend kaltverformten Zustand vorliegt. Die Bearbeitung erfolgt am besten bei einer Brinellhärte von 150 kg/mm² mit hohlgeschliffenem Schnelldrehstahl (Umlaufzahl des Werkstückes 180—300 Umdr./min). Ni ist außerordentlich politurfähig und gibt Flächen von höchstem Spiegelglanz, was für manche vakuumtechnische Zwecke (Strahlungsschirme) wichtig ist. Andererseits läßt sich seine Abstrahlfähigkeit durch Oberflächenbehandlung (Aufrauhen, Karbonisieren) stark erhöhen (vgl. S. 155, Abb. 165).

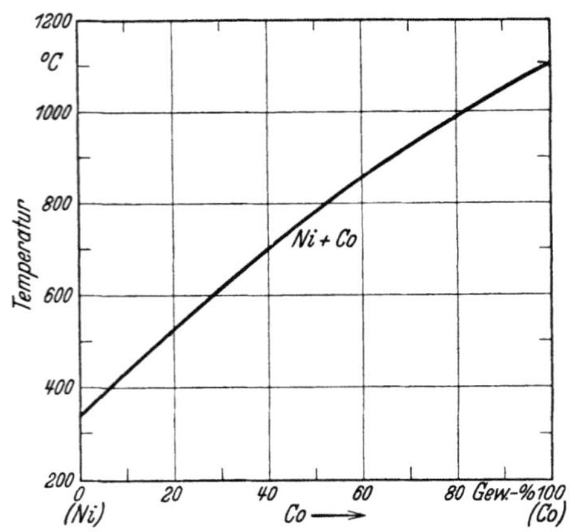

Abb. 52. Magnetische Umwandlungstemperaturen von Ni-Co-Legierungen (Kühlewein *1*).

Die relativ hohe Rekristallisationstemperatur (550 bis 640° C) bedingt, daß auch bei höheren Temperaturen die Festigkeit nur langsam absinkt (vgl. Abb. 47 und Abb. 48). Die Weichglühtemperatur liegt bei etwa 800° C; durch die normale Entgasungserhitzung bei etwa 900° C wird also Ni mit Sicherheit völlig entfestigt und erhält Bruchdehnungswerte von 40 bis 50% (vgl. Abb. 46). Über die Kriechgrenze von reinem Ni nach verschiedener Wärmevorbehandlung vgl. Abb. 49.

Ni ist magnetisierbar, aber in schwächerem Maße als Fe (vgl. Abb. 61). Bei etwa 350° C verliert es seinen Ferromagnetismus[1], ohne daß Umkristallisation eintritt; jedoch zeigen Wärmeausdehnungskoeffizient, spez. elektrischer Widerstand (vgl. Abb. 50) und Wärmeleitfähigkeit (vgl. Abb. 51) im magnetischen Umwandlungspunkt diskontinuierlichen Verlauf (vgl. Tammann *1*).

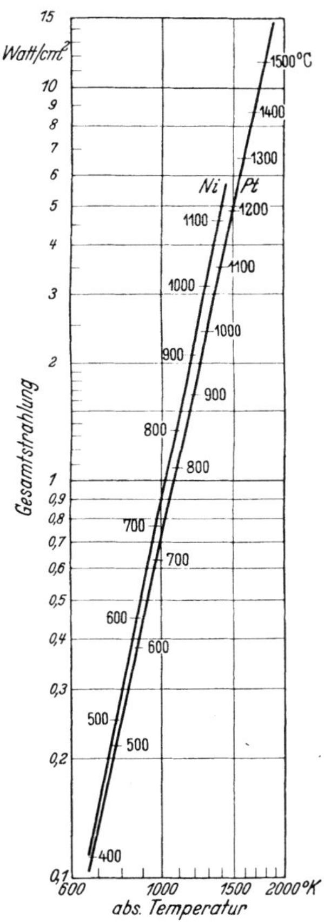

Abb. 53. Abgegebene Strahlungsleistung einer blanken Ni- bzw. Pt-Oberfläche, abhängig von der Temperatur. Die Zahlen an den Kurven selbst geben die entsprechenden Temperaturen in °C an. Über geschwärztes Ni vgl. Abb. 165.

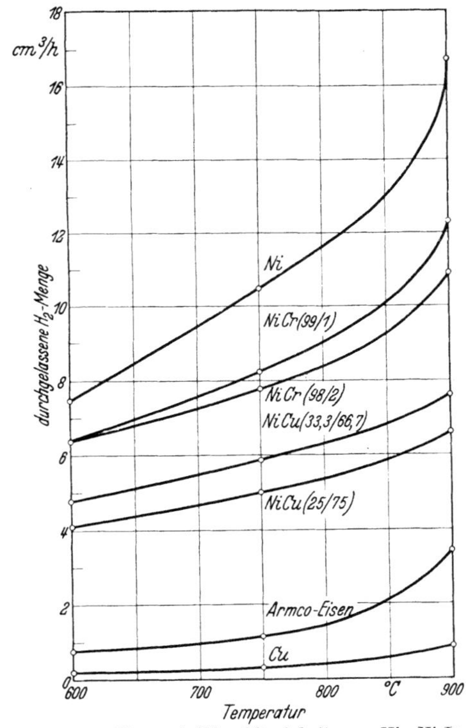

Abb. 54. Wasserstoffdurchlässigkeit von Ni, Ni-Legierungen, Armco-Fe und Cu als Funktion der Temperatur; Wandstärke 7,5 mm, Oberfläche 48—49 cm², Druck 760 Tor (Baukloh *3*, vgl. jedoch auch Abb. 43).

Oberhalb 1000° C beginnt Ni im Hochvakuum merklich zu verdampfen. Dauerbelastungen über 800° C (etwa 1,5 W/cm² bei blankem Material) und

[1] Durch Zusatz von Kobalt läßt sich der magnetische Umwandlungspunkt bedeutend erhöhen (vgl. Abb. 52). Über Anwendung solcher Legierungen für indirekt geheizte Oxydkathoden zur Herabsetzung des Heizstrommagnetfeldes vgl. Rocard *1*.

vorübergehende Belastungen (Entgasungserhitzung) über 1000° C sind daher im allgemeinen unzulässig (Isolationsverschlechterung!). Zur Dimensionierung von Ni-Anoden und zur Berechnung der beim Elektronenbombardement erforderlichen Wattbelastung ist die Kenntnis der abgegebenen Strahlungsleistung in Abhängigkeit von der Temperatur notwendig (vgl. Abb. 53 u. 165). Die H_2-Durchlässigkeit des Ni[1] ist nach Messungen von Baukloh *1* erheblich größer als die des Armco-Fe oder Cu (vgl. Abb. 54); für wassergekühlte Metallröhren sind daher diese Metalle vorzuziehen. Elektronenemission bei Fox *1*.

Chemische Eigenschaften. Ni ist bei gewöhnlicher Temperatur gegen atmosphärische Einflüsse außerordentlich widerstandsfähig; erst nach längerem Lagern in feuchter Luft zeigt das sonst silberweiße Metall eine blaßgelbe Anlauffarbe. Bei erhöhter Temperatur läuft Ni in Gegenwart von O_2 wie Fe an; oberhalb 500° C bilden sich Oxydüberzüge. Die Oxydation bewirkt eine interkristalline Brüchigkeit unter Zerstörung der Festigkeit und Dehnung. Oberhalb 400° C wird Ni von Wasserdampf oxydiert. Durch Erhitzen in H_2 wird oxydiertes Ni schon bei 350° C reduziert. H_2 wird von heißem Ni in größeren Mengen aufgenommen (vgl. Abb. 44), jedoch bei Erhitzen im Vakuum leicht wieder abgegeben. Mit CO bildet Ni oberhalb 50° C Nickeltetrakarbonyl, das sich bei höherer Temperatur wieder in die Ausgangsprodukte zersetzt. Die bekannten Mineralsäuren greifen Ni durchweg an. Besonders kräftig lösend wirkt Salpetersäure unter Bildung von Ni-Hydraten und Stickoxyden; langsam wird Ni durch HCl oder SO_4 gelöst. Gegen Alkalien ist Ni sehr beständig.

Technische Anwendungen (vgl. Tabelle 23). Ni ist der wichtigste metallische Werkstoff für Vakuumröhren. Der im Vergleich zu den meisten unedlen Metallen hohe Schmelzpunkt, die geringe Verdampfungsgeschwindigkeit bei

Tabelle 23. Handelsübliche Formen von Nickel.

Form	Abmessungen	Hauptsächliche Verwendung
Stäbe bzw. Drähte, gezogen	2—0,07 mm ⌀	Halter für Leuchtdrähte und Elektroden; Gitterdrähte; Kerndrähte für Oxydkathoden, evtl. aufgespult auf Grundkerndraht.
Gewebeband (evtl. mit eingewebter Kante)	Drahtdurchmesser 0,2—0,07 mm; Breite bis 10 cm; Länge beliebig	Anoden und Gitter für Elektronenröhren; Deckel für Getterkapseln; Unterlegfutter für Fußschellen.
Bleche, gewalzt	Dicke 0,5—0,02 mm; meist in Rollen bis $\approx$ 10 cm Breite und von beliebiger Länge	Anoden und Stanzgitter für Elektronenröhren; Getterkapseln; Abschirmbleche; Fußschellen; Strahlungsbleche; Großoberflächenkathoden.
Bänder (gezogener Draht, gewalzt)	Dicke $>$ 0,05 mm; Breite $>$ 0,2 mm; Länge beliebig	Oxydkathodenkerne, hauptsächlich für Hochvakuumgleichrichter und Fernsprech-Verstärkerröhren.
Formkörper	—	Schrauben, Muttern und Nieten zur Montage von Elektrodenaufbauten; Klemmstücke für Schellen.
Nahtlose Rohre	Außendurchmesser 0,5—2 mm; Wandstärke $>$ 0,05 mm	Oxydträger für indirekt geheizte Kathoden.

[1] Euriger *1* ermittelte neuerdings für den Diffusionskoeffizienten von Wasserstoff in Ni folgende Werte (in $cm^2 sec^{-1}$): $1{,}16 \cdot 10^{-8}$ bei 85° C; $3{,}4 \cdot 10^{-8}$ bei 125° C; $10{,}5 \cdot 10^{-8}$ bei 165° C.

den gebräuchlichen Entgasungstemperaturen, geringe Oxydationsneigung, leichte Verarbeitbarkeit durch Kaltreckung, gute Schweißbarkeit und besonders sein verhältnismäßig billiger Preis werden in ihrer Gesamtheit von keinem anderen Material erreicht. Der Anteil des Ni an der Gesamtmenge der in der

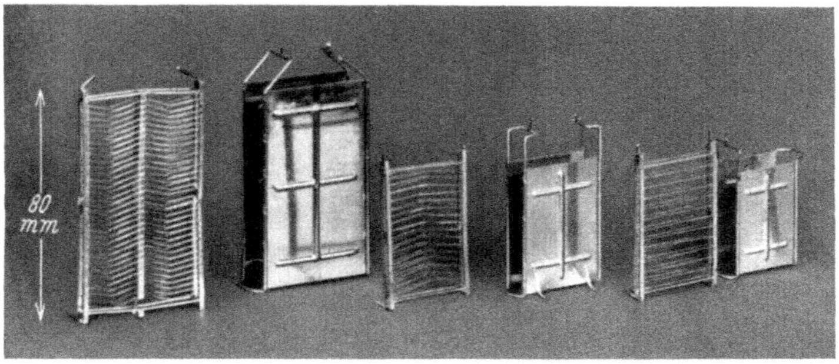

Abb. 55. Gitter und Anoden aus Ni für Postverstärkerröhren (Hersteller: Siemens-Röhren-Werk).

Vakuumtechnik verarbeiteten Metallwerkstoffe ist daher sehr groß (schätzungsweise 75%, im Radioröhrenbau bis zu 95%). Zu den wichtigsten technischen Anwendungen ist im einzelnen folgendes zu bemerken:

Halter und Zuleitungen für direkt und indirekt geheizte Oxydkathoden. Enden des Haltedrahtes flachgedrückt und zu Häkchen gebogen;

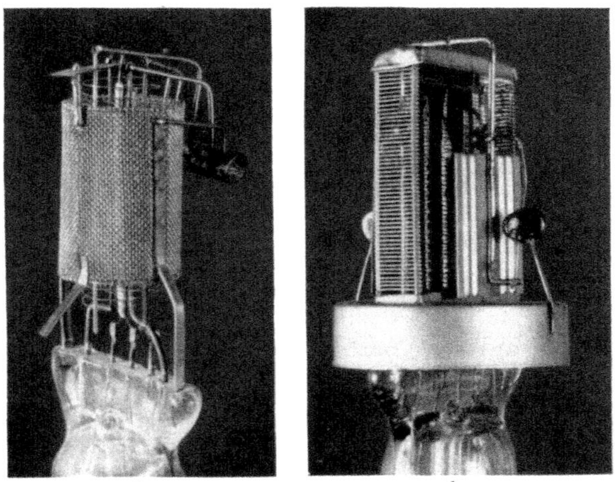

a b

Abb. 56. Elektrodensystem aus Ni von Rundfunkelektronenröhren mit Schutzgitter (Hersteller: Telefunken-Osram).

Einklemmung des Heizdrahtes durch Drücken, evtl. zusätzliches Schweißen (vgl. Abb. 159c).

Thermisch wenig beanspruchte Gitter. Bei Wickelgittern Halten der Gitterdrähte durch achsenparallele Stäbe, bei Flachgittern durch Versteifungsrahmen oder Haltestäbe senkrecht zu den Gitterdrähten (vgl. Abb. 55, links und 56b). Gegebenenfalls Haltedrähte eingewebt (Geflechtgitter, vgl. S. 149).

Für Verstärkerröhren mit geringer Durchgriffsstreuung Stanzgitter (mit und ohne Querrippen, vgl. Abb. 117).

Träger für Oxydkathoden. Meist gebraucht für nicht eingebrannte Oxydschichten („uncombined"-Kathoden, vgl. Abschnitt 21d S. 271). Bei direkt geheizten Bändern und Drähten ist nur geringer Anfederungszug zulässig. Erhöhung der Haftfestigkeit der Oxydpaste erfolgt durch Aufspiralisieren von Ni-Draht auf einen (hochschmelzenden, formfesten Kerndraht (vgl. Abb. 291). Für indirekt geheizte Hohlkathoden (Stromrichter) wird häufig zur Vergrößerung der Trägerfläche und zur Erhöhung der Haftfestigkeit auf Ni-Blech aufgeschweißtes Ni-Gewebe verwendet; für indirekt geheizte Stabkathoden (meist dünnwandige Röhrchen) sind Manganfreiheit (Kathodenvergiftung!) und gleichmäßige Wandstärke (Temperatur-Homogenität an der Oberfläche) wesentlich.

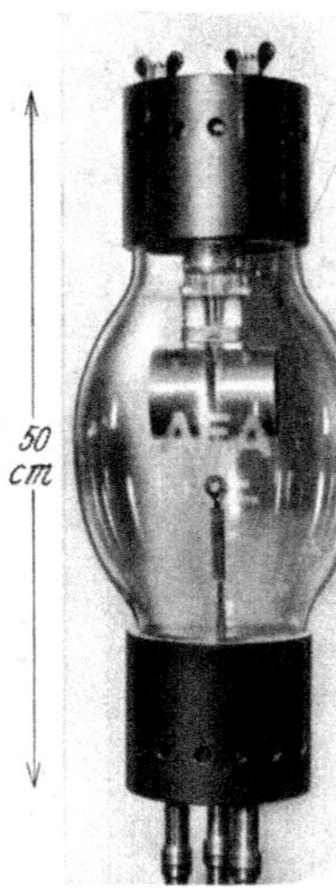

Abb. 57. Anodenschutzröhre gegen Rückzündungen aus Ni in einem Oxydkathoden-Edelgasgleichrichter für 110 V, 40 A (Fabrikat: Afa Akk. A.G., 1932).

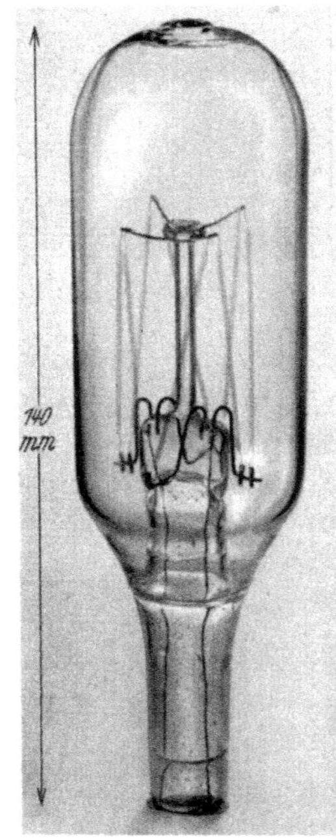

Abb. 58. Pirani-Vakuummeterrohr mit gewendeltem Ni-Heizdraht; Meßbereich 100 bis $1 \cdot 10^{-3}$ Tor, Spezialausführung für Hg-Dampfgroßgleichrichter (Hersteller: Osram).

Thermisch niedrig belastete Anoden und Abschirmelektroden aus Blech oder Drahtgeflecht (vgl. Abb. 56 u. 57). Wegen geringer Formfestigkeit vielfach Eindrücken von Versteifungsrippen notwendig (vgl. Abb. 55). Über Vergrößerung der Abstrahlfähigkeit durch Aufrauhen (nicht durch Sandstrahlgebläse) vgl. S. 150; über Karbonisieren oder Verwendung engmaschiger Geflechte an Stelle von Blech vgl. S. 154 und Abb. 162, S. 149.

Fußschellen (vgl. z. B. Gen. El. Co *1*).

Getterkapseln (vgl. Abschnitt 24d, insbesondere Abb. 336, S. 310).

Heizdrähte, z. B. in Pirani-Manometern für Vakuummessungen (vgl. Abb. 58).

Formkörper (Schrauben, Muttern, Nieten usw.). Nach der Formgebung ist meist Vorentgasung notwendig.

c) Eisen.

(Chevenard *1*, Gehlhoff *1*, Krais *1*, Ribbeck *1*, Ullmann *1*, Werkstoffhandbuch *1*.)

Tabelle 24. Materialkonstanten von reinem Eisen*.

Spez. Gewicht	7,87—7,88				
Mohshärte	4,5				
Schmelzpunkt (° C)	1528—1535				
Dampfdruck (Tor)	vgl. Abb. 403, Anhang				
Zugfestigkeit (kg/mm^2) und zugehörige Dehnung (%)	kalt gewalzt vakuumgeglüht (700° C)	bis 62 18—28	1,5% 50—30%		
Warmfestigkeit (kg/mm^2)	bei 700° C: $\approx$ 5				
Streckgrenze (kg/mm^2)	15—18				
Kriechgrenze (kg/mm^2)	18° C 16—18	350° C 7	500° C 1,3—1,6	800° C 0,1—0,2	vgl. Abb. 49, S. 53
Brinellhärte (kg/mm^2)	45—80				
Elastizitätsmodul (kg/mm^2)	20000—22000				
Torsionsmodul (kg/mm^2)	8200				
Mittlere spezifische Wärme (cal/g Grad)	0—100° C 0,111	0—400° C 0,128	0—800° C 0,165	0—1000° C 0,170	
Wärmeausdehnungskoeffizient, lin. ($\alpha \cdot 10^7$)	0—100° C 125	0—300° C 131	0—500° C 140	0—700° C 145	0—1000° C 145
	Karbonyleisen vgl. Abb. 59, S. 62				
Wärmeleitfähigkeit (cal/cm sec Grad)	20° C 0,174	400° C 0,116	600° C 0,093	800° C 0,071	Armco-Eisen vgl. Abb. 60
Spez. elektrischer Widerstand ($\Omega\ mm^2/m$)	20° C 0,096	100° C 0,15	400° C 0,43	600° C 0,70	800° C 1,06
	vgl. Abb. 50 u. 289; Armco-Eisen vgl. Abb. 60				
Temperaturkoeffizient des elektrischen Widerstandes	20° C $5{,}2$—$6{,}2 \cdot 10^{-3}$	100° C $4{,}2 \cdot 10^{-3}$	500° C $2{,}5 \cdot 10^{-3}$	800° C $0{,}93 \cdot 10^{-3}$	1000° C $0{,}25 \cdot 10^{-3}$
Strahlungsvermögen (%) für $\lambda = 0{,}665\ \mu$	blank oxydiert	40—44% 80%			
Magnetischer Umwandlungspunkt	768° C (vgl. Abb. 61)	Übergangstemperatur vom α- zum γ-Zustand	906° C		
Umwandlungswärme (cal/g)	768° C 0	906° C 6,76			
Koerzitivkraft (Oerstedt)	0,1—0,3				
Anfangspermeabilität (Gauß/Oerstedt)	800—4000				
Maximale Permeabilität (Gauß/Oerstedt)	4800 4000	Omet-Fe Armco-Fe			
Magnetische Sättigung $4\pi I$ (CGS)	21600				

* Der Reinheitsgrad der untersuchten Proben ist in der Literatur nicht immer quantitativ angegeben, so daß für höchstreines Fe kleine Abweichungen von den Tabellenwerten möglich sind.

Erzaufbereitung und Gewinnung. Handelsübliches Schmiedeeisen oder Stahl finden in der Vakuumtechnik meist nur dann Anwendung, wenn an Vakuumhöhe oder Gasreinheit keine besonders strengen Bedingungen gestellt werden oder eine dauernd arbeitende Pumpe die austretenden gasförmigen Verunreinigungen entfernt (z. B. beim Hg-Dampf-Eisengroßgleichrichter). Für alle anderen Zwecke, insbesondere bei Anwesenheit von Glühkathoden, kann nur besonders reines Eisen (Schwedisches Spezialeisen, Elektrolyteisen oder Sintereisen) Verwendung finden (vgl. z. B. Schenkel *1*). Gußeisen ist wegen seiner großen Porosität und Unreinheit für Vakuumzwecke unbrauchbar.

Beim Hüttenprozeß werden die (meist Fe_2O_3 bzw. Fe_3O_4 enthaltenden) Erze im Hochofen einem Reduktionsvorgang durch C bzw. CO unterworfen, wobei gleichzeitig das entstandene Metall von dem Gestein getrennt wird. Da das Metall dabei in hohem Maße Kohle und andere Verunreinigungen (S, Si, P usw.) aufnimmt, müssen diese durch ein darauffolgendes Raffinationsverfahren (z. B. durch Einblasen von Luft, Frischprozeß) entfernt werden. Das ist dadurch möglich, daß die im Vergleich zum Eisen unedlen Verunreinigungen leichter oxydiert werden als das Eisen selbst. Mit der Oxydation der letzten Reste der Fremdelemente wird jedoch erneut etwas Sauerstoff aufgenommen („Überfrischung"), der durch Desoxydationsmittel (Mn oder Si in Form von Ferromangan bzw. Ferrosilizium) entfernt werden muß. Je nach dem Kohlenstoffgehalt unterscheidet man Flußstahl ($< 1{,}7$% C, Weicheisen, Schmiedeeisen) und Gußeisen ($> 2{,}5$% C). Das so gewonnene „gewerbliche Eisen" ist kein chemisch reines Produkt, sondern stellt Legierungen des Eisens mit absichtlich zugefügten oder ungewollt auftretenden Verunreinigungen dar (C, Si, Mn, P, S, O_2, H_2, CO, N_2), welche die physikalischen Eigenschaften weitgehend beeinflussen. Selbst die reinsten „gewerblichen" Eisensorten enthalten stets mindestens 0,15% dieser Verunreinigungen.

Erheblich reineres Fe kann durch Elektrolyse gewonnen werden, die in der Regel aus heißen Ferrochlorid- oder Ferrosulfatlösungen (insbesondere Ferroammoniumsulfat) erfolgt. Die Eigenschaften dieses Eisens hängen stark von den auch hier nicht zu vermeidenden Verunreinigungen (H_2, N_2, S, C) und von der jeweiligen Durchführung des Elektrolyseprozesses ab. Der mitabgeschiedene Wasserstoff macht das Elektrolyteisen hart und spröde; 0,03% H_2 verleihen ihm etwa dieselbe Härte wie 0,4% C dem Stahl. Zur Weiterverarbeitung muß daher H_2 durch Erhitzen (am besten im HF-Vakuumofen, 950 bis 1000° C) oder durch Umschmelzen entfernt werden. Nahtlose Fe-Rohre lassen sich unmittelbar durch Elektrolyse herstellen.

Noch reineres Fe ergibt die Verarbeitung von Karbonyleisen auf metallkeramischem Wege (Sintereisen). Als Ausgangsmaterial dient in diesem Fall am besten Eisenoxalat. Dieses geht beim Erhitzen an Luft in Fe_2O_3 über, das dann durch Glühen im H_2-Strom zu metallischem Fe reduziert wird. Über dieses Fe-Pulver wird unter Druck CO (bei 150 bis 200° C) geleitet. Es entsteht gasförmiges Eisenkarbonyl [$Fe(CO)_5$], das von dem austretenden Druckgas durch Kondensation mittels Wasserkühlung als fast wasserhelle Flüssigkeit (Siedepunkt 103° C) getrennt wird. Unter gewöhnlichem Druck und in Gegenwart von reinem Fe als Katalysator auf etwa 200° C erhitzt, zerfällt das $Fe(CO)_5$ wieder in CO und sehr reines Fe, das sog. Karbonyleisen, das als Verunreinigung nur noch etwas C und O_2 enthält (Mittasch *1*). Nach Erhitzen in H_2[1] enthält das pulverförmig in den Handel kommende Karbonyleisen weniger als 0,01% C und keine nachweisbaren Mengen O_2; es dient als Ausgangsmaterial für die Herstellung von Sintereisen. Infolge seiner geringen Korngröße (große gegenseitige Berührungsflächen) und des hohen Reinheitsgrades (ungehemmtes Kornwachstum) läßt sich dieses auch ohne Vorpressen bei 1100 bis 1200° C, also weit unterhalb des Fe-Schmelzpunktes, in H_2-Atmosphäre einwandfrei zu kompaktem gut weiter verarbeitbarem Metall[2] sintern (vgl. Schlecht *1*). Durch die metallkeramische Gewinnung werden Verunreinigungen (namentlich gasförmige), die sonst beim Umschmelzen aus den Wänden des Tiegelmaterials in das Eisen eindringen, völlig vermieden.

Tabelle 25 gibt eine Zusammenstellung der für vakuumtechnische Zwecke wichtigen Eisensorten.

Rohverarbeitung. Die spanlose Verformung von gewerblichem Eisen erfolgt bei großen Stücken meist in der Wärme mit nachträglichem Abbeizen des entstandenen Zunders und Entgasung in H_2-Öfen. Wenn dies wegen der Größe des Werkstückes nicht möglich ist (z. B. bei sehr großen Gleichrichtergefäßen, vgl. Abb. 65) ist das Material zu sanden und zu polieren. Die günstigste Ver-

---

[1] Die Entkohlung beginnt schon bei 250° C unter Bildung von Methan.

[2] Die Tiefziehfähigkeit von so gewonnenem Fe-Blech ist ungefähr so groß wie die von Cu.

Tabelle 25. Vakuumtechnisch wichtige Eisensorten.

Bezeichnung	Zusammensetzung bzw. Analysen-Beispiele	Mechanische Eigenschaften	Hauptsächlichste Verwendung
1. Stahl (Schmiedeeisen) Flußeisen, z. B. A 1 (Krupp)	< 1,7% C > 0,15% andere Verunreinigungen 0,06—0,14% C 0,01—0,08 Si 0,16—0,32 Mn 0,008—0,02 P 0,00—0,03 S	Große Härte, Härtbarkeit durch Abschrecken, Schmiedbarkeit	Großgleichrichtergefäße, -schirmbleche und -kühlkörper; Vakuumpumpen, -spektrographen, -oszillographen; zerlegbare Röntgenröhren.
2. Armco-Eisen (Vereinigte Stahlwerke)	I — II C ≈ 0,013% — 0,023 Mn 0,017% — 0,025 Si Spuren — 0,007 P 0,005% — 0,007 S 0,015% — 0,020 Cu 0,050% — —	Hohe Duktilität, Korrosionsfestigkeit, besonders gut schweißbar	
3. Weich-Eisen, z. B. Elektro-Sonderweicheisen W. W. (Krupp)	Bis zu 0,07% C, wenig Si, Mn und O_2	Geringe Härte, große Zähigkeit, gut schweißbar	Dichtungsvorlagen für Großgleichrichter.
4. Svea-Eisen (Svedish Iron and Steel Corp. *)	0,09% C 0,09 Mn 0,02 Si 0,05 P 0,004 S 0,01 Cu	Weich	Elektroden und Haltedrähte in Elektronenröhren (Ersatz für Ni), Hg-Dampfröhren und anderen Ionenröhren (Glühkathodenstromrichter, Glimmlichtgleichrichter, Leuchtröhren, Glimmlampen, Indikatorröhren), Füllkerne für Graphitanoden (Hochfrequenzentgasung!).
5. Vakuumgeschmolzenes Elektrolyteisen (Heräus)	0,017% C 0,035 Mn 0,009 Si 0,01 P 0,05 S 0,068 Ni	Äußerst weich und und zäh	
6. Sintereisen „Ommet" (Deutsche Glühfadenfabrik)	< 0,001% C < 0,01 Si < 0,01 P < 0,01 Mn > 99,98 Fe	Sehr weich	Wie 4 und 5, besonders geeignet für Röhren mit empfindlichen Kathoden (z. B. für Strahlungsschutzbleche in Topf-Glühkathoden).

* Vgl. Todd *1*.

arbeitungstemperatur richtet sich nach der Zusammensetzung. Die in der Vakuumtechnik bevorzugt angewandten Eisensorten (z. B. Armco-Eisen) dürfen im allgemeinen bei Temperaturen zwischen 850 und 1050° C nicht verformt werden, da in dieser „kritischen Zone" das Material keinerlei Verarbeitung verträgt (Brüchigkeit). Bei Spezialeisen (Svea, Ommet) für abgeschmolzene Entladungsröhren wird die Verformung wegen der Oxydation des meist dünnen Materials nur in kaltem Zustand vorgenommen.

Physikalische Eigenschaften und Verarbeitung. Sowohl das gewerbliche wie das reine Eisen verfestigen sich bei der Kaltverformung (vgl. Abb. 45). Durch Erhitzen (über 500° C ungefähr 30 min) läßt sich die durch Kaltbearbeitung entstandene Verfestigung wieder rückgängig machen (vgl. Abb. 46). Bei normalen Entgasungstemperaturen (vgl. Abschnitt 10b, S. 123) tritt also eine vollkommene Entfestigung des Fe ein. Das Rekristallisationsdiagramm von reinem Elektrolyteisen zeigt Abb. 3, S. 4.

Die physikalischen Eigenschaften von gewerblichem Eisen hängen stark von seiner jeweiligen Zusammensetzung, insbesondere von seinem C-Gehalt ab: Durch C-Zusatz steigt die mittlere spezifische Wärme (1% C: 0,118 cal/g Grad),

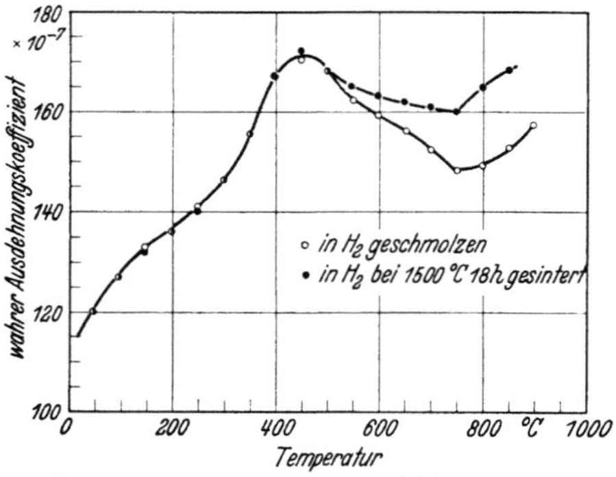

Abb. 59. Linearer, wahrer (nicht gemittelter!) Wärmeausdehnungskoeffizient zweier Sorten von Karbonyleisen, abhängig von der Temperatur (J. B. Austin 2).

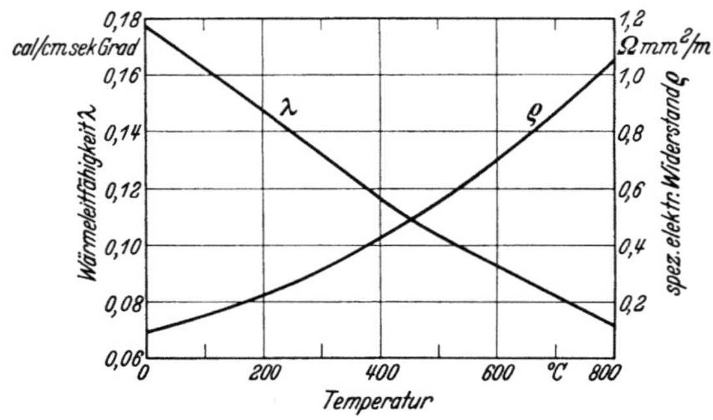

Abb. 60. Wärmeleitfähigkeit und spez. elektrischer Widerstand von Armcoeisen (99,92% Fe), abhängig von der Temperatur (Powell 1).

die Brinellhärte wächst (1% C: etwa 240 kg/mm², geglüht), der mittlere Ausdehnungskoeffizient fällt etwas (1,2% C: etwa $134 \cdot 10^{-7}$ zwischen 0 und 500° C), der spez. elektrische Widerstand steigt (1% C: 0,145 Ω mm²/m bei 18° C), die Zugfestigkeit steigt (1% C: 80—100 kg/mm², geglüht), die Dehnung fällt (1% C: 10—20%, geglüht), die Neigung zur Rostbildung nimmt zu. Wie empfindlich kleinste Verunreinigungen auf die physikalischen Eigenschaften des Eisens einwirken, zeigt der Vergleich der Kurven des Ausdehnungskoeffizienten in Abb. 59 von geschmolzenem Karbonyleisen gegenüber metallkeramisch gewonnenem Material, bei dem die Verunreinigungen aus der Schmelztiegelwand vermieden sind. Über Wärmeleitfähigkeit und spez. elektrischen Widerstand von Armco-Eisen vgl. Abb. 60.

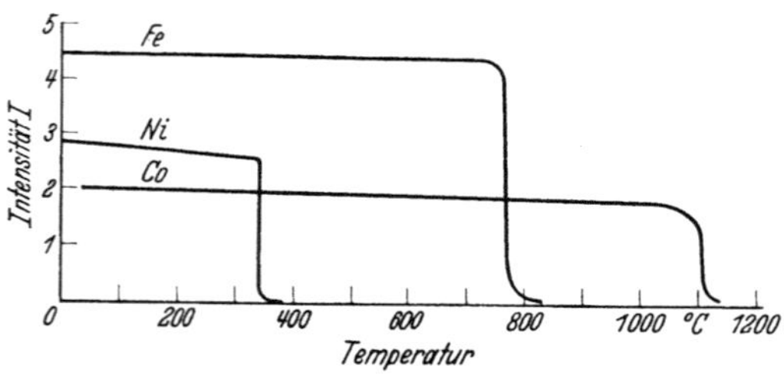

Abb. 61. Intensität der Magnetisierung von Fe, Ni und Co in Abhängigkeit von der Temperatur (Tammann 1).

Die Zugfestigkeit des höchstreinen Eisens sinkt mit steigender Temperatur und erreicht bei 700° C Werte unterhalb 5 kg/mm². Seine Duktilität ist nicht so groß wie die von Ni (Schwierigkeiten beim Tiefziehen, doch gutes Biegen und Falzen). Es läßt sich leicht hochglänzend walzen und polieren, doch wird die spanabhebende Verformung durch seine hohe Dehnbarkeit und Plastizität sehr erschwert.

Fe verliert seinen Ferromagnetismus erst bei 768° C (magnetischer Umwandlungspunkt, vgl. Abb. 61). Dies ist für die Entgasungserhitzung mit Hochfrequenz und in solchen Fällen von Bedeutung, wo auch bei hohen Temperaturen die magnetische Schirmwirkung des Fe erhalten bleiben soll, z. B. für wechselstromgeheizte Äquipotentialkathoden von etwa 850° C Betriebstemperatur. Die Legierungen des Eisens mit den ferromagnetischen Metallen Co und Ni sind ebenfalls magnetisch (vgl. Messkin *1*). Die Umwandlungspunkte solcher Legierungen in Abhängigkeit von der Zusammensetzung sind in Abb. 62 wiedergegeben (vgl. auch die Kurve für NiCo, Abb. 52). Über den spez. elektrischen Widerstand von reinem Fe vgl. Abb. 50, S. 54.

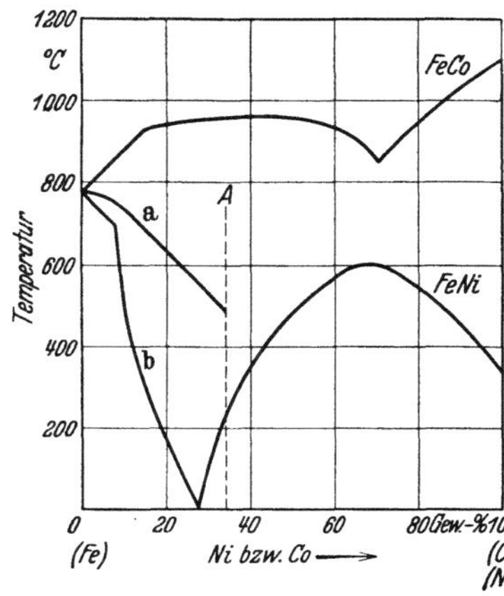

Abb. 62. Magnetische Umwandlungstemperaturen von Fe-Co- und Fe-Ni-Legierungen (Kühlewein *1*); links der Linie A irreversibles Gebiet: Kurve a für ansteigende Erhitzung, b bei Abkühlung.

Bei der Verwendung von gewerblichem Eisen für die Wandung von Vakuumgefäßen, z. B. Großgleichrichtern, ist die Wasserstoffdurchlässigkeit von Wichtigkeit (vgl. Abb. 43 und 54). Der durchdiffundierende Wasserstoff ist wahrscheinlich atomar. Besonders groß ist die Diffusion dann, wenn bei Wasserkühlung von Eisengefäßen durch Elektrolyse des Wassers einatomarer Wasserstoff an der Gefäßwand frei wird. Borelius *1* ermittelte bei einer Stromdichte von 10 ³ A/cm² eine Wasserstoffdiffusion, die ohne Elektrolyse etwa einer Diffusion von gewöhnlichem Wasserstoffgas bei 17 Atmosphären Gegendruck entsprechen würde; über Werte der Diffusionszahl zwischen 20 und 95° C vgl. Tabelle 26. Für abgeschmolzene Großgleichrichter wird auf Grund des letzten Meßwertes der Tabelle 26 Kühlung mit wasserstoffionenfreien Flüssigkeiten empfohlen (Dällenbach *1*, Lehmann *1*).

Die Diffusion wird wahrscheinlich durch den an den Korngrenzen angesammelten Kohlenstoff erleichtert. Hierfür spricht die Erschwerung der Wasserstoffdiffusion durch Alitieren (Lewkonja *1*; vgl. auch S. 157) und die Beobachtung, daß die Wasserstoffdurchlässigkeit mit zunehmender Korngröße des Fe sinkt[1] (vgl. Abb. 63) und mit zunehmendem C-Gehalt steigt (vgl. Abb. 64).

Tabelle 26. Wasserstoffdiffusion durch wassergekühlte nahtlos gezogene Stahlrohre. Bezogen auf 20° C und 760 Tor.

Temperatur °C	Diff.-Zahl $cm^2 h^{-1}$	Autor
20	$3,4—4,0 \cdot 10^{-7}$	B.B.C. *2*
60	$20 \cdot 10^{-7}$	
90	$408 \cdot 10^{-7}$	
95	$3640 \cdot 10^{-7}$	Dällenbach *1*

Die Verdampfungsgeschwindigkeit von reinem Fe ist erfahrungsgemäß geringer als die von Ni[2], die Kathodenzerstäubung in den meisten Gasen, besonders in Hg-Dampf, ebenfalls kleiner als die des Ni. Die Wärmeabstrahlung von Fe-Elektroden läßt sich durch Polieren, Mattwalzen, Beizen, Oxydieren und Karbonisieren in weiten Grenzen verändern.

[1] Im Gegensatz hierzu fand Smithells *3* gleiche H_2-Diffusion für feinkörniges und grobkristallines entkohltes Eisen.

[2] Die bisher bekanntgewordenen Dampfdruckmessungen (vgl. Abb. 403, Anhang) zeigen im Gegensatz dazu einen etwas höheren Dampfdruck des Fe gegenüber Ni, was auf Verunreinigungen des Fe zurückzuführen sein dürfte (gewerbliches Fe?). Versuche der Verfasser mit Ommeteisen ergaben bei 900° C im Hochvakuum innerhalb 10 min keinerlei merkbaren Beschlag an der 0,5 cm entfernten Glaswand eines Versuchskolbens, während reines Ni unter gleichen Versuchsbedingungen einen deutlich sichtbaren Niederschlag verursachte.

Chemische Eigenschaften. Reinstes Fe ist wesentlich korrosionsfester als gewerbliches Fe[1]. Bei längerem Lagern muß es jedoch durch einen Paraffinölfilm gegen Rosten geschützt werden, der vor dem Einbau des Teiles in die Röhre durch Abwaschen mit Tetrachlorkohlenstoff entfernt wird. In sauerstoffhaltigen Vakuumröhren oxydiert Fe unter Bildung von Anlauffarben. H_2O-Dampf wird durch rotglühendes Fe zu H_2 und Fe_3O_4 umgesetzt. In Vakuumröhren sind Eisenoxydschichten sehr unerwünscht, da sie eine dauernde Quelle von Gas bilden. Ihre Beseitigung gelingt leicht durch Vorerhitzung des Eisens in H_2 oder im Hochvakuum bei 900 bis 950° C. Ähnlich wirkt der in gewerblichem Fe stets enthaltene Kohlenstoff, der schon bei Temperaturen von 400° C zu einer dauernden Gasabgabe (CO, CO_2) ins Vakuum führt, die auf einer Reduktion der im Eisen vorhandenen Oxyde durch C beruht und bei gewerblichem Eisen nahezu unbegrenzt andauert. Für abgeschmolzene Vakuumgefäße ist daher gewerbliches Fe nur bei Temperaturen $< 100°$ C verwendbar.

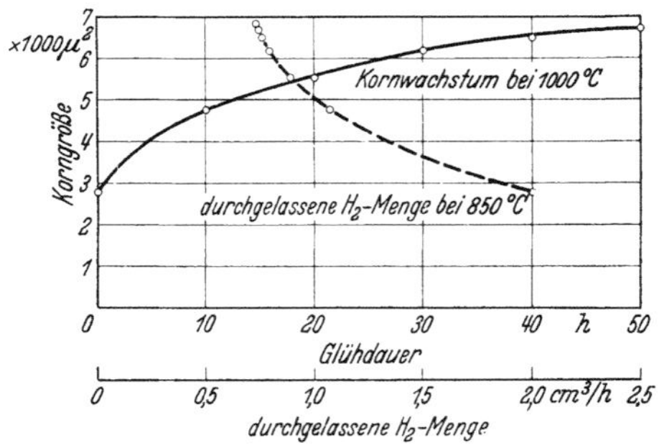

Abb. 63. Zusammenhang zwischen Korngröße, Glühdauer und Wasserstoffdurchlässigkeit von Fe (Lewkonja *1*).

Gegen die Einwirkung von Hg (flüssig und dampfförmig) ist Fe auch bei hohen Temperaturen weitgehend unempfindlich[2]; es ist daher als Werkstoff in quecksilberhaltigen Ionenröhren unentbehrlich. Mit N_2 scheint[3] Fe im Hg-Dampfbogen ein Nitrid zu bilden, das für Temperaturen $< 800°$ C stabil ist. H_2 wird von Fe atomar gelöst. Die Löslichkeit für H_2 zeigt zwischen 880 und 900° C ein rasches Anwachsen; bei Atmosphärendruck und 850° C werden etwa 0,26 mg H_2/100 g Fe aufgenommen, bei 1400° C etwa 1 mg (vgl. Abb. 44). Durch verdünnte H_2SO_4 und HCl wird Fe unter Bildung entsprechender Oxydulsalze aufgelöst. Konzentrierte HNO_3 eignet sich wegen der auftretenden Passivitätserscheinungen nicht als Reinigungsmittel. Gegen Na und K ist Fe weitgehend beständig.

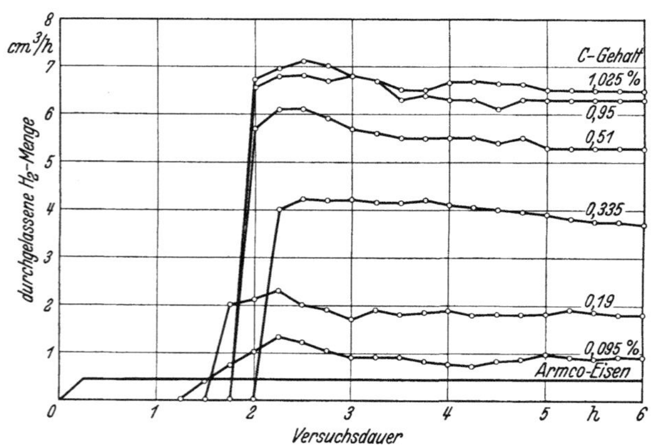

Abb. 64. Wasserstoffdurchlässigkeit von Stählen bei 850° C; 5 mm Wandstärke, 760 Tor Druck, Diffusionsoberfläche etwa 26 cm²; Wasserstoffmengen bezogen auf 0° C und 760 Tor (Lewkonja *1*).

[1] Durch Alitieren läßt sich der Widerstand gegen oxydierende Einflüsse bedeutend erhöhen (Außenwandung von wassergekühlten Großgleichrichtergefäßen; vgl. K. Wendt *1*).

[2] Bei sehr langer Einwirkung heißer ionisierter Hg-Dämpfe läßt sich jedoch eine Benetzung von Fe-Oberflächen durch Hg feststellen (oberflächliche Amalgamierung von Fe-Elektroden in Hg-Gleichrichtern).

[3] Nach Untersuchungen von Dällenbach *1* an Flußeisenblech in Großgleichrichtern.

Technische Anwendungen. Einen Überblick über die wichtigsten Anwendungen des Fe in Vakuumröhren gibt die letzte Spalte der Tabelle 25. Gewerbliches Fe ist in praktisch allen vorkommenden Dimensionen, Vakuumspezialeisen (Svea, Ommet) in Form von Stäben bzw. Drähten (5—0,05 mm ∅) und

Abb. 65. Vakuumkessel mit Kathodenöffnung (im Vordergrund) und Deckelplatte mit Kühleinsatz (links hinten) aus Flußeisen eines 8000 A-Hg-Gleichrichters (Hersteller: Siemens-Röhren-Werk).

Blechen (> 0,03 mm Dicke) handelsüblich. Die allgemeine Anwendung von Fe in abgeschmolzenen Hochvakuumröhren verhinderte bisher (trotz des billigeren Preises gegenüber Ni) die ungenügende Reinheit (C-Gehalt!), vgl. Simon *2*;

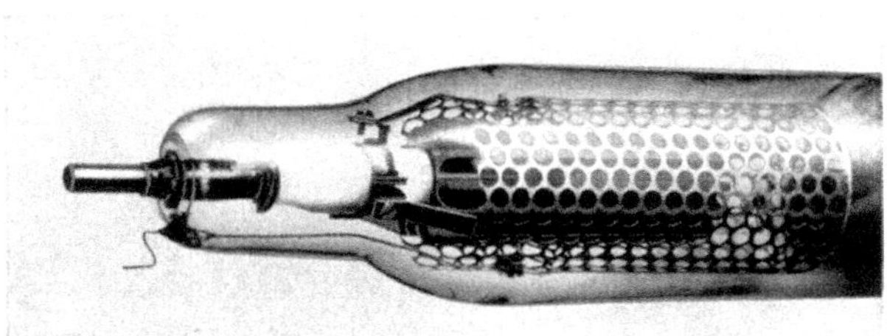

Abb. 66. Anodengitter aus Fe in einem Hg-Stromrichter.

neuerdings beginnt höchstreines Fe auch dort als Elektrodenmaterial Verwendung zu finden. Gegenüber Ni bietet Fe im Röhrenbau folgende Vorteile:

Unempfindlichkeit gegen Hg. Großgleichrichtergefäße (Cooper-Hewitt *1*, Abb. 65) und -innenaufbauten (Anodenschutzschirme, Kühlsysteme, Abb. 215a); Anodengitter für Stromrichter (Abb. 66); Gitter und Schirme in Glühkathoden-Stromrichtern mit Hg-Dampffüllung (Abb. 67); Hg-Diffusionspumpen (Abb. 68); Zuleitungen für flüssiges Hg in Gleichrichter- und Schaltröhren.

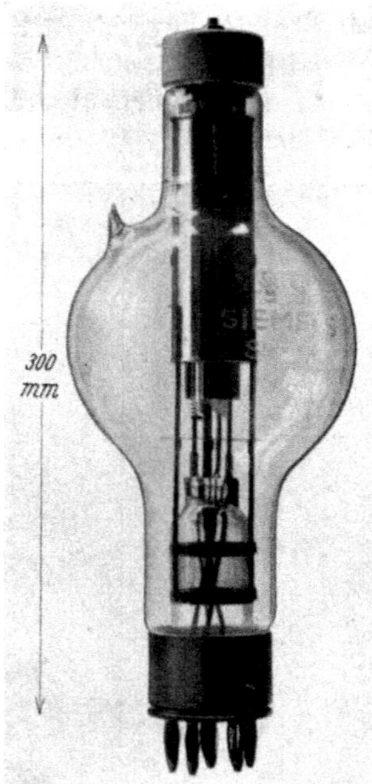

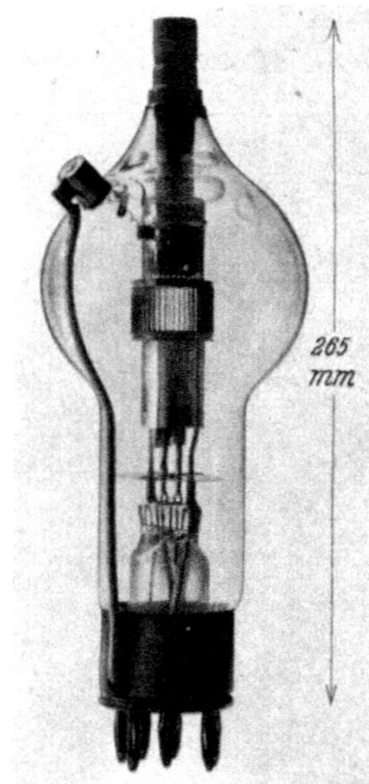

a b

Abb. 67. Hg-Dampf-Glühkathoden-Stromrichterröhren; Gitter und Strahlungsblech aus Ommet-Sintereisen, Anoden aus Elektrographit. a) Sperrspannung u_s = 15 kV max., Spitzenstrom i_s = 12 A; b) u_s = 5 kV max., i_s = 30 A; vgl. Abb. 111, unten (Hersteller: Siemens-Röhren-Werk).

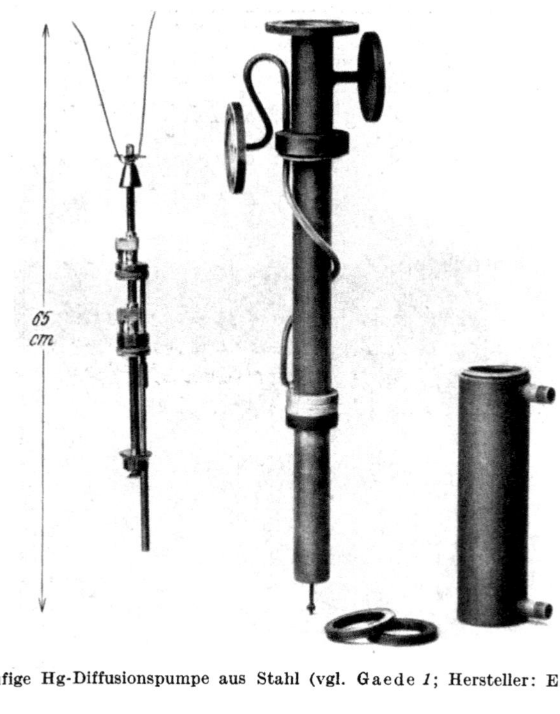

Abb. 68. Dreistufige Hg-Diffusionspumpe aus Stahl (vgl. Gaede *1*; Hersteller: E. Leybolds Nachf.).

Leichte Hochfrequenzerhitzung. Schneller Temperaturanstieg (Graphitanoden werden vielfach aus diesem Grunde mit einem Fe-Kern versehen, vgl. Abb. 111); bessere Entgasbarkeit abgeschirmter Fe-Elektroden in

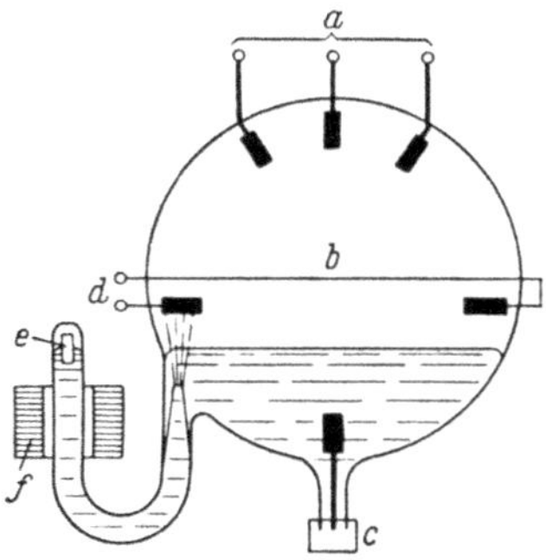

Abb. 69. Spritzzündung für Hg-Glasgleichrichter, schematisch. e magnetisch bewegter Fe-Tauchkörper (vgl. Issendorff *2*, SSW *5*).

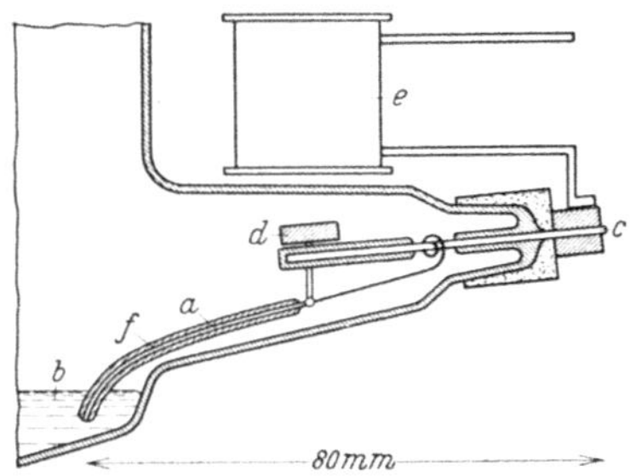

Abb. 70. Tauchzündungsstutzen eines Hg-Gleichrichters, schematisch (vgl. Linn *2*). a Zündfinger mit W-Spitze; b Hg-Kathode; c Zündstromdurchführung; d beweglicher Fe-Anker; e Zündspule; f Glashülle des Zündfingers.

geschachtelten Elektrodensystemen (konzentrische Mehrgitterröhren!) und sehr kleiner Elektroden.

Magnetische Bewegung von Vakuumröhreninnenteilen. Verdrängungskörper in Hg-Schaltröhren und Vakuumverschlüssen mit Hg (Abb. 258);

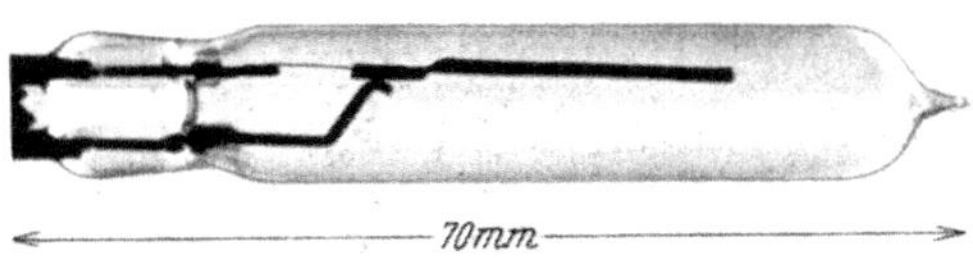

Abb. 71. Hochvakuumschaltröhre für Schwachstromrelais; Schalthebel aus magnetisch bewegtem Ommet-Eisenblech (Hersteller: Siemens-Röhren-Werk).

Spritz- und Tauchzündungsanker für Hg-Gleichrichter (Abb. 69 u. 70); Schalthebel in Hochvakuumschaltern (Abb. 71); Hammer zum Öffnen abgeschmolzener

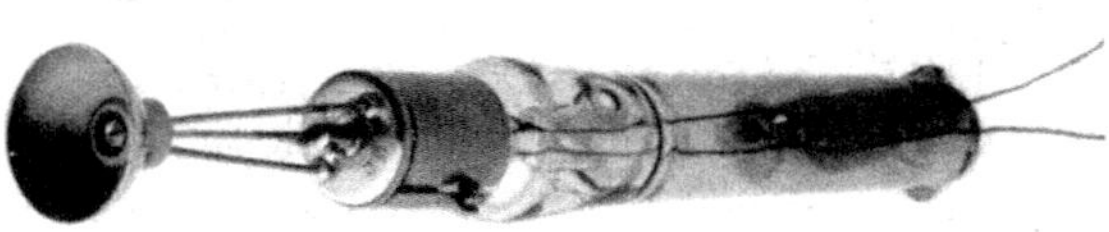

Abb. 72. Wolframglühkathode einer Diagnostik-Röntgenröhre mit Kathodenkalotte aus reinem Fe (vgl. Ungelenk *2*; Hersteller: Siemens-Reiniger-Werke).

Gasbehälter unter Vakuum (vgl. Abschnitt 20b, Abb. 257); Verschiebung von Elektroden unter Vakuum in Versuchsröhren.

Geringe Verdampfungsgeschwindigkeit bei Erhitzung bzw. Ionenbombardement (Kathodenzerstäubung). Anoden in Elektronenröhren; Richtzylinder und Kalotten in Röntgenröhren (Abb. 72); Elektroden in Ionenröhren

(Glimmlichtgleichrichter, Hochspannungs-Leuchtröhren, Glimmlampen, vgl. Abb. 324 u. 325, HF-Amplitudenlampen, vgl. Abb. 73).

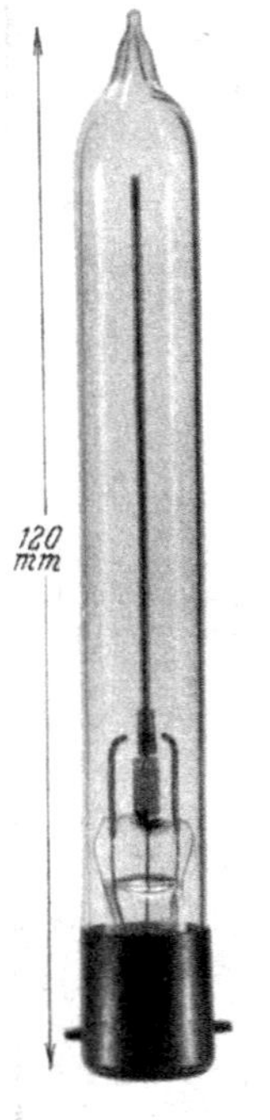

Abb. 73.

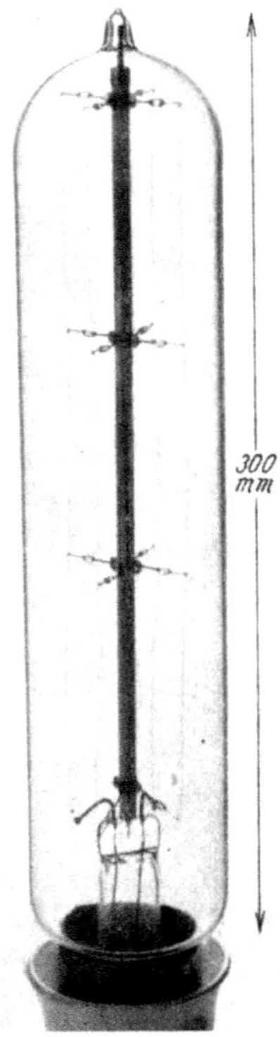

a

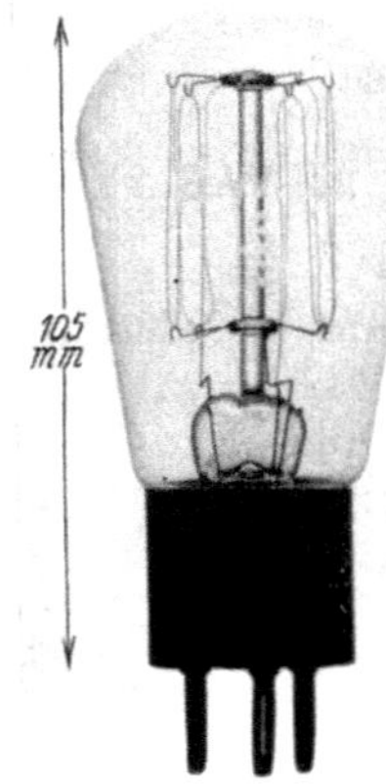

b

Abb. 74.

Abb. 73. Amplitudenglimmlampe mit Drahtkathode aus Ommet-Eisen.

Abb. 74. Eisenwasserstoffwiderstände; a für 1,3 A, 10 bis 30 V; b für 1,1 A, 50 bis 150 V (Hersteller: Siemens-Röhren-Werk).

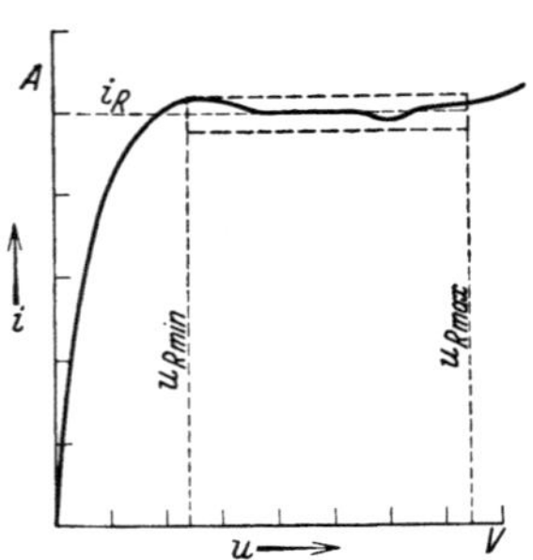

Abb. 75. Kennlinie eines Eisenwasserstoffwiderstandes; Grenzen des Regelspannungsbereiches $u_{R\,min} : u_{R\,max} \approx 1:3$; erreichbare Konstanz des geregelten Stromes (i_R): $\pm$ 3%.

Abschirmung des Erdfeldes und fremder magnetischer Störfelder. Kathodenstrahloszillographen (Lubszynski *1*), Eingangsverstärkerröhren in eng zusammengebauten Mehrfachverstärkern (Anoden!); vgl. auch Schwarzenbruch *1*.

Ein weiteres Anwendungsgebiet sind die sog. Eisenwasserstoffwiderstände (Abb. 74), Vakuumröhren mit glühlampenähnlich montiertem reinstem Fe-Draht (vakuumgeschmolzenes Elektrolyt- oder Sintermaterial) und H_2-Füllung von 30—100 Tor, die wegen ihrer eigenartigen Stromspannungskennlinie (Abb. 75) zur Konstanthaltung des Heizstroms von Glühkathoden gegen Spannungsschwankungen verwendet werden (Theorie vgl. Busch *1*).

Stahlkugellager werden bei Röntgenröhren mit schnell rotierender Antikathode (vgl. Abb. 28 und Ungelenk *1*) verwendet, Fe-Gefäßwände (an Stelle von Glas) bei „Ganzmetall"-Verstärkerröhren (vgl. Abb. 386).

d) Kupfer.

(Borchers *2*, Bureau of Standards *2*, Tafel *1*, Werkstoffhandbuch *2*.)

Tabelle 27. Materialkonstanten von reinem Kupfer.

Spez. Gewicht	8,9 (geglüht)					
Schmelzpunkt (° C)	1083					
Dampfdruck (Tor)	vgl. Abb. 403 (Anhang)					
Zugfestigkeit (kg/mm²) und zugehörige Dehnung (%) bei 20° C	gegossen geglüht (650° C 1 h) kalt gewalzt (60—70%)		16—20 21—24 40—45	15—25% 38—50% 2—4%	vgl. Abb. 45 und 46	
Warmfestigkeit (kg/mm²)	200° C 16—18	400° C 5—12	700° C 2—3	Werte bei geringer Zerreißgeschwindigkeit in Abb. 47		
Kriechgrenze (kg/mm²)	20° C 7	200° C 5	400° C 1,4			
Brinellhärte (kg/mm²)	geglüht (650° C 1 h) kaltgereckt		20° C ≈ 40 20° C 80—120	500° C 18		
Elastizitätsmodul (kg/mm²)	geglüht (650° C 1 h)		20° C 12600	400° C 7100		
Mittlere spezifische Wärme (cal/g Grad)	17° C 0,09	0—360° C 0,140	360—580° C 0,125	580—780° C 0,09	780—1000° C 0,118	
Wärmeausdehnungskoeffizient, lin. ($\alpha \cdot 10^7$)	0—100° C 165	100—200° C 173	200—300° C 180	300—400° C 189	400—500° C 197	500—600° C 205
Wärmeleitfähigkeit (cal/cm sec Grad)	20° C 0,92 ± 3		265° C 0,888	625° C 0,842		
Spez. elektrischer Widerstand bei 20° C (Ω mm²/m)	geglüht (650° C 1 h) (vgl. auch Abb. 289)		20° C 0,0172—0,0178		200° C ≈ 0,030	500° C ≈ 0,053
Temperaturkoeffizient des elektr. Widerstandes	0—100° C $3{,}9—4{,}2 \cdot 10^{-3}$					
Strahlungsvermögen (%) bei $\lambda = 0{,}665\ \mu$	≈ 17					

Erzaufbereitung und Gewinnung. Die Gewinnung des Cu aus seinen Erzen (Nord- und Südamerika, Ostasien, Afrika) erfolgt durch verhältnismäßig komplizierte Hüttenprozesse: Sulfide und gediegenes Cu enthaltende Erze werden meist durch Röst-, Reduktions- und Schmelzprozesse, Oxyderze auf nassem Wege (durch chemische Methoden) verarbeitet. Das Produkt dieser Verarbeitung ist ein noch stark verunreinigtes Rohkupfer, das neben 98—99% Cu wechselnde Mengen sämtlicher Schwermetalle (Zn, Fe, Ni, Pb, As, Sb, Sn, Bi, Au, Ag, Pt) enthält. Dieses Rohkupfer wird entweder durch Elektrolyse oder durch Raffination im Schmelzfluß gereinigt. Wegen der größeren Reinheit des Endproduktes ist für vakuumtechnische Zwecke ausschließlich Elektrolytkupfer brauchbar.

Für den Elektrolyseprozeß wird das Rohkupfer in Platten gegossen, die als Anoden in ein Bad mit durch Schwefelsäure angesäuerter Kupfervitriollösung gebracht werden. Als Kathode dient reinstes Cu-Blech. Bei Einhaltung bestimmter Bedingungen (50° C, Erneuerung des Badinhaltes durch Zirkulation, geeignete Zusammensetzung des Elektrolyten und geeignete Stromdichte) scheidet sich an der Kathode sehr reines Cu ab, während die metallischen Verunreinigungen teils im Anodenschlamm, teils gelöst im Bad zurückbleiben.

Cu enthält stets eine gewisse Menge Sauerstoff in Form von Kupferoxydul, der in größeren Mengen den Schmelzpunkt, die Festigkeitseigenschaften und die Leitfähigkeit des reinen Metalls herabsetzt und bei Glühprozessen in H_2-haltiger Atmosphäre zur Bildung feiner

Risse im Material führt („Wasserstoffkrankheit“). Für die technische Weiterverwendung wird daher das so gewonnene Kathodenkupfer nochmals umgeschmolzen und (evtl. nach Zusatz von Desoxydationsmitteln) in Barren gegossen. Bestes amerikanisches Elektrolytkupfer besitzt einen Cu-Gehalt von 99,96—99,99%. Es enthält als Verunreinigung nur noch O_2 und Spuren von Sb, Zn, Sn, Si und Fe, dagegen kein Mn, Ni, Co, Bi und As. Ein einfaches praktisches Hilfsmittel zur Beurteilung der Reinheit des Materials ist die Ermittlung der elektrischen Leitfähigkeit. Für Elektrolytkupfer gelten die Normen [1] der Tabelle 28. Weichgeglühtes Cu mit einer Leitfähigkeit > 58 (entsprechend dem genannten amerikanischen Elektrolytkupfer) genügt allen Reinheitsanforderungen in Vakuumröhren.

Tabelle 28. Genormtes Elektrolytkupfer.

Cu-Sorte	Leitfähigkeit (m/Ω mm²)
Cu, weichgeglüht (600° C)	> 57
Cu, kaltgereckt (Zugfestigkeit > 30 kg/mm²):	
⌀ > 1 mm	> 56
⌀ < 1 mm	> 55

Be, das als Desoxydationsmittel oder zur Härtung dem Cu oft beigemischt wird, ist vakuumtechnisch unbedenklich, setzt aber die elektrische Leitfähigkeit stark herab (vgl. S. 91).

Verarbeitung und physikalische Eigenschaften. Elektrolytkupfer läßt sich wegen seiner großen Duktilität gut schmieden, walzen, drücken und ziehen, und zwar auch in kaltem Zustand, was für vakuumtechnische Zwecke wichtig ist. Bei der Verarbeitung tritt wie bei den meisten Metallen eine Verfestigung ein (vgl. Abb. 45, S. 49); das zwischen den Verformungsprozessen einzuschaltende „Weichglühen“ wird zweckmäßig in H_2-Öfen bei 600—650° C vorgenommen [2]. Die fertigen für den Einbau in die Vakuumröhre bestimmten Einzelteile werden ebenfalls im H_2-Ofen (650° C) oder auch im Hochvakuumofen (etwa 550° C) gereinigt bzw. von Fremdgasen befreit. Noch höhere Temperaturen sind unbedingt zu vermeiden, da die hierbei eintretende Kornvergröberung die Festigkeitseigenschaften sehr herabsetzt („Überglühen“, vgl. Abfall der Bruchdehnung in Abb. 46; Rekristallisationsdiagramm bei Rassow *1*).

Cu läßt sich bei Anwendung gewisser Vorsichtsmaßregeln mit für Vakuumzwecke genügender Reinheit und Dichte in atmosphärischer Luft gießen (z. B. bei der Herstellung von Röntgenanodenschäften). Als Ausgangsmaterial dient Elektrolytkupfer, als Schmelztiegel Graphit. Zur Verhinderung einer Gasaufnahme wird die Schmelze mit einer Schutzdecke (Holzkohlenstaub, Borax) versehen. Unmittelbar vor dem Ausgießen in die Graphitformen werden geringe Mengen eines Desoxydationsmittels (Mg, Be-Cu-Legierung) zugesetzt. Um einen dichten Guß zu erhalten, werden die Formen während des Erstarrungsprozesses geschleudert. Vakuumtechnisch einwandfreier ist der Guß im Hochvakuum, bei dem ohne Zusatz von Desoxydationsmitteln pulverförmiges Cu in einer Graphitform im Vakuum niedergeschmolzen und zum Erstarren gebracht wird. Die so erhaltenen Gußstücke sind außerordentlich dicht und gasfrei.

Auch auf metallkeramischem Wege ist sehr reines Cu herstellbar. Häufig werden Pressen und Sintern gleichzeitig vorgenommen (610° C, Skaupy *1*). Die Zugfestigkeit erreicht in diesem Fall 26 kg/mm². Handelsüblich ist außerdem speziell für Vakuumröhren hergestelltes, im Vakuum aus Elektrolytkupfer geschmolzenes Metall. Es enthält etwa 1—2% (als Desoxydationsmittel und zur Härtung zugesetztes) Mn. Dieser Umstand und der gegenüber Elektrolytkupfer etwa 10mal höhere Preis stehen vielfach der Verwendung dieses Materials entgegen.

[1] Din-VDE 0201.

[2] Da das Elektrolytkupfer oxydulfrei ist, ist das Glühen in H_2 nicht nachteilig.

Cu erleidet in weichgeglühtem Zustand bei Zimmertemperatur schon bei geringen Belastungen merkliche plastische Formänderungen. Es hat keine ausgeprägte Streckgrenze; die ermittelten Festigkeitswerte sind umso kleiner, je länger die Versuchsdauer ist (die in Abb. 47 angegebenen Kurven für Warmfestigkeit und Bruchdehnung beruhen auf Messungen über mehrere Stunden). Für Vakuumröhrenkonstruktionen ergibt sich daraus die Vorschrift, Kupferteile bei erhöhter Temperatur keinerlei mechanischer Dauerbelastung auszusetzen. Ferner ist, wie der Verlauf der Kurve für die Warmbruchdehnung in Abb. 47 zeigt, eine Warmverformung oberhalb 300° C wegen der in diesem Gebiete geringeren Dehnbarkeit zu vermeiden. Wegen der Weichheit und Zähigkeit des Materials ist die spanabhebende Verformung schwieriger als bei Ni; man verwendet deshalb hierfür meist Cu mit (härtendem) Be-Zusatz (1—2,5% Be, vgl. S. 91).

Die Verdampfungsgeschwindigkeit ist relativ groß, etwa eine Zehnerpotenz größer als die von Ni (vgl. Abb. 403, Anhang). Die Betriebstemperatur von Cu-Teilen in Vakuumröhren darf deshalb im allgemeinen 400—500° C nicht überschreiten.

Für den elektrischen Widerstand von Cu gilt bei höheren Temperaturen:

$$R_t = 0{,}0172\,[1 + 0{,}0041\,(t - 20) + 0{,}00000043\,(t - 20)^2]\ \Omega\ \mathrm{mm^2/m}.$$

Durch Zusatz von Be wird der elektr. Widerstand bedeutend vergrößert (vgl. S. 91).

Der Hauptvorteil des Cu als Vakuumröhrenwerkstoff liegt in seiner großen Dichte gegenüber der Diffusion von Gasen[1] (vgl. Tabelle 29 und Abb. 54), die es gestattet, auch sehr dünne Gefäßwandungen aus Cu für abgeschmolzene Röhren herzustellen, und in seiner außerordentlich großen Wärmeleitfähigkeit, die eine besonders wirksame Kühlung hochbelasteter Elektroden ermöglicht (vgl. Abschnitt „Anwendungen“).

Tabelle 29. Diffusion von H_2 durch Cu (1 mm Wandstärke) bei 129 Tor (Smithells *3*).

Temperatur °C	Diffundierte H_2-Menge * cm^3/cm^2 h
225	$0{,}58 \cdot 10^{-5}$
295	$6{,}5 \cdot 10^{-5}$
330	$8{,}6 \cdot 10^{-5}$
350	$13 \cdot 10^{-5}$
395	$39 \cdot 10^{-5}$
450	$110 \cdot 10^{-5}$
457	$124 \cdot 10^{-5}$

* Bezogen auf 0° C und 760 Tor.

Chemische Eigenschaften. In trockener Luft von Atmosphärendruck und Zimmertemperatur wird Cu nicht, von feuchter und kohlensäurehaltiger Luft dagegen rasch (unter Bildung einer Schicht von basischem Karbonat, „Grünspan“) oberflächlich angegriffen. Das letztere gilt besonders für weichgeglühtes Cu. Beim Erhitzen in sauerstoffhaltiger Atmosphäre tritt eine oberflächliche Oxydation auf (ab 200° C Bildung von Anlauffarben). Diese Erscheinung ist beim Aktivierungsprozeß von Oxydkathoden, bei dem O_2 frei wird, wesentlich, da der am Cu gebundene Sauerstoff bei höheren Temperaturen der Cu-Elektrode mit der Zeit wieder frei wird und die fertig aktivierte Kathodenschicht vergiften kann.

Bei Erhitzen von Cu in reinem H_2 wird dieser vom Cu aufgenommen (vgl. Abb. 44, S. 47); bei Cu-Sorten, die nicht oxydulfrei sind, tritt hierbei eine

[1] Bei kleinkristallinen Cu-Gußstücken scheint allerdings gelegentlich eine merkliche Diffusion von H_2 vorzukommen (Vakuumverschlechterung bei wassergekühlten Röntgenröhren). Gutes gezogenes Material ist kurzzeitig auch in glühendem Zustande gegen Luft von Atmosphärendruck praktisch hochvakuumdicht (Entgasen von Senderöhrenanoden bei Rotglut!).

Reduktion des Oxyduls unter Bildung von Wasserdampf ein. Da dieser im Gegensatz zu H_2 nicht durch das Metall hindurchdiffundieren kann, sprengt er es bei weiterem Erhitzen unter Bildung feiner Risse (Wasserstoffkrankheit). Eine Löslichkeit von N_2, CO und CO_2 in reinem Cu ist nicht vorhanden (Röntgen *1*).

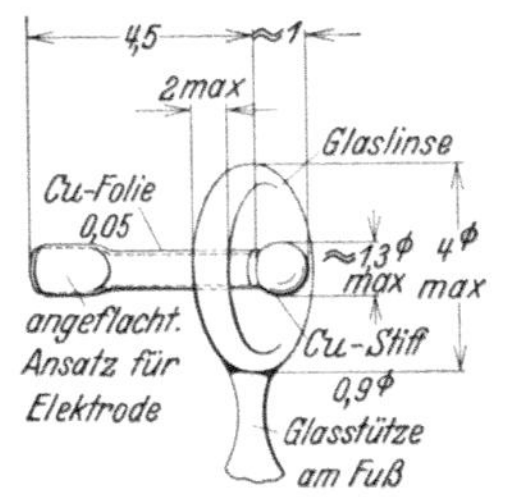

Abb. 76. Kupferstifteinschmelzung an Vollglasgerüst mittels Glaslinse; Stift mit Cu-Folie umgeben; Maßzahlen in mm (vgl. S. & H. *4*).

Von Säuren wird Cu nur in Gegenwart von O_2 angegriffen; daher wirkt Salzsäure und Schwefelsäure bei Zimmertemperatur kaum auf das Metall ein. Dagegen greift Salpetersäure infolge ihrer stark oxydierenden Wirkung Cu unter Entwicklung von Stickoxyden stark an (jedoch Passivitätserscheinung bei HNO_3 von der Dichte 1,54!). Kali- und Natronlauge wirken auf Cu nur in geringem Maße beim Erhitzen; dagegen löst Ammoniak das Cu besonders bei unbehindertem O_2-Zutritt sehr schnell. Mit Hg amalgamiert sich Cu rasch und wird hierbei brüchig (keine

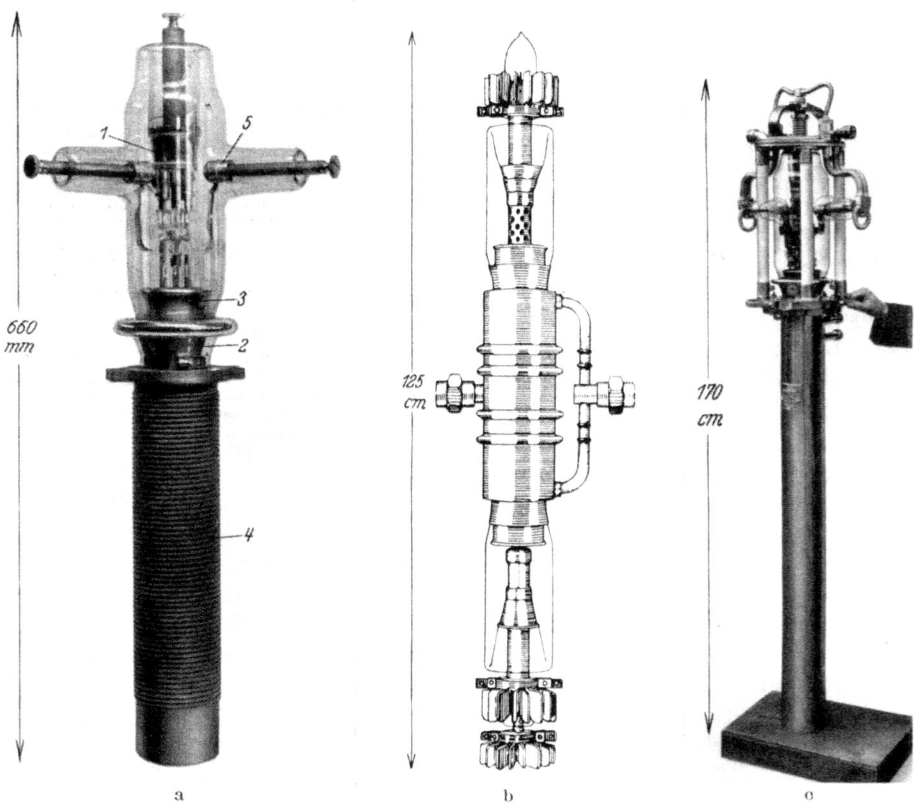

Abb. 77. Wassergekühlte Senderöhren mit Cu-Anoden. a Für 10 kW (Siemens-Röhren-Werk, Telefunken): 1 Cu-Ringanschmelzung für Gitterzuführung (ø etwa 40 mm); 2 bzw. 3 Außen- und Innenschutzmanschetten der dazwischenliegenden Cu-Ringanschmelzung für die Anode (ø der Anschmelzung etwa 60 mm); 4 Cu-Außenanode mit eingedrehten Rillen (Wasserkühlmantel entfernt); 5 kleine Pt-Ringanschmelzungen für die Kathodenzuleitungen (ø etwa 20 mm; vgl. S. 345). b Für 160 kW (Hersteller: Int. Standard Electric Corp.). c Für 300 kW (Siemens-Röhren-Werk, Telefunken); Kopf der Röhre in Abb. 280, S. 262.

ungeschützten Cu-Einschmelzungen in Hg-Röhren!). Von festem Schwefel wird Cu ebenfalls leicht angegriffen; direkter Kontakt mit vulkanisiertem Gummi, z. B. für Dichtungen, ist daher zu vermeiden. Alkalimetalldämpfe greifen das reine Metall nicht nennenswert an, reagieren jedoch mit Cu-Oxyden.

Technische Anwendungen. Trotz seiner hohen Verdampfungsgeschwindigkeit, die eine Verwendung für hochbelastete Elektroden ausschließt, besitzt Cu eine Reihe für die Vakuumtechnik wertvoller Eigenschaften, die von keinem anderen Material erreicht werden. Besonders hervorzuheben sind die hohe Wärmeleitfähigkeit, gute Vakuumdichtigkeit auch in dünnen Wandstärken, hohe elektrische Leitfähigkeit und die hohe Löslichkeit seiner Oxyde im geschmolzenen Glas (vgl. Glas-Metalleinschmelzungen Abschnitt 25b).

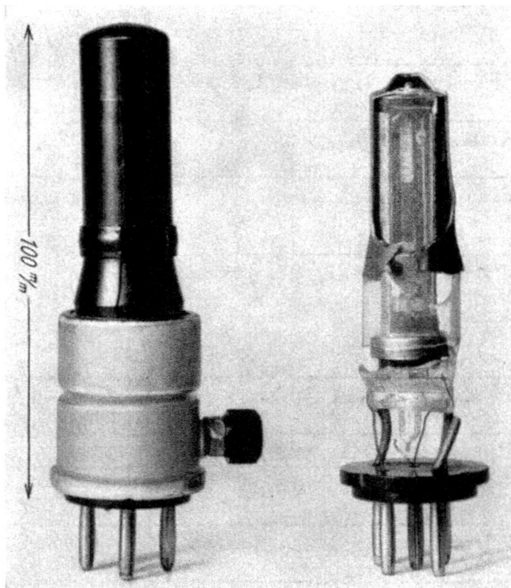

Abb. 78. Rundfunkverstärkerröhren mit luftgekühlter Cu-Anode; rechts aufgeschnitten (vgl. M. O. Valve *1*; Hersteller: M. O. Valve Co).

Cu ist in Stab-, Draht- und Blechform sowie in Form nahtloser Rohre in nahezu beliebigen Abmessungen handelsüblich. Anwendungsbeispiele aus dem Vakuumröhrenbau sind:

Stäbe und Drähte. Halterungen von Elektrodenaufbauten an Vollglasgerüsten (vgl. Abb. 76); Anschlußdrähte und -litzen zwischen Quetschfuß und Sockelstift; Sockelstifte; wärmeableitende Haltestege hochbelasteter Gitter in Elektronenröhren; Gewebe zur Abführung von Wandladungen (Kathodenstrahlröhren).

Bleche. Folien (etwa 0,05 mm) als Zwischenfutter zum Verhindern des Einreißens der Glasumwicklung bei Wickelglaseinschmelzungen (Karl *2*; vgl. Abschnitt 25b, S. 340). Bewegliche Überbrückung von Blatt- und Zugfedern, vgl. Abb. 278, S. 261.

Gezogene Röhren: Anodentöpfe in wassergekühlten Senderöhren (Huth *1*, Housekeeper *2*, Gehrts *2* und Abb. 77); maximale Belastung solcher Anoden etwa 50—60 W/cm^2 bei glatter Oberfläche, etwa 100 W/cm^2 bei Oberfläche mit eingedrehten Rillen (günstigere Strömung des Kühlwassers!); Außenanoden von luftgekühlten Verstärkerröhren (vgl. Abb. 78). Einschmelzkappen und -ringe für Glas-Metallverbindungen (Kruh *1*) in Sende- und Starkstromröhren (vgl. Abschnitt 25b, S. 343). Wellröhren zum Bewegen von Röhrenteilen unter Vakuum; Oxydträger für indirekt geheizte Kathoden (Philips *1*, nur manganfreies Material!); Rohrdraht mit Bariumfüllung („Cuba"-Getter, vgl. S. 106), Kathodentöpfe für Leuchtröhren (vgl. Abb. 323).

Gegossene Formstücke. Antikathodenhalter für Röntgenröhren (vgl. Abb. 158, S. 146); Einzelteile für an der Pumpe betriebene Metall-Kathodenstrahlröhren und -Röntgenröhren; Rotoren für Drehanoden-Röntgenröhren (Fujumoto *1*). Über Vakuumguß vgl. Abschnitt 10c, S. 147.

e) Aluminium.

(Bohner *1*, Borchers *3*, Krais *1*, Regelsberger *1*, Werkstoff-Handbuch *2*.)

Tabelle 30. Materialkonstanten von Aluminium.

Spez. Gewicht (99,4%)	2,70 (gewalzt oder gezogen)				
Mohshärte	2				
Schmelzpunkt (°C)	658				
Dampfdruck (Tor)	vgl. Abb. 403, Anhang				
Zugfestigkeit (kg/mm^2) und zugehörige Dehnung (%) bei 20° C	gegossen hart gewalzt weich geglüht		9—12 14—28 7—11	25—18% 10—3% 45—30%	(vgl. auch Abb. 46) Reinheitsgrad 98,7 bis 99,9%, Verunreinigungen wirken härtend
Streckgrenze (kg/mm^2) bei 20° C	hart gewalzt weich geglüht		12—24 5—8		
Kriechgrenze (kg/mm^2)	15° C ≈ 5	100° C ≈ 2,7	200° C 0,7		
Brinellhärte (kg/mm^2)	gegossen hart gewalzt geglüht		24—32 45—60 15—25		
Warmfestigkeit (kg/mm^2)	hart gezogen (14 kg/mm^2) weich geglüht (9 kg/mm^2)		200° C 9 5,4	300° C 4,5 3	400° C 2 1,5
	vgl. Abb. 47 u. 79				
Elastizitätsmodul (kg/mm^2)	20° C 7200	200° C 5500			
Torsionsmodul (kg/mm^2) bei 20° C	2700				
Spezifische Wärme (cal/g Grad)	18° C 0,214	400° C 0,25			
Wärmeausdehnungskoeffizient, lin. ($\alpha \cdot 10^7$)	15—500° C 270	0—100° C 238	0—200° C 247	0—300° C 256	0—400° C 265
Wärmeleitfähigkeit (cal/cm sec Grad)	20° C 0,5	200° C 0,475	400° C 0,425	600° C 0,360	
Spez. elektrischer Widerstand ($\Omega\, mm^2/m$); 99,6%	20° C 0,029	100° C 0,038	200° C 0,049	300° C 0,060	400° C 0,072
Temperaturkoeffizient des elektrischen Widerstandes (99,6%)	20° C $4{,}08 \cdot 10^{-3}$	250° C $4{,}25 \cdot 10^{-3}$	450° C $5{,}25 \cdot 10^{-3}$		
Strahlungsvermögen (%) für $\lambda = 0{,}650\,\mu$	18—28				

Erzaufbereitung und Gewinnung. Das Ausgangsmaterial für die Aluminiumherstellung ist meist Bauxit, ein hauptsächlich mit Eisen und Kieselsäure verunreinigtes Aluminiumhydroxyd (Frankreich, Dalmatien, Deutschland), aus dem durch einen längeren Prozeß Tonerde (Al_2O_3) gewonnen wird. Diese wird in geschmolzenem Natrium- oder Kaliumaluminiumfluorid in Kohletrögen gelöst; aus der Schmelze wird bei 950° C metallisches Al elektrolytisch auf den Kohlekathoden oder den Gefäßwänden abgeschieden. Das freiwerdende Al sammelt sich unter der Badschmelze auf dem Boden des Troges, während der an den Kohleanoden entstehende Sauerstoff zu CO_2 verbrennt. Zu hohe Temperatur des (durch den Elektrolysestrom direkt geheizten) Bades bewirkt unerwünschte Bildung von Aluminiumkarbid an den Kohleelektroden. Das so gewonnene Rohaluminium wird zur Entfernung mechanischer Verunreinigungen im Ofen (in Si- und Fe-freien Tiegeln) umgeschmolzen und dann zu handelsüblichen Barren gegossen. Wegen seines elektropositiven Verhaltens kann dabei eine chemische Reinigung (Entfernung von Fe und Si) durch oxydierende Behandlung (wie z. B. bei Fe und Cu) nicht erfolgen. Die gegossenen Barren werden entweder durch Strangpressen (bei 400—500° C) zu Stangen gepreßt oder kalt zu Blechen gewalzt, wobei rasche Zwischenerwärmungen einzuschalten sind (etwa 300° C; Rekristallisationsdiagramm bei Rassow *2*).

Während handelsübliches Aluminium 0,5—2% Verunreinigungen (meist Fe und Si, daneben Cu und Zn [1]) enthalten kann (vgl. DIN 1712), muß das für vakuumtechnische Zwecke geeignete einen Reinheitsgrad von 99,7—99,99% besitzen. Tabelle 31 enthält als Beispiel 2 Analysen (obere und untere Grenzwerte einer Reihe betriebstechnischer Kontrollmessungen) eines Aluminiummaterials für Vakuumröhrenelektroden mit mäßig hoher Reinheitsanforderung.

Tabelle 31. Grenzanalysenbeispiele von Al.

Verunreinigung	Material 1	Material 2
Cu . . .	0,021%	0,12%
Fe . . .	0,012	0,24
Si . . .	0,13	0,13
Zn . . .	—	—

Für überschlägige Reinheitsprüfungen, insbesondere in den Zwischenstufen der Fertigung (Einwalzen von Fremdkörpern, Überwalzungen usw.), eignet sich gut die Beizprobe (Schwarzwerden in 10%iger Natronlauge, vgl. S. 152).

Verarbeitung und physikalische Eigenschaften. Al ist kein ausgesprochen duktiles Metall, weil es sich bei Kaltreckung relativ wenig verfestigt. Diese Eigenschaft und die niedrige Zugfestigkeit bedingen eine leichte Verformbarkeit durch Hämmern, Walzen und Biegen, erschweren jedoch das Ziehen (insbesondere das Tiefziehen). Da grobes Korngefüge die Tiefziehfähigkeit stark herabsetzt (vgl. Abb. 46, S. 49, Kurve der Bruchdehnung nach längerem Erhitzen über 300° C), ist zur Erzielung eines feinkörnigen Rekristallisationsgefüges mit den Zwischenglühungen erst nach ausreichender Kaltreckung zu beginnen und der Temperaturanstieg sehr steil zu leiten (in 3—5 min auf 350 bis 450° C; bei kleinen, dünnwandigen Stücken am besten durch Eintauchen in Bleibäder). Durch Verunreinigungen (besonders Fe) wird die Reckbarkeit des Al stark herabgesetzt. Bei mechanischer Beanspruchung hartgewalzten Materials in Vakuumröhren ist zu beachten, daß kaltverformtes Al sich zwischen 200 und 300° C wegen seiner niedrigen Rekristallisationsschwelle (vgl. Tabelle 1, S. 4) schnell entfestigt. Die Warmfestigkeit von reinem Al ist sehr gering; sie beträgt bei 400° C nur noch 1,6 kg/mm² (vgl. Abb. 47 u. 79). Für Formguß wird reines Al wegen des hohen Schwindmaßes (Lunkerbildung!) kaum verwendet [2].

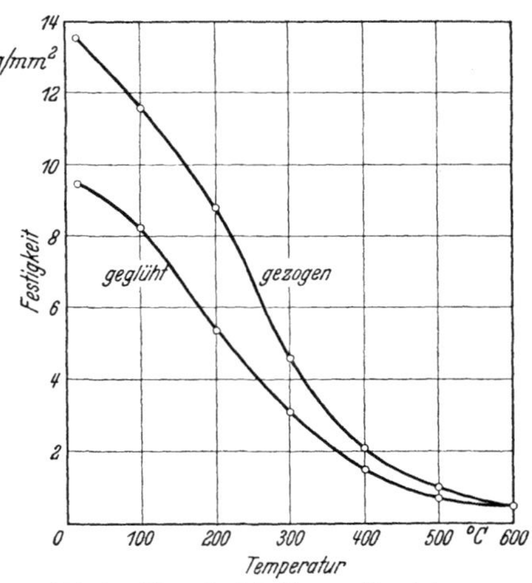

Abb. 79. Warmfestigkeit von Aluminium (Reinheitsgrad 99,9%).

Gepreßtes und gezogenes Al ist vakuumdicht und daher auch als Wandung von Vakuumgefäßen verwendbar. Die Wasserstoffaufnahme ist in festem Zustand unmeßbar klein; bei 1100° C beträgt sie etwa 5 cm³/100 g Metall

[1] Neuerdings setzt man dem Hüttenaluminium auch Ti oder Mn hinzu, um seine Korrosionsbeständigkeit zu erhöhen. Die Verwendung von Ti-Al für vakuumtechnische Zwecke ist im Gegensatz zu Mn-Al wahrscheinlich unbedenklich.

[2] Für vakuumdichte Gußstücke wird eine Legierung von 95% Al und 5% Si mit einer Brinellhärte von 40 kg/mm² empfohlen (Nichols *1*).

(Roentgen *1*). Die spanabhebende Verformung macht Schwierigkeiten, da das Material schmiert und zum Reißen neigt [1]. Die Verbindung von Al-Teilen mit anderen Bauelementen wird in der Regel durch Nieten vorgenommen, die kalt geschlagen werden müssen. Gasschmelz- und Punktschweißung sind durchführbar, jedoch nur unter Anwendung von Vorsichtsmaßregeln (Vermeidung von Oberflächenoxydation durch sorgfältige Reinigung vor der Schweißung, heiße, nicht zu stark oxydierende Flamme bzw. starke Schweißströme [2], kurze Schweißzeiten und H_2-Schutzatmosphäre).

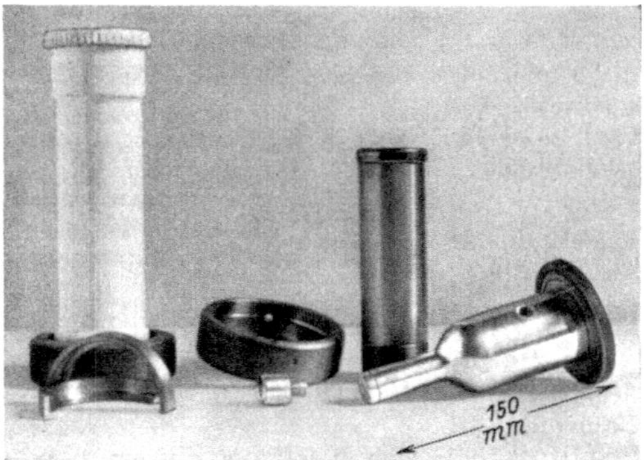

Abb. 80. Hochspannungsionenröhre mit kalter Kathode aus reinem Al (rechts) für Kathodenstrahloszillographen. Kathodenspiegel auswechselbar. Mitte: Anode; links: Porzellanrohr (Knoll *7*, *8*; vgl. Abb. 231c).

Die Widerstandsfähigkeit von Al gegen Verdampfung durch Stoß positiver Ionen (Kathodenzerstäubung) ist außerordentlich groß. Ob diese Eigenschaft dem Material selbst oder einer primär vorhandenen oder in der Entladung gebildeten Oxydschicht zuzuschreiben ist, ist noch nicht genügend geklärt. Höchstreines Al (99,5 bis 99,9%) zeigt bedeutend geringere Kathodenzerstäubung als technisch reines.

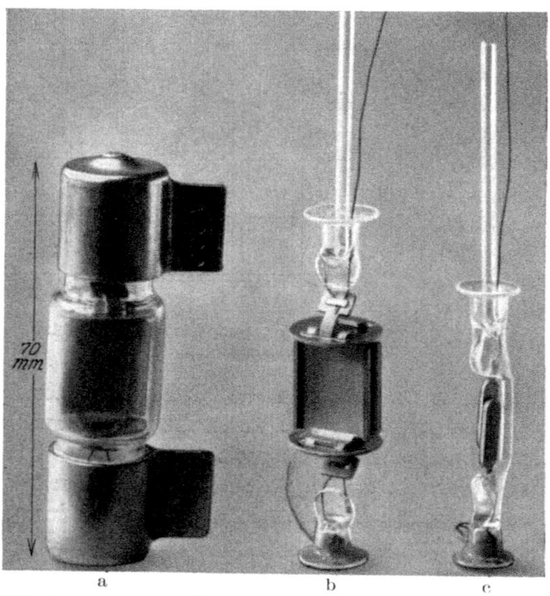

Abb. 81. Gasgefüllte Überspannungsableiter mit Al-Elektroden (Hersteller: Siemens-Röhren-Werk).

Chemische Eigenschaften. In trockener Luft oxydiert Al auch bei höheren Temperaturen nur wenig, da sich eine dünne, aber dichte Oxydhaut auf der Oberfläche bildet, die das Metall vor weiterem Angriff schützt. Auch feuchte Luft greift Al (insbesondere reines) verhältnismäßig wenig an, dagegen jedoch Kohlensäure. Destilliertes Wasser bildet oberflächlich einen dünnen gleichmäßigen weißen Belag (Al_2O_3); Leitungswasser greift

[1] Zweckmäßige Bearbeitung: Benetzen mit Petroleum; Drehen und Fräsen mit möglichst spitzwinkligen Stählen; Bohren mit großer Umdrehungsgeschwindigkeit und kleinen Vorschub; Schneiden mit ungeschränkten Kreissägen bei etwa 20 m/sec Umfangsgeschwindigkeit; grobe, raspelartige Feilen.

[2] 10—15 kVA-Schweißmaschinen für 0,1 mm-Bleche.

besonders kaltgerecktes Material stark an (Anfressungen, Aufblätterung an den Schnittkanten). Von Salzsäure wird Al leicht gelöst, während Salpetersäure bei Zimmertemperatur kaum, beim Erhitzen nur sehr langsam das Metall angreift. Dasselbe gilt von verdünnter Schwefelsäure; stärker wirkt konzentrierte Schwefelsäure bzw. Chromschwefelsäure. Natron- und Kalilauge lösen Al leicht unter Bildung von Aluminaten und Freiwerden von H_2 (Abbeizen vgl. S. 152). Durch wässerige Chlorkalziumlösung wird Al angegriffen [1].

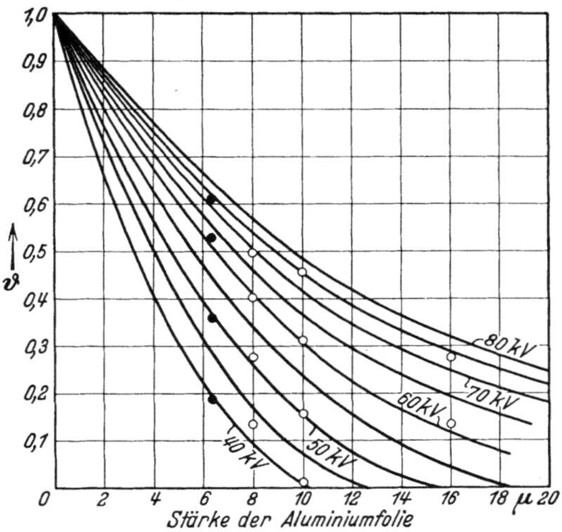

Abb. 82. Durchlässigkeit ϑ eines Lenard-Fensters aus Al für Elektronenstrahlen in Abhängigkeit von Foliendicke und Voltgeschwindigkeit der Elektronen (Borries *1*). Die Kurven gelten für Al von der Dichte 2,9; für Folien aus anderen Stoffen von der Dichte γ wird die Abszisse mit $\frac{2,9}{\gamma}$ multipliziert.

Mit Hg (auch Hg-Dampf) reagiert Al sehr stark. In Gegenwart von Wasserdampf bilden sich dabei wegen der Zerreißung der Oxydhaut durch das gebildete Amalgam rasch größer werdende moosartige Gewächse von weißem Al_2O_3. Man beobachtet diese Erscheinung besonders an kalten Al-Kathoden in Entladungsröhren, die durch Hg-Pumpen ohne Kühlfalle evakuiert werden und öfters mit Luft in Berührung kommen.

Technische Anwendungen. Die Verwendung von Al in Entladungsröhren ist relativ selten. Sie beschränkt sich hauptsächlich auf Fälle, in denen geringe Kathodenzerstäubung erwünscht ist, wie z. B. bei Kathoden in Ionenröntgenröhren und Kathodenstrahloszillographen (vgl. Abb. 80), Elektroden in Spannungsableitern (Blitzschutzsicherungen mit H_2- und Ar-Füllung, vgl. Abb. 81) und Kathoden in Geißlerröhren (Vakuumprüfröhren), Glimmlichtröhren und Glimmgleichrichtern. Ferner findet Al wegen seines geringen Gewichtes und seiner geringen Röntgenstrahlung bei Elektronenaufprall in Hochspannungskathodenstrahlröhren als Ablenkplatten- und Blendenmaterial Verwendung. Wegen seiner kleinen Absorption für Röntgenstrahlen dient es als Fenster oder Filter in Röntgenröhren, wegen seiner geringen Elektronenabsorption (vgl. Abb. 82) als Elektronenfenster („Lenard-

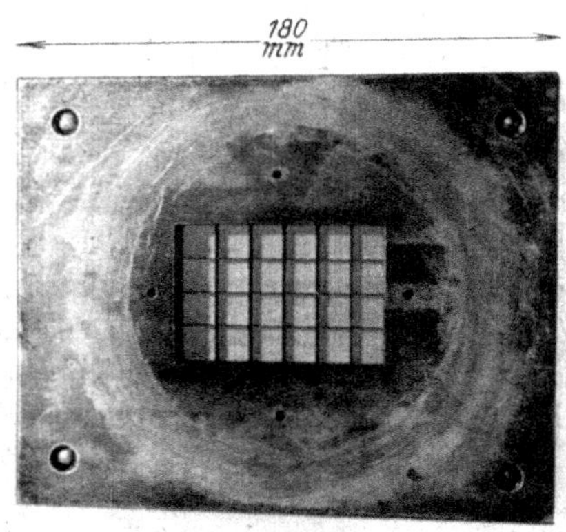

Abb. 83. Lenard-Fenster mit Al-Folie und Stützgitter aus Stahlband (Knoll *10*, *11*; vgl. auch Knoll *7*, *8*).

[1] Daher Vorsicht beim Aufbewahren entgaster Al-Teile in mit Chlorkalzium beschickten Trockengefäßen.

fenster"), vakuumdichte Folie von 0,1—0,001 mm Dicke, vgl. Abb. 83). Seine hohe Affinität zu O_2 wird zur Erzeugung von reinem Ba oder Sr im Vakuum ausgenutzt („Thermitpille" für Dampfkathoden, vgl. Abschnitt 8c und 21f). Für die Herstellung von Spezialspiegeln für Ultraviolettreflektion wird ein von einer Wolframspirale umgebener Al-Zylinder im Hochvakuum auf Glas oder Quarz verdampft (Strong *1*). Über Al-Überzüge auf Eisengroßgleichrichtergefäßen (Alitieren) vgl. Abschnitt 5c (S. 63) und 10d (S. 157).

f) Silber.

(Krais *1*, Werkstoffhandbuch *2*.)

Tabelle 32. Materialkonstanten von Silber.

Spez. Gewicht	10,5
Mohshärte	2,7
Schmelzpunkt (°C)	960,5
Dampfdruck (Tor)	vgl. Abb. 403 (Anhang)
Zugfestigkeit (kg/mm²) bei 20° C	hart 29 geglüht 16
Elastizitätsmodul (kg/mm²)	6000—8000
Torsionsmodul (kg/mm²)	2500—2900
Spezifische Wärme (cal/g Grad)	200° C 0,057 600° C 0,066
Wärmeausdehnungskoeffizient, lin. ($\alpha \cdot 10^7$)	195
Wärmeleitfähigkeit (cal/cm sec Grad)	20° C 1,01 100° C 0,99
Spez. elektrischer Widerstand bei 18° C und 99,98% Reinheit (Ω mm²/m)	0,0163
Temperaturkoeffizient des elektrischen Widerstandes	$4 \cdot 10^{-3}$
Teilstrahlungsvermögen (%) für $\lambda = 0{,}665\ m\mu$	4—5 (blank)

Gewinnung und Eigenschaften. Die Gewinnung aus dem Erz [1], z. B. silberhaltigem Bleiglanz, erfolgt teils nach chemischen Methoden („Scheidesilber"), teils mittels Elektrolyse („Elektrolytsilber"). Das Scheidesilber enthält noch 0,1—0,3%, das Elektrolytsilber 0,1—0,02% Verunreinigungen [2], in der Hauptsache Cu, Pb, Fe, Au, manchmal auch Spuren von Sb, As, S, Pt, Pb, Bi, Se und Te, von denen besonders die drei letzten schon bei geringen Mengen schädigende Wirkungen hervorrufen. Beim Schmelzen nimmt Ag in starkem Maße O_2 auf, das beim Erstarren unter Spratzen wieder abgegeben wird; daher läßt es sich in Luft schlecht gießen. Die Wasserstoffaufnahme ist dagegen gering. Durch Glühen in O_2 oder (in kaltem Zustand) beim Auftreffen von O_2-Ionen (Glimmentladung) oxydiert Ag oberflächlich (Anlauffarben: braun-rot-violett). Die Diffusion von O_2 durch Ag ist bereits unterhalb des Schmelzpunktes so groß [3], daß man (ähnlich wie beim Einfüllen von H_2 durch Pd-Röhrchen) diese Eigenschaft zum Einlassen von reinem O_2 in Vakuumröhren benutzen kann (vgl. Abschnitt 20c, S. 252 und J. B. Taylor *1*). Hg und dessen Dampf bilden mit Ag ein Amalgam, besonders schnell in heißem Zustand. Von HCl wird Ag ohne Erhitzung kaum, von Königswasser nur oberflächlich angegriffen; dagegen wird es in konzentrierter HNO_3 und konzentrierter H_2SO_4 gelöst. Die Sublimation im Hochvakuum erfolgt bei 700—900° C. Handelsüblich ist Ag in Form von Barren

[1] Vgl. z. B. Laatsch *1*.
[2] Handelsübliche Bezeichnung von 99,90%igem Ag: „999/000".
[3] Sie beträgt bei einer Ag-Dicke von 0,2 mm, 760 Tor Überdruck und 625° C: $3{,}6 \cdot 10^{-2}$ cm³/cm² h (F. Johnson *1*).

(minimales Gewicht 1 kg), Granalien (sog. Kornsilber), Draht (bis 0,02 mm ∅) und Blech bzw. Folie (bis zu etwa 0,2 μ Dicke herab).

Anwendungen. Ag findet in der Vakuumtechnik nur für Spezialzwecke Verwendung: Metallisierung von Glasflächen mittels Kathodenzerstäubung (vgl. S. 299) oder Sublimation im Hochvakuum (vgl. S. 186) oder auf chemischem Wege (vgl. S. 185); Grundschichten für lichtelektrische Filmkathoden (vgl. S. 294); Hartlot, insbesondere für Lötungen unter Vakuum (vgl. S. 146); Überziehen von an der Luft befindlichen Zuleitungen (z. B. Sockelstiften) von Kurzwellenröhren; Material für Thermoelemente, besonders geeignet für Temperaturmessungen unterhalb 600° C, z. B. bei Pumpöfen (gegen Konstantan bei 400° C etwa 20 mV, bei 600° C etwa 33 mV[1]).

g) Beryllium.

(Gmelin *2*, Hausser *1*, Illig *1*, Sloman *1*.)

Tabelle 33. Materialkonstanten von Beryllium (99,5%).

Spez. Gewicht	1,85		
Mohshärte	6—7		
Schmelzpunkt (° C)	1280 ± 20		
Dampfdruck	vgl. Abb. 403, Anhang		
Elastizitätsmodul (kg/mm²)	19000		
Brinellhärte (kg/mm²)	120—160		
Spezifische Wärme (0—300° C) cal/g Grad	(0,50) *		
Spez. elektrischer Widerstand bei 20° C (Ω mm²/m)	(0,055—0,185) *		
Wärmeausdehnungskoeffizient, lin. ($\alpha \cdot 10^7$)	20—100° C 123	20—400° C 148	für Be 98,9% rein
Teilstrahlungsvermögen (%) für $\lambda = 0{,}650\,\mu$	61		

* Werte unzuverlässig.

Gewinnung, physikalische Eigenschaften. Das stahlgraue Metall wird meist durch ein schmelzelektrolytisches Verfahren gewonnen (Stock *3*, Illig *2*). Hauptsächliche Verunreinigungen sind Fe (0,3—0,4%), Al, C und BeO. Das technische Be hat einen Reinheitsgrad von 98% (1% Fe). Das bisher handelsübliche „höchstreine“ Be (Reinheitsgrad 99,5%) ist bei Zimmertemperatur außerordentlich spröde und läßt sich daher weder walzen, ziehen, noch hämmern. Bei höheren Temperaturen ist es verformbar. Wegen seiner Affinität zu O_2 muß jedoch die Verarbeitung in H_2-Atmosphäre oder im Vakuum vorgenommen werden. Die Fertigung von Formstücken ist bisher auf Plättchen von etwa 20 mm Durchmesser und 1—2 mm Stärke beschränkt geblieben, die bei Rotglut unter H_2 gepreßt werden. Wahrscheinlich ist die Sprödigkeit auf Spuren von BeO zurückzuführen, das die einzelnen Körner umgibt und wegen des Fehlens geeigneter Desoxydationsmittel nicht ohne weiteres zu beseitigen ist (vgl. auch Fußnote 3, S. 8). Durch Vakuumdestillation (0,005 Tor, 2000° C, Hochfrequenz-

[1] Wegen der schwankenden Zusammensetzung des Konstantan ist für genaue Messungen eine Eichung jedes aus neuem Material gefertigten Thermoelementes notwendig.

ofen) erhält man bei sorgfältiger Reinigung der Ausgangsmaterialien jedoch auch duktiles Be mit einem Reinheitsgrad von 99,97%, das nur eine Brinellhärte von 60 kg/mm² besitzt (99,5%iges Be etwa 150 kg/mm², vgl. Sloman *1*, jedoch auch Kroll *1*).

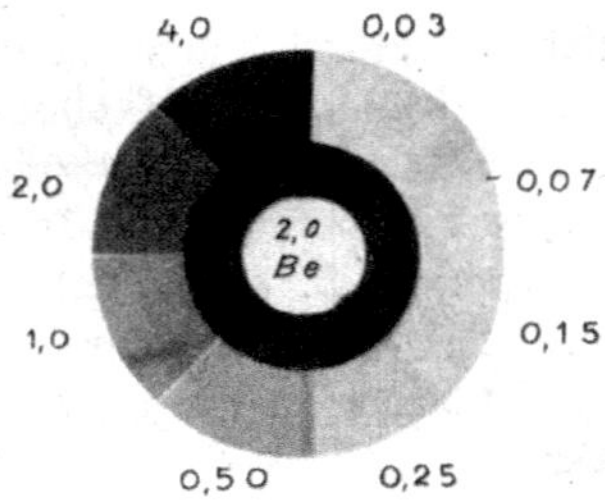

Abb. 84. Vergleich der Absorption von Röntgenstrahlung durch Be und Al (außen); Filterdicke in mm (Hausser *1*).

Die röhrentechnisch wichtigste Eigenschaft des Be ist seine große Durchlässigkeit für Röntgenstrahlen, die etwa 17mal größer ist als die des Al (vgl. Abb. 84). Die Kathodenzerstäubung von Be ist selbst bei 1800 V Kathodenfall unmeßbar klein (Güntherschulze *2*). Vermutlich ist diese Eigenschaft ebenfalls der dünnen, sehr stabilen Oxydschicht zuzuschreiben, von welcher das Metall überzogen ist, so lange Spuren von O_2 in seiner Umgebung vorhanden sind. Die Ultraviolettreflexion ist hoch (Herstellung von Spiegeln durch Vakuumsublimation, vgl. S. 186).

Chemische Eigenschaften. Die Affinität von Be zu O_2 ist an sich sehr groß; das kompakte Metall wird jedoch gegen O_2 durch eine fast unsichtbare, festhaftende unlösliche Oxydschicht weitgehend geschützt. Bei Zimmertemperatur wird poliertes Metall in der Luft matt; in der Hitze wird kompaktes Be bis 500° C kaum merklich oxydiert, darüber hinaus überzieht es sich nur mit einer dunklen Haut; erst bei Temperaturen von 800—1000° C tritt stärkere Oxydation ein. Be-Pulver ist infolge der feinen Verteilung gegen O_2 bedeutend empfindlicher. Silikate, BaO, MgO, Al_2O_3 und ThO_2 werden durch Be wegen seiner großen O_2-Affinität bei 1250° C reduziert, wobei Mg und Ba aus dem Reduktionsgemisch herausdampfen [1]. Sauerstofffreier Stickstoff bildet mit Be bei 500° C Be-Nitrid. Mit H_2 reagiert das Metall selbst oberhalb 1000° C nicht. Mit Hg bildet Be kein Amalgam und ist in ihm vollkommen unlöslich. Gegenüber Alkalien ist es bedeutend widerstandsfähiger als Al; von Alkali-Hydroxyden wird es unter Entwicklung von H_2 gelöst. Mit gasförmigem Phosphor bildet es unter Verbrennungserscheinungen Phosphor-Beryllium, mit Kohlenstoff, besonders bei höherer Temperatur, Karbide. Schwefelsäure und Salzsäure lösen es auf. Konzentrierte Salpetersäure greift Be in der Kälte nicht an, jedoch in heißem oder verdünntem Zustande.

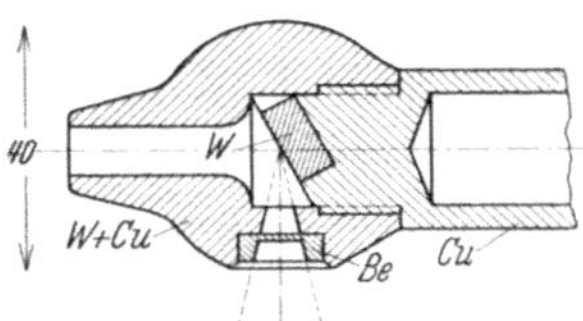

Abb. 85. Schnitt durch die Antikathode einer Röntgenröhre mit Be-Fenster (400 kV Betriebsspannung); vgl. auch Abb. 99 und Siemens-Reiniger *2*.

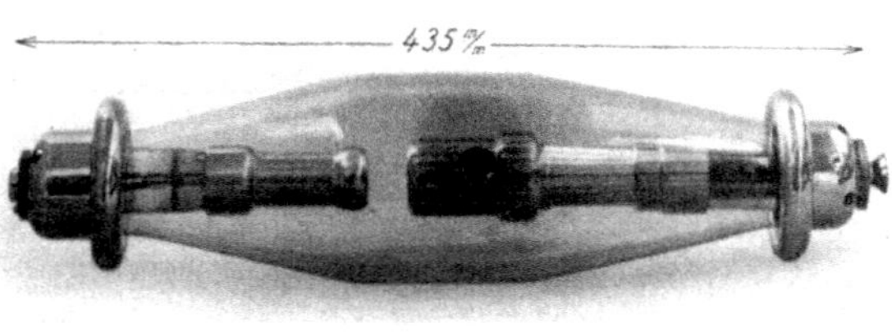

Abb. 86. Röntgenröhre für Grobstrukturuntersuchungen mit Antikathodenfenster aus Be (Hersteller: Siemens-Reiniger-Werke).

[1] BeO schmilzt erst bei etwa 2400° C, also weit über dem Schmelzpunkt des metallischen Be und hat einen sehr geringen Dampfdruck auch bei höheren Temperaturen, destilliert also nicht mit über.

Technische Anwendungen. Be findet wegen seiner hohen Röntgenstrahlendurchlässigkeit in Röntgenröhren als Fenster oder zum Schutze der Glaswand gegen reflektierte Primärelektronen bei ummantelten Antikathoden Verwendung (Abb. 85 und 86), außerdem als Werkstoff für kalte Kathoden, wenn es auf eine äußerst geringe Kathodenzerstäubung ankommt. Wegen seiner stark desoxydierenden Wirkung benutzt man es als Zusatz für Cu, Ni und andere Metalle, wodurch auch die Festigkeitseigenschaften dieser Metalle verbessert werden (vgl. S. 89 und S. 91). Im Gegensatz zu anderen Desoxydationsmitteln ruft Be keine Vergiftungserscheinungen an Glühkathoden hervor.

h) Zirkonium.

(Boer *2, 3, 8*, Chambers *1*, W. Schulze *1*.)

Tabelle 34. Materialkonstanten von Zirkonium.

	Handelsübliches Zr-pulver (99%)	Kompaktes Zr, duktil
Spezifisches Gewicht	≈ 5,9	6,52
Schmelzpunkt (° C)	1860	
Dampfdruck bei 1000° C (Tor) . .		≈ 10^{-7}
Mohshärte	6,5	
Zugfestigkeit (kg/mm²)		95*
Ausdehnungskoeffizient, lin. ($\alpha \cdot 10^7$)		20° C 63 700° C 45 1050° C 80
Spezifische Wärme (cal/g Grad) . .	≈ 0,07	
Spez. elektrischer Widerstand (Ω mm²/m)	20° C: 0,49**	20° C 0,41 400° C 1,07 800° C 1,43 1000° C 1,28 1200° C 1,26
Temperaturkoeffizient des elektr. Widerstandes (0—100° C)		$4{,}4 \cdot 10^{-3}$
Strahlungsvermögen (%) für $\lambda = 0{,}650\ \mu$		(< 1230° C) : 48 (> 1230° C) : 43
Elektronenemission . . . . (Richardson-Konstanten)		$A_0 = 330$ A/cm² Grad² $\varphi_0 = 4{,}13$ V

* Gezogener Draht 0,05—0,1 mm.
** Gepreßtes Pulver.

Gewinnung, physikalische Eigenschaften. Das in Brasilien und Indien gewonnene und hauptsächlich in USA aufbereitete Erz hat einen Zr-Gehalt von 40—60% (als Oxyd); die wichtigsten Verunreinigungen sind Fe und Ti. Nach Reinigung der Zr-Säure findet die Reduktion zu Zr-Metall im Vakuumthermitprozeß durch Na, Mg, Al oder Ca statt (Reduktion durch H_2 oder C ist nicht möglich).

Zr-Metall ist als schwarzes bis dunkelgraues hartes Pulver mit einer Korngröße von 0,4—8 μ mit einem Reinheitsgrad von 99% handelsüblich. Die Versendung muß wegen der hohen Zündgefahr in feuchtem Zustand erfolgen.

Als Verunreinigung enthält es hauptsächlich ZrO_2 (Schmelzpunkt 2700° C), das wie beim Be an den Korngrenzen sitzt und wahrscheinlich die große Härte bedingt, die eine Weiterverarbeitung zu Blechen, Drähten oder Formstücken ausschließt. Eine andere Gewinnungsmethode, die infolge der größeren Reinheit Weiterverarbeitung des Zr erlaubt, besteht in thermischer Dissoziation auf glühende Wolframdrähte (bei etwa 1800° C, Arkel *4*, Boer *8*).

Chemische Eigenschaften. Zr-Pulver wird (im Gegensatz zu Al und Hg) bei Zimmertemperatur auch von feuchter Luft nicht angegriffen, ebenso nicht von HCl, H_2NO_3 und verdünnter H_2SO_4, dagegen gut in Flußsäure gelöst. Bei 205—215° C und darüber (je nach Korngröße) entzündet es sich heftig in O_2-haltiger Atmosphäre unter Bildung von ZrO_2; bei höheren Temperaturen reagiert es mit allen Gasen außer mit Edelgasen, besonders stark mit O_2-haltigen Verbindungen.

Kompaktes und duktiles Zr-Metall wird nur von heißer Flußsäure gelöst, dagegen nicht von Alkalien, geschmolzenem NaOH und nur wenig von geschmolzenem KOH. In Luft oxydiert es nicht bei Zimmertemperatur; Verbrennung findet erst bei Glühtemperatur statt. Bei Temperaturen über 700° C verbindet es sich unter Brüchigwerden mit H_2, das bei 1500° C im Vakuum unter Wiedergewinnung der Duktilität wieder abgegeben wird. Bei hohen Temperaturen verbindet sich Zr chemisch mit N_2.

Technische Anwendungen. Das handelsübliche Pulver benutzt man in Vakuumblitzlichtlampen (gemischt mit PbO_2) als Überzug des elektrisch geheizten Zünddrahtes zur Einleitung der Reaktion der O_2-Lampenfüllung mit der Al-Blitzlichtfolie. Wegen seiner großen Absorptionsfähigkeit für Gase (O_2, N_2, CO, CO_2, H_2O usw.) findet kompaktes Metall oder Pulver ähnlich wie Ta an Stellen Verwendung, die während des Betriebes auf erhöhter Temperatur gehalten werden können. Zu diesem Zweck stellt man z. B. Gitterdrähte ganz oder teilweise aus Zr her oder ordnet parallel zur Kathode Hilfsglühdrähte aus Zr an (vgl. Philips *2*). Bei der Herstellung von Photozellen benutzt man es zur Erzeugung von metallischem Cs durch Reduktion von Zäsiumbichromat ($Cs_2Cr_2O_7$, Reaktionstemperatur 300 bis 400° C, vgl. auch Boer *7*).

Duktiles Zr-Blech wird in Röntgenröhren mit Mo-Antikathode als Strahlungsfilter zur Erhöhung der Monochromasie verwendet (vakuumdichte Folie von etwa 0,03 mm Dicke). Wegen seines hohen Schmelzpunktes und seiner guten Gettereigenschaften ist es als Elektrodenmaterial geeignet, einer umfangreichen Anwendung steht jedoch der hohe Preis des duktilen Zr entgegen.

i) Titan.

(Boer *5*, Clausing *2*, W. Schulze *1*.)

Tabelle 35. Materialkonstanten von reinem Titan.

Spezifisches Gewicht	≈ 4,5
Schmelzpunkt (° C)	1800
Spez. elektrischer Widerstand (Ω mm²/m)	0° C 0,475 500° C 0,95 1000° C 0,95
Temperaturkoeffizient des elektr. Widerstandes (0° C)	$4{,}23 \cdot 10^{-3}$
Strahlungsvermögen (%) für $\lambda = 0{,}650\ \mu$	63

Das handelsübliche, aus Rutil (TiO_2) gewonnene Ti hat einen Reinheitsgrad von 98—99%, enthält als Verunreinigungen Si, Fe und O_2 und ist hart und spröde. In höchstreiner, duktiler Form läßt sich das Material durch thermische Dissoziation (vgl. Zr, S. 82 und Arkel *3*) herstellen. Über seine Verwendung in Vakuumröhren ist wegen der geringen bisher hergestellten Mengen wenig bekannt. Es soll als Zusatz zu Ni dessen Härte und Gettereigenschaften erhöhen (Rohn *2*) und wird als Komponente von Legierungen für Pastekathodenkerndrähte verwendet (vgl. Konelmetall, Abschnitt 6c, S. 90 und Abschnitt 21d, S. 271); hierbei scheint es durch Reduktion des BaO den Formierprozeß und die Emission günstig zu beeinflussen (vgl. Hunter *1*, Benjamin *2*).

6. Legierungen unedler Metalle.

Legierungen dürfen thermisch nicht höher belastet werden als ihre Komponenten, da sonst der Legierungsbestandteil mit dem höheren Dampfdruck verdampft, die spezifische Zusammensetzung und damit die Eigenschaften der Legierung verlorengehen und erhebliche Störungen durch das verdampfende Material auftreten können (vgl. S. 313). Für die Vakuumtechnik sind hauptsächlich Fe-Legierungen mit Ni und Cr, Ni-Legierungen mit Cr, Mn, Be und Co, sowie Cu-Legierungen mit Be, Ni, Zn und Sn wichtig. Über Legierungen zwischen unedlen und hochschmelzenden Metallen vgl. Abschnitt 6e, zwischen Pt und unedlen Metallen Abschnitt 4a.

a) Eisennickellegierungen.

(Chevenard *1*, Ingersoll *1*, Ribbeck *1*, O. Schwarz *1*, Werkstoffhandbuch *2*.)

Tabelle 36. Materialkonstanten vakuumtechnisch wichtiger Fe-Ni-Legierungen.

	Platinersatzmetall	Invar
Zusammensetzung	50% Fe, 47% Ni; vgl. auch Tabelle 118	≈ 64% Fe, 36% Ni, 0,3 bis 0,5% C
Spez. Gewicht	8,2	8,1
Zugfestigkeit (kg/mm²)	65	55
Bruchdehnung (%)	30—36	28
Wärmeausdehnungskoeffizient, lin., bei 20—100 °C ($\alpha \cdot 10^{-7}$)	89	11 vgl. Tabelle 38
Wärmeleitfähigkeit (cal/cm sec Grad)	0,038	0,026
Spez. elektrischer Widerstand bei 20° C (Ω mm²/m)	0,44*	0,83
Temperaturkoeffizient des elektrischen Widerstandes		$0{,}2 \cdot 10^{-3}$

* Vgl. auch Abb. 50 (Ni).

Abb. 87 zeigt Ausdehnungskoeffizient und Wärmeleitfähigkeit, Abb. 50 und 88 den spezifischen elektrischen Widerstand und Abb. 62 die magnetischen Umwandlungspunkte der vakuumtechnisch wichtigen Legierungen dieser Art. Man verwendet vor allem Legierungen mit 42—50% Ni (für Einschmelzdrähte) und mit 36% Ni (für Wärmedrosseln und Bimetallkonstruktionen).

Fe-Ni-Legierungen für Glaseinschmelzungen („Platinersatzmetall"), vgl. auch S. 332. Der Ausdehnungskoeffizient einer Fe-Ni-Legierung läßt sich dem Ausdehnungskoeffizienten gebräuchlicher Weichgläser (70 bis $100 \cdot 10^{-7}$) weitgehend anpassen [1] (vgl. Abb. 87). Für das normale Einschmelzglas mit einem Ausdehnungskoeffizienten von etwa $90 \cdot 10^{-7}$ ist besonders eine Legierung von etwa 51% Fe und 49% Ni an Stelle von Platin brauchbar. Der C-Gehalt einer solchen Legierung muß möglichst niedrig sein und das Material wegen des in feuchter Atmosphäre leicht eintretenden Rostens lufttrocken (am besten im Trockenschrank) aufbewahrt werden.

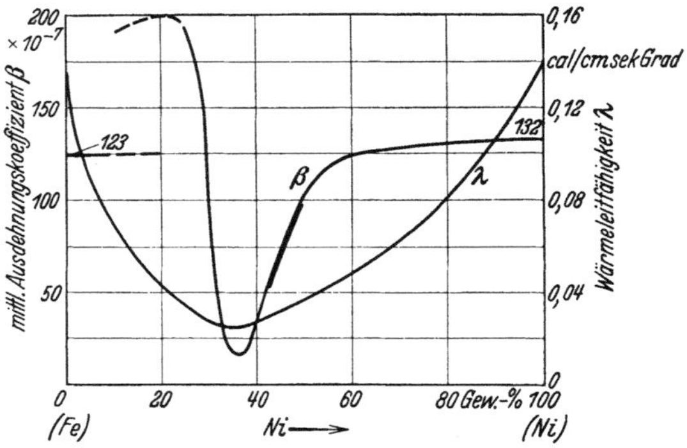

Abb. 87. Wärmeausdehnungskoeffizient (zwischen 0 und 100° C) und Wärmeleitfähigkeit von Fe-Ni-Legierungen.

Handelsüblich sind folgende Fe-Ni-Einschmelzdrähte (Ausdehnungskoeffizient etwa $90 \cdot 10^{-7}$):

Einschmelzdraht, hergestellt aus vakuumgeschmolzenem Metall: 50% Fe, 47,5% Ni, 1% Cr, 1% Mn.

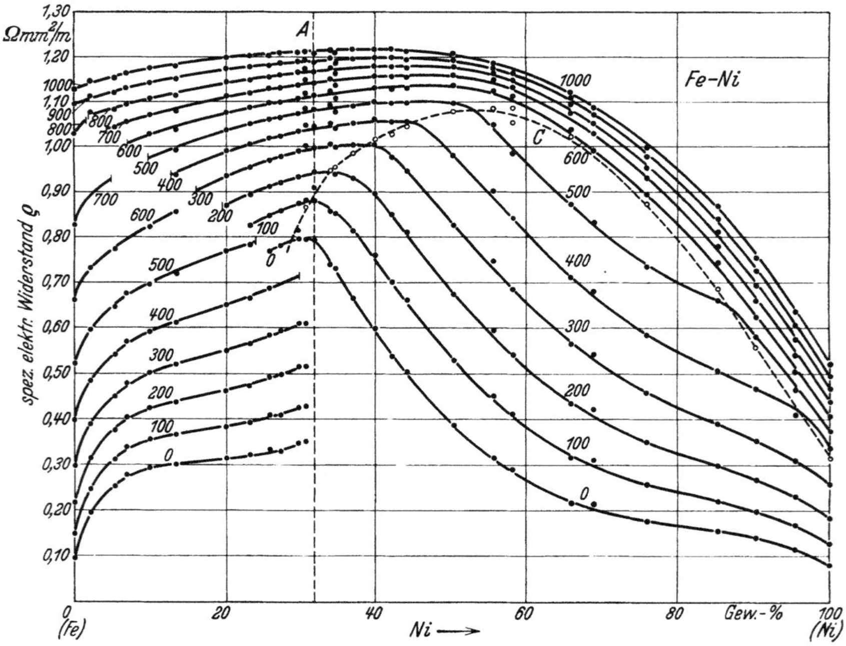

Abb. 88. Spez. elektrischer Widerstand von reinen Fe-Ni-Legierungen bei verschiedenen Temperaturen (in ° C). Für kleine Ni-Zusätze (irreversibles Gebiet links der Linie A) hängen die Widerstandswerte von der Wärmevorbehandlung ab: die unteren Kurven sind bei ansteigender Erhitzung, die oberen bei Abkühlung gewonnen. Linie C verbindet die magnetischen Umwandlungspunkte (Chevenard *1*).

[1] Die Fe-Ni-Legierungen zeigen jedoch oberhalb des Curie-Punktes eine starke Vergrößerung des Ausdehnungskoeffizienten. Sie sind daher nur für Gläser brauchbar, deren Transformationstemperatur nicht höher als die Temperatur der magnetischen Umwandlung der betreffenden Fe-Ni-Legierung liegt (Näheres vgl. „Glas-Metalleinschmelzungen" S. 323).

Platinit: etwa 52% Fe, 48% Ni, 0,15% C.

Ommet-Einschmelzdraht, hergestellt auf metallkeramischem Wege: 52% Fe, 48% Ni, $< 0{,}001$% C, $< 0{,}01$% Mn.

Auch in Form von Kappen finden Fe-Ni-Legierungen zur Herstellung vakuumdichter Glas-Metallverbindungen Verwendung. Tabelle 37 gibt zwei typische Analysen derartigen handelsüblichen Materials.

Über Cu- und Pt-Manteldrähte mit Fe-Ni-Kern für Glasmetallverschmelzungen vgl. Abschnitt 25b, S. 333.

Tabelle 37. Analysen einer Fe-Ni-Legierung * für Anschmelzkappen an Glas.

	Anal. I (%)	Anal. II (%)
Fe . . .	49,7	50,81
Ni . . .	47,55	47,4
Cr . . .	0,80	0,94
Mn . . .	0,85	0,47
C . . .	0,035	0,11
Si . . .	0,00	0,37
Cu . . .	0,08	—

* Hergestellt durch Vakuumschmelzen.

Invar (64% Fe, 36% Ni). Diese Legierung besitzt eine geringe Wärmeleitfähigkeit (etwa 0,026 gegenüber 0,92 bei Cu und 0,22 cal/cm sec Grad bei Ni). Der Ausdehnungskoeffizient ist bei niederen Temperaturen klein, für höhere steigt er erheblich an (vgl. Tabelle 38 und Abb. 357, S. 332).

Tabelle 38. Wärmeausdehnungskoeffizient von Invar (O. Schwarz *1*).

Temperaturbereich (°C)	20—50	20—100	100—200	200—250	250—300	300—400	400—700
Wärmeausdehnungskoeffizient, lin. ($\alpha \cdot 10^7$)	8	11	26	50	110	160	180

Bei vakuumtechnischen Konstruktionen wird Invar für Wärmedrosseln verwendet, z. B. bei Getterkapseln und -halterungen, wenn bei Entgasungsprozessen das durch Wärmeleitung von der Anode her erhitzte Getter erst nach dem Ausglühen der übrigen Teile verdampft werden soll (vgl. S. 312); ferner als Zuleitung zu hoch belasteten Anoden zur Erschwerung der Wärmeabfuhr zum Glasquetschfuß und für Zuleitungs- und Halterungsdrähte von Äquipotentialröhren kleiner indirekt geheizter Rundfunkkathoden, bei denen aus Gründen der Heizökonomie ein Abtransport von Wärme durch die Halterungen möglichst vermieden werden muß. Bevorzugt wird dabei Invar für solche Halterungsteile, die nicht zugleich Zuleitungen für größere Ströme bilden, da durch seinen hohen elektrischen Widerstand Spannungsverluste und Temperaturerhöhung der Zuleitungsdrähte auftreten können. Die geringe Wärmeausdehnung des Invars wird ferner ausgenützt bei Vakuumbimetallkonstruktionen mit einer Fe-Legierung (27% Ni, 5% Mo) als Gegenmetall (vgl. Abb. 64) und für vakuumdichte Quarz-Metall-Schliffverbindungen (vgl. Abschnitt 25c, S. 349).

Frigidal (66% Fe, 33% Ni, 1% Cr).

Tabelle 39. Materialkonstanten von Frigidal.

Zugfestigkeit (kg/mm²)	60
Zugehörige Bruchdehnung (%)	≈32
Ausdehnungskoeffizient, lin. ($\alpha \cdot 10^7$)	20— 50° C: 14 20—100° C: 19 20—500° C: 112
Wärmeleitfähigkeit (cal/cm sec Grad)	0,026
Spez. elektrischer Widerstand bei 20° C (Ω mm²/m)	≈0,9

Die Legierung wird zu ähnlichen Zwecken wie Invar verwendet.

Kovar[1] (54% Fe, 29% Ni, 17% Co, 0,2% Mn, 0,1% C). Die Legierung dient als Einschmelzmaterial für Hartgläser an Stelle von Mo (Scott *1, 2, 3, 4*, vgl. Abschnitt 25b, S. 335). Sie wird von Hg nicht angegriffen und läßt sich vakuumdicht mit Eisen im Lichtbogen oder mittels H_2-O_2-Schweißbrenner und Einsatzmetall verschweißen.

Tabelle 40. Materialkonstanten von Kovar.

Spez. Gewicht	8,36	
Zugfestigkeit (kg/mm²)	115 (hart)	62 (geglüht)
Wärmeausdehnungskoeffizient, lin. ($\alpha \cdot 10^7$)	40 (25—325° C)	56 (25—500° C)
Spez. elektrischer Widerstand (Ω mm²/m)	0,27 (20° C)	0,48 (200° C)

Andere Zusammensetzungen von Fe-Ni-Co-Legierungen für Einschmelzzwecke und Einzelheiten über Wärmeausdehnungs-Eigenschaften vgl. S. 336, insbesondere Tabelle 119 und Abb. 362.

b) Eisenchromlegierungen.

Eisenchrom für Glaseinschmelzungen (70—80% Fe, 20—30% Cr). Die stark chromhaltigen Fe-Legierungen lassen sich nur warm verformen (schmieden).

Tabelle 41. Materialkonstanten der Legierung: 70% Fe, 30% Cr.

Spez. Gewicht	≈ 7,6
Schmelzpunkt (° C)	1470—1490
Kriechgrenze (kg/mm²)	500° C: 1,2 600° C: 0,5
Wärmeausdehnungskoeffizient, lin. ($\alpha \cdot 10^7$)	100° C: 59—100 500° C: 115—120
Wärmeleitfähigkeit (cal/cm sec Grad)	100° C: 0,05 500° C: 0,058
Spez. elektrischer Widerstand (Ω mm²/m)	0,5—0,6
Temperaturkoeffizient des elektr. Widerstandes	$\approx 2{,}5 \cdot 10^{-3}$

Sie sind gegen Salpetersäure fast beständig, werden dagegen von Schwefelsäure und Salzsäure angegriffen. Verwendung finden sie für Draht- und Groß-

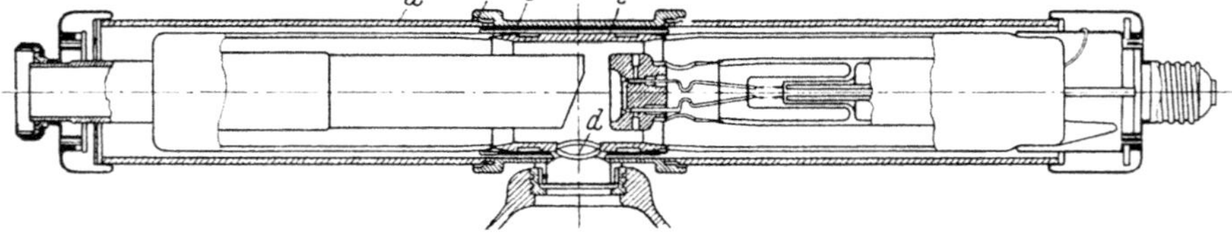

Abb. 89. Strahlungsschutzröntgenröhre mit Cr-Fe-Mittelteil (vgl. auch Philips *3*; Hersteller: C. H. F. Müller, Hamburg).
a Bakelithülse; b Messingmantel; c Bleimantel; d Fenster für Strahlenaustritt; e Zylinder aus CrFe.

flächen-Glas-Verschmelzungen[2] bei größeren Glühkathodengleichrichtern, Glühlampen und Röntgenröhren (vgl. Abb. 89 und Brandsma *1*). Tabelle 42 enthält einige Analysenbeispiele von Chromeisen, wie es für Glaseinschmelzungen handelsüblich ist.

[1] Auch „Fernico" genannt (Hull *4*).
[2] Vgl. auch Abschnitt 25b, S. 334 und 347.

Auch als Werkstoff für Antikathoden in Grenzstrahlenröhren findet Fe-Cr Verwendung (Gfrörer *1*).

Fe-Cr läßt sich nicht mit Cu, sondern nur mit Ni verschweißen; über Zwischenfügen von Ni-Drahtstücken vgl. Rohn *4*. Größere Teile (starkwandige Rohre) können mittels Stumpfschweißung (vgl. S. 139; nicht durch Hartlöten!) mit Zuleitungsteilen verbunden werden.

Tabelle 42. Analysenbeispiele von Cr-Fe für Glaseinschmelzungen.

Element	Stäbe 60 mm ø	Zwei Drahtsorten 1 mm ø	
Cr . . .	30,0	26	30
Si . . .	1,46	0,45	1,46
Mn . .	nicht untersucht	0,4	0,46
C . . .	≈ 0,0025	0,1	0,025
Mo. . .	0,00		0,00
Al . . .	0,00		0,00
Ni . . .		0,18	
S . . .		0,008	
P . . .		0,013	
Rest . .	Fe		

V 2 A-Stahl („Normal": 18% Cr; 8% Ni; 0,4% Mn; 0,5% Si; 0,08—0,15% C; Rest Fe. „Extra": etwa 0,12% C; 0,5% Ti; sonst wie „Normal". „Supra": C < 0,07%; kein Ti; sonst wie „Normal"). Das Material („nichtrostender Stahl") findet als Blech für Anoden von Hochspannungsventilröhren (vgl. Abbildung 90), für Strahlsammelelektroden in Röntgenröhren und für Gitter in Hg-Glasgleichrichtern Verwendung, besonders dort, wo bei Verwendung von Fe eine Rostbildung durch Atemluft oder Kondenswasser aus der Gebläseflamme beim Einschmelzen des Elektroden-

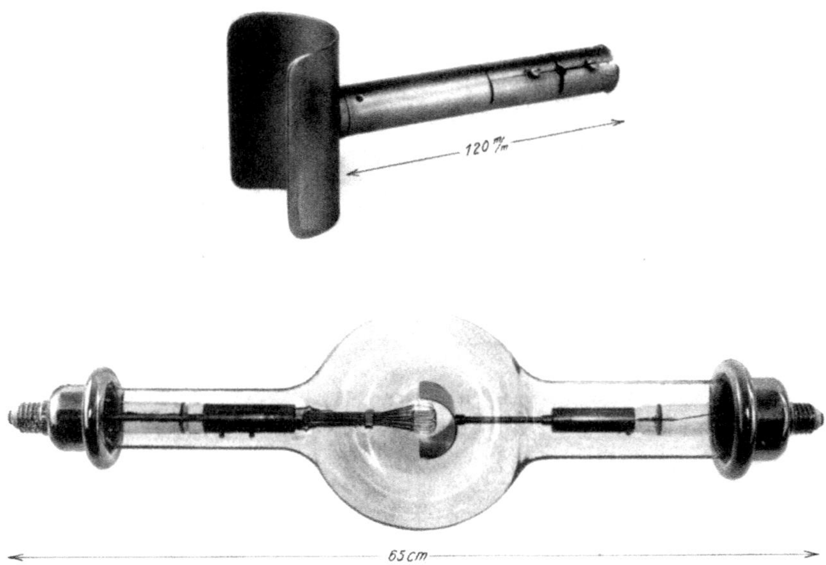

Abb. 90. Hochspannungsventilröhre mit W-Kathode und Anode aus V 2 A-Blech für Diagnostik. Sperrspannung 120 kV, Sättigungsstrom 1 bis 2,5 A; oben: V 2 A-Anode aus einer ähnlich konstruierten Ventilröhre (Hersteller: Siemens-Reiniger-Werke).

systems zu befürchten ist. Über die Bearbeitungsmethoden, insbesondere Beizen, Lichtbogenschweißung, Löten, Tiefziehen, Weichglühen, Schleifen usw. vgl. Krupp *1*.

Tabelle 43. Materialkonstanten von V2A-Stahl.

Spez. Gewicht	7,86			
Schmelzpunkt (°C)	1400			
Zugfestigkeit (kg/mm^2)	20° C 60—75	400° C 40—45	800° C ≈ 12	900° C ≈ 7
Bruchdehnung (%)	20° C 40—45%	bei 800° C „Normal" 10%, „Extra" 25—35%		
Streckgrenze (kg/mm^2)	20° C 25—27	400° C 10	900° C ≈ 5	
Kriechgrenze (kg/mm^2)	500° C 12	700° C 3—4	gilt nur für V2A Extra!	
Brinellhärte (kg/mm^2)	150—185			
Spezifische Wärme bei 20° C (cal/g Grad)	0,12			
Wärmeleitfähigkeit (cal/cm sec Grad)	0,05			
Wärmeausdehnungskoeffizient, lin. ($\alpha \cdot 10^7$)	0—100° C 160	0—500° C 185		
Spez. elektrischer Widerstand bei 20° C (Ω mm^2/m)	0,73			

c) Nickellegierungen.

Für mechanisch stark beanspruchte Elektrodenteile (Gitterdrähte, Halterungsstäbe) verwendet man vielfach Legierungen des Ni mit Cr, Mn oder Be, die härter sind als das reine Ni.

Nickelchrom. Handelsübliche Zusammensetzungen: a) 80% Ni, 20% Cr, Spuren Fe; b) 77% Ni, 20% Cr, 2% Mn, 2—3% Fe (vgl. Tabelle 44).

Tabelle 44. Materialkonstanten zweier Ni-Cr-Legierungen (20% Cr).

	Temperatur °C	80% Ni, 20% Cr	77% Ni, 20 Cr, 2% Mn, 2—3% Fe
Spez. Gewicht	—	8,36	8,38
Zugfestigkeit, geglüht (kg/mm^2)*	20	92	85
Warmfestigkeit (kg/mm^2)	800	≈ 10	≈ 10
Kriechgrenze (kg/mm^2)	500	8,8	—
	600	5,2	—
	700	2,7	—
	800	1,3	—
	900	0,4	—
Wärmeleitfähigkeit (cal/cm sec Grad)	100	0,034	≈ 0,03
	600	0,054	—
Wärmeausdehnungskoeffiz., lin. ($\alpha \cdot 10^7$)	20	≈ 125	145
Spezifische Wärme (cal/g Grad)	20	0,106	0,11
Spez. elektrischer Widerstand (Ω mm^2/m)	20	1,03	1,09
	800	1,10	1,16
	1100	1,13	1,21
Temperaturkoeffizient des elektr. Wid.	220—500	$9,8 \cdot 10^{-5}$	—
	0—200	—	$1 \cdot 10^{-4}$
	200—1100	—	$5,8 \cdot 10^{-5}$

* Vgl. auch Abb. 31, S. 33.

Ni-Cr mit hohem Cr-Gehalt ist ziemlich spröde; man setzt daher solchen Legierungen vielfach 10—20% Fe zur Verminderung der Sprödigkeit zu. Vakuumgeschmolzenes manganarmes Ni-Cr wird manchmal an Stelle von Mo für Gitter von Verstärkerröhren verwendet. In neuerer Zeit ist es teilweise durch die formbeständigeren Ni-Fe-Mo-Legierungen (vgl. S. 97) ersetzt worden. Wegen der großen Zunderbeständigkeit benutzt man die Legierung häufig für Heizwicklungen von Entgasungsöfen (bis 1100° C, vgl. Abb. 126), auch mit einem Zusatz von 2% Mo [1], ferner für Vakuumthermoelemente (vgl. Abb. 41) und Ardometer (vgl. Abb. 42) gegen Konstantan als zweiten Schenkel und für Metallkappenanschmelzungen an Glas (77% Ni, vgl. S. 344).

Bei Entgasung von Ni-Cr ist zu beachten, daß Chromoxyd selbst bei 1000° C durch H_2 nicht reduziert werden kann (Wagner *1*). Über Oberflächenoxydation von Ni-Cr vgl. Abschnitt 10d, S. 155.

Nickelmangan (Ni mit 1—4% Mn). Durch die Zugabe von Mn wird reines Ni erheblich härter, vgl. Tabelle 45. Eine Legierung mit 3% Mn wird für

Tabelle 45. Einfluß von Mn auf die mechanischen und elektrischen Eigenschaften von reinem Ni (geglüht).

Mn-Gehalt %	Zerreißfestigkeit kg/mm² *	Bruchdehnung %	Spez. elektr. Widerstand Ω mm²/m	Temperatur-koeffizient
0	43	48	0,087	$4{,}7 \cdot 10^{-3}$
1	51	44	—	—
2	57	38	≈ 0,14	$0{,}36 \cdot 10^{-3}$
3	62	35	—	—
4	66	33	≈ 0,2	$0{,}36 \cdot 10^{-3}$

* Vgl. auch Abb. 31, S. 33.

Zuleitungsdrähte von Glühlampen und (in Quetschfüße eingesteckt und angeschmolzen) für Halterungsstäbe von Elektrodenaufbauten in gasgefüllten Glühkathodengleichrichtern an Stelle des weicheren Ni verwendet; als Gittermaterial soll sie eine niedrigere thermische und Sekundärelektronen-Emission ergeben als Ni. Für betriebsmäßig heiße Elektroden (Anoden, Gitter) in Oxydkathoden-Röhren ist Ni-Mn wegen seines Mn-Gehaltes besser durch Ni-Be zu ersetzen (sonst Absinken der Kathodenemission während der Lebensdauer [2]).

Nickelberyllium (Ni mit 0,3—2% Be). Auch durch Zusatz von Be wird die Festigkeit von Ni erhöht, der elektrische Widerstand jedoch bedeutend vergrößert (vgl. Tabelle 46). Ni-Be findet vielfach an Stelle des glühkathodenschädlichen Ni-Mn Verwendung; der Be-Zusatz scheint die geringe Getterwirkung des reinen Ni zu erhöhen [3].

Tabelle 46. Festigkeitswerte und spez. elektrischer Widerstand von vakuumgeschmolzenem, weichgeglühtem Ni ohne und mit Be-Zusatz (vgl. auch Hessenbruch *1*).

	Ni	Ni + 1,7% Be
Zugfestigkeit (kg/mm²)	45	81
Dehnung (%)	45	42
Brinellhärte (kg/mm²)	90	140
Elastizitätsmodul (kg/mm²)	22000	17500
Spez. elektrischer Widerstand (Ω mm²/m)	0,087	0,337

[1] „Co"-Legierung, Hersteller: Heraeus-Vakuumschmelze.
[2] Nach Erfahrungen der Verfasser, im Gegensatz zu denen von Wagner *1*.
[3] Ähnlich wirkt ein Zusatz von 0,5—10% Titan zu Ni (vgl. Rohn *2*).

Nickelkobalt wird als magnetisches Abschirmmaterial bei hohen Temperaturen verwendet. Die Zusammensetzung richtet sich nach der Gebrauchstemperatur, bei der das Material noch mit Sicherheit magnetisch sein soll (vgl. Abb. 52, S. 54). Ni mit etwa 45% Co hat einen spezifischen Widerstand von etwa 0,13 Ω mm²/m bei 20° C bzw. 0,66 bei 600° C (Gilby *1*).

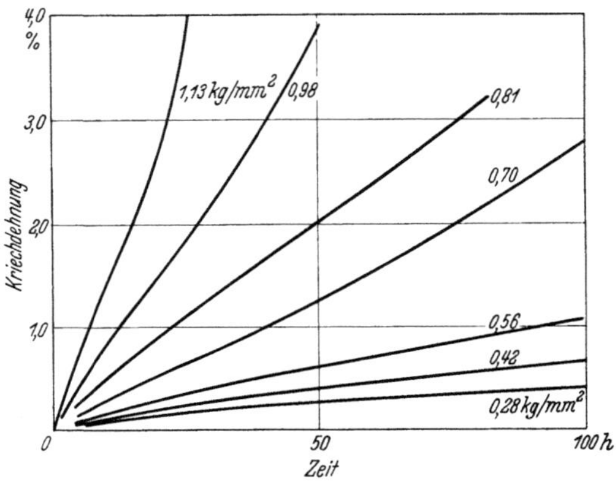

Abb. 91. Kriechdehnungs-Zeit-Kurven für Konelmetall bei verschiedener Belastung (Richmond *1*).

Nickelbarium (Ni mit 0,1—0,2% Ba). Das Material soll sich wegen der Nachdiffusion von reinem Ba gut als Kerndraht für BaO-Pastekathoden eignen (Beese *1*, Randolph *1*), besonders mit einem Zusatz von 3,5% Cr [1].

Konelmetall (70—72% Ni, 18 bis 19,5% Co, 7—8% Fe, 2,8—3% Ti. Verunreinigungen: 0,1—0,3% Al, 0,1—0,2 Mn). Man benutzt die Legierung als Kerndraht für größere direkt geheizte Oxydpastekathoden an Stelle von Pt oder Ni (Lowry *1*) bzw. an Stelle von Ni zur Umwendelung eines hochschmelzenden Kerndrahtes (vgl. Abschnitt 21d, S. 271). Der Ti-Gehalt der Legierung scheint bei Oxydkathoden durch Reduktion der

Tabelle 47. Materialkonstanten von Konelmetall.

Spez. Gewicht	8,56		
Zugfestigkeit (kg/mm²) und zugehörige Dehnung (%) (nach Glühen bei 650° C)	20° C 600° C	70—75 ≈ 54	35% ≈ 25%
Streckgrenze (kg/mm²)	20° C 600° C	≈ 40 ≈ 33	
Kriechgrenze bei 900° C (kg/mm²)	≈ 0,6		
Brinellhärte (kg/mm²)	140		
Elastizitätsmodul (kg/mm²)	20600		
Wärmeausdehnungskoeffizient, lin. ($\alpha \cdot 10^7$)	0—100° C 107		0—700° C 143
Spez. elektrischer Widerstand bei 20° C (Ω mm²/m)	0,4		

Erdalkalioxyde den Formierprozeß abzukürzen und erhöht (nach Benjamin *2*) die Emissionsfähigkeit der Oxydpastekathoden. Über die Kriechdehnung in Abhängigkeit von der Zeit vgl. Abb. 91. Durch Zusätze von Cr („Konel 42 B": 46% Ni, 24,9% Co, 7,02% Fe, 2,19% Ti, 18,7% Cr) erhöht sich die Zugfestigkeit für 20° C auf 95—115 kg/mm², für 600° C auf 65—90 kg/mm² (Hunter *1*). Eine andere Cr-haltige Konel-Legierung (23% Ni, 47% Co, 10% Ferrotitan, 20% Cr) zeigt (nach C. R. Austin *1*) bis 600° C noch keinen Abfall der Warmfestigkeit.

[1] Versuche der Verfasser mit dem amerikanischen Originalmaterial zeigten keine eindeutige Emissionserhöhung gegenüber den anderen bekannten Kernmaterialien (vgl. Abschnitt 21d).

Monelmetall (60—70% Ni, 25—35% Cu, etwa 3% Mn, etwa 1% Fe, etwa 1% Si, bis 0,3% C).

Tabelle 48. Materialkonstanten von Monelmetall (warm gewalzt).

Spez. Gewicht	8,8—8,9		
	20° C	500° C	900° C
Zugfestigkeit* (kg/mm²)	65	45	4
Dehnung (%)	35—50	—	—
Streckgrenze (kg/mm²)	33	23	2
Rekristallisations-Temperatur	> 600 °C		
Wärmeleitfähigkeit (cal/cm sec Grad)	0,06		
Spezifische Wärme (cal/g Grad)	0,12		
Wärmeausdehnungskoeffizient, lin. ($\alpha \cdot 10^7$)	26—100° C 140	20—600° C 160	
Spez. elektrischer Widerstand bei 20° C (Ω mm²/m)	≈ 0,44		
Temperaturkoeffizient des elektr. Widerstandes	$1{,}9 \cdot 10^{-3}$		

* Guß: 33—55 kg/mm² bei 10—25% Dehnung; kaltverformt: 100 kg/mm².

Monelmetall ist eine amerikanische Naturlegierung, die aus einem mineralogisch häufig vorkommendem Erz direkt gewonnen wird. Der billige Preis, die relativ hohe Warmfestigkeit und die Unempfindlichkeit gegen Hg haben in nordamerikanischen Ländern zuweilen zur Verwendung der Legierung für Anoden und Haltedrähten in billigen Rundfunkröhren geführt; für Elektroden mit höherer Betriebstemperatur ist das Material wegen seines C- und Mn-Gehaltes ungeeignet.

d) Kupferlegierungen.

Kupferberyllium (97,5% Cu, 2,5% Be); vgl. auch Hessenbruch *1*.

Tabelle 49. Materialkonstanten von vakuumgeschmolzenem, weichgeglühtem Kupfer mit Be-Zusatz im Vergleich zu reinem Kupfer.

	Cu	Cu + 2,5% Be
Zugfestigkeit (kg/mm²)	24	62
Dehnung (%)	50	22
Brinellhärte (kg/mm²)	40	105
Elastizitätsmodul (kg/mm²)	12600	11800
Spez. elektrischer Widerstand bei 20° C (Ω mm²/m)	0,0175	0,0971

Wie beim Ni kann die Festigkeit von Cu durch Be-Zusatz wesentlich erhöht werden; der spezifische Widerstand steigt dadurch erheblich. Für röhrentechnische Zwecke ist die Desoxydation des Cu durch Be derjenigen durch Mn vorzuziehen (vgl. S. 89).

Kupfernickel („Konstantan“, 57% Cu, 43% Ni).

(O. Schwarz *1*, Werkstoffhandbuch *2*.)

Das handelsübliche Material enthält 0,4—0,8% Mn und 0,2—0,3% Fe, läßt sich kalt und warm verarbeiten sowie leicht löten und schweißen. Die

Tabelle 50. Materialkonstanten von Konstantan.

Spez. Gewicht	8,88—8,92			
Schmelzpunkt (° C)	1250—1270			
Zugfestigkeit (kg/mm²) und zugehörige Dehnung (%)	weichgeglüht hartgewalzt	40—50 80	50—38% 2—5%	vgl. auch Abb. 46
Warmfestigkeit		vgl. Abb. 47		
Brinellhärte (kg/mm²)	weichgeglüht	75—90		
Spezifische Wärme (cal/g Grad)	0,098			
Wärmeleitfähigkeit (cal/cm sec Grad)	0,05			
Wärmeausdehnungskoeffizient, lin. ($\alpha \cdot 10^7$)	0—100° C 152	0—500° C 163		
Spez. elektrischer Widerstand bei 20° C (Ω mm²/m)	weich 0,48—0,50	hart 0,50—0,52		
Temperaturkoeffizient des elektr. Wid.	$2{,}2 \cdot 10^{-5}$			

Entfestigung hart gewalzten Materials beginnt bei etwa 500° C, das Weichglühen wird bei etwa 600—750° C in nicht oxydierender Atmosphäre durchgeführt. Für vakuumtechnische Zwecke brauchbares Material muß glatt, blank, weiß und ohne Oxydstellen sein.

Die Legierung findet für Elektrodenhalterungen und besonders für Zuleitungsdrähte in Glühlampen Verwendung[1]. Die Drähte werden mit dem Glaseinschmelzdraht meist durch Gasschmelzschweißung verbunden und mit dem geschweißten Ende in das Glas des Quetschfußes mit eingeschmolzen (vgl. Abb. 92). Obwohl Konstantan an dieser Stelle wegen seines hohen Ausdehnungskoeffizienten ($152 \cdot 10^{-7}$) in normalem Fußglas ($90 \cdot 10^{-7}$) keine vakuumdichte Durchführung ergibt, klebt es doch am Glas fest, da das beim Einschmelzen an die Oberfläche diffundierende Cu der Legierung (wie beim Kupfermanteldraht) mit dem Glas eine feste Verbindung eingeht[2].

a b

Abb. 92. Glasfüße mit eingequetschten Halterungsdrähten aus Konstantan. a Unverkupfert: leichte Rißbildung an den mittleren Quetschstellen (×); b verkupfert: gutes Anliegen des Glases an den eingebetteten Haltestäben (*).

In Form dünner Drähte (bis zu 0,03 mm ∅) benutzt man Konstantan für Vakuumthermoelemente, z. B. in Vakuumthermokreuzen (vgl. Abb. 41) und in Ardometerlampen (vgl. Abb. 42) mit NiCr als Gegenschenkel.

[1] Hartgezogene Drähte mit einer Mindestzugfestigkeit von 60 kg/mm² und einer Bruchdehnung von 2—5%, Durchmesser 0,2—3 mm.

[2] Dieser Effekt läßt sich zur Erhöhung der Fabrikationssicherheit (Vermeiden von Sprüngen an der Haftstelle Glas-Konstantan) dadurch verstärken, daß man das untere Ende des Konstantandrahtes mit dem Schweißknoten des Einschmelzdrahtes, soweit diese Teile mit in den Quetschfuß eingequetscht werden, elektrolytisch mit einer dünnen Cu-Schicht überzieht (vgl. Abb. 92).

Kupferzink (Tombak: bis 72% Cu, **Messing:** 75—55% Cu, Rest Zn).

(Gehlhoff *1*, DIN 1709/1751/1755—1765/1772/1775).

Tabelle 51. Materialkonstanten von Messing (55—75% Cu, Rest Zn).

Spez. Gewicht	8,5—8,6
Schmelzpunkt (°C)	≈ 900
Wärmeausdehnungskoeffizient, lin., 0—100° C ($\alpha \cdot 10^7$)	≈ 184
Spezifische Wärme (cal/g Grad) (0—100° C)	0,09
Spez. elektrischer Widerstand bei 20° C (Ω mm²/m)	0,06—0,07
Temperaturkoeffizient des elektr. Widerstandes, 0—100° C	$1{,}3—1{,}9 \cdot 10^{-3}$
Mechanische Eigenschaften	Tabelle 52

Handelsüblich ist eine große Anzahl von Zusammensetzungen dieser Legierung; die wichtigsten sind in Tabelle 52 zusammengestellt.

Tabelle 52. Mechanische Eigenschaften und Verwendungszweck von Kupferzink-Legierungen (DIN 1709).

Bezeichnung nach DIN 1709	Fabrikations-Norm nach Gehlhoff	Spez. Gewicht	Zugfestigkeit** kg/mm²	Dehnung %	Spez. elektr. Widerstand Ω mm²/m	Eigenschaften bzw. hauptsächlichste Verwendung
Ms 72* (Gelbtombak)	weich, geglüht federhart	8,6	25 50—68	35 10—5	0,07	Für federnde Wellrohre, Bleche, Profile.
Ms 67 (Halbtombak)	weich, geglüht hart	8,6	30 45	30—66 10	—	Für Kaltbearbeitung, sehr tiefziehfähig.
Ms 63 (Druckmessing)	weich, geglüht doppelfederhart	8,55	32 70	30—60 2	0,065	Für Verformung durch Ziehen und Drücken; geeignet für Hartlötung mit Silberlot.
Ms 60 (Schmiedemessing)	weich, geglüht federhart	8,5	36—38 60	30—48 5	0,06	Für Warmschmieden und -pressen.

* Die Zahl gibt den jeweiligen Cu-Gehalt der Legierung wieder; Rest Zn.
** Streckgrenze 9—12 kg/mm².

Besondere Vorzüge der Cu-Zn-Legierungen sind Billigkeit, leichte Bearbeitbarkeit in warmem Zustand und mit spanabhebenden Werkzeugen und hohe Dehnfähigkeit. Für vakuumtechnische Konstruktionen ist Messing wegen seines Zn-Gehaltes und der Unmöglichkeit einer gründlichen Entgasung nur in sehr beschränktem Umfang verwendbar, meist nur für Vakuumgefäße mit dauernd angeschlossener Pumpe (Kathodenstrahloszillographen, zerlegbare Röntgenröhren). Im Vakuum darf das Material nicht über 100° C erhitzt werden, da schon bei 200° C das Zn der Legierung in großen Mengen zu verdampfen beginnt (vgl. Abb. 403, Anhang). Die Oberfläche wird dann infolge Verarmung an Zn rot; Schrauben fressen sich fest und sind nicht mehr zu entfernen, auch deswegen weil der Schraubenkopf durch das Herausdampfen des Zn weich geworden ist. Das herausgedampfte Zn verschlechtert teils durch Gasabgabe, teils durch den eigenen Dampfdruck das Vakuum und verursacht durch Niederschlag an kalten Rohrwandungen Isolationsfehler und andere Störungen (vgl. S. 313). Bei Temperaturen unter 100° C ist gewalztes und gezogenes Messing gut vakuumdicht; für Gußteile verwendet man besser Phosphorbronze (vgl. nächsten Abschnitt).

Tombak wird für nahtlos gezogene Wellrohre verarbeitet, die mit einer tief eingedrückten, schraubenförmigen Nut versehen sind. Sie dienen als flexible

Vakuumleitungen zwischen Pumpe und Apparatur (vgl. Abb. 93) oder (mit Parallelnuten) als „Federkörper" zum Bewegen von Elektroden, Zentrieren von

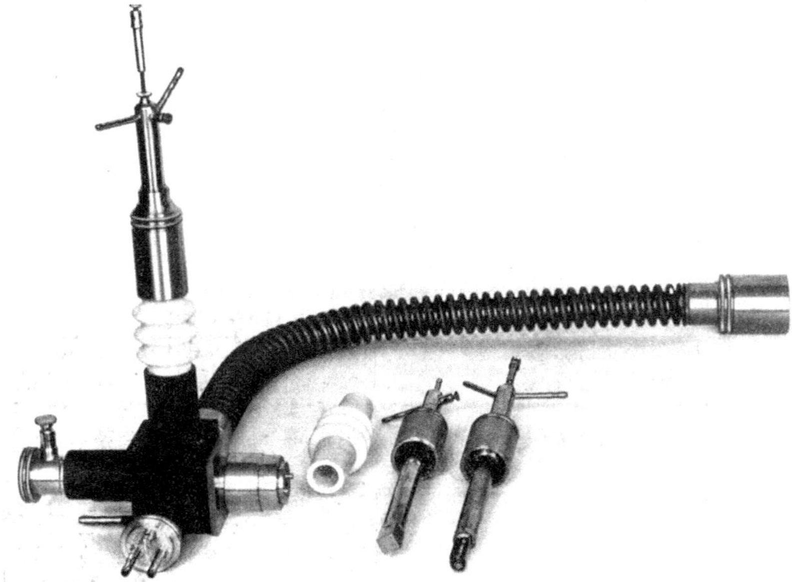

Abb. 93. Porzellan-Metall-Röntgenrohr für spektroskopische Zwecke mit vakuumdichtem Tombak-Verbindungsschlauch zur Pumpe; Schlauchnuten spiralförmig (Siegbahn 1).

Ablenkplatten in Kathodenstrahloszillographen (vgl. Abb. 94), Spannen von Kathodendrähten, Zusammenhalten von Konstruktionsteilen durch Außenfedern (vgl. Abb. 95 und 280) und zur Veränderung von Flüssigkeitsniveaus (z. B. für McLeod-Kompressionsmanometer). Tombak bildet hygroskopische Oxyde, die beim Einlassen von feuchter atmosphärischer Luft auch nach erfolgter Entgasung wieder Wasser aufsaugen, sodaß beim erneuten Evakuieren des Gefäßes durch H_2O-Abgabe des Tombaks Undichtigkeit vorgetäuscht wird.

Abb. 9. Verstellvorrichtung mit elastischen, parallel genuteten Tombakrohren für die Ablenkplatten eines Kathodenstrahloszillographen; Federkörper durch Verstellrohr mit Innengewinde verdeckt (Knoll 1).

Kupferzinn (Bronzeguß: 99% Cu, $\approx$ 1% Sn, **Phosphorbronze:** $\approx$ 84% Cu, 16% Sn, 0,2% P). Die Bronzen finden in der Hauptsache für Gußzwecke Verwendung, da die daraus hergestellten Formkörper gut vakuumdicht sind

Tabelle 53. Zusammensetzung und Eigenschaften von Gußbronze (vgl. Gehlhoff *1*).

Benennung	Zusammensetzung			Spez. Gewicht	Zugfestigkeit kg/mm²	Dehnung %	Spez. elektr. Widerstand Ω mm²/m	Verwendungszweck
	Cu	Sn	P					
Bronzeguß . .	99	<1	—	8,9	15	15	0,045	Gußteile mit guter Wärme- und elektrischer Leitfähigkeit.
Phosphorbronze	83,8	16	0,2	8,84	20	3	(≈0,015)	Harte, verschleißfeste Gußteile, Schliffteile, Buchsen.

(Kathodenstrahloszillographen, vgl. Abb. 96, Vakuumspektrographen usw.). Die Hauptschwierigkeit bei der Herstellung der Sn-haltigen Cu-Legierung besteht

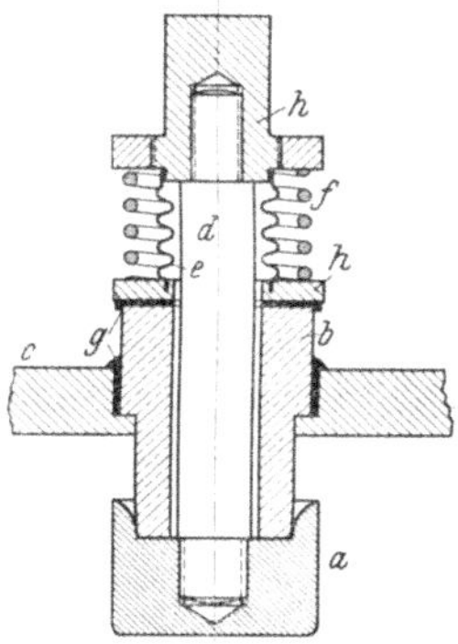

Abb. 95.

Abb. 96.

Abb. 95. Vakuumdichte Einführung der Anodenzuleitung eines Großgleichrichters. a Anodenkopf aus Graphit; b Isolierrohr aus Porzellan; c Gefäßwand aus Flußstahl; d Zuleitungsstab aus Fe; e elastisches Wellrohr aus Tombak; f Außendruckfeder aus Stahl; g Lötstelle zwischen Porzellan und Metall; h Abschlußstücke aus Fe, mit dem Tombakrohr e verlötet.

Abb. 96. Gehäuse eines Kathodenstrahloszillographen aus gegossener Phosphorbronze. Gummiringdichtung; im Inneren Filmtrommel; rechts: Vakuumprüfrohr (Knoll *1*).

in der Notwendigkeit einer Desoxydation. Infolge seiner größeren Verwandtschaft zu O_2 entzieht das Sn dem Cu den in diesem nie fehlenden O_2-Gehalt. Es bilden sich Häute aus Zinnsäure, die nicht verschlackt werden, sondern in der Schmelze suspendiert bleiben, sie dickflüssig machen und das Vergießen erschweren. Um die Sn-Säure zu reduzieren, wird der Schmelze ein Desoxydationsmittel, meist Phosphor, zugesetzt, dessen Oxyd verschlackt wird. Gleichzeitig wird durch das Phosphor eine Härtung erzielt. Wegen des niedrigen Schmelzpunktes (232^{0} C) und des hohen Dampfdruckes des Sn (vgl. Abb. 403, Anhang) ist die thermische Belastbarkeit von Bronzen im Vakuum beschränkt.

e) Legierungen unedler mit hochschmelzenden Metallen.

Sie werden in der Vakuumtechnik hauptsächlich als Einschmelzmaterial für Glasdurchführungen und als Drahtmaterial für formbeständige Elektroden verwendet. Neben echten Legierungen sind für Spezialzwecke auch reine Suspensionen des W und Mo in Cu und Ag im Gebrauch.

Eisen-Molybdän-Kobalt (70% Fe, ≈10% Mo, ≈20% Co, Handelsname: „**EMK**“).

Tabelle 54. Materialkonstanten der EMK-Legierung.

Zusammensetzung (Analysenbeispiel)	Fe 70,8 Co 19,3 Mo 9,9 C 0,02 Si 0,01 Cu 0,1	Mn, W, Ni, Cr, S } 0,0
Brinellhärte (kg/mm²)	305—320 (weich) bis 425 (bearbeitet, ungeglüht)	
Wärmeausdehnungskoeffizient, lin. (25—75° C)	$90—100 \cdot 10^{-7}$ *	
Spez. elektrischer Widerstand (Ω mm²/m)	0,33—0,37	
Temperaturkoeffizient des elektrischen Widerstandes (20—100° C)	$0,9—1,4 \cdot 10^{-3}$	

* Geglüht und langsam abgekühlt (vgl. S. 324).

Das auf dem Sinterwege hergestellte Material wird in Form von Stäben (1—10 mm ⌀) oder von Ringen (10—100 mm ⌀) für Weichglaseinschmelzungen verwendet (vgl. Abschnitt 25b, S. 334). Es ist sehr hart und infolgedessen schwer zu bearbeiten. Anschärfen und Oberflächenreinigung erfolgen am besten durch Abschleifen mittels Karborundscheiben; Bohren ist mit Hartmetallwerkzeug möglich. EMK-Stäbe zeigen manchmal feine Längsrisse, die in Einschmelzungen zu schwer erkennbaren Undichtigkeiten führen können.

Gegen Hg ist das Material weitgehend unempfindlich; es wird daher hauptsächlich bei Hg-Gleichrichtern als Zuleitung für die Anoden und das Kathodenquecksilber verwendet[1].

Nickel-Eisen-Chrom-Molybdän (60% Ni, 16% Fe, 15% Cr, 7% Mo, 2% Mn, Handelsname: „**B 7 M“-Legierung**[2]).

Tabelle 55. Materialkonstanten der B 7 M-Legierung.

Spez. Gewicht	8,4			
Schmelzpunkt (° C)	1400			
Zugfestigkeit (kg/mm²) und zugehörige Dehnung (%)	hart	138	1,5%	
	geglüht	80	27%	
Warmfestigkeit (kg/mm²)	vgl. Abb. 47			
Streckgrenze (kg/mm²)	hartgewalzt		125	
	vorgeglüht bei 1150° C		30	
	vorgeglüht bei 1250° C		22	
Kriechgrenze (kg/mm²) bei 900° C	hartgewalzt		0,4	vgl. Abb. 97
	vorgeglüht bei 1150° C		0,6	
	vorgeglüht bei 1250° C		1,0	
Wärmeausdehnungskoeffizient, lin. ($\alpha \cdot 10^7$)	130—150			
Spez. elektrischer Widerstand (Ω mm²/m)	20° C: 1,16	500° C: 1,24	900° C: 1,23	1050° C: 1,24

Die Legierung zeichnet sich durch eine hohe Kriechgrenze aus, die durch Vorglühen oberhalb der Betriebs- und Rekristallisationstemperatur noch erheblich

[1] Es eignet sich jedoch nicht zur Fixierung des Bogenansatzpunktes in Hg-Gleichrichtern, da es dabei zerstäubt; zu diesem Zweck muß es eine Mo-Spitze erhalten.

[2] Hergestellt durch Vakuumschmelzen (Heraeus-Hanau); Handelsname auch „Contrazid“.

gesteigert werden kann (vgl. Abb. 97). Daß die Werte für Zugfestigkeit oder Streckgrenze bei Zimmertemperatur über die Formbeständigkeit bei höheren Temperaturen wenig aussagen, zeigt der Vergleich der Werte für Streck- und Kriechgrenze nach verschiedener Wärmebehandlung (Tabelle 55, vgl. auch S. 8). Ebenso wie beim Hochglühen von NS-Wolfram-Drahtwendeln zur Erhöhung der Formbeständigkeit (vgl. S. 25) darf das Hochglühen von B 7 M-Draht erst in der endgültigen Form (und unter Stützung) erfolgen, da eine Kaltverformung wegen der Brüchigkeit nach dem Hochglühen nicht mehr möglich ist. Das Material findet für Heizwicklungen von Vakuumöfen und, mit dünnem Ni-Draht umwendelt, als Kerndraht für große Oxydkathoden in gasgefüllten Glühkathodengleichrichtern Verwendung.

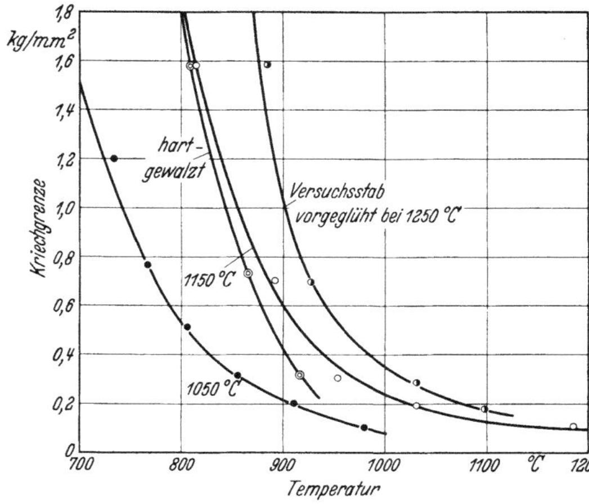

Abb. 97. Veränderung der Kriechgrenze von Stäben aus B 7 M-Legierung durch Vorglühen (Rohn *1*).

Nickel-Eisen-Molybdän (58% Ni, 22% Fe, 20% Mo, manganfrei; Handelsname: **„A-Legierung"** [1]).

Tabelle 56. Materialkonstanten der A-Legierung.

Spez. Gewicht	8,8			
Schmelzpunkt (° C)	1300—1330			
Zugfestigkeit (kg/mm²) und zugehörige Dehnung (%) *	hart geglüht bei 1100° C		bis 155 77—84	4% 30—48%
Streckgrenze (kg/mm²)	hart geglüht		bis 80 33—36	
Brinellhärte (kg/mm²)	hart geglüht		bis 423 207	
Warmfestigkeit (kg/mm²)	800° C 42	900° C 28	1000° C 16	vgl. Abb. 47
Kriechbelastung für 1% Dehnung pro Jahr (kg/mm²)	1,055 (900° C)			
Wärmeausdehnungskoeffizient, lin. ($\alpha \cdot 10^7$)	107 (0—100° C)			
Wärmeleitfähigkeit (cal/cm sec Grad)	0,04			
Spez. elektrischer Widerstand bei 24° C (Ω mm²/m)	1,1			

* Vgl. auch Abb. 31, S. 33.

Das Material wird von HCl nicht, schwer von H_2SO_4, jedoch leicht von HNO_3 gelöst. Nach Weichglühen (1100—1150° C) läßt es sich gut biegen,

[1] Hergestellt auf metallkeramischem Wege (Deutsche Glühfaden-Fabrik) oder auf dem Schmelzwege („Hastelloy A", mit 2% Mn, Haynes Stellite Co).

wickeln und zu Geweben verarbeiten. Die mechanischen Eigenschaften der Legierung kommen dem Mo sehr nahe (Abb. 31); ihre Warmfestigkeit und Formbeständigkeit wird nur von den hochschmelzenden Metallen W und Mo übertroffen. Aus diesem Grunde und wegen des geringeren Preises verwendet man A-Draht häufig an Stelle von Mo für Wickel- und Geflechtgitter in Rundfunkröhren (besonders in Vielgitterröhren), die mit Rücksicht auf geringe Durchgriffsstreuung bei Massenfabrikation große Formbeständigkeit haben sollen (vgl. Holladay *1*). Da die Legierung von heißem Erdalkalioxyd im Gegensatz zu W oder Mo nur wenig angegriffen wird, wird sie auch für nickelbewendelte Kerndrähte größerer Oxydkathoden in Glühkathodengleichrichtern benützt.

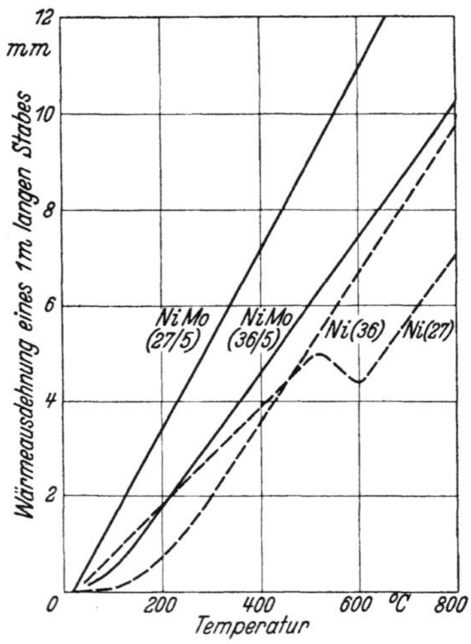

Abb. 98. Wärmeausdehnung von Fe-Legierungen mit Ni und mit Ni + Mo; Unterdrückung der Ausdehnungsanomalien durch den Mo-Zusatz (Hiemenz *1*).

Das Material ist mit blanker oder bekohlter Oberfläche in Drahtstärken von 0,05—3 mm ∅, als Gewebeband (vgl. S. 149) und als Blech handelsüblich.

Eisen-Nickel mit geringem Molybdänzusatz (70% Fe, 25% Ni, 5% Mo). Die Legierung wird für Bimetallkonstruktionen in thermischen Auslösern verwendet, wobei die nach verschiedener thermischer Vorbehandlung auftretenden Unterschiede der Wärmeausdehnung eine erhebliche Rolle spielen. Für die gewöhnlich benutzte Kombination von Invar mit einer 75/25 Fe-Ni-Legierung sind die bei 500 bzw. 150° C auftretenden Anomalien der Wärmeausdehnung unerwünscht. Durch den Mo-Zusatz werden sie unterdrückt und die Ausdehnung erheblich gesteigert (vgl. Abb. 98).

Technische Anwendungen der Bimetallkombination 64/36 Fe-Ni gegen 70/25/5 Fe-Ni-Mo sind: Thermische Relaisschutzeinrichtungen für Glühkathoden in gasgefüllten Stromtoren; Kontaktzündvorrichtungen in Lichtbogenentladungsgefäßen (ähnlich Abb. 70); Vakuumthermoschalter; Gaseinlaßventile (vgl. Abb. 259).

Nickel-Eisen-Wolfram (50% Ni, 40% Fe, 10% W). Die Legierung findet für starre Zuleitungsdrähte (zur Verringerung von Verbiegungen der Röhrenteile in empfindlichen Verstärkerröhren) Verwendung und besitzt gute Warmfestigkeit. Die Formbeständigkeit (Kriechgrenze) läßt sich durch Vorglühen erhöhen (vgl. S. 97).

Wolfram-Nickel-Kobalt (74—84% W, 12—22% Ni, ≈5% Co, sog. „Wonico"-Legierung[1]). Das Material ist als Einschmelzmaterial für natriumfestes Alumoborosilikatglas (Ausdehnungskoeffizient $55 \cdot 10^{-7}$) entwickelt und wird z. B. bei Natriumdampflampen benutzt (Pirani *4*). Über Materialkonstanten ist bisher wenig bekannt geworden (vgl. S. 330, Tabelle 118). Die Analyse eines für Einschmelzzwecke geeigneten Materials (Draht von etwa 1 mm ∅) ergab nachstehende Zusammensetzung (Tabelle 57).

Wolfram-Kupfer (Zusammensetzung wechselnd nach Verwendungszweck). Das Material ist keine echte Legierung, sondern je nach dem Herstellungsgang

[1] Hergestellt durch die Osram K. G.

eine Suspension des W in geschmolzenem Cu oder ein mit Cu gefüllter lockerer W-Sinterkörper. Cu und W werden entweder als fein verteiltes Pulver miteinander gemischt, vorgepreßt und in geeigneter Form bei Temperaturen oberhalb der Schmelztemperatur des Cu in Wasserstoffatmosphäre erhitzt; oder es wird loses bzw. mehr oder weniger zusammengepreßtes W-Pulver (letzteres vielfach bei $\approx$ 1800—1900° C vorgesintert) im Hochvakuum nach guter Entgasung bei 1800° C aus einem Graphitbehälter mit Cu übergossen, das vom W-Pulver oder dem porösen Sinterkörper begierig aufgesaugt wird und seine Poren vollkommen ausfüllt[1].

Tabelle 57. Analyse von W-Ni-Co für Glaseinschmelzungen.

Element	%
W	80,00
Ni	13,62
Co	4,70
Fe	1,26
Si	0,45

W-Cu kann durch Abdrehen mit Hartmetallwerkzeugen aus Titanit oder Widia bearbeitet werden. Es findet als Hartlot[2] für hochschmelzende Konstruktionsteile (vgl. S. 144), ferner für hoch belastete Vakuumkontakte und für Elektroden beim Punktschweißen (10—50% Cu) Verwendung, da es die gute Wärmeleitfähigkeit des Cu mit der mechanischen Festigkeit des W vereinigt (AEG *3*). Ferner wird es für Röntgen- und Elektronenstrahlen-Schutzkappen auf Antikathoden verwendet (vgl. Abb. 85 und 99 und Hausser *1*). Das Absorptionsvermögen für Röntgenstrahlen eines Materials mit dem spezifischen Gewicht von 13,5 und einer Dicke von 13 mm entspricht bei 400 KV-Röntgenstrahlung einer Bleidicke von 10 mm (Ungelenk *2*).

Abb. 99. Schutzkappe aus W-Cu für Antikathoden in Röntgenröhren (Hersteller: Siemens-Röhren-Werk); vgl. auch Abb. 85 und 86.

Wolfram-Blei wird als Außenstrahlenschutz von Röntgenröhren verwendet, da die gemeinsame Absorptionskurve über ein größeres Wellenband gleichmäßigere Absorption aufweist, als jedes der Materialien für sich allein; ferner wird es als Verstärkerfolie bei Röntgenaufnahmen verwendet (Kontaktverstärkung durch Erzeugung von sekundären Röntgenstrahlen).

7. Quecksilber.

(Krais *1*, Tafel *1*, Ullmann *1*, Woytacek *1*.)

Gewinnung. Das Ausgangserz ist Zinnober, Hg S (Spanien, Karst, Kalifornien). Das reine Metall wird daraus meist auf trockenem Wege durch Erhitzen an Luft ($HgS + O_2 = Hg + SO_2$, Reaktionstemperatur $\approx$ 500° C) gewonnen, wobei das Hg verdampft und in Kondensationskammern niedergeschlagen wird. Das so erhaltene Hg kommt in eisernen Flaschen (normal mit 34,5 kg Hg Inhalt) oder nach einer Vorreinigung als „chemisch reines" Hg abgefüllt in kleinen Tonflaschen (6 kg Hg) in den Handel und enthält noch in geringen Mengen Pb, Bi, Zn, Sn und andere Metalle[3].

[1] Der Cu-Gehalt richtet sich nach der Porosität und läßt sich daher durch den Preßdruck und die Vorsintertemperatur einstellen.

[2] Neben Cu-W werden auch Ag-W- und Cu-Mo-Mischlote angewendet.

[3] Größere metallische Verunreinigungen sind dadurch erkennbar, daß das Hg an Papier oder einer glatten Porzellanoberfläche einen als dunklen Streifen sichtbaren „Schweif" hinterläßt.

Tabelle 58. Materialkonstanten von Quecksilber.

		20° C	100° C	200° C	300°	360° C
Spez. Gewicht		13,55	13,35	13,15	12,88	12,74
Schmelzpunkt (° C)	—38,89					
Siedepunkt (° C) bei 760 Tor	356,7					
Verdampfungswärme (cal/g)		78	72 **			
Dampfdruck (Tor) *		$1{,}3\cdot10^{-3}$	$3\cdot10^{-1}$	17	246	803
Spezifische Wärme (cal/g Grad)		0,0335			0,032	
Cub. Wärmeausdehnungskoffizient ($3\,\alpha\cdot10^7$)		1820	1826	1841	1863	
Wärmeleitfähigkeit (cal/cm sec Grad)		0,027	0,035			
Spez. elektrischer Widerstand (Ω mm²/m)		0,958	1,03	1,14	1,28	
Temperaturkoeffizienten des elektr. Widerstandes (0—300° C)		$\alpha = 0{,}9098\cdot10^{-3}$; $\beta = 0{,}811\cdot10^{-6}$				

* Bei der Temperatur der flüssigen Luft (etwa — 180° C) : $2\cdot10^{-27}$ Tor. Vgl. ferner Abb. 403, Anhang.

** Bei 142° C.

Reinigung. Für vakuumtechnische Zwecke muß das aus der Hütte bezogene Hg sorgfältig gereinigt werden. In der Literatur finden sich eine große Anzahl von Reinigungsverfahren (Angerer *1*, Kohlrausch *1*, Götz *1*), ein zweckmäßiges Reinigungsschema gibt Tabelle 59. Die günstigste Destillationstemperatur liegt bei 180—200° C; bei höheren Temperaturen wächst zwar die Destillationsgeschwindigkeit (vgl. Abb. 100), es besteht jedoch die Gefahr des Überdestillierens bzw. Mitreißens metallischer

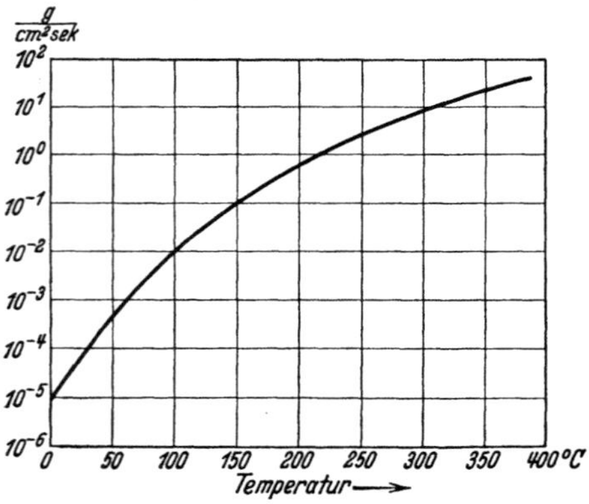

Abb. 100. Verdampfungs- bzw. Kondensationsmengen von gesättigtem Hg-Dampf zwischen 0 und 400° C.

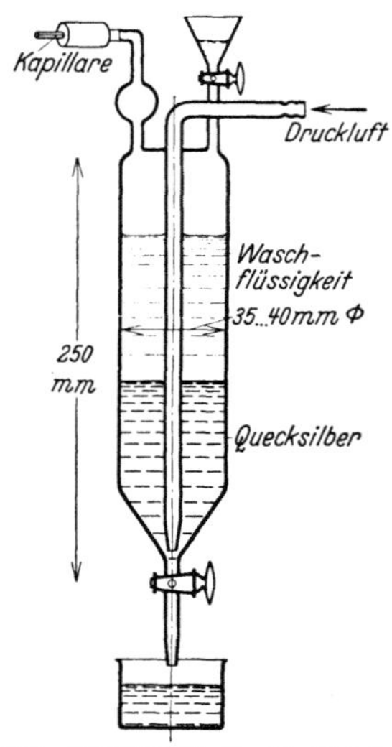

Abb. 101. Waschgefäß für Hg-Reinigung.

Verunreinigungen. Waschflaschen (vgl. Abb. 101) und Destillationsapparate (vgl. Abb. 102) sind von Zeit zu Zeit mit heißer (40—50° C) Chromschwefelsäure zu reinigen, die Kapillare des Destillationsapparates mit 20%iger gealterter Flußsäure[1]. Durch Weglassen oder mehrfaches Hintereinanderschalten von Reinigungsstufen läßt sich der Prozeß den jeweils vorhandenen Verunreinigungen

[1] Erhalten durch Lösen von Glasstücken in frischer Flußsäure.

anpassen. Bei Anwesenheit von Schwefelwasserstoff- und Phosphorwasserstoffdämpfen besteht Verunreinigungsgefahr, weshalb die Reinigung nach Möglichkeit nicht in allgemeinen chemischen Laboratoriumsräumen durchgeführt werden soll.

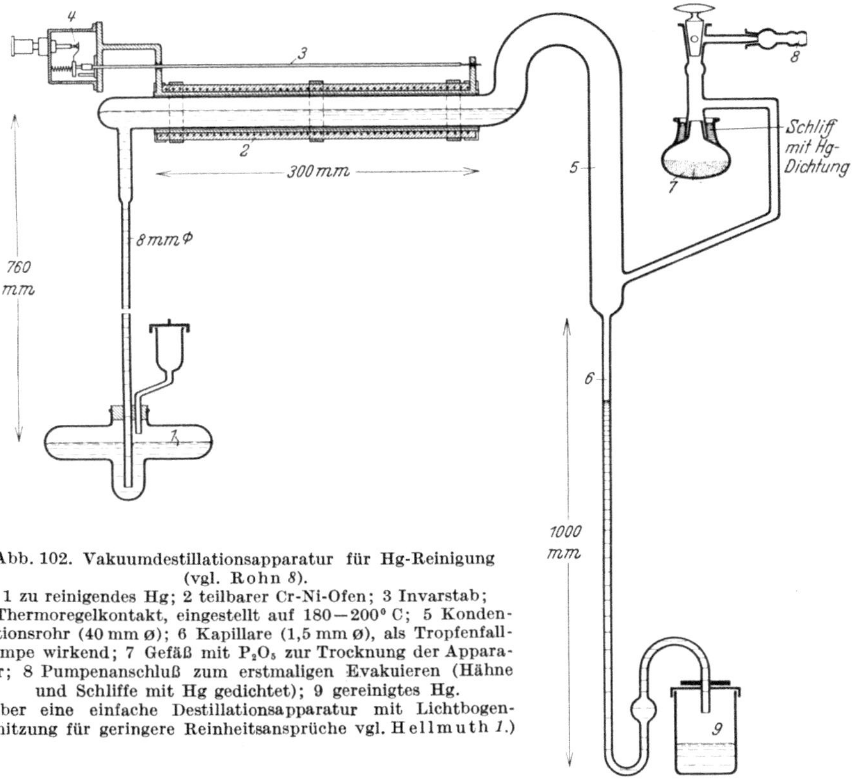

Abb. 102. Vakuumdestillationsapparatur für Hg-Reinigung (vgl. Rohn *8*).
1 zu reinigendes Hg; 2 teilbarer Cr-Ni-Ofen; 3 Invarstab; 4 Thermoregelkontakt, eingestellt auf 180—200° C; 5 Kondensationsrohr (40 mm ⌀); 6 Kapillare (1,5 mm ⌀), als Tropfenfallpumpe wirkend; 7 Gefäß mit P_2O_5 zur Trocknung der Apparatur; 8 Pumpenanschluß zum erstmaligen Evakuieren (Hähne und Schliffe mit Hg gedichtet); 9 gereinigtes Hg.
(Über eine einfache Destillationsapparatur mit Lichtbogenerhitzung für geringere Reinheitsansprüche vgl. Hellmuth *1*.)

Tabelle 59. Reinigungsschema für Hg.

Nr.	Arbeitsvorgang	Gerät	Zu beseitigende Verunreinigungen
1	Grobfiltration durch Wildleder . . .	Trichter*	Grobe Verunreinigungen (Staub, Graphit)
2	Durchblasen von Luft		Pb, Cu (teilweise)
3	Waschen mit Benzin		Öle und Fette
3a	„ „ Kalilauge		Öle und Fette
4	„ „ Alkohol		Öle und Fette
4a	„ „ Kaliumpermanganat-Lösung	Waschflaschen nach Abb. 101	Organische Beimengungen
5	„ „ 10%iger HNO_3 . . .		Zn, Alkali
6	„ „ 80%iger H_2SO_4 . . .		Pb
7	„ „ H_2O (dest.)		Säurereste
8	Trocknen	Drei Trichter**	H_2O
9	Vakuumdestillation bei 180° C . . .	Destillationsapparat nach Abb. 102	Sn, Edelmetalle

* Mit etwa 1 m langem, engen Hals, unten verschlossen mit Wildleder (Glaswulst zum Festbinden des Leders!).
** Mit fein durchlöchertem Fließpapier, ausgelegt mit kleinen Stückchen Fließpapier (statt dessen auch Behandlung mit Warmluft).

Physikalische Eigenschaften vgl. Tabelle 58.

Chemische Eigenschaften. Sie kommen denen der Edelmetalle nahe. Nicht angegriffen wird Hg bei Zimmertemperatur von trockener Luft bzw. von O_2; erst in der Nähe des Siedepunktes (350° C) findet Reaktion statt. In verdünnter HCl, Hf, H_2SO_4, Essigsäure und Ammoniaklösung ist Hg unlöslich, löslich dagegen in konzentrierter HCl, konzentrierter H_2SO_4, in konzentrierter und verdünnter HNO_3 und in Königswasser.

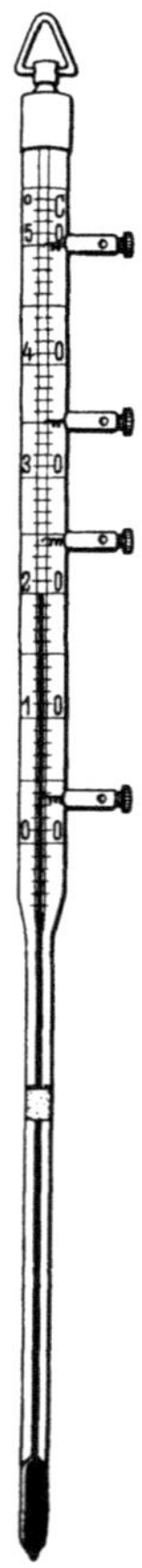

Abb. 103. Kontaktthermometer mit Hg-Füllung zur Ofenregulierung und elektrischen Fernanzeige (Hersteller: Ilmenauer Glas-Instr.-Fabrik Zuckschwerdt).

Die meisten Metalle werden von Hg unter Bildung von Amalgamen gelöst; besonders Zn, Sn, Pb, Cd, Ag, Mg, reines Cu, Al und Pt sowie sämtliche Alkali- und Erdalkalimetalle, weniger Ni. Mit Na und Ka findet die Amalgambildung unter starker Wärmeentwicklung statt, die bei Anwesenheit von O_2 zu Entzündungen führen kann (Ansetzen in wassergekühlten Quarzkolben unter Ar-Schutzatmosphäre). Fe, W und Graphit werden von Hg praktisch nicht angegriffen. Über Anwendung der Amalgame bei Kathoden vgl. S. 255 und 305.

Hygienische Maßnahmen bei der Verarbeitung. Wird Hg vom menschlichen Körper aufgenommen, so treten Vergiftungserscheinungen auf [1]. Die Resorption von flüssigem Hg durch den Magen-Darm-Kanal ist gering (Bildung von Kalomel) und daher relativ harmlos, sehr gefährlich dagegen das Einatmen von Hg-Dämpfen. Freie Hg-Oberflächen sind also in Arbeitsräumen möglichst völlig zu vermeiden, mit Paraffinöl oder Jodkohle (Stock *1*) zu überschichten (z. B. bei Schliffdichtungen) oder ihr Verdampfen möglichst einzuschränken (geschlossene McLeod-Gefäße!). Grundsätzlich sind alle Arbeiten mit Hg auf Holztischen mit am Rande eingelassenen Schutzrillen auszuführen und Glasgefäße mit größerem Hg-Gehalt mit Hg-dichten Schutzgefäßen zu umgeben. Für häufige Arbeiten mit Hg (z. B. Reinigen) sind gesonderte Räume gesetzlich vorgeschrieben; der Fußboden muß fugenlos ausgeführt sein (z. B. Linoleumbelag). Vorbeugende Maßnahmen gegen Hg-Vergiftung sind: gute Lüftung der Fabrikräume [2], kräftige Ernährung (bevorzugt Milch), Vermeidung der Nahrungsaufnahme in den Arbeitsräumen, peinliche allgemeine Sauberkeit (Hände waschen, Zähne reinigen). Ist das Arbeiten in Hg-Dampfatmosphäre nicht zu umgehen (Reinigen gebrauchter Großgleichrichter, längerer Aufenthalt im Hg-Reinigungsraum), so sind Schutzmasken [3] anzulegen (vgl. Abb. 164).

Technische Anwendungen. Dichtungsmittel für Glasschliffe und vakuumdichte Metallverbindungen (vgl. S. 320), für Gasabsperrventile (vgl. S. 248). Thermometer, normalerweise benützbar bis zum Siedepunkt des Hg im luft-

[1] Erhöhter Speichelfluß, Gedächtnisschwäche, allgemeine Ermüdung, Zahnfleischanschwellung, Zahnausfall, Nieren- und Lebererkrankungen.

[2] Für dauernden Aufenthalt liegt die Schädigungsgrenze bei etwa 10^{-6} g Hg pro cbm Luft. Über Messung des Hg-Gehaltes von Arbeitsräumen durch Kondensieren in mit flüssiger Luft gekühlter Vorlage und Lösen in Chlorwasser vgl. Stock *2*.

[3] Mit einem Filter aus Aktivkohle, die mit 5% Jod beladen ist (vgl. Stock *1*).

leeren Raum (≈ 200° C); Einfüllen und Abschmelzen unter Vakuum; für höhere Temperaturen (bis ≈ 600° C) zur Verhinderung des Siedens N_2-Füllung (bis 40 Atm.); über Herstellung vgl. Woytacek *1*. Kontaktthermometer für Fernanzeige vgl. Abb. 103. Barometer zur Messung von Drucken zwischen 760 und 1 Tor, für niedere Drucke meist in der Form des verkürzten Barometers (vgl. Woytacek *1*). Manometer (nach McLeod) zum Messen von Drucken zwischen 1 und 10^{-6} Tor, vgl. Götz *1*, Dushman *2*; Dimensionierung vgl. Knoll *2*. Hochvakuumdampfstrahl- (bzw. Diffusions-) Pumpen, vgl. Dushman *2*, Gaede *1*; das insbesondere bei Glaspumpen auftretende Stoßen durch Siedeverzug kann durch Zusatz von Zn beseitigt werden. Schaltröhren: Kippschalter vgl.

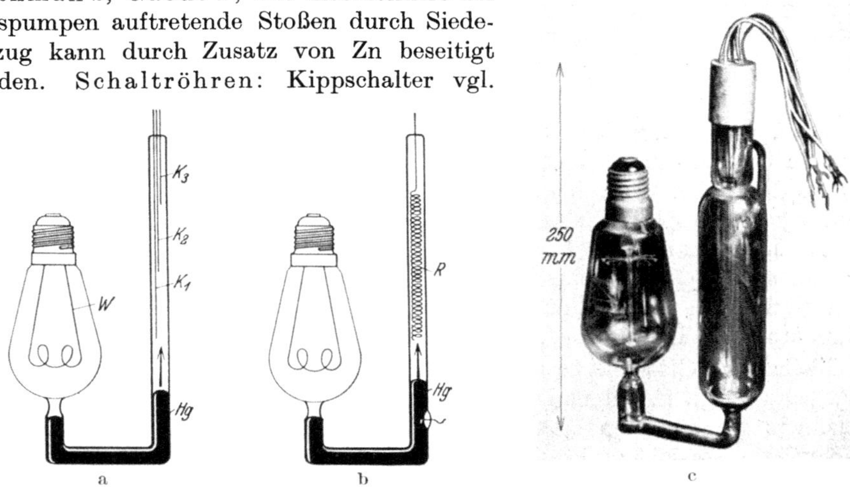

Abb. 104. Gasausdehnungslampe nach Hellmuth *2*. Schaltflüssigkeit Hg, Heizdraht W. a zum Schließen mehrerer Kontakte K_1, K_2, K_3; b zum allmählichen Kurzschließen eines Widerstandes R; c technische Ausführung (Hersteller: Deutsche Telefonwerke).

Abb. 212 und 217. Gasthermoschalter (sog. Ausdehnungslampe) vgl. Abb. 104. Leuchtröhren mit Hg-Kathode: Quarzlampe vgl. Abb. 210; Füllung durch Destillation. Stromrichter mit Hg-Kathode (vgl. Güntherschulze *1*, Prince *1*); das verwendete Hg muß besonders rein sein und darf keinerlei organische Substanzen enthalten (Rückzündungsgefahr!); bei Glasgefäßen erfolgt die Füllung zweckmäßig durch Destillation.

Über Einzelheiten von flüssigen Hg-Kathoden: Zündvorrichtungen, Zuleitungen, Kathodenfleckfixierung, Zusätze usw. vgl. Abschnitt 23c, S. 304, über Eigenschaften und Anwendungen von Hg-Dampf Abschnitt 20d, S. 254.

8. Alkali- und Erdalkalimetalle.

Tabelle 60. Materialkonstanten von Alkali- und Erdalkalimetallen*.

	Na**	K	Cs	Li	Rb	Mg	Ba	Sr	Ca
Spezifisches Gewicht . . .	0,97	0,86	1,87	0,534	1,52	1,74	3,6	2,60	1,55
Schmelzpunkt (° C)	98	63	27	180	39	650	704 †	771 †	849 †
Dampfdruck .	vgl. Abb. 403, Anhang								

(Fortsetzung der Tabelle und Fußnoten siehe nächste Seite.)

Tabelle 60. (Fortsetzung.)

Azid (Formel)	NaN_3	KN_3	CsN_3		RbN_3		BaN_6	SrN_6	CaN_6
Zersetzungstemperatur des Azides (°C).	275	355	390	—	395	—	120	110	100

* Über Materialkonstanten von Be vgl. S. 79.
** Über Materialkonstanten von Na-Dampf vgl. Tabelle 94, S. 231.
† Nach Hoffmann *1*. Die Erdalkalimetalle sind häufig durch Nitride verunreinigt; in diesem Falle besitzen Ba und Ca einen um etwa 30° C, Sr einen um etwa 15° C niedrigeren Schmelzpunkt als in Tabelle 60 angegeben.

a) Allgemeines.

Die Verarbeitung der Alkali- und Erdalkalimetalle erfordert wegen ihrer leichten Oxydierbarkeit und Entzündbarkeit besondere Vorsichtsmaßnahmen. Sie werden daher vielfach im Vakuum destilliert oder im Vakuum aus Verbindungen hergestellt. Kann die Herstellung nicht während des Pumpprozesses in der Entladungsröhre bzw. in angeschlossenen Hilfsgefäßen erfolgen, so müssen sie in einem besonderen Arbeitsgang unter Vakuum erzeugt und bis zum Einbringen in die Vakuumröhre gegen Luftsauerstoff geschützt werden (Glasampullen, Metallrohre, Paraffinüberzug).

Bleihaltiges Glas wird besonders in heißem Zustande von Alkalimetallen stark angegriffen (vgl. S. 174 und S. 291). Bei allen Arbeiten mit Alkalimetallen, besonders bei größeren Mengen, ist wegen der leichten Entzündbarkeit an Luft größte Vorsicht zu beachten (Schutzbrillen!). Zum Löschen entzündeten Metalls sind stets größere Sandkästen bereitzuhalten (nicht mit Wasser löschen!). Das Waschen darf wegen Explosionsgefahr niemals in Tetrachlorkohlenstoff oder Trichloräthylen, sondern nur in reinstem Petroläther vorgenommen werden (vgl. Abschnitt 10d, S. 153).

b) Kalium und Natrium.

Die handelsüblichen Metalle werden durch Schmelzflußelektrolyse ihrer Hydroxyde gewonnen und in Form zentimetergroßer Stücke unter Petroleum aufbewahrt. Bei der Verarbeitung für Vakuumzwecke folgt nach Abschneiden geeigneter Mengen unter Petroleum, schnellem Waschen in zweimal gewechseltem Benzol und Abtrocknen zwischen Filtrierpapier eine Reinigung, besonders von H_2 und Kohlenwasserstoffen, durch (häufig mehrfache) Destillation (vgl. Wiedemann *1*, Angerer *1*). Das Einbringen in die Vakuumröhre kann durch direktes Eindestillieren (Abb. 105) oder in kleinen Glasampullen erfolgen[1]. Das Füllen der Ampullen erfolgt derart, daß das Metall unter Vakuum in einen Raum (C in Abb. 106) destilliert wird, in dem sich, mit der Öffnung nach unten, einige einseitig geschlossene Glaskapillaren oder durch Verengungen in einzelne zusammenhängende Ampullen unterteilte Glasröhren befinden. Nach erfolgter

[1] Da die Alkalimetalle sich in flüssigem Ammoniak lösen, kann man sie auch in diesem Zustand in das Rohr (z. B. Photozelle) einbringen, den Ammoniak unter Vakuum verdampfen und nach erfolgter Evakuierung des Gefäßes das Alkalimetall auf die gewünschte Elektrode überdestillieren (vgl. Patin *1*).

Destillation wird das flüssige Metall durch Einlassen von Argon in die Apparatur in die Glasröhren gedrückt und kann in diesen (am besten mit Paraffinstopfenverschluß) beliebig lange an Luft aufbewahrt werden. Zum Einbringen in die Röhre wird eine entsprechende Länge der Vorratsglasröhre abgeschnitten und nach dem Evakuieren das Metall durch Erhitzen ausgetrieben.

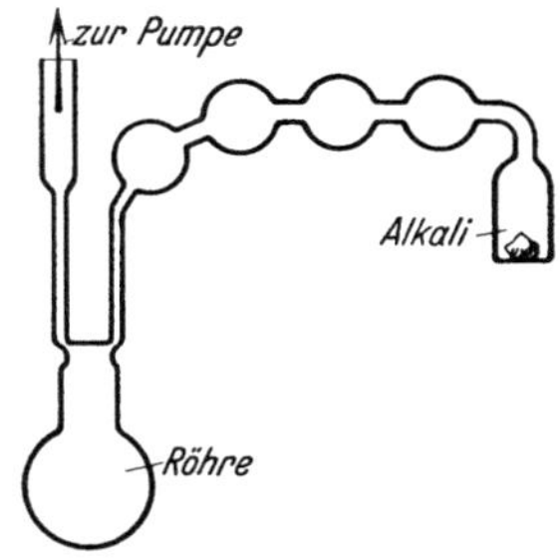

Abb. 105. Anordnung zum direkten Eindestillieren von Alkalimetall in Vakuumröhren; Zwischendestillationsräume zur besseren Reinigung.

Über das Einbringen von K oder N in Vakuumröhren durch Glaselektrolyse vgl. Abschnitt 22b, S. 292; über Herstellung kleiner Mengen von K aus KCl mittels Ba vgl. de Boer *6*; über die Erzeugung von Na nach dem Azidverfahren (Zersetzungstemperatur 275° C) vgl. S. 107; über die Herstellung von K durch Reaktion von 1 Teil K_2CrO_4 mit 4 Teilen Zr bei 800° C vgl. de Boer *7*.

In mit K- bzw. Na-Dampf gefüllten Entladungsröhren verwendet man vorzugsweise W, Mo und Fe-Elektroden; bei letzteren sind Oxydschichten sorgfältig zu vermeiden (Vergiftung von kalten K-Kathoden auf Fe-Unterlage durch Bildung von schwarzem K-Oxyd aus Fe_2O_3 und K). Cu ist als Elektrodenmetall nicht brauchbar, Ni wird durch Einwandern des Alkalimetalls längs der Korngrenzen brüchig und ist daher nur in relativ dicker Wandstärke zu verwenden. Mit Al legieren die Alkalimetalle;

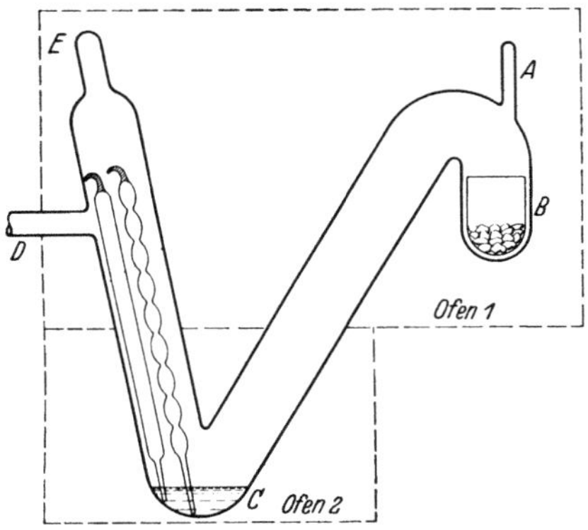

Abb. 106.

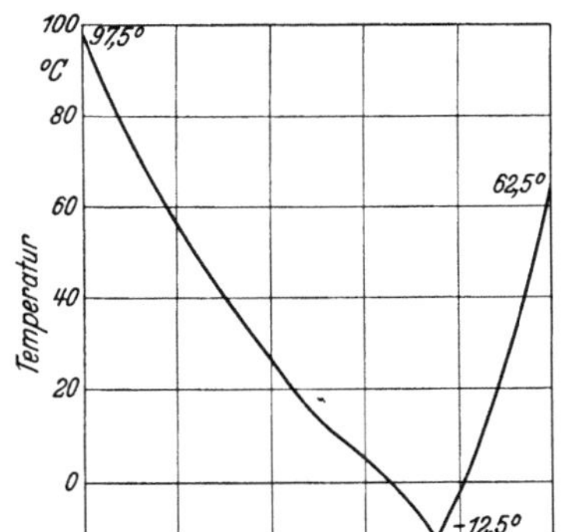

Abb. 107.

Abb. 106. Destillations- und Ampullenfüllapparatur für Alkalimetalle (F. Schröter *1*). Das durch A eingebrachte, ungereinigte Metall B wird nach Evakuierung (über D) durch Erhitzen des Ofens 1 nach C destilliert, durch den Ofen 2 geschmolzen und durch Einlassen von Argon (über D) in die evakuierten, mit ihrer Öffnung nach unten stehenden Glasröhrchen gedrückt; nach Erkalten Entnahme der Glasröhren durch den Stutzen E.

Abb. 107. Schmelzpunktdiagramm von K-Na-Legierungen.

über die technische Verwendung solcher Legierungen vgl. S. & H. *5* und Abschnitt 23b. Auch K-Na-Legierungen[1] finden in der Vakuumtechnik Verwendung (Schmelzpunktdiagramm vgl. Abb. 107), ferner K- und Na-Amalgame (Erstarrungskurve vgl. Abb. 331, S. 305, Herstellung S. 255). Eine Legierung

[1] Solche Legierungen werden z. B. durch Schmelzen von Na unter Paraffinöl und langsamer Zugabe von festem K hergestellt.

von 14% K mit Hg schmilzt bei 200° C und entzündet sich nicht an Luft und bei Berührung mit H_2O (verwendet für Kathoden in Überspannungsableitern, vgl. F. Schröter *3*).

Technische Anwendungen. Kathoden in lichtelektrischen Zellen, Abschnitt 22; Dampffüllung in Na-Lampen, Abschnitt 20d; Kathoden in Edelgasreinigungszellen nach Gehlhoff-Schröter, Abschnitt 20b; Elektroden in Überspannungsableitern (vgl. F. Schröter *3*); Amalgame für flüssige Kathoden in gasgefüllten Gleichrichtern (Argonalgleichrichtern).

c) Barium und Strontium [1].

Das reinste im Handel erhältliche Rohbarium enthält 97,7% Ba, Rest Mg, Zn, Si, Ca und C sowie Spuren von Cu, Al und Fe. Die weitere Reinigung muß durch mehrfache Destillation im Hochfrequenzofen bei einer Sublimationstemperatur von etwa 900° C erfolgen.

Ein reineres als das handelsübliche Ba läßt sich auf aluminothermischem Wege [2] herstellen. Zu diesem Zweck wird zerkleinertes BaO im Hochvakuumofen bei etwa 800° C vom H_2O-Dampf befreit, mit grobem, in Äther gewaschenem Al-Feilpulver im Verhältnis 10:1 gemischt und in einer Form zu einem Brikett zusammengepreßt. Dieses wird in einem Quarzrohr mit Fe-Einsatz im Hochvakuum mittels Hochfrequenz zunächst bei 800° C sorgfältig entgast. Nach Steigerung der Temperatur auf etwa 1050° C erfolgt eine exotherme Thermitreaktion: $3\,BaO + 2\,Al = Al_2O_3 + 3\,Ba$. Das entstandene Ba wird bei 1100 bis 1200° C aus dem Reaktionsprodukt gegen eine Kühlfläche abdestilliert. Die Herausnahme des Ba-Kondensats muß unter Edelgas, z. B. Argon, erfolgen, da kolloidales Ba sogar mit N_2 rasch reagiert. Anschließend erfolgt in einem besonderen Ofen eine weitere Reinigung durch Destillation und gleichzeitig ein Einschmelzen zu kompakten Stücken.

Für Verwendung in Vakuumröhren wird das kompakte reine Ba-Metall entweder unter Paraffin in kleine Pillen gepreßt oder es werden auf ähnliche Weise wie bei Na (vgl. Abb. 106) einseitig geschlossene, nahtlose Ni-Röhren [3] durch Einlassen von Ar in die Schmelzapparatur mit flüssigem Ba gefüllt. Bei einem anderen Herstellungsverfahren wird ein dickwandiges Cu-Rohr größeren Durchmessers mit metallischem Ba gefüllt und das Ganze mechanisch auf kleinere Durchmesser (etwa 2 mm) ausgezogen. Die Dosierung des Ba für die Vakuumröhre erfolgt durch Abkneifen entsprechend langer Stücke derartiger Nickelmantel- („Niba"-) oder Kupfermantel- („Cuba"-) Drähte mit einer stumpfen Zange [4]. Diese Drahtstückchen werden je nach ihrem Verwendungszweck als Getter oder als Dampfquelle für Destillationskathoden an geeigneter Stelle in der Röhre montiert. Durch Hochfrequenzerhitzung ihrer Unterlage bzw. Umhüllung wird dann beim Pumpprozeß das Ba in Dampfform aus dem Schutzröhrchen ausgetrieben. Wegen der Gefahr der Cu-Verdampfung wird für

---

[1] Für Sr gelten ohne wesentliche Unterschiede dieselben Angaben wie für Ba.

[2] Allgemeines über aluminothermische Darstellungsmethoden bei Goldschmidt *1*.

[3] Von etwa 2 mm Durchmesser; zur Erreichung größerer Längen werden die Röhren in Spiralen gewickelt in den Füllofen eingebracht.

[4] Die Drahtenden werden dabei von selbst verschlossen und so das Ba vor Luftsauerstoff geschützt.

Destillationskathoden besser Nickelmanteldraht benützt, während zur Getterung unbedenklich Kupfermanteldraht verwendet werden kann.

Die Erzeugung kleiner Mengen von reinem Ba kann auch innerhalb der Entladungsröhre selbst nach dem Thermitverfahren erfolgen (vgl. Marden *1*, H. S. Cooper *1*). Zu diesem Zweck mischt man feingepulvertes Al[1] innig mit feingepulvertem Erdalkalioxyd entsprechend den stöchiometrischen Verhältnissen der oben angegebenen Reaktionsgleichung [2] und preßt die Mischung in kleine, einseitig offene Tröge aus Ni-Blech oder zu kleinen Tabletten, die an den Anoden bzw. an besonderen Haltern befestigt werden können (vgl. Abb. 337 und 366). Wegen der Empfindlichkeit des BaO gegen Wasserdampf werden die freien Oberflächen des Briketts durch einen Überzug aus Paraffin (DAB 6, Schmelzpunkt etwa 70° C) geschützt. Beim Evakuieren des Rohres wird durch die übliche Entgasungserhitzung auf 400° C mittels Außenofens das Paraffin aus der Röhre entfernt und dann das „Thermitgemisch" durch Erhitzung seiner Unterlage mittels Hochfrequenz, Elektronenbombardement oder einer Innenheizspirale so hoch erhitzt, daß die Reaktion eintritt (etwa 1000° C). Da hierbei erhebliche Wärmemengen freiwerden, verläuft von da an die Reaktion ohne zusätzliche Erhitzung von selbst (rasches Durchglühen der Pille). Nach beendeter Reaktion wird das Ba durch weiteres Erhitzen des Pillenträgers herausgedampft und auf die Kathode bzw. ihre Umgebung niedergeschlagen. Gegenüber der Verwendung von reinem Ba (z. B. Niba-Draht) besitzt das Thermitverfahren infolge der hohen Reaktionstemperatur den Vorteil, daß man alle Metallteile der Röhre durch Glühen bis auf 900° C gut entgasen kann, bevor das Ba frei wird.

Ein anderer, heute teilweise verlassener Weg der Ba-Herstellung ist das sog. Azidverfahren [3]. Hierbei wird Ba-Azid (BaN_6) in Wasser gelöst (max. 16% BaN_6) und (wegen der Entzündungsgefahr des festen Azids) zweckmäßig bis zur Verwendung in dieser Form aufbewahrt. Für das Einbringen in die Vakuumröhre wird die wässerige Lösung mit Alkohol versetzt, wobei das BaN_6 (wegen seiner geringen Löslichkeit in Alkohol) in feiner Verteilung ausfällt. Nach nochmaligem Waschen in Alkohol wird das feuchte Azidpulver auf die zu bedeckende Elektrode oder eine Hilfselektrode, von der es abdestilliert werden soll (z. B. auf die Innenfläche einer Anode, die durch Aufschweißen eines Drahtnetzes „aufgerauht" ist), aufgestrichen. Bei Erhitzung der Vakuumröhre an der Pumpe mittels Außenofens zerfällt das Azid bei etwa 120° C in Ba und N_2; der letztere wird abgepumpt (Einzelheiten vgl. Harvey *1*). Die Verdampfung des Ba an die

[1] Zum Beispiel die handelsübliche „Aluminiumbronze", die durch Waschen in Alkohol und nachfolgendes Vakuumtrocknen bei 200° C von Öl und Petroleum befreit werden muß. Entzündungsgefahr bei Zulassen von Luft, daher nur kleine Mengen verarbeiten und langsam Luft einlassen!

[2] Da im Al immer etwas H_2 enthalten ist, ist es zur Vermeidung von Wasserdampfbildung vorteilhaft, Al im Überschuß (Gewichtsverhältnis Al : BaO = 1 : 6,5, statt des stöchiometrischen Verhältnisses 1 : 8,5) zuzufügen.

[3] BaN_6 ist wie die meisten Alkali- und Erdalkaliazide käuflich. Es kann in trockenem Zustande in Mengen bis 500 g in verschlossenen Büchsen versandt werden. Mit 10% Wasser befeuchtet oder in Lösung ist es nicht mehr explosiv. Die Selbstherstellung mittels Einleitung von Stickstoffwasserstoffsäure in Lösungen von Alkaliverbindungen (vgl. z. B. Fleischer *1*) darf wegen der außerordentlichen Giftigkeit und Explosionsgefährlichkeit der Stickstoffwasserstoffsäure nur in vollkommen geschlossenen Glasapparaturen unter gut gelüftetem Abzug und in kleinen Mengen erfolgen. Zu hohe Konzentration von Stickstoffwasserstoffsäure ist durch Einblasen von H_2O-Dampf zu vermeiden.

gewünschte Stelle, z. B. die Kathode, erfolgt dann meist durch Hochfrequenzerhitzung seiner Metallunterlage.

Das Azidverfahren hat den Nachteil, daß wegen der niedrigen Zersetzungstemperatur eine einwandfreie Erhitzungsentgasung des Rohrs vor Freiwerden des Ba nicht möglich ist, und daß bei der Zersetzung erhebliche Mengen eines stickstoffärmeren Nitrids (Ba_3N_2) zurückbleiben [1], aus denen bei späterer Erhitzung Stickstoff freiwerden kann. Außerdem muß der Ausheizvorgang sehr langsam vorgenommen werden, da sonst die Zersetzung unter Verpuffung des Azides vor sich geht, wobei das entstandene Ba von den Elektroden an die Glaswände abgeschleudert wird. Bei größeren Azidmengen kann dabei durch den plötzlichen Druckanstieg infolge des freiwerdenden N_2 das Vakuumrohr gesprengt werden.

Neben reinem Ba finden auch Legierungen von Ba mit Ca (Herstellung vgl. folgenden Abschnitt) und von Ba mit Mg (vgl. Ver. Glühlampen u. El. Ges. *1*) zur Getterung Verwendung. Die Herstellung der Mg-Ba-Legierungen erfolgt am einfachsten mittels Thermitverfahren (BaO + Mg bei Mg-Überschuß in Ar-Atmosphäre). Bei weiterem Erhitzen nach erfolgter Reaktion scheidet sich die Mg-Ba-Legierung als Schmelze unter einer MgO-Schlackendecke ab. Nach dem Abkühlen wird sie zu kleinen runden Pillen verpreßt. Diese sind bei Zimmertemperatur [2] in Luft so beständig, daß ihr Einbau in die Röhre ohne Schutzhüllen möglich ist. Längere Aufbewahrung muß jedoch in kleinen verschlossenen Gefäßen oder besser unter Vakuum erfolgen.

d) Kalzium.

Ca wird durch Schmelzflußelektrolyse aus Kalziumchlorid ($CaCl_2$) bei 780 bis 800° C und hohen Stromdichten (etwa 100 A/cm²) gewonnen. Das handelsübliche Metall enthält dann etwa 98 % Ca; hauptsächliche Verunreinigungen sind C, Alkali, Erdalkali sowie C- und N_2-Verbindungen. Für Vakuumzwecke wird es durch Destillation gereinigt (Apparatur ähnlich wie bei Ba). Das massive Metall wird an atmosphärischer Luft in kurzen Zeiten nur oberflächlich oxydiert und kann daher direkt in Vakuumröhren eingebracht werden. Die Aufbewahrung erfolgt unter Luftabschluß in Glasflaschen. Für Vakuumzwecke kann Ca in geringen Mengen auch innerhalb des Rohres durch Zersetzung von Kalziumazid (CaN_6) gewonnen werden (vgl. vorangegangenen Abschnitt). Die Zersetzung beginnt bei etwa 100° C und läßt sich bei 80—100° C weiterführen [3]. Der völlige Zerfall des entstehenden Ca_2N_2 tritt erst bei 250° C und darüber ein (K. K Andreew *1*); bei zu schneller und zu hoher Erhitzung findet auch hier wie bei BaN_6 Verpuffung statt.

In heißem Zustand absorbiert Kalzium CO_2 (unter Bildung von CaO und CaC_2), H_2 (unter Bildung von CaH_2) und N_2 (unter Bildung von Ca_3N_2). Es dient daher in Blockform als kalte Kathode einer Edelgasentladung zur Reinigung von Edelgas (Bornzelle, vgl. Abb. 255). Weiter findet es Verwendung als Getter

[1] Die Ba-Ausbeute beträgt beim Azidverfahren nur etwa 25% (Gunter *1*).

[2] Läßt sich jedoch beim Zusammenbau der Röhre, z. B. beim Einschmelzen des Fußes, eine Erhitzung derartiger Getterlegierungen an Luft nicht vermeiden, so müssen sie durch Metallhüllen gegen Oxydation geschützt werden (vgl. Abschnitt 24 d, S. 311).

[3] Ca-Azid ist stärker explosiv als Ba- oder Sr-Azid.

zur Vakuumverbesserung und als stark aktives Reduktionsmittel bei der Gewinnung sauerstoffaffiner Metalle aus ihren Verbindungen, z. B. Zäsiumchlorid (vgl. folgenden Abschnitt). Für Getterzwecke finden neben reinem Ca auch Ca-Ba-Legierungen mit 50% Ba und darüber Verwendung, die durch Reaktion einer geschmolzenen Salzmischung von 88% $BaCl_2$ und 12% BaF_2 mit technischem Ca bei 1000° C unter Ar-Atmosphäre im Fe-Tiegel gewonnen und nach Reinigung durch Destillation in Form kleiner Tabletten (3 bis 4 mm ∅) benutzt werden.

e) Zäsium.

Wegen seiner chemischen Aktivität kann Zäsium nur im Vakuum aus seinen Verbindungen gewonnen werden. Dies geschieht entweder in einem Destillierstutzen an der Entladungsröhre oder in einer besonderen Apparatur. Im letzteren Fall wird das Metall in kleine Glasampullen überdestilliert, die unter Vakuum abgeschmolzen, in die Entladungsröhre eingebracht und dort unter Vakuum geöffnet werden (vgl. Abb. 310 und Gen. El. Co. *2*). Folgende Methoden werden zur Erzeugung von Zäsium angewandt (Fleischer *1*):

1. Reduktion von 1 Teil Zäsiumbichromat ($CsCr_2O_7$) mit 10 Teilen Zr [1] bei 380° C oder von 1 Teil Zäsiumchromat (Cs_2CrO_4) mit 4 Teilen Zr bei 725° C, gut gemischt und gepreßt, am besten in einem einseitig geschlossenen Ni- oder Fe-Rohr durch Erhitzung mittels Hochfrequenz (vgl. z. B. Abb. 311) oder Glühspirale.

2. Zersetzung von Zäsiumchlorid (CsCl) mit Ba (Boer *6*). Hierbei wird z. B. eine Lösung von 1,3 g Zäsiumchlorid in 5 cm^3 einer 16%igen wässerigen Ba-Azidlösung durch Eindampfen im Vakuum in einem Hilfsgefäß bei Zimmertemperatur auskristallisiert. Beim Erhitzen dieses Gemisches in einem Stutzen des zu füllenden Gefäßes bildet sich im Vakuum zunächst bei 120° C durch Zersetzung des Azids reines feinverteiltes Ba, das bei 250° C das CsCl zu reinem Zäsium zersetzt [2]. Das Cs wird dann ohne Gefahr einer Ba-Destillation bei 350—400° C in das Entladungsgefäß überdestilliert.

3. (Für geringere Reinheitsansprüche) Reduktion von Zäsiumchlorid durch geraspelte Kalziumspäne. Dabei werden z. B. aus einer Mischung von 1 g trockenem Ca-Metall und 9 g CsCl etwa 6 g Cs gewonnen (Angerer *1*).

Die Anwendung des Zäsiums bezieht sich fast ausschließlich auf Kathoden für Photozellen (vgl. Abschnitt 22c), Fernsehsenderöhren (Zworgkin), Sekundäremissionsröhren (Farnsworth *1*) und (selten) mit Cs-Dampf gefüllte Leuchtröhren.

f) Rubidium.

Gewinnung entweder durch Reaktion von RbCl mit Ba (vgl. vorigen Abschnitt) oder durch ein Reaktionsgemisch von 1 Teil $Rb_2Cr_2O_7$ mit 10 Teilen Zr (Reaktionstemperatur 370° C) bzw. 1 Teil Rb_2CrO_4 mit 4 Teilen Zr (Reaktionstemperatur etwa 700° C) oder (bei geringeren Reinheitsansprüchen) durch

[1] Vgl. Boer *7*. Bei ungünstigen Mischungsverhältnissen (zu geringem Zr-Gehalt) verläuft die Reaktion infolge der hohen Bildungswärme des Zirkonoxyds explosionsartig.

[2] Bei Reaktionsgemischen von Alkalichloriden und Aziden ist grundsätzlich darauf zu achten, daß die Zersetzungstemperatur des Azides niedriger ist als die Reduktionstemperatur des Alkalichlorids und daß die „Verdampfungstemperatur" (Temp. merklicher Destillation) des reduzierenden Metalls bedeutend höher liegt als die des zu reduzierenden Metalls (z. B. bei Ba 700—800° C, bei Cs etwa 110° C).

Zersetzung von Rubidiumchlorid mittels geraspelter Ca-Späne (z. B. 6 g RbCl mit 1 g Ca, Ausbeute etwa 4 g Rb). Anwendung: Photozellenkathoden, vgl. Abschnitt 22c.

g) Lithium.

Das Metall ist in Würfelform (99% Li, hauptsächliche Verunreinigungen K, Na, Li_3N, Spuren SiO_2, Fe_2O_3, Al_2O_3) handelsüblich. Es ist beständiger als die anderen Alkalimetalle und entzündet sich an Luft erst über 180° C. Die Destillation erfolgt im Vakuum oberhalb 780° C. Gewinnung kleiner Mengen im Vakuum [1] durch Reduktion von 1 Teil Li_2CrO_4 mit 6—8 Teilen Zr (bei 450 bis 600° C, geringe Ausbeute). Heißes Li greift Glas, Quarz und auch Platin an. Anwendungen: Photozellenkathoden (vgl. Abschnitt 22c) und Röntgenstrahlenfenster (Schutz gegen Oxydation durch Oberflächenschicht aus Hahnfett, vgl. Clay *1*).

h) Magnesium.

Es wird durch Schmelzflußelektrolyse aus Mg-haltigen Mineralien (Staßfurter Salz, z. B. Bischoffit: $MgCl_2 + H_2O$) gewonnen und durch Verschmelzen und Waschen des flüssigen Metalls mit Salzgemischen von Verunreinigungen befreit. An trockener Luft ist es beständig, in feuchter Luft entstehen an der Oberfläche weiße Oxydflecke. Das handelsübliche Metall besitzt einen Reinheitsgrad von 99,7% und wird in der Vakuumtechnik vielfach als dünnes gewalztes Band („Blitzlichtband") zu Getterzwecken (vgl. Abschnitt 24d) und Innenmetallisierung von Glaskolben (vgl. Abschnitt 11d) verwendet. Für höhere Reinheitsansprüche ist Umschmelzen im Hochvakuum-Hochfrequenzofen zweckmäßig [2]. Verdampfung durch Hochfrequenz, Hilfsglühspirale aus W oder durch direkten Stromdurchgang (spezifischer Widerstand 0,044 $\Omega\,mm^2/m$, Wärmeausdehnung $261 \cdot 10^{\,7}$ zwischen 0 und 100° C). Über Mg-Ba-Legierungen vgl. Abschnitt „Barium", S. 108.

9. Elektrographit.

(Arndt *1*, Eltzin *1*, Spitzer *1*, Vosburgh *1*.)

Gewinnung und Verarbeitung. Möglichst reine Anthrazitnaturkohle wird auf 1200° C erhitzt und dabei der größte Teil der Kohlenwasserstoffe ausgetrieben. Der entstandene Koks wird gemahlen und nach Erwärmung mit Teer zu einer bröckligen, noch eben feuchten Pulvermasse gemischt, die mit Hilfe großer Rammhämmer zu zylindrischen Formkörpern („Nudeln") von etwa 30 cm Durchmesser und 50 cm Länge zusammengedrückt wird. Aus diesen Formkörpern werden durch hydraulische Strangpressen mit geheizter Düse Stangen oder Rohre von gewünschtem Durchmesser gepreßt. Die so gewonnenen Stäbe werden nach dem Abkühlen zu Paketen gepackt und in Tunnelöfen bei max. 1400° C mehrere Stunden gebrannt; sie bestehen dann aus „amorpher" (richtiger: feinkristalliner) Kohle, die noch Kohlenwasserstoffe enthält. Anschließend werden die vorgebrannten Kohlestäbe mit Kohlepulver dicht zusammengepackt, mit Karborund überschichtet und mittels Strom-

---

[1] Die an sich mögliche Gewinnung aus Li-Azid wird wegen der großen Explosionsgefahr dieser Verbindung nicht angewendet.

[2] Neuerdings ist auch besonders reines Mg im Handel erhältlich (Reinheitsgrad > 99,85%, Verunreinigungen Mn, Si, Fe, Cu, Al, keine > 0,02%). Durch einmalige Vakuumdestillation ist ein Reinheitsgrad von 99,99% erreichbar. Mehrmalige Destillation ergibt spektroskopisch reines Metall (Kaufmann *1*).

durchgang (bis 30000 A, wenige Volt) längere Zeit auf über 2700° C erhitzt. Dabei tritt ein Wachsen der feinkristallinen Kohle zu größeren Kristallen ein (Graphitierungsprozeß). Für Vakuumelektroden ist beim Graphitierungsprozeß besonderes Gewicht auf restlose Entfernung der Kohlenwasserstoffe zu legen, da sonst die zur Vorentgasung verwendeten Öfen stark verschmutzt werden. Nach dem Herausnehmen aus dem Ofen werden die Graphitstangen mechanisch gereinigt; nur gleichmäßig gebranntes, rissefreies Material ist für die Weiterverarbeitung brauchbar.

Tabelle 61. Materialkonstanten von Elektrographit*.

Spez. Gewicht	wahres 2,22—2,24	scheinbares 1,5—1,6	
Porosität	(25—30%)		
Mohshärte	1		
Schmelzpunkt (° C)	3800—3900		
Dampfdruck (Tor)	vgl. Abb. 403, Anhang		
Zugfestigkeit (kg/mm²)	0,45—0,55	S-Graphit 0,63—0,77	
Druckfestigkeit (kg/mm²)	1,6—2,4	S-Graphit 2,2—3,2	
Biegefestigkeit (kg/mm²)	1,86—2,28		
Elastizitätsmodul bei 20° C (kg/mm²)	(840)		
Wärmeausdehnungskoeffizient, lin. ($\alpha \cdot 10^7$) in Längsrichtung (Preßrichtung)	20—1000° C 29,8	vgl. Tabelle 62	
Spezifische Wärme (cal/g Grad)	0—100° C 0,17	700—800° C 0,3	0—1200° C 0,371
Wärmeleitfähigkeit (cal/cm sec Grad)	20° C 0,315	390° C 0,337	25—1000° C 0,286
Spez. elektrischer Widerstand (Ω mm²/m)	20° C 6—11	Für höhere Temperaturen vgl. Abb. 109, für Graphitkristalle: (0,4—0,5)	
Temperaturkoeffizient des elektr. Widerstandes bei 20—500° C	$-1{,}26 \cdot 10^{-3}$	Für Graphitkristalle: (positiv)	
Teilstrahlungsvermögen für 0,650 μ bei 400 bis 800° C (%)	glatt 75—80	rauh 90	

* Zahlen ohne Klammern: für Elektrographit T 11 nach freundlicher Mitteilung der Siemens-Plania-Werke; Zahlen in Klammern: für Elektrographit ohne Herkunftsangabe aus der Literatur.

Die meisten im Handel erhältlichen Graphitsorten enthalten 99,5—99,9% Kohle und an Verunreinigungen max. 0,5% „Asche" (hauptsächlich SiC: < 0,5; FeC: < 0,3; Al: < 0,1; S: < 0,02%).

Die weitere Formgebung erfolgt durch Sägen, Fräsen, Drehen, Bohren und Gewindeschneiden. Durch auftretende Lunker und Risse wird die Verarbeitung häufig erschwert; die lästige Staubbildung darf dabei nicht durch Wasserberieselung, sondern nur durch unmittelbar über dem Werkzeug befindliche Staubsaugerdüsen verhindert werden, da mit Wasser behandelte Formstücke im Vakuum wegen Wasserdampfbildung im Innern zum Springen neigen. Bei Gleichrichteranoden ist auf restlose Entfernung des Graphitstaubes wegen der Rückzündungsgefahr (Aufheizen und Elektronenemission der Staubkörner) besonders zu achten, auch an schwer zugänglichen Stellen (Gewindelöcher!), wo die Entfernung am besten durch Ausblasen mit ölfreiem Stickstoff erfolgt. Da bei einbaufertigen, vorentgasten Graphitelektroden nicht wie bei Metallelektroden ein Nachwaschen mit fettlösenden Mitteln möglich ist, ist auch jede andere Verunreinigung der Oberfläche (z. B. Alkali- und Kalksalze vom Schweiß beim Anfassen) sorgfältig zu vermeiden (Rückzündungsgefahr! vgl. Abb. 108).

Abb. 108. Montage von Graphitanoden für Großgleichrichter. Verwendung von Handschuhen gegen Verunreinigungen (Fabrikation Siemens-Röhren-Werk).

Physikalische Eigenschaften. Sie schwanken je nach der Herstellungsweise des Elektrographits und der Beschaffenheit der verwendeten Rohstoffe. Die mechanische Festigkeit ist gering (Wandstärke nicht unter 1,5 mm!); dies erschwert das Befestigen der Elektroden und gute elektrische Kontaktgebung durch Druck, die nur durch relativ lange Gewinde (vgl. Abb. 108) bzw. große Kontaktflächen erreicht werden können. Da das Material keine Dehnfähigkeit aufweist, ist eine Verformung durch Biegen unmöglich.

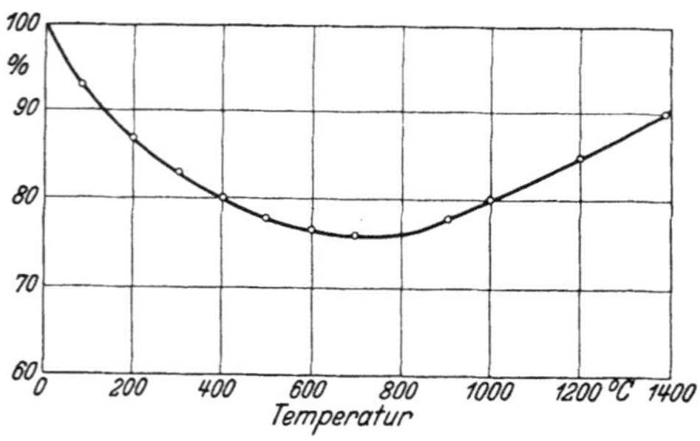

Abb. 109. Prozentuale Änderung des elektrischen Widerstandes von Elektrographit „T 11" mit der Temperatur (nach Angaben der Siemens-Plania-Werke).

Die elektrische Leitfähigkeit ist um eine Größenordnung niedriger als die der schlechtleitendsten Metalle; mit steigender Temperatur zeigt der Widerstand bei 500—600° C ein Minimum (vgl. Abb. 109). Trotz der geringen elektrischen Leitfähigkeit ist die Wärmeleitfähigkeit größer als die der meisten Metalle (z. B. von Ni und Pt). Der lineare Ausdehnungskoeffizient in der Längsrichtung der (durch Strangpressen hergestellten) Graphitstäbe differiert erheblich von dem in transversaler Richtung (Tabelle 62). Wegen der großen Porosität (25—30%, vgl. Abb. 110) und des großen Adsorptionsvermögens ist der Gasgehalt des Graphits (CO_2, CO, N_2, H_2) relativ hoch; zur Entgasung sind deshalb besondere, von der Metallentgasung abweichende Verfahren notwendig (vgl. Abschnitt 10b, S. 122). Das Adsorptionsvermögen für Gase steigt, die Entgasungszeit sinkt mit zunehmender Porosität. Zur besseren Hochfrequenzentgasung werden Graphitelektroden

Tabelle 62. Mittlerer linearer Ausdehnungskoeffizient eines Achesongraphits (Hidnert *1*).

Meßrichtung	Temperatur-Bereich 20° C bis						
	100° C	200° C	300° C	400° C	600° C	800° C	1000° C
Longitudinal . .	13	15	17	19	23	27	31
Transversal . .	43	44	46	48	51	53	54

häufig mit einem Eisenkern versehen, da das Fe (unterhalb 770° C) wegen der hohen Permeabilität eine größere Hochfrequenzleistung aufnimmt (vgl. S. 128 und Abb. 111, oben). Die Kathodenzerstäubung von Graphit ist relativ klein, seine Elektronenaustrittsarbeit hoch (vgl. Tabelle 102, S. 256 und Tabelle 110, S. 290).

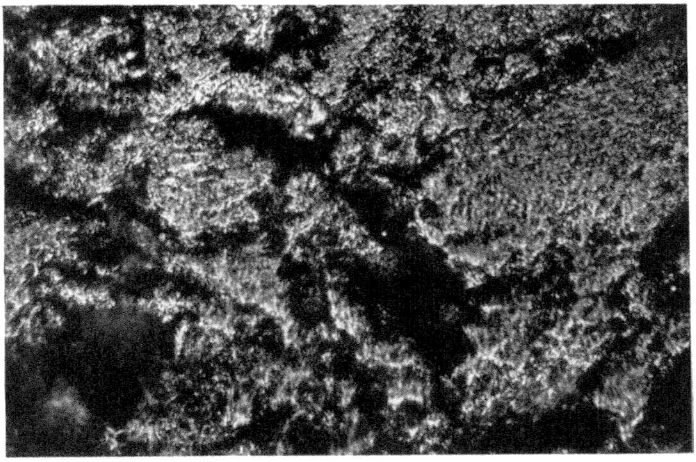

Abb. 110. Oberfläche von „plangeschliffenem" Elektrographit. Vergr. 500.

Chemische Eigenschaften. Gegen chemische Lösungsmittel ist Graphit besonders beständig. Durch eine Mischung von Salpetersäure, Schwefelsäure und Kaliumchlorat [1] wird Graphit unter Bildung von kolloidaler Graphitsäure gelöst. Kohleniederschläge an der Glaswand oder auf Elektroden von Entladungsröhren können dadurch entfernt werden. Die Reinigung von Graphitoberflächen darf nur mechanisch oder durch Glühen im Hochvakuumofen (vgl. Abschnitt 10b), aber nicht durch beizende oder fettlösende Flüssigkeiten erfolgen, da diese wegen der großen Saugfähigkeit des Materials nicht mehr restlos zu entfernen sind.

Durch ihre hohe Affinität zu O_2 wirkt Kohle stark reduzierend auf sauerstoffhaltige Verbindungen, die mit ihr in Kontakt stehen; daher rührt wahrscheinlich die häufig an glas- bzw. porzellanisolierten Graphitanoden beobachtete Ausbildung von Rückzündungszentren an den Berührungsstellen zwischen Graphit und Isolator (geringe Austrittsarbeit der freigewordenen Alkali- bzw. Erdalkalimetalle, vgl. Dällenbach *1*, *2*). Man entzieht diese Kontaktstellen daher möglichst dem Einfluß des elektrischen Feldes, z. B. durch Hinterdrehung der

[1] Pro Gramm Graphit: 20 cm^3 konzentrierte HNO_3, 40 cm^3 konzentrierte H_2SO_4, 20 g $KClO_3$ (Vorsicht beim Mischen und Lösen!).

Graphitanoden und Verlegung der Berührungsstelle ins Innere der Anode (vgl. Abb. 111 und 112).

O_2 wird bei Zimmertemperatur stark adsorbiert und von etwa 300° C ab merklich chemisch gebunden. Das dann entstandene CO und CO_2 kann erst bei Temperaturen über 1500° C durch mehrstündiges Glühen im Hochvakuumofen vollständig entfernt werden (Eltzin *1*). Stark absorbiert werden ebenfalls N_2 und H_2; daher ist eine Entgasung im H_2-Ofen ungenügend. Von Hg-Dampf wird Graphit nicht angegriffen. Ähnlich wie Metallniederschläge scheint auch verdampfter Graphit eine Getterwirkung auszuüben (Verbesserung des Vakuums von Hg-Gleichrichtern während des Betriebes!). In Gegenwart von N_2 bildet die Kohle in Hg-Gleichrichtern Zyan $(CN)_2$, das sich mit dem Hg in der Nähe der Anode zu einer leitenden Schmiere verbindet, die Rückzündungen einleiten kann. Mit Alkalimetall-Dämpfen bildet Graphit unter Brüchigwerden Verbindungen von wechselnder Zusammensetzung.

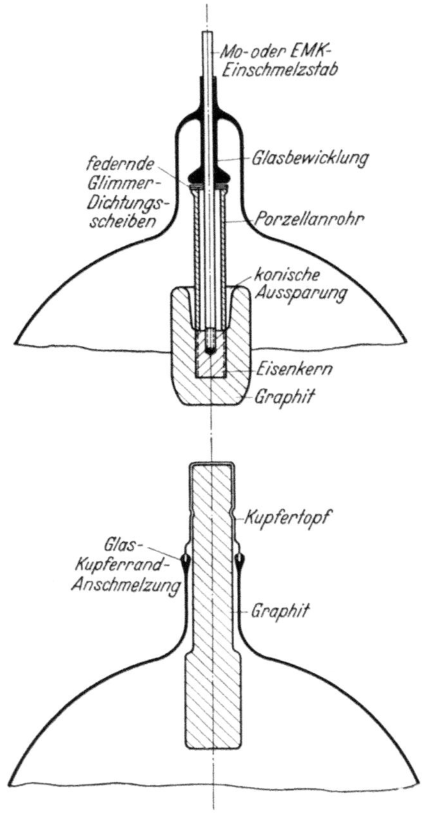

Abb. 111. Zweckmäßige Halterungen von Graphitanoden in Stromrichtern mit Glasgefäß (W. Jacobi *1*; Karl *1*; Kruh *2*; S. & H. *1*); vgl. Abb. 67 b.

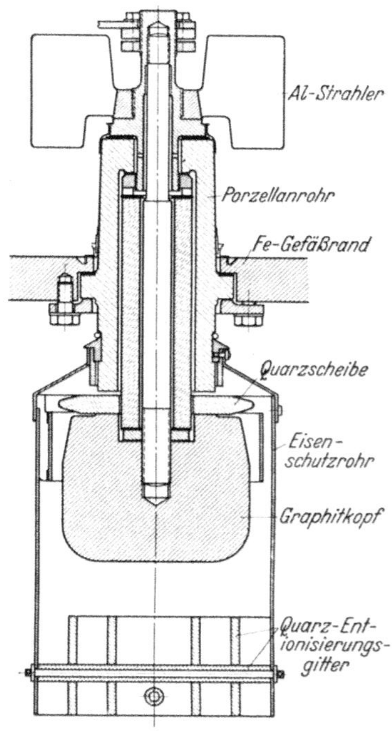

Abb. 112. Halterung und Aufbau einer Graphitanode für Hg-Großgleichrichter (Cox *1*).

Technische Anwendungen. Der Hauptgrund für die Verwendung von Graphit als Elektrodenmaterial ist der hohe Schmelzpunkt, der niedrige Dampfdruck (vgl. Abb. 403, Anhang), hohes Strahlungsvermögen, hohe Elektronenaustrittsarbeit, Unempfindlichkeit gegen Hg, eine den keramischen Materialien gleichkommende Formbeständigkeit bei Erhitzung, große Wärmeleitfähigkeit, gute Gettereigenschaften und billiger Rohmaterialpreis.

Nachteile gegenüber metallischen Baustoffen sind: erschwerte Bearbeitung (geringe mechanische Festigkeit, Staubbildung, Lunkerbildung), erschwerte Kontaktgebung mit Zuleitungen, Schwierigkeit der Herstellung komplizierter Formstücke

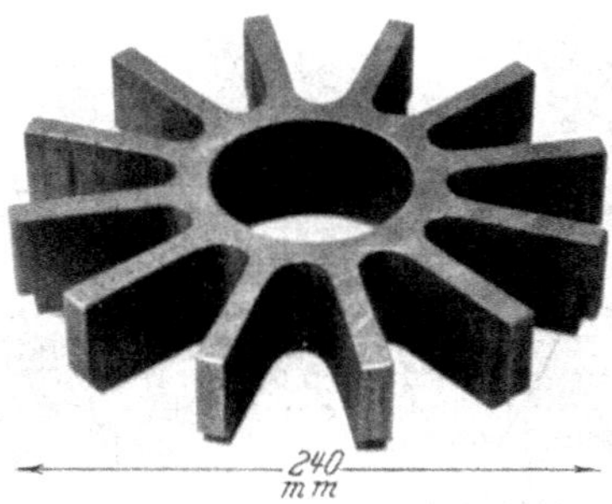

Abb. 113.

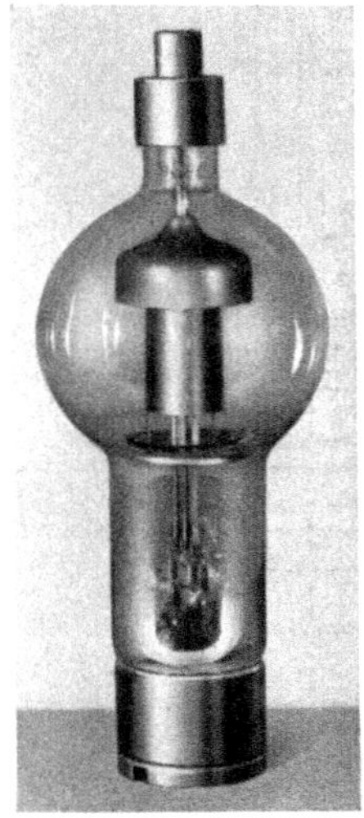

Abb. 114.

Abb. 113. Graphitgitter für Hg-Großgleichrichter.

Abb. 114. Graphitanode in Hg-Glühkathodengleichrichter für 20000 V; zur Abschirmung der Glaswand umgreift die Anode topfartig die Öffnung der Hohlglühkathode (Hersteller: AEG, vgl. Gottschalk *1*).

wegen der Unmöglichkeit, das Material zu gießen, zu walzen, zu ziehen und zu biegen; rasche Wiederaufnahme von Gas bei vorentgastem Material (daher Lagern unter Schutzgas, vgl. Abschnitt 10b).

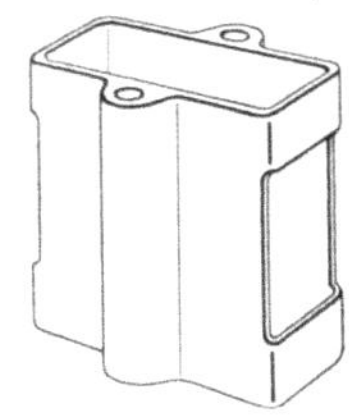

Abb. 115. Graphitanode für Hochvakuum - Verstärkerröhren (Spitzer *1*); vgl. auch Abb. 223.

Die wichtigsten vakuumtechnischen Anwendungen sind: Anoden in Gleichrichtern mit Hg-Kathode (Güntherschulze *1*, Cox *1*, Müller-Lübeck *1*): Typische Aufbauten vgl. Abb. 111 und 112, Maximalbelastung 0,3—0,8 A/cm²; Gitter in Hg-Großgleichrichtern (vgl. Abb. 113); Anoden in Gleichrichtern mit Glühkathode (vgl. Abb. 114 und 337c); Anoden in Hochvakuumelektronenröhren (Spitzer *1*, vgl. Abb. 115): kleinste Wandstärke etwa 2 mm ± 0,02; Lager für rotierende Teile in Vakuumröhren (z. B. Drehanoden für Röntgenröhren); Oberflächenschichten auf Isolierkörpern (vgl. Abschnitt 10d, S. 154 und 11d, S. 187).

10. Spezielle Verarbeitungsmethoden der Vakuummetalle.

a) Formgebung und Zusammenbau.

Die Methoden zur Formung der Vakuummetalle unterscheiden sich im allgemeinen nicht wesentlich von denjenigen, die in der normalen Technik zum Ziehen, Einrollen, Ausbauchen, Falzen, Biegen, Walzen, Stanzen und Schneiden dünner Bleche bzw. Drähte üblich sind (vgl. z. B. Kurrein *1* und Sellin *1*). Wesentlich ist dabei jedoch im Gegensatz zu der sonst üblichen Arbeitsweise die möglichst weitgehende Vermeidung von Fetten und Ölen, besonders beim Walzen und

Tiefziehen. Vor jeder notwendigen Zwischenglühung ist das Material zu waschen; Zwischenglühungen sind grundsätzlich in H_2 oder im Hochvakuum vorzunehmen.

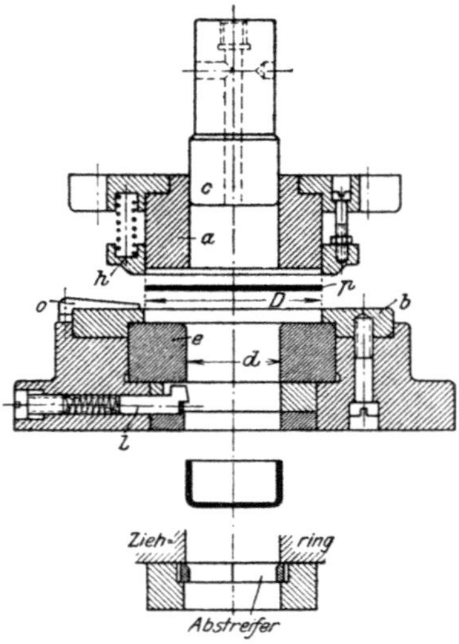

Abb. 116.

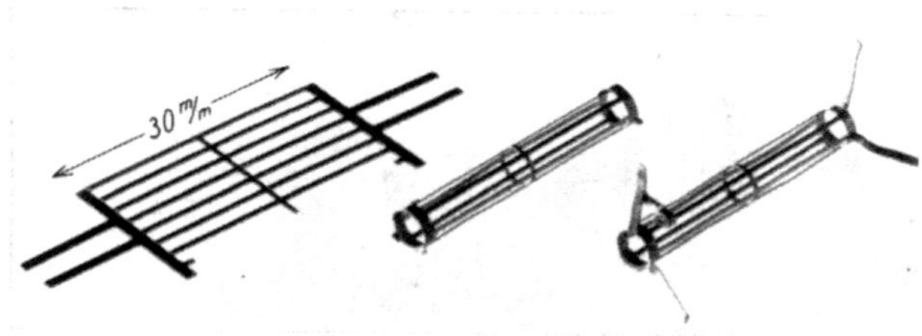

Abb. 117.

Abb. 117. Herstellungsgang eines Stanzgitters aus Ni für Verstärkerröhren (Fabrikation Siemens-Röhren-Werk). a aus einem Blechstück gestanztes Plangitter (Gitterstegbreite 0,5 mm; Stegabstand 1,5 mm); b Gitter gerollt; c Halterungsstreifen gebogen; Zuführung angeschweißt; fertig zum Einbau.

Abb. 116. Kombiniertes Schnitt- und Ziehwerkzeug für Kappen (Sellin *1*). Der Schnittstempel a schneidet mit einem Schnittring b ein Teilstück p des Bleches heraus, drückt es gegen den Ziehring e und wirkt beim Tiefziehen als Blechhalter. Dann preßt der Stempel c, der durch eine Bohrung im Schnittstempel a geführt wird, das ausgeschnittene Blechstück p in den Ziehring e und erzeugt so den gewünschten Hohlkörper.

Für Stanz- und Schnittwerkzeuge benutzt man meist chromhaltige Stähle (13% Cr, 2% C), für spanabhebende Werkzeuge Kobalt-Schnelldrehstähle

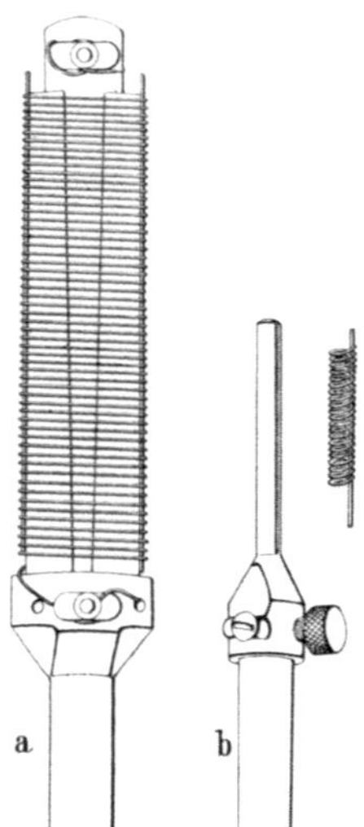

Abb. 118.

Abb. 119.

Abb. 119. Laboratoriumsmäßige Gitterwickelmaschine zur Herstellung von Wendelgittern für beliebige Steigungen und Dorndurchmesser (Espe *4*).

Abb. 118. Dorne zur Herstellung von Wickelgittern (Hersteller: Eisler Engineering Co.). Das Anschweißen der Haltestege erfolgt auf den Dornen mit Punkt- und Nahtschweißmaschinen (vgl. Abb. 149). a zerlegbar, für Flachgitter mit zwei Haltestegen; b für Rundgitter mit einem Haltesteg.

(18—20% W, 4% Cr, 1—2% Co), für härtere Metalle (W, Mo, Cr, EMK., W-Cu) Hartmetalle, z. B. Wolframkarbid (Widia) oder Titankarbid (Titanit). Besonders vorteilhaft und viel im Röhrenbau angewandt sind kombinierte Schnitt- und Ziehwerkzeuge (vgl. Abb. 116).

Die Herstellung von Gittern erfordert wegen der einzuhaltenden geringen Toleranzen (bis 0,02 mm zwischen den einzelnen Gitterstegen) besondere Sorgfalt. Große Genauigkeit läßt sich am sichersten durch Stanzgitter erreichen, die mit ihren Haltestegen aus einem Blechstück geschnitten sind[1] (vgl. Abb. 117). Wickelgitter werden auf runden oder flachen (häufig zerlegbaren) Dornen (vgl. Abb. 118) hergestellt, auf denen nach der Bewicklung auch das Festschweißen, Festschlagen oder -klemmen der in Vertiefungen gelagerten Haltestege erfolgt. Auf Vermeidung mechanischer Spannungen bzw. ihre Beseitigung durch nachfolgendes Glühen und Nachrichten vor dem Einbau in die Röhre ist dabei sorgfältig zu achten. Eine Gitterwickelmaschine für Einzelherstellung von Wendelgittern zeigt Abb. 119.

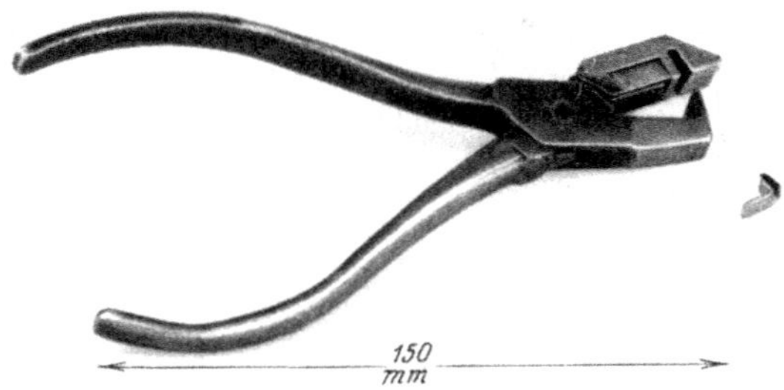

Abb. 120. Profilzange zum Biegen kleiner Elektrodenteile.

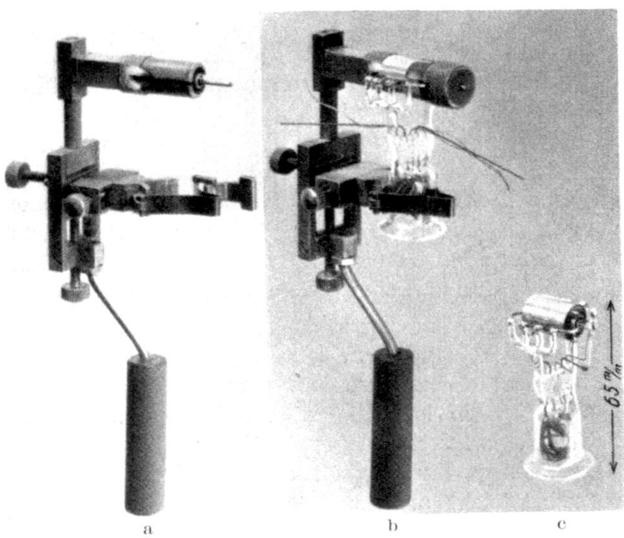

Abb. 121. Aufbaulehre für Doppelgitterröhren (vgl. auch S. & H. *4*).
a Lehre geöffnet; b Lehre mit Elektroden und Glasfuß zur Halterung während der Montagearbeit; c fertiger Aufbau nach Herausnahme aus der Lehre.

Bei der Herstellung von Elektroden aus dünnen Blechen (z. B. Anoden) werden häufig Profilrillen zur Versteifung eingedrückt (vgl. Rundanoden aus Ta, Abb. 38 und Flachanoden aus Ni, Abb. 55).

Typisch für die Formung kleiner Elektrodenteile bei kleinen Stückzahlen ist die Verwendung von Profilbiegezangen (vgl. Abb. 120) und die weitgehende Verwendung von Hilfslehren für die Elektrodensysteme (vgl. Abb. 121).

Über Prüfung des einwandfreien Zusammenbaues von Röhren mit undurchsichtigen Gefäßwänden mittels Röntgendurchstrahlung vgl. E. W. Hall *1*.

[1] Achtung auf Gratbildung!

b) Metallentgasung.

(Rohn *7*, Scaff *1*, Sieverts *1*.)

Allgemeines. Ursachen des Gasgehalts. Die meisten Metalle (Edelmetalle nicht ausgenommen) nehmen in geschmolzenem Zustand begierig Gase auf. Diese reagieren entweder mit der Schmelze [1] oder werden von ihr ohne äußerlich erkennbare Veränderung gelöst [2]. Die aufgenommenen Gase (H_2, N_2, O_2, CO, CO_2) entstehen teils durch Zersetzung aus der Ofenatmosphäre, teils durch Zersetzung des Tiegelmaterials bzw. der Schutzdecken (meist O_2 [3]), teils stammen sie aus der Atmosphäre beim Gießprozeß (O_2, N_2). Beim Erstarren werden diese Gase nur teilweise abgegeben (vgl. Abb. 44); sie machen das Metall nicht nur hart und spröde (besonders Ta und Pd), sondern für vakuumtechnische Zwecke vor allem deshalb unbrauchbar, weil sie bei hoher Temperatur und geringem Druck nur langsam das Metall verlassen. Der Gasgehalt der zur Verarbeitung gelangenden Metalle braucht keineswegs immer vom Schmelzprozeß herzurühren: auch in festem Zustand nehmen die Metalle, besonders bei erhöhter Temperatur, Gase aus ihrer Umgebung auf (vgl. Abb. 44). Es gibt sogar Metalle, bei denen die Gaslöslichkeit mit fallender Temperatur steigt (z. B. Ta [4], vgl. Abb. 122).

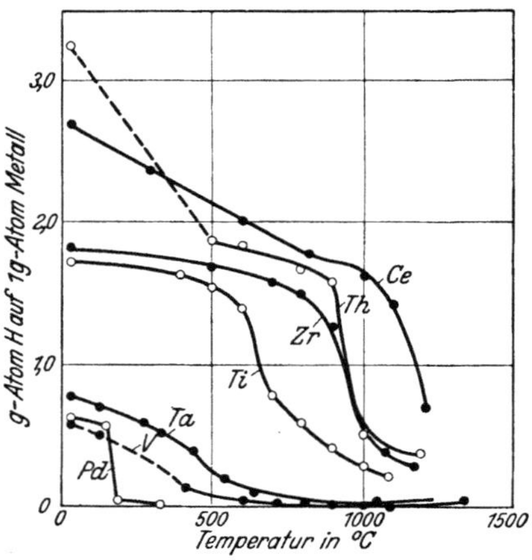

Abb. 122. Wasserstofflöslichkeit [5] in festen Metallen (Sieverts *1*).

Menge und Art der Gase. Die in Metallen enthaltenen Gase lassen sich qualitativ durch spektrographische Methoden, quantitativ durch Mikrogasanalyse bestimmen (vgl. Abb. 122 und Dällenbach *1*, Langmuir *5*, Schumacher *1*). Solche Messungen ergeben je nach der Herkunft des Metalls sehr verschiedene Werte; die größten Gasmengen (H_2 und CO, bis 0,5% des Metallgewichts) sind in Ni gefunden worden (Sachs *1*). Cu enthält H_2, SO_2 und CO (max. 3 cm^3/100 g Metall), Stahl H_2, N_2 und zuweilen größere Mengen O_2.

Entfernung der Gase. Da eingeschlossene Gase bei hohen Temperaturen rasch aus dem Metall diffundieren, können sie durch Erhitzen im Vakuum oder in einem Spülgas entfernt werden, das mit dem Metall nicht reagiert. Praktisch hat sich für die letztere Methode besonders H_2 bewährt, weil er gleichzeitig eine Reduktion vorhandener Oxydverbindungen bewirkt und wegen seiner hohen Diffusionsgeschwindigkeit später beim Evakuieren der Röhren auf der Pumpe selbst leicht aus den Metallteilen wieder ausgetrieben werden

[1] Ausscheiden der Reaktionsprodukte als Schlacke an der Oberfläche oder zwischen den Korngrenzen bzw. Bildung von Eutektika mit dem Metall.

[2] Es kommen auch beide Fälle gleichzeitig vor: Kleinere Gasmengen werden gelöst, größere führen zur Bildung einer Schlacke.

[3] Das durch die Schmelze reduzierte Material der Tiegel, Schutzdecken und Auskleidungen geht außerdem meist selbst als Verunreinigung in die Schmelze über; daher sind Metalle höchster Reinheitsgrade auf dem Schmelzwege grundsätzlich nicht darstellbar (vgl. Abschnitt 3a).

[4] Damit steht nicht im Widerspruch, daß gut vorentgastes Ta im Hochvakuum bei schwacher Rotglut ein Optimum der Gasabsorptionsfähigkeit zu besitzen scheint (vgl. Abschnitt 24c).

[5] 1 g-Atom H auf 1 g-Atom Metall bedeutet: 1 g Wasserstoff in so viel Gramm des betreffenden Metalls gelöst, wie sein Atomgewicht beträgt; es enthalten also nach obigem Diagramm 91 g Zr bei 500° C im Höchstfall 1,7 g Wasserstoff.

kann (vgl. TKD-Werke *1*). Wegen der starken Zunahme der Diffusionsgeschwindigkeit mit der Temperatur wählt man die letztere bei den Vorentgasungsprozessen so hoch wie möglich, um zu kurzen Entgasungszeiten zu

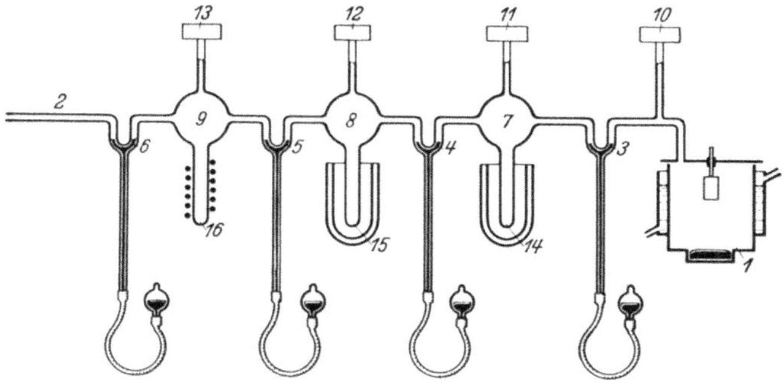

Abb. 123. Apparatur für Mikrogasanalysen. Zunächst wird mittels des Manometers 10 die Gesamtmenge der im Entladungsgefäß 1 frei gewordenen Gase (N_2, H_2O, H_2, CO_2, CO) bestimmt. Das Gasgemisch wird der Reihe nach über Hg-Barometerverschlüsse 3, 4, 5, 6 in Teilräume 7, 8, 9 gebracht und dort fraktionierten Kondensationen mit flüssiger Luft bzw. fester Kohlensäure sowie chemischen Reaktionen unterworfen (z. B. Oxydation von H_2 bzw. CO durch NiO bei 600° C zu H_2O bzw. CO_2, die ihrerseits durch flüssige Luft kondensiert werden können). Druckmessungen nach jeder Operation durch entsprechende Manometer 11, 12, 13 erlauben Rückschlüsse auf die quantitative Zusammensetzung des Gasgemisches (Einzelheiten vgl. Dällenbach *1*).

kommen; die obere Temperaturgrenze ist bei festen Metallen durch Schmelzpunkt, Verdampfungsgrad [1] und Formbeständigkeit gegeben [2]. Genaue Temperaturkontrolle und genaue Einhaltung der für ein bestimmtes Material ermittelten Entgasungszeit sind unbedingt erforderlich.

Die Entfernung der Gase aus dem Metall kann in drei verschiedenen Etappen geschehen, die einzeln oder in Kombination angewendet werden: Entgasen des Rohmetalls beim Schmelzen durch Wirbelstromheizung im Hochvakuum (Vakuumschmelzen); Glühen geformter Einzelteile im H_2- oder Hochvakuumofen (Vorentgasen); Glühen der fertig in der Röhre montierten Teile auf der Pumpe.

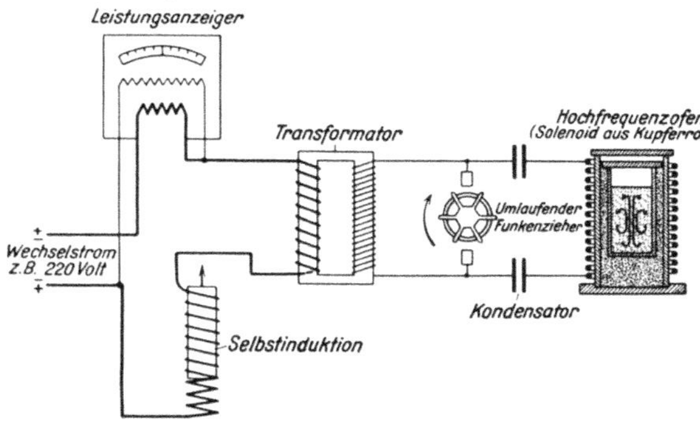

Abb. 124. Schaltbild eines Hochfrequenzschmelzofens mit Funkengenerator (Pirani *1*).

Entgasen des Rohmetalls beim Schmelzen (Rohn *5*, *6*, *7*). Das Schmelzen des Rohmetalls unter Vakuum ist die wirksamste Entgasungsmethode größerer Metallmassen. Zur Verhinderung neuer Gasaufnahme erfolgt dabei auch das Vergießen im Vakuum.

Bei relativ kleinen Metallmengen (Laboratoriumsöfen) empfiehlt sich meist Hochfrequenzheizung ($n = 10^4$ bis 10^5 Hz; vgl. Abb. 124); bei großen

---

[1] Dampfdruckkurven für Metalle in Abb. 403 (Anhang).

[2] Bei enger Packung zu entgasender Elektrodenteile in Glühöfen ist die Entgasungstemperatur häufig auch durch das leicht eintretende Zusammen-„Schweißen“ (-Sintern) verschiedener Metallteile begrenzt.

industriellen Anlagen (vgl. Abb. 125) wird mit Tonfrequenz bzw. mit 50 Hz gearbeitet. Beim Drehstrominduktionsofen befindet sich das zu schmelzende Metall in einer Rinne, die zugleich die Sekundärwicklung eines Transformators mit sternförmigem Eisenjoch darstellt. Auf die äußeren Schenkel des Transformators sind die Primärspulen gewickelt. Die wassergekühlte Kokille ist vakuumdicht mit dem ringförmigen Schmelzraum verbunden. Das Gießen der Blöcke erfolgt durch Kippen der gesamten Ofenanordnung. Der Partialdruck der beim Schmelzprozeß abgegebenen Gase beträgt bei praktisch ausgeführten Öfen 1—0,1 Tor, die Menge des von 1 kg Metall abgegebenen Gases, bezogen auf $p = 760$ Tor, bis zu 15 l. Da beim Schmelzen und Vergießen unter Vakuum die Oxydbildung an den Korngrenzen vermieden wird, besitzen vakuumgeschmolzene Metalle eine bedeutend geringere Härte als die auf normalem Schmelzwege gewonnenen. Auch im Hochvakuum sublimierte Metalle (vgl. z. B. Kroll *1* und Abschnitt 8) sind weitgehend gasfrei.

Abb. 125. Vakuumschmelzöfen für 4 t Einsatz mit vakuumdicht angesetzten Kokillen (Rohn *6*; Fabrikation Heracus-Vakuumschmelze).

Allgemeines über Entgasen geformter Einzelteile. Bei der Massenherstellung von Vakuumröhren wird im allgemeinen aus Preisgründen kein vakuumgeschmolzenes Metall verwendet. Ferner lassen sich bei der Bearbeitung der Einzelteile Verunreinigungen (Öl, Handschweiß und durch Luftsauerstoff, besonders beim Punktschweißen, Warmschmieden und -pressen gebildete Oxyde) nicht vermeiden. In solchen Fällen müssen eingeschlossene Gase und Oberflächenverunreinigungen auf andere Weise so weit entfernt werden, als es die spätere Betriebstemperatur der fertigen Röhre verlangt. Das alleinige Entgasen der Elektroden im fertigen Rohr auf der Pumpe würde den Pumpprozeß unnötig verlängern; man unterwirft daher die geformten Elektrodenteile vor ihrem endgültigen Zusammenbau einem Vorentgasungsprozeß [1]. Die Teile werden zu diesem Zweck nach sorgfältiger Entfettung in (meist widerstandsbeheizten) Glühöfen unter Hochvakuum oder in H_2-Atmosphäre erhitzt. Die Hochvakuumvorentgasung ist in jedem Fall die wirksamere; die Vorentgasung in H_2 ist einfacher und daher billiger, aber nicht immer durchführbar (vgl. S. 125).

[1] Das ist möglich, weil erfahrungsgemäß die Adsorption und Okklusion der in der Atmosphäre enthaltenen Gase bei Zimmertemperatur langsam vor sich geht, sodaß eine kurzzeitige Berührung der vorentgasten Teile mit der Außenluft keine nennenswerten Nachteile mit sich bringt. Ein rascher Einbau der vorentgasten Teile ist stets anzustreben (möglichst innerhalb eines Tages); andernfalls sind diese im Exsikkator unter Vorvakuum oder Schutzgas aufzubewahren bzw. die fertig montierte Röhre vorzuvakuieren.

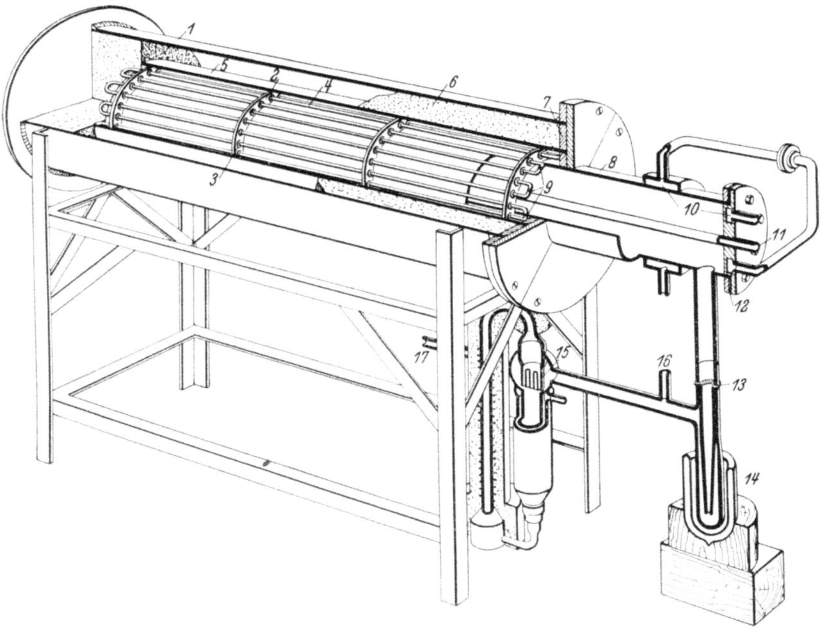

Abb. 126. Hochvakuumvorentgasungsofen (vgl. Lowry 2).
1 Außenwand aus Fe-Blech; 2 Ringe aus Ni-Cr (80/20); 3 Isolierröhrchen aus Keramik; 4 Heizstäbe aus Ni-Cr (80/20); 5 Strahlungsabschirmblech aus Ni; 6 Wärmeisolation aus Kieselgur; 7 Asbestplatte; 8 evakuiertes Innenrohr aus Ni-Cr (80/20); 9 Schweißstellen; 10 Wasser- oder Druckluftkühlmantel; 11 Meßrohr für Thermoelemente; 12 Picein- oder Gummidichtung; 13 Glas-Metall-Verbindung; 14 Kühlfalle mit Dewar-Gefäß; 15 Diffusionspumpe; 16 Anschluß für Manometer; 17 Anschluß für Ölvorvakuumpumpe.

Abb. 127. Ofenbatterie für Vakuumvorentgasung (Siemens-Röhren-Werk).

Die Vorentgasung ist nicht für alle Teile einer Vakuumröhre angebracht. Vorentgasung von Drahtkathoden ist z. B. überflüssig, weil sich die erforderlichen hohen Temperaturen im fertigen Rohr viel einfacher erreichen lassen und ihr

Metallvolumen klein ist. Vorentgasung von mechanisch beanspruchten, im Betrieb der Röhre kalt bleibenden Haltestäben und Federn ist sogar schädlich, da die Festigkeitseigenschaften sich dadurch meist verschlechtern (vgl. Abschnitt 2c).

Hochvakuum-Vorentgasung. Beim Glühen eines Metalls im Hochvakuum wird nicht nur der größte Teil der eingeschlossenen Gase entfernt, sondern auch die Metalloxyde, da diese bei hohen Temperaturen langsam unter Freiwerden von O_2 zerfallen [1]. Neben einer Entfestigung tritt durch den Glühprozeß häufig ein durch Ausgleich vorhandener Spannungen verursachtes Verziehen der Teile ein, das durch „Nachrichten" beseitigt werden muß.

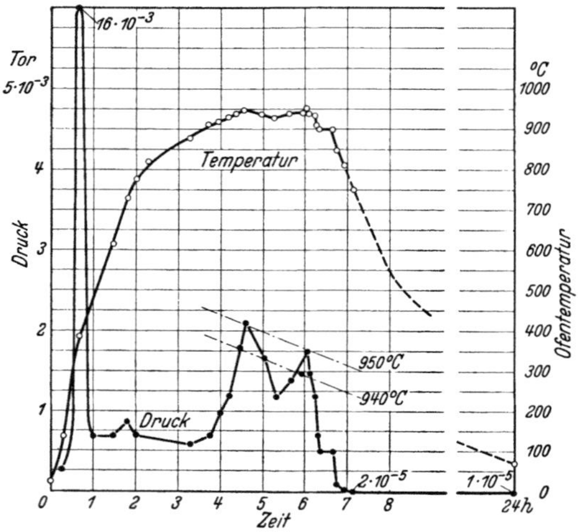

Abb. 128. Typischer Druck- und Temperaturverlauf in einem Hochvakuumentgasungsofen. Beschickung: 4 kg Elektrodenteile aus Fe, Ni und karbonisiertem Ni; Oberfläche des gesamten Glühgutes etwa 20000 cm². Der erste starke Druckanstieg ist auf Oberflächenverunreinigungen zurückzuführen (vgl. Lowry *2*).

Ein Konstruktionsbeispiel für einen widerstandsbeheizten Hochvakuum-Vorentgasungsofen zeigt Abbildung 126, die Ansicht einer fabrikationsmäßig aufgebauten Batterie ähnlicher Hochvakuumöfen Abb. 127.

Aus praktischen Gründen wählt man bei der Massenherstellung das Fassungsvermögen und damit die Wärmekapazität derartiger Öfen nur so groß, daß der gesamte Entgasungsprozeß einschließlich der Abkühlung [2] innerhalb 24 h durchgeführt werden kann. Die eigentliche Heizdauer beträgt dabei nur etwa 6—8 h, die maximale Temperatur (begrenzt durch Gasdurchlässigkeit der Ofenwand und Lebensdauer des Heizmaterials) 950—1000° C; der Druck ist von der Größenordnung 10^{-3} Tor (vgl. Abb. 128). Zur Evakuierung genügen meist leistungsfähige rotierende Ölpumpen; bei höheren Ansprüchen werden Metalldiffusionspumpen verwendet. In jedem Fall ist zwischen Ofen und Pumpe ein Ausfriergefäß zur Fernhaltung der Dämpfe des Pumpentreibmittels zu legen.

Die Temperatur von 950—1000° C ergibt bei den meisten Metallen eine genügende Gasfreiheit, ausreichende Zersetzung von Oxydverbindungen (ausgenommen Chromoxyd) und Oberflächenreinigung; Graphit und Ta (in manchen Fällen auch Mo und W) verlangen eine höhere, Cu und gewisse Cu-haltige Legierungen eine niedrigere Entgasungstemperatur (vgl. Tabelle 63). Bei Graphit gelingt die Entfernung adsorbierten Sauerstoffes für normale Entgasungszeiten erst von 1500—1800° C ab [3]. Um eine Wiederaufnahme von O_2 nach dem

[1] Besonders wichtig für Oxydkathodenröhren, vgl. Abschnitt 21d.

[2] Das Herausnehmen der Teile darf erst nach vollständiger Abkühlung im Vakuum (< 180° C) erfolgen, da andernfalls eine neue Gasaufnahme eintritt, die bei empfindlichen Metallen (z. B. Ta) Brüchigkeit hervorruft.

[3] Verrußungserscheinungen in gasgefüllten Glühkathodenröhren sind vielfach auf ungenügende Sauerstoffreiheit der Graphitanoden zurückzuführen (Zerfall des vom Graphit abgegebenen CO an heißen Elektrodenteilen unter Freiwerden von O_2, der erneut mit dem Graphit der Anode CO bildet).

Tabelle 63. Vorentgasungstemperaturen und -zeiten der wichtigsten Elektrodenmetalle im Hochvakuum und in Wasserstoff.

Material	Form	verwendet für:	Hochvakuum (Glühdauer 8 h) °C	Wasserstoff °C	Wasserstoff Min.
W	Formstücke*	Antikathoden-Ronden (vor dem Einschmelzen in Cu!)	etwa 1800	—	—
	Draht . . .	Federn, Glühkathoden und Gitter	nicht vorentgasen		
Mo	Blech . . .	Anoden	950	1200	30
	Draht . . .	Gitter	900	1000	30
		Federn	nicht vorentgasen		
Ta	Blech . . .	Anoden	1400 ($<10^{-3}$ Tor)	H_2-Entgasung vermeiden!	
	Draht . . .	Gitter			
	Draht . . .	Federn	nicht vorentgasen		
Pt (PtIr, PtNi)	Blech . . .	—	900—1000	950	5—10
	Draht . . .	Oxydkathoden	nicht vorentgasen		
Ni und Ni-Legierungen ohne Cu-Gehalt		alle Elektrodenteile (außer Halterungsstäben für niedrige Betriebstemp.)	750—950	950—1050	10—15
Fe und Fe-Legierungen ohne Cu-Gehalt		wie oben	950—1000	950	5—10
		Bei dichter Packung Gefahr des Aneinanderklebens!	—	750	5—10
Cu und Cu-Legierungen ohne Zn- oder Sn-Gehalt		Elektrodenteile außer Halterungen und Cu-Außenanodenrohren	500—550	H_2 vermeiden	
Cu-Legierungen mit niedrigschmelzenden Komponenten (Zn, Sn)		—	nicht vorentgasen		
Al		kalte Kathoden	nicht vorentgasen		
Karbonisierte Metalle (Ni, Fe)		Anoden	950	H_2 vermeiden (Kohlenwasserstoffbildung)	
Chromoxydierte Metalle (W, Ni)		Gitter und Anoden	—	950	15
Graphit		Anoden (vgl. Eltzin *1*)	1500—1800	H_2 vermeiden	

* W Ronden dürfen bei Anwesenheit von C (z. B. im Graphit-Kupferguß-Ofen) nicht entgast werden (Karbidbildung!).

Vorentgasen zu verhindern, erfolgt die Lagerung bis zum Einbau in die Röhre zweckmäßig unter Schutzgas (z. B. N_2). Die Konstruktion eines Vakuumofens für Temperaturen bis 2200 °C, der sich besonders zur Vorentgasung von Graphit, Ta und W eignet, zeigt Abb. 129 [1].

[1] Bei der Herstellung eines Ofens nach Abb. 129 wird zunächst ein Metalldorn mit Gewinde und aufgewickelter W-Wendel (2) koaxial zu dem großen Messingrohr (4) eingesetzt. Dann wird der Zwischenraum (3) mit angefeuchtetem, gemahlenem, vorgebrannten Zirkonoxyd ausgefüllt, nach dessen Erhärtung sich der Dorn unter Zurücklassung der W-Spirale herausschrauben läßt. Nach weiterem Austrocknen an Luft wird die W-Spirale langsam hochgeheizt, bis das Zirkonoxyd fest und wasserfrei geworden ist. Analog wird bei der Herstellung von Mo-Öfen verfahren (Temperatur max. 1700 °C, Isoliermaterial Al_2O_3). Derartige Öfen können natürlich auch als H_2-Öfen benützt werden.

Die Temperaturkontrolle erfolgt am besten durch ein Schauloch mittels optischem Pyrometer, wobei zweckmäßig das Entgasungsgut selbst anvisiert wird. Dabei ist zu beachten, daß in derartig engen Öfen ebenso wie bei schwarzstrahlenden Körpern das Pyrometer unabhängig von den Strahlungseigenschaften des Entgasungsgutes stets die wahre Temperatur anzeigt.

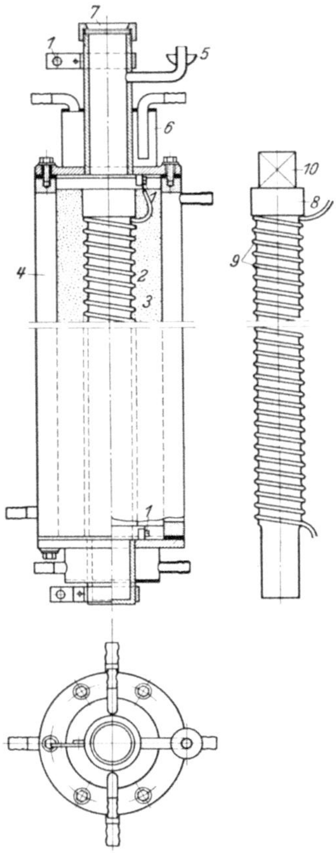

Abb. 129.
Wolframwendel - Vakuumofen für Temperaturen bis 2200° C (max. 110 V, 22 A, vgl. W. Fehse *1*): 1 Stromanschluß; 2 Heizdraht-Doppelwicklung aus W (0,8 mm ø, 31 Gänge; Heizzonenlänge 400 mm, Durchmesser 44 mm); 3 Zirkonoxydschicht zur Wärmeisolation; 4 Wasserkühlmantel; 5 Pumpenanschluß; 6 Wasserkühlmantel; 7 Schauglas; 8 Hilfskernkörper aus Fe zum Wickeln der Heizwendel; 9 Gewindegang; 10 Vierkantkopf.

Auch Hochfrequenz-Hochvakuumöfen werden in Spezialfällen zur Vorentgasung benutzt, besonders bei kleinen Metallmengen und wenn kurze Entgasungszeiten erwünscht sind. Abb. 130 zeigt eine für Laboratoriumszwecke besonders geeignete Ausführungsform mit Schliff zum raschen Auswechseln der zu entgasenden Teile, bei der die Berührung der Kohlenwasserstoffdämpfe des Schliffdichtungsmittels mit dem Entgasungsgut durch eine vorgeschaltete Falle für flüssige Luft vermieden ist.

Vorentgasung in Wasserstoff. Das Vorentgasen im H_2-Strom ist im laufenden Fabrikationsprozeß einfacher durchzuführen als das Vakuumentgasen wegen des Fortfalls der Pumpapparatur und der Vakuumdichtungen sowie wegen der schnelleren Beschickung und Abkühlung des Glühgutes und der Möglichkeit, das Glühgut durch den dauernd erhitzten Ofen kontinuierlich hindurchzuführen. Abb. 131 gibt das Schema eines H_2-Vorentgasungsofens für kontinuierlichen Betrieb. Das Glühgut wird in Schiffchen aus Ni durch die linke Öffnung des Ofens eingeschoben, passiert zunächst eine „Vorwärmezone" (400—500° C), in der die Oxyde in niedere Oxydationsstufen übergeführt werden und gelangt dann in die eigentliche Glühzone (etwa 1000° C), in der die Reduktion vollständig durchgeführt wird. Nach Passieren einer wassergekühlten Abkühlzone verläßt das Glühgut den Ofen. Der Transport erfolgt durch Nachschieben neuer Schiffchen von Hand oder durch Kettentrieb.

Der verwendete Wasserstoff ist gut zu reinigen (vgl. S. 249), besonders durch Absorptionsvorlagen von H_2O-Dampf zu befreien. Der H_2-Strom selbst muß sehr lebhaft sein (300 bis 500 l/h), damit Fremdgase, insbesondere die durch die Reduktion gebildeten H_2O-Dämpfe, rasch aus der Reaktionszone entfernt werden (Umkehrbarkeit der Reaktion, z. B. $MoO_2 + 2 H_2 \rightleftharpoons Mo + 2 H_2O$). Der abströmende Wasserstoff wird (bei dicht geschlossenen Öfen) an der Abströmöffnung angezündet[1]. Wegen der Explosionsgefahr durch Knallgasbildung ist außerdem ein kräftiger Abzug über dem Ofen zweckmäßig (vgl.

[1] Zur Vermeidung von Explosionen ist vor Inbetriebsetzung des Ofens das ausströmende Gas mittels Reagenzglasprobe auf Knallgas zu untersuchen.

Abb. 132). Über die anzuwendenden Temperaturen und Entgasungszeiten vgl. Tabelle 63.

Nicht im H_2-Ofen entgast werden dürfen Ta, Cu, Graphit und karbonisierte Metalle. Ta wird, in H_2 erhitzt, brüchig wie Glas (vgl. Abschnitt 3e), sauerstoffhaltiges Cu zeigt Blasenerscheinungen (H_2-Krankheit). Die Gasabgabe von Graphit ist in H_2-Atmosphäre geringer als im Hochvakuum; auf karbonisierten Metallteilen bildet sich im H_2-Ofen häufig ein schmieriger Beschlag aus Kohlenwasserstoffen. Ferner ist zu beachten, daß Chromoxyd auch bei stundenlangem Glühen bei 1000° C nicht reduziert wird. Die Temperaturkontrolle muß wegen der verschiedenen Temperaturen möglichst an mehreren Stellen, am besten durch Thermoelemente (z. B. Pt-PtRh) erfolgen.

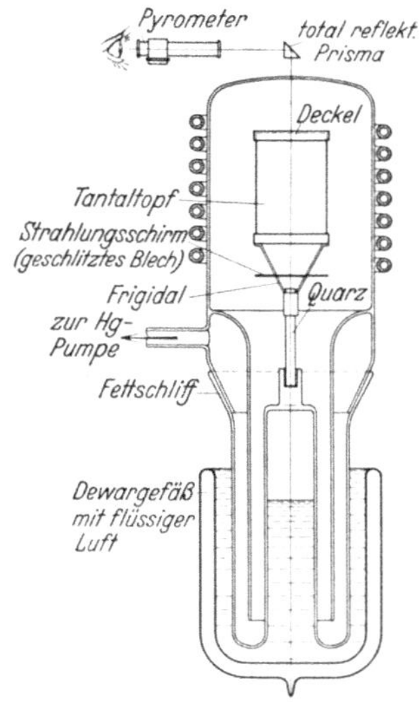

Abb. 130. Laboratoriumsofen für Hochfrequenzentgasung aus Hartglas.

Entgasung des Elektrodensystems während des Röhren-Pumpprozesses (Coolidge *3*). Die hohe Betriebstemperatur einzelner Elektrodenteile in der fertigen Röhre und die durch den Zusammenbau nach dem Vorentgasen entstandenen Verunreinigungen (Schweißstellen, Gasadsorption, Oberflächenverunreinigung) sowie wirtschaftliche Gesichtspunkte (Lebensdauer und Betriebskosten von Vorentgasungsöfen mit hoher Temperatur) verlangen bei abgeschmolzenen Röhren in der Regel eine nochmalige Entgasung während des Pumpprozesses. Eine Begrenzung der dabei anzuwendenden Temperatur ergibt sich neben der Rücksicht auf Formbeständigkeit der Elektroden und Strahlungserhitzung der Glasteile aus dem Dampfdruck der Elektrodenmetalle, der

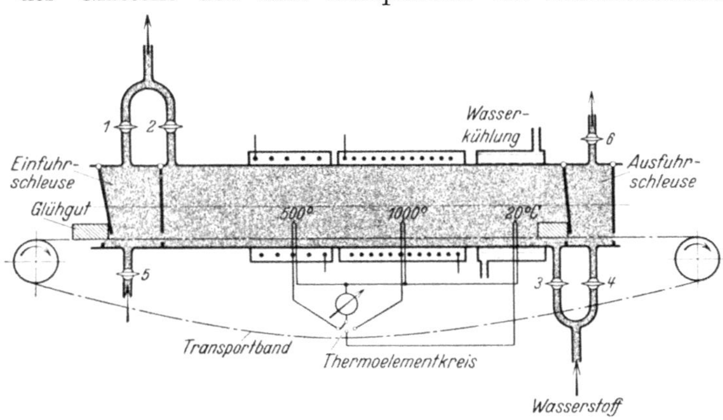

Abb. 131. H_2-Vorentgasungsofen mit Schleusen für kontinuierlichen Betrieb; 1–6: automatisch gesteuerte Hähne (schematisch).

bekanntlich mit der Temperatur erheblich ansteigt. Übersteigt er eine gewisse Grenze, so kondensieren die Metalldämpfe während der Entgasungszeit an kühleren Stellen (Glaswände, Quetschfuß, Isolationsstützen) der Vakuumröhre und können dort unzulässige Störungen (lichtabsorbierende Beschläge, Isolationsfehler, Pseudohochvakuumerscheinungen, Vergiftung von Kathodenoberflächen u. a.) hervorrufen. In Abb. 403a und b (Anhang) sind die Dampfdrucke der Metalle in

Abhängigkeit von der Temperatur aufgetragen. Je niedriger der Dampfdruck eines metallischen Werkstoffes ist, desto höher kann er bei der Entgasung und später im Betrieb erhitzt werden, ohne schädliche Niederschläge hervorzurufen. Bei

Abb. 132. Ofenbatterie für Vorentgasung unter H_2 (Fabrikation Telefunken-Osram).

Legierungen ist die Komponente mit dem höheren Dampfdruck maßgebend. Zur Ermittlung der bei der Entgasung auf der Pumpe maximal zulässigen Belastung ist daher eine genaue Temperaturkontrolle der erhitzten Elektroden zweckmäßig. Sie erfolgt meist auf pyrometrischem[1] Wege, bei kleinen Abmessungen der Elektroden oder Glühdrähte mittels Mikropyrometer (vgl. Abb. 133). Bei freiabstrahlenden Elektrodenteilen ist dabei die durch deren Strahlungsvermögen sich ergebende wahre Temperatur zugrunde zulegen. Zur Ermittlung der wahren Temperatur aus der gemessenen („schwarzen") dient das Nomogramm Abb. 402 im Anhang. Tabelle 64 gibt eine Zusammenstellung des Teilstrahlungsvermögens A_λ der wichtigsten vakuumtechnischen Werkstoffe für 0,650 μ[2]. Die Licht-

Abb. 133. Mikropyrometer mit Anzeigeinstrument, geeicht am Schwarzen Körper mit Filter für $\lambda = 0{,}650\ \mu$ (Hersteller: Siemens & Halske).

[1] Durch Vergleich der Helligkeit eines stromgeeichten Glühdrahtes im Pyrometer mit der Helligkeit des anvisierten, optisch vergrößerten Meßobjektes (Vergrößerung im Mikropyrometer 1 : 20).

[2] Die Wellenlänge 0,650 μ ist ein Kompromiß zwischen der Forderung nach genügender Helligkeit des anvisierten Objektes und der Ausdehnung des Meßbereiches auf möglichst niedrige Temperaturen. Für Temperaturen über 800° C wird bei den handelsüblichen Pyrometern ein praktisch nur für die Wellenlänge 0,650 μ durchlässiges Rotfilter in den Strahlengang geschaltet.

absorption des Glaskolbens (vor allem die häufig darauf vorhandenen Metallniederschläge), die Reflektion von Fremdlicht am Meßobjekt und Alterungserscheinungen der Pyrometerlampe[1] sind als häufigste Fehlerquellen beim Pyrometrieren zu berücksichtigen (vgl. auch Keinath *4*).

Tabelle 64. Teilstrahlungsvermögen A_λ einiger Werkstoffe in % für $\lambda = 0{,}650\ \mu$ (bezogen auf den schwarzen Körper = 100%); vgl. auch Coblenz *1*, Forsythe *1*, Lax *2*.

Stoff	Temp. (°C)	A_λ (%)	Stoff	Temp. (°C)	A_λ (%)	Stoff	Temp. (°C)	A_λ (%)
Ag	—	4—5	CuO	—	≈70	Pt	930	29,5
Al	—	18—28	Fe	—	43		1600	31,0
Al_2O_3 . . .	1000	10—15	Fe_2O_3 . . .	—	80	PtNi (5%).	1100	33
	2000	22—38	MgO . . .	1200	7—15	Ta	930	45
Be	—	61		2000	13—46		1730	41,8
BeO. . . .	1200	5	Mo	730	39	Th	—	36
	2000	14		1730	35,3	ThO_2 . . .	—	57
C	1250	75—80	Porzellan .	—	25—50	Ti	—	63
CaO . . .	—	10—40	Ni	1000	37,5	TiO_2 . . .	—	52
CO	—	36		1400	37,5	W	800	45
Cr	—	39	NiO	—	89		2200	42,5
Cr_2O_3 . . .	1200	≈ 80	Nb	1730	≈ 37	Zr	—	43—48
Cu	—	17	Nb_2O_5 . . .	—	71	ZrO_2 . . .	—	6—9

Die Entgasung des Elektrodensystems während des Pumpprozesses erfolgt nach vier verschiedenen Methoden: Erhitzung durch Außenofen; elektrische Erhitzung durch direkten Stromdurchgang (z. B. bei Glühkathoden); Hochfrequenzerhitzung; Elektronen- bzw. Ionenbombardement. Je nach der Art der zu entgasenden Röhre finden diese vier Methoden einzeln, hintereinander oder nebeneinander Verwendung. Die bei den drei letzteren Glühprozessen zur Erreichung einer bestimmten Temperatur zuzuführende Energie hängt ausschließlich von Größe und Gesamtstrahlungsvermögen der abstrahlenden Oberfläche ab. Kurven des Gesamtstrahlungsvermögens von blankem Mo, Ta und W finden sich in Abb. 282, von blankem Pt in Abb. 53, von Ni mit verschiedener Oberflächenbeschaffenheit in Abb. 53 und 165. Bei gas- oder dampfgefüllten Röhren findet die Entgasung in der Regel im Hochvakuum vor dem Einlassen des Füllgases bzw. des Dampfbildners statt[2]. Wo dies nicht möglich ist (Röhren ohne Glühkathoden oder mit sehr großem Elektrodenabstand), ist die Gasfüllung nach dem Entgasungsprozeß zu erneuern (Spülverfahren).

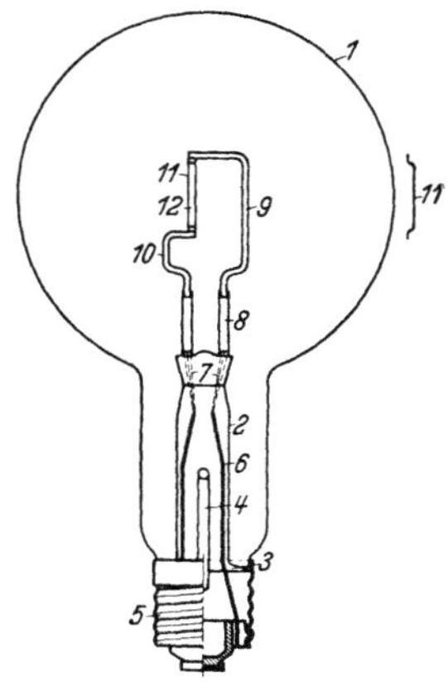

Abb. 134.
Eichlampe für Glühfadenpyrometer (Hersteller: Osram, vgl. Lax *6*).
1 Glocke; 2 Fuß; 3 Verschmelzung zwischen Glocke und Fuß; 4 Pumpröhrchen; 5 Sockel; 6 Cu-Litzen; 7 Glaseinschmelzungsdrähte; 8 Haltedrähte aus Ni; 9, 10 Haltedrähte aus Mo; 11 Band aus W; 12 Meßmarke.

Ofenerhitzung. Sie erfolgt in der Regel durch strom- oder gasbeheizte Kastenöfen. In erster Linie dient sie der Entgasung der inneren Oberfläche

[1] Über Kontrolle durch eine geeichte Vergleichslampe mit W-Band vgl. Abb. 134.

[2] Insbesondere bei Gefäßen mit Oxydpastekathoden, bei denen die gleichzeitig mit dem Elektronenbombardement vor sich gehende Kathodenformierung zu erheblicher O_2-Abgabe aus der Oxydpaste führt.

des Glaskolbens (Ausführungsformen vgl. Abschnitt 11e, S. 191); doch erfolgt dabei auch eine merkliche Entgasung der Metallteile, insbesondere solcher, die nicht vorentgast wurden oder wegen der Nähe von Glasteilen im Rohr selbst nicht mehr bei höherer Temperatur entgast werden können (z. B. Abschirmkappen von Drahteinschmelzungen, am Glas anliegende Halteschellen, in Glas eingeschmolzene Haltedrähte [1]). Sind in Spezialfällen Metallteile der Röhre von außen zugänglich, so erhitzt man diese zusätzlich durch aufgeschobene oder eingeschobene Heizwicklungen (Großsenderöhre mit Außenanode bzw. Röntgenröhre mit hohler Antikathode, vgl. Friedrich *1*).

Erhitzung mittels Stromdurchgang. Teile, die eine direkte Stromerhitzung erlauben, also insbesondere Kathoden, Leuchtdrähte, Hilfsglühkörper usw., sind vor der Entgasung der übrigen Teile zu entgasen. Zweckmäßigerweise erfolgt das Hochheizen dieser Teile langsam [2] und gegebenenfalls (bei größerer Gasabgabe) mit Zwischenpausen. Die maximale Strombelastung ist dabei stets höher als die im normalen Betrieb zu wählen (vgl. auch Abschnitt 24c). Bei längeren Glühdrähten kann hierbei an Stelle der Pyrometermessung die Ermittlung des Widerstandsverhältnisses $R_T/R_{20^0\,C}$ treten (vgl. Abb. 289, S. 271).

Hochfrequenzerhitzung (Huth *2*). Bei dieser Methode erfolgt das Glühen der Elektroden durch das elektromagnetische Feld einer außerhalb der Röhre liegenden Spule bzw. Wicklung. Die dabei im Endzustand von einem Vollzylinder [3] aufgenommene Wirkleistung ist (vgl. Esmarch *1*, Reche *1*):

$$N_e = 2{,}81 \cdot 10^{-6}\, G \sqrt{f \cdot \mu \cdot \varrho_T} \cdot z^2 \quad \text{(Watt)},$$

worin G eine von der Höhe h und dem Durchmesser d_s der Spule sowie von dem Durchmesser d_e der zu glühenden Elektrode abhängige, aus Kurventafel Abb. 135 zu entnehmende Konstante ist. f (Hz) ist die Frequenz, μ die Permeabilität, ϱ_T (Ω mm²/m) der spezifische Widerstand des Glühgutes (beide bei der Glühtemperatur T) und z (A) die Durchflutung (Amperewindungszahl) der Glühspule. In den praktisch vorkommenden Fällen kann μ stets $= 1$ gesetzt werden, da die Glühtemperaturen durchweg den magnetischen Umwandlungspunkt der ferromagnetischen Werkstoffe (Ni 360° C, Fe 770° C) überschreiten. Die größere Permeabilität macht sich dort nur durch eine entsprechend kürzere Aufheizzeit bemerkbar.

Die aufgenommene Leistung, die im wesentlichen durch Temperaturstrahlung des erhitzten Körpers wieder abgegeben wird, steigt mit dem spezifischen Widerstand ϱ_T des Elektrodenmaterials und mit der Frequenz f des Hochfrequenzgenerators. Bei den praktisch vorkommenden Röhrenabmessungen, Glühtemperaturen und Abstrahlungsverhältnissen der erhitzten Teile wählt man

---

[1] Oberflächliche Oxyde auf Elektroden kann man während des Ofenheizprozesses in einfacher Weise dadurch reduzieren, daß man nach dem Evakuieren und Aufheizen auf etwa 200° C Methylalkoholdämpfe (CH_3OH) von etwa 50 Tor in die Apparatur einläßt und bei abgestelltem Hahn den Entgasungsofen etwa 1 h lang bis auf 400—450° C weiterheizt. Dann werden die Dämpfe bei 450° C abgepumpt, erst dann die Quecksilberfalle zwischen Pumpe und Entladungsgefäß mit flüssiger Luft beschickt und der normale Pumpprozeß durchgeführt (vgl. auch Huth *3*).

[2] Gasdruck nicht höher als 10^{-4} Tor!

[3] Die folgende Beziehung gilt auch für die meistens als Elektroden benutzten Hohlzylinder (insbesondere Verstärkerröhrenanoden), falls deren Wandstärke größer ist als die Eindringtiefe des Hochfrequenzfeldes (vgl. die folgenden Ausführungen).

im allgemeinen hohe Frequenzen (10^5—10^6 Hz), die jedoch nach oben durch den abnehmenden Wirkungsgrad der Funkenstrecken oder Röhrenhochfrequenzgeneratoren begrenzt sind [1]. Die erforderliche Amperewindungszahl der Glühspule ergibt sich durch Gleichsetzung der aufgenommenen elektrischen Leistung mit der abgestrahlten Energie:

$$N_T = 5{,}75\cdot 10^{-12}\cdot T^4\cdot O \text{ (Watt)}\ ^2,$$

worin T (° K) die Temperatur einer „schwarzen" Elektrode mit einer nach außen strahlenden Oberfläche O (cm²) bedeutet. Demnach ist die zum Aufheizen der Elektrode erforderliche Ampèrewindungszahl der Glühspule

$$z = \sqrt{\frac{N_T}{2{,}81\cdot 10^{-6}\cdot G\cdot\sqrt{f\cdot\mu\cdot\varrho_T}}} \text{ (A)}\ ^3.$$

Für blanke Elektroden kann N_T in Abhängigkeit von der Temperatur aus den Kurven Abb. 53 (Ni, Pt) und Abb. 282 (W, Mo, Ta) entnommen oder durch Stromspannungsmessungen [4] an einem draht- oder bandförmigen, direkt geheizten Glühkörper aus dem betreffenden Material

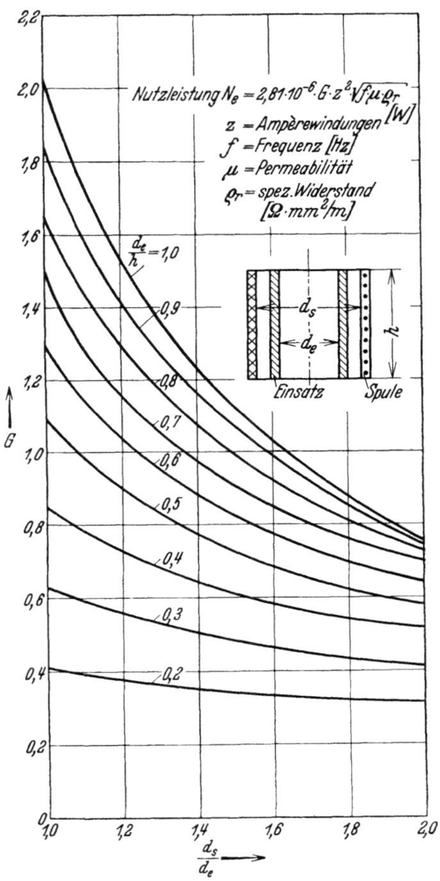

Abb. 135. Kurventafel zur Berechnung der aufgenommenen Nutzleistung bei Hochfrequenzerhitzung zylindrischer Elektroden im Vakuum (Reche *1*).

[1] Vielfach finden daher auch Hochfrequenzmaschinen mit 10000 bis 20000 Hz Verwendung, bei denen zwar die Ausnutzung der Feldenergie infolge der niederen Frequenz in manchen Fällen geringer, der Gesamtwirkungsgrad jedoch bedeutend höher als der von Funkengeneratoren ist (50 bis 70% bei 3 bis 100 kW Generatorenleistung; vgl. Fischer *1*). Zur Entgasung von Elektroden mit sehr kleinem Durchmesser und hohem Strahlungsvermögen (z. B. Graphit) reichen die mit Maschinen herstellbaren Frequenzen nicht aus. Für kleine Leistungen (Laboratoriumszwecke) eignen sie sich ebenfalls weniger, da der Aufwand für eine solche Maschinenanlage sehr groß ist.

[2] Werte im Anhang, Abb. 404.

[3] Beispiel: Erhitzungstemperatur einer zu glühenden zylindrischen geschwärzten Elektrode: 800° C, also 1073° K; Durchmesser 2 cm, Höhe 3 cm, also $O = 18{,}8$ cm². Demnach: $N_T = 5{,}75\cdot 10^{-12}\cdot 1073^4\cdot 18{,}8 = 145$ Watt. N_T wird größer, wenn man die zusätzliche Strahlung aus den beiden offenen Zylinderenden und die durch Wärmeleitung abgeführte Energie berücksichtigt, kleiner, wenn die Elektroden blank sind (vgl. Abb. 53 und 282). Für einen Durchmesser der Glühspule von 4 cm ($G = 0{,}7$) und Ni als Elektrodenmaterial (bei 800° C, $\varrho_T = 0{,}45$ und $\mu = 1$) wird dann die erforderliche Ampèrewindungszahl bei $3\cdot 10^5$ Hz:

$$z = \sqrt{\frac{145}{2{,}81\cdot 10^{-6}\cdot 0{,}7\cdot\sqrt{3\cdot 10^5\cdot 1\cdot 0{,}45}}} = 450 \text{ (A)}.$$

Praktisch verwendete Glühspule: 6 Windungen, 70 A.

[4] Zur Eliminierung der Abkühleffekte an den Enden des Glühdrahtes muß dabei die Spannungsmessung im mittleren homogen geheizten Teil durch 2 Sonden aus sehr dünnem, keine Abkühlung bewirkendem W-Draht erfolgen.

mit bekannten Abmessungen unter gleichzeitiger Messung der Temperatur (z. B. pyrometrisch unter Berücksichtigung des Teilstrahlungsvermögens) bestimmt werden.

Die Eindringtiefe[1]

$$l_0 = 500 \sqrt{\frac{\varrho_T}{f \cdot \mu}} \text{ (mm)}$$

des Hochfrequenzfeldes in die zu glühenden Elektroden ist in Tabelle 65 bei 20 und 800° C für verschiedene Werkstoffe und Frequenzen zusammengestellt. Wenn die Wandstärke einer zur Glühspule rotationssymmetrischen Hohlzylinderelektrode wesentlich größer ist als die Eindringtiefe, so besitzt eine solche Blechelektrode dieselbe Leistungsaufnahme wie ein Vollzylinder gleichen Durchmessers. Ihr Inneres ist (bei genügender Länge) praktisch feldfrei, sodaß dort befindliche Elektroden (z. B. Gitter in Verstärkerröhren) vom Hochfrequenzfeld nicht mehr erfaßt werden können. Auch dies bedeutet für eine Reihe von Anwendungen (Verstärkerröhrenfabrikation) eine Begrenzung der anzuwendenden Frequenz nach oben. Wie Tabelle 65 zeigt, ist es jedoch bei Wandstärken von 0,1 mm und Material von höherem spezifischen Widerstand (z. B. Ni) möglich, einen Teil der Hochfrequenzenergie auch innerhalb gelegenen Elektroden zuzuführen, wenn die Frequenz nicht zu hoch gewählt wird. Noch besser gelingt dies, wenn die äußere Elektrode nicht aus Blech, sondern aus Geflecht besteht (scheinbare Erhöhung des spezifischen Widerstandes).

Tabelle 65. Abhängigkeit der Eindringtiefe l_0 eines magnetischen Hochfrequenzfeldes von Frequenz (f), Elektrodenmaterial und Glühtemperatur.

Material	ϱ_T [$\Omega \cdot mm^2/m$]		Eindringtiefe $l_0 = 500 \sqrt{\frac{\varrho_T}{f \cdot \mu}}$ (mm)					
			$f = 10^4$ Hz		$f = 10^5$ Hz		$f = 10^6$ Hz	
	20° C	800° C	20° C	800° C	20° C	800° C	20° C	800° C
Aluminium . . .	0,029	0,072	0,85	1,34	0,27	0,42	0,085	0,134
		(400° C)		(400° C)		(400° C)		(400° C)
Eisen	0,096	1,06	—*	5,1	—*	1,63	—*	0,51
Graphit	6—11	4,6—7,7	12,2 bis	10,7 bis	3,87 bis	3,39 bis	1,22 bis	1,07 bis
			16,6	13,9	5,24	4,39	1,66	1,39
Invar	0,83	$\approx$1,15	—*	5,36	—*	1,70	—*	0,536
Kupfer	0,0172	0,0766	0,66	1,38	0,207	0,438	0,066	0,138
Molybdän	0,048	0,25	1,10	2,5	0,346	0,79	0,110	0,25
Nickel	0,087	0,45	—*	3,35	—*	1,06	—*	0,335
Platin	0,099	0,375	1,57	3,06	0,50	0,97	0,157	0,306
Tantal	0,155	0,48	1,97	3,46	0,622	1,10	0,197	0,346
Wolfram	0,055	0,26	1,17	2,65	0,37	0,81	0,117	0,265

* Wegen der nicht genau bekannten wirksamen Permeabilität sind die Eindringtiefen für Fe, Ni und Invar bei 20° C nicht angegeben.

Für Glühspulen verwendet man gewöhnlich einlagige freitragende Draht-, preßluftgekühlte Rohr- oder Bandspulen (zweckmäßig Bandebene senkrecht

[1] Unter „Eindringtiefe" ist hier diejenige Schichtdicke des Elektrodenmaterials verstanden, nach deren Durchdringung die Amplitude einer ebenen elektromagnetischen Welle auf den e-ten Teil ihres ursprünglichen Wertes, also auf etwa 37% abgeklungen ist. Dies ist zu beachten, da vielfach in der Literatur die „Eindringtiefe" auch als diejenige Schichtdicke definiert wird, in der die Amplitude den $e^{2\pi}$-ten, d. h. etwa den 550-ten Teil ihres ursprünglichen Wertes erreicht hat (vgl. z. B. Loebner *1*).

zur Röhrenachse!), die durch Asbestgewebe gegen direkte Berührung mit der Glaswand geschützt sind [1] (vgl. Abb. 136, 137 und 138).

Aus Abb. 135 geht hervor, daß für konstante Spulenabmessungen die Leistungsaufnahme des Glühgutes mit seinem Durchmesser zunimmt und daß andererseits bei gegebenen Glühgutabmessungen die Kopplung zwischen Spule und Glühgut so eng wie möglich, der Spulendurchmesser also nicht größer als unbedingt notwendig zu wählen ist, praktisch nur wenige Millimeter größer als der Durchmesser der Vakuumröhre. Ein zur Spulenachse konzentrisch liegender geschlossener Metallzylinder läßt sich wesentlich leichter erhitzen als ein geschlitzter Metallzylinder oder eine parallel zur Spulenachse liegende Metallplatte. Kleine Metallteile (z. B. Getterkapseln), die sich infolge ihres kleinen Umfanges schwer erhitzen lassen, verbindet man mit den Enden eines Metallringes möglichst großen Durchmessers (vgl. Abb. 311 und Fay *1*). Bei Schellen, die zum Befestigen der Elektroden um den Glasfuß gelegt werden und infolgedessen bei der Hochfrequenzentgasung nicht mit erhitzt werden dürfen, verhindert man umgekehrt eine Erwärmung durch Isolierzwischenstücke an den Klemmschrauben.

Abb. 136. Hochfrequenzentgasungsspulen aus senkrecht zur Spulenachse angeordnetem Cu-Band (Hersteller: Eisler Engineering Co).

Zur Erzeugung der Hochfrequenz verwendet man teils Funkenstrecken-, teils Röhrengeneratoren, teils Maschinen. Die ersteren (vgl. Abb. 139) haben den Vorzug größerer Einfachheit, Robustheit und geringeren Raumbedarfs, benötigen jedoch, wenn sie konstant arbeiten sollen, eine häufige Reinigung der Funkenstrecke und geben zu hochfrequenten Störungen Veranlassung. Abb. 140 zeigt zwei typische Schaltungen derartiger Hochfrequenzgeneratoren mit den zugehörigen Dimensionierungsangaben. Im allgemeinen soll die Leitung vom Generator zur Glühspule möglichst kurz sein; längere Leitungen sind als Hochfrequenzenergieleitungen auszuführen. Der Röhrengenerator [2] ist dem Funkengenerator hinsichtlich der

Abb. 137. Hochfrequenzentgasung einer Senderöhre mittels einer um die Röhre montierten Spule aus Cu-Rohr (Mendenhall *1*).

[1] Bei Pumpautomaten wird das Hochfrequenzfeld vielfach durch zwei parallele Spulen von länglicher Rechteckform erzeugt, zwischen denen sich die Röhren während des Pumpens hindurchbewegen (ähnlich Abb. 338, S. 312).

[2] Vgl. auch Fischer *1*.

Leistungsregelung, der Gleichmäßigkeit der Leistungsabgabe und des Gesamtwirkungsgrades überlegen. Für größere Betriebe haben sich auch Maschinengeneratoren bewährt (vgl. jedoch S. 129, Fußnote 1).

Abb. 138. Entgasung und Getterung von Rundfunkröhren durch Hochfrequenzspulen (Fabrikation Telefunken-Osram).

Bei der Hochfrequenzentgasung entsteht in der Vakuumröhre durch die Gasabgabe der Metallteile eine Druckerhöhung, deren Größe von der Pumpensaugleistung und dem Strömungswiderstand der Pumpleitung (Abschmelzkapillare!) abhängt. Die kürzeste Entgasungszeit wird durch stoßweise Erhitzung erzielt, weil sich auf diese Weise die Metallteile vorübergehend höher erhitzen lassen als bei Dauerglühen (Erweichung von Glaswänden), abgesehen davon, daß zu hoher Gasdruck die Gasabgabe der glühenden Teile stark herabsetzt und unerwünschte chemische Reaktionen mit empfindlichen Elektrodenoberflächen (z.B. Kathoden) hervorrufen kann. Ein Maß für den Gasdruck gibt die Leuchtintensität der vom Hochfrequenzfeld angeregten Gasreste, aus deren Farbe man auch auf die Art des ausgetriebenen Gases schließen kann. Im allgemeinen schaltet man[1] den Hochfrequenzgenerator ab, sobald die leuchtende Entladung einsetzt oder eine gewisse Intensität überschreitet.

Abb. 139. Funkengenerator für Hochfrequenzentgasung. 1 Transformator; 2 Ölkondensator; 3 8-teilige Wolframfunkenstrecke mit Wasserkühlung; 4 Entgasungsspule; 5 Hochspannungskabel; 6 Fußschalter; 7 Hauptschalter; 8 Holzgehäuse (obere Schutzhaube und eine Seitenplatte entfernt); 9 Erdungsklemme für Hochfrequenzspule.

Die Verdampfung von in der Vakuumröhre befindlichen Gettern wird nach Abschluß, manchmal teilweise auch schon während des Entgasungsprozesses durch Hochfrequenz vorgenommen (vgl. Abschnitt 24d). In Röhren, bei denen Metallmäntel eine Hochfrequenzerhitzung des Elektrodensystems verhindern (Senderöhren, Großgleichrichter), kann die Entgasung auf der Pumpe nur durch Elektronen- oder Ionenbombardement erfolgen.

[1] Durch Druckknopf am Handgriff der Glühspule oder durch Fußschalter (vgl. Abb. **139**).

Erhitzung durch Elektronenbombardement. In allen Vakuumröhren, die eine genügend stark emittierende Elektronenquelle besitzen, ist als letzte Entgasungsmethode während des Pumpprozesses die Erhitzung durch Elektronenbombardement anwendbar. Sie besteht darin, daß die zu entgasenden Elektroden eine so hohe positive Spannung u_a (V) gegenüber der Elektronenquelle erhalten, daß sie durch die Energie der auftreffenden Elektronen

$$N = i_a \cdot u_a \text{ (Watt)}$$ [1]

genügend hoch erhitzt werden (i_a: Entladungsstrom in Amp.).

Das Elektronenbombardement ist die wirksamste Entgasungsmethode, weil dabei die Temperaturverteilung der entgasten Teile dem späteren Betriebszustand am nächsten kommt. Außerdem kann man nur auf diese Weise Elektrodenteile, die von einem Hochfrequenzentgasungsfeld schwer erfaßt werden

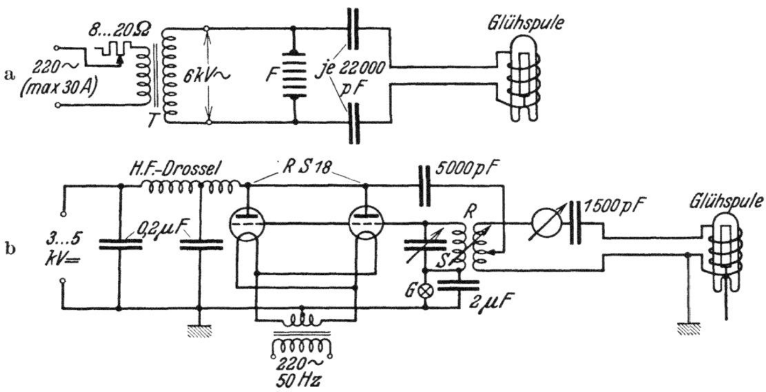

Abb. 140. Schaltbilder für Hochfrequenzgeneratoren zur Vorentgasung von Metallen. a Funkengenerator: T Transformator (6 kVA, 50 Hz); F 6- bis 8-teilige Löschfunkenstrecke (jede Teilfunkenstrecke 800 bis 1000 V Zündspannung). b Röhrengenerator: S Schwingkreis (λ = 1000 bis 3000 m); G 15 W-Glühlampe als Gitterableitung und Schutzwiderstand; R variable Rückkopplung aus Flachbandspulen; Betriebsdaten der RS 18-Röhren: u_h = 16 V, i_h = 8,8 A, i_s = 0,7 A, D = 1,8%, Nutzleistung = 0,45 kW.

können (z. B. Gitter in Elektronenröhren, in Cu eingeschmolzene W-Ronden in Röntgenröhren), genügend hoch erhitzen und durch geeignete Spannungsverteilung an den einzelnen Elektroden diejenige Temperaturverteilung erzwingen, die zur Verhinderung von Niederschlägen oder Adsorptionsschichten (an den ohne diese Maßnahme kälteren Elektroden) notwendig ist.

Bei Aufbauten mit großen Massen hochschmelzender Metalle (W, Ta, Mo) wird die Bombardementsentgasung auch zur Vorentgasung herangezogen. Zu diesem Zweck werden die fertigen Elektroden (ohne Glasteile) in einem hochvakuumdichten, wassergekühlten Metallrohr provisorisch montiert und durch Elektronenbombardement aus der eigenen Kathode oder besser einer Hilfskathode auf so hohe Temperaturen erhitzt, wie sie im Glaskolben wegen der Erweichungsgefahr der Glasteile nicht erreichbar wären. Größere W-Teile können auf diese Weise bis zu 2500° C mit relativ geringem Leistungsaufwand entgast werden; auch ist es bei dieser Methode möglich, an kostspieligen Elektrodenaufbauten fehlerhafte Stellen, die sich erst bei hohen Temperaturen zeigen, rechtzeitig, d. h. vor dem Einschmelzen, zu erkennen und zu beseitigen.

[1] Da in der Regel zur Strombegrenzung bei Gasausbrüchen der Röhre Schutzwiderstände vorgeschaltet sind (vgl. Abb. 141), ist für u_a stets die direkt an der Röhre gemessene Anodenspannung einzusetzen, nicht aber die Spannung der Stromquelle.

Während des Elektronenbombardements in der Röhre selbst ist besonders darauf zu achten, daß der Druck der abgegebenen Gase eine gewisse Grenze nicht überschreitet. Ist dies der Fall, so tritt leicht eine Schädigung oder (bei direkt geheizten Glühkathodenröhren) eine Zerstörung der Kathode durch Ionenbombardement bzw. durch Lichtbogenbildung ein [1]. Man muß also (besonders bei Hochspannungsröhren), stoßweise erhitzen oder (vorwiegend bei Niederspannungsröhren) einen Strombegrenzungswiderstand, zweckmäßig in Form geeignet gewählter Glühlampenkombinationen, in den Entladungskreis einschalten (vgl. Abb. 141). Gegen Ende des Entgasungsprozesses müssen die Elektroden Belastungsspannungen erhalten, die höher sind als die im späteren Betriebe

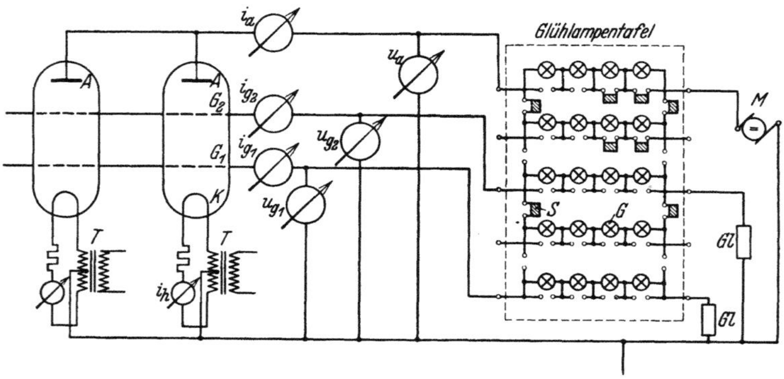

Abb. 141. Schaltung zur Entgasung von Verstärkerröhren mit vier Elektroden durch Elektronenbombardement: Gl Glühkathoden-Gasgleichrichter (220 V) für Gitterentgasung; M Gleichstrommaschine mit Regelfeld (200 bis 2000 V) für Anodenentgasung; S Kurzschlußstecker für Glühlampentafel zur Wahl beliebiger Kombinationen von Vorschaltglühlampen [2]; G Glühlampen (je 25 bis 100 W, 220 V) als Vorschaltwiderstände; T Heiztransformatoren für die Kathoden.

vorkommenden Maximalspannungen. Wassergekühlte Cu-Außenanoden in Senderöhren können kurzzeitig bis 700° C ohne Gefahr der Gasdurchlässigkeit erhitzt werden [3]. Bei Oxydkathoden dient der Elektronenstrom gleichzeitig zur Aktivierung der Kathodenschicht (vgl. Abschnitt 21d).

Bei Hochspannungsröhren, bei großen Elektrodenabständen oder bei Elektronenquellen geringer Stromergiebigkeit benötigt man zur Erreichung genügend hoher Temperatur so hohe Elektronengeschwindigkeiten, daß an den getroffenen Elektroden Röntgenstrahlen erheblicher Durchdringungsfähigkeit und Intensität entstehen, die durch einen Schutzmantel abgeschirmt werden müssen. Zum Schutze des Bedienungspersonals müssen also solche Röhren einen Strahlschutzmantel erhalten, der meist mit dem Entgasungsofen zu einer Einheit verbunden ist (z. B. Bleiplattenbeschlag). Die Mindestdicke des Schutz-

[1] Bei Ta ist diese Gefahr wegen der großen Gasabsorptionsfähigkeit in glühendem Zustand relativ gering, weshalb es manchmal trotz seines hohen Preises als Anodenmaterial bevorzugt wird.

[2] Beispielsweise zeigt die Abbildung folgende Vorschaltkombinationen: im Anodenkreis zweimal 2 Lampen parallel, im G_2-Kreis zweimal 4 Lampen parallel, im G_1-Kreis 4 Lampen hintereinander.

[3] Über Beseitigung von oberflächlichen Gas- oder Schmutzschichten in Hochspannungsröhren, bei denen nicht alle Teile durch Ausglühen gleichmäßig entgast werden können (z. B. Wasserkühlröhren), durch „Abbürsten“ mittels Funkeninduktor vgl. Ch. Sykes *1* und S. 312.

mantels, durch die in einer Entfernung des Rohres von über 1 m die Röntgenstrahlung mit Sicherheit unter die schädliche Dauerdosis herabgesetzt wird, ergibt sich aus Tabelle 66 (vgl. auch Abb. 179).

Tabelle 66. Mindestdicken (mm) von Röntgenstrahlen-Schutzschirmen (Röhrenstrom 10 mA, Entfernung des Beobachters von der Strahlenquelle > 1 m[1]).

Stoff des Schutzmantels	Elektronengeschwindigkeit (kV)							
	75	120	180	200	250	300	350	400
Blei	1	3	4	6	8	13	19	25
Bleigummi. . . .	3	7	10	15	20	32	48	62
Bleiglas	4	12	16	24	32	52	76	100
Barytstein	15	45	60	90	—	—	—	—
Ziegelstein	110	330	440	660	—	—	—	—
Stampfbeton. . .	60	180	240	360	—	—	—	—

c) Verbindung von Metallteilen.

Die Verbindung von Metallteilen erfolgt im Vakuumröhrenbau nach besonderen Gesichtspunkten, die durch die Verwendung geringster Metallmengen

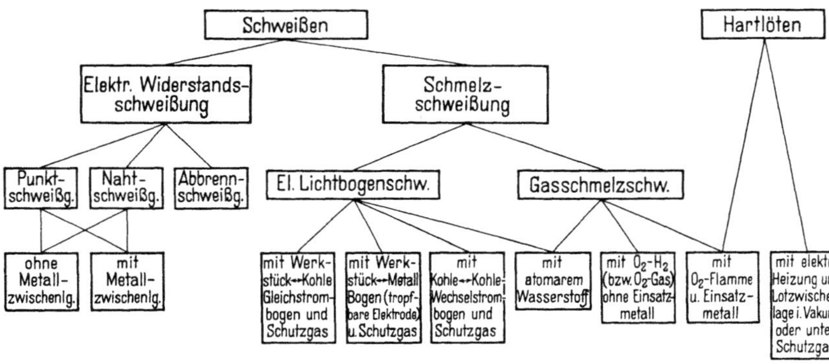

Abb. 142. Schematische Übersicht über die in der Vakuumtechnik gebräuchlichen Schweiß- und Hartlötmethoden.

und die Notwendigkeit leichter Entgasbarkeit und niedrigen Dampfdrucks des Verbindungsmaterials bedingt sind. Dies hat zur überwiegenden Verwendung von Schweißverbindungen gegenüber Löt- und mechanischen Verbindungen geführt. Einen Überblick über die üblichen Schweißmethoden gibt das Schema Abb. 142; vgl. auch Bardtke *1*, Schimpke *1*.

Punkt- bzw. Nahtschweißung (Neumann *1*). Bei kleineren abgeschmolzenen Vakuumröhren werden die Verbindungen fast ausschließlich mit der Punktschweißmaschine hergestellt (vgl. Abb. 143, 144 u. 145). Sämtliche Arbeitsvorgänge werden dabei durch einen Fußhebel bewirkt. Nachdem die zu verbindenden Teile durch die zunächst stromlosen Elektroden gegeneinander gepreßt sind, wird bei weiterem Durchtreten des Fußhebels der Primärstromschalter des Transformators betätigt und durch Schweißstrom und Elektrodendruck an der Schweißstelle ein punktförmiges Verschmelzen herbeigeführt.

[1] Vgl. auch die Vorschriften für Röntgenbetriebe DIN Röntg. 2 (1930) und DIN Röntg. 6 (1934).

Beim Loslassen des Fußhebels wird zunächst der Strom abgeschaltet und dann erst die Schweißstelle freigegeben. Für gute Schweißung ist eine genaue Einhaltung der Schweißzeit erforderlich; bei Überschreiten entsteht Verbrennung und Verziehen des Materials (Abb. 146), bei Unterschreiten ungenügende Festigkeit der Schweißstelle [1]. Da bei dünnen Materialstärken (< 1 mm) die Schweißzeiten nur Bruchteile von Sekunden betragen dürfen (vgl. Abb. 147), benützt man häufig selbsttätige mechanische Relaisschalter (vgl. Abb. 145) oder besser Stromtorschaltungen (Lord *1*, Kiefer *1*, vgl. S. 139).

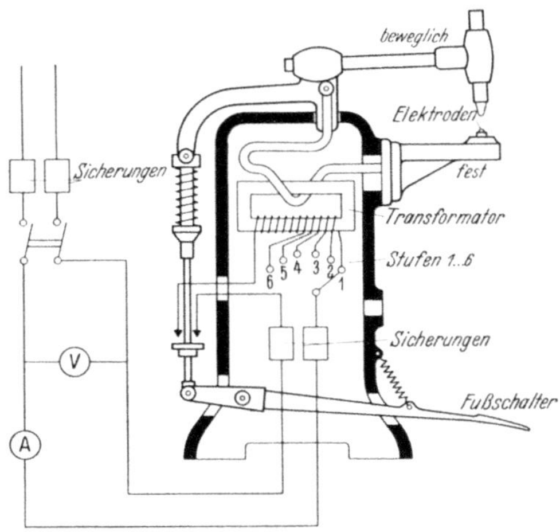

Abb. 143.

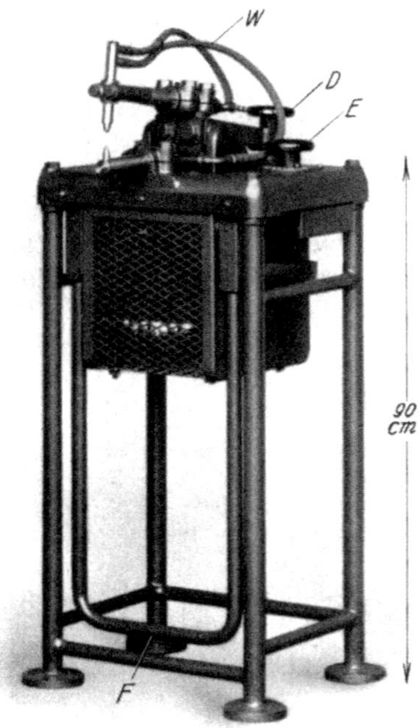

Abb. 144.

Abb. 143. Schema der Punktschweißmaschine.

Abb. 144. Universalpunktschweißmaschine für 2 kVA Dauerleistung (Hersteller: Siemens-Schuckert-Werke). D Regler für Elektrodendruck; E Primärspannungsregler; W Wasserkühlung der Elektroden; F Fußhebelschalter.

Einwandfreie Widerstandsschweißung ist nur mit sauberen Oberflächen der zu schweißenden Metalle zu erreichen; gegebenenfalls sind diese vorher durch Beizen in Säure, Sandstrahlen oder Schmirgeln zu reinigen. Mit Rücksicht auf gute Wärmeableitung an den Elektrodenspitzen und verlustlose Leitung der hohen Schweißströme (bis 2000 A) bestehen die Elektroden meist aus Cu; besser bewähren sich (wegen des geringeren Materialverschleißes) Elektroden aus W-Cu-Gemisch [2] (vgl. AEG *3*) oder in Cu im Vakuum eingeschmolzene W-Stifte. Die Elektrodenform muß der Form der zu verbindenden Teile angepaßt sein (vgl. Abb. 148). Für starke Schweißströme werden die Elektroden hohl mit

[1] Auch die Einstellung des richtigen Elektrodendruckes ist wichtig: zu kleiner Druck (mangelhafter Kontakt, Funkensprühen) ergibt ein Verbrennen der Schweißstelle und Festhaften (Schmelzen) der Elektroden, zu großer Druck (kleiner Kontaktwiderstand, daher geringe Wärmeentwicklung) ungenügende Festigkeit der Schweißstellen. Aus diesem Grunde besitzen gute Schweißmaschinen Vorrichtungen zum Regeln des Maximaldruckes der Elektroden und des Zeitpunktes der Stromeinschaltung (vgl. Abb. 144, Druckregler D).

[2] Elkonit (Fabrikat AEG), Elmet (Fabrikat Deutsche Glühfaden-Fabrik).

Wasserkühlung ausgeführt. Sie sind von Zeit zu Zeit mit Schmirgelpapier oder Schlichtfeile von Zunder bzw. Cu-Oxyd zu befreien; ihre starke Abnutzung macht häufiges Auswechseln notwendig.

Bei längeren Schweißnähten lassen sich die spitzen Elektroden durch Rollenelektroden

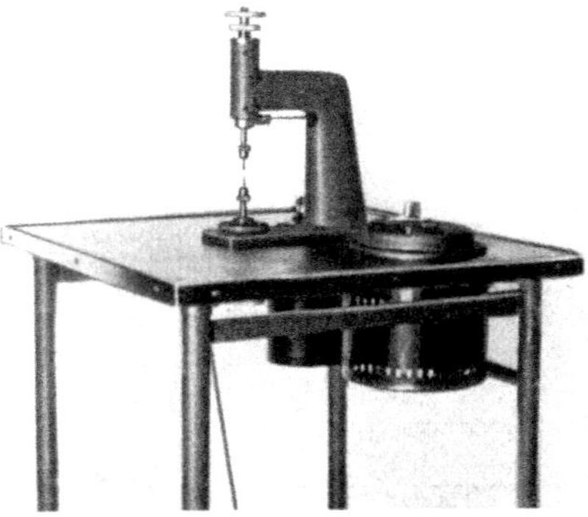

Abb. 145. Punktschweißmaschine mit Feinregulierung und Stromauslöser (Schweißbegrenzer) für kleine Elektrodenteile; Stoßleistung 1 bis 2 kVA (Lieferwerk: Gladitz, Berlin).

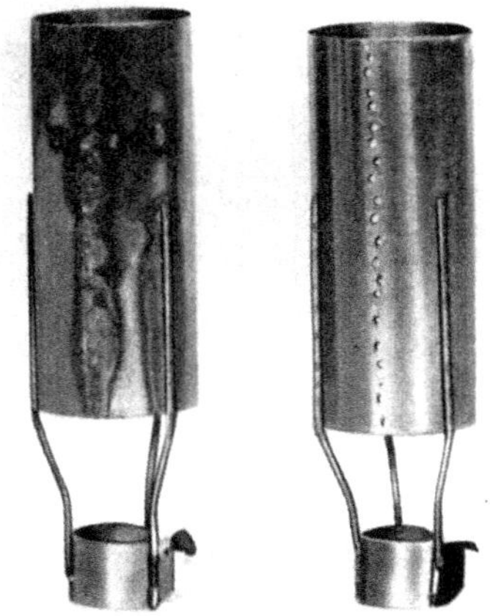

a b

Abb. 146. Punktgeschweißte Anoden aus oxydierbarem Metall (Lord *1*). a von Hand geschweißt, Umgebung der Schweißstellen stark oxydiert; b mit Stromrichtersteuerung geschweißt.

ersetzen (vgl. Abb. 148, Teilbild k—m, und Abb. 149, „Nahtschweißmaschine"). In diesem Fall muß durch Unterbrechung des Schweißstromes oder durch hohe Vorschubgeschwindigkeit (etwa 10 cm/sec) dafür gesorgt werden, daß die einzelnen Schweißpunkte mindestens 1 mm voneinander entfernt sind.

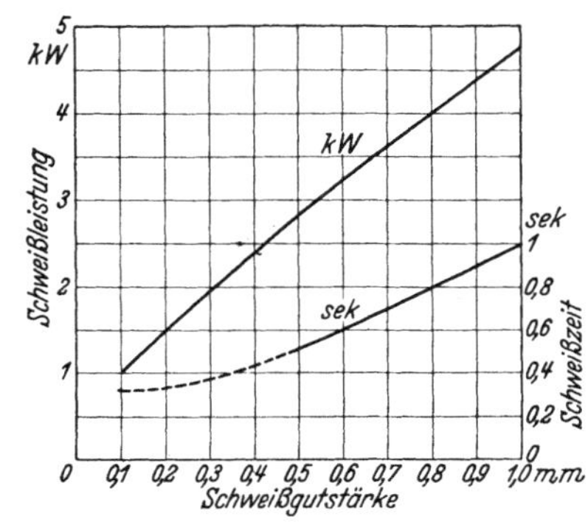

Abb. 147. Erforderliche Schweißleistung und -zeit in Abhängigkeit von der Dicke des Schweißgutes (Bardtke *1*, Schimpke *1*), nach überschlägigen Messungen an Punktschweißmaschinen ohne automatische Steuerung bei Metallen mit reinen Oberflächen. Nicht gültig für Metalle mit extrem hoher Wärmeleitfähigkeit (Al, Cu); bei diesen sind kürzere Schweißzeiten und erhöhter Leistungsaufwand (höhere Stromdichte) erforderlich.

Gut lassen sich solche Metalle verschweißen, deren Schmelzpunkt, spezifischer Widerstand und Wärmeleitfähigkeit nahe beieinander liegen, z. B. Ni und Fe; außerdem nimmt die Schweißbarkeit von Metallen mit zunehmendem Schmelzpunkt ab. Leicht oxydable Metalle, z. B. W und Mo, schweißt man häufig in Schutzatmosphäre (Anblasen der Schweißstellen mittels Düse, vgl. Abbildung 149, oder aus einer Bohrung in den Schweißelektroden, vgl. Abb. 148, Teilbild n). Ta läßt sich einwandfrei unter einer Schutzflüssigkeit, z. B. Tetrachlorkohlenstoff (vgl. Fansteel *1*) verschweißen (vgl. Abb. 38, S. 38). Derartige Schweißstellen sind so weich, daß sie sich gut verformen und sogar walzen lassen. Um ein Ankleben der Cu-Elektroden beim Punktschweißen an das Ta zu vermeiden, empfiehlt sich Zwischenlegen von dünnen Mo-Folien zwischen Elektroden und zusammenzuschweißende Ta-Bleche (Mo verschweißt äußerst schwer mit Ta!).

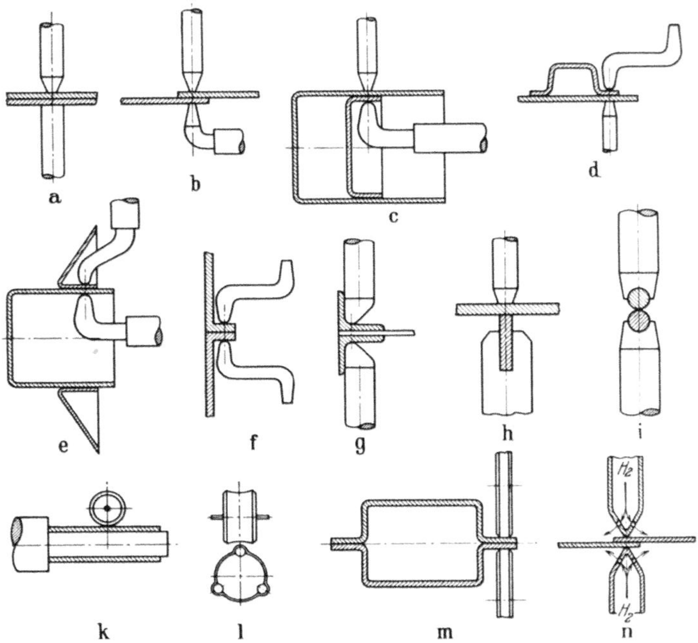

Abb. 148. Formen von Punktschweißelektroden.
a bis f für Blechschweißungen; g für Kantenschweißungen; h für Stiftschweißungen; i für Drahtschweißungen; k bis m für Nahtschweißungen (k Anode auf Dorn, l Gitter auf Wickeldorn, m zusammengesetzte Anode); n für Punktschweißungen unter Schutzgas.

Abb. 149. Kombinierte Wickel- und Nahtschweißmaschine für Gitter in Verstärkerröhren (Fabrikation Telefunken-Osram).
S: H_2-Schutzgasspülung aus einer Düse dicht an der Schweißstelle.

Anhaltspunkte über die Punktschweißbarkeit der verschiedenen Metalle gibt Tabelle 67 [1].

[1] Tabelle 67 soll keine Absolutwerte angeben; sie ist das Ergebnis einer Umfrage in verschiedenen unabhängigen Werkstätten, deren Erfahrungen zum Teil voneinander abweichen.

Tabelle 67. Punktschweißbarkeit von Metallen (insbesondere von Blechen).

Werkstoff I \ Werkstoff II	Monel	Konstantan	Ni/Cr (80/20)	Invar	FeCr (70/30)	Al	Cu	Fe	Ni	Ta	Mo	W
W						4	4	$\underset{\circ}{\downarrow}$ 3	2	0 4	$\underset{\circ}{\downarrow}$ 4	4
Mo	↓			↓		4	4	$\underset{\circ}{\downarrow}$ 3	2	4	$\underset{\circ}{\downarrow}$ 4	
Ta						4	0 4	$\underset{\circ}{\downarrow}$ 3	2	0		
Ni	↓	3	↓	↓	2	3—4	3	1	1			
Fe (rein)	↓	2	↓			3	2—3	1				
Cu					4	4	↓ 3·4					
Al	4	2	4			3						
Fe/Cr (70/30)				3								
Invar	↓		↓	↓								
Ni/Cr (80/20)	↓		↓									
Konstantan		↓										
Monel	↓											

Zeichenerklärung: 1 sehr gut, 2 gut, 3 erschwert, 4 schlecht oder unmöglich, 0 möglich unter Schutzflüssigkeit, ↓ gut möglich mit Stromtorschaltung, $\underset{\circ}{\downarrow}$ für dünne Drähte gut möglich mit Stromtorkurzzeitsteuerung.

Besonders sauber und sicher lassen sich Punkt- und Nahtschweißungen mittels Stromtorsteuerung herstellen. Ein solches Gerät, das in den Primärstromkreis der Schweißmaschine eingeschaltet wird, zeigt Abb. 150. Es erlaubt eine genaue Einstellung der Schweißzeit (< 1/100 sec) und damit eine Dosierung der Schweißenergie auch für sehr empfindliche Schweißstücke (über Einzelheiten vgl. z. B. N.N. *7*).

Sehr dünne Drähte (unter 1,5 mm) aus hochschmelzenden Materialien, wie sie z. B. für Wickelgitter in Rundfunkröhren[1] Verwendung finden, lassen sich (nach Kiefer *1*) einwandfrei miteinander verbinden, wenn das Verhältnis ihrer Durchmesser der Bedingung entspricht

$$\frac{d_1}{d_2} = \frac{\lambda_2}{\lambda_1} \sqrt[3]{\frac{T_{s\,1}{}^2}{T_{s\,2}{}^2}}$$

(d Durchmesser des Drahtes in mm, λ Wärmeleitfähigkeit, T_s Schmelzpunkt in ^{0}C). Dabei ist vorausgesetzt, daß mit Schweißzeiten zwischen $^1/_{100}$ bis $^1/_{200}$ sec gearbeitet wird (Stromrichtersteuerung!). Es bildet sich dann an der Verbindungsstelle der beiden zu verschweißenden Materialien Bildung einer Legierung. Bei ungünstigem $\frac{d_1}{d_2}$ erfolgt nur ein Umfließen des niedrigerschmelzenden Materials um das höherschmelzende, oder es tritt, besonders bei W-Drähten, eine so starke Rekristallisation auf, daß die Schweißstellen brüchig werden. Nahtschweißungen können durch Stromrichtersteuerung auch vakuumdicht erhalten werden, wenn man durch entsprechende Rollengeschwindigkeit, günstige Aufeinanderfolge der Schweißstromstöße und durch mehrmaliges Überschweißen der Naht dafür sorgt, daß die einzelnen Teilschweißpunkte sich gut überlappen (vgl. N.N. *5* und Pike *1*). Über das Zuschweißen von Pumpstutzen aus Metallrohr vgl. Pike *1* und M.O.Valve *2*.

Abbrennschweißung. Neben der Punktschweißung verwendet man zuweilen auch, besonders bei starkwandigen Röhren, die sog. Abbrennschweißung

[1] Über eine kombinierte Wickelschweißmaschine mit Stromrichtersteuerung für Gitter, bei der das Schweißen des gewickelten Mo-Drahtes auf die Ni-Gitterhaltestäbe unmittelbar nach dem Wickeln mittels einer rotierenden Kugelelektrode erfolgt vgl. Kiefer *1*.

Abb. 150. Gerät zur Stromrichtersteuerung von Schweißmaschinen für Schweißzeiten unter einer Stromhalbwelle (< 0,01 sec); Schutzhaube entfernt (vgl. N. N. 7, Hersteller: Siemens-Röhren-Werk).

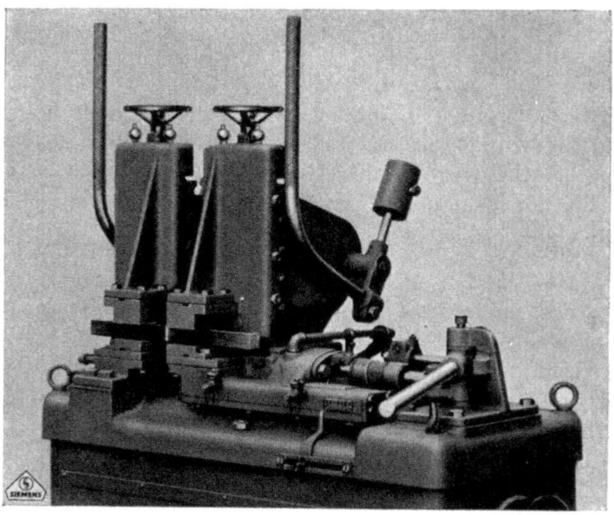

Abb. 151. Stumpfschweißmaschine mit Schnellspannung und Kniehebelstauchung (Hersteller: Siemens-Schuckert-Werke).

(Stumpfschweißung, vgl. Abb. 151). Dabei werden die in isolierte Backen eingespannten Werkstücke mit sehr hohen Strömen (Größenordnung 10^3 A) zunächst durch wiederholte Berührung infolge des Übergangswiderstandes[1] erwärmt und schließlich nach genügender Erhitzung unter hohem Druck gegeneinander gepreßt. Technische Anwendung: Vakuumdichte Verbindung von Fe-Ni-Einschmelzrohren mit rohrförmigen Antikathodenschäften von Röntgenröhren (vgl. Abb. 382).

Lichtbogenschweißung (Meller *1*). Zur Verhütung von O_2- und N_2-Verbindungen und der Aufnahme schädlicher Gase wird diese Art der Schweißung für vakuumtechnische Zwecke in der Regel in H_2-Atmosphäre ausgeführt[2].

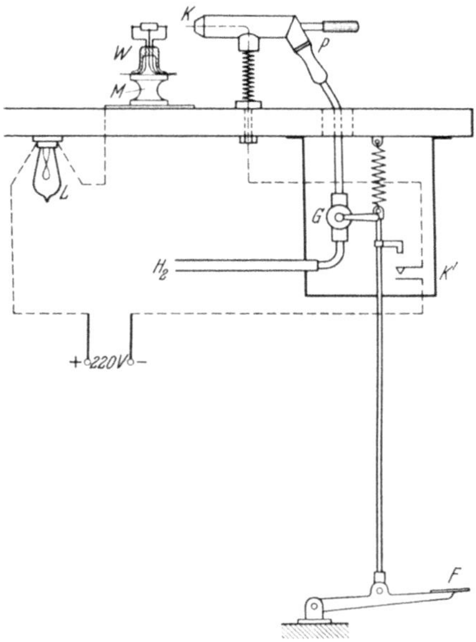

Abb. 152. Vorrichtung zum Schweißen im H_2-Strom mittels Gleichstromlichtbogen zwischen Kohleelektrode und Werkstück.
W Werkstück; K Isolierkohlestift, im Zentrum einer H_2-Pistole P montiert; G Gashahn; K′ Einschaltkontakt; F Fußschalter zur gleichzeitigen Betätigung von G und H; L Kohlenfadenlampen 220 V; M Metalltischchen.

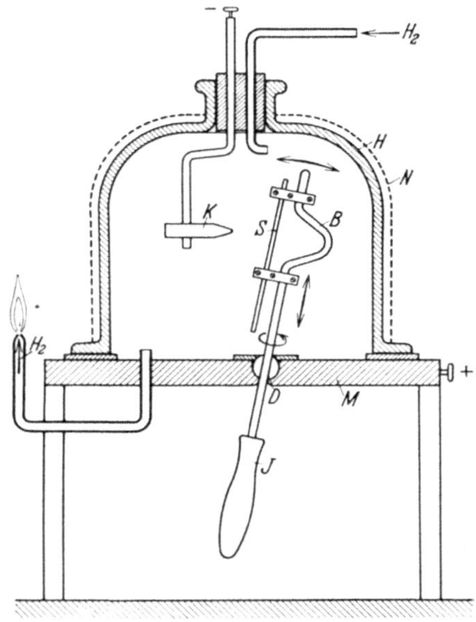

Abb. 153. Schweißen mittels Gleichstromlichtbogen und Kohleelektrode unter einer Haube mit H_2-Schutzgas. K Kohle; S Schweißstelle; B Werkstückhalter, allseitig schwenkbar mittels Kugelschliffdichtung D und isoliertem Handgriff I; M Metallgrundplatte; H Haube aus Glas mit Drahtnetzbewehrung N oder aus Metall mit Schauglas.

Gleichstromlichtbogen zwischen Werkstück und Kohleelektrode. An der Schweißstelle (Werkstück positiv) wird durch einen Kohlestift, am besten im H_2-Strom oder unter einer mit H_2 gefüllten geschlossenen Haube, ein Lichtbogen gezogen. Eine Vorrichtung für Schweißen im H_2-Strom, die zur Verbindung von dünnen Kathodendrähten mit ihren Halterungen dient (nicht geeignet für W wegen Rekristallisationsbrüchigkeit!), zeigt Abb. 152, das Schema einer Schweißvorrichtung unter einer H_2-Haube Abb. 153. Während die erste Methode sich wegen der Gefahr der Knallgasbildung nur für kurzzeitige Schweißungen und geringe Materialstärken eignet, dient die letztere Methode

[1] Kein Lichtbogen! Betriebsspannung 1—2 V.

[2] An Stelle des reinen H_2 verwendet man vielfach ein explosionssicheres Gemisch von 80% N_2 und 20% H_2. Während Stickstoff mit Sauerstoff gemischt die Schweißstellen durch Bildung von Stickstoffverbindungen brüchig macht, schadet er mit Wasserstoff gemischt nicht (vgl. Pirani *1*).

besonders zum Verschweißen größerer Stücke von Mo mit W, Fe und Ni. Auch Al, Cu, Ni und Fe lassen sich auf diese Weise gut miteinander verbinden. Die Schweißstellen zeigen gute Festigkeit und Dehnbarkeit. Tantal kann nicht unter H_2 geschweißt werden, dagegen unter flüssigem Tetrachlorkohlenstoff (vgl. Fansteel *1* und Brit. Thomson-Houston *1*).

Gleichstromlichtbogen zwischen Werkstück und tropfbarer Metallelektrode. Als Elektrode (Werkstück positiv) dient ein meist aus demselben Material wie das Werkstück bestehender Metallstab, der auf die Schweißstelle tropft und hierdurch das Verbindungsmaterial liefert. Beim Arbeiten in strömendem H_2 wird dieser an der Austrittsöffnung meist angezündet, sodaß neben der Lichtbogenwärme auch die Verbrennungswärme der H_2-Flamme und die Rekombinationswärme des im Bogen dissoziierten atomaren Wasserstoffes eine Rolle spielt. Die Zuführung des Schmelzdrahtes erfolgt selbsttätig konzentrisch zum H_2-Strom (Alexander *1*, vgl. Abb. 154). Die Methode eignet sich besonders für Werkstoffe mit geringer Wärmeleitfähigkeit und nicht zu hohem Schmelzpunkt, also nicht für W, Ta und Mo. Cu ist nur bei sehr kleinen Abmessungen, Al und Ni sind nur bedingt schweißbar.

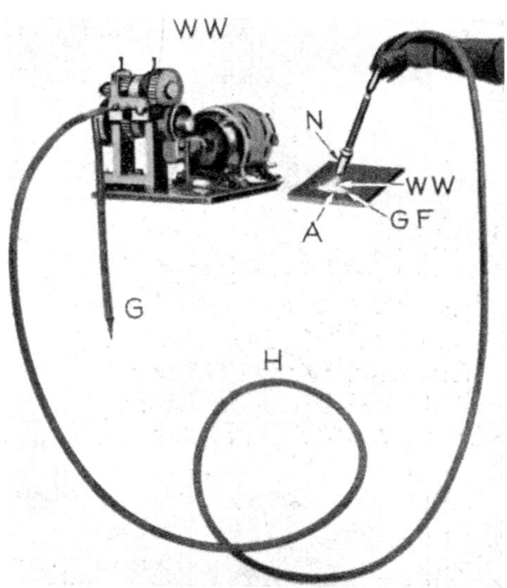

Abb. 154. Gleichstromlichtbogen - Schweißvorrichtung mit Schmelzdrahtelektrode und H_2-Atmosphäre (Alexander *1*).
WW automatischer Drahtnachschub; G H_2-Gaszufuhr; H Kabel für Strom-, Gas- und Drahtzufuhr; N Düse; A Lichtbogen; GF Gasflamme.

Wechselstromlichtbogen zwischen Kohleelektroden (vgl. z. B. Lincoln *1*). Die Zündung erfolgt meist mit Hilfe eines dritten beweglichen Kohlestabes. Der (häufig durch einen Blasmagneten zur Stichflamme geformte) Lichtbogen erhitzt das Werkstück an Luft oder in einem H_2-Gefäß; vgl. auch Abb. 390b. Unbequem ist der Kohlenachschub, vorteilhaft die Unabhängigkeit der Lichtbogenflamme vom Werkstück und die Möglichkeit, auch nichtmetallische Werkstoffe (z. B. Quarz, vgl. Abschnitt 12, S. 194) zu verschmelzen.

Gasschmelzschweißung (Flammenschweißung). Die Erhitzung der Werkstücke erfolgt durch eine Leuchtgasflamme oder (für höhere Temperaturen) durch eine O_2-Gas bzw. O_2-H_2-Flamme. Das Mischungsverhältnis der beiden Gase ist dabei wesentlich. Bei zu stark reduzierender Flamme bilden sich durch H_2-Aufnahme poröse Verbindungsstellen, insbesondere bei Cu; bei zu O_2-haltiger Flamme kann eine Schwächung der Verbindungsstelle durch Oxydation eintreten. Das Verfahren findet vor allem Verwendung zur Verbindung der Einschmelzdrähte für Glasquetschfüße mit den Elektroden- und Sockelzuführungsdrähten (vgl. z. B. Abb. 365). Hierbei wird mittels einer feinen Leuchtgas-O_2-Stichflamme das Ende der Cu- oder Konstantan-Drähte zu einer kleinen Kugel geschmolzen, mittels Pinzette der Einschmelzdraht (Pt, Fe-Ni usw.) in die Schmelzkugel gesteckt und darauf diese während des Erstarrens oval gezogen. Zur Verbindung von Ni- und Pt-Drähten wird erst das Pt auf Weißglut erhitzt und dann schnell mit dem Ni-Draht in Berührung gebracht. Konstantandrähte werden häufig vorher zwecks besserer Schweißbarkeit verkupfert (Lötschweißung). Für Flammenschweißung dünner Einschmelzdrähte werden vielfach automatische Schweißmaschinen verwendet.

Die Gasschmelzschweißung wird ferner unter Verwendung von Einsatzmaterial[1] auch zum vakuumdichten Verbinden größerer Teile aus Cu oder Fe angewendet, z. B. für Herstellung von Großgleichrichtergefäßen (vgl. z. B. die Schweißnaht in Abb. 65). Hat das Einsatzmetall einen niedrigeren Schmelzpunkt als die zu verbindenden Teile, so spricht man von Hartlöten (vgl. nächsten Abschnitt).

Schweißen im Wechselstromlichtbogen mit atomarem Wasserstoff (Langmuir-Arcatomverfahren, vgl. Weinmann *1*). Das Verfahren beruht, abgesehen

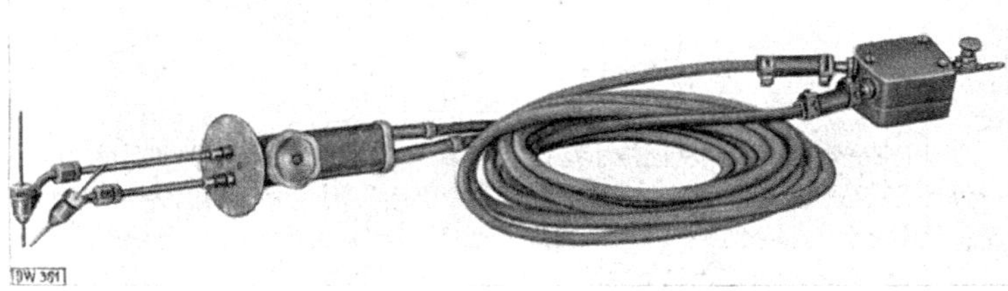

Abb. 155. Arcatom-Schweißgerät nach Langmuir; Erzeugung atomaren Wasserstoffs im Wechselstromlichtbogen zwischen Wolframelektroden (vgl. Bardtke *1*).

von der Schutzwirkung des den Lichtbogen und das Werkstück einhüllenden H_2, auf der Dissoziation des H_2 bei hohen Temperaturen zu atomarem H. Beim Auftreffen auf eine Metallfläche („Katalytwirkung") wird dieser zu H_2 rekombiniert und gibt dabei erhebliche Wärmemengen an das Werkstück ab, gegen die die Erhitzung durch den Lichtbogen und durch die normale Verbrennung des H_2 selbst zurücktreten. Die Ausführung einer derartigen Schweißvorrichtung zeigt Abb. 155. Die Zündung des Bogens erfolgt durch gegenseitige Berührung der W-Elektroden. Die Schweißströme betragen 20—60 A bei 60—100 V Bogenspannung (Zündspannung 400 V!). Die erreichten Schweißtemperaturen sind höher als die mit den anderen Schweißverfahren erreichbaren. Da atomarer Wasserstoff außerordentlich reaktionsfähig ist, werden Oxydhäute sehr energisch reduziert, so daß Al, Cr, Mo und W ohne behindernde Schutzhauben leicht verschweißt werden können.

Lötverbindungen (Burstyn *1*, DIN 1707/1710/1711).

Unter Löten wird die Verbindung zweier Metalle mit Hilfe eines dritten von niedrigerem Schmelzpunkt verstanden. Das Lot bildet dabei mit den zu verbindenden Metallen meist oberflächlich eine Legierung. Die Erwärmung der Lötstelle erfolgt bei niedrigeren Temperaturen durch Lötkolben, bei höheren durch Stichflamme oder durch elektrische Erhitzung. Zum Schutz der Lötstellen gegen Oxydation werden diese während des Lötvorganges durch sog. Löt- oder Flußmittel gegen den Luftsauerstoff abgedeckt; die letzteren übernehmen gleichzeitig die Lösung, Verflüchtigung oder Verschlackung vorhandener

[1] Häufig aus demselben Metall wie die zu verschweißenden Teile.

Tabelle 68. In der Vakuum-

Lot	Zusammensetzung (%)							
	Ag	Bi	Cd	Cu	Pb	Sn	W	Zn
Wood-Metall		50	12,5		25	12,5		
Rose-Metall		50			25	25		
Cd-Lötzinn			18		32	50		
Lötzinn 64					36	64		
Lötzinn 33					67	33		
Cadmium			100					
Silberlot 45	45			30				25
Vakuumlot E	72			28				0!
Silberlot 8	8			50				42
Schlaglot 54				54				46
Reinsilber	100							
Runnot S[3]	≈35	≈3 (Ni)					≈62	
„ C[3]		≈3 („)		≈35			≈62	
Reinkupfer				100				

Oxyde[1]. Stark oxydable Metalle lötet man zweckmäßig unter Schutzgas. Vor der Lötung sind die zu verbindenden Metalle sorgfältig mechanisch oder chemisch zu reinigen und zu entfetten (vgl. Abschnitt 10d, S. 153). Tabelle 68 gibt eine Zusammenstellung der in der Vakuumtechnik gebrauchten Lote in der Reihenfolge ihrer Schmelzpunkte. Für die Wahl eines Lotes sind maßgebend: Schmelzpunkt und Dampfdruck, mechanische Festigkeit und chemische Widerstandsfähigkeit der Lötstelle, insbesondere gegen Hg.

Weichlötungen kommen praktisch nur bei an der Pumpe liegenden Metallröhren und bei Sockelanschlüssen[2] vor. Wenn die zu verbindenden Teile vorher sorgfältig mit dem Lot überzogen worden sind, lassen sich mit ihnen auch vakuumdichte Verbindungen zuverlässig herstellen (vgl. Abschnitt 25d, S. 353). Bei Hg-haltigen Röhren entzieht man die Lötstellen dem direkten Angriff des Hg-Dampfes durch geeignete Vorlagen (Asbest, Fe, vgl. SSW *1*).

Hartlotverbindungen sind, abgesehen von ihrer höheren thermischen Belastbarkeit, mechanisch bedeutend fester, jedoch nur bei sorgfältiger Ausführung gut vakuumdicht zu erhalten[3]. Sie lassen sich auch bei abgeschmolzenen Röhren anwenden (z. B. zur Verbindung von Cu- oder Pt-Einschmelzringen mit Elektrodenzuleitungen oder Außenanoden, vgl. z. B. Abb. 381a und b); es ist dabei darauf zu achten, daß das verwendete Lot keine Legierungskomponente mit zu niedrigem Dampfdruck enthält, die bei der Entgasungserhitzung herausdestilliert (Zn, Sn, Pb; Dampfdruckkurven in Abb. 403, Anhang).

[1] Dabei ist sorgfältig darauf zu achten, daß vor dem Einbau des gelöteten Teiles in die Röhre auch die geringsten Reste der Fluß- oder Lötmittel entfernt werden, da diese sonst zu langdauernder Gasabgabe im Vakuum Veranlassung geben. Borax entfernt man am einfachsten durch rasches Eintauchen der noch heißen Lötstelle in kaltes Wasser.

[2] Über maschinelles Anlöten von Zuführungsdrähten an Sockeln mittels Lötpillen vgl. Regenstreif *1* und Pat. Treuhand-Ges. *2*.

[3] Eine gewisse Erschwerung des Hartlötens besteht darin, daß das Lot beim Erhitzen leicht von der Verbindungsstelle wegläuft. Dieser Effekt ist nicht vorhanden bei Ag- und Cu-Loten, die feinkörniges W-Pulver suspendiert enthalten („Runnot"-Lote der Deutschen Glühfaden-Fabrik).

technik gebräuchliche Lote.

Schmelzpunkt °C	Löt- oder Flußmittel	Hauptsächlichste Verwendung
61 94 145 181 240 321	a) Lötwasser (40% $ZnCl_2$, 20% NH_4Cl, 40% H_2O); b) Lötfett (90% Petroleum, 10% NH_4Cl); c) Tinnol (enthält $ZnCl_2$); d) Benzol-Kolophonium-Lösung (4 : 7 Gewichtsteile)	Für alle Verbindungen ohne besondere thermische und mechanische Belastung, besonders bei Vakuumdichtungen von Apparaturen mit angeschlossener Pumpe (Vorsicht bei Hg und Hg-Dampf!); Lötverbindungen von Blechen an platiniertes Porzellan; Sockelstift-Tauchlötungen
720 778 830	In Luft Borax ($Na_2B_4O_7$) [Lot E auch im Vakuum]	Für Verbindungen in abgeschmolzenen Vakuumröhren, insbesondere für Cu- oder Pt-Glasanschmelzkappen an Cu-Rohren oder -Stäben (Flammenlötung, Lot E besonders für Vakuumlötung)
875	wie oben	Für Fe- und Cu-Hartlötungen
962 962 1084 1084	Borax, besser Schutzgas oder Vakuum	Ohne Borax entgasbar bis 700—800° C

Kleinere Lötstellen (z. B. Verbindungen zweier Stäbe durch Ag-, Ni-, Cu- oder Runnotlote) lassen sich relativ einfach unter Zwischenlage eines Lotplättchens unter der Punktschweißmaschine herstellen (vgl. auch Abb. 156). Ein ähnliches Verfahren, das sich vor allem zum Löten von W-Platten an Cu-Stücke unter einer Haube mit H_2 als Schutzgas eignet, besteht darin, daß man die zu verbindenden Teile unter Zwischenlage einer Lötfolie (z. B. aus Ag) von der Größe der Lötfläche zwischen Graphitbacken einklemmt, die bei Erhitzung durch direkten Stromdurchgang ihre Wärme an die zu verbindenden Teile abgeben (vgl. Abb. 156). Man kann auch die Graphitbacken, die in diesem Falle möglichst genau der Form der zu verbindenden Teile anzupassen sind, als Elektrodenaufsätze einer Punktschweißmaschine mit den bei diesen Maschinen üblichen Drucken auf die zu lötenden Teile pressen und dann unter Strom setzen (vgl. Deutsche Glühf.-Fabr. *1*). In der so gebildeten Glühkammer werden die Teile sehr gleichmäßig erhitzt. Die Betriebsspannung der Schweißmaschine ist so einzustellen, daß das Durchschmelzen des Lotes je nach der Größe der Lötstellen in etwa 5—30 Sekunden erfolgt. Sobald das Lot aus den Lötfugen herausläuft, ist der Strom auszuschalten, der Druck aber bis zur Abkühlung aufrechtzuerhalten. Die Zuführung des Schutzgases erfolgt durch ein rund um das Lötstück gebogenes Rohr, das auf der dem Werkstück zugekehrten Seite Löcher enthält, durch die das Gas austreten kann. Es entsteht eine das Werkstück vollkommen einhüllende Flamme, die den Luftzutritt verhindert und evtl.

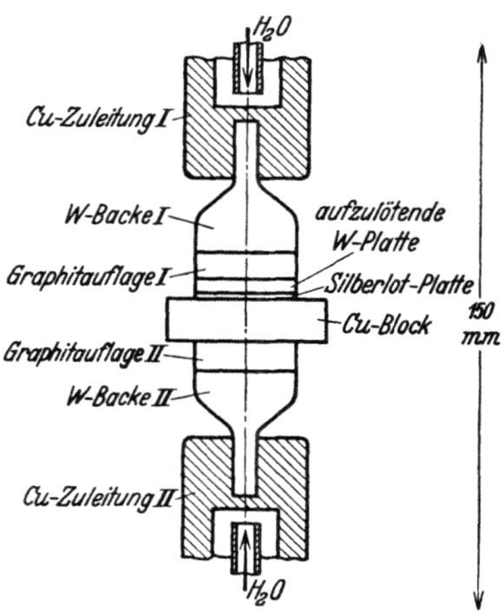

Abb. 156. Schema einer Anordnung zum Aufeinanderlöten von Blechen und Scheiben zwischen Graphitbacken durch direkten Stromdurchgang unter H_2; Stärke der Graphitscheiben 5 bis 10 mm.

vorhandene Oxydspuren reduziert. Die geringe Wärmekapazität der Anordnung erlaubt relativ kurze Lötzeiten und nach Erreichung der Schmelztemperatur des Lötmetalls rasches Abkühlen, jedoch nur schwer eine Kontrolle der beim Lötprozeß auftretenden Maximaltemperatur.

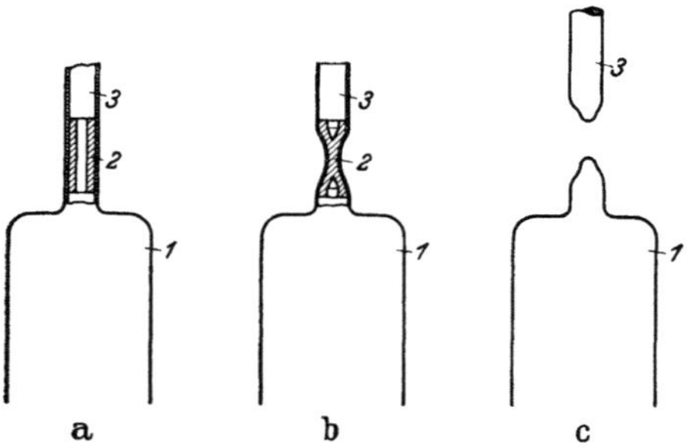

Abb. 157. Abtrennen einer Metall-Vakuumröhre von der Pumpe durch Vakuumzulötung des Metallpumpstutzens (vgl. M. O. Valve 2).
a Röhre an der Pumpe (1 Metallgefäß, 2 Lot, am Pumpstutzen 3 befestigt); b Pumpstutzen zusammengequetscht und durch Außenerhitzung zugelötet; c Röhre von der Pumpe abgetrennt.

Hartlötverbindungen umfangreicher und nicht plattenförmiger Teile werden besser in elektrischen Widerstandsöfen unter Vakuum oder Schutzgas vorgenommen[1]. Dabei können sich nach Erreichung der Schmelztemperatur des Lotes als Folge der Wärmeträgheit des Ofens größere Mengen einer Legierung zwischen dem Lot und dem zu verlötendem Metall bilden, die einen bedeutend niederen Schmelzpunkt als das ursprüngliche

Abb. 158. In Cu eingegossene W-Formstücke für wassergekühlte Röntgenröhren-Antikathoden.
a W-Ronde nach dem Vakuumguß; b dieselbe, abgeschliffen (Hersteller: Siemens-Röhrenwerk); c eingegossener W-Ring für rotierende Antikathoden (Hersteller: Deutsche Glühfadenfabrik); d Schnitt durch eine gegossene und gebohrte Antikathode (vgl. auch Abb. 25, 382 und 383).

Lotmetall besitzen. Da die Temperatur des Werkstückes infolge der großen Wärmekapazität des Ofens nicht rasch genug herabgesetzt werden kann, fließen dann die gebildeten Legierungen ab; es bilden sich, besonders bei dünnwandigen

[1] Über Löten mit Niob unter Vakuum vgl. S. 41.

Blechen, unter Aufzehrung des Materials der zu verbindenden Teile Löcher (das Lot „leckt"). In solchen Fällen empfiehlt sich die Verwendung von „Eutektikum"-Loten (vgl. Espe *14*), z. B. für Lötungen von Kupferteilen mit Silber eine Legierung aus 72% Ag und 28% Cu, die von allen Ag-Cu-Legierungen den tiefsten Schmelzpunkt (778° C) besitzt. Bilden sich nach Erreichung des Schmelzpunktes eines solchen Lotes Cu-Ag-Legierungen anderer Zusammensetzung, so haben diese stets höhere Schmelztemperaturen als die zum Löten notwendige Ofentemperatur beträgt; sie können also auch bei langsamer Ofenabkühlung nicht „lecken".

Über das Löten von keramischen Baustoffen an Metall vgl. Abschnitt 25d, über das Abtrennen von Metallgefäßen von der Pumpe mit Hilfe von Innenlot vgl. Abb. 157.

Gußverbindungen (Coolidge *2*). Die Verbindung von hochschmelzenden mit niedriger schmelzenden Metallen bereitet häufig Schwierigkeiten, besonders wenn es sich um größere Stücke handelt und guter Wärmekontakt erwünscht ist, z. B. bei W-Ronden in Cu-Klötzen für Röntgenröhren-Antikathoden (vgl. Abb. 158). Im letzteren Falle wird das geschmolzene Cu nach sorgfältiger Desoxydation unter Luft

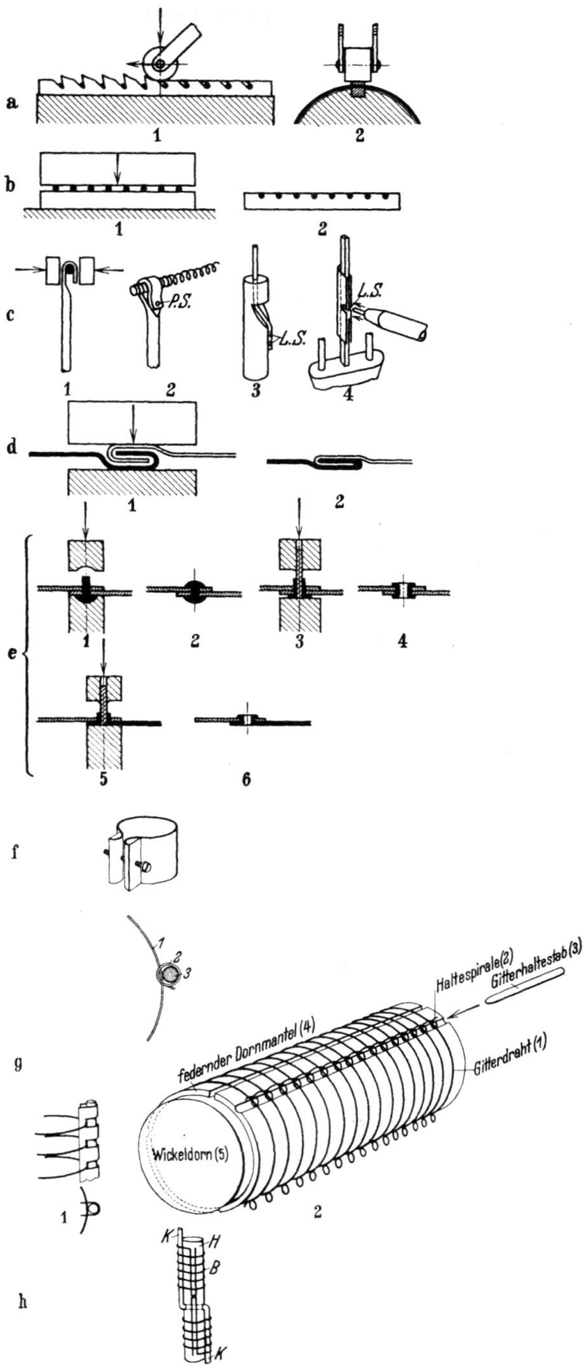

Abb. 159. Beispiele mechanischer Verbindungen von Elektrodenteilen aus Metall.

a Einwalzen: 1 seitlich, 2 im Schnitt; b Einschlagen: 1 vor, 2 nach dem Schlag; c Einklemmen: 1 einfache Flachöse (vor dem Klemmen), 2 Flachöse mit Punktschweißung PS (für dünne Glühwendeln Kernstück!), 3 gequetschte Bohrung mit Lichtbogenschweißung LS, 4 U-Schellenverbindung mit Lichtbogenschweißung; d Falzen: 1 vorbereitet, 2 fertig gefalzt; e Nieten: 1, 2 Vollnieten, 3, 4 Rohrnieten, 5, 6 Lochnieten; f Schraubverbindung (Glasfuß - Rohrschelle); g Riegelverbindung: 1 geschlitztes U-Blech, nach Einlegen des Gitterdrahtes durch eingeschobenen Stab verriegelt, 2 Herstellung eines Wickelgitters durch Verriegelung einer Hilfsspirale; h Abbinden: H quer durchbohrter Stromzuführungsstab für den Kathodendraht K; B Bindedraht.

in eine Graphitform eingegossen, auf deren Boden die mit Halteklammern versehene Ronde liegt, und dann die Form mit dem noch flüssigen Metall zur

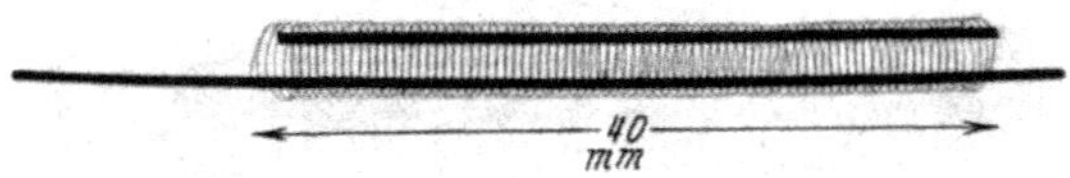

Abb. 160. Schlaggitter aus W-Draht (0,05 mm Ø) mit Haltestegen aus Vierkant-Ni (1,0 × 0,3 mm²).

Erhöhung der Dichtigkeit des Gusses (Lunker!) in einer Zentrifuge geschleudert (vgl. auch S. 70). Noch einwandfreier wird die Verbindung, wenn der Guß im Hochvakuum ausgeführt wird [1]. Bei Einhaltung bestimmter Temperatur-Zeitbedingungen (1800° C) entstehen sehr große Cu-Kristalle (bis zum Einkristall, vgl. Hausser *2*), die eine besonders gute Wärmeleitfähigkeit und Gasdichtigkeit [2] besitzen. Auch vakuumdichte Verbindungen, z. B. zwischen keramischen Baustoffen und Metallen, lassen sich mittels Vakuumguß herstellen (vgl. auch Hartlöten unter Schutzgas [3]).

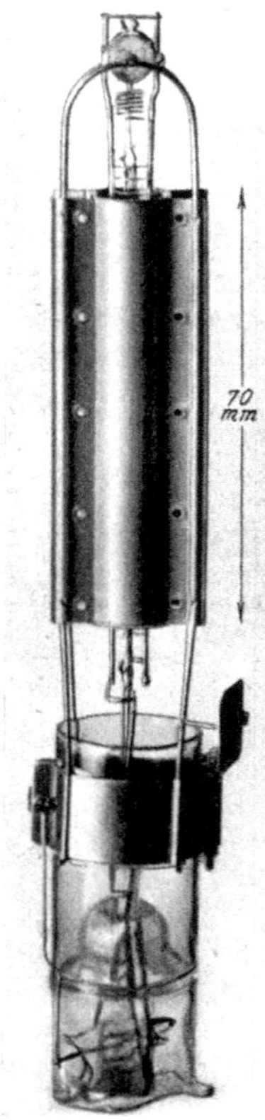

Abb. 161. Mo-Anode eines Senderohres mit Kühlflügeln aus vier durch Lochnietung zusammengehaltenen Teilen; Halteschelle durch Schraubklemmen am Glasfuß befestigt (Hersteller: Telefunken).

Mechanische Verbindungen. In allen Fällen, in denen Schweiß-, Guß- oder Lötverbindungen nicht möglich oder nicht zweckmäßig sind (Verbindung von Drähten mit stark verschiedenem Durchmesser oder Schmelzpunkt; Rekristallisationsbrüchigkeit bei W; Nahtverbindungen hochschmelzender Metalle; Nähe von Glasteilen usw.) werden mechanische Verbindungen angewendet. Einige Beispiele für die in der Vakuumtechnik häufigsten Methoden sind:

Einwalzen: Verbindung dünner Gitterdrähte mit ihren Haltestäben. In die Haltestäbe werden maschinell sägezahnartige Einkerbungen geschnitten, in die die Gitterdrähte gelegt werden. Das Schließen der Öffnungen erfolgt durch Druckrolle (vgl. Abb. 159a und Philips *4*).

Einschlagen: Verbindung dünner sehr harter Drähte (W) mit dickeren weicheren Haltedrähten (Ni). Der auf den Wickeldorn unter Zwischenlage der Haltedrähte gewickelte W-Draht wird durch starken Druck (Exzenterpresse) in das weiche Ni der Hältestäbe eingeschlagen (vgl. Abb. 159 b und 160 sowie Grebel *1*).

Einklemmen: Verbindung von Glühdrähten mit ihren Zuleitungen aus Ni oder Konstantan bei Glühlampen und kleineren Kathoden. Der Halterungsdraht wird vorher flach-

[1] Es empfiehlt sich, die Wolframstücke vorher mittels Sublimationsverfahren oberflächlich dünn mit einer Cu-Schicht zu versehen (vgl. S. 156).

[2] Dies ist wichtig, da bei kleinkristallinem Cu-Guß in Röntgenröhren manchmal Diffusion von H_2-Ionen aus dem Kühlwasser der Antikathode beobachtet wird, die zu einer Verschlechterung des Vakuums führt.

[3] Über Einschmelzen von Mo-Scheiben in Cu durch einen Gleichstromlichtbogen in H_2 zwischen einer Kohleelektrode (negativer Pol) und der Mo-Scheibe vgl. Trimble *1*.

gedrückt und zu einer Öse vorgeformt, die dann zusammengedrückt wird (vgl. Abb. 159 c_1 und c_2). Oder die Zuleitung wird durchbohrt und nach Durchfädelung des Glühdrahtes zusammengequetscht (vgl. Abb. 159 c_3). Die Halterung kann auch mit Hilfe einer Zwischenschelle von V- oder U-förmigen Querschnitt, die mit dem Glühdraht verklemmt wird, erfolgen (vgl. Abb. 159 c_4). Vielfach wird die Verbindung noch zusätzlich durch Schweißen gesichert (Punkt- oder Lichtbogen-Schweißung). Flachgitter mit geringen Toleranzen klemmt man (zur Vermeidung von thermischem Verziehen beim Schweißen) beiderseits zwischen die Schenkel eines Blechstreifens von V-förmigem Querschnitt (vgl. z. B. Assoc. Electr. Industries *1*).

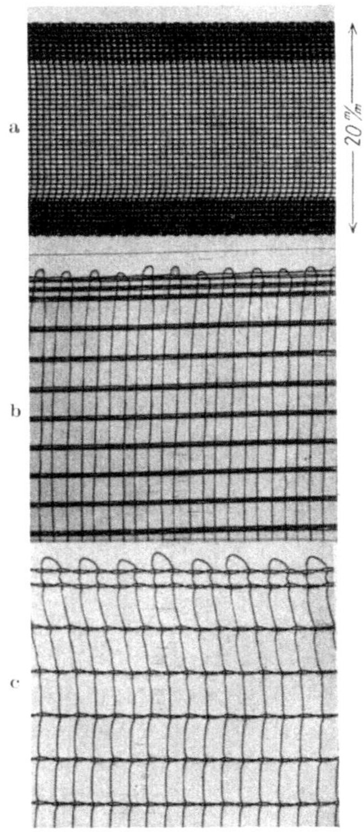

Abb. 162. Metallgewebe für Anoden und Gitter (Lieferwerk: Deutsche Glühfadenfabrik).
a Ni-Gewebe mit verstärkter Bandkante, nach dem Weben übergewalzt; b „Trespengewebe" aus Mo-Draht (Draht-Ø 0,15 mm); c geschränktes Trespengewebe aus Ni-Fe-Mo („A")-Draht (Draht-Ø 0,1 mm, vgl. S. 97).

Falzen: Verbindung der Nähte geschlossener Anoden bei schwer schweißbaren Metallen, vgl. Abb. 159 d.

Voll- bzw. Rohrnieten: Verbindungen von Blechen aus W, Mo und Ta durch Mo-Nieten. Verbindungen von Elektrodenteilen mit Glimmer- und keramischen Brücken, vgl. Abb. 159 e_1—e_4.

Lochnieten: Anwendung besonders bei Ta. Das eine der zu verbindenden Stücke wird unter Heraustreiben eines Grates vorgelocht, das andere mit ausgestanztem (größerem) gratlosen Loch über das erste gelegt und durch Umbiegen des Grates mit ihm vernietet, vgl. Abb. 159 e_5 und e_6 und Abb. 161.

Verschrauben: Befestigen von Schellen auf Glasfüßen, vgl. Abb. 159 f und 161.

Keil- oder Riegelverbindungen: Befestigung von Gitterdrähten an ihren Haltestäben, besonders bei Senderöhren) vgl. Payne *1*, Western *1*, Abbildung 159 g_1 und g_2 sowie Abb. 279.

Abbinden: Befestigung von Gitterdrähten an ihren Haltestäben und von größeren W-Kathoden an ihren Zuleitungen, vgl. Abb. 159 h.

Verweben: Verbindung zahlreicher dünner Drähte zu Geflechten für Gitter, Anoden usw. aus W, Mo, Ni, Fe u. a. (vgl. Robinson *1*), vielfach

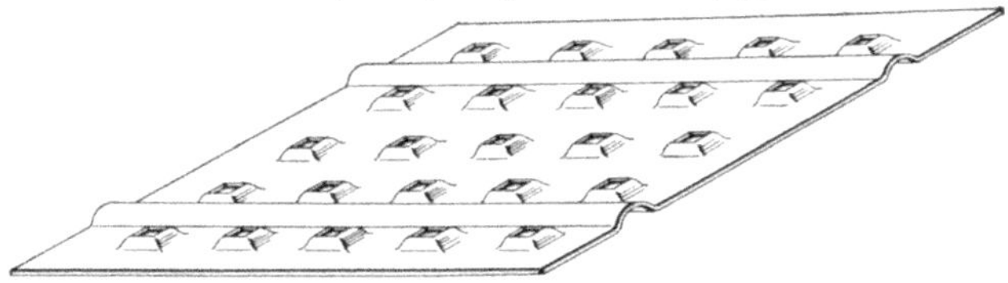

Abb. 163. Blech mit „durchlochten Warzen" zur Erhöhung der Abstrahlfähigkeit und zwei Versteifungsrillen. Zur besseren Übersicht sind die Erhöhungen weit auseinandergezeichnet.

nachträglich gewalzt. Typische Geflechtarten für Vakuumröhren vgl. Abb. 162 und Eilhauer *1*. Über Erhöhung der Abstrahlfähigkeit von Ni-Anoden durch

Verwendung von Geflecht statt Vollblech vgl. Abb. 165, über Verwendung von gelochtem Blech an Stelle von Geweben vgl. Abb. 163.

d) Oberflächenbehandlung von Vakuummetallen.

Ihre Anwendung erfolgt nach drei verschiedenen Richtungen. Erstens sind die Oberflächen der Vakuummetalle vor dem Einbringen in die Röhre und schon während des Verarbeitungsprozesses peinlich zu säubern und müssen daher nicht nur von äußeren Verunreinigungen, sondern auch von neu entstehenden chemischen Verbindungen (z. B. Metalloxyden) befreit werden. Die Reinigung erfolgt im allgemeinen derart, daß zunächst grobe Verunreinigungen auf mechanischem Wege entfernt werden (Sanden, Bürsten, Schwabbeln). Dünne Oberflächenverunreinigungen entfernt man je nach der Art des zu reinigenden Stoffes durch Beizen in Säuren oder Laugen, Fettschichten durch Waschen mit fettlösenden Mitteln. Die Art der Reinigungsmethoden bzw. ihre Reihenfolge hängt von Grad und Art der Verunreinigung, von den chemischen Eigenschaften des Werkstücks und von dem durch seinen Verwendungszweck vorgeschriebenen Arbeitsgang ab.

Zweitens bedingt die Art der Oberflächenbehandlung die Abstrahlfähigkeit erhitzter Elektroden, die je nach dem Verwendungszweck in der Röhre klein oder groß sein muß. Im ersteren Falle strebt man eine möglichst „blanke“ Oberfläche an, die durch Polieren erreicht wird. Im zweiten Fall wird die Oberfläche entweder durch Prägung vergrößert oder durch Sanden bzw. Beizen aufgerauht oder mit einer geeigneten Oberflächenschicht guter Abstrahlfähigkeit versehen („Schwärzen“).

Drittens läßt sich durch geeignete Oberflächenbehandlung die Elektronenemission von Steuerelektroden (Gittern), die von Material und von der Temperatur abhängt, herabsetzen. Dies kann entweder durch Bedeckung mit Stoffen hoher Elektronenaustrittsarbeit oder durch Erhöhung der Abstrahlfähigkeit (niedrigere Betriebstemperatur durch Aufrauhen oder Schwärzen) geschehen. Besonders wirksam sind Kohleüberzüge, da hier beide Effekte gleichzeitig auftreten.

Prägen. Hierbei wird das glatte Blech zwischen Druckwalzen oder Prägestempel gepreßt, die profilierte Oberflächen besitzen. Diese erzeugen auf der Blechoberfläche regelmäßig angeordnete rillen-, raster- oder warzenförmige Vertiefungen, etwa von dem $^1/_4$- bis 3fachen der Blechstärke. Es ergibt sich durch Änderung der Strahlungseigenschaften und Vergrößerung der abstrahlenden Oberfläche eine Steigerung der Wattbelastbarkeit bis um etwa 25%. Vielfach werden solche Bleche auch noch zur weiteren Erhöhung der Abstrahlfähigkeit vor oder nach dem Prägen zusätzlich geschwärzt (vgl. S. 154); oder es wird zum gleichen Zweck die Prägung mit einer Lochung verbunden („gelochtes Warzenblech“, vgl. Abb. 163). Solche Bleche finden vielfach an Stelle von Geweben (vgl. Abb. 162) Verwendung, da sie ohne komplizierte Webemaschinen herstellbar sind.

Sanden. Beim Sanden wird mit Hilfe von Druckluft (0,5—5 Atü je nach Materialstärke) reiner Quarzsand (SiO_2) oder anderes hartes körniges Material gegen die zu reinigende oder aufzurauhende Fläche geblasen. Bei Vorhandensein von Fettschichten sind die Elektroden vorher mit Tetrachlorkohlenstoff, nachher mit reinem Alkohol zu waschen. Der Prozeß geht bei kleineren Elektroden in einem geschlossenen Kasten vor sich, an dessen Boden der gebrauchte Sand gesammelt und erneut dem Gebläse zugeführt wird. Der Sand ist von Zeit zu Zeit zu erneuern; der Grad der Aufrauhung richtet sich nach der Korngröße des Sandes. Für harte Metalle, z. B. Mo, eignet sich besser Karborundsand. Beim Ta besteht wegen des Zurückbleibens von Kieselsäure aus dem Sand die Gefahr nachträglicher Gasabgabe bei den in der Röhre vorkommenden hohen Betriebstemperaturen; es wird daher besser mit Stahlsand (aus zerkleinerten Spänen) aufgerauht. Zurückbleibende Stahlreste werden durch Salzsäure [1] entfernt, die Ta nicht angreift.

Abb. 164. Oberflächenreinigung eines Großgleichrichters durch Drahtbürsten (aus der Fabrikation Siemens-Röhrenwerk; über hygienische Schutzmaßnahmen vgl. Abschnitt 7, S. 102).

Anwendung: Reinigung von Gußstücken; Reinigung der Gefäßinnenwände bei Metall-Hg-Gleichrichtern; Aufrauhen von Anoden, besonders bei hochbelasteten Hochvakuumröhren (Erhöhung der Wattbelastbarkeit um etwa 10%).

Polieren. Der Poliervorgang besteht in einem Abschleifen der Oberfläche mit allmählich immer feiner werdenden Schleifmitteln (Schmirgelschleifscheibe, rotierende Stahlbürsten, rasch rotierende Haarbürsten mit Bimsstein-Rübölgemisch, rotierende Tuchscheiben (sog. Schwabbelscheiben) mit einer Suspension von Wiener Kalk in Stearinöl oder mit Aluminiumoxyd). Von der ursprünglichen Oberflächenbeschaffenheit des Materials hängt es ab, welche dieser Methoden anzuwenden sind. Der Poliervorgang wird wesentlich abgekürzt bei Verwendung von handelsüblichen „hochglanzgewalzten" Blechen.

Anwendung: Reinigung der Innenwände von Metall-Hg-Gleichrichtern, vgl. Abb. 164; Strahlungsschutzbleche für Hohlkathoden, vgl. Abb. 292, S. 273; Reflektionsschirme für Hochvakuum-Entgasungsöfen; Reinigung dicker Einschmelzdrähte und -platten aus hartem Material (EMK, Chromeisen).

[1] Und nachträgliches Waschen mit H_2O!

Beizen (Buchner *1*, Krause *1*, Pfanhauser *1*). Unter Beizen versteht man das Auflösen von Oberflächenverunreinigungen (Oxyden) oder das Aufrauhen des reinen Metalls durch Säuren, Laugen oder Alkalien, deren Einwirkung direkt oder auf elektrolytischem Wege erfolgt. Je nach Konzentration der Säure und Behandlungsdauer kann man nur einen oberflächlichen Angriff unter Wahrung der ursprünglichen Oberflächenbeschaffenheit erzielen („Blank"-beizen) oder durch tieferes Ätzen die Oberfläche aufrauhen („Matt"-Beizen). In Tabelle 69 findet sich eine Zusammenstellung der wichtigsten Beizmittel für

Tabelle 69. Wichtigste Beizmittel für Metalle.

Werkstoff	Beizmittel
Al	10%ige Natronlauge, mit Kochsalz gesättigt. 15—50 sec beizen (bei Cu-Gehalt zeigt Al Dunkel- bis Schwarzfärbung, in diesem Fall Nachbeizen in 20—30%iger HNO_3), gut nachwaschen.
Cr, CrFe . .	50%ige HCl, Beizzeit etwa 1—5 sec.
Cu, Messing, Bronze	1 Liter HNO_3 + 1 Liter H_2SO_4 (letztere langsam unter Umrühren in die HNO_3 gießen, nicht umgekehrt) + 15 g NaCl + 20 g Kienruß. Lösung 24 Std. vor Gebrauch mit destilliertem Wasser 1 : 1 verdünnen. Beizzeit 1—5 sec.
Fe	Zunderbeizen: 10—20%ige arsenfreie H_2SO_4 *. Feinbeizen: 50%ige HCl mit Ferrocleanolzusatz (5 ccm auf 10 Liter) zur Verhinderung zu starker H_2-Entwicklung und -Aufnahme.
Konstantan .	10%ige H_2SO_4, kalt oder 60° C, je nach Beizgrad.
Mo	In Eisenwanne geschmolzenes KOH mit 10% $NaNO_2$-Zusatz oder geschmolzenes KNO_2. Kurzzeitig tauchen (Spritzer! Schutzbrille!), schnell nachspülen in kochendem Aq. dest., danach 3mal 3 min. in kaltem Aq. dest., 2mal 5 min. in reinem Alkohol.
Mo-Kerne in W-Spiralen	Herauslösen durch 50%ige HNO_3 (60—70° C; energischer mit 5% HCl-Zusatz).
Nb	HF (eventuell kochen).
Ni	30—50%ige HNO_3.
NiCr	HNO_3 + NaF oder NaCl.
Pt	Heißes Königswasser (1 Teil HNO_3, 3 Teile HCl).
Ta	HF (eventuell kochen) oder geschmolzenes KOH (s. Mo).
W	HF + HNO_3 oder (in Eisenwanne geschmolzenes) $NaNO_2$ von 300° C; Nachbehandlung wie bei Mo.

* Organisches Präparat, Hersteller: Heidan & Friedrich, Dresden.

die verschiedenen Vakuummetalle. Nach dem Beizen müssen die Elektroden durch Waschen in verdünnter Sodalösung [1] oder durch Kochen in destilliertem Wasser von Säureresten sehr sorgfältig befreit werden. Wegen der Entstehung giftiger Dämpfe (z. B. NO_2 bei NO_3-haltigen Beizen) ist der Beizprozeß stets in gesonderten Arbeitsräumen und unter einem Abzug vorzunehmen.

Beim elektrolytischen Beizen werden die Elektroden in 10—20%iger H_2SO_4 einer (negativ gepolten) Bleiplatte gegenübergestellt [2]. Für Mo verwendet man

[1] Und nachfolgendem mehrfachen Waschen mit H_2O!

[2] Die beim Einschmelzen von Zuführungsdrähten entstehenden Oxydschichten, die z. B. in Hg-Schaltröhren den innigen Kontakt mit dem Hg verhindern, können nach Füllung des fertig geblasenen Vakuumgefäßes mit Säure ebenfalls auf elektrolytischem Wege entfernt werden (vgl. Muth *1*). Stromdichte etwa 1 A/cm².

zum elektrolytischen Beizen eine gesättigte Lösung von Ätzkali mit negativer Kohleelektrode. Im letzteren Falle kann man Wechselspannung (Größenordnun der Spannung einige Volt, des Stromes einige A) benutzen.

Anwendung: Entfernen von Oxydschichten an Elektroden und in Glas eingeschmolzenen Halterungsstäben (sonst dauernde Gasabgabe in abgeschmolzenen Röhren); Aufrauhen von hochbelasteten Anoden durch Mattbeizen. Über das Herauslösen von Wickeldornen in W-Wendeln oder -Gittern vgl. auch Abschnitt 3b, S. 25 und Abschnitt 3d, S. 34.

Waschen (Buchner *1*, Krause *1*). Das Waschen der Elektroden dient hauptsächlich der Entfernung von oberflächlichen Staub- oder Fettschichten [1]. Man verwendet reinstes Benzin, Xylol, Äthyläther, Tetrachlorkohlenstoff und Trichloräthylen. Beim Arbeiten mit Benzin, Xylol und besonders mit Äthyläther ist die außerordentlich große Feuergefährlichkeit zu beachten. Trichloräthylen und Tetrachlorkohlenstoff sind beide nicht feuergefährlich, doch bildet das erstere bei Berührung mit offenen Flammen Salzsäuredämpfe und geringe Mengen giftiges Phosgengas (Badheizung daher am besten durch Dampfschlangen, Dämpfe über dem Bad durch Kühlschlangen kondensieren!). Es zersetzt sich ferner durch Überhitzung und durch längere Einwirkung von Licht (Aufbewahrung in gefärbten Glasflaschen!). Tetrachlorkohlenstoff und Trichloräthylen dürfen keinesfalls zur Reinigung von Ka, Na, Li, Ba, Sr und Ca verwendet werden, da sich dabei hochexplosible Verbindungen bilden (X. Wegener *1*); hierfür ist reinster, auf 35° C erwärmter Petroläther zu verwenden.

Der Waschprozeß selbst geschieht zweckmäßig durch Bewegen der an dünnen Drähten aufgehängten Teile im Waschmittel. Dabei ist zu beachten, daß mehr und mehr Fett in das Waschmittel in Lösung geht, das dann beim Verdampfen des an der Metalloberfläche haftenden Lösungsmittels zurückbleibt. Man verwendet daher gewöhnlich drei Waschbäder nacheinander, die nach einer gewissen Gebrauchsdauer jeweils durch Entfernen des ersten (Rückgewinnung des reinen Waschmittels durch Destillation!) und Hinzufügen eines neuen Endbades ergänzt werden.

Statt der genannten fettlösenden Mittel finden häufig auch fettemulgierende alkalische Laugen oder Seifenlösungen mit Ammoniakzusatz als Waschmittel Verwendung [2]. Auch elektrolytisches Entfetten in warmer 10%iger Kaliumkarbonatlösung oder Natronlauge (24 Beaumé mit 2% Zyankalizusatz) ist anwendbar [3] (Fe-Waschgefäß als positive Gegenelektrode). Die Entfettung wird durch kräftige H_2-Entwicklung an den negativen, zu reinigenden Elektrodenteilen beschleunigt. Graphitteile und karbonisierte Elektroden dürfen nicht gewaschen werden.

Anwendung: Reinigung von Metallteilen vor der Ofenvorentgasung zur Vermeidung von C-Oberflächenschichten, die durch thermische Zersetzung

---

[1] Solche lassen sich trotz aller Sorgfalt bei der Verarbeitung nicht immer vermeiden. Grundsätzlich müssen alle Operationen an bereits entgasten Metallteilen mit Gummifingern oder Gewebehandschuhen ausgeführt werden, die häufig gereinigt werden müssen.

[2] Z. B. $^1/_4$ kg sodafreie Kernseife, gelöst in 4 l Aq. dest. mit 100 cm^3 Ammoniakzusatz, der von Zeit zu Zeit zu ergänzen ist. Nachspülen in kochendem Aq. dest., Entwässern in absol. Alkohol, Trocknen auf Fließpapier.

[3] Baddauer etwa 30 sec, Spannung 5 bis 10 V, Stromdichte etwa 0,5 A/cm^2. Besonders geeignet zum Reinigen von W-Gitterdrähten vor der Schwarzverchromung.

von Fettverunreinigungen entstehen; Nachwaschen verunreinigter Elektrodensysteme.

Bekohlen (Karbonisieren). Hierunter versteht man die Bedeckung von Oberflächen (Bleche und Gewebe) mit einem dünnen Kohleüberzug. Sie erfolgt durch Niederschlag von Ruß aus Flammen oder durch Aufstreichen organischer Substanzen mit nachfolgender Zersetzung durch Erhitzen oder durch Auftragen feinverteilter, mit einem Bindemittel gemischter Kohle, z. B. Aquadag, auf den (meist aufgerauhten) Metallgrund mit nachträglichem Erhitzen unter Vakuum bei 700—950° C oder durch thermische Zersetzung von Kohlenwasserstoffen (z. B. Butan, C_4H_{10}, vgl. Westinghouse *2*). Bei dem letzteren (häufig angewendeten) Verfahren hängt die Struktur des Kohleniederschlages sehr von der Zersetzungstemperatur des Kohlenwasserstoffes ab: bei zu niedriger Temperatur entstehen schlecht haftende, samtartige Niederschläge, die viel Gas enthalten und dieses während der Lebensdauer der Vakuumröhre allmählich abgeben; bei zu hoher Temperatur entsteht ein Niederschlag aus Glanzkohle mit geringerer Abstrahlfähigkeit.

Zuverlässige Einzelheiten über die verschiedenen Verfahren sind bisher nicht bekannt geworden; es sind karbonisierte Bleche aus Fe und Ni im Handel, die eine weitere Verarbeitung durch Stanzen oder Biegen ohne Abblättern der Kohleschicht erlauben.

Anwendung: Erhöhung der Abstrahlfähigkeit von Anoden (auch Gittern) aus Ni, Fe und Ni-Fe-Mo (A-Legierung, vgl. S. 97) in Verstärkerröhren und kleinen Senderöhren. Bei der Verwendung karbonisierter Anoden ist die Bildung von Kohlenwasserstoffen streng zu vermeiden, daher darf die Vorentgasung nicht in H_2-Öfen, sondern nur in Hochvakuumöfen erfolgen (vgl. Wagner *1*). Das Altern von Röhren mit karbonisierten Anoden ist mit etwa 25% Überlast durchzuführen. Für Hochspannungsröhren empfiehlt sich die Schwärzung durch Bekohlen wegen der Gefahr von Gasausbrüchen nicht. Über die quantitative Erhöhung der Abstrahlfähigkeit von Ni durch Kohleüberzug vgl. Abb. 165.

Elektrolytischer[1] Niederschlag von schwarzem Chrom (vgl. auch N.N. *11* und S. & H. *9*). Das Verfahren stellt eine Modifikation der bekannten Verfahren zur Blankverchromung dar (vgl. z. B. Elssner *1*). Die zu schwärzenden, am besten elektrolytisch entfetteten Teile werden zunächst in einem normalen Chrombad[2] mit einer matten dünnen (etwa 3 μ starken) Chromschicht überzogen (gut nachwaschen in Aq. dest.). In einem darauffolgenden Schwarz-

[1] Allgemeine Literatur über elektrolytische Metallniederschläge z. B. bei Pfanhauser *1*.

[2] Das Blank-Chrombad besteht (nach Elssner *1*, Pollack *1*) im wesentlichen aus reinster Chromsäure (etwa 350 g pro Liter Aq. dest.) mit 0,8—1,2% H_2SO_4-Zusatz; spezifisches Gewicht des Bades: 28 Beaumé; Anoden: Antimonhaltige Bleiplatten; Badtemperatur für glatten Cr-Niederschlag: etwa 36° C (Anheizen!), für rauhen Cr-Niederschlag (geeignet als Untergrund für Schwarzverchromung): 20—25° C; Stromdichte: etwa 0,1 A/cm²; Stromquellenspannung: 8 V; Badspannung: etwa 3 V (jedoch nicht unter 2,8 V, sonst keine Cr-Abscheidung); Dauer der Blankverchromung bei dünnen Drahtgittern: etwa 15 min; Nachbehandlung: 4maliges Waschen in Aq. dest. Vor dem Einsetzen der zu verchromenden Teile sind die Bäder etwa eine halbe Stunde lang mit 0,2 A mit Ersatzkathoden aus Ni-Blech „einzufahren". Ist das spezifische Gewicht des Bades unter 25 Beaumé gesunken, so muß es durch sog. „Verstärkersalz" aufgefrischt werden. Fertige Chrombäder und Verstärkersalz liefern die Firmen der Chrom-Interessengemeinschaft.

verchrombad[1] entsteht ein feindisperser, dunkelbraunschwarzer Beschlag von reinem Cr (nicht Chromoxyd, etwa 6 μ Dicke), der fest an seiner Unterlage haftet (kurzzeitiges, aber gutes Nachwaschen in Aq. dest. und Trocknen!). Eine nachträgliche Entfernung des Chromüberzuges an Stellen, an denen Halterungen angeschweißt werden sollen, läßt sich durch Eintauchen der freizumachenden Flächen in das Bad bei umgekehrter Polung erreichen. Niederschläge aus schwarzem Cr können bei Erhitzung im Vakuum im Gegensatz zu schwarzen Oxydniederschlägen (vgl. die folgenden Abschnitte) nicht zersetzt werden.

Anwendung: Schwärzen von Anodenblechen aus Ni und feindrähtigen Gittern aus W.

Elektrolytischer Niederschlag von schwarzem Ni. Das Verfahren beruht auf der kathodischen Abscheidung von Ni-Mohr auf reinem Ni in speziellen Vernickelungsbädern („Schwarzvernicklung", vgl. z. B. Buchner *1*).

Oxydieren (vgl. Western *2, 3*) Fe-, Ni- und Cr-Ni-Elektroden können in O_2-haltiger Atmosphäre durch Erhitzen auf 900° C mit einem dunklen Oxydüberzug versehen werden. Da die Fe- und Ni-Oxyde bei höheren Temperaturen leicht zerfallen, darf die Betriebstemperatur derartiger Elektroden im Hochvakuum 500° C nicht überschreiten[2]. Der Oxydbelag neigt beim Biegen zum Abspringen; die Methode ist daher nur für fertig geformte Elektrodenteile geeignet.

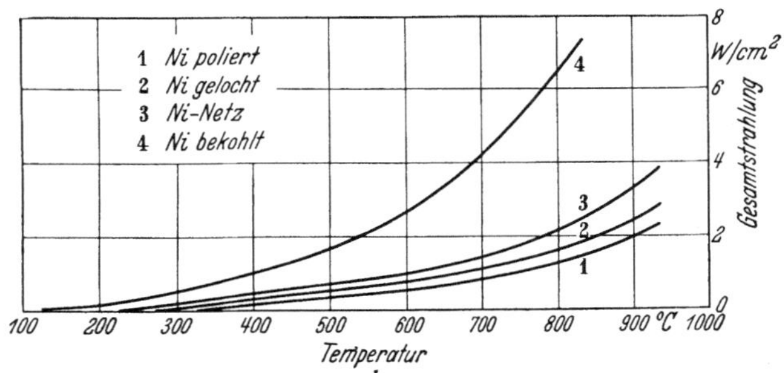

Abb. 165. Abstrahlfähigkeit von Ni-Anoden, abhängig von der Oberflächenbeschaffenheit (Allen *1*).

Anwendung: Anoden in kleinen Empfängerröhren.

Mechanische Bedeckung mit Metall- bzw. Metalloxydpulvern. Die Pulver werden mit einem Bindemittel, das bei Erhitzung ohne störende Rückstände sich verflüchtigt (z. B. Äthyläther mit 10% Kampferzusatz) durch Spritzpistole oder durch Pinsel auf die gereinigten Elektroden aufgetragen. Das Trocknen erfolgt bei Zimmertemperatur oder durch geringe Erhitzung im Trockenofen, wobei der Kampfer unzersetzt sublimiert. Man verwendet Cr_2O_3 [3], Vanadin-

---

[1] Das Schwarz-Chrombad besteht (nach Pollack *1* und S. & H. *9*) ebenfalls wie das Blank-Chrombad aus reinster Chromsäure, jedoch mit Essigsäurezusatz. Spezifisches Gewicht des Bades: 28 Beaumé; Anoden: Bleiplatten; Badtemperatur: $< 15^0$ C (kein Anheizen, sondern Kühlung mit Wasserschlangen!); Stromdichte: 0,8—1,0 A/cm² und mehr (jedoch Temperatur beachten!); Stromquellenspannung: 11—14 V; Badspannung: etwa 9 V; Dauer der Schwarzverchromung: etwa 30 min. Es muß für gute Absaugung der infolge der Wasserstoffentwicklung entstehenden Nebel gesorgt werden. Das Schwarzchrombad ist jahrelang haltbar, wenn man von Zeit zu Zeit, falls das spezifische Gewicht unter 25 Beaumé gesunken ist, neues Verstärkersalz hinzugibt. Bezug von Schwarz-Chrombädern und Verstärkersalz wie Fußnote 2, S. 154.

[2] Bei Anwesenheit von H_2 findet Reduktion schon bei niedrigeren Temperaturen statt. Chromoxyd ist höher belastbar und wird auch schwer durch H_2 reduziert.

[3] Teilstrahlungsvermögen 85—90% für $\lambda = 0{,}650\ \mu$ zwischen 1000 und 1400° C, vgl. Nawo *1*, Gesamtstrahlungsvermögen 75% (1,5 μ Korngröße) bis 90% (8 μ Korngröße) bei 1000° C, vgl. Hild *1*.

trioxyd[1] (vgl. T.K.D. *2*) und feines (von Fe befreites, hochvakuumentgastes) Ta- (oder Zr-) Pulver[2] (vgl. Abschnitt 3e, S. 38 und Abschnitt 5h, S. 81); die zu bedeckenden Oberflächen (Ni, Fe oder Mo) werden vorher aufgerauht.

Anwendung: Anoden in größeren Empfängerröhren, Ta- oder Zr-Pulver besonders bei Mo-Anoden.

Karburieren (K. Becker *2*). Das Verfahren beschränkt sich praktisch auf die hochschmelzenden Metalle. Elektroden (insbesondere Gitter) aus Ta werden bei etwa 1400° C im elektrischen Ofen der Wirkung einer CO- oder CO_2-Atmosphäre ausgesetzt. Dabei bildet sich eine Oberflächenschicht aus Ta-Karbid, deren Elektronenaustrittsarbeit höher ist als die des reinen Ta (vgl. K. Becker *4*). Da das Ta-Karbid eine sehr viel geringere mechanische Festigkeit (Zugfestigkeit bei 20° C etwa 2—3 kg/mm²) als Ta besitzt, darf die Karburierungstiefe eine gewisse Größe nicht überschreiten; die Behandlungszeit muß daher entsprechend kurz sein (bei 1400° C genügen für eine Karbidschichtdicke von 0,1 bis 0,5 μ etwa 5 min). Ta-Karbid besitzt einen von den reinen Metallen nicht sehr verschiedenen elektrischen Widerstand (1,0 Ω mm²/m gegenüber 0,15 Ω mm²/m des reinen Ta[3]), einen sehr hohen Schmelzpunkt (3830° C), eine um etwa 30% geringere Verdampfungsgeschwindigkeit und ein größeres Gesamtstrahlungsvermögen als W (vgl. Abb. 282). Es kann im Hochvakuum bis 3000° C geglüht werden, ohne zu dissoziieren, wird aber schon bei 800° C durch Spuren von O_2 oder H_2O-Dämpfen entkarburiert.

Die Karburierung von W- und Mo-Teilen geschieht meist in Naphthalin-, Benzol- oder Methandampf oder in H_2-N_2-Gemischen mit Zusätzen aus den genannten Dämpfen, bei 1300—1600° C. Es bildet sich dabei auf W-Elektroden ein Gemisch aus W_2C und WC (Schmelzpunkt etwa 2800° C), auf Mo-Elektroden $Mo_2C + MoC$ (Schmelzpunkt etwa 2700° C).

Anwendung: Thermisch hochbelastete Gitter, insbesondere in Senderöhren (zur Unterdrückung der thermischen Elektronenemission). Über die Verwendung von Ta-Karbidüberzügen zur Herabsetzung der Verdampfung glühender W-Drähte vgl. Skaupy *2*.

Aufwachsverfahren. Es ermöglicht die Herstellung von Überzügen aus reinen hochschmelzenden Metallen oder aus Metallverbindungen. Das als Unterlage dienende Metall (W, Pt, Mo, C) wird in einer Atmosphäre aus Halogenverbindungen (z. B. Jodverbindungen) des niederzuschlagenden Metalls (W, Ta, Mo, Ti, Zr, Hf, Rh) geglüht, wobei sich die Metallkomponente nach thermischer Dissoziation an der Oberfläche des glühenden Metalls abscheidet. Über Einzelheiten vgl. Arkel *1, 2, 3*, Boer *1*, Fischvoigt *1*, Koref *1*, Moers *1*; zusammenfassende Darstellung bei Becker *2* und Pirani *1*.

Aufsublimieren von Metallüberzügen unter Wasserstoff. Das Verfahren findet Verwendung bei der Herstellung gut haftender Cu-Überzüge auf Wolframplatten (z. B. für Röntgen-Antikathoden oder Kontaktstücke), die später unter Schutzgas oder im Vakuum mit Ag-Lot an massive Cu-Teile angelötet werden

[1] Schwarzes Pulver mit guter elektrischer Leitfähigkeit und Temperaturbeständigkeit bis 1900° C, gewonnen aus V_2O_5 durch Glühen in H_2.

[2] Die Bedeckung mit Ta- oder Zr-Pulver bewirkt gleichzeitig eine kräftige Gasbindung während des Betriebs der Vakuumröhre (vgl. Abschnitt 24c, S. 308).

[3] Die Widerstandsdifferenz kann zur Feststellung der Karburierungstiefe für Ta durch Widerstandsmessung benutzt werden. Über den spezifischen Widerstand von W-Karbiden vgl. Abb. 19, S. 23.

sollen. Einen hierfür geeigneten einfachen Graphitofen[1] für direkte Stromheizung und Massenherstellung zeigt Abb. 166; die in die einzelnen Kammern gelegten Cu-Stücke verdampfen bei 1700° C rasch und bedecken die Wolframoberfläche gleichmäßig ohne störende Oxydschichten.

Alitieren. Vgl. S. 63 und Baukloh *1*, L. G. Hall *1*, Lewkonja *1*, Wendt *1*.

Emaillieren von Metalloberflächen. In manchen Fällen ist es erwünscht, die Oberfläche von Metallen, z. B. von Drähten, mit einem isolierenden Überzug zu versehen. Dies gelingt mit Hilfe handelsüblicher Glasemaillen, die in Form einer wässerigen Paste auf die Metallflächen aufgetragen werden. Beim Erhitzen des Metalls schmilzt die Emaille und bedeckt die Oberfläche mit einem dünnen gleichmäßigen Überzug. Ein zu starkes und langanhaltendes Erhitzen ist zu vermeiden, da sich hierbei die Emaille zersetzt bzw. auskristallisiert. Der Ausdehnungskoeffizient der Emaille muß möglichst dem des zu überziehenden Metalls angepaßt sein. Für vakuumtechnische Zwecke eignen sich am besten Emaillen ohne Farbzusätze, da letztere durch Gasabgabe das Vakuum leicht verschlechtern. Doch neigen viele Emaillen, die durchweg sehr niedrig schmelzende, im Sinne der Vakuumtechnik schlechte Gläser darstellen, bei Erhitzen im Vakuum zur Gasabgabe und Zersetzung.

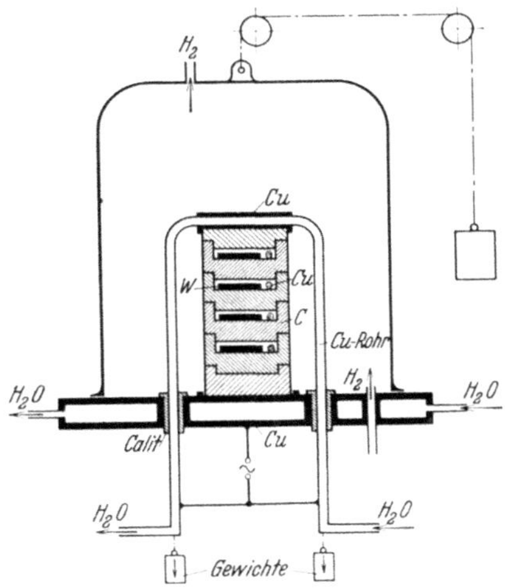

Abb. 166. Elektrischer Ofen mit aufeinandergeschichteten Graphittiegeln zum Überziehen von W-Scheiben mit sublimiertem Cu; Schutzgasatmosphäre aus H_2.

Zum Überziehen von dünnen Metalldrähten mit gut lichtdurchlässigen Glasüberzügen (Vakuumthermolelemente für Strahlungspyrometrie) eignet sich fein pulverisiertes Lindemann-Glas (vgl. S. 173). Der zu überziehende Draht wird entweder durch Eintauchen in das Pulver oder durch direktes Bestäuben mit einer dünnen Schicht aus Glasstaub bedeckt, die durch Erhitzen des Drahtes zu gleichmäßigem Fließen über die Metalloberfläche gebracht wird. Nach Herstellung des Überzuges ist der Draht möglichst schnell in die Vakuumröhre einzubauen und unter Vakuum zu setzen, da Lindemann-Glas an der Atmosphäre zersetzt wird.

11. Gläser.

a) Gewinnung, Zusammensetzung und allgemeine Eigenschaften.

(Dralle *1*, Gehlhoff *1*, H. Schulz *1*, Späte *3*, Thiene *1*, Ullmann *1*.)

Glas ist eine unterkühlte Flüssigkeit, bei der Kristallbildung beim Erstarren der Schmelze nicht eintritt, weil die Zähigkeit mit sinkender Temperatur sehr rasch ansteigt (amorphe und homogene Erstarrung).

[1] Bei Öfen aus Graphit beträgt die Höchsttemperatur etwa 2000° C, da das Material an heißeren Stellen stark verdampft und infolgedessen bei direkter Heizung der Graphitrohre bzw. -formen die Temperaturverteilung rasch ungleichmäßig wird.

Tabelle 70. Allgemeiner Überblick über die Materialkonstanten von Glas.

Spez. Gewicht	≈ 2,5—3,8	Aus der Glaszusammensetzung berechenbar (vgl. Gehlhoff 1). Lithiumborat: 2,24; schwere Baryt- und Bleigläser (80% PbO): 6,3.
Mohshärte	4—8	Hartgläser: 7,5, schwere Bleigläser: 4,5.
Zugfestigkeit (kg/mm^2)	3,5—8,5	Hohe Werte bei B_2O_3-, CaO- oder BaO-Gehalt.
Druckfestigkeit (kg/mm^2)	60—120	
Biegefestigkeit (kg/mm^2)	10—25	
Torsionsfestigkeit (kg/mm^2)	≈ 9	
Elastizitätsmodul (kg/mm^2)	4500—10000	Klein bei inneren Spannungen, groß bei Borsäuregehalt (Max. bei 15%).
Wärmeausdehnungskoeffizient, lin. ($\alpha \cdot 10^7$)	35—110	Vgl. Tab. 118, S. 330; gespannte Gläser bis 2% kleiner
Spezifische Wärme (cal/g Grad)	0,08—0,23	Pyrexglas: 0,2 (17—100° C). Temperatureinfluß vgl. S. 169, Abb. 172.
Thermischer Widerstandskoeffizient	1,2—9,8	Vgl. S. 166.
Wärmeleitfähigkeit (cal/cm sec Grad)	$0{,}16 \cdot 10^{-2}$—$0{,}30 \cdot 10^{-2}$	Steigt mit der Temperatur, vgl. S. 168, Abb. 171.
Spez. elektrischer Widerstand bei 20° C ($\Omega \cdot$cm)	11^{11}—10^{17}	Über Temperaturabhängigkeit vgl. S. 169; $T_{\varkappa\,100}$-Punkt vgl. Tab. 74.
Elektrische Durchschlagsfestigkeit (kV/mm)	16—40	Vgl. S. 171, Abb. 175.
Dielektrizitätskonstante	3,75—16	Vgl. S. 172.
Dielektrische Verluste ($\mathrm{tg}\,\delta \cdot 10^4$)	4—80	Vgl. Abb. 233.

Die Ausgangsmaterialien für die Herstellung sind Kieselsäure (Quarzsand, SiO_2), innig gemischt mit einer Reihe von Salzen, im einfachsten Falle: 60—75% SiO_2, 5—15% Alkalioxyd (z. B. Na_2O, eingeführt als Soda, Na_2CO_3) und 5—15% Erdalkalioxyd (z. B. Kalk, CaO). Diese Mischung wird unter Zugabe von Glasbrocken zur Einleitung der Schmelze in einem Ofen aus feuerfesten Steinen mit Gasfeuerung erhitzt. Durch die Zusätze wird der Schmelzpunkt des SiO_2 so weit herabgesetzt, daß die Mischung schon bei 1400 bis 1500° C zusammenschmilzt. Die Erhitzung wird so lange fortgesetzt (im ganzen 12—30 h), bis die Schmelze blasenfrei geworden ist („Läuterung"); dann wird das Glas meist in besondere Häfen übergefüllt und dort abgekühlt, bis eine für die Formung (vgl. S. 175) genügend niedrige Viskosität erreicht ist.

Die Hauptbestandteile technischer Gläser sind neben der Kieselsäure folgende Salze (sog. Glasbildner), die teils als Mineralien (Kalk, Tonerde), teils als chemische Produkte (Alkalien, Bleioxyd) zur Anwendung kommen: Na_2O, K_2O, MgO, CaO, BaO, ZnO, PbO, B_2O_3, Al_2O_3, Fe_2O_3, P_2O_5, Sb_2O_3. Daneben werden häufig als Trübungs-, Entfärbungs- oder Farbmittel eine große Anzahl von anderen Salzen zugefügt. Je nach der gewählten Zusammensetzung unterscheiden sich die physikalischen und chemischen Eigenschaften erheblich. Man kann aber nach dem Gehalt an SiO_2, Al_2O_3, B_2O_3 und P_2O_5 (als Lösungsmittel) gewisse Klassen unterscheiden, bei denen zwischen den Gewichtsmengen der einzelnen Bestandteile und den physikalisch-chemischen Eigenschaften einfache Beziehungen bestehen (Tabelle 71).

Für vakuumtechnische Zwecke verwendet man fast ausschließlich Silikate („Weichgläser"), Alumosilikate („mittelharte Gläser"), Borosilikate („Hartgläser") und Alumoborosilikate (Spezialgläser, z. B. alkalifestes Glas).

Bei der Wahl der Zusammensetzung spielt vor allem die sog. Entglasung eine Rolle, d. h. die Neigung des Glases, innerhalb eines bestimmten Temperaturbereichs mehr oder minder schnell aus dem glasigen in den kristallinen Zustand überzugehen [1]. Im Vergleich zu den überhaupt möglichen Kombinationen von Glasbildnern ist die Zahl derjenigen Zusammensetzungen, die ein gutes (d. h. auch bei langsamem Durchschreiten des Entglasungsbereiches schwer kristallisierendes) Glas geben, gering. In zweiter Linie ist für die Zusammensetzung die bei der Verarbeitung wichtige Abhängigkeit der Viskosität von der Temperatur und die chemische Widerstandsfähigkeit des Glases maßgebend. Auch andere Eigenschaften, wie spezifisches Gewicht, spezifische Wärme, Wärmeleitvermögen und Ausdehnungskoeffizient, sind bekannte Funktionen der Art und Menge der Einzelbestandteile.

Tabelle 71. Klasseneinteilung für technische Gläser *.

Klasse	Bezeichnung	Charakt. Bestandteile
I . . .	Silikate	SiO_2
II . .	Alumosilikate	SiO_2, Al_2O_3
III . .	Borosilikate	SiO_2, B_2O_3
IV . .	Alumoborosilikate	SiO_2, B_2O_3, Al_2O_3
V . .	Borate	B_2O_3
VI . .	Alumoborate	B_2O_3, Al_2O_3
VII .	Phosphate	P_2O_5
VIII .	Alumophosphate	P_2O_5, Al_2O_3

* Bei dieser Einteilung sind Gehalte von weniger als 4% SiO_2, 3% Al_2O_3 und 2% B_2O_3 nicht berücksichtigt.

Die meisten Zusammensetzungen technischer Gläser sind empirisch gefunden; sie werden häufig nicht bekannt gegeben und schwanken außerdem bei kleineren Herstellerfirmen trotz gleicher Bezeichnung oft beträchtlich. Erst die maschinelle Herstellung von Glühlampen und Rundfunkröhren veranlaßte (neben der Einhaltung enger Maßtoleranzen) eine große Genauigkeit in der Einhaltung der Zusammensetzung. Tabelle 72, S. 160 enthält die Zusammensetzung einer Reihe vakuumtechnisch wichtiger handelsüblicher Gläser.

Zähigkeit, Entglasung, Transformationspunkt (Abb. 167). Kühlt man eine Glasschmelze ab, so steigt die Zähigkeit an und das Glas geht über die sog. Schmelz- oder Aggregationstemperatur von dem flüssigen in den zähviskosen (η zwischen 10^2 und 10^{13} Poise) [2] Zustand über. Es durchschreitet dabei (etwa zwischen $\eta = 10^3$ und 10^8 Poise) [3] ein Temperaturgebiet, bei dem einerseits keine Auflösung von gebildeten Kristallkeimen (wie in der Schmelze) mehr stattfindet, andererseits die Viskosität noch nicht groß genug ist, um ein Kristallwachstum gänzlich zu verhindern. Dieses Gebiet, der sog. Entglasungsbereich, muß also je nach der Glassorte mehr oder minder rasch durchschritten werden, damit nicht das Entstehen von Kristallen zu einem späteren Springen des Glaskörpers führt. Tabelle 73, S. 161 gibt den Entglasungsbereich für einige Jenaer Gläser.

Zwischen $\eta = 10^8$ und 10^{13} Poise ist die Zähigkeit noch klein genug, um Spannungen im Glasgefüge nicht aufkommen zu lassen; bei $\eta = 10^{13}$ Poise, dem sog. Transformationspunkt, tritt dann der feste, spröde Zustand ein, der nur noch eine äußerst geringe Verschiebungsmöglichkeit der Glasteilchen gegeneinander

[1] So wirkt z. B. stark entglasungsverzögernd der Al_2O_3-Gehalt der Thüringer Apparategläser, der ursprünglich durch die Zusammensetzung des dort vorhandenen Quarzsandes bedingt war.

[2] 1 Poise = 1 $cm^{-1} g\, sec^{-1}$ = 1 dyn sec cm^{-1} ist die Einheit der dynamischen Zähigkeit im C.G.S.-System (z. B. ist für Pech bei 0° C: $\eta = 10^{10}$, bei 100° C: $\eta = 10^2$ Poise).

[3] Schwankt etwas mit der Glassorte.

Tabelle 72. Zusammensetzung

	Handelsname	Glasart	SiO_2	B_2O_3
1	Normal-Natronkalkglas	Kalknatronsilikat	75,5	
2	Normal-Kalikalkglas	Kalkkalisilikat	70,8	
3	Normal-Kalibleiglas	Kalibleisilikat	53,4	
4	Softglas G 1 (Corning)	Bleisilikat	63,1	
5	Moosbrunner-Glas	Kalkmagnesiasilikat	70,5	
6	Thüringisches Apparateglas	Alumosilikat	68,5	
7	Gundelach-Glas (Osramglas V 584) . .	Alumosilikat	65,22	1,67
8	Opalglas (vgl Späte *3*)	Fluorkalkzinksilikat	68,4	
9	Clear sealing-Glas G 705 A 3 (Corning)	Borosilikat	67	22
10	Pyrexglas (Corning).	Borosilikat	80,75	12,0
11	16III-Thermometerglas (Schott) . . .	Borosilikat	66,58	0,91
12	Duranglas (Schott)	Borosilikat	76,1	16,0
13	Thermometerglas G 80 (Corning) . . .	Alumoborosilikat	72,4	10,2
14	59III-Glas (Schott)	Alumoborosilikat	72,86	10,43
15	Geräteglas 20 (Schott)	Alumoborosilikat	75,3	7,6
16	Supremaxglas (Schott)	Alumoborosilikat	56,4	8,87
17	Alkalifreies Jenaer Geräteglas (Schott)	Alumoborosilikat	65,3	15,0
18	Nonexglas G 702 P (Corning)	Bleiborosilikat	73	16,5

* Über Zusammensetzungen weiterer technischer Gläser vgl. Späte *3*.

zuläßt. Für die Verarbeitung des Glases ist die Kenntnis der zugehörigen Transformationstemperatur (Tr.T.) [1] von besonderer Wichtigkeit, da sie die untere Grenze des für alle Temperaturvorgänge entscheidenden Entspannungsbereiches darstellt [2]. Im kalten Glas vorhandene Spannungen

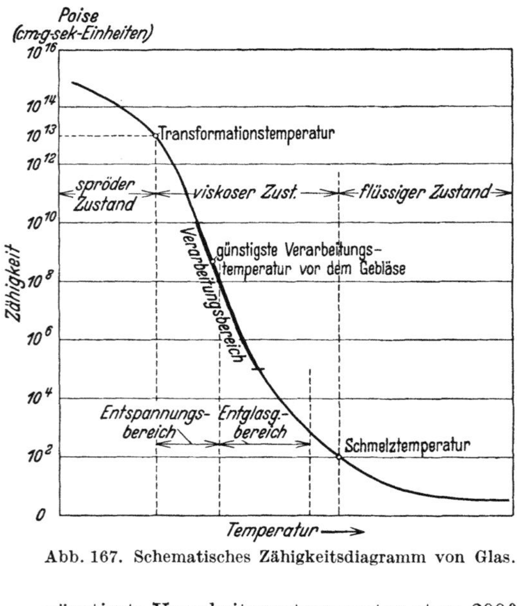

Abb. 167. Schematisches Zähigkeitsdiagramm von Glas.

[1] Vgl. Tab. 74. Statt der Transformationstemperatur wird in der älteren Literatur und von vielen Fabrikanten eine sog. „Erweichungstemperatur" zur Charakterisierung eines Glases angegeben. Aus dem Verlauf der Zähigkeitskurve folgt, daß eine solche Definition ohne Angabe der zugehörigen Zähigkeit völlig unbestimmt sein muß; daher schwanken derartige Angaben bei ein und demselben Glas vielfach um mehr als 100° C. Will man Angaben über den Viskositäts-Temperatur-Verlauf eines Glases machen, ohne die ganze Funktion wiederzugeben, so ist neben der Tr.T. die Angabe derjenigen Temperatur zweckmäßig, bei der die für die Verarbeitung in der Gebläseflamme günstigste Viskosität ($\eta = 10^{8,6}$) vorliegt. Beim Fehlen einer solchen Angabe kann als Richtlinie gelten, daß bei weichen (langen) Gläsern die günstigste Verarbeitungstemperatur etwa 200° C, bei kurzen (harten) Gläsern etwa 100° C über der Tr.T. liegt.

[2] Vgl. jedoch Späte *4*, der auch unterhalb der Tr.T. Verbeulungen von evakuierten Kolben beobachtete, sodaß die Annahme nicht richtig ist, daß beim Entgasungsprozeß das Glas stets bis zur Tr.T. erhitzt werden kann. Maßgebend ist vielmehr der Viskositätsverlauf auch unterhalb der Tr.T. und die Dimension der Glaskolben.

handelsüblicher Gläser *.

PbO	Al_2O_3	ZnO	BaO	CaO	Na_2O	K_2O	MgO	Mn_2O_3	
				11,6	12,9				1
				10,9		18,3			2
32,7						13,8			3
20,2	0,28			0,94	7,6	5,5		0,88	4
			2,5	5,5	16,6	1,0	3,9		5
	3,2			7,1	14,2	6,3			6
	5,22		4,80	7,71	11,86	3,28		(Fe_2O_3) 0,24	7
(F_2) 6,8	3,9	9,8		5,4	6,8	1,8			8
	2				6,5				9
	2,2			0,3	4,1	0,1		(Fe_2O_3) 0,25	10
	3,84	6,24		7,18	14,8		0,17	(Mn_2O_3) 0,28	11
	1,75			0,2	5,4	0,6			12
1,8	5,1				9,8				13
	6,24			0,35	9,82	0,1	0,20		14
	6,2		3,5	1,1	5,7	0,8			15
	20,13			4,8	0,63	0,64	8,65	(Fe_2O_3) 0,17	16
	3,5	4,2	12,0		4,5				17
6									18

(optisch leicht durch Doppelbrechung feststellbar) verschwinden um so schneller, je höher die zur Entspannung angewendete Temperatur über der Tr.T. liegt; unterhalb der Tr.T. ist dagegen eine Entspannung in den praktisch zur Verfügung stehenden Zeiten nicht möglich. Die experimentelle Ermittlung der Tr.T. wird dadurch erleichtert, daß bei derselben Zähigkeit ($\eta = 10^{13}$) Wärmeausdehnung und elektrischer Widerstand ebenfalls einen unstetigen Verlauf zeigen (vgl. E. Berger *1*, ferner Abb. 358 und 173)[1]. In der amerikanischen Literatur findet man an Stelle der Transformationstemperatur häufig den „Strain point". Hierunter wird diejenige Temperatur verstanden, bei der künstlich mit Spannungen versehenes Glas innerhalb 15 Stunden entspannt wird. Als weiterer charakteristischer Wert wird der „Annealing point" angegeben, d. h. die Temperatur, bei der die Entspannung innerhalb 15 Minuten vor sich geht[2].

Tabelle 73. Entglasungstemperaturen (6 h) einiger Schottgläser (Thiene *1*).

Glassorte	Entglasungstemperatur (°C) untere	Entglasungstemperatur (°C) obere
Mo-Einschmelzglas (1447III) .	650	1300
Thermometerglas . (16III) .	700	900
Thermometerglas . (59III) .	750	1300
Duranglas . . . . (2956III) .	700	1100
Supremaxglas . . (2950III) .	900	$>$ 1250
Verbrennungsglas . (1003III) .	700	1250
Geräteglas 20 . . (2877III) .	600	1300

Aus dem Gesamtverlauf der Temperatur-Zähigkeit-Kurve eines Glases (Beispiele in Abb. 168) lassen sich unmittelbar die wichtigsten Verarbeitungstemperaturen entnehmen und auch Schlüsse auf die Art der Verarbeitung selbst

[1] Über Ermittlung des Tr.T. durch Festigkeitsmessungen an Glasgefäßen bei Überdruck vgl. Wartenberg *1*.

[2] Diese Art der Kennzeichnung durch zwei den praktisch vorkommenden Entspannungsbereich begrenzenden Temperaturen bietet gewisse Vorteile für die Festlegung der Dauer und Höhe von Temperprozessen (vgl. S. 184).

ziehen. Unterhalb $\eta = 10^2$ tritt die Befreiung des Glases von den beim Schmelzprozeß auftretenden Gasbläschen (CO_2, H_2O usw.), die sog. Läuterung, ein. Das Schöpfen und Gießen findet bei etwa $\eta = 10^2$, das Aufwickeln auf die Glasmacherpfeife zwischen $10^{2,5}$ und 10^3 und das Blasen in der Hütte zwischen 10^3 und 10^7 statt; die Formung der Rohglas-Kolben und -Röhren in der Gebläseflamme erfolgt dagegen bei einer Zähigkeit von 10^5 bis 10^{10}, optimal bei $\eta = 10^{8,6}$. Je nachdem sich bei verschieden zusammengesetzten Gläsern der Bereich des viskosen Zustandes über kleine oder große Temperaturbereiche erstreckt, spricht man von „kurzen“ oder „langen“ Gläsern. Liegt der Viskositätsbereich im ganzen bei niedrigen Temperaturen, so nennt man ein solches Glas weich („mild“), liegt er bei hohen Temperaturen, so heißt das Glas hart („streng“).

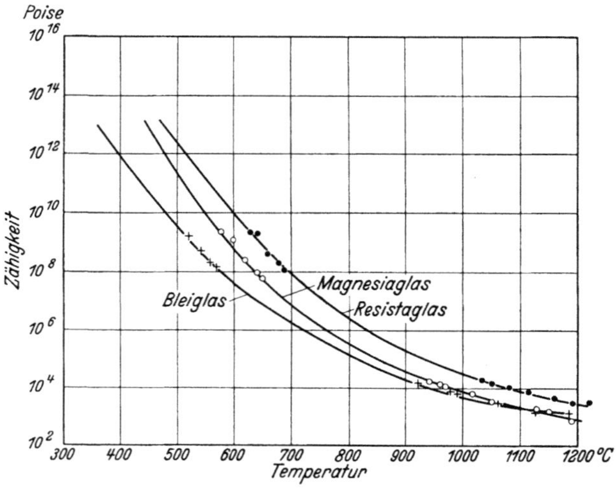

Abb. 168. Zähigkeitskurven einiger gebräuchlicher Gläser (Thomas *1*).

b) Spezielle physikalische und chemische Eigenschaften.

(Vgl. auch Eckert *1*.)

Einen allgemeinen Überblick über die Eigenschaften von Glas gibt Tabelle 70; in Tabelle 74 sind dagegen die bei der Verarbeitung und Verwendung in der Vakuumtechnik interessierenden speziellen Daten für die wichtigsten handelsüblichen Glassorten[1] zusammengestellt. Dabei ist bei den amerikanischen Corning-Gläsern statt der Transformationstemperatur der Strain point (SP) und bei der „Erweichungstemperatur“ der sog. Annealing point (AP) angegeben (vgl. S. 161).

Mechanische Eigenschaften. Die Gläser verhalten sich bei mechanischer Beanspruchung nicht wie Metalle, die erst dem Zug bzw. Druck elastisch

[1] In der Praxis hat sich vielfach der Sammelbegriff „Thüringer Glas“ eingebürgert, worunter im allgemeinen mittelharte Alumosilikatgläser (vgl. S. 159, Fußnote 1) mit Ausdehnungskoeffizienten zwischen 84 und $92 \cdot 10^{-7}$ und relativ flachen Zähigkeits-Temperatur-Kurven („lange“ Gläser) verstanden werden, die sich besonders gut für die Herstellung von Glasapparaturen von Hand eignen. Typische Vertreter solcher Gläser sind: Fischer Prima-Glas, Gundelach-Apparate-Glas, Moosbrunner-Apparate-Glas, Osram-Apparate-Glas 584d.

Unter dem Sammelnamen „Bleiglas“ werden PbO-haltige Silikatgläser zusammengefaßt, die meist relativ niedrige Transformationstemperatur und relativ kleines elektr. Leitvermögen (auch bei erhöhter Temperatur) besitzen. Sie lassen sich außerdem gut mit den üblichen Normalgläsern verschmelzen und eignen sich daher besonders für Quetschfüße in Niederspannungsröhren. Typische Bleigläser sind: Gundelach-Platin-Glas, Osram-M-Glas, Osram-Platin-Glas, Schott-Platin-Glas und Sendlinger-Platin-Glas.

Tabelle 74. Eigenschaften vakuumtechnisch wichtiger Gläser.
(Hersteller: C Corning, F Fischer, G Gundelach, IG I.G. Farbenindustrie, M Moosbrunner Glasfabr., O Osram, P Putzler, S Sophienhütte, Sch Schott, SOG Sendlinger optische Glaswerke).

Lieferant	Bezeichnung (d: spez. Gew.)	Transf. Temp. bzw. Strain point (SP) °C	„Erweichungs-" Temp. bzw. Annealing point (AP) °C	$T_{\varkappa\,100}$ * °C	Ausdgs.-Koeff. (25—75° C, entspannt) $\alpha \cdot 10^7$	Bemerkungen
	1. Normalgläser (α: 84—100 · 10^{-7}).					
C	Soft-Glas G 1	389 (SP)	425 (AP)		92 (25—325° C)	Vgl. Tab. 72; für Quetschfüße
F	Platin-Glas	530	≈ 600		89—93	Entspannungstemperatur 550° C
F	Prima-Glas (d = 2,45)	530	≈ 600		89	Entspannungstemperatur 570° C (für Laborgeräte)
F	X-Glas	480—510	≈ 580		95—100	Entspannungstemperatur 500—530° C (für Röntgenkolben)
G	Platin-Glas				87— 90	Für Quetschfüße
G	Apparate-Glas	515	550—700	(220)	84	Für Röhren, Kolben u. Pumpapparaturen
M	Apparate-Glas		≈ 595		92	Ähnlich Osram-Magnesia-Glas
O	M-Glas, 31 % PbO (d = 3,12)	418	≈ 500	328	86	Für Pumprohre u. Tellerrohre
O	Platin-Glas V 301 b	445		366	89	Für Quetschfüße
O	Magnesia-Glas (d = 2,51)	495	≈ 595	156	92	Für Glühlampenkolben
O	T-Glas (d = 2,54)	493		281	101	Für Röhren u. Stäbe
O	Apparate-Glas V 584 d (d = 2,58)	515		273	85	Ähnlich Gundelach-Apparate-Glas
S	Nr. 171		≈ 575		91	
S	Nr. 3		≈ 575		87	
Sch	Platin-Glas 397III	488	600—700		87—90	Bleisilikat
SOG	Platin-Glas				89	Bleisilikat
	2. Harte Gläser (α: 33—55 · 10^{-7}).					
C	Clear sealing G 705 A 3	461 (SP)	496 (AP)		46 (25—325° C)	Vgl. Tab. 72
C	Nonex G 702 P	486 (SP)	521 (AP)		36 (25—325° C)	Vgl. Tab. 72
C	Pyrex	517 (SP)	561 (AP)	183	33 (25—325° C)	Vgl. Tab. 72
O	Natriumfestes Glas V 612 e	508			≈ 55	Für Leuchtröhren
O	Alumoborosilikatglas 424 d	570		215	51	Für Röntgenröhren

* Vgl. Fußnote folgende Seite.

Tabelle 74. (Fortsetzung.)

Lieferant	Bezeichnung (d: spez. Gew.)	Transf. Temp. bzw. Strain point (SP) °C	„Erweichungs-" Temp. bzw. Annealing point (AP) °C	$T_{\varkappa 100}$* °C	Ausdgs.-Koeff. (25—75° C, entspannt) $\alpha \cdot 10^7$	Bemerkungen
O	Wickel-Glas V 195 c	528—540	≈ 570	194	51	Vgl. Tab. 118
O	Resisto-Glas	504	≈ 550	290	49	Für Röhren u. Stäbe
O	Molybdän-Glas V 637 h	≈ 550	≈ 585	300	47—48	Für Röhren u. Kolben
O	Wickel-Glas V 756	≈ 458	≈ 500 (AP)		48 (20 400° C)	Vgl. Tab. 118
O	Wolfram-Glas V 619 i	540	≈ 750	263	40	Desgl.
O	Wolfram-Glas V 362 a	520		314	39	Für hochbelastete Lampen u. Fußrohre
P	Resisto-Glas				54	
Sch	Gleichrichter-Glas		605—700		49	Für Hg-Gleichrichter
Sch	Molybdän-Einschmelz-Glas (1447III)	528	600—700		49—51	Vgl. Tab. 118
Sch	Wolfram-Einschmelz-Glas (1646III)		660—730		41	
Sch	Alkalifreies Glas 665				37	
Sch	Duran (2956III)	540	≈ 800	220	34	
Sch	Supremax (2950III)	720	800—900		33	
SOG	Wolfram-Einschmelz-Glas				39	Für W-Stab-Einschmelzungen
	3. Gläser für Spezialzwecke.					
C	Thermometer-Glas G 80	530 (SP)	566 (AP)		62 (25—325° C)	Für Thermometer, vgl. Tab. 72
F	Gege-Eff-Glas	430	505		82—85	Entspannungstemp. 450° C, (für Thermometer)
F	Chemisches Spezial-Glas 357	540	610		66—72	Entspannungstemp. ≈ 560° C; I. hydr. Klasse (vgl. Tab. 78)
F	Lumophor-Glas		≈ 470		89	Vgl. S. 213 u. S. 240
IG	Phosphatglas		≈ 560		88	Für Therapielampenkolben (vgl. Tab. 77); sehr „kurzes" Glas
O	V 633			141!	>95	Hohe el. Leitfähigkeit
O	Opal-Glas	490		230	92	Fluorkalkzinksilikat, für Lampenkolben
O	U.V.-Glas V 594	511			89	Für Therapielampenkolben
O	U.V.-Glas V 619 i	540		263	40	Desgl.
O	Borosilikat-Glas 671			500!		Sehr geringe el. Leitfähigkeit
Sch	Minos-Glas (1650III)		530—610		82	Für Kondensatoren

* $T_{\varkappa 100}$ ist diejenige Temperatur eines Glases, bei welcher der spez. elektr. Widerstand den Wert 100 (Megohm · cm) besitzt, vgl. S. 169.

Tabelle 74. (Fortsetzung.)

Lieferant	Bezeichnung (d: spez. Gew.)	Transf. Temp. bzw. Strain point (SP) °C	„Erweichungs-" Temp. bzw. Annealing point (AP) °C	$T_{\varkappa 100}$ °C	Ausdgs.-Koeff. (25—75 °C, entspannt) $\alpha \cdot 10^7$	Bemerkungen
Sch	Thermometer-Glas (16^{III})	400—410	610—700	(160)	79	Vgl. Tab. 72; für Thermometer
Sch	Verbrennungs-Glas (Arsenfrei 1006^{III})		735—835		57	Für Gasreinigung, vgl. Abb. 261, S. 250
Sch	Thermometer-Glas (59^{III})	430—440	650—730		55	Vgl. Tab. 72; für Thermometer
Sch	Thermometer-Glas (2954^{III})					Für Thermometer
Sch	Uviol-Glas (1016^{III})		585—670		55	Für Therapielampenkolben; Tab. 118
Sch	Geräte-Glas 20 (2877^{III})	570	650—765		48	Vgl. Tab. 72; für chem. Geräte
SOG	Lithium-Glas	425 (?)			114 (0—350 °C)	Für Lindemannfenster
SOG	Palladium-Glas				110	FürPd-Röhrchen-Einschmelzungen

Lieferant	Bezeichnung	Ausdehnungskoeffizient $\alpha \cdot 10^7$	Transformationstemp. (Tr.T.) bzw. Erweichungstemp. (E.T.) °C	$T_{\varkappa 100}$ °C
	4. Zwischengläser (Verbundgläser).			
O	Z 78	78	Tr.T. ≈530	205
O	Z 70	70	„ ≈530	188
O	Z 63	63	„ ≈530	183
O	Z 54	54	„ ≈530	225
S	171	91	E.T. 570	
S	3	87	„ 570	
S	9	78	„ 580	
S	20	73	„ 590	
S	17	56	„ 610	
S	SI-Neutral	51	„ 615	
Sch	VB 25 (1635^{III})	114	„ 540—600	
Sch	VB 26 (1636^{III})	108	„ 560—620	
Sch	VB 24 (1634^{III})	99	„ 585—640	
Sch	VB 23 (1633^{III})	98	„ 585—640	
Sch	VB 22 (1632^{III})	92	„ 590—650	
Sch	VB 21 (1631^{III})	87	„ 595—660	
Sch	VB 20 (1630^{III})	85	„ 610—665	
Sch	VB 19 (1629^{III})	81	„ 610—665	
Sch	VB 18 (1627^{III})	79	„ 610—675	
Sch	VB 17 (1626^{III})	77	„ 620—680	
Sch	VB 16 (1625^{III})	75	„ 620—680	
Sch	VB 15 (1621^{III})	70	„ 620—695	
Sch	VB 13 (1624^{III})	63	„ 630—700	
Sch	VB 11 (1622^{III})	59	„ 620—695	
Sch	VB 10 (1620^{III})	55	„ 620—700	
Sch	VB 9 (1638^{III})	54	„ 620—700	
Sch	VB 8 (1639^{III})	48	„ 630—710	
Sch	VB 7 (1640^{III})	47	„ 630—705	
Sch	VB 6 (1641^{III})	38	„ 645—710	
Sch	VB 5 (1642^{III})	34	„ 650—715	
Sch	VB 4	29		
Sch	VB 3	25		
Sch	VB 2	18		
Sch	VB 1	13		

folgen, dann fließen und schließlich reißen, sondern bei ihnen fällt der Fließvorgang ganz fort. Dementsprechend hält Glas langsame und nicht zu starke mechanische Beanspruchungen infolge seines hohen Elastizitätsmoduls weitgehend aus [1], zerbricht aber leicht bei plötzlicher Stoßbeanspruchung, besonders dann, wenn bereits durch Entglasung Kristalleinschlüsse [2] vorhanden sind oder Wärmespannungen vorliegen. Ein relatives Maß für die Festigkeit der verschiedenen Gläser gegen Stoßbeanspruchung wird erhalten, wenn man eine nach Art eines Pendels aufgehängte Elfenbeinkugel gegen runde Kolben schlagen läßt und den Winkel mißt, den das Pendel zur Zertrümmerung durchlaufen muß (vgl. Gehlhoff *2*). Da die Stoßfestigkeit sehr stark von der Glasdicke abhängt, muß diese nach der Zertrümmerung an der Stoßstelle sorgfältig bestimmt werden.

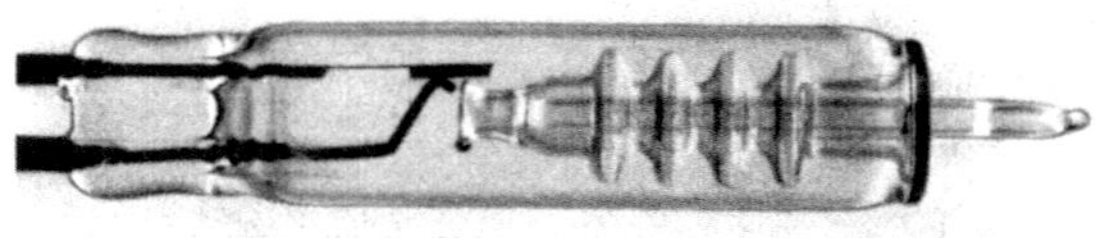

Abb. 169. Vakuumschalter mit Glasfederkörper; vgl. R. Bosch *1* (Hersteller: Siemens-Röhrenwerk).

Wichtig für Verarbeitung und Gebrauch ist ferner die Festigkeit eines Glases bei schroffem Abkühlen, die sog. thermische Widerstandsfähigkeit. Sie ist eine Funktion von Zugfestigkeit z, Elastizitätsmodul e, Ausdehnungskoeffizient a, Wärmeleitfähigkeit k, spez. Gewicht s und spez. Wärme c. Man definiert (nach Zschimmer *1*) einen thermischen Widerstandskoeffizienten [3] W, welcher der Temperaturdifferenz, bei deren Überschreiten ein Glasformstück springt, proportional

$$T - T_0 = A \cdot W, \quad \text{wobei } W = \frac{z}{e\,a}\sqrt{\frac{k}{s\,c}}$$

ist. (A hängt von Form und Abmessungen des Glasstückes ab.)

In der Praxis mißt man häufig die thermische Widerstandsfähigkeit durch Bestimmung der Temperaturdifferenz, die eine 2 cm dicke Kugel aus dem betreffenden Glas beim Abschrecken in Wasser von 20° C ohne Springen aushält. In Tabelle 75 sind einige derart gewonnene Werte eingetragen. Sie hängen weitgehend von der Zusammensetzung des Glases ab; so wird z. B. durch Borsäuregehalt die thermische Widerstandsfähigkeit eines Glases erheblich vergrößert. Die thermische Widerstandsfähigkeit wird wie alle Festigkeitswerte stark durch vorhandene innere Spannungen beeinflußt, die durch die thermische Vor-

Tabelle 75. Thermische Widerstandsfähigkeit (2-cm-Kugel).

Glassorte	max. Abschrecktemp. °C
Geräteglas (Gundelach) . . .	223
Apparateglas V 584 d (Osram)	225
T-Glas (Osram)	160
Gewöhnliches Hohlglas . . .	143

[1] Man benutzt diese Eigenschaft bei langen Vakuumrohrleitungen (Kundtsche Glasfeder, vgl. Abb. 321) oder bei kurzen gewellten Rohren (Federkörper, vgl. Abb. 169).

[2] Bei Opalglaskolben, die durch absichtlich ausgeschiedene Fluoride getrübt werden, hängt infolgedessen die Schlagfestigkeit und thermische Widerstandsfähigkeit stark von der (durch Temperaturbehandlung bedingten) Größe und Art der Trübungsteilchen ab.

[3] Vgl. Tabelle 70.

behandlung (schlechte Kühlung, Entglasung) oder durch Differenzen im Ausdehnungskoeffizienten mit zusammengeschmolzenen Fremdgläsern oder Metalleinschmelzungen verursacht sein können.

Wärmeausdehnungskoeffizient. Er spielt bei der Röhrenherstellung eine wichtige Rolle, da von ihm die Herstellung vakuumdichter Verbindungen eines Glases mit Metallen und mit anderen Gläsern abhängt. Für Glasverschmelzungen darf die Differenz der Ausdehnungskoeffizienten 10% nicht überschreiten [1]; zur Verbindung von Gläsern mit größeren Ausdehnungsdifferenzen sind ein oder mehrere Zwischengläser mit dazwischenliegenden Ausdehnungskoeffizienten notwendig (vgl. Tabelle 74, Absatz 4). Über Glasmetallverbindungen vgl. Abschnitt 25b, S. 322.

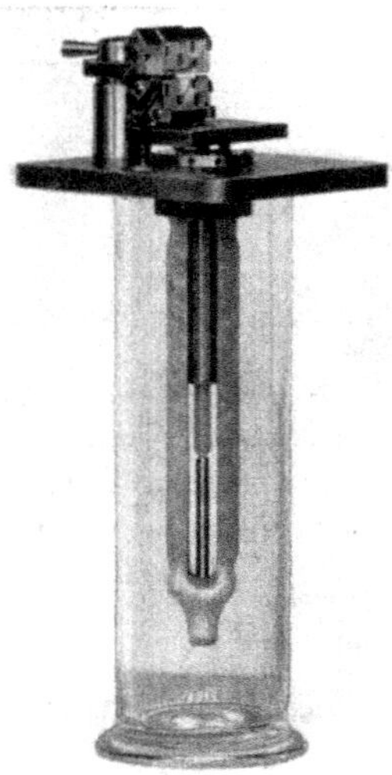

Abb. 170. Quarzdilatometer zur Messung des Ausdehnungskoeffizienten von Glas und von Einschmelzmetallen für Glas-Metall-Verbindungen. (Hersteller: Goerz A.G.)

Bei entspannten Gläsern steigt die Ausdehnungskurve meist um wenig mehr als linear [2] mit der Temperatur bis zum Transformationspunkt, wo ein steilerer Anstieg beginnt (vgl. Abb. 358, S. 333), der jedoch praktisch kaum interessiert, da sich in diesem Gebiet wegen der schon genügend kleinen Zähigkeit Spannungen nicht ausbilden können. Wichtig für die Verarbeitung, insbesondere das Verschmelzen mit Metallen, ist also nur der mittlere Temperaturkoeffizient zwischen Raumtemperatur und Tr.T. Die Messung der Wärmeausdehnung erfolgt am einfachsten mit dem Quarzdilatometer [3] (vgl. z. B. E. Braun *1* und Abb. 170). Für viele Gläser gilt die Regel, daß niedrige Ausdehnung einem hohen Erweichungspunkt entspricht [4].

Thermische Nachwirkung der Ausdehnung. Wird erhitztes Glas abgekühlt, so verschwindet die durch die Wärme bewirkte Ausdehnung nicht sofort und nicht vollständig, sondern es bleibt ein geringer Rest zurück, der sich erst allmählich verliert. Bei einem neu gefertigten Thermometer macht sich diese thermische Nachwirkung durch eine allmähliche Wanderung des Eispunktes bemerkbar, die erst nach Jahren abklingt. Durch künstliches Altern (längeres Erhitzen und langsames Abkühlen) läßt sich diese „säkulare Depression" so stark

---

[1] Auch Härte und Diffusion der Gläser ineinander spielen dabei eine Rolle.

[2] Die in der Literatur und in Prospekten angegebenen Werte des Wärmeausdehnungskoeffizienten sind in der Regel im Temperaturgebiet 25—75° C ermittelt (gebräuchliche Bezeichnung: „α_{50}"). Für die Beurteilung der Verschmelzbarkeit eines Glases mit einer Einschmelzlegierung, deren Ausdehnungscharakteristik keine Gerade ist (vgl. z. B. S. 323), ist es notwendig, den mittleren Ausdehnungskoeffizienten zwischen Zimmertemperatur und Transformationstemperatur zu bestimmen. Da derartige Angaben jedoch vielfach noch fehlen (vgl. Tabelle 74, S. 163), kann als ungefähre Richtlinie gelten, daß der Ausdehnungskoeffizient zwischen 25° C und der Tr.T. zwischen 3 und 10% größer ist als der zwischen 25 und 75° C gemessene Wert.

[3] Wegen der schlechten Wärmeleitfähigkeit des Glases darf bei derartigen Messungen der Temperaturanstieg nicht zu rasch erfolgen (etwa 4° C pro Minute; vgl. Klemm *1*).

[4] In extremer Weise zeigt diese Eigenschaft das reine Quarzglas.

verkleinern, daß sie nicht mehr stört. Wird jedoch selbst ein so gealtertes Thermometer beim Gebrauch erhitzt, so bleibt auch nach jeder solchen Erhitzung ein Rest einer Ausdehnungsvergrößerung der Thermometerkapillare zurück, der zwar rascher abklingt als die säkulare Depression, sich aber in einer jedesmaligen „Depression des Eispunktes" bemerkbar macht. Die durch eine Erhitzung auf 100° C hervorgerufene Verschiebung des Eispunktes in Grad Celsius wird als „Depressionskonstante" bezeichnet. Sie hängt stark von der Glaszusammensetzung, insbesondere vom Alkaligehalt ab; am besten sind Gläser, die nur ein Alkali enthalten. Man hat daher für Thermometer Spezialgläser mit besonders niedriger Depressionskonstante entwickelt (vgl. Tabelle 72 und 76).

Tabelle 76. Verwendungsbereich und Depressionskonstante Jenaer Thermometergläser (Fabrikate Schott & Gen.).

Glasbezeichnung	Brauchbarkeitsgrenze °C	Depressionskonstante °C
16III	450	0,04
2954III	535	0,015
Supremax	635	0,01
(Thüringisches Apparateglas)	—	(etwa 0,4)

Wärmeleitfähigkeit (Russ *1*). Die höchste Wärmeleitfähigkeit besitzt reines SiO_2 (0,00332 cal/cm sec Grad). Durch Zusätze glasbildender Oxyde wird die Leitfähigkeit eines Glases je nach Menge und Art der Zusätze geringer. Von den technischen Gläsern besitzen die höchsten Werte die Borgläser (bis 0,0030). Gut leitend sind ferner die Magnesia-, Tonerde- und Eisenoxydgläser, geringer wärmeleitend Zink- und Kalkgläser. Schlecht leitend sind Baryt- und Bleigläser (40—50% PbO-Gehalt: 0,0019 cal/cm sec Grad). Die Wärmeleitfähigkeit nimmt mit der Temperatur zu (vgl. Abb. 171).

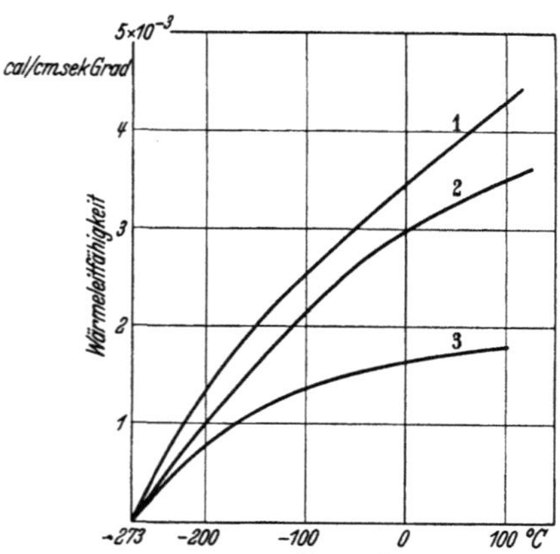

Abb. 171. Wärmeleitfähigkeit von Gläsern, abhängig von der Temperatur. 1 Quarzglas; 2 Borosilikatglas; 3 schweres Bleisilikatglas.

Die spezifische Wärme nimmt mit der Temperatur stark zu (vgl. Abb. 172).

Elektrische Leitfähigkeit, Elektrolyse (Littleton *1*). Glas ist ein Leiter zweiter Klasse; Träger des Stromes sind vor allem die Alkali-Ionen[1]. Bei konstanter Temperatur gilt für kleine Feldstärken das Ohmsche Gesetz. Für höhere Feldstärken E gilt für die Leitfähigkeit $\varkappa$ die Beziehung:

$$\varkappa = \varkappa_0 \cdot e^{a + bE}; \ \varkappa_0,\ a,\ b\text{: Konstanten.}$$

Mit wachsender Temperatur T (°K) fällt der elektrische Widerstand R ($\Omega \cdot$cm) nach dem Gesetz von Rasch und Hinrichsen:

$$\lg R = \frac{A}{T} + B,$$

wobei die Konstanten A und B von der Transformationstemperatur ab andere Werte als vorher annehmen (vgl. Abb. 173). Da die Konstante A von 0° C bis zur Tr.T. für alle Gläser fast gleich ist, genügt zur Charakterisierung des elektrischen Leitvermögens eines Glases die Angabe der Temperatur, bei der

[1] Daneben liegt wahrscheinlich noch eine Elektronenleitfähigkeit vor, die besonders bei hohen Feldstärken in Erscheinung tritt.

das elektrische Leitvermögen auf einen bestimmten Betrag gestiegen ist. Aus praktischen Gründen [1] wird meist diejenige Temperatur (^{0} C) angegeben, bei der das Leitvermögen den Wert $100 \cdot 10^{-10}$ (Ω^{-1} cm^{-1}) bzw. der spezifische elektrische Widerstand den Wert 100 (Megohm · cm) hat („$T_{\varkappa 100}$-Punkt").

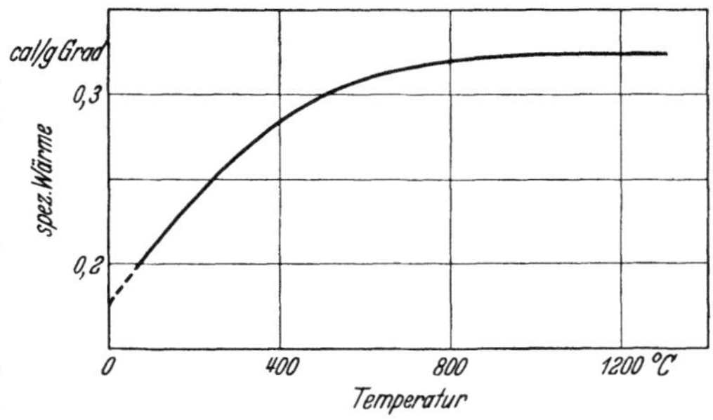

Abb. 172. Spez. Wärme eines Kalknatronglases, abhängig von der Temperatur (Gehlhoff *1*).

In Abb. 173 sind neben einer im ganzen Verlauf experimentell bestimmten Kurve die Temperatur-Widerstandskurven einiger wichtiger technischer Gläser, die sich mit Hilfe ihres $T_{\varkappa 100}$-Punktes aus dem Rasch-Hinrichsen-Gesetz konstruieren lassen, eingetragen. Außerdem sind in Tabelle 74 die Werte des $T_{\varkappa 100}$-Punktes für die wichtigsten Gläser angegeben. Der $T_{\varkappa 100}$-Punkt spielt eine großeRolle bei der Eignungsbeurteilung von Gläsern, die für elektrische Entladungsröhren, besonders für Quetschfüße, Verwendung finden sollen, da dort Zuleitungen mit Spannungsdifferenzen bis zu mehreren 100 V meist dicht nebeneinander eingeschmolzen sind und Temperaturen bis zu mehreren 100 Grad vorkommen können [2]. Für derartige Zwecke eignen sich am besten alkaliarme Gläser [3], von den weichen Gläsern am besten Bleiglas, von den harten Borosilikatgläser (vgl. Abb. 173).

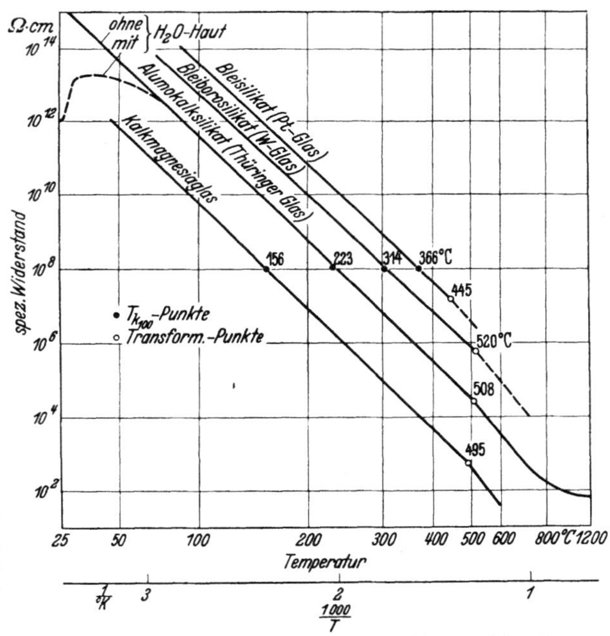

Abb. 173. Spez. elektrischer Widerstand von Gläsern, abhängig von der Temperatur. Die Kurve für Thüringer Glas ist experimentell bestimmt (Gehlhoff *1*); die Kurven der anderen Gläser sind auf Grund der bei 10^8 Ohm angegebenen $T_{\varkappa 100}$-Punkte eingetragen.

---

[1] Bei zu hoher Temperatur wird der Transformationspunkt überschritten, bei zu niedriger Temperatur wird die Messung der hohen Widerstände unbequem.

[2] Durch Strahlung, Wärmeleitung der Elektrodenhalterungen und Joulesche Wärme in den Einschmelzdrähten. Bei Glühlampen-Quetschfüßen der Einheitsreihe beträgt z. B. die Betriebstemperatur 150 bis 200^0 C.

[3] Wachsender Alkaligehalt (besonders Na_2O) erhöht die Leitfähigkeit erheblich. Durch Verringerung des Alkaligehaltes würde sich jedoch die Zähigkeit bzw. die Tr.T. zu sehr erhöhen. Durch Zusatz von PbO ist es möglich, den Alkaligehalt niedrig zu halten, ohne die Tr.T. heraufzusetzen.

Ist die spezifische Leitfähigkeit oder die Temperatur unzulässig hoch, so tritt Glaselektrolyse ein, die in verschiedener Weise verkürzend auf die Lebensdauer einer Vakuumröhre wirken kann:

1. Es findet eine Zersetzung des Glases zwischen eingeschmolzenen Elektrodenmetallen statt. Werden diese nicht vom Glas aufgenommen, so wandern die Alkali-Ionen nach der negativen Elektrode (jedoch z. B. bei Glühkathodengleichrichtern wegen der höheren negativen Sperrspannung zur Anodenzuleitung!). Dort findet eine Anreicherung an Alkali statt, während an der positivsten Zuleitung eine schlecht leitende SiO_2-Schicht entsteht. Der Ausdehnungskoeffizient wird also an verschiedenen Stellen desselben Glasstückes verschieden groß und es treten Fußsprünge auf. Vielfach erkennt man die elektrolytische Zersetzung des Glases daran, daß es, besonders in der Nähe kathodisch wirkender Durchführungen, braun bis blau gefärbt wird (kolloidal verteilte Alkalimetalle, vgl. R. Schwarz *1*); manchmal treten auch kleine, tropfenähnliche Gebilde auf. Bei Verwendung von Elektroden, deren Material vom Glas aufgenommen wird, wird das Glas vielfach trübe. Bei Cu-Manteldrahteinschmelzungen (Finkdraht) wird bei Elektrolyse die positive Zuleitung durch O_2-Abscheidung schwarz, während der negative Pol blank bleibt; bei Platindrahteinschmelzungen bilden sich manchmal am positiven Pol kleine Bläschen aus. Die schließlichen Folgen dieser Zersetzungsvorgänge sind Undichtwerden und Springen des Glases zwischen den elektrolysierenden Elektroden.

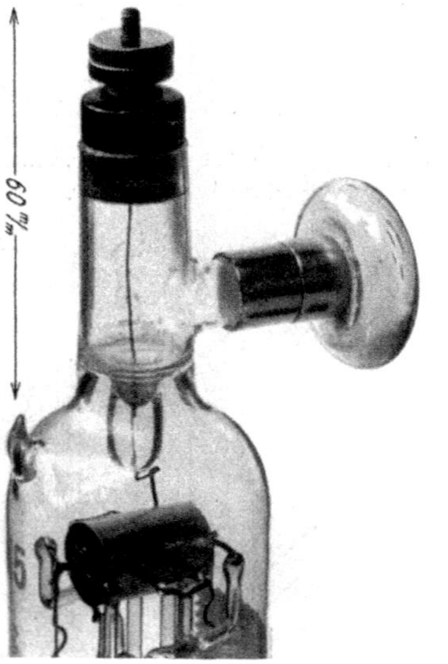

Abb. 174. Verringerung der Leitfähigkeit der äußeren Glasoberfläche einer Vakuumröhre durch Trocknung des Sockelraumes mit P_2O_5 und Abschluß durch Bernsteinstopfen (Elektrometerröhre 115, Hersteller: Siemens-Röhrenwerk; vgl. auch S. & H. *7*).

2. Bei der elektrolytischen Zersetzung des Glases werden Gase (vorwiegend H_2) frei, die das Vakuum verschlechtern.

3. Bei hoher elektrischer Leitfähigkeit und hohen Temperaturen kann die Stromleitung einen so großen Betrag annehmen, daß ein Durchschlag und damit Zertrümmerung des Glases erfolgt.

Die elektrische Zersetzung des Glases kann auch bei Wechselstrom auftreten, da meist der Stromdurchgang in einer Richtung überwiegt und daher die Ionenwanderung bevorzugt in einer Richtung stattfindet. Über die technische Ausnutzung der Glaselektrolyse zur Einführung von Alkali in Photozellen aus Alkaliglas vgl. Abschnitt 22, S. 292.

Neben der Volumenleitfähigkeit ist bei niederen Temperaturen auch eine Oberflächenleitfähigkeit vorhanden, die durch Adsorption einer Wasserhaut hervorgerufen wird. Sie verschwindet bei höheren Temperaturen vollständig (vgl. Abb. 173, links oben), kann also innerhalb eines gut durch Temperaturbehandlung entgasten Rohres keine Rolle spielen. Dagegen kann sie an der Röhrenaußenseite bei empfindlichen Meßrohren sehr störend wirken und muß in diesem Fall durch Trockenhaltung des Sockelraumes (z. B. mittels P_2O_5) unterdrückt werden (vgl. z. B. Abb. 174). Bei Messungen des elektrischen Widerstandes von Gläsern bei Zimmertemperatur ist die Oberflächenleitfähigkeit als Störerscheinung zu berücksichtigen[1].

Dielektrische Verluste (vgl. Kusunose *1*). Im Hochfrequenzfeld treten wie bei allen Isolationsmaterialien auch bei Glas Energieverluste auf, die an dielektrisch stark beanspruchten Stellen einer Vakuumröhre leicht zu Erwärmung führen (vgl. Abb. 233, S. 217). Da die Verluste außerdem etwa exponentiell mit der Temperatur ansteigen, kommt es an solchen Stellen (z. B. Elektrodenzuleitungen an Kurzwellenröhren) leicht zum Eindrücken der Glaswand durch den äußeren Luftdruck („Ausbläser“). Die dielektrischen Verluste der Gläser steigen mit dem Alkaligehalt. Je höher die elektrische Leitfähigkeit eines Glases ist, um so größer sind meist auch die dielektrischen Verluste ($T_{\varkappa 100}$-Punkt beachten!); daher sind

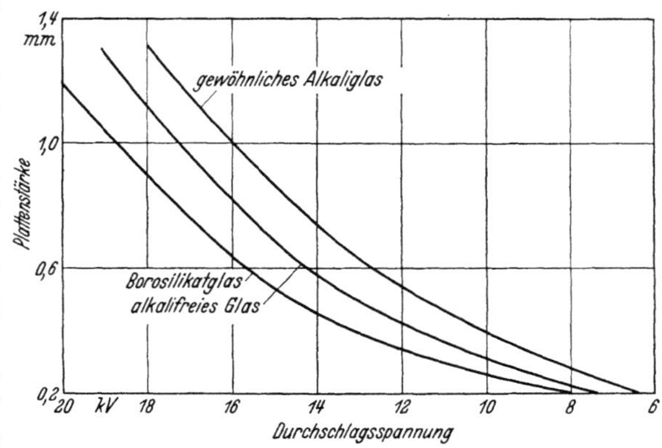

Abb. 175. Durchschlagsspannung von Gläsern, abhängig von der Wandstärke (Retzow *1*).

a

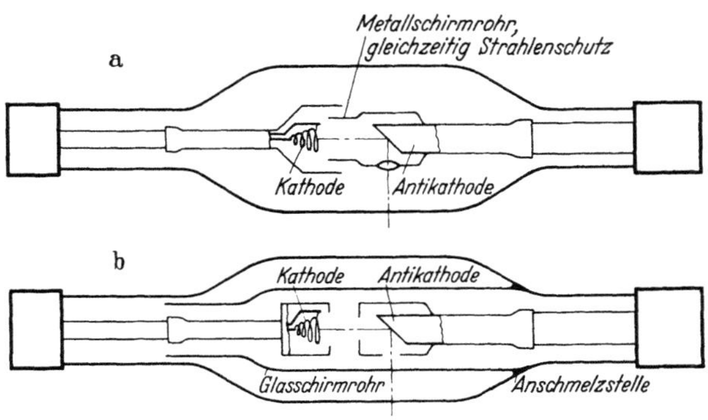

b

Abb. 176. Verhütung der durch Elektronenaufprall auf die Glaswand bei Hochspannungsröhren (z. B. Röntgenröhren) entstehenden Aufladung. a Metallschirmrohr; b Glasschirmrohr (schematisch, nach Fabrikaten der Siemens-Reiniger-Werke; vgl. auch S. & H. *10*).

Hartgläser (übrigens auch wegen ihrer hohen Transformationstemperatur) für Kurzwellenröhren vorzuziehen. An besonders stark exponierten Stellen (Haltestege, Isolationsbrücken zwischen hochfrequenzführenden Zuleitungen) sind Bauteile aus Quarz, Glimmer oder verlustarmen keramischen Werkstoffen zu verwenden (vgl. Abb. 211).

Elektrische Durchschlagsfestigkeit (vgl. Abb. 175 u. Tab. 87). Da Glas ein relativ guter Isolator ist, können sich auf der Oberfläche der Glaskolben von

[1] Über die Messung der Leitfähigkeit von Gläsern bei Zimmertemperatur vgl. z. B. Littleton *1*.

Hochspannungshochvakuumröhren, z. B. Röntgenröhren, Ladungen ausbilden, die es in senkrechter Richtung zur Oberfläche auf Durchschlag stark beanspruchen. Besonders gefährlich sind ausgedehntere Schlieren sowie Gasblasen in der Kolbenwand, deren im Feld ionisierter Gasinhalt den Durchschlag erleichtert. Die Durchschlagsfestigkeit fällt mit steigender Temperatur. Konstruktive Maßnahmen gegen elektrischen Durchschlag sind: Vergrößerung und Kühlung der Kolben, Anwendung von Borosilikatgläsern, nicht zu dünne Wandstärken (vgl. Abb. 175), Abschirmung der Glasaußenwände (Beispiele in Abb. 176).

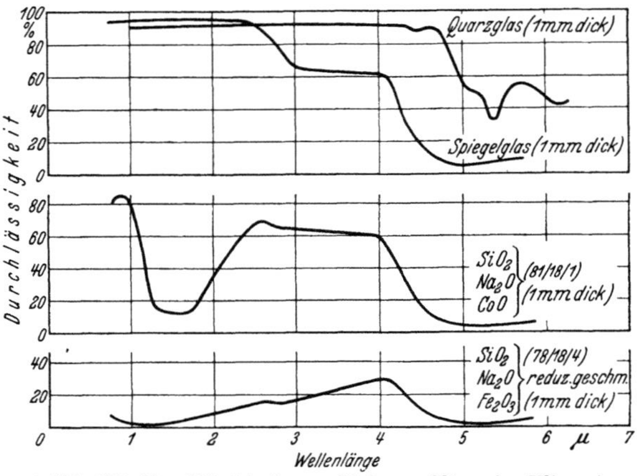

Abb. 177. Durchlässigkeit verschiedener Gläser im Ultrarot (Gehlhoff 1).

Dielektrizitätskonstante. Je nach Zusammensetzung 3,75—16 [Quarzglas 3,75, Pyrexglas 4,8, Natron-, Kalk- und Magnesiagläser 7,9—8,4; stark bleihaltiges Silikatglas (78% PbO) 16,1].

Strahlendurchlässigkeit. Weiße eisenoxydfreie Gläser absorbieren[1] bei den für Vakuumgefäße üblichen Wandstärken im Sichtbaren etwa 10%. Auch für Wärmestrahlen ist Glas noch weitgehend durchlässig[2]; die Durchlässigkeitsgrenze verschiedener Gläser im Ultrarot zeigt Abb. 177. Da die Ultrarotabsorption bei normalen Gläsern (z. B. Spiegelglas, Abb. 177 oben) erst oberhalb 3 μ beginnt, ist für ultrarotempfindliche Photozellen gewöhnliches Glas gut brauchbar[3].

Die Absorption ultravioletten Lichtes durch Glas ist je nach der Zusammensetzung sehr verschieden (vgl. Tabelle 77). Eine starke Erhöhung der Absorption wird vor allem durch Eisen-, Titan- und Ceroxydzusätze bewirkt (Schutzgläser gegen UV-Licht). Andererseits erhöht großer Gehalt an SiO_2 und B_2O_3 die Ultraviolettdurchlässigkeit, wobei für biologisch wirksame Lampen und Leuchtröhren besonders der Bereich zwischen 0,310 und 0,280 μ interessiert. Es gibt auch Gläser, die trotz großer UV-Durchlässigkeit fast undurchlässig für sichtbares Licht sind (z. B. NiO-CoO-Glas für Analysenlampen). Über Fenster aus UV-Glas vgl. Abb. 325b, S. 302.

[1] Es handelt sich dabei nur zum geringen Teil um echte Absorption, sondern hauptsächlich um Reflexionsverluste an den beiden Glasoberflächen (etwa 4% Verlust pro Reflexionsfläche).

[2] Nach Zsigmondy beträgt die Durchlässigkeit für Wärmestrahlung für etwa 7 mm dicke, sehr verschieden zusammengesetzte, jedoch eisenfreie Gläser etwa 60% (bei 1% Eisenoxydulgehalt dagegen nur 0,75%!).

[3] Für evakuierte Thermoelemente (zur laboratoriumsmäßigen Messung kleiner Strahlungsintensitäten) kann man bei 2 mm Fensterdicke und 10% zugelassener Strahlungsschwächung die Ultrarotgrenze durch folgende Fenstermaterialien noch weiter verschieben: Quarz bis 4 μ, Flußspat bis 9 μ, Steinsalz bis 17 μ, Sylvin bis 21 μ. Die beiden letzten Materialien sind durch Trocknung gegen H_2O zu schützen.

Tabelle 77. Ultraviolettdurchlässigkeit von Gläsern (1 mm Dicke), vgl. Loebe *1*, Ende *2*.

Glassorten	Durchlässigkeitsgrenze (μ)	Durchlässigkeit (%) für 0,300 μ	Durchlässigkeit (%) im Bereich 0,280—0,320 μ
Gewöhnliches Glas	0,305	wenige %	—
Thüringer Glas und Bleiglas	$\approx$ 0,300	desgl.	—
Bleifreies Kolbenglas (Osram)	0,280	desgl.	—
Vitaglas	—	44	44—42 *
UV-Gläser	0,240—0,275	55—75	91—85 *
Corex-Phosphat-Glas (Corning)	—	89	—
I. G. Phosphatglas	bei 0,250 μ: 34%	66	Nach 1000 h ½ des Anfangswertes
Geschmolzener Quarz	0,180—0,1200	92	98,1—98
Dunkel-UV-Glas	Durchlässig von 0,300—0,400 μ		
Blau-UV-Glas	Durchlässig von 0,300—0,500 μ		

* Nach längerer Brenndauer der mit dem Glas hergestellten Lampen geht die Durchlässigkeit zurück.

Neben den „Klargläsern" haben in der Vakuumtechnik, besonders für Glühlampen, auch die sog. Trübgläser [1] Bedeutung (vgl. Weigel *1*, Hampton *1*).

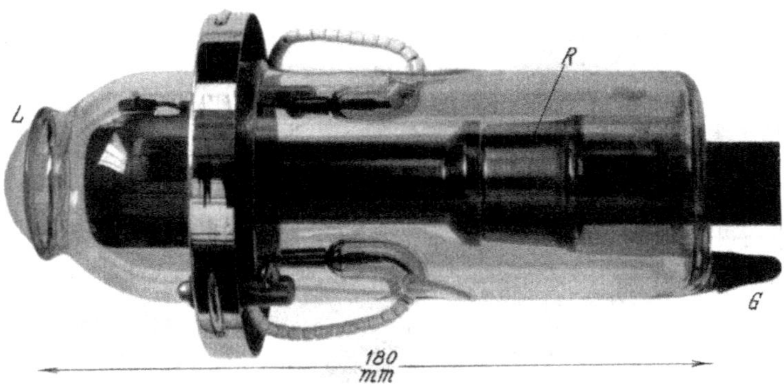

Abb. 178. Grenzstrahlröntgenröhre mit Lindemannfenster (Hersteller: Siemens-Reiniger-Werke). L Lindemannfenster; R Cu-Ring, mit dem Glas verschmolzen; G Gummikappe zum Schutz der Abschmelzstelle.

Sie enthalten Natrium- und Kalziumfluoride, die im Entglasungsbereich als sehr kleine [2] lichtbrechende Teilchen zur Ausscheidung kommen. Farbige Gläser werden durch geeignete Zusätze hergestellt (z. B. Kadmiumsulfid: gelb; Chromoxyd: grün; Kobaltoxyd: blau), Lumophorgläser durch Zusatz von Leuchtsubstanzen (vgl. S. 213 und 239).

Für kurzwellige Röntgenstrahlung ist gewöhnliches Glas im allgemeinen genügend durchlässig; für langwelligere verwendet man Lithium-Beryllium-boratglas [3], das an technische Röntgenröhren meist in Form eines kleinen

[1] Nicht zu verwechseln mit mattierten Gläsern (vgl. S. 188).

[2] Durchmesser 10^{-2} bis 10^{-3} mm.

[3] Bestandteile: 2,5 (Gewichts-)% BeO, 83,5% $Li_2B_4O_7$, 14% B_2O_3, sämtlich kristallwasserfrei. Die Bestandteile werden im Pt-Tiegel zusammengeschmolzen. Das Glas läßt sich mit Thüringer Glas und Platineinschmelzglas verschmelzen. Es muß gegen den Angriff der Atmosphäre durch einen besonderen Lacküberzug, z. B. Herballack, geschützt werden (vgl. auch Lindemann *1*).

Fensters („Lindemannfenster", vgl. Abb. 178) angeschmolzen wird. Schlecht durchlässig für Röntgenstrahlen sind PbO-haltige Gläser (Bleigläser, vgl. Abb. 179), die daher als Schutzmantelgläser für Röntgenröhren Verwendung finden (vgl. auch S. 135). Bleiglas mit 40 bzw. 51 bzw. 65% PbO-Gehalt ist äquivalent 12 bzw. 18 bzw. 23—30% Bleidicke und besitzt ein spez. Gewicht von 3,35 bzw. 3,81 bzw. 4,56 (Ungelenk *4*).

Gasdichtigkeit. Glas ist für alle Gase praktisch undurchlässig, ausgenommen für He, das bei hohen Temperaturen durch Glas (noch schneller durch Quarz!) diffundiert [1].

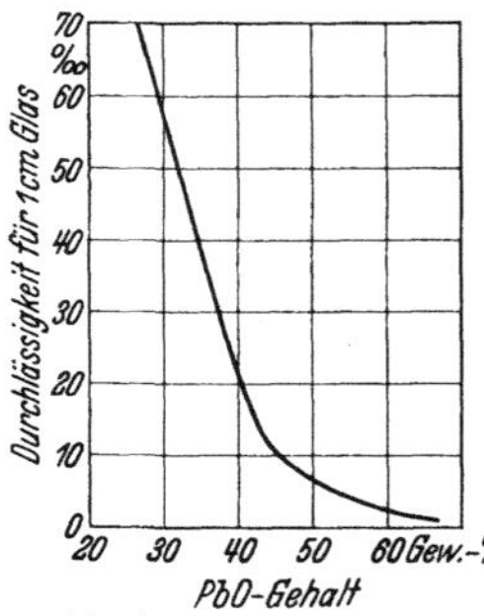

Abb. 179. Röntgenstrahlendurchlässigkeit von Bleischutzgläsern, abhängig vom Pb-O-Gehalt (ungefähre Werte; W-Anode, 100 kV=).

Chemische Widerstandsfähigkeit. Die Widerstandsfähigkeit gegen H_2O sinkt im allgemeinen mit dem Alkaligehalt und steigt mit dem Gehalt an Kieselsäure, teilweise auch an Zinkoxyd, Tonerde und Borsäure. Gläser, die gleichzeitig viel Kieselsäure und Borsäure enthalten, sind jedoch weniger widerstandsfähig gegen die Einwirkung von alkalischen Flüssigkeiten. Wegen der gegenseitigen Beeinflussung verschiedener Glaskomponenten sind Schlüsse aus der Zusammensetzung eines Glases auf seine chemische Widerstandsfähigkeit nicht immer möglich. Ihre experimentelle Ermittlung erfolgt in der Weise, daß man Wasser eine bestimmte Zeit bei bestimmter Temperatur auf das Glas einwirken läßt und dann den Betrag des dabei in Lösung gegangenen Alkalis feststellt („Hydrolytische Klasseneinteilung" nach Mylius *2* vgl. Tabelle 78).

Tabelle 78. Hydrolytische Klasseneinteilung der Gläser.

Klasse	Bezeichnung	Charakteristische Vertreter
I . . .	Wasserbeständige Gläser .	Schottglas 59III, Fischerglas 357
II . .	Resistente Gläser	Hartes Spiegelglas
III . .	Härtere Apparategläser . .	Schott 16III, Gundelacher Apparateglas
IV . .	Weichere Apparategläser .	Bleiglas
V. . .	Mangelhafte Gläser. . . .	Preßglas, Christbaumglas

Im Vakuumröhrenbau spielt diese Klassifizierung eine Rolle bei der Beurteilung der Widerstandsfähigkeit eines Glaskolbens gegen die Atmosphäre (z. B. bei Leuchtröhren und Glühlampen) und der Lagerfähigkeit von Gläsern [2]. Flußsäure löst Glas auf (vgl. S. 188); gewöhnliche Säuren greifen dagegen meist weniger als reines Wasser an. Stärker ist der Angriff durch Alkalien (Laugen, Alkalikarbonate), am stärksten durch Alkali- und Erdalkalimetalle bei hohen Temperaturen, insbesondere durch deren Dämpfe [3], vor allem bei PbO-haltigem Glas. Dieses darf daher für Alkali-Photozellen oder Natriumdampflampen nicht verwendet werden. Für Natriumdampflampen sind besondere alkalifeste Gläser entwickelt worden (z. B. Osram-Alumoborosilikatglas V 612e und Schottglas T 3872).

[1] Diffusion für Pyrexglas (1 mm Dicke) bei 600° C und 760 Tor Überdruck: $5{,}2 \cdot 10^{-4}$ cm³/h cm² (Gmelin *4*).

[2] Häufig tritt bei der Verarbeitung lang gelagerter Gläser in der Gebläseflamme ein Rauhwerden der Oberfläche auf. Diese Erscheinung ist nicht auf Entglasung zurückzuführen, sondern beruht wohl darauf, daß durch den H_2O-Dampf der Luft allmählich Alkali aus der Glasoberfläche herausgelöst wird, sodaß beim Abkühlen der verkleinerte Ausdehnungskoeffizient an der Oberfläche eine Faltung hervorruft (Gehlhoff *1*).

[3] Schwärzung heißen Glases durch Ca- oder Ba-Getterdämpfe!

Auswahl der Gläser für verschiedene Anwendungszwecke (vgl. auch Späte *1*).

Glühlampen, Rundfunkröhren. Kolben: Kalkmagnesiasilikat; Opalglaskolben: Fluorkalkzinksilikat; Füße, Pumpröhrchen, Vollglasstäbe: Bleisilikat mit 20—30% PbO.

Großglühlampen, Projektionslampen. Bleiborosilikat, z. B. Wolframhartglas.

Verstärkerröhren, kleine Senderöhren, gasgefüllte Glühkathodengleichrichter. Kolben, Füße, Vollglasbrücken: mittelhartes Thüringer Apparateglas, z. B. Gundelachglas oder Osram 584 d (Tonerdekalksilikate).

Elektrometerröhren. Spezialglas mit hoher Isolierfähigkeit.

Röntgenröhren. Kolben: Fischer-X-Glas, Borosilikatgläser; Fenster: Lindemannglas; Schutzglas: hochprozentige Bleigläser.

Hochspannungsgleichrichter und Hochspannungssenderöhren: Borosilikatgläser (Wolframglas); für Röhren mit Cu-Einschmelzungen: Thüringer Apparateglas (z. B. Gundelachglas).

Hg-Dampf-Gleichrichter. Kolben: Thüringer Apparateglas, auch für Einschmelzungen aus EMK oder Pt; Borosilikatgläser, z. B. Molybdänglas; Einschmelzungen: Molybdän oder Kovar (Fernico).

Leuchtröhren. Kolben, Röhren: Kalksilikate, Borosilikate, Lumophorgläser (vgl. S. 213 und 240).

UV-Lampen. Kolben: Eisen- und Titan-Oxyd-armes Glas, z. B. Kalkzinksilikat-, Borosilikat-, Phosphat-Glas.

Natriumdampflampen. Natriumfeste Alumoborosilikatgläser (vgl. S. 253).

Photozellen. Alkaliarmes Thüringer Apparate- oder Borosilikatglas (z. B. Wolframglas).

Thermometer. Gläser mit geringer Depressionskonstante (vgl. Tabelle 76).

Pumpapparaturen, McLeod-Manometer, Glasdiffusionspumpen. Thüringer Apparategläser, z. B. Gundelachglas.

c) Formung von Glas[1].

Rohglasformung (vgl. Dralle *1*, Späte *3*). Aus der flüssigen Glasschmelze werden in der Hütte „Rohglas"-Kolben, -Röhren und -Vollstäbe hergestellt. In kleinen Werken erfolgt die Herstellung durchweg handwerklich mittels Glasmacherpfeifen, in größeren bei der Fertigung von Normalröhren und -Kolben meist maschinell.

Beim maschinellen Formen von Röhren (bis 70 mm ⌀) und Stäben (2—30 mm ⌀) tritt das Glas in geeigneter Viskosität ununterbrochen durch eine nach unten geneigte, sich drehende Pfeife (Abb. 180) aus dem Maschinenofen aus (vgl. Abb. 181). Das Glasrohr, das schon in einer Entfernung von 3—5 m von der Pfeife genügend fest ist, wird unter Zug langsam (10—100 m/min) durch Kühlöfen und schließlich über eine 20—30 m lange Bahn geführt, an deren Ende es so weit abgekühlt ist, daß laufend Stücke geeigneter Länge (1—3 m) abgeschnitten werden können.

Die Herstellung großer Mengen kleinerer Glaskolben (Glühlampen, Verstärkerröhren) erfolgt in karusselähnlich umlaufenden Maschinen (Abb. 182), an denen sich eine Reihe von Saugformen befinden, die selbsttätig Glas aus dem Schmelzofen entnehmen, in Formen blasen und freigeben (vgl. Abb. 183). Kleinere Stückzahlen oder größere Kolben (Gleichrichter, Fernsehröhren) werden mittels Pfeife von Hand in Holz- oder Metallformen geblasen (vgl. Abb. 184).

[1] Über spanabhebende Bearbeitung von Glas mittels Widiametall vgl. A. Fehse *1*; über Anfertigung von Schliffen mittels Karborundpulver auf der Drehbank vgl. Woytacek *1* und S. 321.

Weiterverarbeitung. Sie erfolgt, soweit es sich nicht um die Herstellung größerer Stückzahlen handelt, von Hand in der Gebläseflamme (vgl. H. Ebert *1*, Woytacek *1*). Die Temperatur der Flamme richtet sich nach der Glassorte. Für weiche und mittelharte Gläser werden Druckluft-Gasbrenner verwendet, deren Temperatur durch das Mischungsverhältnis von Luft und Gas verändert werden kann; für harte Gläser benutzt man Sauerstoff-Gasbrenner, für Quarzglas Sauerstoff-Wasserstoffspezialbrenner. Beim Abschneiden von Glasrohren wird die Oberfläche in kaltem Zustand mit einem leicht schartigen Messer aus hartem Stahl oder schnell umlaufender Karborundscheibe geritzt und dann durch mechanischen Zug getrennt. Auch durch Berührung der vorgeritzten Oberfläche mit einer glühenden Glasspitze oder durch Anlegen eines glühenden Drahtes an diese (vgl. Abb. 185) können entsprechende Rohrlängen „abgesprengt" werden.

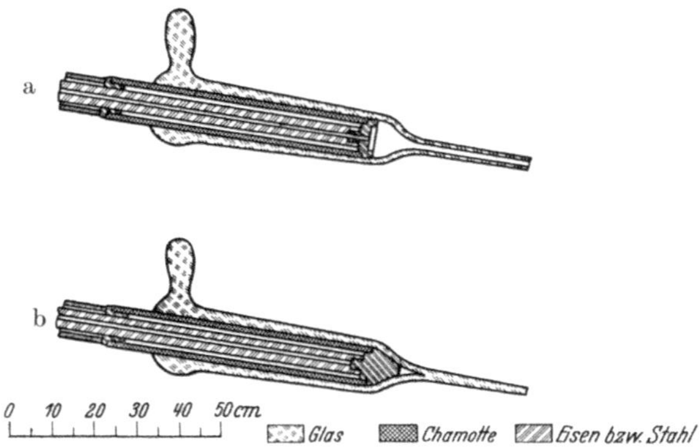

Abb. 180. Querschnitt der Pfeifen einer Glasrohrziehmaschine. a für Rohre; b für Vollstäbe (Osram).

Zur Reihenherstellung kleinerer Vakuumröhren werden durchweg ganz- oder halbautomatisch arbeitende Umlaufmaschinen verwendet, die durch entsprechende Verstellmöglichkeiten und Einsätze dem Arbeitsstück angepaßt werden können (vgl. z. B. Zimber *1*). Die wichtigsten sind die Tellerdrehmaschine (Abb. 186), die Fußquetsch- und die Kolbenanschmelzmaschine.

Abb. 181. Muffel einer Glasrohrziehmaschine mit Pfeife (aus der Fabrikation Osram).

Die Fußquetschmaschine besitzt auswechselbare Halterungen (sog. Fußzangen, vgl. Abb. 187 und 188), in denen durch einen „Amboß" in gewünschtem Abstand die Einschmelzdrähte und gleichzeitig um diese herum das zu verschmelzende, meist schon vorgeflachte Glasrohr gehalten werden. Jede Fußzange wird unter Rotation auf einem Karussel (vgl. Abb. 189) nach und nach in das Kreuzfeuer einer Reihe feststehender Gebläseflammen geschoben, von denen jede etwas heißer als die vorhergehende eingestellt ist. Bei Erreichen der günstigsten Temperatur quetschen die Backen der Zange automatisch oder durch Fußhebeldruck das Glas um die Einschmelzdrähte; nach Durchlaufen einiger kälter eingestellter „Kühlflammen" kann der fertige Quetschfuß der Maschine entnommen und in den Kühlofen gebracht werden. Auf kleineren Maschinen arbeiten dabei etwa 3 bis 8 Zangen gleichzeitig hintereinander, auf größeren 12 und mehr. Bei Quetschfüßen mit Pumpröhrchen (spitzenlose Kolben) erfolgt das Anblasen des Pumpröhrchens und das Einblasen des Pumploches (mittels Druckluft) ebenfalls auf der Fußquetschmaschine. (Einzelheiten über Quetschfüße in Abschnitt 25b, S. 337.)

Das Zusammenschmelzen des mit dem Röhrenaufbau versehenen Quetschfußes mit dem Röhrenkolben erfolgt auf der Kolbenanschmelzmaschine (vgl. Abb. 190). Quetschfuß und Kolben werden in der richtigen Lage zu einander montiert (vgl. Abb. 191) und dann ähnlich wie bei der Fußquetschmaschine

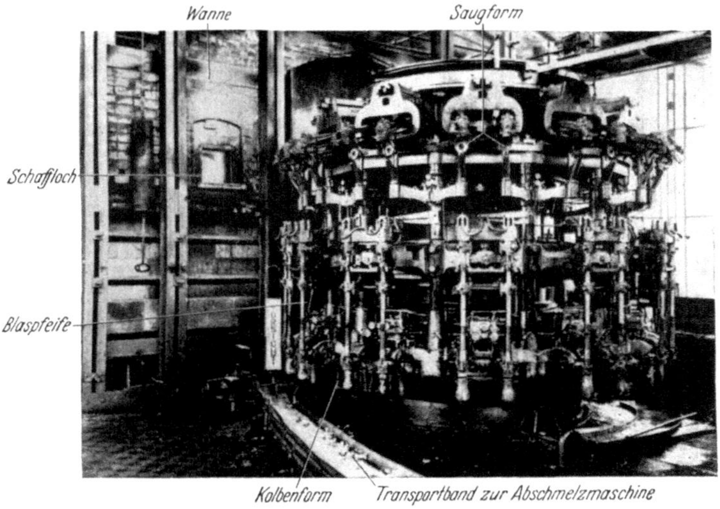

Abb. 182. Westlake-Kolbenblasmaschine mit 24 Pfeifen; Leistung 45000 Glühlampenkolben in 24 h (aus der Fabrikation Osram).

an einer Reihe von Flammen unter dauerndem Drehen vorbeigeführt. Ist der Glockenhals in der gewünschten Höhe weich geworden, so bewirkt das Gewicht des darunter befindlichen überschüssigen Glases ein Auseinanderziehen des Halses unter Verjüngung des Halsdurchmesssers. Der Kolbenhals legt sich an den vorher angedrehten Tellerrand des Quetschfußhalses an und verschmilzt mit ihm; das überschüssige Glas des Kolbenhalses wird abgezogen. Neben Vertikalanschmelzmaschinen werden (besonders für größere Röhren) auch Horizontalmaschinen verwendet, die nach Art einer Drehbank die zu verschmelzenden Teile synchron im Feuer einer feststehenden Gebläseflamme drehen (vgl. Abb. 379, S. 345).

Die beschriebenen Maschinen rentieren sich nur bei Massenfabrikation. Für Laboratoriumszwecke und kleine Stückzahlen empfiehlt sich die Verwendung von sog. Universalmaschinen, in denen durch Auswechseln von entsprechenden Einsätzen die wichtigsten maschinellen Arbeitsoperationen (Tellerrohr-Andrehen, Quetschfuß-Herstellung, Kolben-Anschmelzen) nacheinander vorgenommen werden können (vgl. Abb. 192).

Toleranzen. Die Verarbeitung auf der Maschine macht eine Anpassung der Flammentemperatur und der Erhitzungszeit an das jeweils zu verarbeitende

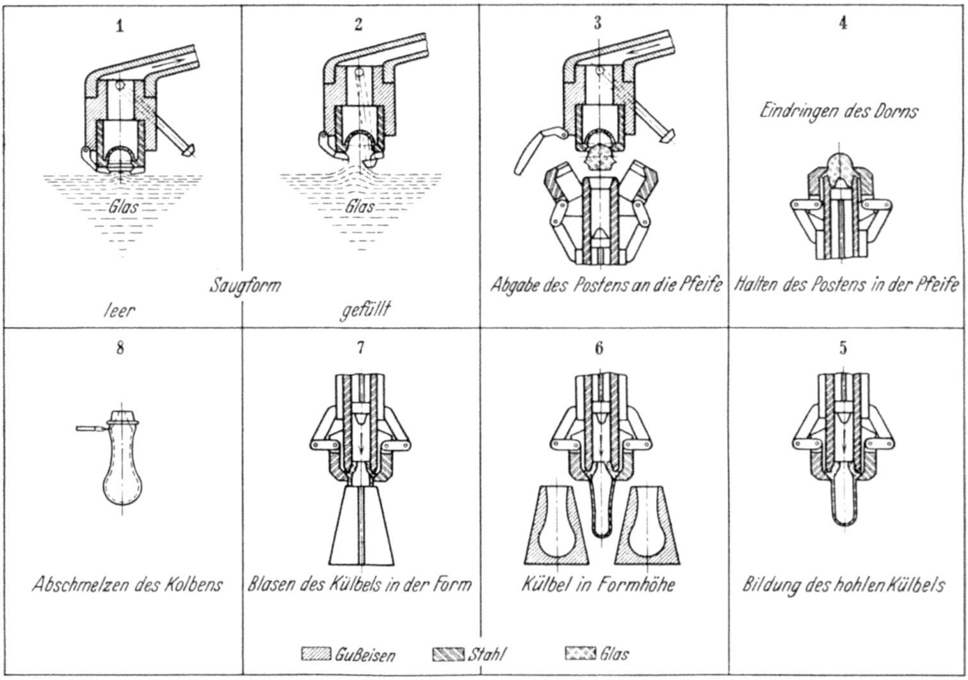

Abb. 183. Herstellung von Maschinenglaskolben (Osram).

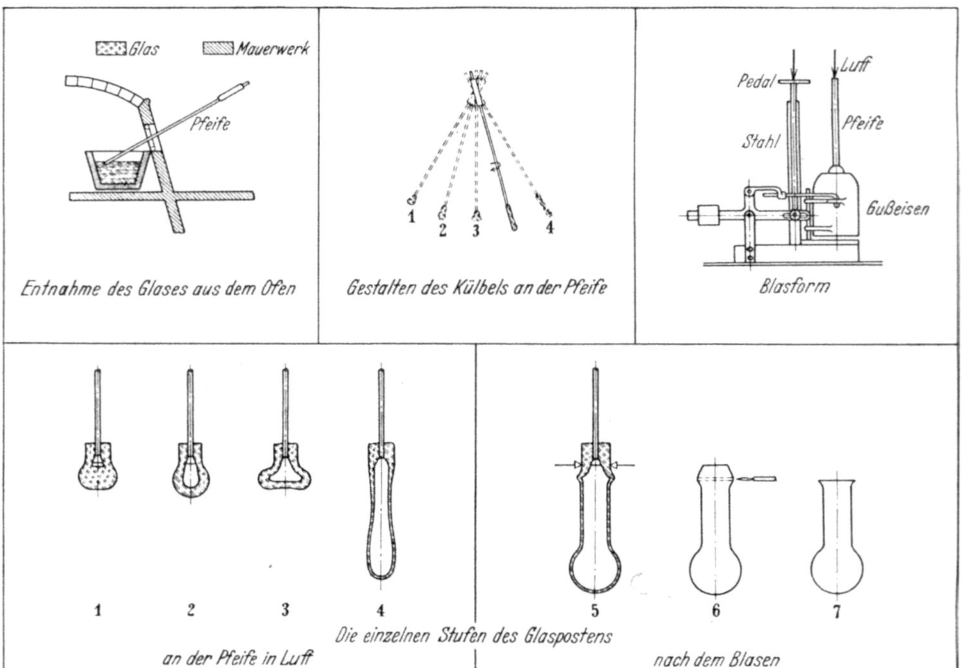

Abb. 184. Glaskolbenherstellung von Hand (Osram).

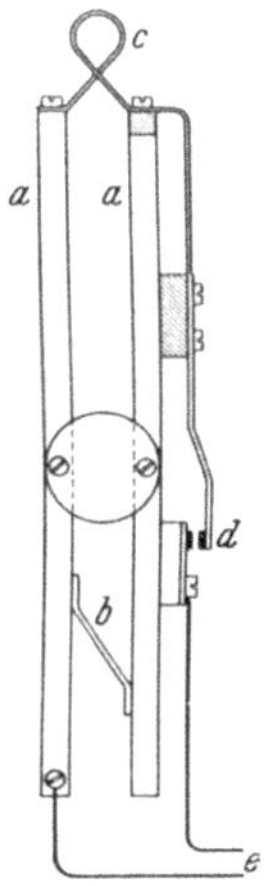

Abb. 185.

Abb. 186.

Abb. 185. Zange zum Absprengen von Glasrohren größeren Durchmessers (schematisch, Möbius *1*). a Metallschienen; b Druckfeder; c FeCr-Heizdrahtschlinge; d Kontakt für Stromschluß von Hand; e zum Transformator (6—12 V).

Abb. 186. Tellerdrehmaschine. Die in einem Drehfutter rotierenden und erhitzten Röhrenfußglasrohre werden durch einen herangeführten, feststehenden schräg gestellten Dorn tellerförmig aufgeweitet (Hersteller: Gladitz G. m. b. H.).

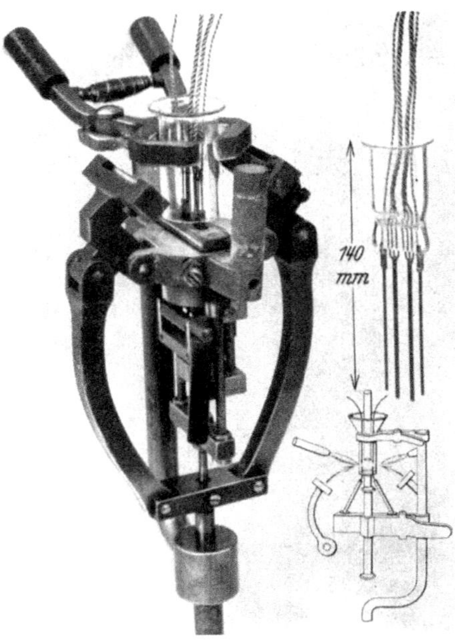

Abb. 187.

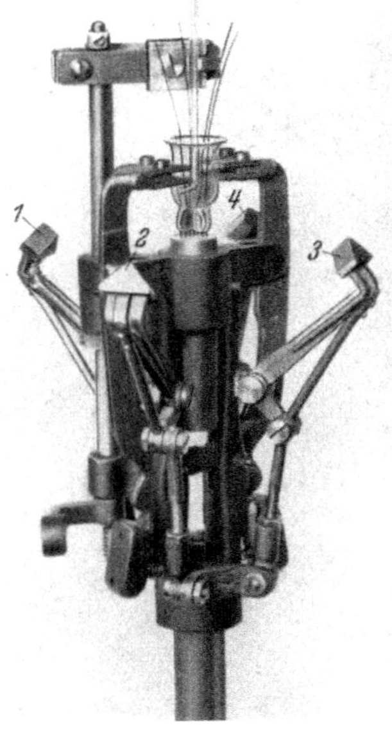

Abb. 188.

Abb. 187. Quetschfußzange, beschickt mit Einschmelzdrähten und mit Teller versehenem Fußrohr. Rechts unten: Schema; rechts oben: fertig gequetschter Fuß (vgl. auch Abb. 363—367 und Eisler *1*).

Abb. 188. Quetschfußzange für Kreuzquetschfüße (vgl. Abb. 368); 1, 2, 3, 4 Quetschbacken (Hersteller: Eisler Engineering Co.).

Abb. 189. Quetschfußvollautomat mit 12 Zangen (Hersteller: Gladitz G. m. b. H.).

Abb. 190. Kolbeneinschmelzmaschine mit 8 Zangen (Hersteller: Gladitz G. m. b. H.).

Glasstück unmöglich; Röhrendurchmesser, Glaswandstärke (Wärmekapazität!) und Glaszusammensetzung (Zähigkeit!) müssen daher so konstant sein, daß nach der einmal vorgenommenen Flammeneinstellung auf der Maschine die Werkstücke bei den einzelnen Arbeitsoperationen stets gleiches Verhalten zeigen. Die Konstanz der Glaszusammensetzung ist für Gläser großer Hütten heute verbürgt; die noch wirtschaftlich einzuhaltenden Maßtoleranzen sind naturgemäß nicht mit denen der Metallbearbeitungstechnik vergleichbar (vgl. Tabelle 79).

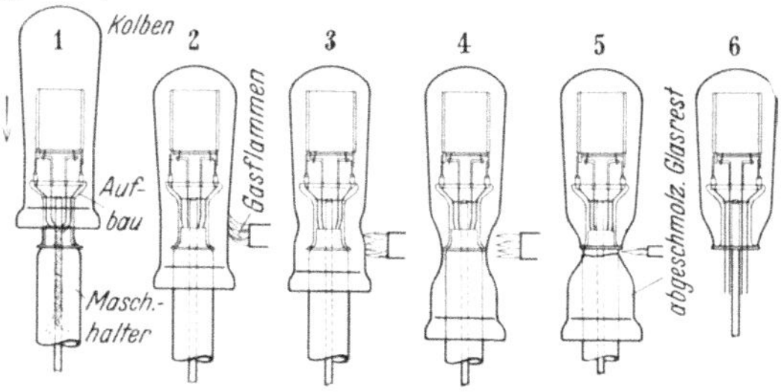

Abb. 191. Vorgang des Kolbeneinschmelzens auf der Maschine (vgl. Kremenezky *1*).

Abb. 192. Universal-Glasbearbeitungsmaschine für Vakuumröhrenlaboratorien (Hersteller: Gladitz G.m.b.H., vgl. auch N.N. *12*).
1 Zange zur Herstellung von Glasquetschfüßen mit Vorrichtung zum Einblasen des Pumpröhrchens (in Arbeitsstellung; statt 1 können wahlweise die Vorrichtungen 2, 3 oder 4 eingesetzt werden); 2 Einschmelzzange zum Verschmelzen konischer Glaskolben mit dem Fuß; 3 wie 2, jedoch mit Spannvorrichtung für zylindrische Glaskolben; 4 Drehfutter zur Aufweitung von Fußröhren mittels des Dornes 5 („Tellerdrehen“); 6 Temperkasten zum langsamen Abkühlen der fertigen Röhren (Vermeidung von Glasspannungen, vgl. S. 184).

Sind die Toleranzen einer bestimmten Lieferung für Maschinenverarbeitung nicht eng genug, so teilt man die Rohglasröhren in verschiedene Toleranzklassen ein (vgl. Abb. 193) und nimmt beim Übergang zu einer anderen Klasse eine Änderung der Flammentemperatur an der Maschine vor.

Tabelle 79. Richtlinien für Toleranzen von Glasrohren und -stäben für Maschinenverarbeitung.

Form	Durchmesser mm	Weichglas Durchmesser-toleranz mm	Weichglas Wandstärke und Toleranz mm	Hartglas Durchmesser-toleranz mm	Hartglas Wandstärke und Toleranz mm
Röhren	< 3	± 0,1	0,5 ± 0,1	± 0,1	0,5 ± 0,1
	3—12	± 0,2 bis ± 0,3	0,7 ± 0,1 bis 1,0 ± 0,2	± 0,7	1,0 ± 0,2 bis 1,25 ± 0,25
	12—25	± 0,5 bis ± 0,7	0,7 ± 0,1 bis 1,6 ± 0,3	± 1,0	1,25 ± 0,25 bis 1,5 ± 0,3
Stäbe	2—8	± 0,2			
	8—12	± 0,25			

Besondere Ansprüche müssen an vakuumtechnische Gläser auch bezüglich der Fehlerfreiheit gestellt werden: Auf keinen Fall sind Einschlüsse („Steine") zulässig. Kleine Blasen und Schlieren können bei kleineren Lampen und Niederspannungsröhren zugelassen werden, machen dagegen große Kolben (Hochspannungsröhren, große Gleichrichter) unbrauchbar.

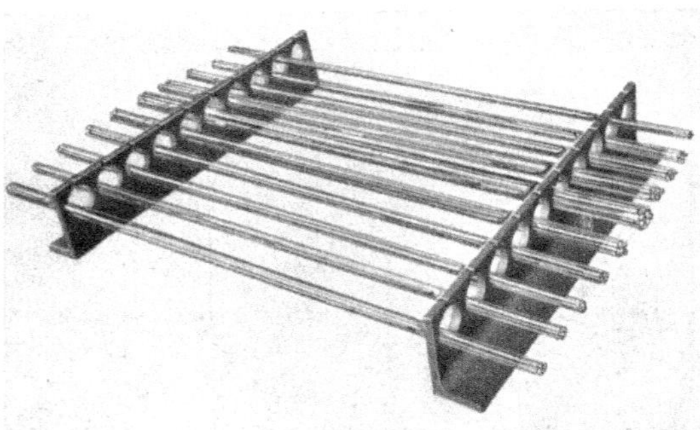

Abb. 193. Sortiervorrichtung von Rohr- und Stabglas für die Maschinenverarbeitung (Hersteller: Gladitz G.m.b.H.).

Glasspannungen (vgl. Endell *1*, Späte *2*, Thomas *1*). Bei allen Glasverarbeitungsprozessen ist zur Verhütung von Glasbruch sorgfältig auf die Vermeidung von „Spannungen" zu achten. Diese können von verschiedenen Ursachen herrühren: 1. zu schnelles und ungleichmäßiges Abkühlen, das sich bei dicken Werkstücken (z. B. Quetschfüßen, die aus der Maschine kommen) nie vermeiden läßt. Hierbei treten Druck- und Zugkräfte im Glas zwischen der schnell erstarrten Außenrinde und dem später erkaltenden Kern auf (vgl. Abb. A und B der Tafel I); 2. ungenügende Übereinstimmung zwischen der Ausdehnungstemperaturkennlinie eines Metalles und derjenigen des mit ihm verschmolzenen Glases (Abb. C, Tafel I); 3. zu starke Verschiedenheit des Ausdehnungskoeffizienten zweier miteinander verschmolzener Gläser (Abb. D, Tafel I).

Mechanische Spannungen (Zug oder Druck) verursachen Doppelbrechung des Glases, die in einem Polarisationsapparat beobachtet werden kann. Sie ist der Größe des einwirkenden Zuges oder Druckes bei ein und demselben Glas proportional, jedoch für chemisch verschieden zusammengesetzte Gläser bei gleicher mechanischer Beanspruchung verschieden groß. Das Verhältnis der Doppelbrechung zur mechanischen Beanspruchung je Flächeneinheit, die sog. spezifische Doppelbrechung, kann man für jedes Glas experimentell[1] bestimmen und hieraus aus der jeweils gemessenen Doppelbrechung des gespannten Glases auf die vorhandene Spannung und damit bei bekannter Bruchfestigkeit der Glassorte auf die Bruchgefahr des betreffenden Werkstückes schließen. Bei größeren Werkstücken kann

[1] Zum Beispiel mit dem Polarisationsmikroskop oder mittels Quarzkeil (vgl. Hull *4*).

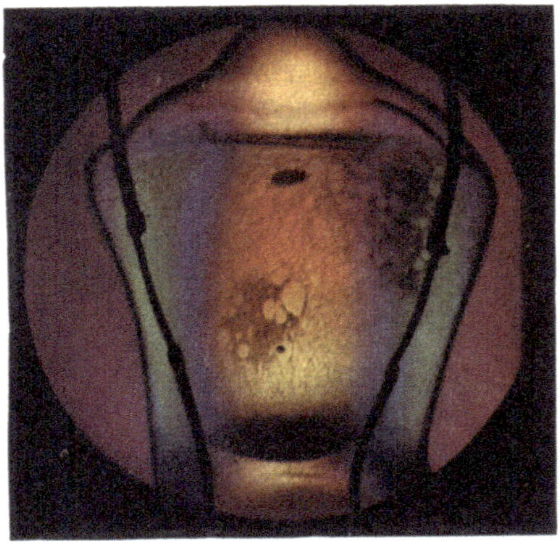

Abb. A. Stark gespannte Glühlampen-Fußquetschung (beobachtet mit Gipsplättchen).

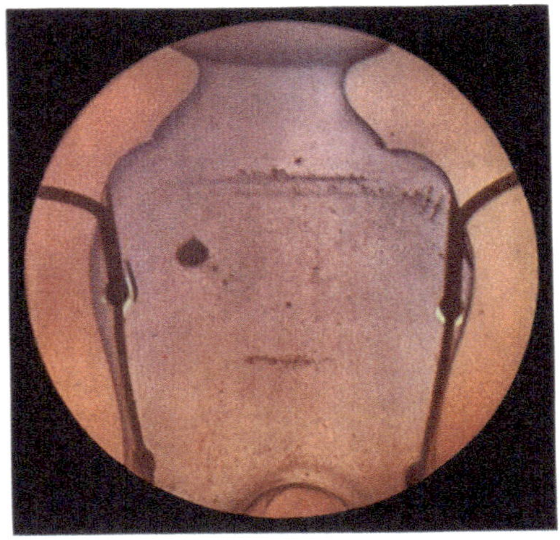

Abb. B. Entspannter Quetschfuß (Gipsplättchen).

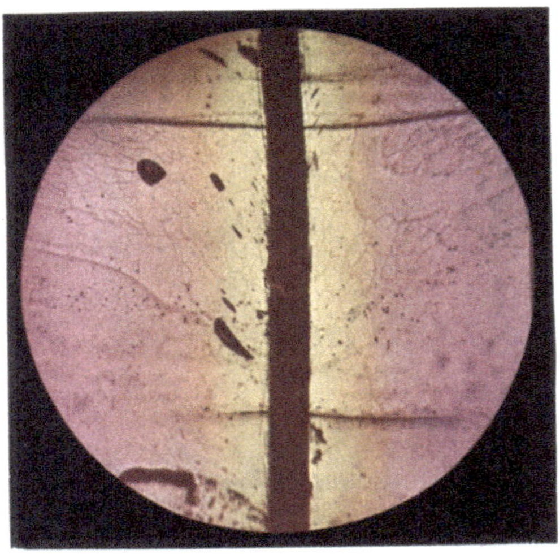

Abb. C. Spannungen infolge ungleicher Ausdehnungskoeffizienten zwischen Bleiglas und eingeschmolzenem Cu-Draht (Gipsplättchen).

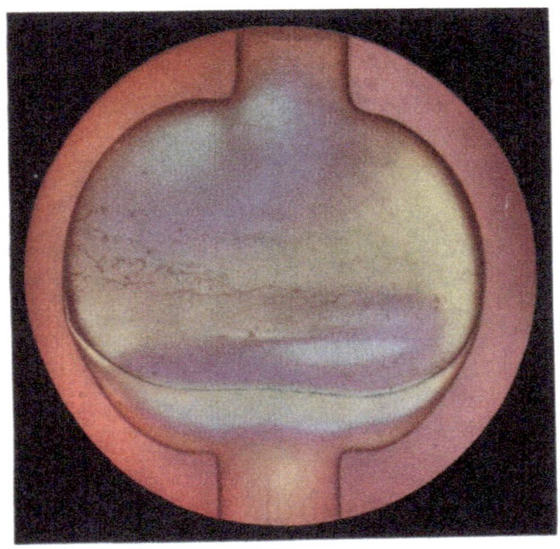

Abb. D. Spannungen infolge ungleicher Ausdehnungskoeffizienten zweier miteinander verschmolzener Gläser.

Entnommen aus Späte, Untersuchungen von Glas auf Spannungen. (Glastechnische Berichte 1926, Heft 4, Tafel II und III.)

eine vorhandene Restspannung noch als zulässig erachtet werden, wenn ihre Größe etwa dem 20. Teil der Zugfestigkeit des Glases entspricht (Späte *2*). Bei kleinen konzentrischen Einzeleinschmelzungen von Metalldurchführungen sind nach Hull *4* noch maximale Zugspannungen von 1 kg/mm² zulässig.

Abb. 194. Glasspannungsprüfgerät mit Immersionseinrichtung (Hersteller: Askania-Werke).

Ein einfaches bewährtes Glasspannungsprüfgerät für qualitative Prüfungen zeigt Abb. 194. Bei ihm dient zur Erzeugung des polarisierten Lichtes mit Rücksicht auf größeres Gesichtsfeld statt eines Nicolschen Prismas eine auf der Rückseite geschwärzte Spiegelglasplatte. Sie wird durch Tages- oder Glühlampenlicht beleuchtet und unter dem Polarisationswinkel (57°) durch ein Nicolsches Prisma anvisiert. Durch Drehung des Nicols läßt sich seine Polarisationsebene senkrecht zu der des reflektierten Lichtes stellen; das Gesichtsfeld erscheint dann vollkommen dunkel. Bringt man jetzt einen gespannten, also doppelbrechenden Glaskörper zwischen Glasplatte und Nicol, so tritt je nach Dicke und Glasspannung eine Aufhellung oder sogar eine Farberscheinung ein. Durch Einschalten eines weiteren Körpers mit konstanter Doppelbrechung (Gipsplättchen „Rot 1. Ordnung" oder entsprechendes Glimmerplättchen) in den Strahlengang wird die Beobachtung kleiner Spannungsunterschiede wesentlich erleichtert; das bei Dunkelstellung des Prismas durch das Gipsplättchen rot aufgehellte Gesichtsfeld schlägt dann schon bei relativ geringen Glasspannungen in Gelb oder Blau um, je nach dem Vorzeichen des durch die Glasspannung verursachten Gangunterschiedes der interferierenden Lichtstrahlen (vgl. Abb. A bis D in Tafel I). Stark gekrümmte Glasstücke beobachtet man wegen der in Luft störenden Lichtbrechung an der Glasoberfläche in einer mit Benzol gefüllten[1] Glasküvette mit planparallelen Wänden (vgl. Abb. 194).

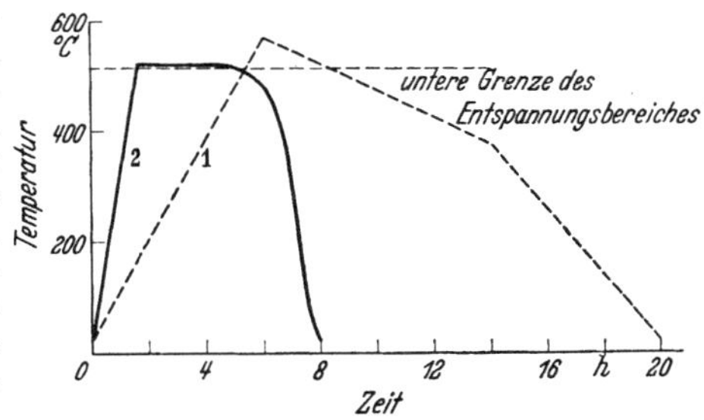

Abb. 195. Temperaturgang bei der sog. Schnellkühlung von Glas (Kurve 2); Zeitersparnis gegenüber der früheren Kühlmethode (Kurve 1).

Die Beobachtbarkeit der Doppelbrechung eines gespannten Glases ist abhängig von der Lage der optisch charakteristischen Richtungen des Prüfkörpers zu den Schwingungsrichtungen des Nicols. Bestehende Spannungen können leicht übersehen werden, wenn die Spannungsrichtung in der Beobachtungsrichtung liegt. Aus diesem Grunde ist es zweckmäßig, den Glaskörper bei der Untersuchung im Polarisationsapparat nach den verschiedensten Richtungen zu drehen. Als Vergleichsobjekte bei qualitativen Messungen dienen zweckmäßig einige Glasproben mit bekannter (noch zulässiger bzw. gefährlicher) Spannung bzw. ein Gipskeil mit einer Reihe künstlich hergestellter Spannungsfarben.

Schlecht gekühltes Glas springt häufig nicht sofort, sondern erst lange Zeit nach der Verarbeitung ohne sichtbare Veranlassung. Man vermeidet oder beseitigt derartig verursachte Spannungen im Glas am sichersten, indem man

[1] Zur genauen Abstimmung der Brechungsexponenten von Flüssigkeit und Glas wird dem Benzol so lange Schwefelkohlenstoff oder Alkohol zugefügt, bis die Konturen der Glasoberfläche verschwunden sind.

die betreffenden Werkstücke längere Zeit bis zur völligen Entspannung auf einer Temperatur 10 bis 40° C oberhalb der Transformationstemperatur hält und dann bis auf 50° C unterhalb der Transformationstemperatur langsam abkühlen läßt. Da unterhalb der Tr.T. Verschiebungen von Glasteilchen kaum mehr möglich sind, kann die weitere Abkühlung mit großer Geschwindigkeit erfolgen, wobei nur zu beachten ist, daß die vorübergehend durch den Wärmegradienten verursachten Spannungen nicht zum Bruch führen („Schnellkühlung", vgl. Abb. 195, Kurve 2; bei dünnwandigen Glühlampenkolben beträgt die gesamte Kühlzeit nur etwa 2 min). Die zweckmäßigste Führung des Temperaturprozesses richtet sich nicht nur nach der Glassorte, sondern auch nach der Wandstärke des Werkstückes. Die Höhe der Entspannungstemperatur wird von den dünnsten Teilen, die Kühlzeit und Abkühlungsgeschwindigkeit von den dicksten bestimmt.

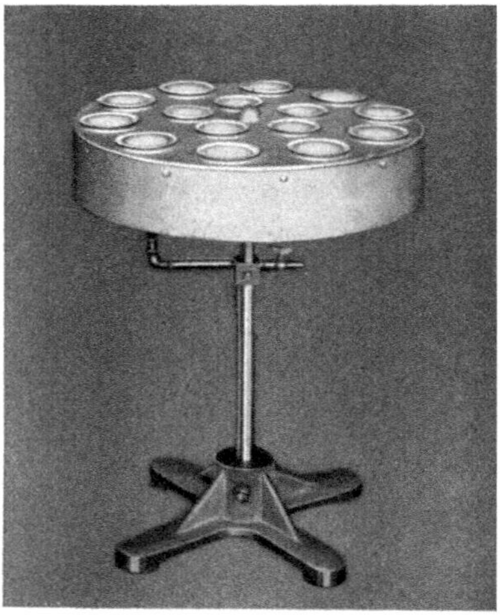

Abb. 196. Trommelofen zum allmählichen Abkühlen (Entspannen) von Vakuumröhrenkolben nach dem Einschmelzen der Füße (Hersteller: Gladitz G.m.b.H.).

Bei der Reihenherstellung findet die Entspannung von fertig geformten Glaswerkstücken in Kühlwanderöfen mit allmählich abnehmender Beheizung statt, die mit asbestgefütterten Porzellantöpfen ausgerüstet sind (vgl. Abb. 196). Für dünnwandige Kolbeneinschmelzungen genügen vielfach unbeheizte Kühltöpfe mit Asbestfütterung, bei denen die Abkühlung in der gewünschten Zeit durch das Abklingen der Eigenwärme erfolgt[1]. Der Handglasbläser benutzt zum Kühlen die sauerstoffarme, rußende Flamme.

d) Oberflächenbehandlung von Glas.

Chemische Reinigung (vgl. Mindt *1*, Woytacek *1*). Das mechanische Reinigen der Glasoberfläche, besonders mit harten Werkzeugen (Stahldraht für Kapillaren, harte Drahtbürsten), ist nach Möglichkeit zu vermeiden, da auch nur wenig geritztes Glas zu Längssprüngen in Richtung der Rohrachse neigt. Verschmutztes Glas wird erst mit starker Kali- oder Natronlauge, dann mit konzentrierter Chromschwefelsäure[2] (je nach dem Verschmutzungsgrad einige Minuten bis Tage) gewaschen. Darauf folgt Abspülen in Wasser[3] und Nachspülen in Aqua dest. (am besten mehrmaliges Kochen, vgl. Laug *1*). Die Trocknung wird meist

[1] Bei fertig von der Hütte bezogenen großen Kolben (Braunsche Röhren, Großgleichrichter) empfiehlt sich vor dem eigentlichen Evakuieren eine Vortemperung, die evtl. auch auf dem Pumpofen selbst vorgenommen werden kann. Befinden sich dabei im Innern leicht oxydierende oder gasabsorbierende Metallteile, so ist der Kolben vorher mit N_2 oder Ar zu füllen und dafür zu sorgen, daß während des Temperprozesses der Druck nicht über Atmosphärendruck steigt.

[2] Gepulvertes Kaliumbichromat in konzentrierter Schwefelsäure mehrere Tage lang aufgelöst; Verwendung der Säure nur, solange sie braun (nicht grünlich) erscheint.

[3] Vorsicht wegen starker Erhitzung beim Vorhandensein restlicher Chromschwefelsäure!

mittels vorgewärmter getrockneter Luft, bei kleineren Stücken nach vorherigem Spülen mit reinem Alkohol vorgenommen. Energischer ist die Reinigung mit

Abb. 197. Waschen von Glaskolben vor der Verarbeitung (aus der Fabrikation Telefunken-Osram).

1—2%iger Flußsäure (1—2 min); hierbei wird die Oberfläche etwas angegriffen, bleibt aber blank. Die Entfernung von Fettspuren (Fettschliffe!) gelingt durch eine wässerige Lösung von Kaliumbichromat; anschließend Spülung mit kochendem Wasser.

Nicht zu stark verschmutzte Rohglaskolben und -röhren werden in großen mit Bleiblech ausgeschlagenen Kästen in Gestellen mittels 1—5%iger Salzsäure gewaschen und dann mit heißem Wasser (40—50°C) gespült, vgl. Abb. 197. Häufig folgt dann noch Nachspülen mit Aqua dest. zur Vermeidung von Wassertrockenflecken. Trocknen meist an Luft.

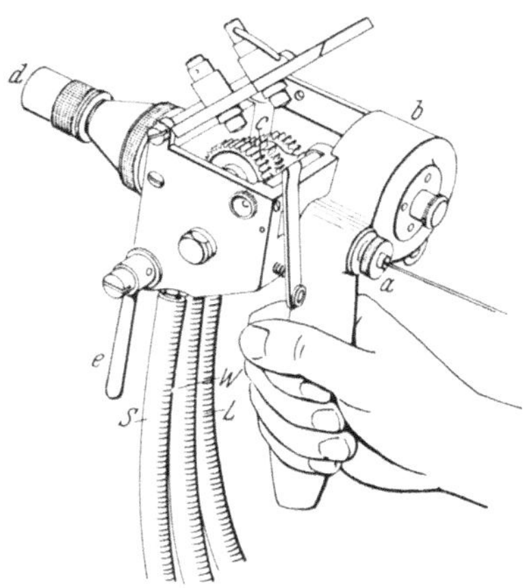

Abb. 198. Schoop-Metallspritzpistole zur Außenmetallisierung von Vakuumröhren (Hersteller: Metallisator A.G.). a Drahtzufuhr; b Druckluftturbine für Drahttransport; c Getriebe für Drahtvorschub; d Spritzdüse; e Regelhebel für Gas- und Preßluftzufuhr; S, W, L Sauerstoff-, Wasserstoff- und Druckluftzufuhr.

Metallisierungsverfahren (vgl. N.N. 13). Innen- oder Außenwände von Glaskolben müssen häufig mit einem Metallbelag versehen werden (Ag-Außenspiegel in Scheinwerfer- und Sofittenlampen; Ag- und Al-Teleskopspiegel, Ag-, Mg-, Cu oder Al-Schichten in Photozellen vgl. S. 294; Ag-, Mg- oder Graphitschichten in Braunschen Röhren und Fernsehröhren; Ag-Außenspiegel an Metalldampflampen zur Verringerung von Strahlungsverlusten der Kathode). Die verwendeten Methoden sind folgende:

Chemisches Versilbern (vgl. Angerer *1*, Kohlrausch *1*, Wehnelt *1*). Eine rasch wirkende Lösung besteht aus 8 g kristallisiertem $AgNO_3$, aufgelöst in 100 ccm Aqua dest. Tropfenweise wird so lange Ammoniak zugesetzt, bis der sich bildende Niederschlag fast vollständig verschwunden ist; danach Filtrieren der Lösung, die im Dunkeln aufbewahrt werden muß. Kurz vor

Gebrauch werden etwa 50 Tropfen 30%ige Formaldehydlösung zugegeben. In dieses Bad werden die Glasteile 10—15 min gelegt bzw. (bei Innenversilberung) mit der Lösung gefüllt [1]. Derartige Innenmetallbelege in Vakuumröhren sind durch Vorentgasen auf der Ölpumpe bei mindestens 150° C gut von H_2 und H_2O zu befreien; bei Außenversilberung (Reflektorlampen) wird der Spiegel galvanisch mit Cu verstärkt oder mit Bronzelack geschützt.

Platineinbrennverfahren. Hierbei wird das Glas mit einer Lösung bestrichen, die aus 1 g H_2PtCl_6 [2] in 3 ccm absolutem Alkohol unter Zusatz von 10 ccm konzentrierter alkoholischer Lösung von Borsäure und 20 ccm venetianischem Terpentin und Lavendelöl zu gleichen Teilen besteht („Glanzplatin"). Die mäßig viskose Flüssigkeit ist sehr lange haltbar. Sie wird

Abb. 199. Maschinelles Metallisieren von Rundfunkröhren (aus der Fabrikation Telefunken, vgl. auch Parker *1*).

mittels Pinsel dünn auf Glas oder Quarz aufgetragen, das Glas langsam erhitzt und der Belag dann bei etwa 500° C eine Viertelstunde lang im Ofen oder über einer Flamme an Luft eingebrannt. In gleicher Weise lassen sich Au-, Ag- und Ir-Überzüge herstellen.

Kathodenzerstäubung. Technik vgl. Abschnitt 23a, S. 298. Das Verfahren wird meist für offene, allseitig zugängliche Flächen wie Spiegel oder Platten, seltener zur Innenverspiegelung von Kolben angewendet.

Metallverdampfung im Hochvakuum. Das Verfahren ist besonders brauchbar zur Herstellung gasfreier Metallschichten. Die niederzuschlagenden Metalle (Mg, Al, Ag, Au) werden durch Hochfrequenz (auf höher schmelzendem Blech montiert, vgl. Getterverdampfung S. 310), oder mittels eines durch W-Draht beheizten Öfchens aus Quarz oder MgO oder durch die Stromwärme

[1] Nach Knepper *2*. Ein etwas anderes, für Photozellen besonders geeignetes Rezept gibt Simon *3* an; Lösung I: 5 g $AgNO_3$ in 100 ccm Aqua dest., Ammoniak-Klärzusatz wie oben, danach weiterer Zusatz von 400 ccm Aqua dest.; Lösung II: 1 g $AgNO_3$ in wenig Aqua dest. gelöst, dazu 500 ccm kochendes Aqua dest., dazu 0,83 g Seignettesalz; Lösung einige Minuten sieden lassen und heiß von grauem Niederschlag durch Filterung befreien. Vor Gebrauch Mischung von Lösung I und II zu gleichen Teilen, dann Einfüllung in die Zelle. Abgießen nach Bildung des Niederschlages.

[2] Platinchlorwasserstoffsäure, fälschlich oft Platinchlorid genannt.

eines W-Drahtes mit aufgespulter Wendel aus dem betreffenden Metall bis zur Verdampfung erhitzt. Das Niederschlagsmetall kann auch als Pulver in durch direkten Stromdurchgang beheizten Schiffchen aus höher schmelzendem Metall verdampft werden. Fenster in der Niederschlagsschicht lassen sich durch Schirme (vgl. Abb. 310) oder durch Bedecken des betreffenden Glaskolbenteiles mit Glimmerscheiben herstellen, die nach vollendetem Verdampfungsprozeß entfernt oder (bei abgeschmolzenen Röhren) durch Kippen in den Fuß des Rohres befördert werden.

Metallspritzverfahren (Schoop). Es wird zur Außenmetallisierung von Rundfunk- und Verstärkerröhren (zur elektrostatischen Abschirmung des Röhrensystems) verwendet. Zur besseren Haftung muß dabei das Glas entweder vorher durch Sanden aufgerauht (Parker *1*) oder besser mit einer dünnen Schicht aus Zaponlack oder Schellack (mittels Tauchen oder Spritzpistole, ähnlich Abb. 298) versehen werden. Zur Metallzerstäubung dient eine besondere Pistole (vgl. Abb. 198), der das Material (Al, Sn, Zn, Pb oder Cu) in Drahtform zugeführt wird. Das durch eine O_2H_2-Gebläseflamme geschmolzene Metall wird durch Druckluft auf den zu überziehenden Körper geschleudert, wo die einzelnen Tröpfchen zu einer leitenden Schicht erstarren; wegen der geringen Wärmekapazität der kleinen Tröpfchen wird das Glas dabei thermisch kaum beansprucht. Bei der Reihenfertigung werden die zu metallisierenden gepumpten und gesockelten Röhren unter dauerndem Drehen an der feststehenden Pistole vorbeigeführt (vgl. Abb. 199); ein vorher unmittelbar über dem Sockel um den Glaskolben gelegter Cu-Draht, der mit überspritzt wird, bildet die Zuleitung für die Erdung des Metallbelages.

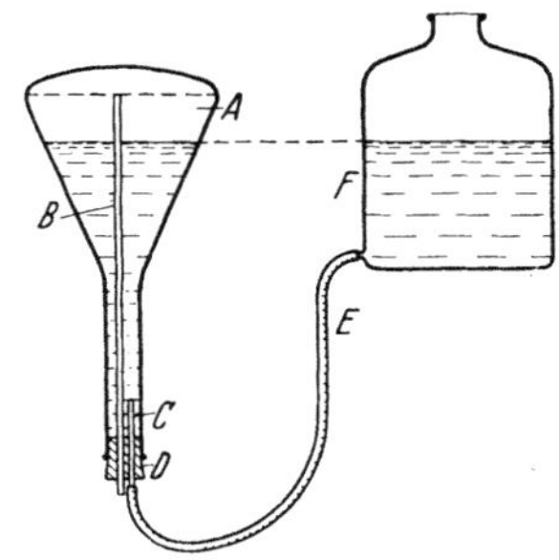

Abb. 200. Anbringen eines Graphit-Innenüberzuges in Fernsehröhren (Acheson *1*).
F Gefäß mit Vorratsuspension, langsam gehoben und gesenkt; E Schlauchverbindung; A Kolben der Fernsehröhre; B Rohr zum Entweichen der verdrängten Luft; D Gummistopfen mit Glasröhren B und C.

Graphitüberzüge. Nach Reinigung wird die Glasoberfläche [1] mit einer wässerigen Suspension von kolloidalem Graphit (C-Gehalt etwa 18—22%) überzogen, die Zusätze von Gerbsäure und Ammoniak als Schutzkolloide bzw. Fäulnisverhinderer enthält (handelsüblich unter dem Namen „Aquadag“ [2]). Die Suspension ist mit Wasser in der gewünschten Menge zu verdünnen (etwa 1 : 1 Gewichtsteile); der Aufstrich erfolgt mittels Pinsel, z. B. für strichförmige, hochohmige Ableitungen zur Verhinderung von Aufladungen an metallischen Bauteilen in Verstärkerröhren (vgl. Espe *15*), oder mittels Tauchen, z. B. zur Innenbedeckung von Fernsehröhren (vgl. Abb. 200 u. 229). Die fertige Schicht ist mit warmer Luft zu trocknen; die Zersetzung der organischen Stoffe erfolgt bei kleinem Schichtvolumen während der normalen Entgasungserhitzung der Rohre, bei größerem durch mehrstündiges Erhitzen (400—500° C) der leeren Kolben unter Durchblasen getrockneter warmer Luft. Auch für Außenbeläge finden Graphitüberzüge Verwendung (Abb. 201); sie müssen dann gegen mechanische Beschädigung mit einem Lacküberzug geschützt werden.

---

[1] Chromsäurereste sorgfältig abwaschen!

[2] Aqua defloculated Acheson Graphite.

Ätzung. Durch Fluorwasserstoff wird die Kieselsäure des Glases unter Bildung von gasförmigem Fluorsilizium aufgelöst und daher seine Oberfläche aufgerauht („geätzt"). Bei den praktischen Ätzverfahren finden Flußsäure enthaltende Bäder [1], „Mattiersalz" aus Alkalifluoriden oder „Ätztinte" Verwendung.

Die Mattierbäder, z. B. für die Außenmattierung von Glühlampenkolben, bestehen aus etwa 7,5 Gewichtsteilen Fluorammonium und 5 Teilen Flußsäure, die in einem mit Blei ausgeschlagenem Holzeimer in einem warmen Raum gut gemischt werden. Nach 12 Stunden Lösungszeit werden 0,6 Teile kristallisierte Soda pro Gewichtsteil der Lösung hinzugefügt. In die (klar abgegossene) Flüssigkeit werden die (gut entfetteten) Glaskolben etwa 1 min lang getaucht, evtl. nach vorherigem Waschen in einer 30%igen Flußsäure-Wassermischung. Danach erfolgt Abstreichen der Mattierflüssigkeit mit einem breiten Pinsel, Spülen und Trockenreiben. Leichtes Anwärmen des Glases vor dem Tauchen beschleunigt die Wirkung; in manchen Fällen werden die Glaskolben vor der Mattierung gesandet.

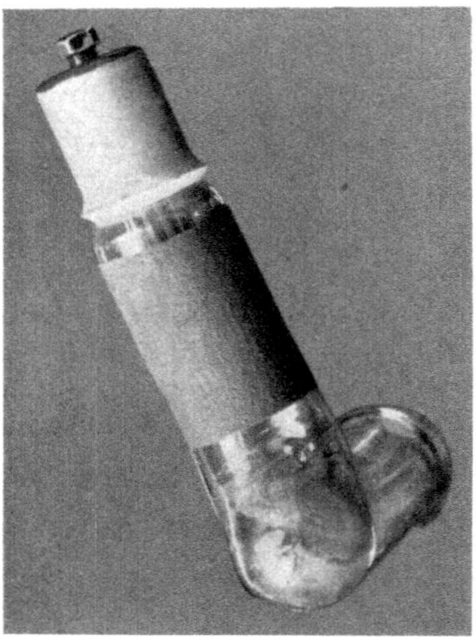

Abb. 201. Graphitaußenüberzug auf dem Anodenarm eines Hg-Glasgleichrichters.

Eine Lösung für die Innenmattierung von Lampenkolben besitzt folgende Zusammensetzung: 42% NH_4HF_2, 7% Dextrin, 20% $BaSO_4$, 3,5% $NaHSO_4$ und 27,5% HF. Der Wasserzusatz ist so zu wählen, daß der Flußsäuregehalt zwischen 18 und 25% liegt. Nicht zu ätzende Teile der Glasfläche werden mit einem dünnen Überzug von Picein, Wachs oder Paraffin geschützt, der später durch Terpentin abgelöst werden kann.

Zur Herstellung von Beschriftung (Firmen- oder Typenbezeichnungen) auf Röhrenkolben wird Mattiersalz verwendet, das z. B. aus 10 Gewichtsteilen Fluorammonium, 2 Gewichtsteilen Kochsalz und 1 Gewichtsteil Soda besteht, die in einer Reibschale gut verrieben sind [2]. Als Stempelkissen dient eine Glasplatte, auf der etwas Dicköl (oder Gummilösung) aufgetragen ist; der Gummistempel wird zum besseren Anschmiegen an gewölbte Glasflächen auf einem Luftkissen angebracht und nach der Befeuchtung auf der Glasplatte gegen die (mit einem Spirituslappen sauber gereinigte) Glasfläche gedrückt. Auf die Dicköl-Stempelung wird mittels eines Pinsels oder einer Streubüchse etwas Mattierpulver aufgestäubt und das Glas über einer kleinen leuchtenden

---

[1] Flußsäure ist die Lösung des gasförmigen Fluorwasserstoffes in Wasser. Sie ist in Kautschukflaschen aufzubewahren und mit großer Vorsicht zu behandeln, da sie bzw. ihre Dämpfe schwere Ätzungen der Haut und Vereiterungen der Schleimhäute verursachen. Gegen das Einatmen sind Gasmasken oder mit Sodalösung befeuchtete Handtücher, vor Mund und Nase gebunden, anzuwenden; zweckmäßig ist ferner Einfetten der Gesichtshaut und der Hände und Kurzschneiden der Fingernägel. In der Nähe des Arbeitsplatzes ist stets ein größeres Gefäß mit Sodalösung zur Neutralisierung der Säure bereitzuhalten.

[2] Derartige Mattiersalze (in der Handhabung ungefährlicher als Flußsäure) sind handelsüblich.

Gasflamme erhitzt. Dabei löst sich das Salz in dem Öl und greift an diesen Stellen das Glas an. Die geätzte Stelle wird mit einem trockenen Leinenlappen abgewischt.

Das Numerieren bestimmter Aufbauten vor dem Einschmelzen in den Glaskolben erfolgt am einfachsten durch Beschriften der Glasquetschfüße mittels gewöhnlicher Schreibfeder und Ätztinte folgender Zusammensetzung:

Lösung I. In $^1/_2$ l Aqua dest. 36 g Fluornatrium gelöst, dann 7 g Kaliumsulfat zugesetzt.

Lösung II. $^1/_2$ l Aqua dest. mit 14 g Chlorzink gemischt, dann Zugabe von 65 g konzentrierter Salzsäure. Beide Lösungen können in gewöhnlichen Glasflaschen aufbewahrt werden. Vor Gebrauch werden in einem ausgehöhlten Paraffinklotz gleiche Teile gemischt und einige Tropfen chinesischer Tusche zugefügt. Die Ätztinte trocknet bei Zimmertemperatur und eignet sich auch zur Herstellung von Skalen auf Glas.

Farbüberzüge. Das Glas wird meist vorher mit Sandstrahlgebläse aufgerauht und dann durch Tauchen mit farbigem Zelluloselack überzogen (Glühlampen, Leuchtröhren). Bunte Beschriftung läßt sich auf der blanken, mit Spiritus gut gereinigten und mit Kopallack überzogenen Oberfläche mittels Abziehbildern anbringen. Bei Überzügen zur Erzielung einer Durchlässigkeit für bestimmte Wellenlängengebiete (z. B. zur Absorption ultravioletten und sichtbaren Lichtes für ultrarotempfindliche Photozellen) wird der Kolben zunächst in eine Gelatinelösung (etwa 150 g Gelatine in 1 l H_2O) getaucht, die mit Farbstoffen bekannter Absorptionsfähigkeit gemischt ist und gegen Fäulnis einige Tropfen Karbolsäure enthält. Ein darüber angebrachter Zelluloidlack (25 g Zelluloid, $^1/_2$ l Azeton, 1 l Amylazetat) schützt gegen mechanische Beschädigungen.

e) Entgasung von Glas[1].

Maßgebend für die Gasabgabe eines Glases im Vakuum ist die Beschaffenheit seiner Oberfläche und seine Zusammensetzung. Der Dampfdruck des Glases selbst ist sehr gering (nach Born: 10^{25} bis 10^{15} Tor); es bildet sich jedoch während des Liegens und Verarbeitens an Luft an seiner Oberfläche eine Wasserhaut, die nach dem Glas zu aus einer wasserhaltigen Quellschicht, nach außen aus adsorbiertem Wasser besteht und deren Dicke hauptsächlich von der chemischen Angreifbarkeit des Glases abhängt (Alkaligehalt!). Daneben sind im Glas auch Gase (H_2, N_2 und O_2) gelöst enthalten, O_2 besonders dann, wenn im Glas ein Oxyd in mehreren Oxydationsstufen vorkommt (vgl. A. Becker *1*).

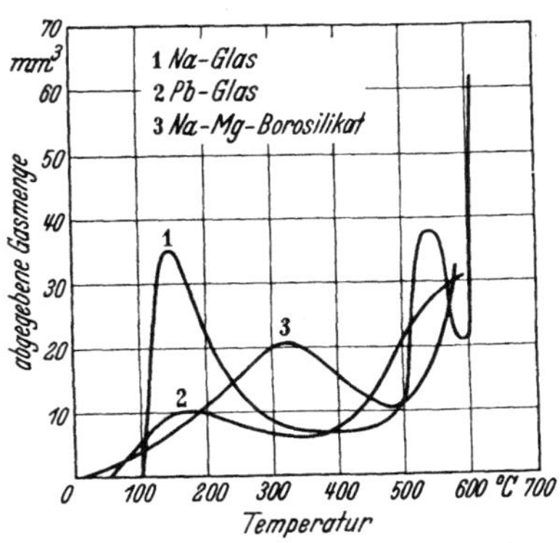

Abb. 202. Gasabgabe einiger Gläser, abhängig von der Temperatur (Sherwood *1*). Gesamte Glasoberfläche 350 cm².

Beim allmählichen Erhitzen von Glas wird bei etwa 150° C der größte Teil der adsorbierten Gase und des H_2O abgegeben. Oberhalb 300° C werden auch die einmolekulare Wasserhaut und die oberflächlich gelösten Gase frei. Erst bei noch höheren Temperaturen (Weichgläser > 400° C, Hartgläser > 500° C) treten weitere Gasmengen aus, die jedoch wahrscheinlich schon auf eine Zersetzung des Glases

[1] Vgl. auch Daudt *1*, Dushman *2*.

zurückzuführen sind. Die Gasabgabe aus dem Innern (oberhalb 300° C) nimmt im allgemeinen mit wachsendem Alkaligehalt zu (vgl. Abb. 202). Andererseits ist diese Gasabgabe umso geringer, je höher das Glas schon beim Schmelz-

Tabelle 80. Gasabgabe von Gläsern (vgl. Harris *1*).

Glasart	Gehalt an $Na_2O + K_2O$ %	Abgegebene CO_2-Menge (Erhitzung 200° C) mm^3/cm^2	Abgegebene, nicht kondensierbare Gase mm^3/cm^2	bei Erhitzung auf ° C
Alkalikalksilikat	21,12	0,193	0,013	400
Borosilikat	5,35	0,045	0,0048	500
Leichtes Flint-Glas (1 h bei 1600° C geschmolzen) . . .	9,99	0,065	$9 \cdot 10^{-5}$	400
Dieselbe Glasart (normal geschmolzen bei ≈ 1400° C) . .	12,3	0,075	0,0265	400

prozeß in der Hütte erhitzt worden war (vgl. Tabelle 80). Daneben können noch andere Faktoren wie Alter [1], Reinigungsverfahren und atmosphärische Einflüsse während der Lagerung den Gasgehalt eines Glases bestimmen.

Abb. 203. 40teiliger Pumpautomat mit rotierendem Glockenkranz für Glühlampen (Hersteller: Gladitz G.m.b.H.).

In der Vakuumtechnik erfolgt die Entfernung der Wasserhaut bzw. die Entgasung der Glasoberfläche durch Erhitzung der fertig gebauten Röhren

[1] So scheinen z. B. für die Herstellung von Photozellen jahrelang gelagerte Gläser ungeeignet zu sein (Simon *3*).

auf der Pumpe mit Hilfe von Öfen, die elektrisch (Cr-Ni-Heizkörper, Silitstäbe) oder mit Gas[1] beheizt sind. Die Gasheizung hat den Vorzug der Billigkeit und geringen Anheizzeit, verschlechtert aber durch Abgase und O_2-Verbrauch die Raumluft erheblich. Schnelligkeit des Temperaturanstieges, Höchsttemperatur und Erhitzungszeit richten sich nach der Glassorte und dem erforderlichen Endvakuum der Röhre. Bei Glühlampen und der Reihenherstellung kleinerer Rundfunkröhren erfolgt die Entgasung auf dem Pumpautomaten (vgl. Philips 7). Dieser besitzt kreisförmige Pumpgabeln, auf denen die Röhren angeschmolzen oder mittels Gummistopfen[2]

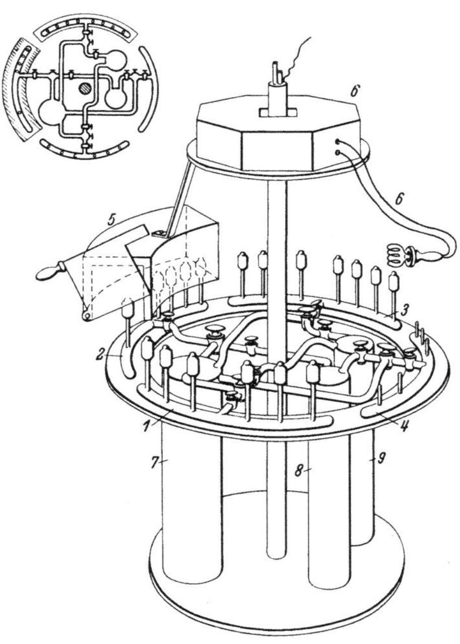

Abb. 204. Schema eines Pumpautomaten mit feststehender Pumpapparatur und rotierendem Ofen (Rottgardt 1).
1 bis 4 getrennt evakuierte Pumpgabeln; 5 rotierender Heizofen; 6 Hochfrequenzentgasungsapparatur; 7 Vorvakuum; 8 und 9 Feinpumpen.

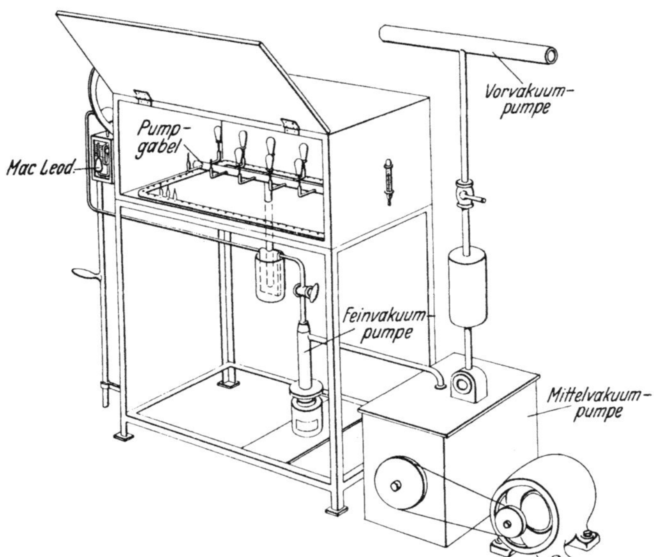

Abb. 205. Schema eines Pumpkastenofens mit Gasbeheizung und dazugehöriger Pumpanlage (Telefunken.)

aufgesteckt sind. Es rotiert entweder die gesamte Pumpapparatur, wobei die Röhren hintereinander durch einen feststehenden Ofen wandern (vgl. Abb. 203),

[1] Bei stark schwankendem Gasdruck ist elektrische Temperaturregelung erforderlich.
[2] Gute Abdichtung des Pumpröhrchen erfolgt zweckmäßig durch Preßluftfüllung des hohlen Stopfens (vgl. Abb. 244, S. 223).

oder es wandert bei feststehender Pumpapparatur der unten offene Ofen über die einzelnen Röhren hinweg (vgl. Abb. 204). Die gesamte Erhitzungszeit im Ausheizofen beträgt bei Glühlampen und kleineren Verstärkerröhren etwa 10 bis 15 min (mit einer Temperaturspitze von einigen Minuten bei 400° C). Auf die Entgasung der Glasteile mittels Außenofen folgt die Entgasung der Metallteile

Abb. 206. Bleigeschützter Röntgenröhrenpumpkasten mit fünf selbständig arbeitenden Feinpumpen und gemeinsamer Ölvorpumpe. Die vorne sichtbaren fünf Vorvakuumvorratsgefäße werden durch Umschalten der Vorpumpe nacheinander evakuiert, sodaß beim Platzen eines Gefäßes die anderen Röhren nicht gefährdet sind (aus der Fabrikation der Siemens-Reiniger-Werke).

durch direkte Stromerhitzung, Elektronenbombardement oder Hochfrequenz (vgl. Abschnitt 10 b). Durch die dabei auftretende Strahlung der heißen Elektroden wird das Glas ebenfalls stark erhitzt und entgast.

Bei kleineren Stückzahlen und größeren Röhreneinheiten erfolgt die Entgasungserhitzung in Kastenöfen[1] (vgl. Abb. 205 und 206): Verstärkerröhren

[1] Vielfach nur aus einfachen Asbestplatten hergestellt. Bessere Wärmeisolation ergeben doppelwandige Asbest- oder Metallplattenöfen (Plattenabstand etwa 5 cm) mit Luft- bzw. Al-Folien-Isolation. Bei der Konstruktion ist darauf zu achten, daß die Verbindungsträger zwischen Innen- und Außenwänden möglichst geringe Wärmeleitung besitzen (kleine Querschnitte, Invar!). Das Gewicht derartiger Öfen muß wegen des häufigen Abhebens möglichst gering sein; am besten bewähren sich Rahmen aus Fe-Profilträgern mit Wandflächen aus Al-Blech (keine Al-Rahmen wegen der geringen Festigkeit des Al bei höheren Temperaturen).

mittlerer Leistung mit Weichglaskolben werden bis auf 400—420° C eine Stunde lang erhitzt (Temperaturanstieg von Raumtemperatur bis 400° C in etwa 10 min); Röntgenröhren, Hochspannungsventilröhren und andere größere Glaskolben, die wegen der Bruchgefahr nur langsam (1—2 h) auf die Höchsttemperatur gebracht werden dürfen, müssen häufig bis zu 24 h auf dieser Temperatur gehalten werden. Bei Hartgläsern beträgt die Höchsttemperatur bis zu 500° C. Die Gasfalle wird bei größeren Röhren erst nach Erreichen der Höchsttemperatur (nach Entfernung des größten Teils des H_2O) mit flüssiger Luft beschickt.

Abb. 207. Abschmelzen („Abziehen") der fertig gepumpten Röhren von Hand (vgl. auch Woytacek *1*).

Die an sich erwünschte gleichzeitige Vornahme von Ofenentgasung und Elektronenbombardement ist wegen der Gefahr der Glaselektrolyse nur bei Röhren möglich, bei denen die Stromzuführungen sehr weit voneinander eingeschmolzen sind (also im allgemeinen nicht bei Quetschfüßen); wegen der zusätzlichen Wärmestrahlung aus dem Röhreninnern gegen das Glas ist dabei jedoch die Ofentemperatur zu erniedrigen.

Das Abschmelzen der Röhren erfolgt entweder von Hand (vgl. Abb. 207) oder (bei kleinen Röhren) automatisch durch gekreuzte Gebläseflammen. Dabei läßt sich infolge der Zersetzung des Glases eine starke Gasabgabe nicht vermeiden (vgl. Abb. 202). Damit die freiwerdenden Gasreste nicht in die abgeschmolzene Röhre gelangen, müssen die Abschmelzstellen vor dem Abschmelzen durch längere Erhitzung mit dem Brenner besonders gut entgast werden. Die Menge der dann noch aus dem hocherhitzten Glas austretenden Zersetzungsgase läßt sich durch Beschleunigung des Abschmelzprozesses [1] klein halten; auch bei gut geleitetem Abschmelzvorgang läßt sich jedoch eine gewisse Druckerhöhung in der abgeschmolzenen Röhre nicht vermeiden, die aber stets durch Getterwirkung kompensiert werden kann (vgl. Abschnitt 24c—e).

12. Quarzglas und Quarzgut.

Gewinnung (Singer *1*). Das im Vakuumröhrenbau verwendete Quarzglas besteht aus reinem SiO_2, das durch Schmelzen von Bergkristall in amorpher[2] Form gewonnen wird.

---

[1] Um ein rasches Zusammenfallen der Abschmelzstellen ohne die Gefahr eines Eintreibens durch den äußeren Luftdruck zu erreichen, wird der Abschmelzstutzen an der betreffenden Stelle etwas verengt und die Wandstärke bei größeren Durchmessern etwas verstärkt. Der Durchmesser der „Abschmelzkapillare" ist jedoch mit Rücksicht auf die Verringerung der Pumpgeschwindigkeit nicht zu klein zu wählen.

[2] Kristalliner Quarz darf nicht hoch erhitzt werden, da er umkristallisiert und dabei springt; Platten aus derartigem Material sind daher nur bei niederen Temperaturen einzukitten.

Geht man bei der Gewinnung von Quarzsand aus, so erhält man ein von zahlreichen Gasbläschen durchsetztes undurchsichtiges nicht ganz reines Material, das sog. Quarzgut. Abgesehen von Lufteinschlüssen und der geringeren Reinheit des Quarzgutes bestehen zwischen beiden keine wesentlichen physikalischen und chemischen Unterschiede.

Das Quarzschmelzen findet im elektrischen Graphit-Widerstandsofen, im elektrischen Lichtbogen oder im HF-Induktionsofen statt[1]. Quarz beginnt unter mechanischer Belastung bei 1500° C plastisch zu werden; die Verarbeitungstemperatur liegt bei 1800—2000° C [2]. Das Material wird dem Ofen im plastischen Zustand entnommen und ähnlich wie Glas gezogen, geblasen und geformt (Rohre[3], Stäbe, Platten). Wegen der schwierigeren Gewinnungstechnik sind die wirtschaftlich möglichen Toleranzen bei der Herstellung von geschmolzenem Hüttenquarz weit größer als bei Glas. Sie betragen z. B. für die lichte Weite normaler Rohre ± 5 bis ± 7,5%, für die Rohrwandstärke bis ± 50%.

Tabelle 81. Materialkonstanten von Quarz.

Spez. Gewicht	2,0—2,2	
Mohshärte	7	
Transformations-Temperatur (° C)	≈ 1050	
Zugfestigkeit (kg/mm²)	7—12	Dünne Fäden: 28—50
Druckfestigkeit (kg/mm²)	160—200	
Biegefestigkeit (kg/mm²)	7	
Torsionsfestigkeit (kg/mm²)	3	
Elastizitätsmodul (kg/mm²)	6200—7200	
Torsionsmodul (kg/mm²)	2400—3150	
Mittlerer Wärmeausdehnungskoeffizient, lin. ($\alpha \cdot 10^7$)	0— 300° C: 5,9 0—1000° C: 5,8	Quarzgut 0— 300° C: 6,9 0—1000° C: 5,2
Spezifische Wärme (cal/g Grad)	100° C: 0,20 500° C: 0,27 1000° C: 0,29	
Thermischer Widerstandskoeffizient	146	Vgl. S. 166
Wärmeleitfähigkeit (cal/cm sec Grad)	0° C: 0,0033 950° C: 0,0064	
Spez. elektrischer Widerstand bei 20° C ($\Omega \cdot$ cm)	10^{17}—10^{18}	Für höhere Temperatur vgl. Abb. 213, S. 199
$T_{\varkappa 100}$ (Temp. des Wid. 100 Megohm)	≈ 600° C	Vgl. S. 169
Elektrische Durchschlagsfestigkeit (kV/mm)	20° C: 25—40 500° C: 4— 5	Quarzgut 20° C: 15—20 500° C: 2—3
Dielektrische Verluste für λ = 300 m bis 60 cm ($\mathrm{tg}\,\delta \cdot 10^4$)	1,0—2,6 (vgl. Abb. 233, S. 217)	Quarzgut (150 m): 6,7 (6 m): 27
Dielektrizitätskonstante	3,5—3,7	
Ultraviolett-Durchlässigkeit	vgl. Tab. 77, S. 173	

Weiterverarbeitung. Sie erfolgt in der H_2-O_2-Flamme mittels Spezialbrenner oder im elektrischen Lichtbogen, der zwischen Kohleelektroden magnetisch in

[1] Über maschinelle Herstellung von glasklarem Quarz vgl. Silica *1*.

[2] Bei dieser Temperatur findet bereits eine lebhafte Verdampfung der Kieselsäure statt; bei der fabrikationsmäßigen Verarbeitung in der Gebläseflamme müssen diese Dämpfe aus hygienischen Gründen durch ein (in Richtung der Gebläseflamme angebrachtes) Abzugsrohr abgesaugt werden. Die Quarzdämpfe kondensieren sich an der Innenwand des Abzuges als flockiger weißer Staub.

[3] Handelsüblich mit 1—200 mm Innendurchmesser, 0,5—8 mm Wandstärke.

Form einer Stichflamme ausgeblasen wird (Gabor *1*, Singer *1*). Abgesehen von der hohen Temperatur (dunkle Augenschutzgläser!) ist die Verarbeitung von Quarz in der Gebläseflamme bedeutend leichter als die von Glas, weil Quarz wegen seiner kleinen Wärmeausdehnung und des dadurch bedingten großen thermischen Widerstandskoeffizienten rasche und große Temperaturänderungen ohne Springen verträgt[1]. Der Verarbeitung muß eine sorgfältige Oberflächenreinigung mit Alkohol vorangehen, da Fingerschweißspuren (vorwiegend CaO) und Staubreste beim Erhitzen auf Rotglut Quarz angreifen („Korrosion").

Für Vakuumröhrenzwecke gebrauchtes Quarzgut muß wenigstens an seiner Oberfläche in der Gebläseflamme glatt geschmolzen werden, da es sich sonst wegen seiner Porosität schwer entgasen läßt.

Wird Quarz mehrere Stunden über 1000° C erhitzt, so „entglast" er, d. h. es erfolgt eine Umwandlung der amorphen Form in die kristalline. Beim Abkühlen derartigen Quarzes werden (erst unterhalb 230° C) die entglasten Stellen milchig und trübe; infolge der verschiedenen Ausdehnungskoeffizienten entglaster und nichtentglaster Zonen treten Spannungen auf, die zum Bruch führen. Bei kurzzeitigem (auch mehrfachem) Erhitzen bis 2000° C besteht dagegen keine Entglasungsgefahr. Da Verunreinigungen als Kristallisationszentren wirken, entglast Quarzgut im allgemeinen leichter als das reinere Quarzglas.

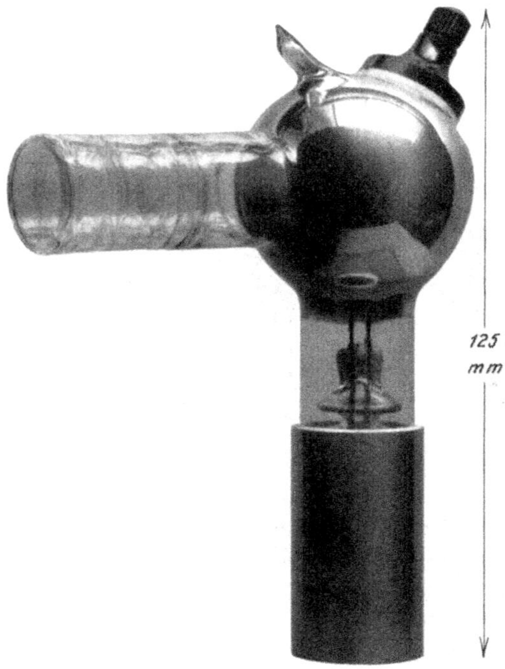

Abb. 208. Photozelle aus Hartglas mit durch Zwischengläser angeschmolzenem Quarzfenster für Messungen bis zum kurzwelligen Ultraviolett (13000 bis 1800 Å, vgl. Kluge *2*; Hersteller: AEG).

Quarz kann nicht wie Glas geritzt und dann gebrochen werden; dagegen läßt es sich mit Karborund[2] bohren, schleifen und polieren sowie mit dünnen, mittelharten, schnell umlaufenden Karborundscheiben (2500 bis 5000 U/min) schneiden. Das Verschmelzen mit gewöhnlichem Glas ist wegen der verschiedenen Ausdehnungskoeffizienten nur unter Einschaltung von Zwischengläsern möglich (bis zu 10, vgl. Abb. 208).

---

[1] So ist es z. B. möglich, kleinere glühende Quarzstücke in Wasser abzukühlen, ohne daß sie springen.

[2] Die Karborundwerkzeuge müssen äußerst ruhig laufen und dürfen nicht schlagen. Die Schnittstellen sind während der Bearbeitung durch einen starken Wasserstrahl zu kühlen.

Physikalische und chemische Eigenschaften (vgl. Sosman *1*). Quarzglas besitzt eine Reihe von Eigenschaften, die von keinem anderen Werkstoff in ähnlicher Weise erreicht werden.

Tabelle 82. Oberflächenleitfähigkeit von Quarzglas und unglasiertem Porzellan. (25° C; 500 V Gleichstrom; 1 cm Elektrodenabstand; vgl. Singer *1*.)

Material	Feuchtigkeitsgehalt der Luft (%)	Oberflächenleitfähigkeit (A/cm)
Durchscheinend geschmolzenes Quarzglas . . .	50	$2{,}1 \cdot 10^{-11}$—$6{,}7 \cdot 10^{-12}$
	90	$1{,}1 \cdot 10^{-7}$ —$1{,}9 \cdot 10^{-9}$
Porzellan	50	$5 \cdot 10^{-11}$—$7 \cdot 10^{-12}$
	90	$2 \cdot 10^{-6}$ —$1 \cdot 10^{-6}$

Der elektrische Widerstand des Quarzglases liegt um mehrere Zehnerpotenzen höher als der der besten Gläser (vgl. Abb. 213, S. 199), was sich in

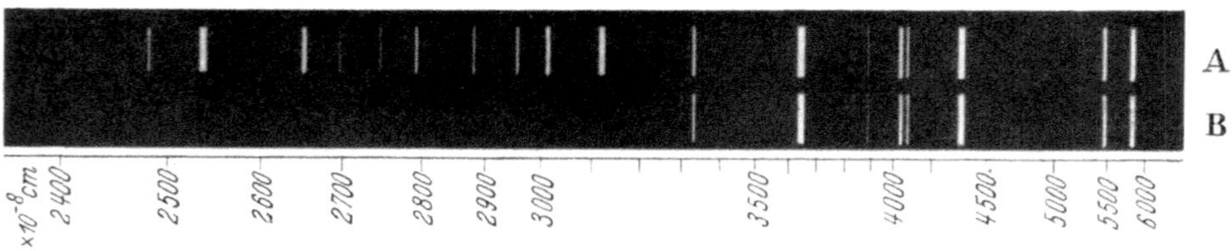

Abb. 209. Ultraviolettdurchlässigkeit von Quarzglas. Spektrum einer Quecksilberdampflampe: A in Quarzgefäß, B in Glasgefäß.

Vakuumröhren besonders bei hohen Betriebstemperaturen günstig auswirkt (Isolationsbrücken, vgl. Abb. 211). Auch seine Oberflächenleitfähigkeit ist um mindestens eine Zehnerpotenz geringer als die der Hartgläser, wenn auch noch abhängig von der Luftfeuchtigkeit (vgl. Tabelle 82).

Die dielektrischen Verluste von Quarzglas sind kleiner als die aller bekannten Isolationsmaterialien außer Glimmer und Rutil (vgl. Abb. 233, S. 217); der Verlustwinkel für Quarzgut ist etwa eine Zehnerpotenz größer.

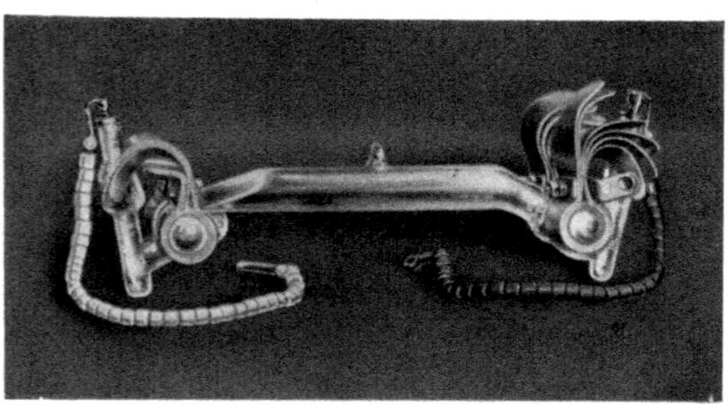

a

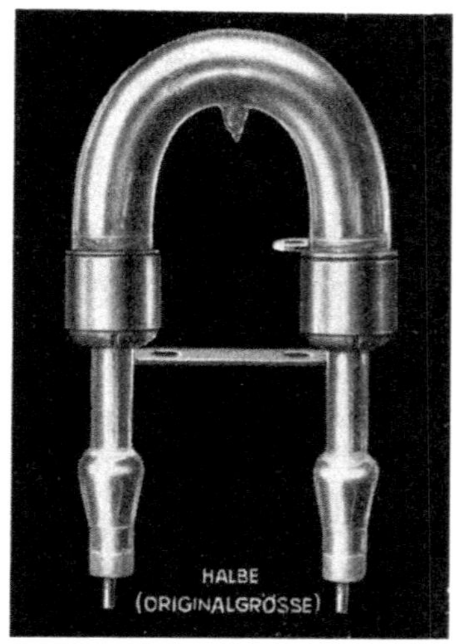

b

Abb. 210. Quecksilberdampflampen aus Quarzglas.
a Lampe mit Hg-Elektroden; Kippzündung, Gleichstrom; b Lampe mit selbstaufheizender Oxydglühkathode; Ar-Zündzusatz, Wechselstrom (Schnitt in Abb. 269, Hersteller: Quarzlampen-Ges. Hanau).

Tabelle 83. Gasdurchlässigkeit für klargeschmolzenes Quarzrohr. (Innendurchmesser 3 mm, Glühzonenlänge 180 mm, Überdruck 300 Tor; vgl. Baukloh *2*).

Temperatur °C	H_2 (cm³/h)*		O_2 (cm³/h)*	N_2 (cm³/h)*
	Wandstärke: 1,95 mm		Wandstärke: 1,0 mm	
	ungeglüht	nach Glühung (8 h, 1100° C)	ungeglüht	ungeglüht
20	0,000	1,20		
500	0,23	1,18		
900			0,3	0,00
1000	0,47 **			0,1
1100	0,81			0,1
1200	0,96			
1300	0,85	1,22	0,47	0,28

* Bezogen auf 760 Tor und 20° C.
** Für undurchsichtiges Quarzgut unter gleichen Bedingungen beträgt dieser Wert 0,7 cm³/h.

Tabelle 84. Chemisches Verhalten von geschmolzenem Quarz (99,8% SiO_2) gegenüber einigen Elementen und ihren Verbindungen (nach Berliner Quarz-Schmelze *1*).

Element bzw. Verbindung	Chemisches Verhalten gegenüber Quarz
Ag	kein Angriff
Al	bei 700—800° C schneller Angriff
BaO	bei 900° C schwacher Angriff
C	bei 1050° C Reduktion
Ca	bis zu schwacher Rotglut im Hochvakuum kein Angriff
CaO	bei 1000° C Angriff
Cd	ohne chemischen Einfluß
CuO	über 960° C Angriff
Fe-Oxyde	bis 960° C kein Angriff
Hg	bis zu höchsten Temperaturen kein Angriff
Li	bis 250° C kein Angriff
Mg	bei 700—800° C schneller Angriff
MgO	kein merkbarer Angriff
Mn	nur bei hohen Temperaturen in H_2-Atmosphäre Angriff
Na	bei hohen Temperaturen in Dampfform Angriff
P	Reaktion
Pt	bei hohen Temperaturen in H_2-Atmosphäre Angriff
S	kein merkbarer Angriff
Sn	kein Angriff
$SrNO_3$	in geschmolzenem Zustand Angriff
Zn	kein Angriff

Der Wärmeausdehnungskoeffizient ist außerordentlich klein, die Transformationstemperatur hoch (1050° C); dies erschwert das Einschmelzen von Metallzuführungen in Quarzgefäße außerordentlich, sodaß praktisch nur Bandeinschmelzungen aus Mo oder Ta ausführbar sind (vgl. Abschnitt 25c, S. 350).

In der Regel behilft man sich daher mit quecksilbergedichteten W-Runddrahteinschmelzungen bzw. Invarschliffeinführungen, (vgl. Abb. 387, S. 349).

Quarz ist bei höheren Temperaturen gasdurchlässig. Die Diffusion wird merkbar für O_2, N_2, Ne und Ar oberhalb 900—1000° C, für H_2 oberhalb 300° C und für He oberhalb 180° C; besonders hoch ist die Durchlässigkeit bei entglastem Quarz, (vgl. Tabelle 83). Das Ausheizen von Vakuumröhren mit Quarzkolben darf wegen der H_2-Durchlässigkeit nicht mit dem Gasbrenner, sondern nur im elektrischen Ofen erfolgen. Aus demselben Grund muß das Abschmelzen der Quarzröhren von der Pumpe mittels Kohlelichtbogen erfolgen.

Über die UV-Durchlässigkeit von Quarzglas vgl. Tabelle 77, S. 173; den

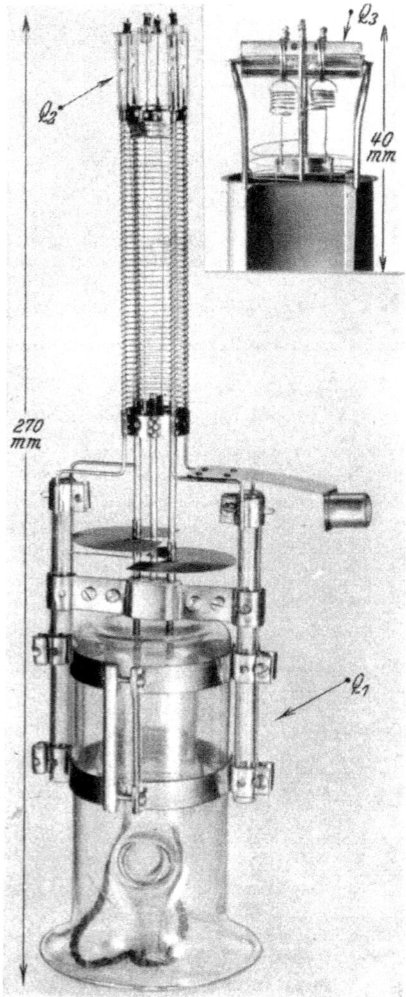

Abb. 211.

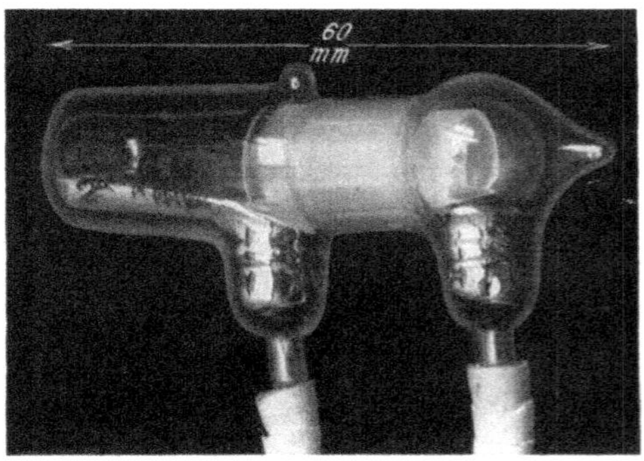

Abb. 212.

Abb. 211. Anwendungsbeispiele von Quarzglas. Links: Elektrodenaufbau eines Kurzwellensenderrohres (ohne Anode). Q_1: Quarzstäbe für Gitterhalterung; Q_2: Quarzrohre zur Isolation der Kathodenanfederungen (vgl. auch Abb. 279). Rechts: oberer Teil eines kleinen Senderohres. Q_3: Quarzrohrbrücke zum Halten der Kathodenfedern und des Gitters an der Anode (vgl. auch Abb. 161).

Abb. 212. Hg-Schaltröhre mit eingeschliffenem Quarzeinsatz (Hersteller: Ilmenauer Glasinstrumentenfabrik A. Zuckschwerdt).

Unterschied gegenüber gewöhnlichem Glas zeigt Abb. 209 am Beispiel eines Hg-Dampfspektrums.

Gegen chemische Einflüsse ist Quarz weitgehend unempfindlich; insbesondere wird er im Gegensatz zu Glas nicht von H_2O, aber auch nicht von H_2SO_4, HNO_3 und HCl angegriffen. Flußsäure, Phosphorsäure, Alkalien und alkalisch reagierende Salze reagieren mit Quarz, besonders bei hohen Temperaturen. Durch heiße Metalloxyde wird Quarz unter Bildung von Silikaten angegriffen. Über weitere Einzelheiten betr. chemisches Verhalten vgl. Tabelle 84, S. 197.

Technische Anwendungen. Hg-Dampfstrahlpumpen; widerstandbeheizte Vakuumentgasungsöfen; Photozellengefäße oder -fenster (vgl. Abbildung 208); Leuchtröhren für Therapie, insbesondere Hg-Dampflampen (vgl. Abb. 210); thermisch hoch beanspruchte Isolationsbrücken in Elektronenröhren, besonders in Senderöhren (vgl. Q_3 in Abb. 211 und Abb. 279); Elektrodenhalterungen in Kurzwellenröhren (vgl. Q_1 in Abb. 211); Hg-Schaltröhren: Einsätze aus Quarzgut zum Schutz des Glaskolbens gegen Abreißfunken (vgl. Abb. 212); Hg-Großgleichrichter: Einsätze aus Quarzgut zur Verhinderung des Kathodenfleckansatzes am Porzellanrand des Kathodenteiches (vgl. Abb. 330); Quarzgutringscheiben zur Verhinderung von Rückzündungen an der Kontaktstelle zwischen Graphitanode und Porzellanisolatoren der Zuleitung (vgl. Abb. 112); Entionisierungsgitter[1]; Präzisionsthermometer ohne Kapillardepression.

Über vakuumdichte Quarz-Metallverbindungen vgl. Abschnitt 25c, S. 349.

13. Keramische Baustoffe.

(Bültemann *1*, Demuth *1*, Hecht *1*, Sommerfeld *1*, Weiker *1*.)

Ihre Herstellung erfolgt aus dem gepulverten Ausgangsmaterial (meist Metalloxyde) durch Mischen mit einem Bindemittel, Vortrocknen in Luft und Fritten bzw. Sintern an

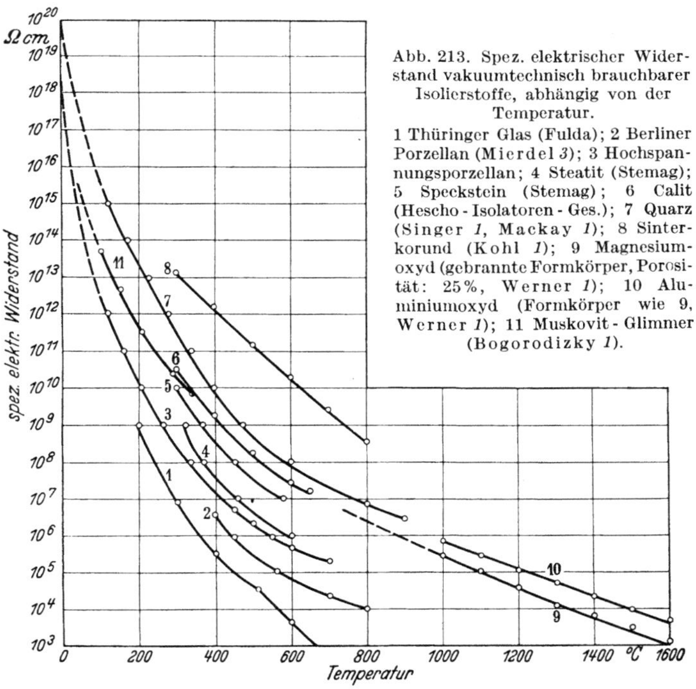

Abb. 213. Spez. elektrischer Widerstand vakuumtechnisch brauchbarer Isolierstoffe, abhängig von der Temperatur.
1 Thüringer Glas (Fulda); 2 Berliner Porzellan (Mierdel *3*); 3 Hochspannungsporzellan; 4 Steatit (Stemag); 5 Speckstein (Stemag); 6 Calit (Hescho-Isolatoren-Ges.); 7 Quarz (Singer *1*, Mackay *1*); 8 Sinterkorund (Kohl *1*); 9 Magnesiumoxyd (gebrannte Formkörper, Porosität: 25%, Werner *1*); 10 Aluminiumoxyd (Formkörper wie 9, Werner *1*); 11 Muskovit-Glimmer (Bogorodizky *1*).

[1] Im allgemeinen ist jedoch eine direkte und dauernde Berührung von Quarzbauteilen mit dem heißen Hg-Lichtbogen nach Möglichkeit zu vermeiden, da hierbei das Material nach längerer Betriebsdauer entglast und brüchig wird.

Tabelle 85. Materialkonstanten

	Hartporzellan unglasiert	Hartporzellan glasiert	Naturspeckstein (gebrannt)	Steatit
Spez. Gewicht	2,3—2,5		2,6—2,8	2,65
Mohshärte	7		7—8	7—8
Schmelzpunkt (° C)	1670—1730			
Erweichungstemperatur unter 2 kg/cm^2 Belastung (° C)	1410—1550		1500	1440
Zugfestigkeit (kg/mm^2)	2,4—3,2	3—5		5,5—8,5
Druckfestigkeit (kg/mm^2)	30—45	30—55	40—80	85—95
Biegefestigkeit (kg/mm^2)	3—8	6—10	≈10	12—14
Schlagbiegefestigkeit ($kg \cdot cm/cm^2$)	1,3—2,2	1,8—2,3	2,3—2,8	3,5—4,5
Torsionsfestigkeit (kg/mm^2)	1,8—2,5	2,5—4,0		5
Elastizitätsmodul (kg/mm^2)	7500—8000	6800—7100		9000—11000
Mittlerer Wärmeausdehnungskoeffizient, lin. ($\alpha \cdot 10^7$)	25—55 ⓐ ⓕ		90—100	76 (20—100° C) 85 (20—800° C)
Spezifische Wärme (cal/g Grad)	0,2—0,25 (20—100° C) 0,3 (1000° C)			0,19—0,20
Wärmeleitfähigkeit (cal/cm sec Grad)	0,0019—0,0037 ⓓ		0,0033-0,0067	0,0054
Spez. elektrischer Widerstand ($\Omega \cdot cm$) 20° C 500° C	10^{18} ≈ 10^5 ⓗ		10^{14}—10^{15} 10^7—10^8 ⓗ	10^{14}—10^{15} ≈ 10^6 ⓗ
Elektrische Durchschlagsfestigkeit (kV/mm) 20° C 400° C	30—35 < 5		5—10 —	20—30 —
Dielektrizitätskonstante	5,4—6,4			5,5—6,5
Diel. Verluste ($tg\,\delta \cdot 10^4$) 50 Hz 10^6 Hz $5 \cdot 10^7$ Hz ⓖ	170—200 ≈ 70—120		— 20—30 —	25—100 20 15

ⓐ Berliner Porzellan: 30,3 (20—100° C); 38,8 (20—800° C).
ⓑ Geschmolzen: $134 \cdot 10^{-7}$.
ⓒ Geschmolzen: $79 \cdot 10^{-7}$.
ⓓ Steigt mit der Temperatur.

Luft bei hohen Temperaturen. Die maximal zulässige Brenntemperatur richtet sich nach der Erweichungstemperatur des Werkstoffes. Das lufttrockene Material ist sehr zerbrechlich; Härte und Festigkeit nehmen mit Brenntemperatur und Brenndauer zu. Bei mäßigen Temperaturen (etwa 900° C) „vorgebrannte" Stücke zeigen etwa die mechanischen Eigenschaften von Kreide; sie lassen sich also (bei vorsichtiger Behandlung) drehen, bohren und feilen. Bei hohen Temperaturen (1400—2000° C) „hochgebrannte" Stücke sind dicht und nur noch durch Schleifen mit Karborund bearbeitbar.

In der Vakuumröhrentechnik verwendet man wegen des guten Isolationsvermögens bei höheren Temperaturen (vgl. Abb. 213) vor allem Hartporzellan, Mg-Silikate (Steatit, Calit) oder reine Metalloxyde (MgO bzw. Al_2O_3), sämtlich keramischer Werkstoffe.

Calit	Frequenta	Calan	MgO	Al_2O_3	Sinterkorund
2,6—2,8			3,2—3,7	3,03—3,9	3,9
7—8					9
			2800	2050	2050
1310	1440	1250			1730
6,5—9,5	5,5—8,5	4—5			3,5
85—100	90—95	50—60			51—62
14—16	14—16	12—16			12
3,5—4,5	4—5	2,9—3,2			3,1
9000—11000					23500
78	70—80	76	127 [15—1000° C] (b) (f)	62 [15—1000° C] (c) (f)	46 (20—100° C) 68 (20—400° C) (f) 80 (20—800° C)
	0,194		0,26	0,2	0,23 (0—300° C) 0,28 (0—1500° C)
	0,0061		0,00145—0,0030	0,00160—0,0084	0,047 (20° C) 0,019 (400° C) 0,013 (900° C)
(h) $1,8 \cdot 10^8$	10^{14}—10^{15} $2,0 \cdot 10^8$	$1,3 \cdot 10^9$	vgl. Abb. 213		(h) $1,3 \cdot 10^{11}$
35—45	35—45	35—45	vgl. Tabelle 87		15 $>$ 5,7
6,5	≈ 5,6	6,5			9,5—9,9
— ≈ 4 ≈ 3,2	10—15 4,7 2,8	— ≈ 3,5 ≈ 4,7 (e)			32—77

(e) Spezialmaterial „Ultracalan": 2,1 (10^6 Hz); 2,2 ($5 \cdot 10^7$ Hz).
(f) Vgl. Abb. 214.
(g) Vgl. Abb. 233, S. 217.
(h) Vgl. Abb. 213.

meist für Isolierbauteile[1] der Elektrodensysteme und (an Stelle von Glas) für Vakuumgefäße.

[1] In Hochvakuumverstärkerröhren bewirken Streuelektronen, wenn sie auf isolierende Bauteile wie keramische Brücken, Glimmerscheiben oder Glasflächen in der Nähe des Steuerraumes auftreffen, empfindliche Störeffekte (Mehrdeutigkeit und mangelhafte Reproduzierbarkeit der Kennlinien, Verkleinerungen des inneren Widerstandes, Kapazitätsveränderungen usw.; vgl. Molthan *1*). Wenn es wegen der Gedrängtheit des Aufbaus nicht möglich ist, die isolierenden Bauteile genügend weit vom Entladungsraum anzuordnen, so empfiehlt es sich, sie gegen diesen durch Metallgeflecht oder -blech abzuschirmen, das auf Kathodenpotential gebracht wird (vgl. Jobst *1*).

Keramische Baustoffe lassen sich nach denselben Methoden wie Glas metallisieren (vgl. S. 185). Über vakuumdichte Verbindungen mit Metall vgl. S. 351.

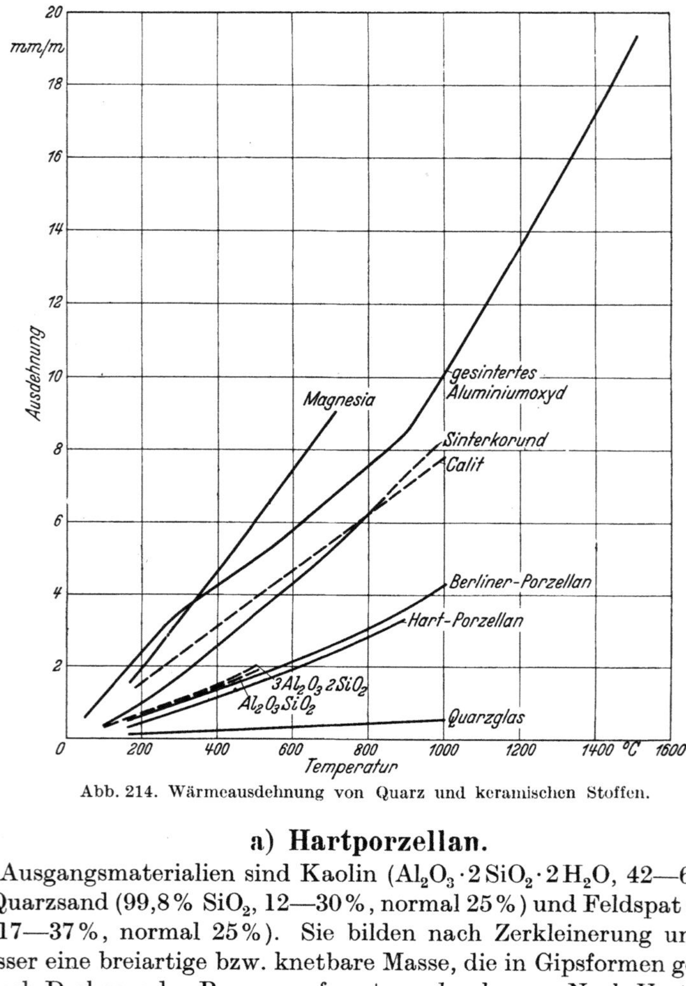

Abb. 214. Wärmeausdehnung von Quarz und keramischen Stoffen.

a) Hartporzellan.

Die Ausgangsmaterialien sind Kaolin ($Al_2O_3 \cdot 2\,SiO_2 \cdot 2\,H_2O$, 42—66%, normal 50%), Quarzsand (99,8% SiO_2, 12—30%, normal 25%) und Feldspat ($K_2O \cdot Al_2O_3 \cdot 6\,SiO_2$, 17—37%, normal 25%). Sie bilden nach Zerkleinerung und Mischung mit Wasser eine breiartige bzw. knetbare Masse, die in Gipsformen gegossen wird bzw. durch Drehen oder Pressen geformt werden kann. Nach Vortrocknen der Stücke an Luft erfolgt ein Vorbrennen bei 900° C, dann evtl. Aufbringen der Glasur [1] und danach „Garbrennen“ [2] auf 1400° C. Die dabei auftretende

[1] Das Aufbringen der Glasur hat nicht nur den Zweck, das Formstück vor Verschmutzung zu schützen, sondern erhöht auch die mechanische Festigkeit und manchmal die Gasdichtigkeit erheblich. An thermisch stark beanspruchten Innenflächen bzw. Bauteilen von Vakuumröhren ist die Glasur wegen der besseren Entgasbarkeit des Porzellans und der Gefahr einer Zersetzung fortzulassen oder mit Sandstrahlgebläse zu entfernen, desgleichen zur Erhöhung der Haftfestigkeit an Kittstellen und solchen Flächen, die nach dem Schoop-Verfahren metallisiert werden sollen. Metallisieren durch Platineinbrennverfahren erfordert dagegen gute Glasur (vgl. S. 352).

[2] Bei diesem Prozeß bilden sich Silikatgläser, in denen ungelöster Quarz und neu gebildete Kristallite aus sog. Mullit ($3\,Al_2O_3 \cdot 2\,SiO_2$) verteilt sind. Das „Grundglas“ verkittet gewissermaßen die Kristalle miteinander.

Tabelle 86. Wasserstoffdurchlässigkeit keramischer Röhrenbaustoffe. (Innendurchmesser 3 mm, Glühzonenlänge 180 mm, Überdruck 300 Tor; vgl. Baukloh 2.)

Temperatur °C	Durchlässigkeit in cm³/h (bezogen auf 760 Tor und 20° C)			
	unglasiertes Porzellan, Wandstärke 0,11 mm	glasiertes Porzellan, Wandstärke 0,15 mm	K-Masse * 16 mm	Sinterkorund 1,6 mm
22				23,5
500	0,27	0,31	0,86	18,2
1000	0,33	0,23	1,18	
1100	0,37	0,3	0,83	10,27
1200	0,33	0,36	1,07	
1300	0,43	0,33	0,92	

* Hersteller: Staatliche Porzellanmanufaktur Berlin.

Abb. 215a. Deckelplatte eines gesteuerten Hg-Gleichrichters mit Anoden und Gittern. Anodenzuführungen durch Porzellanrohre isoliert; Anodenköpfe aus Graphit mit Schutzzylindern aus Fe, letztere gleichzeitig Träger der Steuergitter; im Vordergrund abgeschirmte Gitterzuführungen (Hersteller: Siemens-Röhren-Werk; vgl. auch M. Bosch und Abb. 112).

Abb. 215b. Vakuumgefäß aus Porzellan (Wandstromverstärker, vgl. Lübcke 1; Versuchsausführung der S.S.W.).

Abb. 215a.

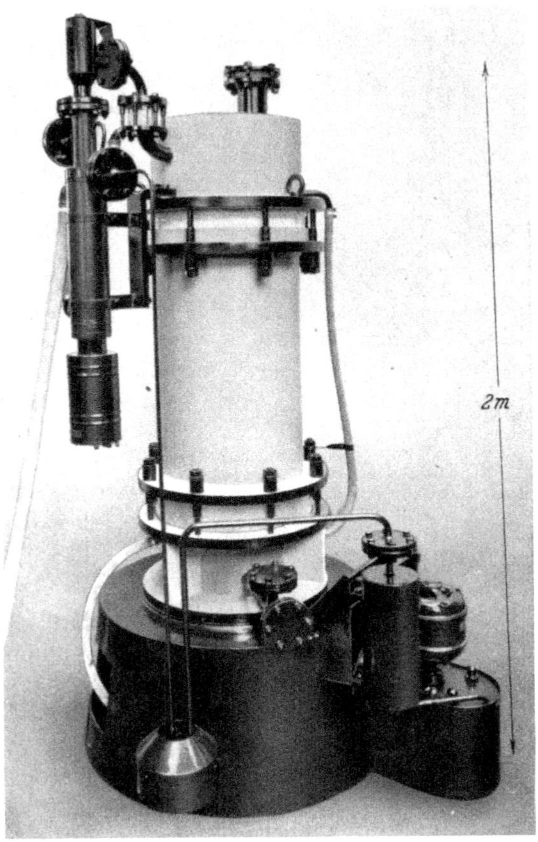

Abb. 215 b.

Schrumpfung beträgt linear 15—25%; da sie vorher nicht genau bestimmt werden kann, lassen sich bei Porzellanformstücken im allgemeinen keine kleineren Toleranzen als ± 2,5% einhalten (Nachschleifen!).

Die physikalischen Eigenschaften von Porzellan hängen stark von der Zusammensetzung ab, insbesondere die Wärmeausdehnung und der elektrische

Widerstand. Der letztere ist höher als der von Glas, jedoch niedriger als der von Quarz (vgl. Abb. 213); der elektrische Oberflächenwiderstand (auch unglasiert) ist stark von der Luftfeuchtigkeit abhängig (vgl. Tabelle 82, S. 196). Über Durchschlagsfestigkeit vgl. Tabelle 85 und 87. Bei Raumtemperatur ist hochgebranntes Porzellan auch unglasiert gasdicht, obwohl es mikroskopische Luftbläschen enthält, die jedoch nicht miteinander in Verbindung stehen. Bei höheren Temperaturen besteht eine geringe Durchlässigkeit für He und H_2 (vgl. Tabelle 86). Mit Säuren außer Flußsäure und allen Gasen außer Fluor geht Porzellan keine Verbindungen ein. Dagegen wird es entsprechend seinem Silikatglasgehalt von schmelzenden Alkalien und Alkalikarbonaten besonders bei höheren Temperaturen angegriffen, jedoch in geringerem Maße als Glas.

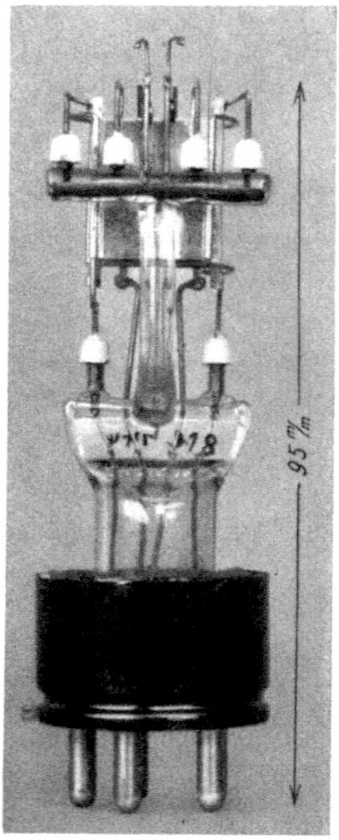

Abb. 216. Oxydkathodenverstärkerröhre mit Hütchen aus porösem Porzellan zur Erhöhung der Oberflächenisolation zwischen den Zuleitungen (vgl. auch Abb. 339).

Technische Anwendungen. Elektrodeneinführungen (vgl. Abb. 80 und 95), Isolationsrohre für Anodenzuleitungen (vgl. Abb. 66, 108, 112 u. 215a) und Kathodentöpfe (vgl. Abb. 330) in Hg-Großgleichrichtern[1]; Anodenrohre in Hochspannungsgleichrichtern mit Hg-Kathode (vgl. Abb. 398); Außenwandung von Stromrichtern mit Hg-Kathode (vgl. Abb. 215b und 399); Zuleitungsschutzrohr und Isolatoren in Entladungsgefäßen mit Edelgasfüllung (vgl. Abb. 111); an der Pumpe liegende Röntgenröhren (vgl. Abb. 93) und Kathodenstrahloszillographen (vgl. Abb. 80); Schutzhütchen[2] in Hochvakuumverstärkerröhren zur Vermeidung von Isolationsfehlern durch aufdampfendes Kathoden- oder Gettermaterial (vgl. Abb. 216); Einlagen in Hg-Schaltröhren zum Schutz des Glasgefäßes gegen Schaltfunken (vgl. Abb. 393); elektrisch von außen beheizte Rohröfen für Vorentgasung (vgl. Abb. 127).

b) Magnesiumsilikate[3].

Ausgangsmaterial für die Herstellung sind Speckstein oder Talk ($3\,MgO \cdot 4\,SiO_2 \cdot H_2O$ bis $4\,MgO \cdot 5\,SiO_2 \cdot H_2O$). Speckstein ist feinkristallin, hat keine Grobstruktur und besitzt eine gelblich-grünliche Farbe, die von seinem Fe_2O_3-Gehalt (etwa 1,6%) herrührt. Talk zeigt faserige oder schuppige Struktur; Sorten mit Fe_2O_3-Gehalt $< 0{,}5\%$ sind rein weiß.

Die Ausgangsmaterialien werden fein gemahlen und entweder trocken oder (bei Stücken über 300 mm ⌀) feucht gepreßt, vorgetrocknet und bei etwa 1400° C

[1] Eine direkte Berührung des Porzellans mit dem heißen Lichtbogen bzw. mit dem Brennfleck ist dabei zu vermeiden, ebenso sind nach Möglichkeit Berührungsstellen zwischen Porzellan und Anoden durch entsprechende Konstruktion feldfrei zu halten (vgl. Abb. 111).

[2] Zuweilen sind diese direkt in das Glas des Röhrenfußes eingequetscht (vgl. Abb. 339a, S. 313).

[3] Handelsüblich unter dem Namen Steatit (aus Speckstein hergestellt) und Calit (aus Fe_2O_3-freiem Talk hergestellt) (vgl. Tabelle 85).

fest gebrannt. Die Brennschwindung beträgt durchschnittlich nur 8%, die einhaltbaren Toleranzen 0,5—2%. Bei Trockenpressung lassen sich auch sehr scharfkantige Formstücke gut herstellen. Weitere Vorteile gegenüber dem Prozellan sind: größere mechanische Festigkeit (vgl. Tabelle 85), höherer elektrischer Widerstand (auch bei hohen Temperaturen; vgl. Abb. 213) und geringe dielektrische Verluste[1]. Hochgebranntes Mg-Silikat ist unempfindlich gegen Säuren und Laugen mit Ausnahme der Flußsäure, läßt sich mit Glas verschmelzen (vgl. Abb. 217) und nach Metallisierung vakuumdicht mit Metall verlöten (vgl. Abschnitt 25d, S. 353).

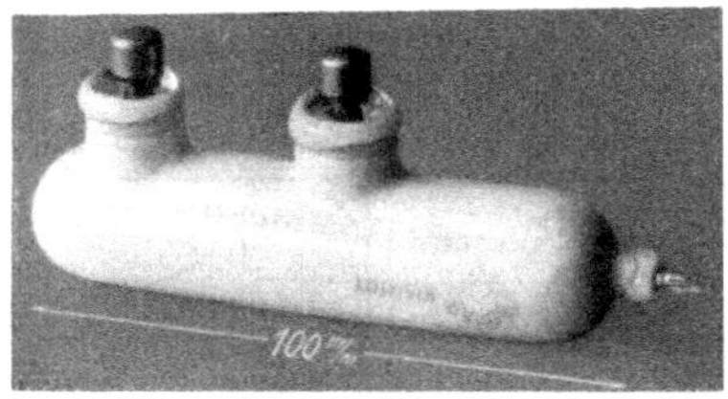

Abb. 217. Hg-Schaltröhre aus Calitrohr mit Glasanschmelzungen für Pumpröhrchen und Mo-Einschmelzungen (Hersteller: Muth & Co, Nürnberg).

Neben den auf keramischem Wege hergestellten Magnesiumsilikaten wird in der Röhrentechnik[2] wegen seiner leichten Bearbeitbarkeit (Drehen, Fräsen, Bohren, Sägen, Gewindeschneiden) für kleinere Formstücke häufig auch Naturspeckstein (Mohshärte 1) verwendet. Nach der Formgebung werden die Teile zweckmäßig an Luft (im Ofen oder in der Gebläseflamme) auf 800—1300° C gebrannt (Schwindung < 1%, nach dem Brennen Mohshärte 6).

Technische Anwendungen. Brükken und Rohre zur Elektrodenhalterung in Vakuumröhren (vgl. Abb. 377a, S. 311, untere Halterung der Kathodenzuleitungen); kleinere Vakuumgefäße, z. B. für Hg-Schaltröhren (vgl. Abb. 217); Überspannungsableiter mit Glimmentladung.

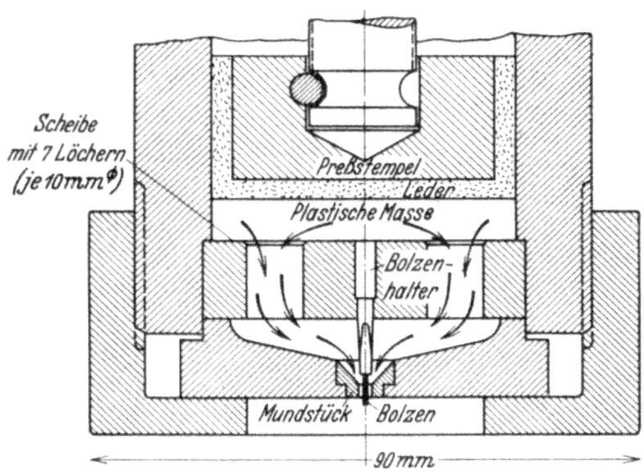

Abb. 218. Schnitt durch eine Vorrichtung zum Pressen dünner keramischer Röhrchen für indirekt geheizte Kathoden. Bolzen aus Wolframdrähten; Anzahl, Durchmesser und Anordnung je nach den gewünschten Rohrdurchbohrungen. Mundstück aus Hartmetall, z. B. Wolframkarbid (vgl. Navias *1*).

c) Reine Metalloxyde.

(Navias *1*, Ruff *1*.)

Brauchbar sind Al_2O_3, MgO, BeO, ZrO_2 und ThO_2, von denen jedoch nur die beiden ersten praktische Anwendung im Röhrenbau gefunden haben. Ausgangsmaterial sind die reinen Oxyde, die auf geringe Verunreinigungen von Kalk, Alkali, löslichen Salzen und Fe_2O_3 zu analysieren sind. Vor der Verarbeitung werden sie zuerst an Luft auf 1000° C (Entfernung von H_2O und CO_2), dann im H_2-Ofen im MgO- bzw. Al_2O_3-Tiegel auf 1600° (Verdampfung von Alkali-Mg-Silikaten und Alkalisalzen) mehrere Stunden erhitzt, wobei das Material zusammensintert und ein weißes kristallinisches Aussehen erhält.

[1] In neuerer Zeit sind eine Reihe von keramischen Baustoffen mit besonders niederem Verlustwinkel entwickelt worden, von denen zwei Beispiele („Calan“ und „Frequenta“) in Tabelle 85 angegeben sind (vgl. auch Abb. 233).

[2] Besonders für Versuchsausführungen in kleineren Stückzahlen, bei denen sich die Herstellung der teuren Preßwerkzeuge nicht lohnt.

Die so gewonnenen Stücke werden in der hydraulischen Presse (unter Vermeidung der Berührung mit Metall) zerbrochen und dann in der Kugelmühle fein gemahlen. Nach Zufügung und mehrstündigem Mischen mit einigen Gewichtsprozent von gemahlenem Naturspeckstein oder Talkum bzw. Aluminiumsilikat (zwecks Festigkeitserhöhung der späteren Formkörper durch Fritten) wird das Oxydpulver mit einem organischen Bindemittel [1] zu einem dicken Brei angerührt, aus dem die Formstücke gefertigt werden. Die Herstellung von Stäben und Röhrchen (vgl. Abbildung 221, S. 207), wie sie für die Isolation des Heizdrahtes von indirekt geheizten Kathoden verwendet werden, erfolgt mittels einer Strangpresse (vgl. Abb. 218 und 219). Die noch weichen Formstücke werden an Luft getrocknet und dann in Mo-Schiffchen im H_2-Ofen zuerst bei 1000, dann bei 1600° C mehrere Stunden gebrannt, wobei das Bindemittel in Form von Kohlenwasserstoffen verdampft. Die Schwindung beträgt ungefähr 10%, die Porosität 15—50%.

Tabelle 86a. Spez. elektrischer Widerstand von Al_2O_3- und MgO-Formkörpern für verschiedene Porenvolumina und Temperaturen (Werner *1*).

Oxyd	Poren-volum.	Spez. elektr. Widerst. ($\Omega \cdot$ cm) bei 1000° C	bei 1600° C
Al_2O_3	18%	590000	4000
	28%	790000	5200
MgO	14%	160000	1100
	28%	628000	1500

Abb. 219. Presse für keramische Röhrchen (aus der Fabrikation Telefunken-Osram).

Der Widerstand von aus reinem Al_2O_3- bzw. MgO-Pulver gepreßten und hochgebrannten Formkörpern steigt etwas mit der Porosität (vgl. Tabelle 86a).

Mit Ausnahme von Al_2O_3 und BeO werden alle Metalloxyde durch glühendes W bei 2000° C reduziert (MgO bei 1800° C); infolgedessen eignet sich Al_2O_3 für indirekt geheizte Kathoden trotz seines niedrigen Schmelzpunktes (2050° C) besser als MgO (Schmelzpunkt 2800° C).

Vielfach erfolgt die Isolation von Elektroden nicht durch keramische Formkörper, sondern durch direkt auf das Metall (z. B. auf den W-Draht indirekt geheizter Kathoden, vgl. Abb. 220 und 222, Teilbild 6 und 7) aufgebrachte und in H_2 bei 1700° C festgesinterte dünne Schichten aus Al_2O_3, evtl. gemischt mit BeO [2]. Das Aufbringen erfolgt auf den mäßig erhitzten W-Draht mittels

[1] Z. B. Stärkekleister, der in H_2O mit etwas Ammoniakzusatz mehrere Stunden gut gequollen ist, bzw. mit Tragant (einem Pflanzenschleim, vgl. Weber *1*) oder mit Nitrozellulose-Amylazetat-Lösung.

[2] Schmelzpunkt 2570° C; bei 2400° C bereits starke Verdampfung.

Spritzpistole (ähnlich Abb. 298, S. 281). Die Spritzmasse besteht in der Regel aus einer Suspension von vorgebranntem, fein gemahlenem Al_2O_3 in Amylazetat

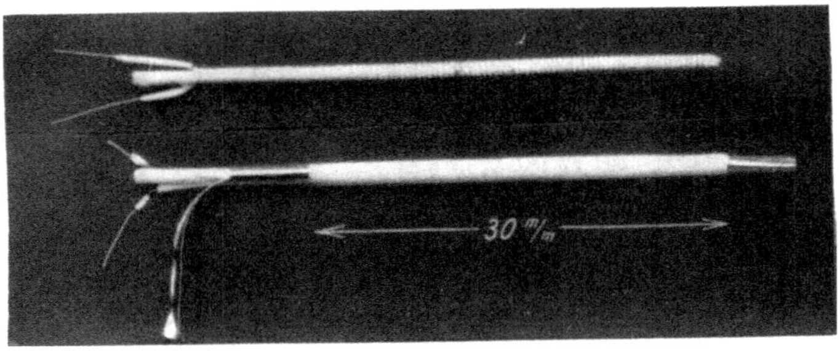

Abb. 220. Aufbau einer indirekt geheizten Kathode (vgl. N.N. *9*). Oben: W-Draht-Doppelwendel, gewickelt auf Al_2O_3-Stäbchen, oberflächlich isoliert durch aufgespritzte, dann festgebrannte Al_2O_3-Suspension. Unten: fertig montierte Kathode mit pastiertem Ni-Röhrchen.

(mit Kollodium- und evtl. Borsäurezusatz) oder in Wasser (mit etwa 10% Be- oder Al-Nitratzusatz) oder in Nitrozelluloselack (mit Talkumzusatz, vgl. Wagner *1*). Die Zusätze sorgen für festes Haften des Oxydbelages am Draht. W-Draht läßt sich auch am laufenden Band durch wiederholte Kataphorese in verschiedenen Bädern unter jedesmaliger Einschaltung von Zwischenglühungen (1700° C in H_2) mit Isolationsmasse bedecken und auf Rollen größeren Durchmessers aufwickeln. An scharfen Knickstellen neigt der Isolationsüberzug zum Abblättern; er kann aber durch Aufstreichen neuer Isoliermasse

Tabelle 87. Relative elektrische Festigkeit von vakuumtechnischen Isolierstoffen bei höheren Temperaturen (Pirani *8*).

Schaltung:

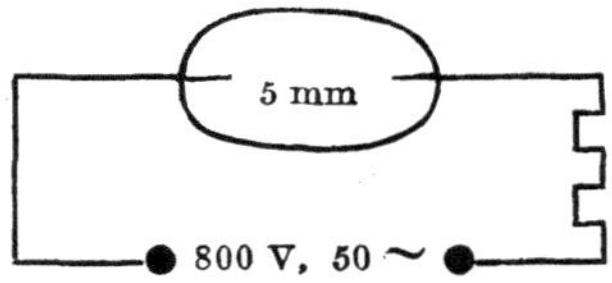

Material	Durchschlag bei ° C
Schottglas (397III)	330
Porzellan	420
Gundelach-Pt-Einschmelzglas	553
ZrO	780
Speckstein	900
BeO	1000
MgO	1200
Al_2O_3	1200

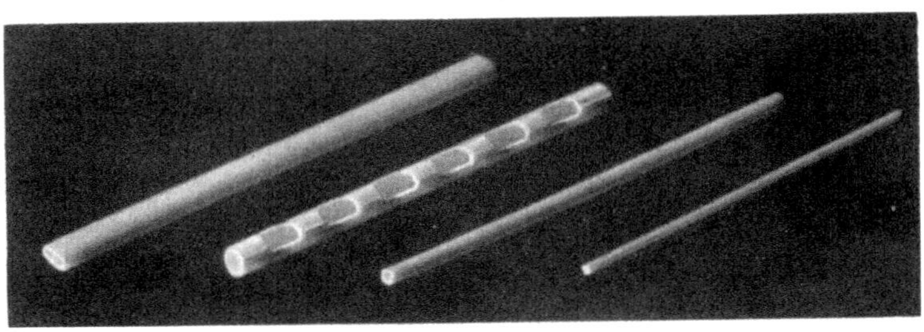

Abb. 221. Röhrchen aus Al_2O_3 für indirekt geheizte Kathoden; Länge 30 mm, Durchmesser 5 bis 2 mm (Hersteller: Stupakoff Laboratories Inc).

mit einem kleinen Pinsel wiederhergestellt werden. Bei kleineren Stücken können die Oxyde in einzelnen Schichten, die jedesmal bei 400—500° C vorzutrocknen sind, mittels Pinsel aufgebracht werden; Nachsinterung erfolgt bei höheren Temperaturen unter H_2 oder im Hochvakuum.

Bauteile aus Al_2O_3 und MgO besitzen einen hohen elektrischen Widerstand auch bei höheren Temperaturen (vgl. Abb. 213, S. 199) und eine große elektrische Durchschlagsfestigkeit (vgl. Tabelle 87).

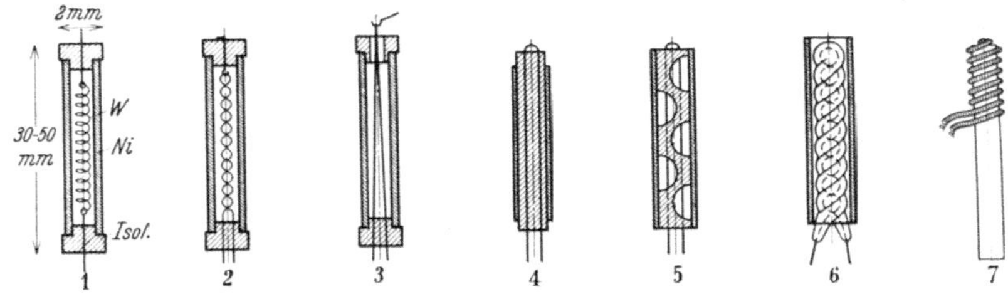

Abb. 222. Konstruktionsbeispiele von indirekt geheizten Kathoden. 1 bis 3 Strahlungsheizung; 4 Heizung durch Wärmeleitung; 5 bis 7 kombinierte Strahlungs- und Wärmeleitungsheizung; 1 bis 5 mit hochgebrannten keramischen Isolierkörpern (5 mit kleiner Wärmekapazität und daher rascher Aufheizung); 6 mit durch Tauchen aufgebrachter, dann hochgesinterter Isoliermasse; 7 mit Kern aus keramischem Stäbchen, darauf W-Spirale mit aufgespritzter und gesinterter Isoliermasse (für höhere Heizspannungen, Äquipotentialzylinder weggelassen). Weitere Ausführungsformen in Abb. 292 und 303.

Vermeidet man den Silikatzusatz, durch den das Zusammenfritten der einzelnen Oxydkörner bewirkt wird, und erhöht man durch Zugabe von Säuren (HCl oder HNO_3) die Plastizität des Oxydwasserbreis, so kann man mit reinen Oxyden durch echtes Sintern porenlose Formkörper mit reiner Kristallstruktur herstellen. Ein solches Material aus bei 1800° C im Molybdän-H_2-Ofen gesintertem Al_2O_3 (99,8%, Rest SiO_2 und Fe_2O) ist unter dem Namen „Sinterkorund" handelsüblich (vgl. Gerdien *1* und Kohl *1*). Es ist in dünnen Wandstärken fast durchscheinend und zeichnet sich durch Unempfindlichkeit gegen Flußsäure und Fluoride (Fehlen des SiO_2!), große Wärmeleitfähigkeit (vgl. Tabelle 85), die an die der Metalle herankommt, und gute Durchschlagsfestigkeit (besonders bei höheren Temperaturen) aus. Die Gasdurchlässigkeit ist manchmal größer als die von Porzellan (vgl. Tabelle 86), was wahrscheinlich durch die reinkristalline Struktur ohne glasige Bindemittel zu erklären ist, die eine ungehinderte Wanderung des Gases längs der Korngrenzen, ähnlich wie beim entglasten, also kristallinen Quarz zuläßt.

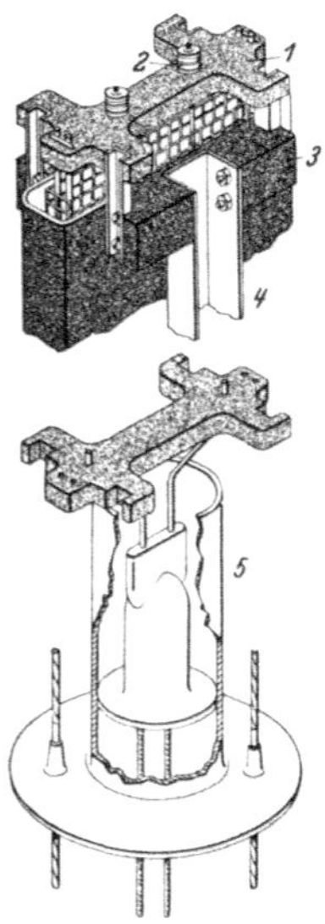

Abb. 223. Keramischer Formkörper im Elektrodenaufbau einer Senderöhre. 1 Halteplatte aus MgO; 2 Kathodenfedern; 3 Graphitanode; 4 U-Schiene aus Mo-Blech; 5 Glaskragen zur Befestigung des Elektrodenaufbaus durch Schellen.

Sinterkorund ist teurer als das gewöhnliche MgO oder Al_2O_3. Für vakuumtechnische Zwecke ist er bisher wenig erprobt. Im heißen Hg-Lichtbogen wird er körnig und brüchig. Sein Gefüge scheint die Entgasung sehr zu erschweren.

Technische Anwendungen von MgO und Al_2O_3.

Isolationsstopfen oder Röhrchen für indirekt geheizte Kathoden (vgl. Abb. 222). Derartiges Material darf sich bei Temperaturen bis 2000° C nicht werfen noch schrumpfen oder mit W reduzieren; es muß ferner eine ausreichende Isolation (etwa $10^8\ \Omega$ zwischen W-Draht und Ni-Röhrchen bei 750° C Oberflächentemperatur) und gleichmäßige Wärmeleitfähigkeit besitzen. Besonders hohe Anforderungen sind an die Maßhaltigkeit des Außendurchmessers und der Lochbohrungen (Anzahl bis zu

5 bei 1 bis 2 mm Außendurchmesser!) zu stellen. Zur Verringerung der Wärmekapazität und Erzielung von kürzeren Aufheizzeiten werden die Isolationsröhrchen für indirekt geheizte Kathoden vielfach mit Aussparungen (vgl. Abb. 221) versehen. Einige konstruktive Ausführungen zeigen Abb. 222, 292 und 303. Die Metallunterlage für die Emissionspaste wird meist in Form eines Ni-Röhrchens auf das Isolationsröhrchen oder auf den mit Isolationsmasse direkt bedeckten W-Heizdraht aufgeschoben; sie kann aber auch nach Aufrauhen des Isolators (durch Sanden) nach dem Schoop-Verfahren (vgl. S. 187) oder nach dem Platineinbrennverfahren (vgl. S. 186) aufgebracht werden.

Platten aus gesintertem Al_2O_3 oder MgO (Stärke bis zu 0,7 mm herunter) und Stäbe (meist aus MgO) dienen zur Halterung und Isolation einzelner Elektroden gegeneinander, besonders in Verstärkerröhren (vgl. Abb. 223 und 337 a). Vorzuziehen ist wegen der besseren Oberflächenisolation und leichteren Entgasbarkeit poröses, oberflächlich rauhes Material. Direkt aufgetragene Isolationsschichten auf W-Heizkörper für indirekt geheizte Oxydkathoden, Sublimationsöfchen usw. in Abb. 220 sowie Abb. 222, Teilbilder 6 und 7. Über Erhöhung der Oberflächenisolationsfähigkeit von Glas durch Auftrag von Oxyden vgl. Abschnitt 20d, S. 254 und Abschnitt 24d, S. 313.

Sinterkorund findet hauptsächlich für Öfen bis 2000° C Verwendung.

14. Leuchtstoffe.

(Lenard *1*, Pringsheim *1*, *2*, *3*, Schleede *1*, F. Schröter *6*.)

Allgemeines. Die in Vakuumröhren gebrauchten Leuchtstoffe (Luminophore) haben die Eigenschaft, beim Auftreffen von sichtbarem Licht, ultraviolettem Licht, Röntgenlicht oder Elektronen- bzw. Ionenstrahlung sichtbares Licht auszusenden. Das Leuchten kommt wahrscheinlich durch den Energiegewinn bei der Rückkehr der von den Photonen bzw. Primärelektronen losgelösten Sekundärelektronen in den Atomverband zustande. Nach der Erregung verschwindet das Leuchten bei einigen Stoffen sofort (10^{-6} bis 10^{-7} sec, Fluoreszenz), bei anderen klingt es langsam ab (in Sekunden bis zu mehreren Stunden, Phosphoreszenz). Der Verlauf des Nachleuchtens ist nicht immer kontinuierlich.

Die vakuumtechnisch allein verwendeten anorganischen Leuchtstoffe sind entweder Fremdstoffluminophore oder Reinstoffluminophore. Bei der ersten Gruppe wird die nichtleuchtende Grundsubstanz erst durch Zusätze kleinster Mengen fein verteilter Aktivierungsstoffe (meist Schwermetalle) leuchtfähig gemacht; ihre Leuchtfähigkeit nimmt daher mit steigendem Reinheitsgrad (Verarmung an Aktivierungsstoff) ab. Reinstoffluminophore leuchten auch ohne aktivierende Zusätze; ihre Leuchtfähigkeit nimmt im allgemeinen mit steigendem Reinheitsgrad zu. Von der außerordentlich großen Zahl der bekannten und untersuchten Luminophore sind aus Helligkeitsgründen und wegen der großen Empfindlichkeit gegen chemische und thermische Einflüsse nur wenige für die Vakuumtechnik brauchbar. Die bisher wichtigsten sind die Zinksulfide, die Zinksilikate und die Wolframate.

Herstellung (zusammenfassende Literatur bei Lenard *1* und Tomaschek *1*). Wesentlich für die Herstellung aller Leuchtstoffe ist größte Sauberkeit, da schon Verunreinigungen von 10^{-6} Gewichtsteilen Helligkeit und Farbe entscheidend beeinflussen können. Glas- und Porzellangeräte sind deshalb vor jeder Benutzung, am besten in kochender Salpetersäure, gründlich zu säubern und alle mit dem Leuchtstoff in Berührung kommenden Teile unter Glasglocken gegen Staub zu schützen. Alle Reagenzien einschließlich Aqua dest. sind vor der Anwendung mehrmals besonders zu reinigen (vgl. Lenard *1*). Die Leuchtfarbe der Fremdstoffluminophore hängt in weiten Grenzen von Menge und Art des zugesetzten Fremdmetalls ab; die zur Aktivierung verwendeten Metallsalzlösungen werden daher zweckmäßig in bekannter Konzentration in Tropfgläschen aufbewahrt. Ebenso sind Glühtemperatur und Glühdauer des Luminophors bei der Herstellung von großem Einfluß auf das ausgesandte Leuchtspektrum; man bedient sich daher für den Glühprozeß meist elektrischer Widerstandsöfen (Quarzgut oder Sinterkorund) mit genauer Temperatur- und Zeitkontrolle. Sie besitzen zweckmäßig eine Entlüftungsvorrichtung zum Wegführen der sonst die Ofenwand verunreinigenden Metalldämpfe. Die Glühtemperaturen liegen gewöhnlich bei 800 bis 1000° C. Wegen des Verlustes der Lichtemission unter mechanischem Druck dürfen die meisten Fremdstoffluminophore nach dem Glühen (etwa zur Verkleinerung der Korngröße) nicht im Mörser zerrieben oder in der Kugelmühle gemahlen werden; druckzerstörtes Material erhält bei Erhitzung auf 200—300° C seine ursprüngliche Leuchtfähigkeit zurück.

Zinksulfide (Giesel *1*, Schmidt *1*, Tiede *1*, *2*, Tomaschek *2*). Sie gehören zu den kristallinen Fremdstoffluminophoren. Als Ausgangsmaterial verwendet man sehr reines, häufig aus Zinksulfat oder Zinkchlorid (vgl. Tomaschek *2*) gewonnenes Zinksulfid. Dieses wird in der Reibschale mit einem gut gereinigten Schmelzmittel (z. B. NaCl[1]) vermischt, tropfenweise die Lösung des aktivierenden Schwermetalls (10^{-2} bis 10^{-7} Gewichtsteile Mn, Cu, Ag, auch Mischungen, vgl. Riedel *1*) hinzugefügt, dann die Mischung in den Tiegel gefüllt und geglüht.

Beispiel für die Darstellung eines grünleuchtenden Zinksulfidleuchtstoffes: 1 g ZnS (Grundsubstanz) + 10^{-4} g Cu, z. B. hinzugefügt als Kupfersulfat (Aktivierungssubstanz) + 0,05 g NaCl (Schmelzzusatz) + 0,05 g MgF_2 (Schmelzzusatz); Glühdauer 10 min bei 1000° C.

Die Farbe der Zinksulfidphosphore läßt sich je nach Zusammensetzung, Glühdauer, Menge und Art des Aktivierungsmetalls im ganzen sichtbaren Spektrum variieren; auch ihre Intensität ist entsprechend den außerordentlich vielfältigen Herstellungsmethoden stark verschieden. Die Nachleuchtdauer hängt von Art und Menge des Aktivierungsmetalls ab; im allgemeinen ergibt Cu-Zusatz große, Ag-Zusatz geringe Nachleuchtdauer. Häufig zeigt die Nachleuchtkurve einen Knick zwischen dem rasch abfallenden Fluoreszenznachleuchten und dem langsam abfallenden Phosphoreszenzanteil (Wolf *8*).

[1] Die Schmelzzusätze sind bei der Herstellung aller Fremdstoffluminophore notwendig, deren Grundmaterial bei der günstigsten Glühtemperatur noch nicht schmilzt. Sie sind am eigentlichen Leuchtmechanismus unbeteiligt; ihre günstige Wirkung auf die Leuchtintensität beruht wahrscheinlich auf der Erhöhung der Atombeweglichkeit des Grundstoffes und auf der Ermöglichung einer optimalen Eingruppierung der Metallatome in diesen.

Die Leuchtintensität der in Vakuumröhren befindlichen Zinksulfidleuchtstoffe (wie die der meisten Fremdstoffluminophore) leidet oft durch die beim Pumpvorgang und während der Entgasungserhitzung auftretenden chemischen Reaktionen (Elektrodenmetalle, Wasserdampf). Weniger empfindlich bei gleicher Intensität sind Leuchtstoffe, bei denen das ZnS als Grundmaterial teilweise (bis 30%) durch CdS bzw. MnS ersetzt ist (Guntz *1*, Riedel *1*).

Zinksilikate (F. Braun *1*, Gruhl *1*, Schleede *2*). Sie sind ebenfalls kristalline Fremdstoffluminophore. Der Grundstoff (Zn_2SiO_4) wird entweder durch Erhitzen von reinem Zinkfluorid[1] mit reinstem gepulvertem Bergkristall[2] (950° C, 1 h) oder durch Zusammenschmelzen von Zinkoxyd mit reinstem Bergkristall[3] ($\approx$ 1200° C, 10 sec) im elektrischen Ofen bzw. in der Gebläseflamme gewonnen. Das Aktivierungsmetall, meist Mn, wird im ersteren Fall der zur Herstellung des Zinkfluorids dienenden Zinksulfatlösung, im zweiten dem Zinkoxyd-Bergkristallpulver als Metallsalzlösung (z. B. Mangansulfat) zugesetzt; die erforderlichen Mengen sind jedoch bedeutend höher als bei den ZnS-Cu-Leuchtstoffen (> 1%). Die Farbe ist meist grün bis gelbgrün. Die Nachleuchtdauer ist umso größer, je höher die Glühtemperatur, je kürzer die Glühdauer und je schneller die Abkühlung ist; über ihren Verlauf vgl. z. B. Abb. 224. Die Nachleuchtfarbe ist gelbrot bis gelb bei kurzer, grün bei langer Abkühldauer. Ähnlich wie bei den Zinksulfidleuchtstoffen können bis 20% des Grundstoffes durch Kadmiumsilikat (Cd_2SiO_4) ersetzt werden.

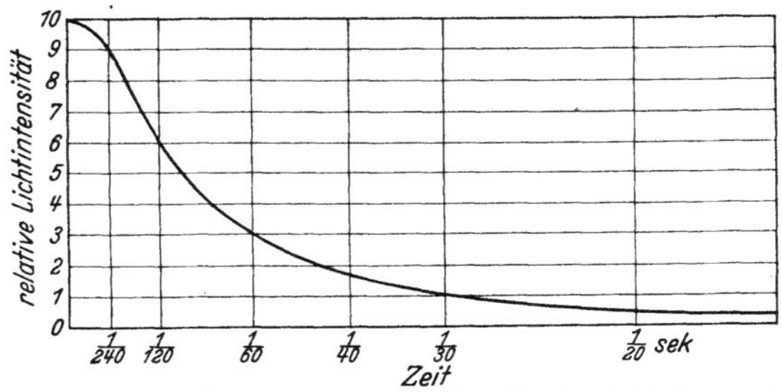

Abb. 224. Nachleuchtkurve eines Zinksilikatleuchtstoffes nach Elektronenerregung (Zworykin *2*). Der Wert 10 entspricht der Fluoreszenz während der Anregung.

Wolframate (Riemer *1*, Tiede *3*, Zenneck *1*). Sie sind kristalline Reinstoffluminophore und besitzen in reinem Zustand sehr kurze Nachleuchtdauer; schon geringe Verunreinigungen bewirken eine Herabsetzung der Leuchtintensität und Erhöhung der Nachleuchtdauer. Technisch am häufigsten verwendet wird Kalziumwolframat ($CaWO_4$) in besonders reiner Form, das meist durch Fällen von Ammoniumwolframatlösung mit reinstem Kalziumsalz (z. B. Kalziumchlorid) oder durch Erhitzen von Kalziumkarbonat mit Wolframsäure (1000° C) gewonnen wird[4]. Das reine $CaWO_4$ wird in einem unglasierten, innen mit CaO oder $CaWO_4$ ausgekleideten Porzellantiegel auf etwa 1000° C erhitzt. Durch Schmelz- bzw. Schwermetallzusätze (Bi, Cu, Mn) und nachfolgende Erhitzung lassen sich auch nachleuchtende Präparate erhalten. Helligkeit und Leuchtfarbe hängen stark vom molekularen Verhältnis des WO_3 zum

---

[1] Hergestellt durch Zufügen eines Alkalifluorides (z. B. NaF) zu wässeriger Zinksulfatlösung: $ZnSO_4 + 2\,NaF = ZnF_2 + Na_2SO_4$, wobei das ZnF_2 ausfällt.

[2] $2\,ZnF_2 + 2\,SiO_2 = Zn_2SiO_4 + SiF_4$.

[3] $2\,ZnO + SiO_2 = Zn_2SiO_4$.

[4] Auch die Darstellungsmethode ist von Einfluß auf die Nachleuchtdauer; so ist z. B. nachleuchtfreies $CaWO_4$ durch Fällung aus Natriumwolframatlösung mit einem Kalziumsalz nicht zu erhalten.

CaO ab. Die Leuchtfarbe ist blau. Neben Kalziumwolframat (Farbe blau) wird auch Kadmiumwolframat (Farbe blaugrün) technisch verwendet. Die Wolframate sind chemisch und thermisch unempfindlicher als die Zinksulfide und die Zinksilikate; sie lassen sich daher auch mit Glasoberflächen direkt durch Anschmelzen verbinden (vgl. folgenden Abschnitt „Leuchtschirme").

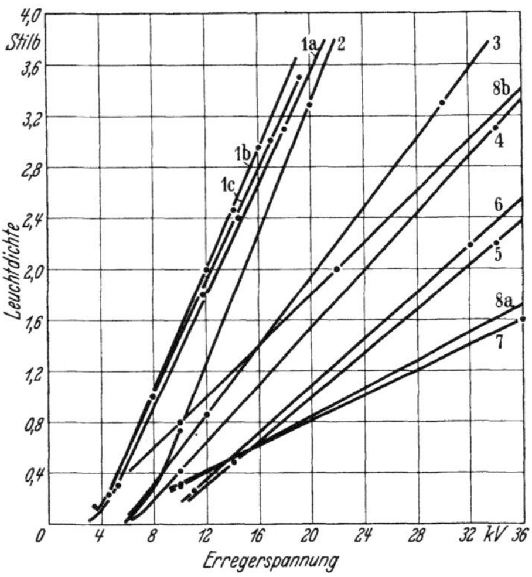

Abb. 225. Leuchtdichte verschiedener Leuchtstoffe bei Elektronenerregung, abhängig von der Voltgeschwindigkeit (Erregerspannung); gemessen mit blaugrünempfindlicher Photozelle (Schnabel *1*). 1a bis 1c ZnS-Ag; 2 ZnS-Cu; 3 (ZnS + CdS)-Cu; 4 ZnS-Cs; 5 ZnS-Cd; 6 $ZnSiO_4$; 7 $MgWO_4$; 8a und 8b $CaWO_4$.

Leuchtstoffmischungen. Um für bestimmte technische Anwendungen besondere Farbwirkungen zu erzielen, werden Mischungen verschiedenartiger Leuchtstoffe verwendet. Z. B. benutzt man Mischungen von Zinksulfiden bzw. Zinksilikaten mit Kalziumwolframat für Kathodenstrahloszillographen, um eine visuell und gleichzeitig photographisch möglichst günstige Farbe zu erhalten (J. Johnson *1*).

Leuchtschirme. Als Unterlage zum Aufbringen der Leuchtstoffe verwendet man je nach dem technischen Zweck Karton (UV- und Röntgenstrahlen), Glimmer, Zellon, Glas, Quarz oder Metall (Elektronen- und Ionenstrahlen). Bei großen Strahlströmen sind wegen der besseren Abführung elektrischer Ladungen (die sonst als Bremsfelder für primäre Korpuskularstrahlen wirken) und der meist besseren Kühlung der Leuchtsubstanz Metallschirme vorzuziehen; es ist jedoch, besonders bei Fremdstoffluminophoren, der Einfluß von Verunreinigungen durch das Schirmmetall auf Farbe und Intensität des Leuchtstoffes zu beachten.

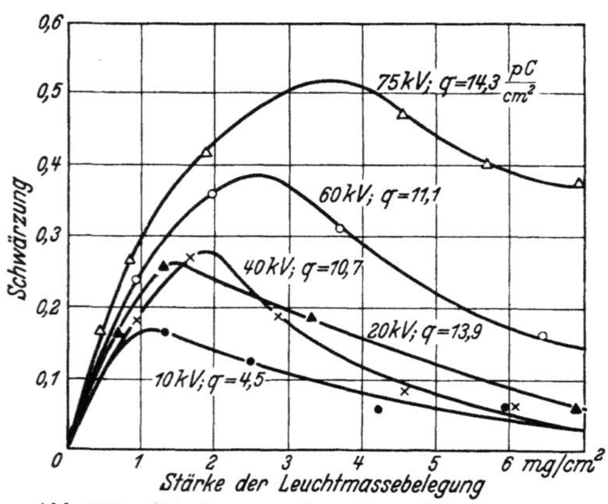

Abb. 226. Schwärzung einer Bromsilberschicht bei Leuchtschirm-Kontaktphotographie durch elektronenerregte Fluoreszenz von ZnS-Ag (blau), abhängig von der Belegungsstärke des Leuchtschirmes und der Voltgeschwindigkeit (Borries *1*).
q = spez. Belastung (1 pC = 10^{-12} Coulomb).

Sedimentieren (nach Everett, vgl. Thomson *1*, R. C. A. Victor *1*). Der feinkörnige Leuchtstoff wird in Alkohol oder in Aqua dest. aufgeschwemmt, kurze Zeit zum Absetzen der gröberen Körner stehen gelassen und dann die Suspension in den mit dem Leuchtschirm zu versehenden Röhrenkolben oder in eine Schale gegossen, auf deren Grunde der Schirmträger liegt. Ist die Schirmdicke nach Absetzen der feineren Körner genügend groß geworden, so wird die Flüssigkeit abgehebert bzw. durch sehr langsames Neigen des Röhrenkolbens vorsichtig abgegossen. Die so hergestellten ziemlich fest an der Unterlage haftenden Schirme gelingen besonders gut bei sehr feinkörnigen Leuchtstoffen und zeigen für Elektronen- bzw. Ionenstrahlen eine besonders hohe Intensität, da jede Absorption von Primärstrahlung durch Bindemittel wegfällt.

Anschmelzen auf Glas (Espe *11*). Für dieses Verfahren eignen sich wegen ihrer höheren Temperaturbeständigkeit nur Reinstoffluminophore, besonders $CaWO_4$. Nach Aufstäuben des Leuchtpulvers mit einem feinen Sieb wird der Glasschirm bis zum Weichwerden erhitzt; die Kristalle des Leuchtstoffes sinken einseitig etwas in das Glas ein und werden von diesem festgehalten. Das überschüssige Material wird abgewischt oder mit Alkohol abgewaschen. Auch diese „eingebrannten" Leuchtschirme eignen sich wegen des Fehlens absorbierender Bindemittel besonders gut für Elektronen- und Ionenstrahlen. Für Erregung der Lumineszenz durch UV-Licht (Lichttransformation bei Leuchtröhren) kann man die Leuchtsubstanzen dem Glase auch selbst zumischen („Lumophorgläser" vgl. Tellmann *3* und S. 164 sowie S. 239).

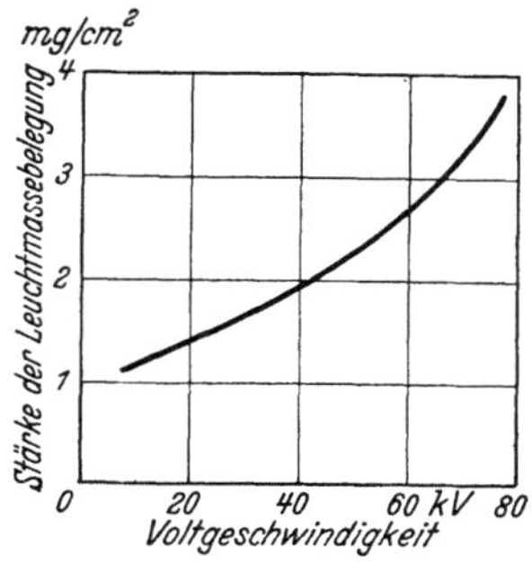

Abb. 227. Optimale Schichtdicke eines ZnS - Ag - Leuchtschirmes bei Elektronenerregung, abhängig von der Voltgeschwindigkeit (Borries *1*).

Ankleben durch Bindemittel (Angerer *2*). Das am häufigsten verwendete Bindemittel ist reines (3 bis 10%iges) Natronwasserglas ($Na_2SiO_3 + SiO_2$). Es wird in möglichst dünner Schicht[1] ohne Leuchtstoff-Beimengungen auf die Unterlage (Glas, Quarz, Glimmer, Metall) aufgebracht und dann rasch[2] durch ein feinmaschiges Sieb oder eine Zerstäuberdüse die Leuchtmasse in der gewünschten Dicke auf die feuchte Wasserglasschicht aufgestäubt. Vor dem

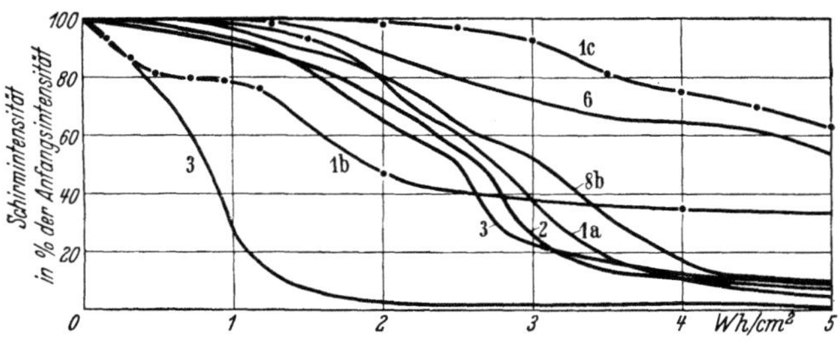

Abb. 228. Abnahme der Leuchtintensität von Fluoreszenzschirmen mit der Belastungsdauer (in Wattstunden pro cm² Schirmfläche) bei Elektronenerregung (20 kV; 0,1 mA/cm² bzw. 2 W/cm²); Leuchtstoffbezeichnungen wie Abb. 225 (vgl. Schnabel *1*).

Einbau des Leuchtschirmes in die Vakuumröhre bzw. vor dem Evakuieren des mit der Leuchtstoffschicht versehenen Kolbens wird die Unterlage in der leuchtenden Gebläseflamme oder im elektrischen Ofen einige Minuten auf etwa 200° C erhitzt, um den austretenden Wasserdampf zu entfernen. An Stelle von Wasserglas wird zuweilen auch reines Glyzerin verwendet (Koch *1*).

[1] Durch Aufpinseln oder (im Inneren von Glaskolben) durch Aufgießen und Absaugen des Überschusses mit Hilfe einer Wasserstrahlpumpe. Zu dicke Wasserglasschicht ergibt für Elektronen bzw. Ionen merkliche Absorptionswirkung und daher geringere Leuchtintensität des Schirmes.

[2] Wegen des schnellen Eintrocknens des Wasserglases.

Leuchtschirme für UV- und Röntgenstrahlen werden meist auf einer genau horizontal ausgerichteten Papierkartonunterlage durch Aufgießen und

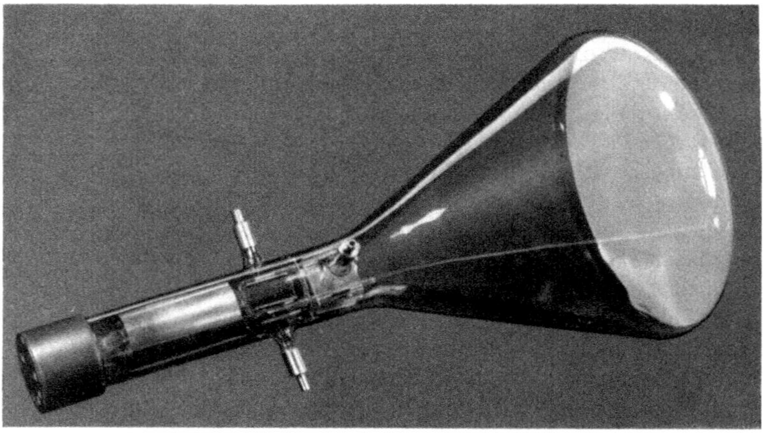

Abb. 229. Gasgefüllte Fernsehröhre mit Leuchtschirm (Hersteller: Telefunken).

Eintrocknen des in Zellonlack gelösten Leuchtpulvers hergestellt.

Lichtintensität. Die vorliegenden Meßergebnisse beziehen sich vorwiegend auf Elektronenstrahlen [1]. Die Lichtintensität ist dort in weitem Bereich dem auffallenden Strom und der Voltgeschwindigkeit direkt proportional (vgl. Abb. 225); sie beträgt für langsame Elektronen bis 0,6 HK/W (440 V, ZnS-Cu, vgl. Kordatzki *1*), für schnelle Elektronen bis 2 HK/W (ZnS-Ag, vgl. Schnabel *1*). Wird der Leuchtschirm von der der Erregungsquelle abgewandten Seite aus beobachtet, so existiert für jede Leuchtmasse und Elektronengeschwindigkeit eine bestimmte, von der Reichweite der Elektronen und der Lichtabsorption in der Leuchtmasse abhängige Schichtdicke der Leuchtsubstanz, bei der die abgestrahlte Lichtintensität ein Maximum erreicht („optimale Schichtdicke", vgl. Abb. 226 und 227). Mit zunehmender Lebensdauer der Vakuumröhre tritt meist eine Abnahme der Lichtintensität ein, vgl. Abb. 228).

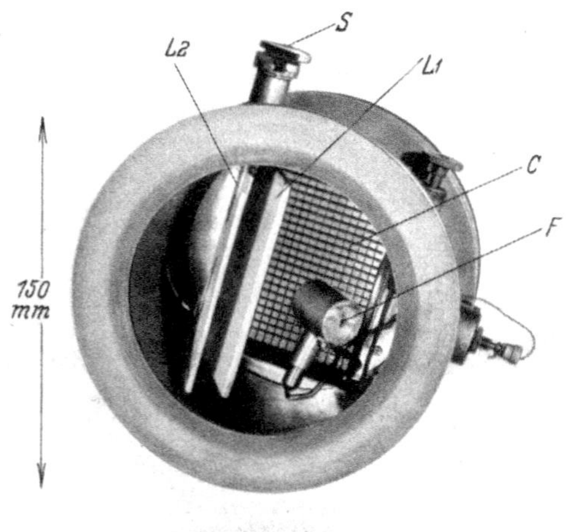

Abb. 230. Anordnung zweier Leuchtschirme in einem Hochspannungs-Metallkathodenstrahloszillographen (vgl. Knoll *7*, *8* und Borries *2*).
S konzentrischer Doppelkonusschliff zum Aufklappen eines oder beider Leuchtschirme; L_2 Leuchtschirm aus $CaWO_4$ zur Einstellung des ruhenden Strahles; L_1 Leuchtschirm aus ZnS-Cu zur Beobachtung des Oszillogramms (Leuchtschirmträger Al oder Ni); C dünnes (etwa 0,1 mm starkes) Zellonfenster für Leuchtschirmkontaktphotographie, auf der Vakuumseite mit Leuchtstoffen überzogen und durch Hochkant-Stahlbänder abgestützt; F Faradaykäfig für Strahlstrommessungen.

[1] Über Wirkungsgrad und Lichtausbeute bei Erregung mit UV- bzw. mit sichtbarem Licht vgl. Dressler *1*.

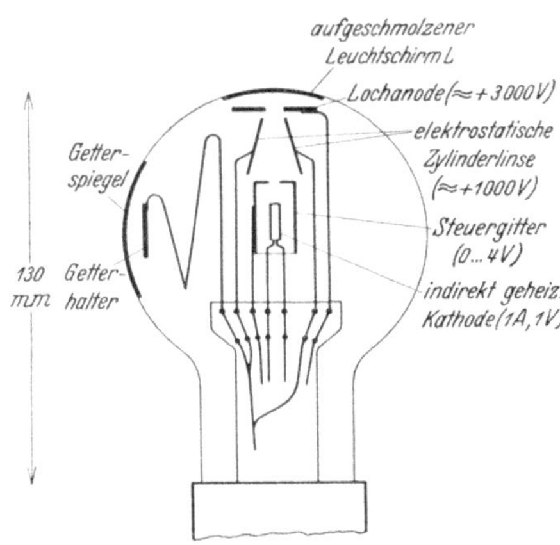

a

b

Abb. 231. Tonfilmlampe mit aufgeschmolzenem Kalziumwolframat-Leuchtschirm. a Aufbauschema; b Ausführung (Hersteller: Laboratorium v. Hartel).

Technische Anwendungen. Durchleuchtungsschirme zur visuellen Beobachtung [meist Zn_2SiO_4, ZnS-Cu, (ZnS-CdS)-Cu oder $CdWO_4$] oder „Verstärkerfolien" zur photographischen Aufnahme (meist $CaWO_4$) mit geringen Zusätzen von Molybdaten oder Vanadaten zur Herabsetzung der Nachleuchtdauer; für Röntgenstrahlen. Sedimentierte, eingebrannte oder mit Bindemittel befestigte Leuchtschirme für Fernsehröhren (Cu- oder Ag-aktivierte Zink- oder Zinkkadmiumsulfide; Zinksilikate; Kadmiumwolframat), vgl. Abb. 229. Leuchtschirme in Kathodenstrahloszillographen (Leuchtstoffe wie bei Fernsehröhren, für photographische Aufnahme auch $CaWO_4$); vgl. Abb. 230 oder Tonfilmlampen (meist $CaWO_4$), vgl. Abb. 231. Leuchtstoffschichten an der Innenwand von Leuchtröhren für UV-Anregung (z. B. Zn_2SiO_4). Schirme in Elektronenmikroskopröhren (Leuchtstoffe wie bei Fernsehröhren); vgl. Abb. 231 c. Schirme in Ionenröhren, z. B. Massenspektrograph (ZnS-Cu).

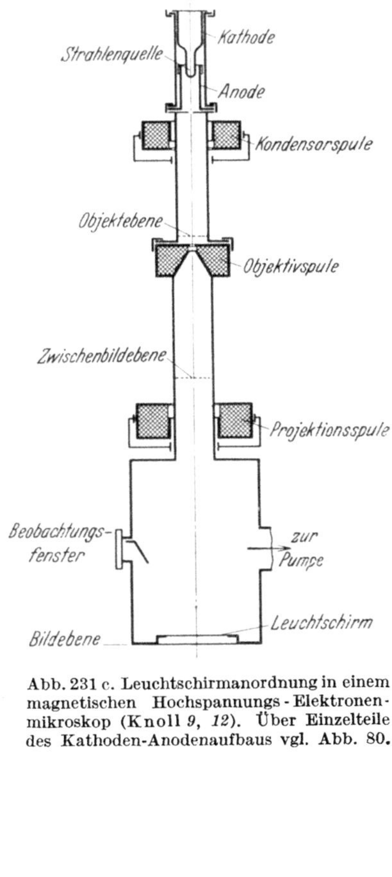

Abb. 231 c. Leuchtschirmanordnung in einem magnetischen Hochspannungs-Elektronenmikroskop (Knoll *9*, *12*). Über Einzelteile des Kathoden-Anodenaufbaus vgl. Abb. 80.

15. Glimmer.

(N.N. *2,* K. Schröder *1,* Stäger *2,* Symons *1.*)

Tabelle 88. Materialkonstanten von Glimmer.

Spez. Gewicht	2,65—3,2		
Mohshärte	2—3		
Kalzinationstemperatur (°C)	550—600	Muskovit	
	750—900	Amber	
Schmelztemperatur (°C)	1200—1300		
Scherfestigkeit (kg/mm²)	23,5—26,5	Muskovit	vgl. Brit. El. Res. Ass. 1.
	10—13	Amber	
Proportionalitätsgrenze (kg/mm²)	35—39	Muskovit	
	20—28	Amber	
Streckgrenze (kg/mm²)	35—39	Muskovit	
	20—28	Amber	
Elastizitätsmodul (kg/mm²)	16 000—21 000		
Spezifische Wärme zwischen 20° und 100° C (cal/g Grad)	$\approx$ 0,208		
Wärmeleitfähigkeit (cal/cm sec Grad)	0,0008—0,0014		
Wärmeausdehnungskoeffizient, lin.	$30 \cdot 10^{-7}$		
Spez. elektrischer Widerstand bei 20° C (Ω cm)	$1—200 \cdot 10^{15}$	Vgl. Abb. 213, Kurve 11 (S. 199)	
Elektrische Durchschlagsfestigkeit (kV/mm)	25—70	Vgl. Abb. 232	
Dielektrizitätskonstante	5—9,3	Ohne Lufteinschlüsse	
Dielektrische Verluste (tg $\delta \cdot 10^4$) 50—800 Hz	2—8	Vgl. Abb. 233	
10^6 Hz	1,7	Am besten rötlicher	
$5 \cdot 10^7$ Hz	1,6	Glimmer (Muskovit)	
$5 \cdot 10^8$ Hz	$\approx$ 2		

Glimmer ist ein in der Natur vorkommendes wasserhaltiges K-Al-Silikat. Für Vakuumröhrenzwecke geeignet ist nur der „Muskovit", ein rötlicher Kaliglimmer ($K_2O \cdot 3\,Al_2O_3 \cdot 6\,SiO_2 \cdot 2\,H_2O$) und der „Amberglimmer", ein meist gelbliches K-Mg-Al-Fe-Doppelsilikat (auch „Bernstein"glimmer genannt). Nur klar durchsichtige Stücke ohne Einschlüsse bzw. Flekken sind brauchbar (Oberflächenleitfähigkeit, Gasabgabe im Vakuum!). Glimmer läßt sich leicht zu Platten bis zu etwa 0,06 mm Dicke herab spalten. Bei Erhitzung gibt er sein Kristallwasser ab, wird trübe, bläht sich auf und verliert seine mechanischen Festigkeitseigenschaften sowie seine hohe elektrische Durchschlagsfestigkeit. Diese Erscheinung („Kalzinierung") tritt beim Muskovit wegen des höheren Kristallwassergehaltes schon bei 550—600° C, beim Amber-

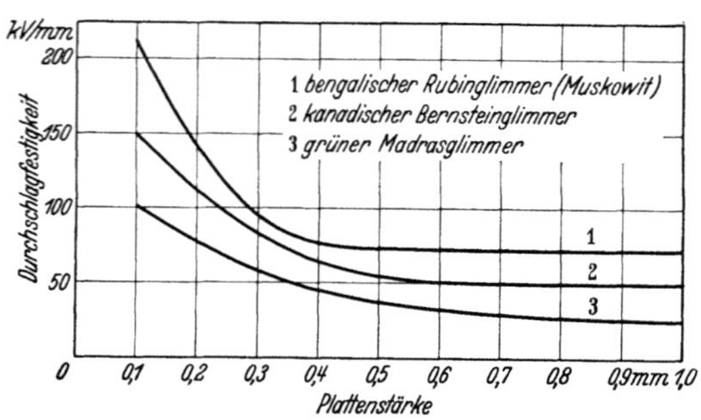

Abb. 232. Durchschlagfestigkeit verschiedener Glimmersorten, abhängig von der Plattenstärke (Wilson *1*).

glimmer erst bei 750—900° C ein. Der letztere besitzt jedoch eine geringere mechanische und Durchschlagsfestigkeit (vgl. Abb. 232). Die dielektrischen Verluste sind auch bei hohen Frequenzen sehr klein (vgl. Abb. 233); sie steigen mit höherer Temperatur an[1]. Die glatte Oberfläche des Glimmers erleichtert ähnlich wie die des Glases die Bildung leitender Brücken, wenn in der Vakuumröhre Metalle zur Verdampfung kommen [2]. Den Volumenwiderstand von Kaliglimmer zeigt Abb. 213 (Kurve 11), S. 199.

Kurve	Material	Diel.-Konst.
1	Pertinax (für Sockel)	5,4
2	Bakelit (für Sockel)	2,8
3	Preßbernstein (für Sockel)	2,6
4	Geräteglas (Schott)	6,5
5	Hartgummi	3,0
6	Porzellan M 282 (Hescho)	5,3
7	Thüringer Glas	7,1
8	Tempax-Glas (Schott)	6,5
9	Steatit (Stemag)	6,5
10	Calit (Hescho)	6,5
11	Quarzgut	3,8
12	Bleiglas	6,7
13	Minosglas (Schott)	7,5
14	Frequenta (Stemag)	6,1
15	Quarzglas	4,2
16	Ultracalan (Hescho)	6,5
17	Glimmer (eisenfrei)	7,0
18	Rutil, TiO_2 („Diacond", Stemag)	15 bis 16

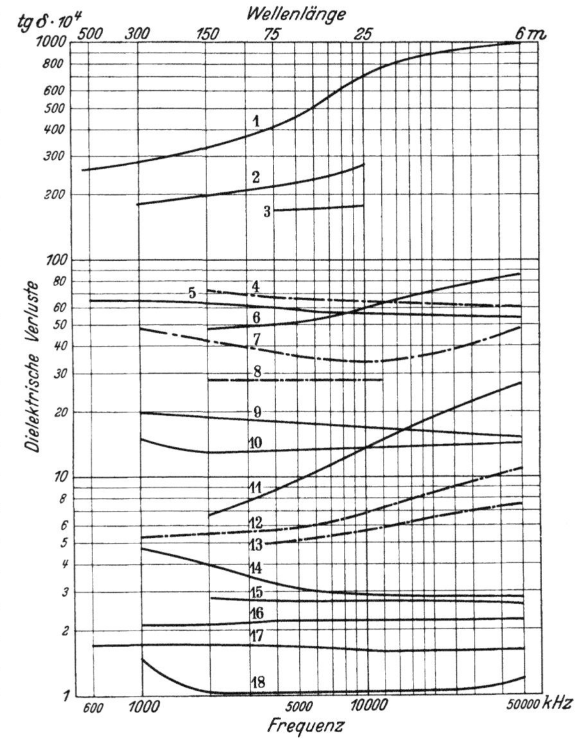

Abb. 233. Dielektrische Verluste vakuumtechnisch wichtiger Isolierstoffe bei 20° C, abhängig von der Frequenz (Rohde *1*, Grundke *1*).

Röhrentechnische Vorteile sind: Geringes Gewicht, große Elastizität, ausreichende mechanische Festigkeit auch bei kleinen Wandstärken, leichte Stanzbarkeit und geringe Härte, daher kein Ritzen des Glaskolbens auch bei direktem Anliegen von Glimmerstützscheiben (vgl. Abb. 234). Gegenüber keramischen Bauteilen fallen als Nachteil der höhere Preis (bei größeren Stückzahlen), die schwerere Entgasbarkeit und die Wasserabgabe beim Abbrennen leitender Metallschichten durch Hochspannungsentladung (vgl. S. 313) ins Gewicht. Die mechanische Verbindung von Glimmerscheiben mit metallischen Bauteilen erfolgt am einfachsten durch Einklemmen zwischen kleinen, an den Metallteilen

[1] Messungen von Bogorodizky *1* an einem Muskovit-Glimmer ergaben z. B. für $\mathrm{tg}\,\delta \cdot 10^4$ und 50 Hz bei 13° C: 6, bei 202° C: 504, bei 347° C: 7360.

[2] Gegenmaßnahme: Strichritzen der Oberfläche (vgl. Abb. 340, S. 313) oder Überziehen mit einer Kalziumkarbonatschicht (vgl. S. 313).

angebrachten Blechzungen oder durch Lochnieten (nach Abb. 159e, S. 147). Über Abschirmung von Glimmerscheiben in Verstärkerröhren gegen Streuelektronen zur Vermeidung von Störeffekten vgl. Jobst *1*.

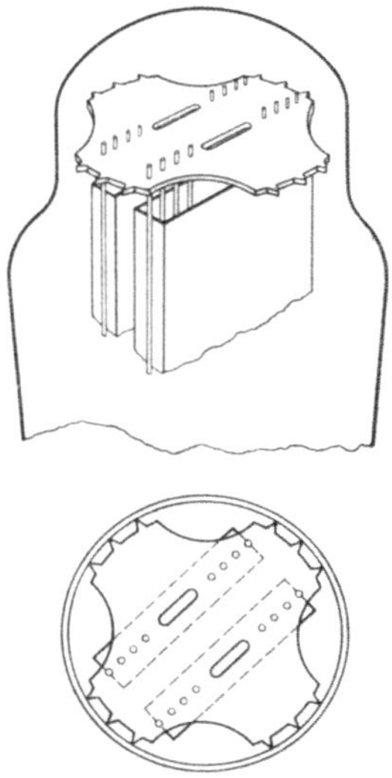

Abb. 234. Halterung eines Elektrodensystems und Abstützung gegen die Kolbenwand durch gezahnte, federnde Glimmerscheiben (vgl. auch Robinson *2*).

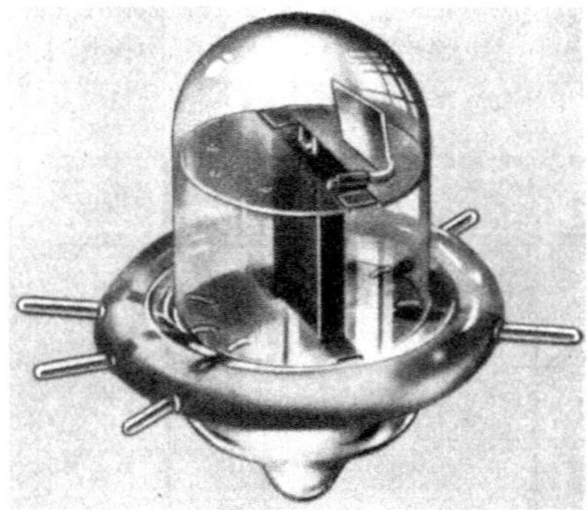

Abb. 236. Kurzwellenrohr mit Glimmerhalteplatten für den Elektrodenaufbau; gesamte Rohrhöhe nur etwa 25 mm (Hersteller: Radio Corp. Am.); vgl. Abb. 370.

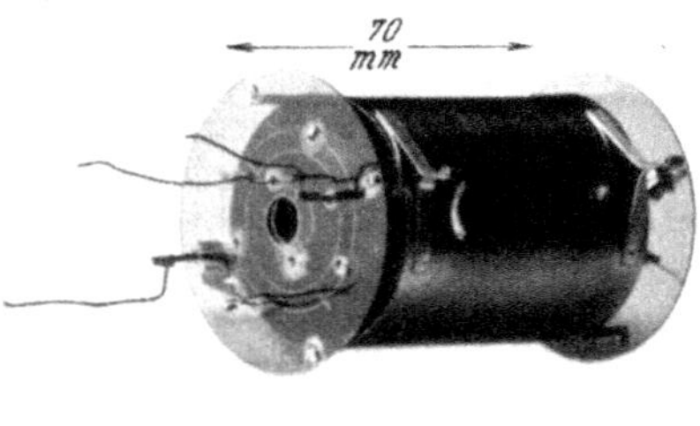

Abb. 235. Elektrodensystem einer Dreigitterröhre, auf Glimmerscheiben montiert.

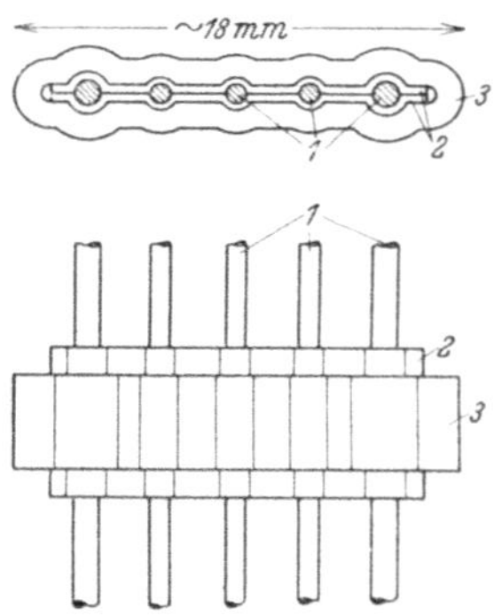

Abb. 237. Halterung und Isolation von Elektrodenzuleitungen durch Glimmer (vgl. auch Abb. 78 und M. O. Valve *1*). 1 Zuleitungen; 2 Glimmerzwischenlage; 3 Cu-Blechumpressung.

Der handelsübliche „Preßglimmer", der aus kleinen mit Schellack verbundenen Naturglimmerstücken besteht, ist in Vakuumröhren nur an im Betrieb kalten und an solchen Stellen verwendbar, die nicht von Elektronen getroffen werden. Ähnliches gilt für Gläser, die Glimmer als Füllmittel enthalten [1].

Technische Anwendungen. Isolierbrücken (vgl. Abb. 78, 84 b und 369), Elektrodensystemhalterungen in Elektronenröhren (vgl. Abb. 235 und 236);

[1] Unter dem Namen „Micalex" handelsüblich (vgl. N.N. *1*, Crossley *1*, Retzow *2*). Das Material (Dichte 3,3, Wärmeausdehnungskoeffizient $100 \cdot 10^{-7}$) ist mit Widia-Werkzeugen bearbeitbar.

elektrische Isolierzwischenlagen für Elektrodenhalterungen (vgl. Abb. 237); thermische Isolierzwischenlagen zwischen heißen Elektroden und Glaskolben (vgl. Abb. 238); federnde Dichtungsscheiben zwischen Glasfüßen und Zuleitungsisolierröhrchen zur Verhinderung von Entladungen und Bruchgefahr (vgl. Abb. 111, S. 114 und Karl *1*); Abdeckplatten zur Entladungsverhinderung auf der Kathodenrückseite von Flächenglimmlampen[1] (vgl. Abb. 325a, S. 302); Abdeckfenster bei Getterverdampfung (vgl. S. 313); Unterlage für Rasterphotokathoden (vgl. Abb. 315, S. 297).

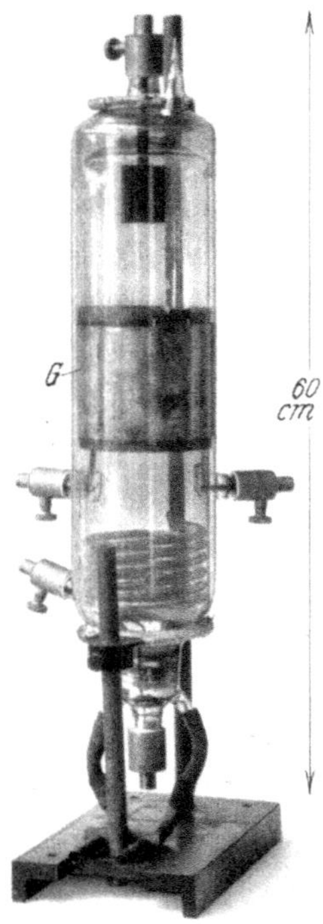

Abb. 238. Wandstromverstärker mit Glimmerzwischenlage (G) zwischen Verstärkeranode und Glaswand (thermischer Schutz während der Entgasungserhitzung; Lübcke *1*).

16. Asbest.

(Gröber *1*, Nusselt *1*, Sommerfeld *1*, Stäger *2*, Ullmann *1*.)

Unter dem Namen Asbest faßt man diejenigen silikathaltigen Mineralien zusammen, welche eine lockere, geschmeidige Faserstruktur besitzen und sich infolgedessen spinnen, weben oder zu Papier verarbeiten lassen. Vakuumtechnisch wichtig ist vor allem der Serpentinasbest (Kanada, Ural), der aus 44% SiO_2, 44% MgO und 13% H_2O (Kristallwasser) besteht; häufig sind Eisenoxyde vorhanden (bis 13%). Der bergmännisch gewonnene Rohasbest wird nach Reinigung zu Fäden versponnen; zum besseren Zusammenhang der Fasern wird vielfach Baumwollfaser oder Talkum beigegeben (vgl. Schöllmann *1*). Aus den Fäden werden Asbestschnüre und Asbestgewebe hergestellt. Asbestpappe wird aus einem Brei gewonnen, der aus zerkleinerten Asbestfasern, Wasser und einem Klebstoffzusatz, z. B. Kollodin, besteht.

Beim Erhitzen auf 100° C verliert Reinasbest bis zu etwa 7% seines Gewichts (wahrscheinlich oberflächlich gebundenes Wasser). Die Abgabe des Kristallwassers (begleitet von Festigkeitsverlust) erfolgt bei Serpentinasbest bei 400° C, bei anderen Asbestsorten (z. B. blauer Hornblendeasbest) schon bei 300° C.

Vakuumtechnisch wichtige Eigenschaften sind: Geringe Wärmeleitfähigkeit, hoher elektrischer Widerstand, lockeres Gefüge und daher geringe Oberflächen-

Tabelle 89. Materialkonstanten von reinem Asbest.

Spez. Gewicht	2,1—2,8	
Schmelzpunkt (°C)	1150 1550	Hornblendeasbest Serpentinasbest
Reißlänge (m)	500—1500	
Wärmeleitfähigkeit (cal/cm sec Grad)	0,0002—0,0006	bei 200°: 40%, bei 600°: 60% höher

[1] Bei Glimmlampen mit hoher Zündspannungskonstanz ist Glimmer nach Möglichkeit zu vermeiden, da er durch Gasabgabe, z. B. bei Ionenbombardement, leicht den Kathodenfall erhöht.

leitfähigkeit bei Metallbedampfung. Im Vakuum darf nur Material ohne Baumwollzusatz verwendet werden (sonst Gasabgabe und bei der Entgasungserhitzung Verkohlung!); für abgeschmolzene Röhren ist vorherige Reinigung (insbesondere von Eisenoxyden) durch Waschen in 10%iger Salzsäure zweckmäßig (Nachwaschen in Aqua dest.). Hierdurch (ebenso wie beim Ausglühen auf 700—800° C im Hochvakuumofen) verliert die Faser jedoch bedeutend an Festigkeit.

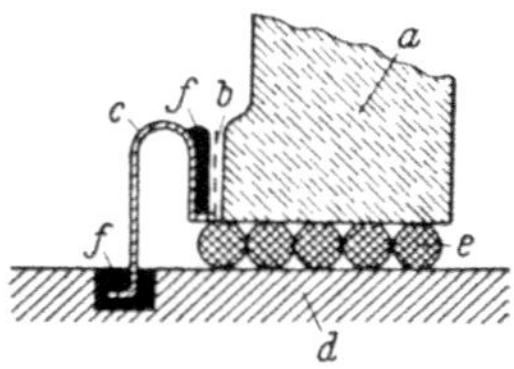

Abb. 239. Asbestvorlage gegen Hg-Angriff (vakuumdichte weichgelötete Verbindung zwischen Metall und Porzellan eines Hg-Großgleichrichters; schematischer Schnitt nach A. Siemens *1*, vgl. S.S.W. *1* und Abb. 398). a Porzellan; b Porzellan-Oberflächenmetallisierung (mit Platinchloridverfahren aufgebranntes Pt, elektrolytisch mit Cu verstärkt, vgl. Abb. 396); c Ring aus Fe-Blech; d Eisenflansch des Gleichrichterkessels; e Asbestvorlage (spiralig gelegte Schnur); f Weichlot.

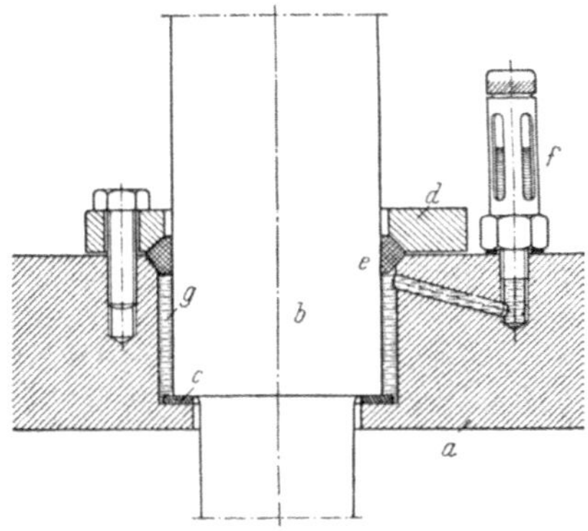

Abb. 240. Vakuumdichte Porzellan-Metall-Verbindung mit Asbest-Hg-Dichtung (schematischer Schnitt, vgl. Güntherschulze *1*).
a Eisengefäßwand eines Großgleichrichters; b Anodendurchführungsisolator aus Porzellan; c Asbestring; d Metallflansch; e Gummiring; f Hg-Stand-Anzeiger; g Hg in der Dichtung.

Bei der Verwendung von Asbest für Heizöfen ist darauf zu achten, daß das Material frei von Pyrit (vgl. Schürmann *1*) und Magnesiumchlorid (vgl. Popp *1*) ist, da sonst die Heizdrähte (Ni, Konstantan usw.) stark korrodiert

Abb. 241. Abnehmbare Röhrensockel mit Asbestfutter (Hersteller: Telefunken).

werden. Es empfiehlt sich sorgfältiges Auswaschen in heißem Aqua dest. bzw. in verdünnter HCl mit nachfolgendem Waschen in Aqua dest.

Technische Anwendungen. Sie beschränken sich, insbesondere bei abgeschmolzenen Röhren, wegen der Gasabgabe auf möglichst geringe Mengen.

Vorlagen (spiralförmig gewickelte Asbestschnur) gegen den Angriff von Weichlotverbindungen durch Hg-Dämpfe, besonders bei Großgleichrichtern, vgl. Abb. 239, wobei die große Porosität ein rasches Evakuieren des abgesperrten Dichtungsvolumens ermöglicht; Dichtungsringe für Großgleichrichter, überschichtet mit Hg, vgl. Abb. 240; elastische Abdichtungen von Isolierröhren um Elektrodenzuleitungen zur Verhinderung des Ansetzens der Gasentladung an diesen (ähnlich wie Glimmer, vgl. Abb. 111, S. 114); Isolationsringe bzw. -auflagen gegen Bildung leitender Beläge durch kondensierten Metalldampf an der Oberfläche von Glasbrücken und Quetschfüßen (ähnlich Abb. 339, S. 313); Innenfutter für Glasentspannungsöfen[1] (vgl. Abb. 196, S. 184); Baumaterial bzw. Isoliermaterial für Röhrenheizöfen (vgl. Abb. 205, S. 191) und Vorentgasungsöfen (vgl. Abb. 127, S. 121); Handschuhe und Fingerlinge für das Bedienungspersonal von Glasbearbeitungsmaschinen; elastische Futter zwischen Glas und Metall für abnehmbare Röhrensockel, vgl. Abb. 241.

17. Gummi.

(Barnett *1*, Luff-Schmelkes *1*, Memmler *1*.)

Tabelle 90. Materialkonstanten von Weichgummi (Spezialsorten der S.S.W.).

Handelsbezeichnung	Farbe	Spez. Gewicht	Zerreißfestigkeit kg/cm² frisch	Zerreißfestigkeit kg/cm² n. 96 Std. bei + 72° C *	Bruchdehnung % frisch	Bruchdehnung % n. 96 Std. bei + 72° C *	Elastizität † %	Eigenschaft	Verwendungszweck
W 223	weiß	1,45	165	160	515	500	60	elastisch und zähe	Gleichrichter-Dichtungen
W 316	rot	1,26	180	150	600	550	70	elastisch und zähe	Vorvakuumschlauch 8×20, 10×30, 18×36, 20×40, 35×57
W 159 S	dunkel	1,15	200	165	675	595	50	elastisch (Paraqualität)	Laboratoriumsschläuche, Stopfen
W 307 extra	dunkel	1,40	105	100	460	410	45	etwas fest	Wasserkühlungen
W 180a	dunkel	2,10	80	60	500	375	55	relativ ölbeständig	Dichtungen für Ölkühlungen
W 187	dunkel	4,75	75	50	255	205	40	bleihaltig	Röntgenschutz

* Entspricht einem Jahr natürlicher Alterung bei etwa 20° C und im Dunkeln.
† Hierunter wird die maximal zulässige (reversible) Dehnung verstanden.

Sonstige Durchschnittswerte:

Wärmeleitfähigkeit (cal/cm sec Grad)		0,0003—0,0005	
Durchschlagsfestigkeit (kV/mm)		40	bei 1 mm Dicke
		15—20	bei 4 mm Dicke
Spez. elektrischer Widerstand bei 20° C ($\Omega\cdot$cm)		10^{13}—10^{16}	
Wärmeausdehnungskoeffizient, kub. (vgl. A. H. Scott *1*)	bei 3% S-Gehalt	$6{,}7\cdot 10^{-4}$	bei 1 Atü
		$5\cdot 10^{-4}$	bei 800 Atü
	bei 31% S-Gehalt	$2{,}2\cdot 10^{-4}$	bei 1 Atü
		$1{,}7\cdot 10^{-4}$	bei 800 Atü

[1] Im Gegensatz zu keramischen Fütterungen ist dabei ein Ritzen des Glases nicht möglich.

Ausgangsmaterial ist der aus dem Saft der Hevea-Baumarten gewonnene Rohkautschuk, der aus Kohlenwasserstoffen, H_2O, Harzen, Eiweiß und mineralischen Bestandteilen wechselnder Zusammensetzung besteht [1]. Nach gründlichem Waschen wird der Rohkautschuk maschinell (bis zur Plastizität) geknetet und je nach dem Verwendungszweck mit Füllmitteln (Gasruß, Zinkoxyd, Kaolin, Fette, Öle und Peche) durchmischt. Zur Überführung in den elastischen Zustand wird das Material dann mit 7—10% Schwefelblüte gemischt

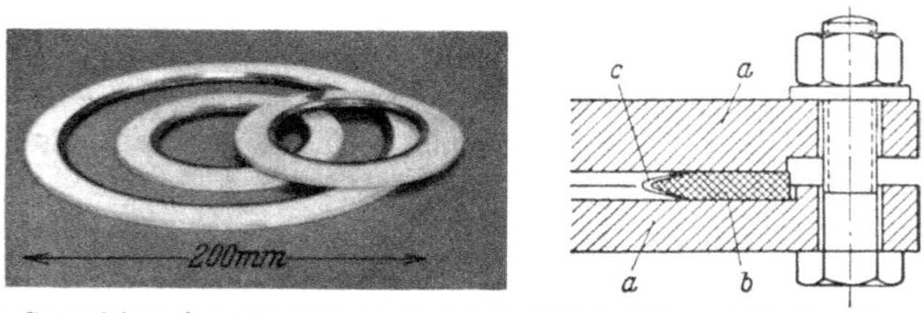

Abb. 242. Gummiringe für Dichtungen von Hg-Großgleichrichtern (mit Eisenringvorlagen). Rechts schematischer Schnitt durch eine Dichtung: a Fe-Flansche mit Preßflächen; b Gummiring; c elastischer Schutzring aus Weicheisen (vgl. A. Siemens *1*).

und auf 130—140° C erhitzt („Vulkanisation"). Da längere Erhitzung zu Strukturveränderung des Kautschuks führt, werden zur Abkürzung des Vulkanisationsprozesses organische Zusätze, z. B. Hexamethylentetramin oder Xanthogenate („Beschleuniger") beigemischt. Hierdurch ist es auch möglich, den vakuumtechnisch unerwünschten Schwefelgehalt [2] niedrig (unter 1,5%) zu halten.

Zur Herabsetzung der Gasabgabe (Großgleichrichter) empfiehlt sich vor dem Einbau ein mehrstündiges Vorentgasen des Gummis im Hochvakuum bei 70° C. Der für vakuumtechnische Verwendung zulässige Temperaturbereich liegt zwischen —20° C (Hartwerden) und +70° C (Zersetzung). Rohkautschuk ist in H_2O, Alkohol und Aceton praktisch unlöslich, dagegen unter Aufquellen löslich in Äther, Schwefelkohlenstoff, Tetrachlorkohlenstoff, Benzin, Benzol, Petroleum, Chloroform und Toluol. Vulkanisierter Gummi ist bei 20° C in den genannten Flüssigkeiten fast unlöslich (Lösung erst bei 200° C). Er wird von verdünnten Säuren nicht angegriffen, jedoch von konzentrierten Säuren (H_2O_4, HCl, HNO_3). Von Metallen reagieren besonders die Alkalimetalle und ionisiertes Hg mit Gummi. Bei längerem Einwirken von Licht, Sauerstoff oder Wärme zeigt Gummi Alterungserscheinungen (Hartwerden); beschleunigte Prüfung kann durch künstliches Altern bei erhöhter Temperatur ($\approx 70°$ C) in O_2 bei erhöhtem Druck (≈ 30 Atm.) erfolgen (vgl. O. Schwarz *1*).

Abb. 243. Gummidichtung einer Hochvakuumleitung aus Metall (weiße Gummisorte W223, Hersteller: Gummiwerk der Siemens-Schuckert-Werke); Stahlflansch mit Schrauben (vgl. Knoll *1*).

Gummi, der dauernd mit Hg im Vakuum in Berührung steht (wie z. B. Gummischlauch in Manometern nach McLeod), muß sorgfältig oberflächlich

[1] Die reinste, für Vakuumzwecke besonders geeignete Qualität ist unter dem Namen „Paragummi" handelsüblich; diese wird auch zur Herstellung von Dichtungsfett benutzt, vgl. Abschnitt 18, S. 223.

[2] Der Schwefel, der sich bei schlechten Gummisorten kristallförmig ausscheidet, verursacht Vakuumverschlechterung durch Gasabgabe und reagiert in gasgefüllten Röhren stark mit den Füllgasen bzw. Dämpfen, insbesondere mit ionisiertem Hg-Dampf. In Hochvakuumröhren führen Schwefelgase zur Vergiftung von Filmkathoden.

von Schwefel befreit werden. Dies geschieht am besten durch etwa einstündiges Waschen oder (bei Schläuchen) Durchspülen mit heißer (70° C) 20%iger KOH-Lösung mit nachträglichem Waschen in Aqua dest.

Für die Lagerung von Gummiteilen eignen sich am besten dunkle, kühle, gut gelüftete Räume. Die Gasdurchlässigkeit von vulkanisiertem Gummi ist gering, nur für CO_2 wurde an dünnen Membranen größere Diffusion festgestellt (Grunmach *1*).

Die **technische Anwendung** von Gummi erstreckt sich hauptsächlich auf Dichtungen in zerlegbaren Entladungsröhren, die dauernd mit der Pumpe in

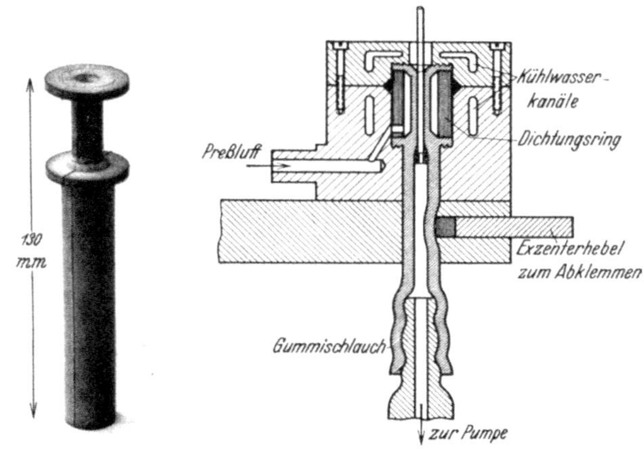

Abb. 244. Gummi-Verbindungsstück zwischen dem Pumpstengel einer Röhre und der Vakuumleitung eines Pumpautomaten. Rechts: schematischer Schnitt durch die Anordnung (Hersteller: Schmidt & Kleinberg, Berlin).

Verbindung stehen (vgl. Abb. 243, S. 320 und Abschnitt 25a, S. 321). Beim Großgleichrichter (vgl. Abb. 219a, S. 203) schützt man die Gummiringe nach der Vakuumseite gegen Erhitzung, UV-Bestrahlung und Angriff der Hg-Dämpfe und verhindert Schwefelabgabe ins Vakuum mittels V- oder U-förmigen Weicheisenringen (vgl. Reichel *1* und Abb. 242); wegen der Kältegefahr sind jedoch Gummidichtungen für Gleichrichter in Freiluftstationen nicht verwendbar. Auch bei Kathodenstrahloszillographen (vgl. Abb. 96), zerlegbaren Röntgenröhren und Vakuumspektrographen werden Gummidichtungen angewendet. Starkwandige Gummischläuche dienen als flexible Vorvakuumleitungen, hohle (evtl. mit Druckluft aufgeblasene) Gummistopfen als Verbindungsstücke für die Pumpstengel abzuschmelzender Entladungsröhren an Pumpautomaten (vgl. Abb. 244), fingerhutähnliche Gummikappen zum mechanischen Schutz von abgeschmolzenen Pumpstutzen (vgl. Abb. 178, S. 173).

18. Dichtungsfette, -öle und -kitte.

(Burch *1*, Espe *13*, H. Mayer *1*, Seydel *1*, Zabel *1*.)

Dichtungsfette. Die gebräuchlichen Vakuumdichtungsfette bestehen aus Kohlenwasserstoffen mit besonders niedrigem Dampfdruck. Für nicht zu hohes Vakuum (Vorvakuumschliffverbindungen) eignet sich besonders gut das sog. Ramsayfett, ein Gemisch aus 16 Teilen reinem, nicht vulkanisiertem Rohgummi

Tabelle 91. Dampfdruck von Vakuum-Dichtungsfetten, -kitten und Pumpölen.

Material	Dampfdruck in Tor bei °C				Bemerkungen
	20°	90°	150°	200°	
Ramsay-Fett	10^{-4}—10^{-5}				Vgl. Abb. 245; für Hähne und Schliffe
Apiezon-Fett M, frisch .	$1 \cdot 10^{-5}$				
Apiezon-Fett M, entgast (2 h bei 90° C)	10^{-8}—10^{-9}	$6 \cdot 10^{-6}$	$\approx 10^{-3}$		
Apiezon-Fett L, frisch .	$5 \cdot 10^{-6}$				
Apiezon-Fett L, entgast (mehrere h bei 90° C)	$\approx 10^{-10}$	$1 \cdot 10^{-7}$	$2 \cdot 10^{-6}$	$\approx 10^{-3}$	
Apiezon-Wachs Q . . .	$1 \cdot 10^{-4}$	$2 \cdot 10^{-4}$ (70° C)			Für ungeschliffene Verbindungen
Picein	3—$4 \cdot 10^{-4}$				
Gebrauchtes Pumpenöl .	1—$5 \cdot 10^{-1}$				Für rotierende Ölpumpen
Gutes Pumpenöl. . . .	$\approx 5 \cdot 10^{-2}$				
Apiezonöl A.	$1 \cdot 10^{-5}$				Für Öldiffusionspumpen
„ B.	$\approx 1 \cdot 10^{-7}$				
Apiezonöl I (mittelviskos)	$\approx 1 \cdot 10^{-6}$		$\approx 10^{-3}$		Für ölgeschmierte Hähne
„ K (hochviskos)	unmeßbar			$\approx 10^{-3}$	

(Parafell), 8 Teilen weißem Vaseline und 1 Teil Paraffin, geschmolzen auf dem Wasserbad bei 100° C (Angerer *1*). Durch längeres Sieden im Hochvakuum

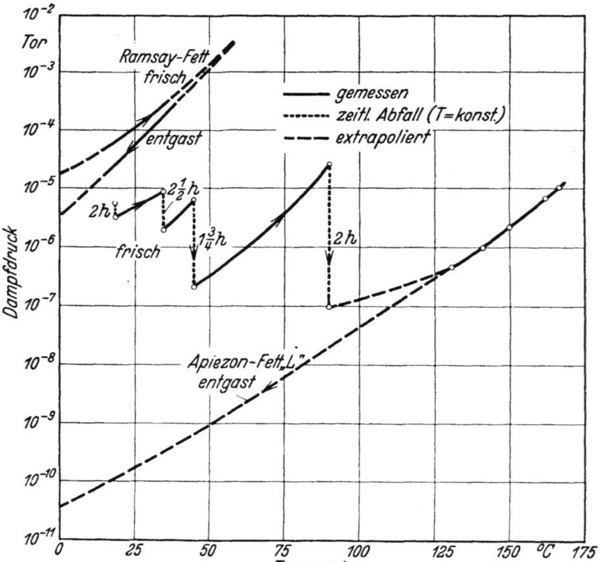

Abb. 245. Dampfdruck von Ramsay- und Apiezon-Fett, abhängig von der Temperatur (H. Meyer *1*, Seydel *1*).

sinkt der Dampfdruck wegen der Abdestillation der niedrig siedenden Komponenten (vgl. Abb. 245). Je nach dem Gehalt an Paraffin wird das handelsübliche Fett als „zäh" („Sommerfett") oder „weich" („Winterfett") bezeichnet.

Niedrigeren Dampfdruck besitzen die durch Hochvakuumdestillation gewonnenen „Apiezon"-Fette (Burch *2*, Hickman *2*), die aus hochsiedenden

Derivaten schwerer Kohlenwasserstoffe bestehen. Sie haben jedoch (im Gegensatz zum Ramsay-Fett) den Nachteil, daß sie nach einiger Zeit erhärten, sodaß die damit gefetteten Dichtungsflächen schwer zu trennen bzw. gegeneinander zu verdrehen sind (Lösen durch vorsichtiges Erwärmen). Frisches Apiezon-Fett besitzt noch leichtflüchtige Beimengungen (Dampfdruck $5 \cdot 10^{-6}$ Tor), zu deren Entfernung eine mehrstündige Erwärmung auf 90° C im Vakuum erforderlich ist. Nach dieser Behandlung sinkt der Dampfdruck des besten Apiezon-Fettes unter 10^{10} Tor (vgl. Abb. 245).

Die maximal für Dichtungsfette zulässige Betriebstemperatur beträgt im allgemeinen 40° C; bei zu starker Abkühlung (Nähe von flüssiger Luft!) frieren sie ein und dichten dann nicht mehr. Das Reinigen gefetteter Schliffe geschieht durch Tetrachlorkohlenstoff, Benzin oder Benzol.

Vakuumöle (Burch *1*, Cockroft *1*, Hickmann *1, 2, 3*, Klumb *1*; Dampfdrucke vgl. Tabelle 91). Man verwendet sie ausschließlich als Füll- bzw. Treibmittel für Vakuumpumpen. Für Vorvakuumpumpen genügen in der Regel Mineralöle, die durch Vakuumdestillation von niedriger siedenden Bestandteilen, besonders von H_2O, befreit sind.

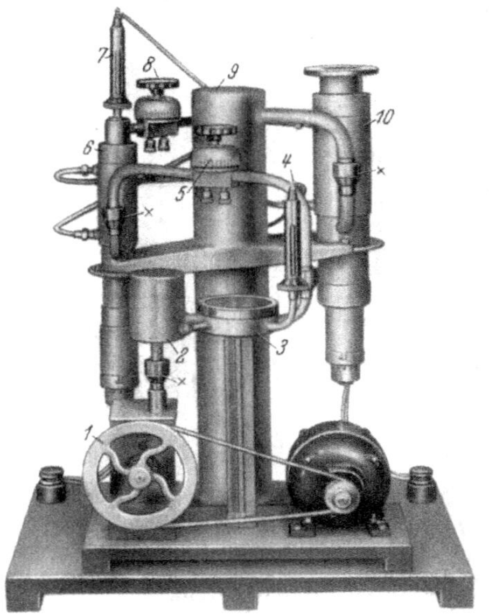

Abb. 245a. Hochvakuum-Ölpumpenaggregat (Hersteller: Metropolitan-Vickers El. Co.).
1 rot. Ölpumpe; 2 Puffervakuum; 3 Trockengefäß (mit P_2O_5); 4 Geißlerröhre zum Prüfen des ersten Vorvakuums; 5 Absperrschieber zwischen rot. Pumpe und erster Diffusionspumpe; 6 erste Diffusionspumpe; 7 Geißlerröhre zum Prüfen des zweiten Vorvakuums; 8 Absperrschieber zwischen erster und zweiter Diffusionspumpe; 9 Vorvakuum-Vorratsbehälter; 10 zweite Diffusionspumpe; x Metallschliffverbindungen (mit Apiezon-Fett, -Öl oder -Kitt gedichtet).

Für rotierende Pumpen mit besonders niedrigem Grenzdruck bzw. für Öldiffusionspumpen benutzt man Apiezon-Öle, die ähnlich wie die entsprechenden Fette gewonnen sind. Wegen der niedrigen Dampfdrucke dieser Öle sind bei den mit ihnen betriebenen Pumpanlagen Ausfriermittel (flüssige Luft) im allgemeinen entbehrlich. Bei Öldiffusionspumpen (vgl. Abb. 245a) ist jedoch der relativ enge Arbeitstemperaturbereich nachteilig (230 bis 280° C), dessen untere Grenze durch die Fördermenge und dessen obere Grenze durch die Zersetzungstemperatur des Öles gegeben ist[1]. Dazu kommt, daß derartige Öle bei Temperaturen über 50° C und Anwesenheit größerer Mengen[2] von O_2 oxydiert und dadurch

[1] Daher ist im allgemeinen bei Öldiffusionspumpen nur elektrische Heizung anwendbar.

[2] Je nach der Ölsorte genügt schon ein Partialdruck des O_2 von 10^{-4} bis 10^{-2} Tor, um das Fördervolumen durch Bildung gasförmiger Zersetzungsprodukte merklich herabzusetzen.

unbrauchbar werden, sodaß bei Springen eines Rezipienten die Füllung erneuert werden muß.

Dichtungskitte (Angerer *1*). Sie werden (mit Ausnahme der Emailkitte) im allgemeinen nur im Vorvakuum oder an zerlegbaren, dauernd mit der Pumpe

Tabelle 92. Vakuumdichtungskitte.

Sorte	Schmelzpunkt °C	Löslich in
Klebwachs	bei 20° plastisch	—
Pizein	80	Benzin, Benzol, Terpentinöl
Weißer Siegellack . .	etwa 100	Alkohol
Apiezonwachs Q . .	60	Benzin, Benzol, Terpentin
Apiezonwachs W . .	100	schwer löslich
Silberchlorid	455	—
Emaillekitte	450—600	—

verbundenen Entladungsröhren verwendet. Für provisorische Vakuumverbindungen und zum Aufsuchen von Undichtigkeiten genügt Klebwachs (100 T. Wachs, 5 T. Terpentinöl). Niedrigeren Dampfdruck [1] und höhere Erweichungstemperatur besitzt Pizein (nicht löslich in H_2O und Alkohol, vgl. Walter *1*). Zur guten Haftung des Pizeins an der Unterlage müssen die zu verbindenden Teile so hoch erwärmt werden, daß der Kitt beim Schmelzen gleichmäßig verläuft (konkaver Meniskus an der Begrenzungslinie, vgl. Abb. 246); Wasserreste auf den Kittstellen sind sorgfältig zu entfernen. Risse und Löcher an der Kittoberfläche sind mit einer kleinen Gasflamme zu schließen; stellenweise Überhitzung des Kittes erzeugt Verbrennung und damit Undichtigkeit (Schlackenbildung).

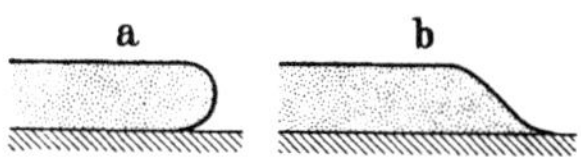

Abb. 246. Pizeinkittung. a auf zu kalter Unterlage aufgetragen (schlechtes Haften, keine Vakuumdichtigkeit); b Unterlage richtig erwärmt (Kitt gut haftend und dichtend).

Höhere Erweichungstemperatur als Pizein zeigt reiner weißer Siegellack, der jedoch bei niedriger Temperatur leichter zu Haarrissen neigt. Besonders niedrigen Dampfdruck besitzen die durch mehrfache Vakuumdestillation hergestellten Apiezonkitte (keine Haarrisse in der Kälte!). Das weiche Apiezonwachs Q ist für ungeschliffene Verbindungen geeignet und bis etwa 30° C brauchbar (vgl. Tabelle 92). Wachs W (für Dauerverbindungen) hält bis 80° C und besitzt eine Dampfdruckkurve ähnlich Apiezonfett L (10^{-3} Tor bei 180° C, vgl. Abb. 245).

Noch wesentlich höhere Erweichungstemperaturen und bedeutend niedrigere Dampfdrucke besitzen Emailkitte, die deshalb bei der Herstellung abgeschmolzener Glas- oder Metallentladungsröhren Verwendung finden können. Sie bestehen im wesentlichen aus einem relativ niedrig schmelzenden Gemenge von kieselsauren und borsauren Salzen, die in Pulverform zwischen die zu verbindenden Teile gebracht und im elektrischen Ofen bis zur Schmelztemperatur erhitzt werden. Besonders geeignet sind derartige Kitte zur Einfügung optischer (z. B. planparalleler) Gläser in Entladungsröhren.

Zum vakuumdichten Verkitten von planparallelen Platten aus Glas oder Quarz, die sich dauernd an der Pumpe befinden, wird im Laboratorium

[1] Nach Zabel *1* beträgt der Dampfdruck des Pizeins bei 20° C: 3—4 · 10^{-4} Tor.

auch Silberchlorid (AgCl), evtl. mit Zusatz von Bromsilber, verwendet. Die zu verkittenden Teile werden auf etwa 500° C erhitzt und an der Dichtungsstelle in AgCl-Pulver getaucht oder mit ihm bestreut. Nach der Zusammenfügung wird das AgCl in der Gasflamme gleichmäßig verschmolzen und langsam abgekühlt. Es erstarrt unter Volumenvergrößerung zu einer farblosen, hornähnlichen Masse, deren Dampfdruck gering sein soll (vgl. Hulburt *1*). Auf die Bildung von Rissen in der Kittmasse ist zu achten.

Über Messung des Dampfdruckes von Vakuumkitten vgl. Zabel *1*.

19. Röhren-Sockelkitte.

(Bartlett *1*, Keiling *1*, Knepper *2*, Mc Bain *1*, Stäger *1*, *2*.)

Man benutzt sie zur Verbindung des Röhrensockels mit dem Vakuumgefäß außerhalb des Vakuums; ihre Zusammensetzung und ihre wichtigsten Eigenschaften enthält Tabelle 93. Der Kitt wird in flüssiger oder breiiger Konsistenz auf die Innenfläche des Sockelhalses oder die Oberfläche des Glashalses gestrichen bzw. gepreßt und dann Sockel und Röhre zusammengefügt. Bis zur Erstarrung des Kittes muß der Sockel, gegebenenfalls mit Hilfe einer Sockellehre, fest gegen die Röhre gedrückt bleiben. Der Übergang von der flüssigen in die feste Phase erfolgt je nach der Kittart durch Phasenänderung (Schmelzkitt), durch allmähliche chemische Reaktion der Kittkomponenten (Reaktionskitt), durch Aufnahme von Kristallwasser (Abbindekitt) oder durch Härtung infolge Wasserabspaltung (Konstitutionskitt). Bei Abbinde- und Reaktionskitten erfordert die vollständige Aushärtung oft sehr lange Zeit. Derartige Kittverbindungen dürfen daher erst nach Tagen aus der Kittlehre genommen werden.

Die Bindung von Glas und Sockel durch den Kitt beruht entweder auf Adhäsion („Kleben") oder darauf, daß der erhärtete Kitt die zusammenzuhaltenden Teile mehr oder weniger umklammert (sog. „Formschluß"). Die Formschlußbindungen sind besonders sicher, wenn Einbuchtungen (Kittbeulen) oder Wulste im Glas oder Rillen im Sockelhals angebracht sind.

Manche Kitte besitzen die unangenehme Eigenschaft, allmählich Wasser aus der Atmosphäre in sich aufzunehmen, wobei sich vielfach ihr Volumen erheblich vergrößert („Treiben" des Kittes). In Grenzfällen kann es dabei sogar zum Springen des im Sockel steckenden Glashalses der Röhre kommen. Außerdem kann ein solcher Kitt bei Wasseraufnahme, falls er innerhalb des Sockels zwei oder mehr Zuleitungen berührt, zu Isolationsfehlern (z. B. an Gitterzuleitungen) Veranlassung geben. Derartige hygroskopische Kitte müssen daher durch einen Aufstrich gegen Wasseraufnahme geschützt werden.

Da Unreinheiten, besonders Öl- und Fettschichten, ein festes Haften des Kittes verhindern, sind die Kittflächen stets (unmittelbar vor dem Sockeln) gut zu reinigen. Um bei den für Glühlampen verwendeten Kitten die zur Härtung notwendige relativ hohe Temperatur sicher einzuhalten, wird Bakelitkittmassen häufig Malachitgrün beigemischt, dessen Farbe bei 150° C unter der Wirkung des aus dem Bakelit austretenden NH_3-Dampfes in Braun umschlägt. Bei größeren Stückzahlen (Glühlampen, Rundfunkröhren) erfolgt das Erhitzen der Sockel in (meist elektrisch beheizten) langsam rotierenden Sockelmaschinen.

Tabelle 93.

Nr.		Pizein (Pech)	Zuckerkalk-Kitt	Bleiglätte-Glyzerin	Gips
1	Kittypus:	Schmelzkitt	Schmelzkitt	Reaktionskitt	Abbindekitt
2	Verfestigung durch:	Abkühlung	Abkühlung	chemische Reaktion	H_2O-Aufnahme in den Kristallverband
3	Kittmechanismus:	Kleben	Kleben	Formschluß	Formschluß
4	Feste Bestandteile:	höhere Kohlenwasserstoffe	Traubenzucker + Kalkspat	5—6 Teile Bleiglätte	2 Tl. Alabastergips
5	Flüssige Be-Bestandteile:	(flüssig durch Erhitzen)	(flüssig durch Erhitzen)	1 Tl. 85%iges chem. rein. Glyzerin	1 Tl. H_2O (evtl. mit 2,5% Dextrin)
6	Anrührzeit:	(im Wasserbad erhitzen)	(im Paraffinbad heiß verrühren)	2—5 min	5—15 min
7	Verarbeitungszeit:	solange heiß	solange heiß	8—10 min	15 min
8	Arbeitstemperatur:	90° C	150° C	20° C!	20° C
9	Erstarrungszeit:	je nach Werkstück	je nach Werkstück	5—8 min	20 min
10	Ruhezeit in der Kittlehre:	bis zur Abkühlung auf 40° C	bis zum Erstarren	1 h	20 min
11	Abbindezeit:	nicht vorhanden	nicht vorhanden	3 Tage	3 Tage
12	Schutzanstrich:	unnötig	Öllack	Cohesan oder Ölfarbe	Öllack
13	Aufbringen des Schutzanstrichs nach:	—	Abkühlung	1 h	2 Tagen
14	Verhalten des Kittes gegen Wasser ohne Schutzanstrich:	wasserfest	nicht wasserfest	treibt durch Wasseraufnahme des Glyzerins[4]	nimmt Wasser auf, treibt aber nicht
15	Temperaturbelastbarkeit bis:	45° C	75° C	55° C	60—70° C
16	Verhalten bei Überhitzung:	beginnt allmählich zu erweichen bei 50° C	erweicht	treibt etwas durch Wärmeausdehnung	schrumpft
17	Sockelung ist lösbar durch bzw. in:	Benzin, Benzol, Terpentinöl	Wasser (100° C)	20%ige Natronlauge	Zermürbung bei höheren Temperaturen
18	Hauptverwendungsgebiet:	Einzelanschlüsse, kleine Preßkappen	Experimentierröhren, wieder zu verwendende Sockel	Röntgenröhren[2]	Kaltsockelung größerer, dünnwandiger Metallsockel[2]

[1] Falls in gut verschlossenen Behältern aufbewahrt.

[2] Die Kittmasse darf wegen evtl. Beeinträchtigung ihrer Isolierfähigkeit bei Wasseraufnahme nicht mehrere Zuleitungen gemeinsam umschließen bzw. sich nicht zwischen den Zuleitungen befinden.

Eigenschaften der Sockel-Kitte.

Nr.	Marmorzement	Rosa-Kitt	Schellack-Kitt	Novolack-Kitt	Resol-Kitt
1	Abbindekitt	Reaktionskitt	Konstitutionskitt	Schmelzkitt	Konstitutionskitt
2	H_2O-Aufnahme in den Kristallverband	chemische Reaktion	Konstitutionsänderung (Härtung durch H_2O-Abspaltung)	Abkühlung	Konstitutionsänderung (Härtung durch H_2O-Abspaltung)
3	Formschluß	Formschluß	Kleben	Formschluß	Kleben
4	5 Tl. Marmorzement (Gips m. Alaun, gebrannt)	10 Tl. MgO	Gips, eventuell andere Füllmittel	Marmorpulver	Kalkspat, Kaolin oder Schlemmkreide (2 Tl.)
5	2—3 Tl. Aqua dest. (evtl. mit 2,5% Dextrin)	7 Tl. wässerige Lösung von $MgCl_2$ (fert. Kittflüssigkeit handelsüblich)	Schellack, gelöst in Alkohol 1 : 1	Laccain (Novolacke) in Alkohol gelöst	Bakelitfirnis [Resole] (1 Tl.)
6	5—15 min	5—10 min	(je nach Füllmittel)	(gut verrühren)	(gut verrühren)
7	15 min	30 min	unbegrenzt[1]	unbegrenzt[1]	unbegrenzt[1]
8	20—25° C	< 25° C	20° C, dann langsame Steigerung auf 180° C	20° C, dann langsame Steigerung auf 70 bis 100° C	20° C, dann langsame Steigerung auf 110 bis 160° C
9	20—25 min	12—16 h	12 min (bei 180° C)	≈ 20 min (bei 70—100° C)	12 min (bei 160° C)
10	4 h	24 h	unnötig	unnötig	unnötig
11	8—10 Tage	8—14 Tage[3]	nicht vorhanden	nicht vorhanden	nicht vorhanden
12	zweifach Öllack	zweifach Ölfarbe (unbedingt notwendig)	unnötig	unnötig	unnötig
13	4 Tagen	8 Tagen	—	—	—
14	nimmt Wasser auf, treibt aber nicht	treibt stark durch Wasseraufnahme	nicht wasserbeständig	wasserfest	wasserfest
15	60—70° C	80° C	100—150° C (?)	70—90° C	250° C (kurzzeitig bis 300° C)
16	schrumpft	schwindet stark bei 120° C	neutral	erweicht	neutral
17	Sodalauge und anderen alkalischen Wässern	Sodalauge und anderen alkalischen Wässern	Sodalauge und anderen alkalischen Wässern	Erhitzung	Azeton (innerhalb 24 h nach Sockelung)
18	Kaltsockelung größerer, dünnwandiger Metallsockel[2]	Kaltsockelung größerer, dünnwandiger Metallsockel[2]	Glühlampen u. Radioröhren	Preßstoffsockel[5]	Metallsockel für Glühlampen und Radioröhren

[3] Zur Verkürzung der Abbindezeit ist 24 Stunden nach der Sockelung ein eintägiges Trocknen im Trockenraum (60° C) zulässig.

[4] Der Kitt ist außerdem kohlensäureempfindlich (Stäger *1*).

[5] Der Kitt ist sehr spröde.

Tabelle 93

Nr.		Pizein (Pech)	Zuckerkalk-Kitt	Bleiglätte-Glyzerin	Gips
19	Aufbewahrung:	beliebig lange	beliebig lange	stets neu anrühren, Nachverdünnung unzulässig	stets neu anrühren, Nachverdünnung unzulässig
20	Bemerkungen:	Glas vor Sockelung auf 90° C erwärmen	—	giftig [6]	[6]

[6] Reinigung der Kittflächen von Öl und Schmutz mittels Trichloräthylen notwendig.

20. Gase

Tabelle 94. Materialkonstanten der

Eigenschaften		Edelgase Ar	Ne	He
Molekular- bzw. Atomgewicht (bezogen auf $O_2=32$)		39,88	20,2	4,00
Atom- bzw. Molekularmasse $\cdot 10^{24}$ (g)		65,24	33,0	6,54
Siedepunkt bei 760 Tor (° C)		—186	—246	—269
Mittlere freie Weglänge eines Gasmoleküls λ_g bei 273° K und 1 Tor* (cm)		$4{,}83 \cdot 10^{-3}$	$9{,}57 \cdot 10^{-3}$	$13{,}7 \cdot 10^{-3}$
Sutherland-Konstante C_S		165	56	80
Mittlere freie Weglänge der Elektronen λ_e und Ionen λ_i (cm), größenordnungsmäßig		$\lambda_e = 4\sqrt{2}\,\lambda_g$ ◈; $\lambda_i = \sqrt{2}\,\lambda_g$		
Wärmeleitfähigkeit bei 760 Tor und 273° K (cal/cm sec Grad)**		$39 \cdot 10^{-6}$	$110 \cdot 10^{-6}$	$336 \cdot 10^{-6}$
Niedrigste Anregungsspannung (V)		11,6	16,6	19,4
Ionisierungsspannung (V)		15,7	21,5	24,5
Normale Kathodenfallraumdicke D für 1 Tor † und 20° C (cm)	Al	0,29	0,64	1,32
	Fe	0,36	0,72	1,66
Normaler Kathodenfall (V)	Al	100	120	141
	Ba	93	≈ 70 (NeHe)	86
	Fe	165	150 (NeHe: 135)	153

* Bei anderen Drucken ($p_{(T)}$) und Temperaturen (T) gilt

$$\text{für Gase: } \lambda_g' = \lambda_g \frac{T}{273}\left[\frac{C_S+273}{C_S+T}\right]\frac{293}{273}\cdot\frac{1}{p_{293}}\ \text{(cm)},$$

$$\text{für Dämpfe mit überschüssigem Kondensat: } \lambda_g' = \lambda_g \frac{T}{273}\left[\frac{C_S+273}{C_S+T}\right]\frac{1}{p_{(T)}}\ \text{(cm)}.$$

T Betriebstemperatur in ° K, p_{293} Gasfülldruck bei Raumtemperatur (20° C), $p_{(T)}$ Dampfdruck in Tor, zu entnehmen als Funktion von T aus Abb. 403, Anhang.

(Fortsetzung).

Nr.	Marmorzement	Rosa-Kitt	Schellack-Kitt	Novolack-Kitt	Resol-Kitt
19	stets neu anrühren, Nachverdünnung unzulässig	stets neu anrühren	beliebig lange [1]	beliebig lange [1]	beliebig lange [1]
20	[6]	greift die Haut an; oxydiert unvernikkelte oder unverzinkte Metallteile [1]	nur noch selten benutzt	nicht härtbar	über Zusatz von Malachitgrün zur Temperaturkontrolle vgl. S. 227

und Dämpfe.

wichtigsten Gase und Dämpfe.

Unedle Gase					Metalldämpfe		
H_2	N_2	O_2	CO_2	CO	Hg	Na	Cd
2,016	28,016	32	44	28	200,6	23,00	112,4
3,298	45,84	52,34	71,97	45,80	328,2	37,63	183,9
—253	—196	—183	—78,5	—190	+356,7	+877	+767
$8{,}54\cdot10^{-3}$	$4{,}52\cdot10^{-3}$ (Luft $4{,}62\cdot10^{-3}$)	$4{,}92\cdot10^{-3}$	$3{,}02\cdot10^{-3}$	$4{,}44\cdot10^{-3}$	$1{,}65\cdot10^{-3}$		
80	110	136	270	100			
398 bis $420\cdot10^{-6}$ △	$57\cdot10^{-6}$ (Luft: $56{,}6\cdot10^{-6}$)	$56\cdot10^{-6}$	$34\cdot10^{-6}$	$51—56\cdot10^{-6}$	$3{,}8\cdot10^{-6}$ $25{,}4\cdot10^{-6}$ (400° C)		
11,1	7,9	6,1	11,2	6	4,7	2,1	3,8
15,4	15,8	12,5	14,4	14,2	10,4	5,1	9
0,72	0,31	0,24			0,33	—	—
0,90	0,42	0,31			0,34	—	—
171	179	311			245	—	—
—	157	—			—	—	—
250	215	290			298	—	—

** Diese Werte der Wärmeleitfähigkeit von Gasen sind nur solange unabhängig vom Druck, als die mittlere freie Weglänge der Gasmoleküle noch nicht vergleichbar wird mit den Dimensionen des Gefäßes.

† Bei anderen Fülldrucken gilt $D_p = \frac{D}{p_{\text{Vor}}}$ (cm).

◇ Über Abweichungen für kleine Elektronengeschwindigkeiten (unter 50 V) vgl. Engel *1* (Bd. I, Kurven der Abb. 79—88).

△ Für höhere Temperaturen vgl. Abb. 254, S. 241.

a) Allgemeine Eigenschaften und Auswahl.

(Engel *1*, Seeliger *1*.)

Gase und Dämpfe werden außer als Hilfsmittel bei der Verarbeitung von Vakuumwerkstoffen (vgl. z. B. S. 124 und 184) auch zur Stromleitung und Lichterzeugung in Entladungsröhren, zur Herabsetzung der Verdampfung von Glühdrähten und zur Ableitung der Wärme heißer Elektroden benutzt.

Fülldruck und Betriebsdruck. Wichtig für das Verhalten einer gas- oder dampfgefüllten Vakuumröhre ist der bei der Betriebstemperatur herrschende Druck (Dichte), der von dem Fülldruck bzw. Druck bei Raumtemperatur sehr verschieden sein kann. Bei abgeschmolzenen Röhren mit einer Füllung aus idealen Gasen (z. B. Edelgase, H_2, N_2), steigt der Druck proportional mit der Temperatur [1] an, wobei die Konzentration der Gasmoleküle konstant bleibt.

Bei den Röhren mit Dampffüllung dagegen nimmt, solange Kondensat vorhanden ist, infolge der erhöhten Verdampfung des letzteren auch die Konzentration mit der Temperatur zu, sodaß bei ihnen der Druck mit der Temperatur stärker als proportional ansteigt (vgl. Abb. 247 und 403, Anhang). Maßgebend für den Dampfdruck ist dabei die Temperatur der kältesten Stelle im Vakuumrohr (meist der Röhrenfuß oder besonders gekühlte Kondensationsräume [2]). Ist die Menge des Kondensats so gering, daß es von einer bestimmten Temperatur ab vollkommen in Dampfform übergeführt ist, so verhält sich derartiger „überhitzter" Dampf hinsichtlich Konzentration und Druckanstieg angenähert wie ein ideales Gas.

Bei Vorhandensein von Kondensat ist also bei den dampfgefüllten Entladungsröhren der Druck in kaltem Zustand (Zünddruck) durch den Sättigungsdruck des betreffenden Dampfes bei Raumtemperatur fest vorgegeben [3]. Reicht bei diesem Druck die vorhandene Spannung zum Zünden nicht aus, so kann man durch Temperaturerhöhung einen entsprechend hohen Druck in der Röhre herstellen (vgl. Abschnitt 20d). Auch der während des Betriebes gewünschte Dampf-

---

[1] nach dem Gesetz $p \cdot v = R \cdot T$, vorausgesetzt, daß in der Röhre keine örtlichen Temperaturunterschiede vorhanden sind. Hieraus ergibt sich die Konzentration eines Gases zu $n = 0{,}972 \cdot 10^{19}\, p/T$ (Moleküle/cm³), wobei p (Tor) und T (°K) jeweils zusammengehörige Werte von Röhrendruck und Röhrentemperatur sind (z. B. Fülldruck und Fülltemperatur).

[2] Dies gilt nicht, wenn infolge großer Temperaturunterschiede (z. B. beim Hg-Gleichrichter zwischen Brennfleck und Kondensationsraum) starke Gasströmungen auftreten, die einen von Ort zu Ort verschiedenen Dampfdruck bedingen (vgl. Güntherschulze *1*), oder wenn die Diffusionsgeschwindigkeit infolge zu hohen Druckes ($>$ 1 Tor!) und kleinen Gefäßdimensionen (einige cm!) merklich herabgesetzt ist (Rompe *1*).

[3] Der Sättigungsdruck der Metalle p_S (in Tor) in Abhängigkeit von der Temperatur T (in °K) ist in Abb. 403, S. 358—359 angegeben. Hieraus lassen sich berechnen:

1. die Verdampfungsmenge eines im Hochvakuum erhitzten Metalls gegen eine gekühlte Wand:

$$M = 0{,}0585\; p_S \sqrt{\mu/T}\ \text{(g/cm}^2\text{ sec)},$$

worin μ das Atomgewicht bedeutet. Diese Beziehung gilt nur bei ungestörter Verdampfung, d. h. unter der Voraussetzung, daß alle zum Durchfliegen der Grenzfläche: Kondensat-Dampf fähigen Moleküle von dieser nicht reflektiert, sondern durchgelassen werden und auch im Raume keine Reflektion an Molekülen des eigenen oder fremder Gase stattfindet (vgl. S. 240);

2. die Zahl der in einem Kubikzentimeter eines Entladungsgefäßes enthaltenen Moleküle, das auf T°K gleichmäßig erhitzt ist:

$$n = 0{,}972 \cdot 10^{19}\; p_S/T$$

unter Voraussetzung des Vorhandenseins von Kondensat. Konzentrationskurven einiger wichtiger Metalldämpfe zeigt Abb. 247.

druck läßt sich durch Beeinflussung der Temperatur des Entladungsgefäßes (Kühlung, Wärmeisolierung, Außenheizung) regeln.

Stromleitung. Bei den meisten Gasentladungsröhren ermöglichen die aus der Gasfüllung erzeugten Ionen den Durchgang stärkerer Ströme bzw. Stromdichten als es bei gleichen Rohrabmessungen und Betriebsspannungen im Hochvakuum bei reiner Elektronenentladung möglich wäre. Die zwei wichtigsten Funktionen des Gases bzw. der Ionen und angeregten Moleküle sind dabei:

1. Erzeugung von Elektronen durch Ionenstoß auf die Kathode (direkt oder durch Aufheizung und nachfolgende Glühemission der getroffenen Oberfläche oder durch Brennfleckbildung) bzw. durch Trägerstoß auf neutrale und angeregte Gasmoleküle.

2. Kompensation von strombegrenzenden Raumladungswolken, z. B. vor Glühkathoden.

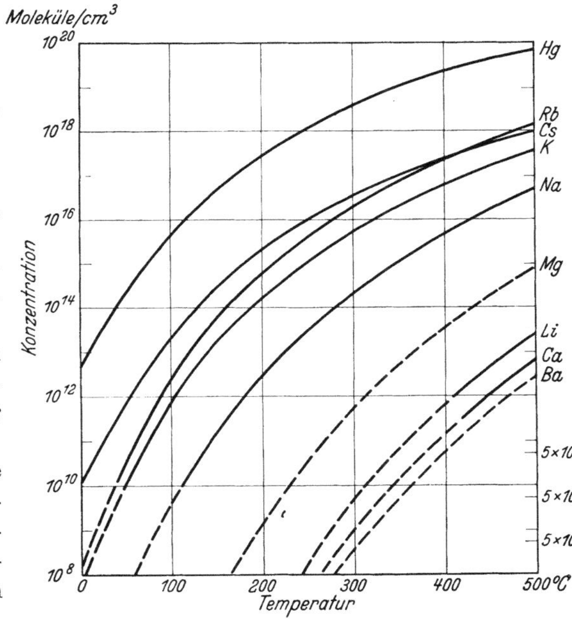

Abb. 247. Konzentration von gesättigten Quecksilber-, Alkali- und Erdalkalidämpfen, abhängig von der Temperatur. Beispiel: Hg bei 360° C (760 Tor): 2,7 · 10^{19} Moleküle/cm³.

Man bevorzugt Edelgase wegen ihrer chemischen Indifferenz gegen die Röhrenbaustoffe, ihrer geringen Okkludierbarkeit und ihres niedrigen Kathodenfalles (vgl. Tabelle 94), ferner wegen der gegenüber den unedlen Gasen geringen Zündspannung und des niedrigen Spannungsgradienten der positiven Säule [1]. Von Dämpfen wird für Stromleitungszwecke fast ausschließlich Hg gewählt, weil der Füllvorgang sehr einfach ist und Glas, Quarz, Oxydkathoden, Fe, Graphit und W-Elektroden von ihm nicht angegriffen werden. Außerdem läßt sich beim Hg der Druck durch Anwendung noch relativ niedriger Temperaturen (20 bis 360° C) zwischen 0,002 und 760 Tor bequem variieren. Wegen des Vorhandenseins von Kondensat kann keine Druckabnahme („Hartwerden" der Röhren) durch Absorptionsvorgänge im Betrieb eintreten.

Zündspannung [2]. Sie variiert mit dem Elektrodenabstand, der Rohrweite, der Ionisierungsspannung, der Ionenmasse, der Elektronenaffinität des Gases

[1] Die niedrige Zündspannung und der niedrige Gradient sind dadurch bedingt, daß alle Stöße von Elektronen auf Edelgasmoleküle unterhalb der ersten Anregungsspannung rein elastisch verlaufen. Der Spannungsgradient ist abhängig von Gasart, Gasdruck, Stromstärke und Rohrdurchmesser; nähere Angaben über Ne, He, Ar, Hg und N_2 vgl. Knoll *2*.

[2] Unter Zündspannung versteht man diejenige Spannung, bei welcher der zwischen den Elektroden fließende (dunkle) Vorstrom in eine (leuchtende) Entladungsform wesentlich höherer Stromstärke übergeht.

sowie mit der Form und Beschaffenheit der verwendeten Elektroden (Oberflächenzustand, Temperatur, Elektronenaustrittsarbeit). Ihre Abhängigkeit von diesen Faktoren, namentlich für Gasgemische, ist wenig übersichtlich; es lassen sich jedoch folgende allgemeine Regeln angeben:

1. Zündungsfördernd sind alle Effekte, welche die Bildung von Ladungsträgern begünstigen.

2. Die Zündspannung durchläuft für alle Gase mit steigendem Druck ein Minimum, da die Ionisierung zuerst infolge der wachsenden Stoßzahl zunimmt, später aber infolge der Abnahme der mittleren Elektronengeschwindigkeit (Abnahme der Stoßenergie) sinkt.

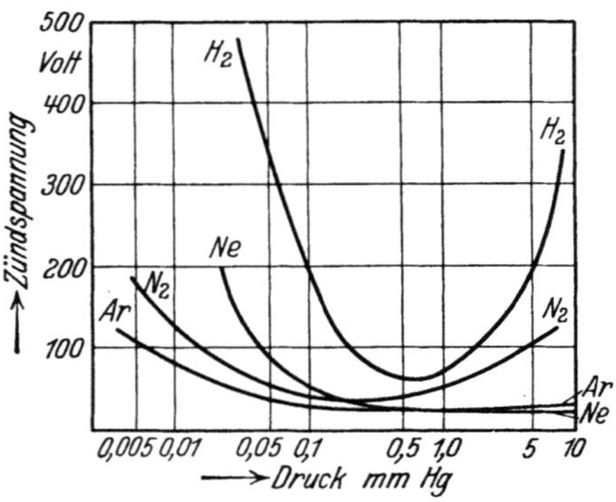

Abb. 248. Zündspannung in H_2, N_2, Ar und Ne, abhängig vom Druck (Wolframglühkathode mit Stiftanode in etwa 15 mm Abstand; Alterthum *1*).

3. In reinen Gasen ist für die Zündspannung in erster Linie nicht die Ionisierungsspannung, sondern das Atomgewicht bzw. Molekulargewicht des Gases maßgebend. Im allgemeinen nimmt die Zündspannung mit zunehmendem Molekulargewicht ab.

4. In Gasgemischen beeinflussen die Zündspannung zwei entgegengesetzt gerichtete Effekte: Ist die Anregungsspannung der metastabilen Zustände eines (mengenmäßig überwiegenden) Gases größer als die Ionisierungsspannung des zweiten Gases (Zusatzgas, Verunreinigung), so erniedrigt sich die Zündspannung des Gemisches (Penning *1*). Zusätze von unedlen Gasen zu Edelgasen erhöhen dagegen durch Elektronenfang bzw. unelastische Stöße die Zündspannung.

Welcher der beiden Effekte überwiegt, hängt hauptsächlich vom Druck des Hauptgases, von der relativen Menge des Zusatzgases und von der Geometrie der Entladungsstrecke ab. Bei niedrigen Partialdrucken der Zusatzgase überwiegt gewöhnlich der Penning-Effekt. So wird z. B. in kleinen Glimmlampen durch Zusatz einiger Prozente H_2 oder Ar oder durch Einbringen eines Hg-Tropfens zu einer Ne- oder Ne-He-Grundfüllung von 10 bis 20 Tor die Zündspannung herabgesetzt (vgl. z. B. Holst *1*). Andererseits wird durch einen Zusatz von 10 bis 15% N_2 zu der in Glühlampen gebrauchten Ar-Füllung (500 Tor Fülldruck) die Zündung einer Gasentladung zwischen den Zuleitungen des Glühdrahtes unterdrückt.

Bei Glühkathodenröhren wird durch ein Zusatzgas die Zündspannung erniedrigt, wenn es für sich allein bei allen Drucken eine niedrigere Zündspannung als das Hauptgas hat (Seeliger *1*). Abb. 248 zeigt die Zündspannungskurven einer Wolframglühkathodenröhre bestimmter Abmessungen für einige reine Gase. Charakteristisch ist auch hierbei das Minimum der Kurven für einen bestimmten Druck. Spuren von unedlen Gasen können bei Bariumkathoden durch Vergiftung deren Elektronenemission herabsetzen und dadurch indirekt die Zündspannung erhöhen.

Bei Röhren mit Dampffüllung (z. B. Hg, Na, Cd, mit heißer oder kalter Kathode) ist der Sättigungsdruck des Dampfes bei Zimmertemperatur gewöhnlich nicht groß genug, um eine sichere Zündung auch bei niedrigen Spannungen zu erreichen. Man fügt dann eine Edelgasfüllung von einigen Tor Druck, z. B. Ar, hinzu, die die Zündung einleitet und bis zum Heißwerden der Röhre die Stromleitung übernimmt [1]. Technisch hat diese Art der Zündung den Nachteil, die Brennspannung der Röhre infolge stärkerer Kühlung durch das Edelgas zu erhöhen (vgl. Abb. 249).

R ü c k z ü n d u n g. Da in gas- oder dampfgefüllten Gleichrichtern der Glimmstrom in der Sperrphase mit dem Gasdruck zunimmt (und die Entladung damit

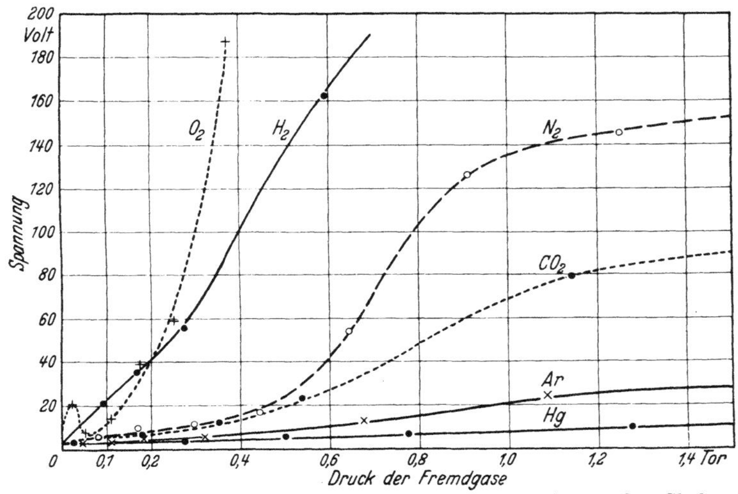

Abb. 249. Einfluß von Fremdgaszusätzen auf die Spannung eines in einer großen Glaskugel brennenden Hg-Lichtbogens (Länge 25 cm; Güntherschulze *1*).

leicht in einen Bogen umschlagen kann, „Rückzündung"), so muß der Gasdruck in einem Gleichrichter umso niedriger gewählt werden, je höher seine Sperrspannung sein soll. Mit abnehmendem Gasdruck nimmt aber die Verdampfungsgeschwindigkeit der Kathode (vgl. S. 241), mit steigender Sperrspannung die Kathodenzerstäubung der Anode zu, die wegen der damit verbundenen Gasabsorption bei geringen Gasdrucken besonders unerwünscht ist. Während daher für Gleichrichter mit niedriger Sperrspannung und entsprechend hohem Betriebsdruck vorteilhaft Gase mit möglichst geringer Brennspannung (z. B. das relativ billige Ar) verwendet werden, benutzt man für höhere Sperrspannungen am besten Gase mit geringer Zerstäubungswirkung [2] oder Dämpfe, bei denen der durch Zerstäubung gebundene Gasanteil aus dem Kondensat nachgeliefert wird (z. B. Hg).

[1] Steigt mit zunehmender Temperatur der Dampfdruck, so erreichen die Elektronen nicht mehr die zum Anregen bzw. Ionisieren eines Edelgasatoms (z. B. bei Ar: ≈ 12 V) nötige Geschwindigkeit, weil ihnen ihre Energie schon vorher beim Zusammenstoß mit einem Dampfmolekül (z. B. bei Hg: Anregungsspannung 4,7 V) entzogen wurde (Farbumschlag!). Im Endzustand beteiligt sich das Edelgas also nicht mehr an der Stromleitung bzw. Lichterzeugung, erhöht jedoch durch die elastische Elektronenreflexion seiner Moleküle die Stoßwahrscheinlichkeit der Elektronen mit den Dampfmolekülen (scheinbare Dichteerhöhung des Fülldampfes).

[2] Z. B. He, dessen spezifische Okkludierbarkeit ohnehin gering ist und dessen höhere Brennspannung hier kaum ins Gewicht fällt.

Im letzteren Fall muß zur Verhinderung von Rückzündungen eine unzulässige Steigerung des Druckes durch zu hohe Temperatur der Kondensatstelle oder durch freiwerdende Fremdgase vermieden werden. Über weitere die Rückzündung beeinflussende Faktoren vgl. Abschnitt 9, S. 112.

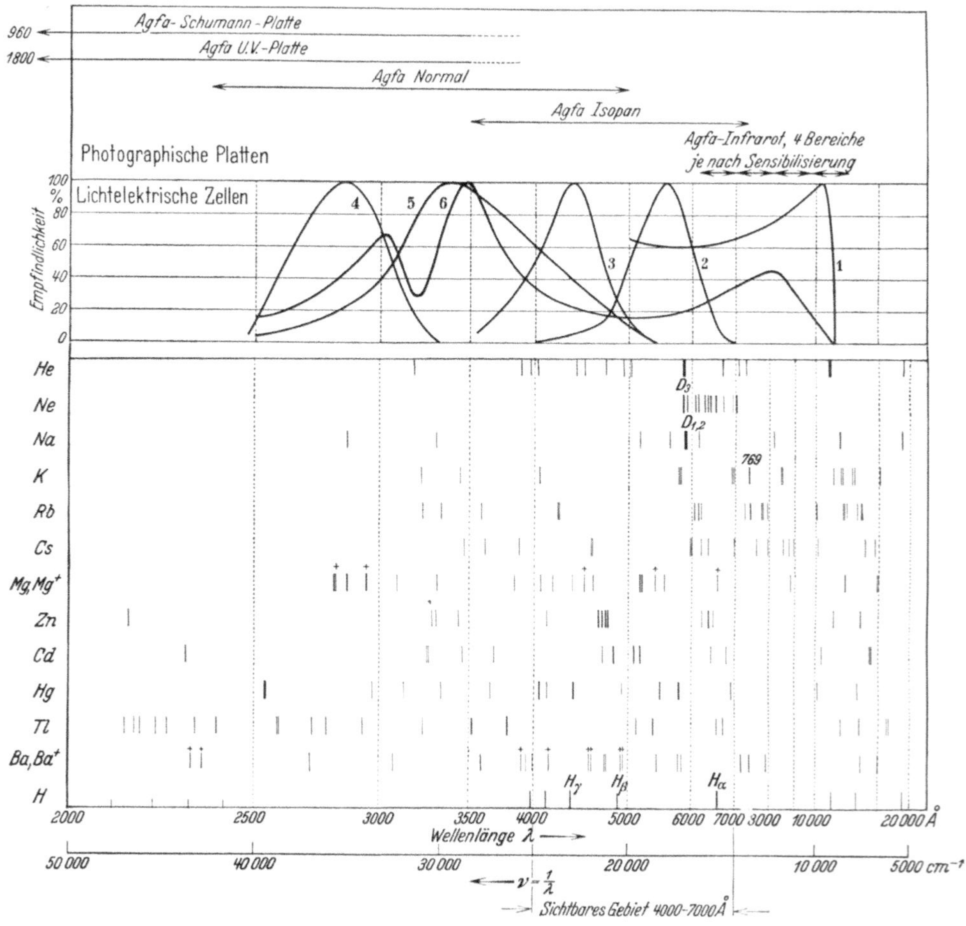

Abb. 250. Überblick über die Spektrallinien einiger Gase und Dämpfe (aus Knoll 2); darüber Spektralbereich typischer lichtelektrischer Zellen und einiger photographischer Schichten (1 Å = 10^{-8} cm).
1 Thalliumsulfidzelle; 2 Augenempfindlichkeitskurve; 3 hydrierte Kaliumzelle in Glasgefäß; 4 Kadmiumzelle in Quarzgefäß; 5 Natriumzelle mit Quarzfenster; 6 Zäsiumschichtzelle mit Quarzfenster.

Kathodenfall und Kathodenzerstäubung[1]. Schon Spuren von Fremdgasen können Kathodenfall und Zerstäubungsgeschwindigkeit[2] des Kathodenmaterials erheblich verändern. Z. B. wird durch Spuren elektronegativer Gase (O_2, H_2O) in Edelgasen eine Erhöhung des Kathodenfalls hervorgerufen; eine Erhöhung der Zerstäubungsgeschwindigkeit wird durch Spuren von Ne in He

[1] Einzelheiten über Kathodenzerstäubung finden sich in Abschnitt 23a, S. 298.
[2] Wahrscheinlich spielen dabei Ionisierungsspannung und Molekularmasse des Zusatzgases eine wesentliche Rolle.

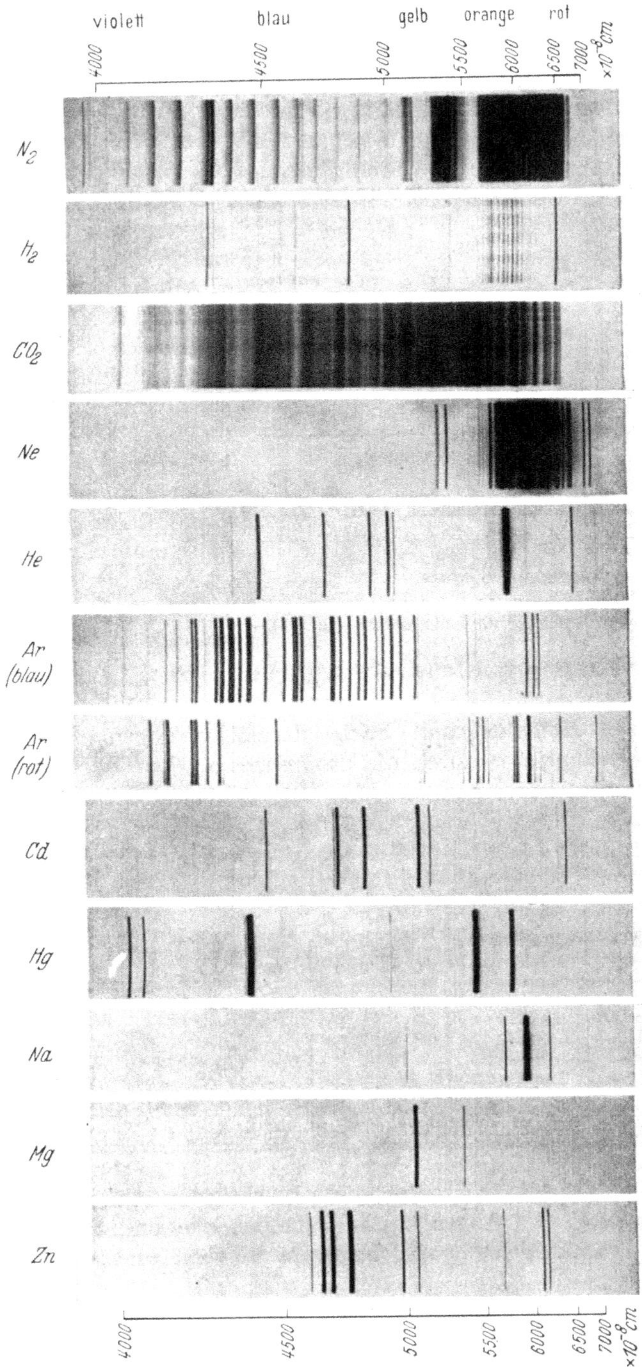

Abb. 251. Spektren der wichtigsten Gase und Dämpfe im sichtbaren Gebiet (Rentschler *1*).

(störend beim Glimmlichtgleichrichter), eine Herabsetzung durch H_2-Zusatz in Ne-He-Gemisch (technisch benutzt bei Glimmlampen) bewirkt.

Gradient der positiven Säule. Der Spannungsabfall pro Längeneinheit der positiven Säule ist abhängig von Gasart, Gasdruck, Stromstärke und in erster Annäherung umgekehrt proportional dem Rohrdurchmesser [1]. In dampfgefüllten Röhren wird er durch Zusatz von Fremdgasen beträchtlich erhöht, und zwar u. U. bei Zusatz von Edelgasen durch Wärmeableitung aus dem Bogen, von unedlen Gasen außerdem noch durch unelastische Stöße und durch Abfangen von Elektronen. Einen Überblick über die Größenordnung der so entstehenden Erhöhung des Gradienten bei Hg gibt Abbildung 249.

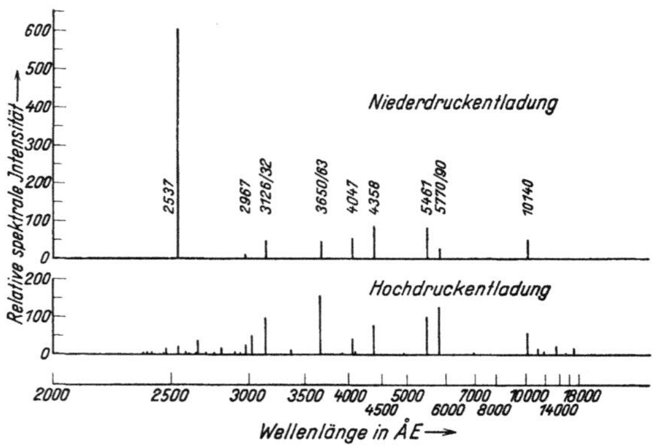

Abb. 251a. Energieverteilung im Spektrum der Hg-Hochdruck- und Niederdrucklampe bei gleicher Gesamtstrahlung (Lax 7).

Lichterzeugung [2]. Beim Stromdurchgang werden Gase und Dämpfe durch Stoß von Elektronen bzw. Ionen zum Leuchten angeregt. Diese Erscheinung wird technisch in einer besonderen Gruppe von Ionenröhren (Leuchtröhren, Glimmlampen) ausgenützt.

Maßgebend für Helligkeit und Farbe derartiger Leuchtröhren sind Intensität und Verteilung der durch die Stoßprozesse [3] der Gasentladung angeregten Spektrallinien bzw. -banden. Abb. 250 gibt eine Übersicht der Lage

Tabelle 95. Relative Intensität* der starken, sichtbaren Hg-Linien, abhängig vom Druck.

λ Å	Farbe	Hg-Niederdruckentladung (0,01 Tor)	Hg-Hochdruckentladung (800 Tor)	Relative Augenempfindlichkeit %
5770—90	gelb	34	**120**	88,9
5461	grün	100	100	98,4
4358	blau	**106**	77	1,8
4047	violett	64	41	0,07

* Intensitäten der Linie 5461 willkürlich = 100 gesetzt.

der Spektrallinien für die röhrentechnisch wichtigsten Gase und Dämpfe, darüber zum Vergleich die Augenempfindlichkeitskurve und typische Kurven für die relative Empfindlichkeit von blauempfindlichen und rotempfindlichen

[1] Eine Zusammenstellung der Gradientenkurven für Ne, He, Ar, Hg, O_2, N_2 und H_2 findet sich bei Knoll *2* (S. 94) und Engel *1* (Bd. 2, S. 109).

[2] Vgl. Lax *3*; neuere Literatur bei Pirani *6*.

[3] Eine übersichtliche Beschreibung der in Leuchtröhren auftretenden Stoßprozesse findet sich bei Köhler *1*, ihrer technischen Anwendungen bei Engel *1* (Bd. 2, S. 240).

Photozellen und photographischen Platten. In Abb. 251 sind außerdem einige typische Spektrogramme wiedergegeben. Die Intensität der einzelnen Spektrallinien eines Gases hängt stark von den Anregungsbedingungen, also von der geometrischen Form und den Betriebsdaten ab, sodaß für dieselbe Gasart die Farbe der Entladung je nach der Röhrenstromstärke und dem Dampfdruck ganz verschieden sein kann. So ist z. B. die Farbe des Ar bei niedrigen Stromdichten rot, bei hohen Stromdichten blau (vgl. Abb. 251), die des Hg bei niederen Drucken himmelblau, bei hohen Drucken nahezu weiß (vgl. Tabelle 95 und Abb. 251a).

Auch die Farbe der einzelnen Teile der Gasentladung (negatives Glimmlicht, positive

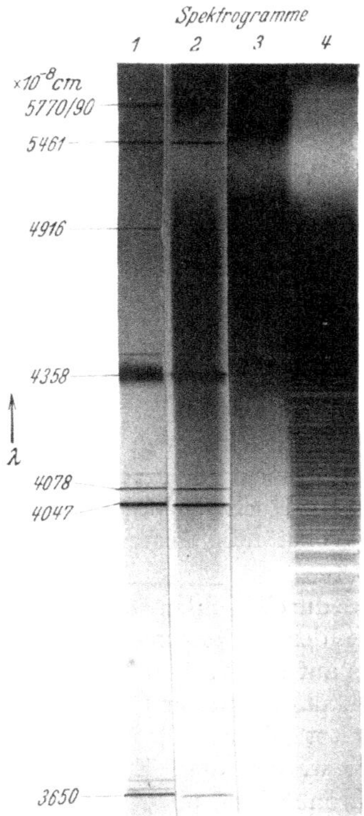

Abb. 252. Teilweise Umwandlung der Ultraviolettstrahlung eines Hg-Lichtbogens in sichtbares Licht durch fluoreszierendes Glas [1]. 1 Hg-Lampe mit Klarglas; 2 Hg-Lampe mit „Lumophor"-Glas; 3 Normalglühlampe; 4 Himmelslicht.

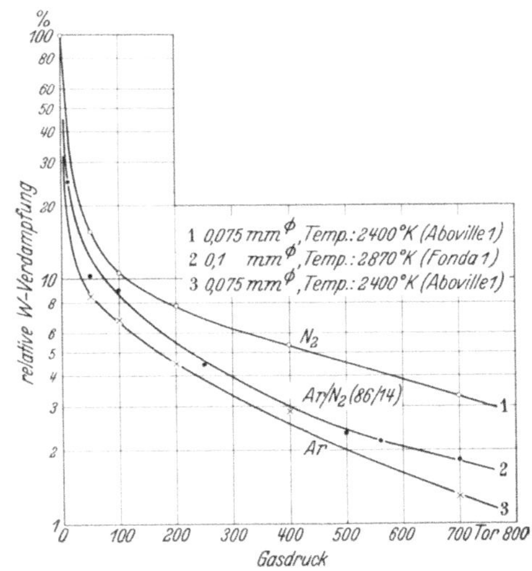

Abb. 253. Verdampfung glühender W-Drähte, abhängig von Gasdruck und Gasart; Verdampfung im Hochvakuum jeweils gleich 100 gesetzt. Über die absoluten Werte (in g/cm²sec) der Verdampfung im Hochvakuum vgl. Tabelle 5, S. 21.

Säule) ist häufig verschieden (vgl. Tabelle 96); dies hängt mit der verschieden großen Weglängenspannung der anregenden Elektronen in den betreffenden Entladungsbereichen zusammen. So zeigt z. B. Ne im negativen Glimmlicht (Glimmlampe) eine gelblich-orange, in der positiven Säule (Ne-Leuchtröhren) dagegen eine blutrote Farbe.

Nahezu beliebige Abstufungen der Leuchtröhrenfarben erhält man, wenn der Röhrenkolben aus Farbglas hergestellt (Möbius *1*) oder mit einem Farblackaufstrich versehen oder auf der Innenseite mit einer fluoreszierenden Substanz (z. B. Zinksilikat) belegt [2] wird bzw. dem Glas Leuchtsubstanzen

[1] Aufnahmen von der Firma G. Fischer, Ilmenau, freundlichst zur Verfügung gestellt.
[2] Vgl. Pirani *10*.

zugemischt [1] werden (Lichtfrequenzwandler). Ferner kann man Farbmischungen dadurch erzielen, daß man zwei voneinander getrennte Leuchtröhren, die mit verschiedenen Gasen gefüllt sind, dicht nebeneinander oder ineinander anordnet. Ebenso erhält man durch Mischung von Gasen und Dämpfen neue Farben (z. B. durch Cd-Zusatz zu Hg eine rötliche Farbe an Stelle der bläulichen Farbe der reinen Hg-Dampfentladung); doch ist auch hierbei zu beachten, daß das Gas mit der niedrigeren Anregungsspannung schon bei geringer Konzentration hinsichtlich seines Einflusses auf die Leuchtfarbe des Gemisches überwiegt. So schlägt z. B. in Niederdrucklampen die ursprünglich rote Farbe der Ne-He-Säule bei Hg-Zusatz in Blau um; bei Hg-Hochdrucklampen verschwindet das Leuchten der Ne-Grundfüllung fast vollständig gegenüber dem reinen Hg-Spektrum.

Tabelle 96. Farbe des negativen Glimmlichtes und der positiven Säule bei verschiedenen Gasen und Dämpfen.

Gas bzw. Dampf	Negatives Glimmlicht	Positive Säule
Argon	blau	violett
Kadmium	rot	grünlichblau
Helium	blaßgrün	violettrot bis gelbrosa
Kalium	grün	grün
Luft	blau	rötlich
Natrium	weißlich	gelb
Neon	orange	blutrot
Quecksilber	gelblichweiß	grünlich
Sauerstoff	gelblichweiß	zitronengelb mit rosa Kern
Stickstoff	blau	rotgelb
Thallium	grün	grün
Wasserstoff	hellblau	rosa
CO	grünlichweiß	weiß
CO_2	blau	weiß (CO!)

Bei Verunreinigung der Gasfüllung, besonders durch Kohlenwasserstoffe, können in bestimmten Druckbereichen Unstetigkeiten der Begrenzung der (abgeschnürten) Säule bzw. des Glimmlichtansatzpunktes auf der Kathode auftreten. Diese Erscheinungen werden in der sog. Wirbellichtröhre und der Glimmlichtlampe mit rotierender Entladung technisch ausgenützt (Pirani *6*). Die dabei durch Absorption verbrauchten Kohlenwasserstoffe werden dem Entladungsraum durch eine an einer Elektrode befestigte Patrone [2] kontinuierlich wieder zugeführt.

Sonstige Anwendungen. Außer zur Stromleitung und Lichterzeugung werden Gasfüllungen auch zur Erschwerung der Verdampfung und zur Ableitung der Wärme von heißen Elektroden angewendet.

Die erhebliche Herabsetzung der Verdampfung von Glühdrähten in einer Gasatmosphäre gegenüber der Verdampfung im Hochvakuum beruht

[1] Derartige Glasröhren bestehen meist aus zwei Schichten, deren innere die lumineszierenden Substanzen enthält, während die äußere aus Trübglas besteht. Sie sind unter dem Namen „Lumophorröhren" handelsüblich (Hersteller: G. Fischer, Ilmenau). Ihre Wirkung beruht darauf, daß die in der Gasentladung erzeugte kurzwellige Strahlung in niedrigere, im Bereich des Sichtbaren liegenden Lichtfrequenzen umgewandelt wird, welche die Glaswand im Gegensatz zur Ultraviolettstrahlung durchdringen können (vgl. Abb. 252). Auf diese Weise lassen sich bedeutende Lichtausbeutesteigerungen erzielen (Tellmann *3*). Die Lichtausbeute einer Hg-Niederdruckleuchtröhre mit Klarglaskolben beträgt 10 bis 19 HLm/W; durch Verwendung von auf die Innenwand der Röhre aufgebrachten Leuchtphosphoren läßt sich dieser Wert auf 25—40 HLm/W steigern (Lax *7*).

[2] Z. B. mit Naphthalin- oder Anthrazenfüllung, verschlossen durch einen Diffusionswiderstandsstopfen aus Graphit.

darauf, daß die verdampfenden Metallatome zum größten Teil an den der Drahtoberfläche nahen Gasmolekülen reflektiert, auf den Draht zurückgeschleudert und so daran verhindert werden, die Kolbenwand zu erreichen (Langmuir *3*). Die Gasfüllung verhindert also nicht nur lichtabsorbierende Wandbeläge, z. B. in Glühlampen[1], sondern verlangsamt auch den Abbau des Glühdrahtes bzw. einer darauf befindlichen elektronenemittierenden Schicht, z. B. im Oxydkathodengasgleichrichter, erhöht also deren Lebensdauer oder erlaubt eine höhere Betriebstemperatur bei gleicher Lebensdauer (größere Licht- bzw. Elektronenausbeute). Abb. 253 zeigt die Verdampfungserschwerung durch Gasfüllung in W-Glühlampen abhängig vom Druck.

Tabelle 96a. Einfluß der Gasfüllung auf die Heizleistung einer indirekt geheizten zylindrischen Oxydkathode (Rundfunkröhre RE 904; Kathodentemperatur 840° C; Heizleistung im Hochvakuum 5,0 Watt).

Gasart	Heizleistung (W) bei		
	0,1 Tor	1 Tor	10 Tor
H_2	5,9	12	23
He	5,75	10,7	19,7
Ne	6,4	8,4	12,4
Ar	6,2	7,0	9,4

Als Folge dieses Effektes kann bei Oxydpastekathoden die Betriebstemperatur ohne Verkürzung der Lebensdauer bei einer Füllung mit Argon von 3 Tor um etwa 50° C, bei einer Füllung von 5—10 Tor um etwa 100° C heraufgesetzt werden. Das bedeutet gegenüber einer Betriebstemperatur von etwa 800° C im Hochvakuum eine Steigerung der Elektronenemission bis zum 4—5fachen. Durch das anwesende Gas wird ein Teil der aufgewendeten Heizenergie durch Wärmeableitung fortgeführt (vgl. Tabelle 96a). Man verwendet daher für die obengenannten Zwecke möglichst Gase mit geringer Wärmeleitfähigkeit, vor allem Ar.

Ist **Wärmeableitung** erwünscht, so benutzt man H_2-Füllung von möglichst hohem Druck[2], z. B. für Eisenwasserstoffwiderstände (Abb. 74). Über die Wärmeleitfähigkeit von H_2 bei höheren Temperaturen vgl. Abbildung 254.

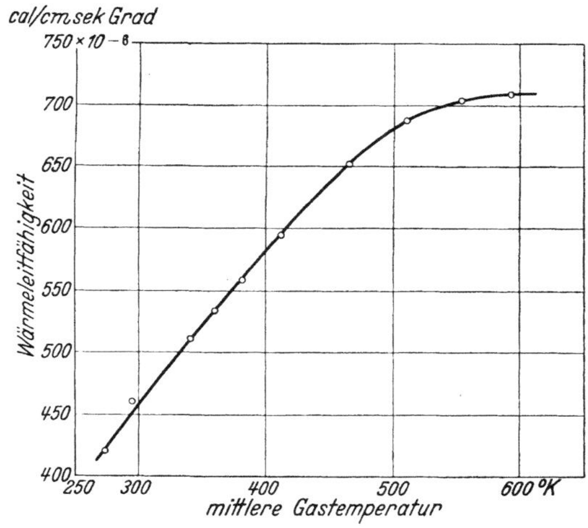

Abb. 254. Wärmeleitfähigkeit von Wasserstoff, abhängig von der Temperatur (Gregory *1*). Die Kurve gilt nur für Drucke, bei denen die mittlere freie Weglänge der Gasmoleküle noch nicht vergleichbar ist mit den Dimensionen des Gefäßes.

Einen Überblick über die **technischen Anwendungen** der wichtigsten Gase und Dämpfe gibt Tabelle 97:

[1] Bei Glühlampen wird als Gasfüllung häufig ein Gemisch aus Ar mit 10—15% N_2 verwendet (vgl. AEG *5*). Dabei bildet N_2 wahrscheinlich mit den verdampfenden W-Atomen ein durchsichtiges Nitrid, dessen Niederschlag auf der Kolbenwand eine sehr viel geringere Lichtabsorption als reines W hervorruft. Über die Wirkung des N_2 zur Erhöhung der Zündspannung zwischen den Glühdrahtenden vgl. S. 234. Auch Krypton ist als Füllgas gebräuchlich.

[2] Mit Rücksicht auf die Explosionsgefahr durch Knallgasbildung bei Bruch während des Abschmelzens dürfen die Fülldrucke 100 Tor nicht übersteigen.

Tabelle 97. Anwendungen von Gasen und Dämpfen in der Vakuumtechnik.

Röhrenbezeichnung	Füllgas oder -dampf	Fülldruck bei Gasen; Betriebsdruck bei Dämpfen (Tor)	Literatur
	1. Glühlampen.		
Wolframglühlampe bis 100 Watt über 100 „	$Ar + 10\%\ N_2$ N_2	500	AEG *1* und *5*, Alterthum *2* u. *3*, A. Wegener *1*, Knepper *2*
Wolfram-Punktlichtlampe . . .	Ne/He (75/25) oder N_2	100—200	Güntherschulze *1*, Lax *3*
	2. Lampen mit positiver Säule.		Lax *5*, *7*
Moore-Hochspannungs-Leuchtröhre	N_2 oder CO_2	≈ bis 0,5	Claude *1* Aschermann *2*
Edelgas-Hochspannungs-Leuchtröhre	Ne oder He (evtl. mit Hg-Zusatz)	≈ 2	
Edelgas-Niederspannungs-Leuchtröhre mit Glühkathode	Ne oder He (evtl. mit Hg-Zusatz)	≈ 1	Möbius *1*, Köhler *1*
Na-Dampf-Lampe	Na (≈ 270° C) [+ Ne-Zusatz]	0,001—0,01 [≈ 1,5]	Ewest *1* Fonda *2*, Gordon *1*
Quarzlampe (alte Höhensonne) .	flüssige Hg-Kathode (260 390° C)	100—1000	Mit Cd-Zusatz: vgl. Wolfke *1*
Hg-Hochdrucklampe mit Glühkathoden	Hg-Tropfen (≈ 360° C) [+ Ar-Zusatz]	≈ 760 [1—20]	Quarz-Röhren: Ende *1* Glas-Röhren: Krefft *1* Ende *2*, Pirani *3*
Hg-Niederdrucklampe	flüssige Hg-Kathode (50—125° C)	0,01—1	Lax *5*
Kombinierte Gasentladungs-Wolframfadenlampe	Hg (≈ 125° C) [+ Edelgaszündfüll.]	1—2 [≈ 1]	
Gasentladungs-Punktlichtlampe mit Oxydkathode („Lichtspritze“)	Ne oder He (bzw. $Ar + 12\%\ Ne$)	10—25	F. Schröter *1*
Elektrodenlose Röhren („Vakuumelektroden“)	Ne	3	
	3. Glimmlichtlampen.		Bär *1*
Glimmlampe	Ne/He (75/25) mit 2% Ar- oder H_2-Zusatz	15	F. Schröter *2*
Zwergglimmlampe	Ne mit 2% H_2- oder Ar-Zusatz	20	Holst *1*
Amplitudenglimmlampe	Ne/He (75/25) Ne [+ Ar]	10—20 20 [+ 1]	N. N. *3* Holst *1*
Flächenglimmlampe	Ne/He (75/25)	≈ 5	F. Schröter *2*
	4. Glimmgleichrichter.		
Glimmgleichrichter	Ne/He (75/25)	10	
Doppelweg-Glimmgleichrichter .	He	5—15	Bareiss *1*, F. Schröter *2*

Tabelle 97. (Fortsetzung.)

Röhrenbezeichnung		Füllgas oder -dampf	Fülldruck bei Gasen; Betriebsdruck bei Dämpfen (Tor)	Literatur
5. Bogengleichrichter.				
Hg-Glasgleichrichter (gesteuert und ungesteuert)		flüssiges Hg (≈ 80° C)	≈ 0,1	K. E. Müller *1* Güntherschulze *1*
Hg-Eisen-Großgleichrichter (gesteuert und ungesteuert)		flüssiges Hg (40° C Kühlwassertemp.)	0,02—0,1	Prince *1* SSW. *2*
Argonalgleichrichter		Hg (30—70° C) mit KNa-Zusatz [+ Ar]	0,02—0,1 [≈ 0,2]	Hellmuth *1*
6. Glühkathodengleichrichter.				
Gleichrichter mit W- oder Mo-Glühkathode	24 V	Ar	30	„Tungar": AEG. *6* „Mog"-Gleichrichter: Gehrts *1*
	110 V	Ar	12	
Gleichrichter mit Oxydglühkathode	24 V	Ar	8—20	Akk.-Fabrik *1*
	110 V	Ar	2—6	Germershausen *2*
	220 V	Ar oder Ne He	0,5—1 1—3	
	> 500 V	Hg-Tropfen (30—40° C)	0,005—0,01	Gottschalk *1*
7. Glühkathodenstromrichter.				
Edelgasstromrichter		Ar	0,2—0,5	
Hg-Glühkathodenstromrichter .		Hg-Tropfen (30—40° C)	0,005—0,01	Kniepkamp *2*
8. Gasgefüllte Verstärkerröhren.				Rothe *3*
Hg-Wandstromverstärker. . . .		flüssiges Hg (bis 30° C)	0,003	Lübcke *1* Nienhold *1*
Glimmkathoden-Kopfstromverstärker		He	≈ 2,0	Hund *1* Nienhold *1*
Glühkathoden-Kopfstromverstärker		Ar	0,01—0,1	
		He	0,5—1,0	
		Hg-Tropfen (bis 50° C)	≈ 0,01	
Gasgefüllte Photozelle		Ar oder Ne/He (75/25)	0,5—1	Rother *1*, F. Schröter *1*; Fleischer *1*
9. Stabilisatoren, Glimmrelais, Überspannungsableiter.				
Stabilisator (Glimmspannungsteiler)		Ne	≈ 10	Körös *1*
Reduktor-Glimmröhre		He	2—3	F. Schröter *4*
Glättungsröhre		Ar	5	
Glimmrelais mit Zündelektroden		Ne oder NeHe	2—3	F. Schröter *2*

Tabelle 97. (Fortsetzung.)

Röhrenbezeichnung	Füllgas- oder -dampf	Fülldruck bei Gasen; Betriebsdruck bei Dämpfen (Tor)	Literatur
9. Stabilisatoren, Glimmrelais, Überspannungsableiter. (Fortsetzung.)			
Blitzschutzsicherung mit Al-Elektroden	Wasserstoff	20	Benda *1*
	Ar	75—700	
Überspannungableiter mit KHg-Elektroden (Zündspannung 90 V)	Ar	3	F. Schröter *3*
	Ne/He (75/25) mit 1—2% Ar-Zusatz	6	
Überspannungsableiter mit Alkali-ThO_2-Pastekathoden (Zündspannung 500 bis 550 V)	Ar	20—40	AEG. *2*, Dobke *1*
10. Röntgen- und Braunsche Röhren.			
Ionen-Röntgenröhre	Ar, N_2, Luft	$\approx 10^{-2}$	Siegbahn *1* K. Becker *3*
Braunsche Röhre mit kalter Kathode	Ar, N_2, Luft	$\approx 10^{-2}$	Alberti *1* Ardenne *1* Knoll *13*
Glühkathoden-Oszillograph . . .	Ar	0,005—0,01	
11. Röhren mit Gaskühlung.			
Eisen-Wasserstoff-Widerstände .	H_2	20—90	Busch *1*
Strahlungs-Pyrometerlampe (Ardometer)	Ar	760	Keinath *4*

b) Edelgase.

(Gmelin *3*, Rabinowitsch *1*)

Gewinnung. Die Edelgase werden meist durch Kondensation und fraktionierte Destillation der Luft (Zusammensetzung vgl. Tabelle 98), das He außerdem durch Erhitzung von Mineralien (Monazit, Thorianit, 1000 bis 1200° C) und aus natürlichen Gasquellen gewonnen. Bei der Luftverflüssigung bleiben die Edelgase He und Ne infolge ihrer tiefen Siedepunkte bis zuletzt unkondensiert und lassen sich so als Gemisch von den übrigen Bestandteilen isolieren („leichte Grundfraktion"). Wird die gewonnene flüssige Luft allmählich erwärmt, so fällt weiter entsprechend den verschiedenen Siedepunkten ihrer Komponenten

Tabelle 98. Bestandteile der Luft.

Gas	He	Ne	N_2	Ar	O_2	Kr	X
Zusammensetzung (Vol.-%)	0,0005	0,0018	78,0	0,932	21,0	0,0001	0,00001
Siedepunkt bei 760 Tor (°C)	—269	—246	—196	—186	—183	—152	—109
Grundfraktionen flüssiger Luft	a) „leichte" (He + Ne)		b) „mittlere" (N_2 + Ar + O_2)			c) „schwere" (Kr + X)	

nacheinander die „mittlere" und die „schwere" Grundfraktion aus (vgl. Tab. 98). Entsprechend dem jeweiligen Gewinnungsprozeß und der Zusammensetzung der Luft sind die Edelgase in folgenden Mischungsverhältnissen und Reinheitsgraden handelsüblich:

1. Rohargon. 99,74% Ar + 0,26% übrige Edelgase. Gewonnen aus unverflüssigter Luft durch Entfernung der unedlen Bestandteile (O_2, N_2, CO_2).

2. Ne-He-Gemisch. 75—78% Ne, 25—22% He. Gewonnen als unverflüssigter Rückstand bei der Erzeugung flüssiger Luft.

3. Technisches Argon. Etwa 95% Ar (+ Spuren Krypton und Xenon) bis zu 5% N_2. Gewonnen aus der mittleren Grundfraktion durch Entfernung von O_2 und des größten Teils von N_2 (im Gegensatz zu Rohargon frei von Ne und He).

4. Neon „spektralrein". 99,7% Ne, 0,3% He. Gewonnen aus Ne-He-Gemisch (2.) durch Trennung mittels flüssigem H_2 (Siedepunkt —253° C).

5. Helium „spektralrein". Keine nachweisbaren Verunreinigungen. Gewonnen wie 4.

6. Krypton und Xenon. Spektralrein. Gewonnen z. B. aus der schweren Grundfraktion (Restbestände von flüssiger Luft), getrennt durch fraktionierte Absorption an entsprechend gekühlter Absorptionskohle.

Reine Edelgase werden meist in abgeschmolzenen Glasbehältern von 1 l Inhalt, technisch reine Edelgase häufig in Stahlflaschen geliefert.

Physikalische und chemische Eigenschaften. Die wichtigsten physikalischen Konstanten sind in Tabelle 94 zusammengestellt. Die Edelgase bilden auch in ionisiertem Zustand keine beständigen Verbindungen miteinander und mit anderen Elementen. Dagegen werden sie von Kohle, Kieselsäuregel und Chabasit sowie von den üblichen Gettermaterialien während des Getterprozesses (vgl. Abb. 345) gebunden. Beim Betrieb von Hochspannungsröhren macht sich ihre Absorption durch kathodenzerstäubte Metallniederschläge (vgl. z. B. Tabelle 116) oft sehr störend bemerkbar.

Diffusion durch heiße Metalle (Pt, PtIr, Pd, Fe) ist bisher nicht nachgewiesen (vgl. F. Johnson *1*), dagegen diffundiert He schon bei 180° C in geringem Maße, bei höherer Temperatur sehr stark durch Quarz, Porzellan und Glas [1]. Ne und Ar diffundieren ebenfalls durch Quarz, aber sehr viel langsamer (praktisch merkbar erst oberhalb 900° C).

Reinigung. In der handelsüblichen Reinheit sind die Edelgase meist noch nicht zur Röhrenfüllung brauchbar. Besonders sorgfältig [2] müssen alle Reste unedler Gase entfernt werden (N_2,O_2); hierzu werden hauptsächlich zwei Methoden benutzt:

Bornsche Zelle (für größere Gasmengen und mittlere Reinheitsanforderungen, vgl. Abb. 255, rechtes Bild). Bei einem Betriebsdruck von 15 Tor brennt zwischen zwei (zum Zünden durch Fe-Kerne magnetisch beweglichen) Ca-Elektroden ein Lichtbogen in einem kugelförmigen Glasgefäß (4 A, 110 V, Vorschaltwiderstand!). Die zu entfernenden Verunreinigungen werden von dem entstehenden Ca-Dampf unter Bildung von festen Karbiden, Nitriden, Hydriden und Oxyden auf der Kolbenwand niedergeschlagen. Für größere Gasmengen empfiehlt es sich, durch entsprechenden Aufbau (vgl. Abb. 255, linkes Bild) für einen

[1] Z. B. diffundiert durch Pyrexglas von 1 mm Dicke bei 600° C und 760 Tor Überdruck eine He-Menge von $5{,}2 \cdot 10^{-4}$ cm³/h cm². Die diffundierte He-Menge steigt bei Quarz linear mit dem Druck und exponentiell mit der Temperatur an.

[2] Dies gilt ganz besonders für gasgefüllte Photozellen wegen der Empfindlichkeit der lichtelektrischen Schichten.

Kreislauf des Gases zu sorgen, wobei der Betriebsdruck bis auf 160 Tor erhöht werden kann (Reinigungsdauer von technischem Ar in diesem Fall etwa 30 h). Die Elektrodenabnutzung ist gering. Eine besondere Kühlung des Glasgefäßes

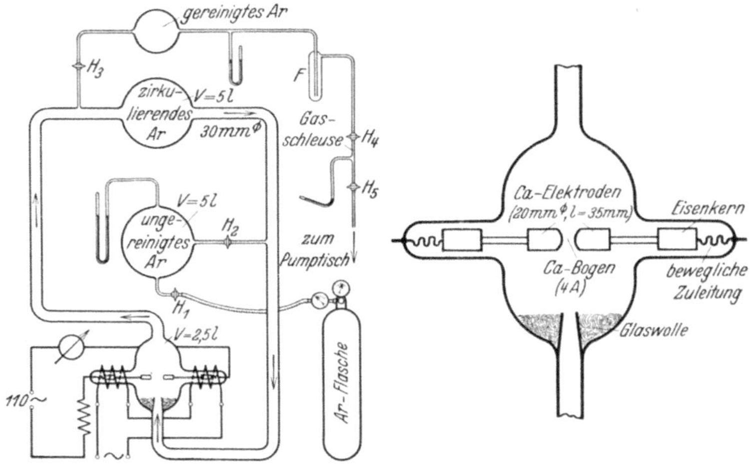

Abb. 255. Born-Zelle und Anordnung der Apparatur für Edelgasreinigung (vgl. Born *1*). H_1 bis H_5 Hähne; F Ausfrierfalle.

ist nicht erforderlich, doch ist die Apparatur gegen Implosions- und Brandgefahr (Verbrennen der heißen Ca-Elektroden bei Zutritt von O_2) mit Drahtnetz und Asbest zu schützen; die am Boden des Gefäßes liegende Glaswolle verhindert ein Springen des Glases durch herabfallende heiße Teilchen.

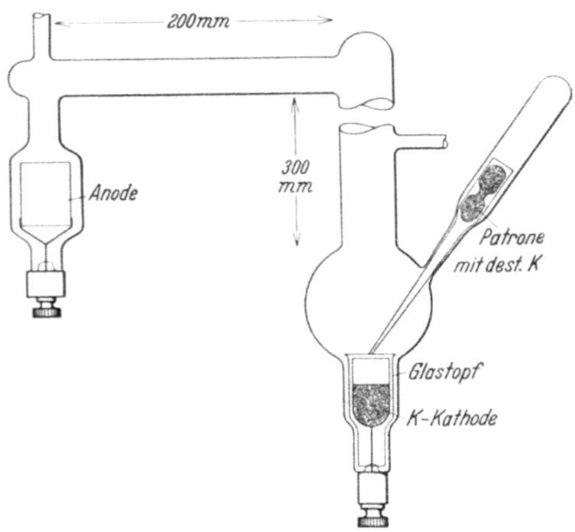

Abb. 256. Gehlhoff-Schröter-Zelle für Edelgasreinigung (F. Schröter *1*).

Gehlhoff-Schröter-Zelle (für kleinere Gasmengen und hohe Reinheitsanforderungen). Hier erfolgt die chemische Bindung der unedlen Gase in einer Gasentladung von einigen Tor Betriebsdruck mit Kalium- oder Natriumkathode[1] (0,3 A, 400 V über 800 Ω Vorschaltwiderstand, Zündung mit Hochfrequenz). Die in Abb. 256 wiedergegebene Zellenform erlaubt die Verfolgung des Reinheitsgrades aus Stromspannungsmessungen (definierte Bogenlänge), spektrale Beobachtung der positiven Säule, Entnahme des gereinigten Gases in der Nähe der Anode (Stelle kleinster Konzentration der Fremdgase), vermeidet durch gute Isolation der Kathode von dem leitenden Wandbelag eine Lichtbogenwanderung und verhindert durch thermische Isolation des Kathodentroges mit Sicherheit ein Springen der äußeren Glaswand. Die Reinigungsdauer einer

[1] Über eine Modifikation der Zelle mit „Mischmetall" als Kathode vgl. Voorhis *1*.

Gasfüllung der Zelle beträgt nur etwa 10 min. Das Optimum der Absorption liegt für Na bei 290°, für K bei 175° C; diese Temperaturen dürfen mit Rücksicht auf die Zersetzungstemperatur der gebildeten Metallverbindungen (z. B. KH : 200° C) nicht wesentlich überschritten werden.

Neben der Reinigung der Edelgase von unedlen Beimischungen ist häufig eine Entfernung von Spuren anderer Edelgase notwendig (vgl. Abschnitt 23a, S. 298), z. B. kleiner Mengen von Ne aus He, die, selbst wenn sie spektroskopisch nicht mehr nachweisbar sind, bei gewissen Glimmlampen und Glimmgleichrichtern durch Kathodenzerstäubung[1] die Lebensdauer herabsetzen. In solchen Fällen läßt man das zu reinigende He langsam über selektiv wirkende Absorptionsmittel streichen, z. B. entwässertes, bei 550° C vorher im Hochvakuum entgastes und mit flüssiger Luft gekühltes Chabasit ($CaAl_2Si_4O_{12} \cdot 6\,H_2O$, vgl. Klockman *1*), wodurch es von Ne, Ar, N_2 und Hg befreit wird (vgl. Baxter *1*). Ein Gramm Chabasit genügt zur Reinigung von etwa 10 cm³ He (20° C 760 Tor, vgl. Voorhis *1*).

Tabelle 99.
Wellenlängen typischer Linien der wichtigsten Gase und Dämpfe sowie ihrer Verunreinigungen (nur sichtbares Gebiet, nach abnehmender Wellenlänge geordnet; Tellmann *1*).

W.-Länge*	Element	W.-Länge*	Element	W.-Länge*	Element
706,5	He	535	Tl	467,8	Cd
687	O	533,8	Cd	467	Fe
670,8	Li	527	Fe, Ca	460	Sr
667,8	He	527	Fe	451	In
656	H	521	Ag	447	He
543,8	Cd	518	Mg	441	Cd
636	Zn	517	Mg	438	Fe
627,8	O	516,9	Fe	436	Hg
618	Ba	516	Mg	434,8	Hg
615	Hg	508,6	Cd	434	H
610	Li	501,5	He	433	Fe
598,8	Ba	496	He	431	Fe, Ca
589,6	Na	492	He	410	H
589	Na	491	Hg	408	Hg
587,5	He	**486**	H	405	Hg
579	Hg	481	Zn	398	Cd
577	Hg	480	Cd	396	Al
546,5	Ag	472	Zn	394	Al
546	Hg	471	He	390	Hg
538	Cd	468	Zn		

* Wellenlängen in 10^{-7} cm (Eichung der Handspektroskope).

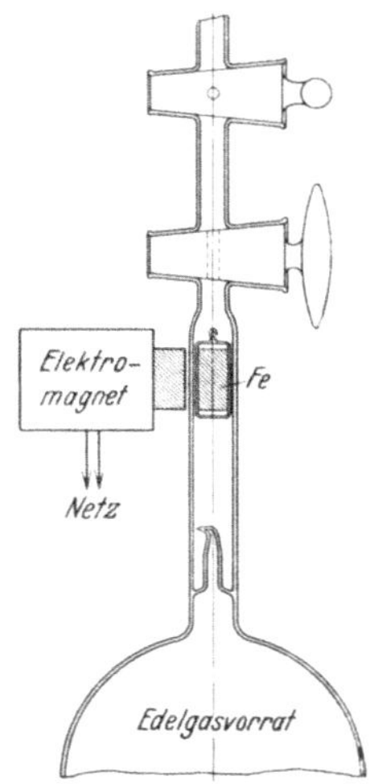

Abb. 257. Öffnen eines Edelgasvorratsbehälters unter Vakuum mittels magnetisch bewegten Hammers (Fe-Stück zur Verhinderung von Gasabgabe in Glas eingeschmolzen). Oben: Gasschleuse mit zwei Hähnen.

Bei der Glühlampenherstellung wird als Füllgas meist eine Mischung von 85% Ar und 15% N_2 verwendet, die sorgfältig von H_2O, O_2, H_2, CO_2 und CO befreit werden muß. Der Reinigungsprozeß ergibt sich sinngemäß aus Abb. 261.

Reinheitsprüfung. Die wichtigste Analysenmethode ist die spektroskopische. Für Vakuumröhrenfüllungen genügt meist das einfache Handspektroskop. Eine dafür ausreichende Zusammenstellung der typischsten Wellenlängen der Füllgase und ihrer Verunreinigungen gibt Tabelle 99.

[1] Vgl. den Unterschied der Kathodenzerstäubung für Ne und He in Abb. 316.

Besonders wichtig ist das Ausscheiden von H_2 (erkennbar an der blauen Linie 486), von N_2 (Banden und Bandengruppen in fast regelmäßigen Abständen

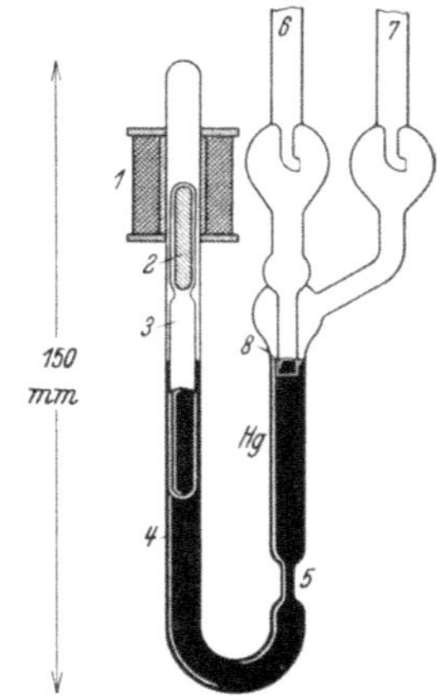

Abb. 258.

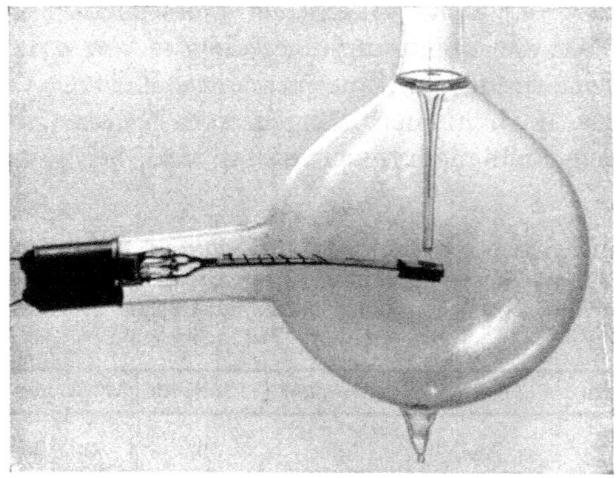

Abb. 259.

Abb. 258. Elektrisch gesteuertes Gaseinfüllventil mit Hg und magnetisch bewegtem Tauchkörper (Espe *6*). 1 Magnetspule; 2 Eisenkern, eingeschlossen in Verdrängungsglasrohr 3; letzteres zur Regulierung der Tauchtiefe teilweise mit Hg gefüllt; 4 Hg zum Öffnen bzw. Verschließen der Ventilöffnung; 5 Dämpfungskapillare; 6 Verbindungsrohr mit dem Gasvorratsbehälter (Gasdruck 5 bis 10 Tor); 7 Verbindungsrohr mit der Entladungsröhre; 8 Ventilöffnung, eventuell mit Glasfilter zur Verringerung der Strömungsgeschwindigkeit.

Abb. 259. Gaseinfüllventil mit Gummiverschluß, bewegt durch elektrisch geheizten Bimetallstreifen (nach Becker und Pirani, vgl. Köhler *1*).

im roten und blauen Gebiet; vgl. Abb. 252) und von CO_2 bzw. von Kohlenwasserstoffen (Banden über das gesamte Spektrum). C zeigt viele eng beieinander liegende Linien im Gelborange und im Gelbgrün, hervortretende Linien im Blau und Linienbündel im Blau und Violett. Leicht miteinander verwechselbar sind die starke Na-Linie 589 und die gelbe He-Linie 587,5 (Kontrolle durch die grünen und blauen He-Linien!).

Auch durch Beobachtung der Stromspannungskennlinie lassen sich Rückschlüsse auf die Reinheit der Füllung ziehen (vgl. Abb. 249).

Füllmethoden. Das Füllen von Edelgasentladungsröhren darf erst nach vollständig durchgeführter Entgasung der Glaswände und Elektroden (bzw. nach Formierung der Kathode[2]) erfolgen.

Meist besitzen die Edelgasvorratsgefäße am Entnahmestutzen eine zugeschmolzene feine Glaskapillare, die nach Anschmelzen

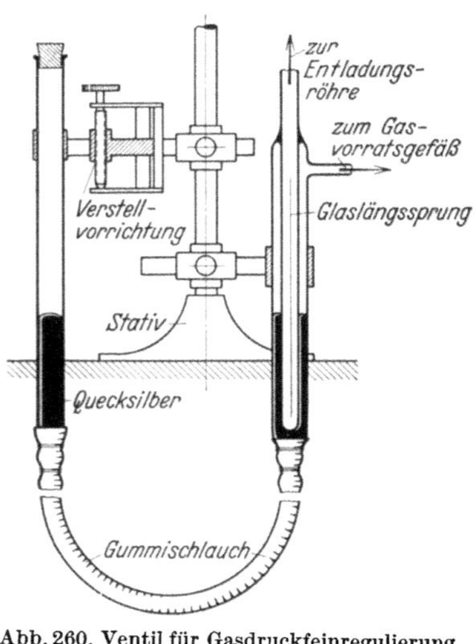

Abb. 260. Ventil für Gasdruckfeinregulierung mit Diffusionsspalt (für Laboratoriumszwecke; schematisch nach Künzel *1*)[1].

[1] Das hindurchdiffundierende Gas soll, trotzdem Hg als Sperrflüssigkeit verwendet wird, frei von Hg-Dämpfen sein.

[2] Wo die Formierung wegen zu großen Elektrodenabstandes ohne Gas nicht durchgeführt werden kann, ist nach erfolgter Formierung das verunreinigte Füllgas zu erneuern.

des Behälters an die Apparatur durch ein im Vakuum magnetisch bewegtes Eisenstück zerschlagen wird (vgl. Abb. 257). Die Dosierung der Gasmenge erfolgt entweder durch Hahnschleusen über eine Falle mit flüssiger Luft zur Fernhaltung der Hahn-Fettdämpfe [1] oder durch elektrisch gesteuerte Hg- oder Bimetall-Ventile (vgl. Abb. 258 und 259). Ein Ergänzen der Edelgasfüllung während des Betriebes kommt praktisch für Edelgase nur bei Röhren mit niedrigem Gasdruck (< 1 Tor) vor. Sie erfolgt in diesem Fall durch Diffusionsspalte (vgl. Abb. 260) oder Diffusionsstopfen (Ton, poröser Graphit, Schott-Glasfilter), die mehr oder weniger von einer Sperrflüssigkeit (Hg, geschmolzene Metalle) bedeckt sind. Der Bedeckungsgrad und damit die nachgelieferte Gasmenge kann dabei automatisch vom Entladungsrohr selbst [2] gesteuert werden (vgl. auch Abb. 264). Über Einfüllen von Ar in Druckgas-Hg-Thermometer durch Kondensation mittels flüssigem N_2 vgl. H. Moser *1*.

c) Unedle Gase.

(L. Moser *1*.)

Gewinnung und Reinigung (vgl. Abb. 261). Wasserstoff. Bombenwasserstoff ist meist mit H_2O-Dampf, O_2 und anderen Gasen in wechselnden Mengen

Tabelle 100. Schema der Reinigung von Bombenwasserstoff für Entgasungs- und Reduktionsöfen.

Nr.	Reinigungsvorlagen	Zweck
1	Elektr. Porzellanofen ($\approx 800^0$ C) . . .	$Fe(CO)_5$-Zersetzung
2	Grobes Glasfilter (Schott & Gen.) oder Watte	Abfangen des metallischen Fe
3	Waschflasche mit $KMnO_4$-Lösung . . .	Oxydation organischer Bestandteile und des CO
4	Grobes Glasfilter	Verhüten der Bädervermischung bei zu lebhaftem H_2-Strom
5	Waschflasche mit $HgCl_2$-Lösung	Bindung von H_2S und C_2H_2
6	Grobes Glasfilter oder Glaswolle . . .	Wie 4
7	Waschflasche mit konzentr. KOH-Lösung	CO_2-Absorption
8	Grobes Glasfilter	Wie 4
9	Waschflasche mit H_2SO_4	Trocknen des H_2-Gases
10	Grobes Glasfilter	Wie 4
11	Trockenturm mit $CaCl_2$.	Trocknen
12	Mehrere Trockenröhren mit P_2O_5-Füllung	Trocknen
13	Grobes Glasfilter	Abhalten von P_2O_5-Staub

verunreinigt; für Röhrenfüllungen ist daher die Selbstherstellung auf elektrolytischem Wege vorzuziehen. Um eine Verunreinigung des entwickelten H_2 durch O_2-Diffusion von der Anode her zu verhindern, wird dabei zweckmäßig

[1] Dabei darf die Einströmgeschwindigkeit nicht zu hoch sein, weil sonst keine restlose Kondensation der Fettdämpfe erfolgt.

[2] Z. B. durch Heben und Senken des Hg-Niveaus mit Hilfe eines magnetisch bewegten Fe-Schwimmkörpers (Abb. 258) oder nach dem Prinzip der Gasausdehnungslampe (Abb. 104).

eine sog. Spülelektrode angebracht (vgl. Abb. 262). Die Reinigung des so hergestellten H_2 erfolgt nach dem Schema der Abb. 261. H_2, der aus der Bombe

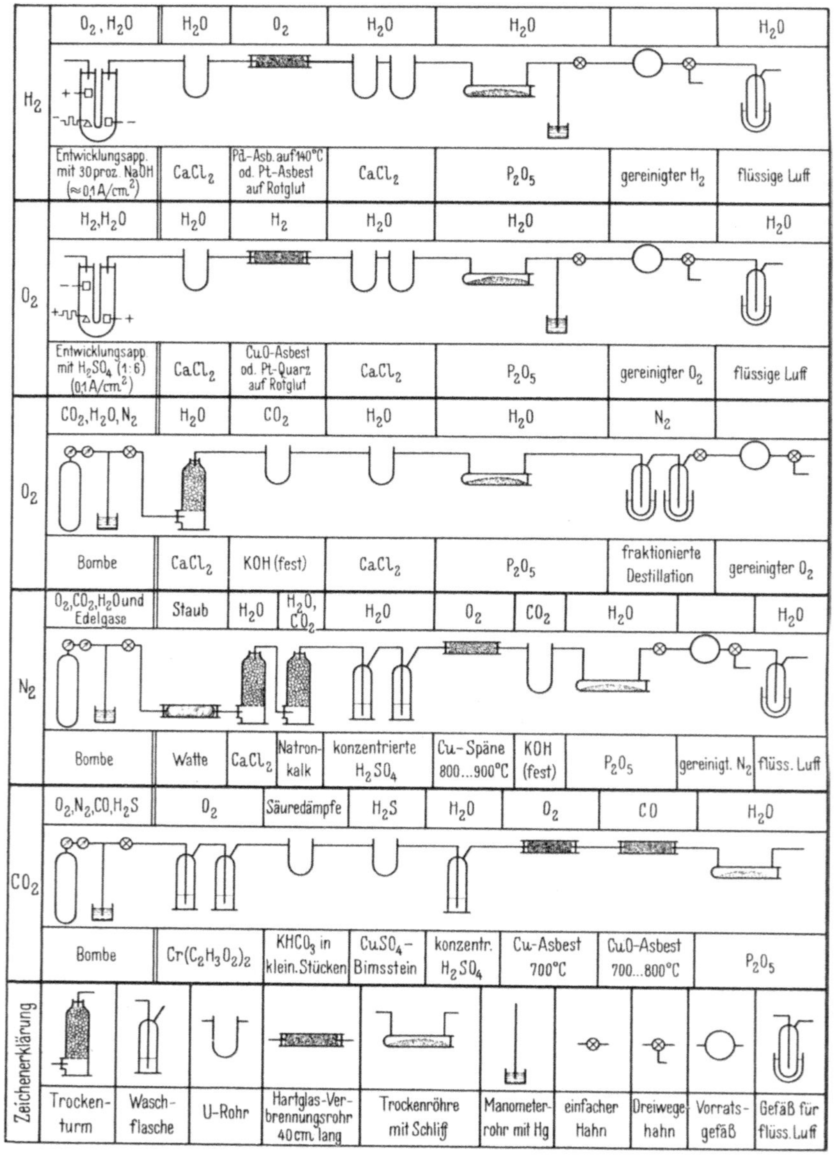

Abb. 261. Schematische Darstellung der Reinigungsprozesse für unedle Gase (H_2, O_2, N_2 und CO_2). Die 1. Zeile jeder waagerechten Spalte enthält die Verunreinigungen und den Hinweis, an welchen Stellen ihre Beseitigung erfolgt, die 2. Zeile den Geräteaufbau in schematischer Form, die 3. Zeile die Chemikalien, mit denen die einzelnen Gefäße zu füllen sind und gegebenenfalls ihre Arbeitstemperatur. Über Reinigung von Bombenwasserstoff vgl. Tabelle 100.

oder einer Spiritusflamme durch die Wandung eines glühenden Pd-Rohres diffundiert (vgl. S. 47), ist chemisch rein. Für H_2-Entgasungs- und Reduktionsöfen genügt im allgemeinen der handelsübliche Bombenwasserstoff. Wegen seiner größeren Unreinheit und der durch den Verwendungszweck bedingten stärkeren Strömungsgeschwindigkeit empfiehlt sich dabei das in Tabelle 100 angegebene Reinigungsschema.

Als Schutzgas beim Schweißen und zum „Formieren" der Leuchtdrähte von Glühlampen und Glühkathodenheizwendeln benutzt man vielfach an Stelle des reinen H_2 ein explosionssicheres Gemisch aus 80% N_2 und 20% H_2 (befreit von H_2O, O_2 und CO_2, vgl. W. Fehse *1*).

Sauerstoff. Der aus flüssiger Luft gewonnene Bombensauerstoff ist ziemlich rein und enthält nur noch Spuren von CO_2, H_2O, N_2 und Edelgasen. Eine weitergehende Entfernung von N_2 ist hier nur auf physikalischem Wege (fraktionierte Verdampfung) möglich, aber meist nicht notwendig. Im Gegensatz dazu enthält elektrolytisch gewonnener Bombensauerstoff noch größere Mengen von H_2. Kleinere Mengen von O_2 stellt man sich entweder elektrolytisch (nach Abb. 262 mit umgekehrter Polung) oder durch Erhitzen von staubfreiem Kaliumpermanganat in einem Ansatzrohr der Vakuumapparatur her. Im letzteren Fall müssen durch eine Vorlage von Glaswolle und festem Ätzkali Staub und CO_2 von der Röhre ferngehalten werden. Reinigungsschema für normalen Bomben- und elektrolytisch gewonnenen Sauerstoff in Abb. 261.

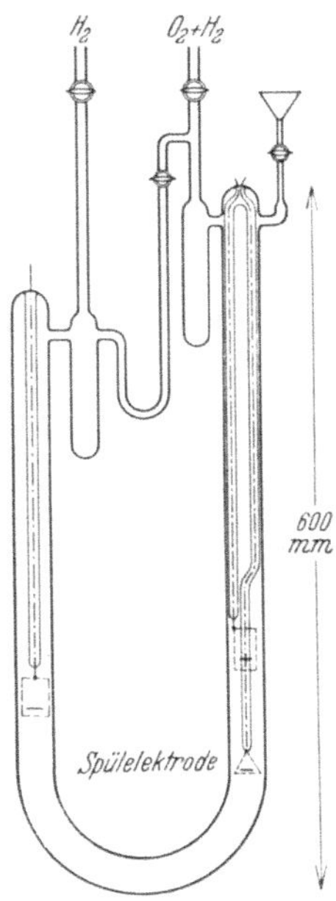

Abb. 262. Gerät zur elektrolytischen Entwicklung von H_2 (Gaede *2*). Die Spülelektrode wird wie die Kathode an den Minuspol der Gleichspannungsquelle angeschlossen, jedoch unter Vorschaltung eines größeren Widerstandes als bei dieser. Nach Umpolung von Kathode und Anode (Spülelektrode über Widerstand an Pluspol) ist das Gerät auch für die Entwicklung von O_2 geeignet.

Durch ein erhitztes Ag-Röhrchen eindiffundierter O_2 soll (ähnlich wie durch Pd diffundiertes H_2) sehr rein sein (I. Taylor *1*).

Stickstoff. Bombenstickstoff aus flüssiger Luft ist meist sehr rein (99%, Rest O_2, CO_2, H_2O und Edelgase); Reinigungsschema vgl. Abb. 261. Herstellung von reinstem N_2 für Röhrenfüllungen in kleinen Mengen erfolgt am besten durch Zersetzung von einigen Gramm K-, Na- oder Ba-Azid, die in einem Rohransatz im Sandbade vorsichtig[1] erhitzt werden. Über Reinheitsprüfung von N_2 bei der Füllung von Glühlampen durch HF-Entladung vgl. Elzin *1*.

Kohlendioxyd. Bombenkohlensäure enthält 1—2% Fremdgase (meist O_2, N_2 und CO, seltener Spuren von H_2S und SO_2). Reinigung vgl. Abb. 261; größere Mengen von H_2S entfernt man am besten durch neutrale n/1 Kaliumpermanganatlösung. Kleinere Mengen von reinem CO_2 erhält man durch Erhitzen von Magnesiumkarbonat (in einem Rohr aus schwer schmelzbarem Glas).

Physikalische und chemische Eigenschaften. Die wichtigsten physikalischen Konstanten sind in Tabelle 94 zusammengestellt. Das chemische Verhalten unedler Gase gegenüber den einzelnen Röhrenwerkstoffen ist in den betreffenden Abschnitten über diese behandelt; im Gegensatz zu den Edelgasen zeigen die

[1] K-Azid auf 330° C, Na-Azid auf 320° C, Ba-Azid auf 120—150° C; die Entwicklung von N_2 dauert noch einige Zeit nach Wegnehmen der Flamme an!

unedlen Gase in ionisiertem Zustand meist eine stark erhöhte chemische Reaktionsfähigkeit. Über das Verhalten gegenüber Kathoden aller Art vgl. Abschnitt 23, über Sorption und Getterung Abschnitt 24; über Diffusion von unedlen Gasen vgl. Tabelle 101.

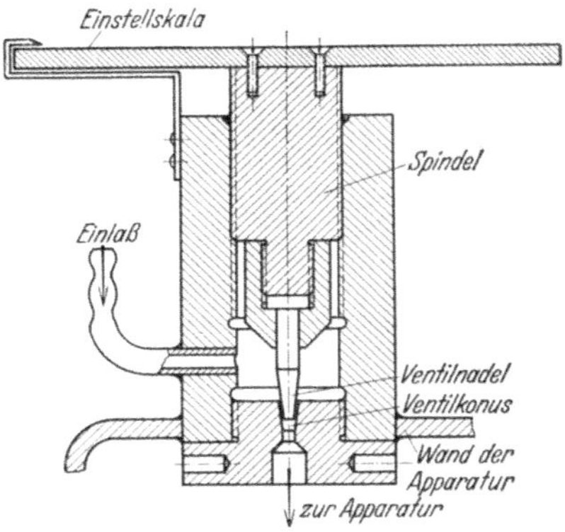

Abb. 263. Nadelventil zum Einlassen von Gasen in Metallentladungsröhren; Ventilnadel und Ventilkonus auswechselbar (letztere der Deutlichkeit wegen stark vergrößert gegenüber den übrigen Abmessungen der Anordnung gezeichnet; Durchmesser der Nadel etwa 0,5 mm, Länge etwa 10 mm; vgl. auch Leybolds Nachf. *1* und Brüche *1*).

N_2, O_2 und CO_2 diffundieren nicht merklich durch erhitzte Gläser; auch für H_2 wurde bei Pyrexglas bis 640° C keine Diffusion gefunden.

Füllmethoden. Außer den im Abschnitt „Edelgase" beschriebenen benutzt man für unedle Gase folgende Füllmethoden:

Kleine Mengen von H_2 können durch Erhitzen von mit H_2 gesättigtem Pd-Schwamm (Absorption bis zum 800fachen des Eigenvolumens!) oder mittels Diffusion von H_2 durch ein einseitig verschlossenes, an die Vakuumapparatur angeschmolzenes erhitztes Pd-Röhrchen (3 bis 10 cm lang, 2 bis 3 mm ∅) eingefüllt werden, vgl. Pat. Treuh. Ges. *1*.

Kleine Mengen von O_2 aus der Luft lassen sich in ähnlicher Weise durch ein Ag-Röhrchen eindiffundieren, das mit Hilfe eines Cu- oder (besser) Pt-Zwischenringes an die Glasapparatur angeschmolzen und elektrisch von außen auf eine Temperatur

Tabelle 101. Diffusion von unedlen Gasen durch heiße Röhrenwerkstoffe.

Gas	Diffusion vorhanden durch	Keine Diffusion nachweisbar durch
H_2	Pt (vgl. Abb. 43) Pd (vgl. Abb. 43 und Tabelle 20) Ni (vgl. Abb. 43 und 54) Fe und Stahl (vgl. Abb. 43, 54, 63, 64 und Tabelle 26) Cu (vgl. Abb. 54 und Tabelle 29) Monel (vgl. Abb. 43) NiCr (vgl. Abb. 54) NiCu (vgl. Abb. 54) Quarz (vgl. Tabelle 83) Porzellan (vgl. Tabelle 86)	Al, Glas
N_2	Fe Quarz (vgl. Tabelle 83)	Cu, Ag, Glas
O_2	Ag (vgl. S. 78) Quarz (vgl. Tabelle 83)	Pt, Glas
CO_2	vulkan. Gummi	Cu, Glas

erhitzt wird, die noch genügend tief unterhalb des Schmelzpunktes des Ag liegt (etwa 625° C, vgl. F. Johnson *1*, I. B. Taylor *1* und S. 78). Die Einfüllung von CO_2 darf wegen dessen relativ hoher Kondensationstemperatur nicht über flüssige Luft erfolgen.

Das Einlassen größerer Mengen unedler Gase in zerlegbare Entladungsröhren (Durchströmungsmethode) erfolgt zweckmäßig durch Nadelventile, vgl. Abb. 263, S. 252, zuweilen auch durch Diffusionswiderstände (vgl. Whipple *1*). Zum Betrieb von Entladungsröhren mit unedlen Gasen (z. B. Moore-Leuchtröhren) ist infolge der dauernden Absorption der Gasfüllung stets eine automatisch wirkende Nachfüllvorrichtung erforderlich. Man bringt zu diesem Zweck in der Nähe der heißen Elektroden chemische Verbindungen an, die während des Betriebes unter Freigabe der gewünschten Gase allmählich zerfallen (N_2 aus Metallaziden, z. B. NaN_3, vgl. Skaupy *3*, CO_2 aus Karbonaten), oder man läßt das unedle Gas aus einem Vorratsbehälter über einen durch einen Flüssigkeitsspiegel regelbaren porösen Diffusionswiderstand (Graphit, keramische Masse oder poröses Glasfilter) in die Röhre nachströmen, vgl. Abb. 258, 260 und 264.

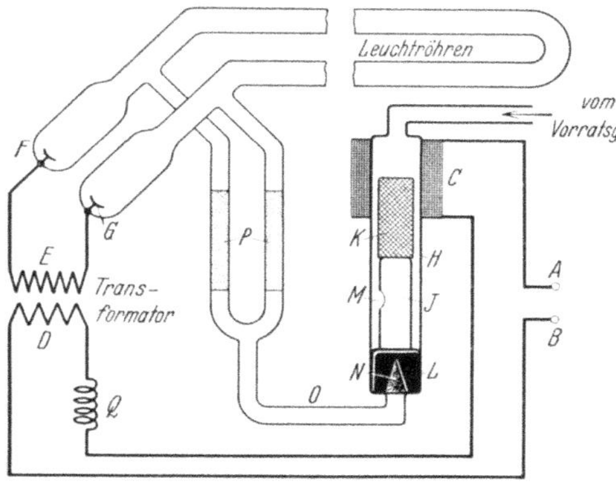

Abb. 264. Moore-Leuchtröhre mit „Atemventil" (vgl. Köhler *1*, Lax *3*).
A und B Netzanschluß; C Magnetspule; D Primärwicklung; E Sekundärwicklung; F und G Elektroden; H Ventilmantel; I magnetisch zu hebendes Glasrohr; K Eisenkern (aus Drähten); L Absperrquecksilber (Niveau veränderlich durch Heben des Glasrohres J); M Öffnung im Glasrohr; N poröser Kohlekegel oder Glasfilter; O Zuleitungsrohr; P Sandstopfen zur Vermeidung von Kurzschluß; Q Drossel.

d) Dämpfe.

Gewinnung. Die Erzeugung von Metalldampffüllungen erfolgt durchweg durch Erhitzung des in die Röhre eingebrachten festen oder flüssigen Metalls. Technisch verwendet werden vor allem Hg und Na, daneben für Spezialzwecke Cd, K, Li, Rb, Cs sowie Alkali-Amalgame. Über die Gewinnung und Reinigung von Hg vgl. Abschnitt 7, von Erdalkali- und Alkalimetallen Abschnitt 8.

Physikalische und chemische Eigenschaften. Die wichtigsten physikalischen Konstanten enthält Tabelle 94. Über die Reaktion von Hg-Dampf mit Elektrodenwerkstoffen vgl. Abschnitt 7, S. 102.

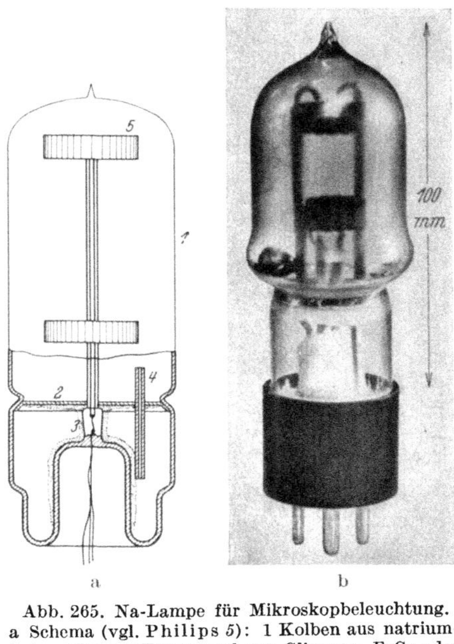

a b

Abb. 265. Na-Lampe für Mikroskopbeleuchtung. a Schema (vgl. Philips *5*): 1 Kolben aus natriumfestem Glas; 2 Trennwand aus Glimmer, FeCr oder dgl.; 3 Quetschfuß, mit Magnesiumsilikat bedeckt; 4 Druckausgleichröhrchen aus Keramik; 5 Elektrodensystem. b Ausführung (Hersteller: Gen. El. Co.).

Bei der Verwendung heißer Alkalidämpfe macht sich deren Reaktionsneigung mit anderen Röhrenbaustoffen unangenehm bemerkbar. So werden z. B. die gewöhnlichen Gläser, besonders Bleiglas, durch sie reduziert (Quetschfußsprünge bei Photozellen!). Man muß für derartige Röhren alkalifeste Sondergläser verwenden (z. B. das Alumoborosilikatglas V 612e für Na-Röhren [1], vgl. Tabelle 74, Abs. 2 und S. 291) oder die Quetschfüße durch Anbringen von Zwischenwänden (vgl. Philips *5* und Gordon *1*) und Überziehen des Fußes mit Magnesiumsilikat (vgl. Abb. 265) schützen. Für die Elektroden solcher Röhren verwendet man am besten Fe, W, Mo oder kräftig dimensioniertes Ni.

Abb. 266. Einfüllen von Hg in Entladungsröhren durch Öffnen einer Vorratsampulle mittels Hochfrequenz (vgl. S. & H. *6*). 1 Dest. Hg in evakuierter Glasampulle; 2 Kurzschlußring zum Sprengen der Ampulle durch HF-Erhitzung; 3 HF-Spule; 4 Abschmelzstelle des Pump- und Füllstutzens.

Abb. 267. Na-Lampe für Fernsehzwecke; oben ohne, unten mit Heizkasten (Ewest *1*).

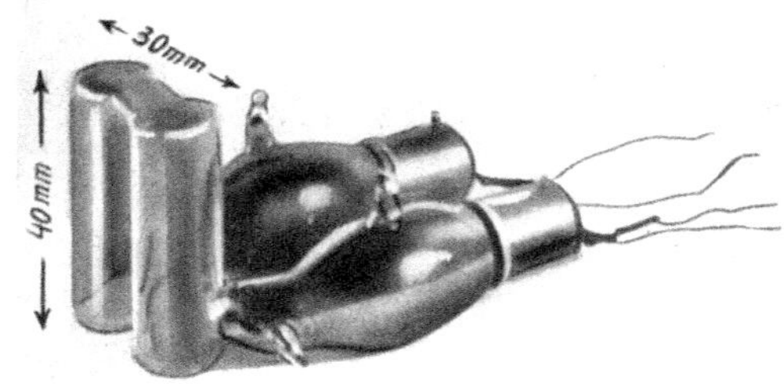

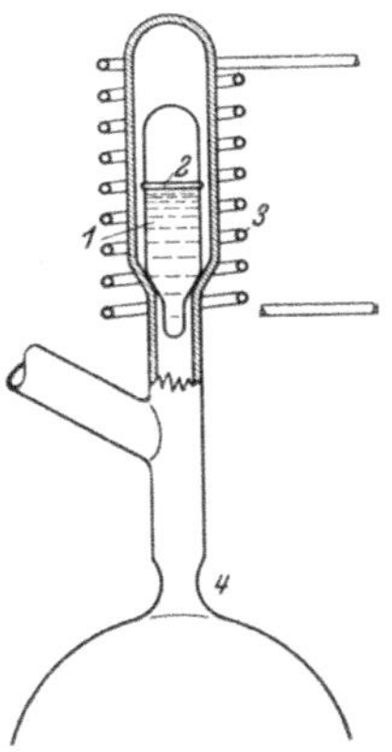

Abb. 266.

Abb. 267.

Füllmethoden. Quecksilber. Hier erfolgt die Füllung am besten durch Destillation des vorgereinigten Hg aus einem an die Apparatur oberhalb des Pumpstutzens (bei hängender Röhre) angeschmolzenen Vorratsbehälter, der bei dauernd laufender Pumpe auf etwa 200° C erhitzt wird. Da hierbei zwischen Hg-Vorrat und Röhre eine Ausfrierfalle nicht angebracht werden kann, herrscht in der Röhre stets der Sättigungsdruck des Hg bei Zimmertemperatur (etwa $2 \cdot 10^{-3}$ Tor). In Fällen, wo dies unerwünscht ist (Röhren mit Oxydkathoden, die im Hochvakuum formiert werden müssen), destilliert man das Hg zunächst unter Vakuum in kleine Glasampullen, die abgeschmolzen werden. Diese Ampullen werden dann in einen Ansatz oberhalb der zu füllenden Röhre eingeführt (Abb. 266) und nach erfolgter Evakuierung und Kathodenformierung (im Hochvakuum) durch Aufsprengen mittels Hochfrequenz oder auf mechanischem Wege geöffnet.

[1] Für die übrigen Alkalimetalle existieren bisher noch keine Gläser mit genügend großer Widerstandsfähigkeit.

Die Einführung von Hg kann auch in Form fester Amalgame oder Hg-Verbindungen erfolgen, die in einem Seitenröhrchen oder als Aufstrich auf der Innenseite des Kolbens angebracht sind und erst bei Erhitzung Hg-Dampf abgeben. Ihre Rückstände müssen jedoch einen relativ zum Hg niedrigen Dampfdruck aufweisen.

Kadmium (Budgen *1*, Liebig *1*). Zur Füllung wird das Metall bei 400 bis 450° C in die Vakuumröhre destilliert; häufig verwendet man auch Cd-Amalgame

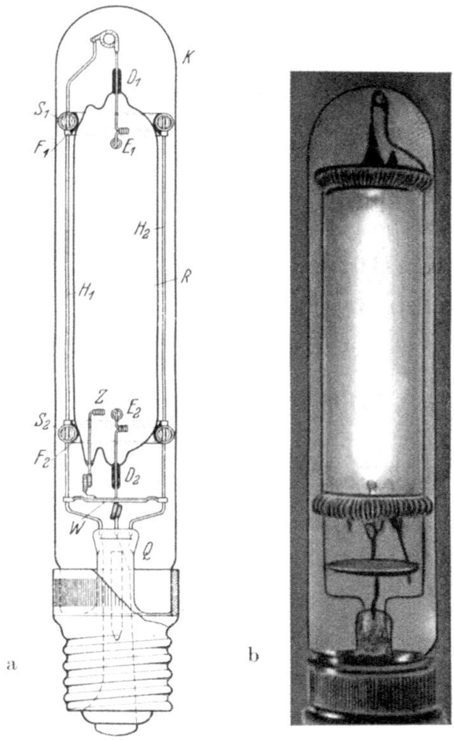

Abb. 268.

Abb. 268. Hg-Hochdrucklampe mit wärmeisolierendem Vakuummantel (vgl. Krefft *1*). a Konstruktionsschema: R Entladungsrohr mit Hg-Dampffüllung und Ar-Zündzusatz; E_1, E_2 Elektroden; Z Zündelektroden; D_1, D_2 vakuumdichte Metalleinschmelzung; K äußeres evakuiertes Wärmeschutzrohr; Q Quetschfuß mit Pumpstutzen des Wärmeschutzrohres; W Strahlungsschutzscheibe; H_1, H_2 Haltedrähte bzw. Stromzuführungen; S_1, S_2 Drahtspiralen zur Fixierung des Entladungsrohres im Wärmeschutzrohr; F_1, F_2 Asbestfütterung. b Röhre im Betrieb (Hersteller: Osram).

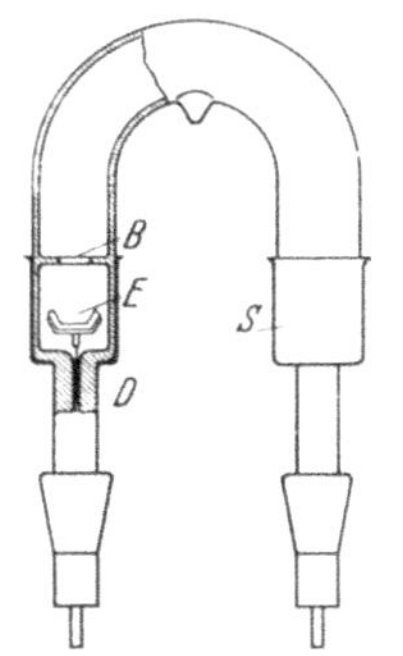

Abb. 269.

Abb. 269. Hg-Hochdrucklampe (mit Ar-Zündzusatz) aus Quarz für Therapiezwecke (vgl. auch Abb. 210b). B Kathodenblende; E selbstaufheizende Kathode; D Stromleiterdurchführung; S Schutzhülle zur Wärmeisolation des Kathodenraumes (Verhinderung von Hg-Kondensation und Erleichterung der Kathodenselbstaufheizung).

(Wolfke *1*), die aus Reinheitsgründen erst innerhalb der Vakuumröhre gebildet werden. Alle Gläser (auch Quarzglas) werden von Cd-Dampf bei längerer Brenndauer angegriffen. Über Dampfdruck von Cd vgl. Egerton *1*.

Natrium. Die Füllung erfolgt auch hier entweder durch Destillation oder durch Einführung kleiner (offener) Glasampullen, die in einem besonderen Destillationsprozeß gefüllt werden (vgl. Abschnitt 8 und Abb. 106 und 265b). Beim Überdestillieren von Na in Röhren, in denen sich Hg befindet (Amalgamkathoden), ist wegen der entstehenden Reaktionswärme Kühlung des Röhrenkolbens oder gesonderte Herstellung des Amalgams in Quarzgefäßen notwendig (vgl. Abschnitt 7, S. 102).

Seltene Alkalimetalle (Li, Cs u. a.). Sie werden in Form von thermisch zersetzbaren Verbindungen in die Röhre eingebracht oder innerhalb der Röhre bzw. in einem Ansatz auf aluminothermischem Wege, d. h. mittels Reduktion geeigneter Verbindungen (Oxyde, Chloride) durch zugemischtes Metallpulver (Zr, Al, Mg, Be) gewonnen; Einzelheiten vgl. Abschnitt 8.

Regelung des Dampfdruckes. Sie erfolgt durch Einstellung der Temperatur des Entladungsraumes. So heizt man z. B. Hg-Gleichrichter zwecks leichterer Zündung vor Inbetriebnahme durch elektrische Wärmestrahler an; andererseits vermeidet man einen zu hohen Dampfdruck durch Luftkühlung (Ventilatoren, Kühldome) oder durch Einsätze mit Flüssigkeitskühlung (vgl. Abb. 65). Bei Röhren mit hohem Betriebsdruck umgibt man entweder das gesamte Entladungsgefäß mit einem elektrischen Ofen (Fremdheizung, z. B. Na-Fernsehlampe, vgl. Abb. 267) oder mit einem Vakuummantel (Selbstheizung, z. B. Hg-Hochdrucklampe, vgl. Abb. 268). Kondensation an den nicht durch die Entladung erwärmten Teilen (Röhrenfuß) verhütet man durch wärmeisolierende Außenbekleidung (vgl. Abb. 269 und Ende *1*). Bei Röhren mit überhitztem Hg-Dampf (vollständige Verdampfung des Hg-Tropfens durch die Entladungswärme) erfolgt die Regelung des Druckes durch genaue Dosierung der eingebrachten Kondensatmenge.

21. Glühkathoden.

a) Allgemeines.

Physikalische Eigenschaften. (Boer *9*, Chaffee *1*, Dushman *1, 7*, Reimann *1*, Schottky *1*, Simon *1, 2*).

Die Elektronenemission einer Glühkathode folgt dem Gesetz von Richardson:

$$i = F \cdot A \cdot T^2 \cdot e^{-B/T},$$

worin i den Elektronenstrom (A), F die emittierende Fläche (cm²) und T die Temperatur (° K) bedeuten. A (Amp./cm² Grad², Elektronenkonzentration) und B (° K, Austrittsarbeit) sind die sog. Richardsonschen Konstanten, die für jedes Kathodenmaterial verschieden sind. Die Austrittsarbeit wird meist in Volt angegeben:

$$\varphi = 8{,}62 \cdot 10^{-5} \cdot B \quad (\mathrm{V}).$$

In Tabelle 102 sind die an gut entgasten bzw. aktivierten Glühkathoden gemessenen Werte für A und φ zusammengestellt.

Tabelle 102. Richardson-Konstante A (Amp./cm² Grad²) und Austrittsarbeit φ (V) für verschiedene Metalle (Dushman *7*, Reimann *1*).

Oberfläche	Untergrund	A	φ	Oberfläche	Untergrund	A	φ
Ag	massiv	0,76	3,56	Cs-Film . .	oxyd. Ag	$9{,}8\cdot10^{-2}$	0,75
Au	„	≈40	4,2	Fe	massiv	—	4,04
Ba	„	60	2,1	Hf	„	14,5	3,53
Ba-Film . .	W	—	1,66	Mo	„	55	4,15
Ba-Film . .	oxyd. W	$3\cdot10^{-1}$	1,1	Nb . . .	„	57	3,96
BaO . . .	PtIr	10^{-4}—10^{-2}	1,0 bis	Ni	„	$1{,}38\cdot10^{3}$	5,03
(aktiviert)			1,1	Pd	„	≈60	4,99
BaO/SrO .	PtIr	10^{-3}—10^{-2}	1,03	Pt	„	$1{,}7\cdot10^{4}$	6,27
(aktiviert)				SrO	PtIr	10^{-4} bis	1,27
BaO/SrO .	PtNi	$1\cdot10^{-2}$	1,00	(aktiviert)		10^{-2}	
(aktiviert)				Ta	massiv	34	4,04
C	massiv	5,9	3,9	Th	„	60,2	3,35
Ca	„	6,02	2,24	Th-Film . .	W	3	2,63
CaO. . . .	PtIr	10^{-4}—10^{-2}	1,77	Th-Film . .	Mo	1,5	2,55
(aktiviert)				W	massiv	60—100	4,54
Cu	massiv	5—65	≈4,3	W oxyd. .	W	$5\cdot10^{11}$	9,22
Cs	„	162	1,81	Zr	massiv	330	4,12
Cs-Film . .	W	—	1,36	Zr-Film . .	W	5	3,14
Cs-Film . .	oxyd. W	$1\cdot10^{-3}$	0,71				

Die Bestimmung von A und B geschieht meist durch Ermittlung der „Richardson-Geraden“ [1]. In Abb. 270 sind diese für einige wichtige Kathoden zusammengestellt. Die Messung der Kathodentemperatur erfolgt meist pyrometrisch, für dünne Drähte mit dem Mikropyrometer (vgl. Abb. 133). Für alle exakten

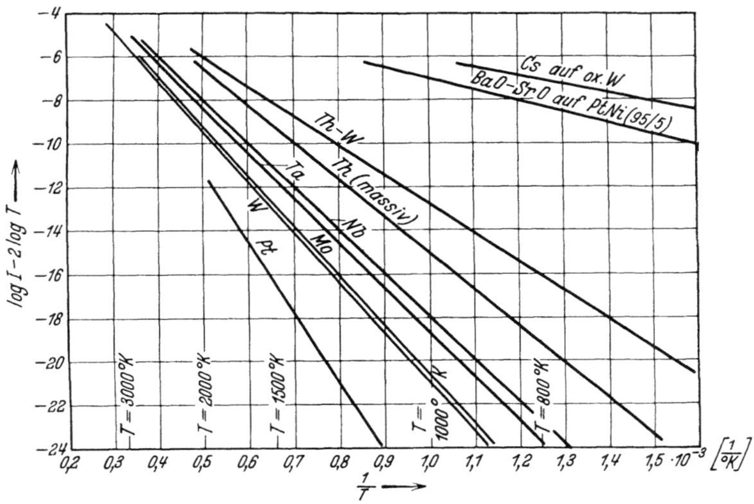

Abb. 270. Richardson-Geraden für einige Glühkathoden.

Untersuchungen an Glühkathoden ist nicht die pyrometrisch ermittelte „schwarze“ Temperatur T_s, sondern die wahre Temperatur T_w zugrunde zu legen, die mit Hilfe des Strahlungsvermögens der emittierenden Oberfläche gefunden wird

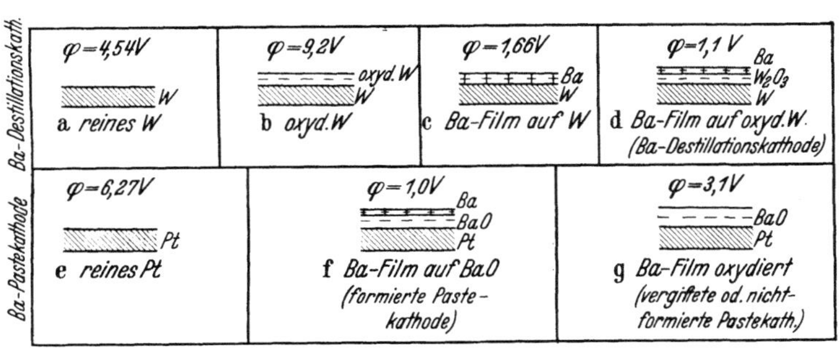

Abb. 271. Schema des Einflusses dünner elektropositiver (+ + +) und elektronegativer (— — —) Oberflächenschichten auf die Austrittsarbeit von Glühkathoden und Photokathoden.

(vgl. S. 127 und Abb. 403, Anhang). Die abkühlende Wirkung der Halterung auf die Kathodenenden muß berücksichtigt bzw. durch Hilfsanoden eliminiert werden (vgl. z. B. Simon *2*).

Die Emissionsfähigkeit von Glühkathoden (und von Photokathoden) hängt stark von der Adsorption gasförmiger oder fester (einmolekularer?) Fremd-

[1] Ausführliche Beschreibung solcher Messungen an Oxydkathoden bei Espe *2*; für sehr genaue Messungen ist der Einfluß der Anodenfeldstärke auf den Elektronen-„Sättigungsstrom“ und die Abhängigkeit der Austrittsarbeit von der Temperatur zu berücksichtigen (über Einzelheiten vgl. Schottky *1*).

schichten an der Oberfläche ab (Zusammenfassung bei K. Becker *5* und Rukop *1*). Abb. 271 gibt einen grob schematischen Überblick über die Wirkungsweise derartiger Schichten an dem Beispiel von W- und Oxydkathoden und ihren Einfluß auf die Austrittsarbeit. Ob durch die Einwirkung eines adsorbierten Fremdstoffes eine Erhöhung oder eine Erniedrigung der

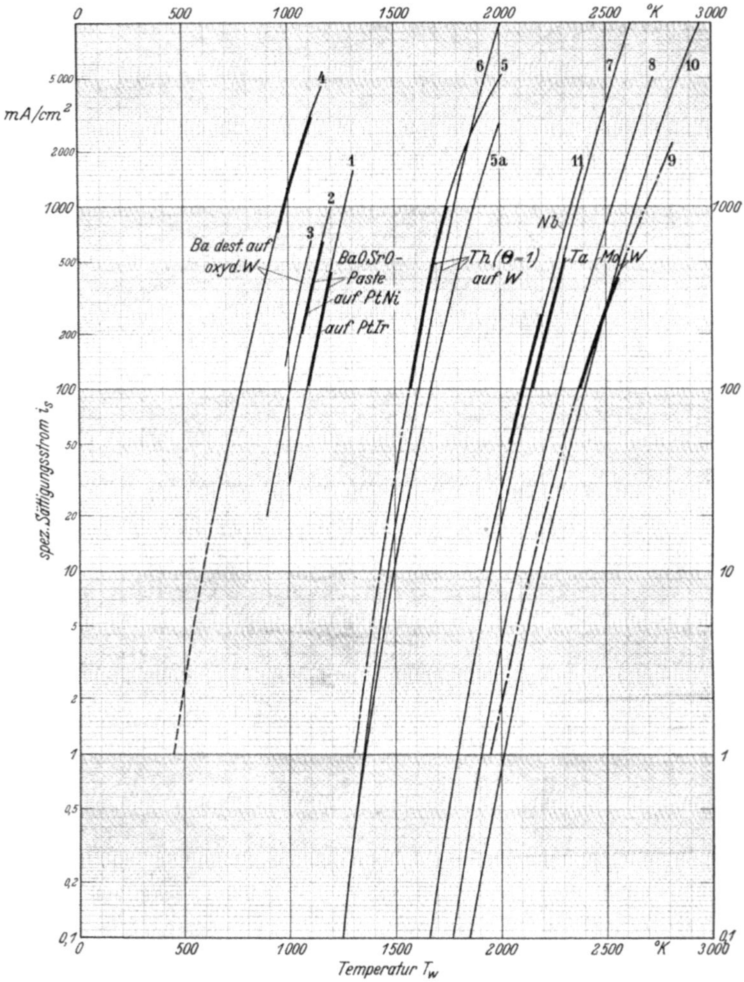

Abb. 272. Spez. Sättigungsstrom von Glühkathoden, abhängig von der wahren Temperatur (vgl. Anm. 1 S. 260).

Emission eintritt, hängt mit seiner Stellung in der Spannungsreihe der Elemente zusammen: Elektronegative Adsorptionsschichten (z. B. O_2) vergrößern die Austrittsarbeit φ, erniedrigen also die Emissionsfähigkeit, elektropositive (z. B. Ba, Cs) erhöhen sie. Elektronegative Zwischenschichten, z. B. W_2O_3 oder BaO, die zwischen der metallischen Unterlage (z. B. W oder Pt) und einem elektropositiven Außenbelag (z. B. Ba) eingelagert sind, erhöhen die Emissionsfähigkeit in stärkerem Maße als es dieselbe elektropositive Außenschicht (z. B. Ba) allein tun würde (Dreischichten-Glühkathode[1] bzw. Mehrschichten-Photokathode). Drei- und Mehrschichtenkathoden mit elektronegativer Außenschicht ergeben stets geringere Elektronenemission als solche mit elektropositiver Außenschicht.

Dieses Verhalten der Außenschichten ist grundsätzlich unabhängig von ihrer Entstehungsweise. Sie bilden sich entweder durch Adsorption von Fremdgasen in der Röhre ungewollt (Emissionsvergiftung durch O_2, Emissionssteigerung durch Alkali aus erhitzten Glasteilen) oder sie werden zur Erhöhung der Emission

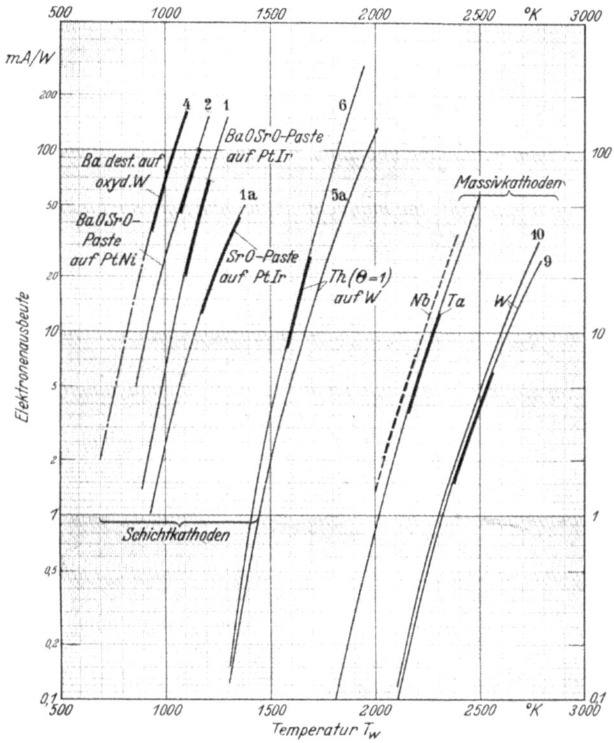

Abb. 273. Elektronenausbeute von Glühkathoden, abhängig von der wahren Temperatur (vgl. Anm. 1 S. 260).

durch besondere Methoden absichtlich erzeugt. Solche Methoden sind z. B. Aufstrich von Erdalkaliaziden und nachträgliche thermische Zersetzung zu Erdalkalimetall, Aufdestillation von Erdalkalimetallen von der Anode her, oder Diffusion, z. B. von Thorium aus dem Kernmetall der Kathode; technisch besonders wichtig ist das Auftragen von Verbindungen elektropositiver Metalle (z. B. BaO), aus denen durch Elektrolyse oder Reduktion das reine Metall (z. B. Ba) freigemacht wird, das nach Diffusion an die Oberfläche die Emission bewirkt.

[1] Bei Zwischenlagerung einer elektronegativen Schicht zwischen Kernmetall und elektronenemittierender elektropositiver Schicht wird ferner der Verdampfungsgrad der letzteren herabgesetzt, sodaß man in diesem Falle bei gleicher Lebensdauer höhere Kathodentemperaturen anwenden und so höhere Stromausbeuten erzielen kann.

Für die technische Beurteilung einer Kathode sind hauptsächlich maßgebend: Spezifischer Sättigungsstrom i_s (mA pro cm² Kathodenoberfläche) und Elektronenausbeute i_w (mA pro Watt Heizleistung) bei Betriebstemperaturen, die eine genügende Lebensdauer (500 bis 10000 h) gestatten.

In Abb. 272 ist die Temperaturabhängigkeit von i_s, in Abb. 273 die Temperaturabhängigkeit von i_w für die wichtigsten technischen Kathoden angegeben [1]. Die technisch bevorzugten Temperaturgebiete sind durch Verstärkung der Kurvenlinien gekennzeichnet. Konstruktiv wichtig sind daneben noch: Spezifische

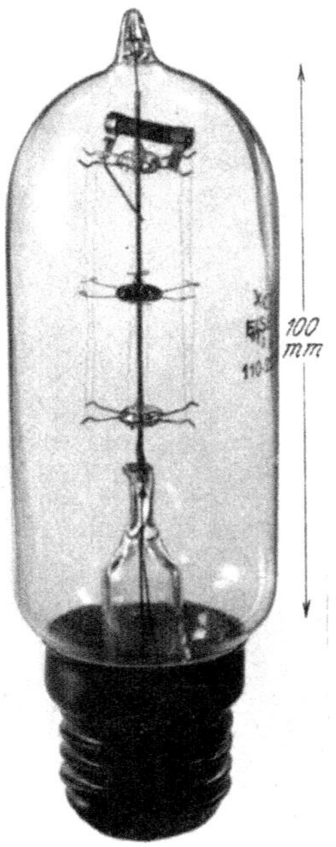

Abb. 274. Eisenwasserstoffwiderstand mit vorgeschaltetem Urandioxydstab (Hersteller: Osram).

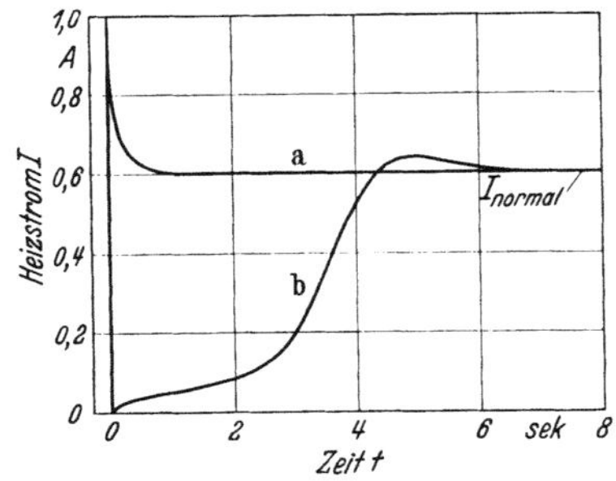

Abb. 275. Zeitlicher Verlauf des Heizstromes einer Kathode beim Einschalten. a mit Eisenwasserstoffwiderstand; b mit zusätzlichem Urandioxydwiderstand (Type Osram C 6, 60—180 V; 0,6 A; nach Kleinschmidt *1*).

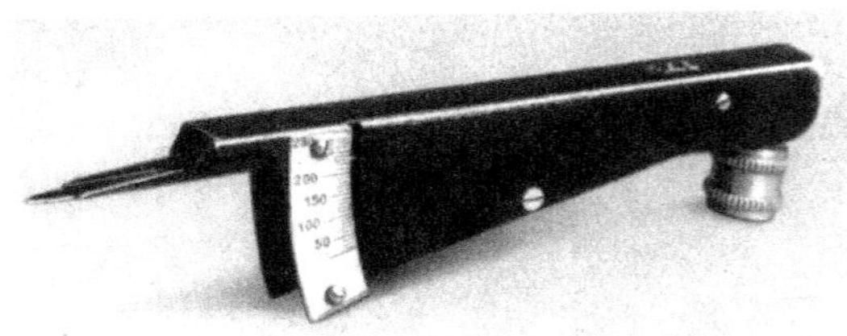

Abb. 276. Federwaage zur Feststellung der Zug- oder Druckkraft von Kathodenfedern (Hersteller: Siemens & Halske).

Heizleistung [2] W_1 (W pro cm² emittierende Oberfläche) und spezifischer Widerstand ϱ ($\Omega \cdot$mm²/m).

Über die Abhängigkeit von W_1 und ϱ von der Temperatur vgl. die folgenden Abschnitte.

Lebensdauer. Ausschlaggebend für die technische Verwendung einer Glühkathode ist ihre Lebensdauer. Diese hängt außer von der Temperatur (bzw.

[1] Literatur zu Kurve 1: King *1*; 2: Dushman *1*; 3: Espe *3*; 3a: Espe *4*; 4: Simon *2*; 5: Simon *2*; 5a: Nottingham *1*, Dushman *8*; 6: Dushman *3*; 7: Dushman *4*; 8: Dushman *5*; 9: Simon *2*; 10: Jones *1*; 11: Wahlin *1*.

[2] Für indirekt geheizte frei Wärme abstrahlende Kathoden ist W_1 je nach der Konstruktion wegen zusätzlicher Wärmeverluste an Halterungen und infolge Wärmeabstrahlung nicht emittierender Teile größer und daher die Elektronenausbeute i_w kleiner als bei direkt geheizten freistrahlenden Kathoden; für nichtfreistrahlende (direkt oder indirekt geheizte Hohlkathoden) ist die spezifische Heizleistung geringer und infolgedessen die Elektronenausbeute größer als bei freistrahlenden Kathoden.

dem Verdampfungsgrad der Emissionsschicht) stark von der mechanischen Festigkeit bzw. chemischen Beständigkeit und damit von den Betriebs-

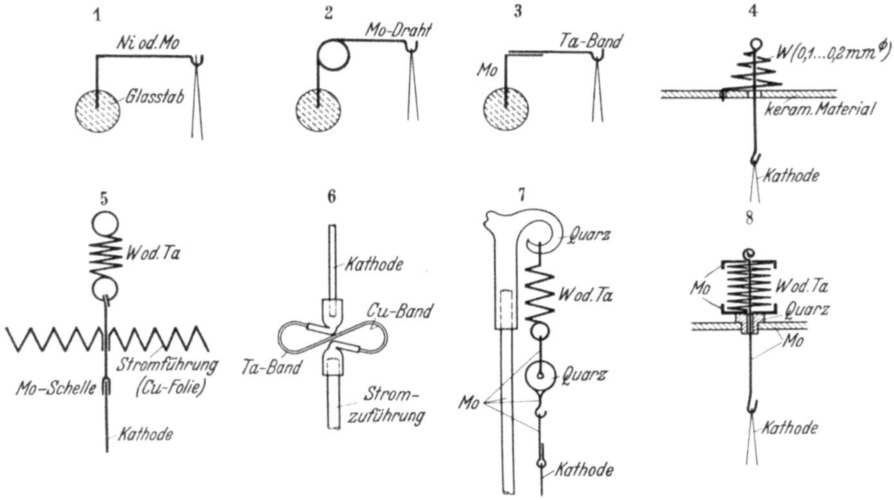

Abb. 277. Schematische Beispiele von Kathodenanfederungen.

bedingungen ab (Vakuumgüte, Ionentrommeleffekt, Kerndrahtangriff durch die Paste, mechanische Beanspruchungen, Formbeständigkeit). Von diesen Faktoren

Abb. 278. Zugfeder aus 3 mm breitem Tantalblech mit parallel geschaltetem Kupferband für Stromdurchgang (vgl. Abb. 277, Teilbild 6).

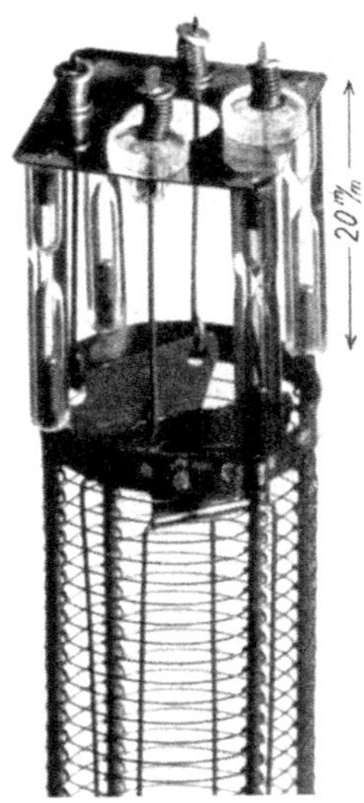

Abb. 279. Druckfeder aus Tantaldraht mit Quarzisolation, montiert an der Gitterkrone einer Senderöhre (vgl. auch Abb. 211; Schema: Abb. 277, Teilbild 8).

sind unabhängig von der Art der Kathode vor allem die Kathodenüberheizung infolge inkonstanter Stromquellen und die mechanische Beanspruchung durch die Anfederung zu berücksichtigen.

Temperaturkonstanz der Kathode. Für optimale Lebensdauer ist besonders bei direkt geheizten Kathoden mit kleinem Drahtdurchmesser Konstanthaltung des Heizstroms notwendig. Sie erfolgt vielfach durch Einschalten von Eisenwasserstoffwiderständen in den Heizstromkreis (vgl. S. 68). Starke Einschaltstromstöße, die besonders bei vorgeschalteten Eisenwasserstoffwiderständen entstehen, müssen entweder durch allmähliche Steigerung der angelegten Heizspannung oder durch Vorschalten von Widerständen mit negativem Temperaturkoeffizienten vermieden werden. Diese besitzen in kaltem Zustand einen hohen Widerstand, der erst nach dem Einschalten bei Erwärmung kleiner wird. Sie bestehen aus Scheiben oder Stäbchen aus gepreßten Oxyden[1], die in einem Vakuumgefäß mit H_2-Füllung eingeschlossen sind. Vielfach kombiniert man derartige „negative" Widerstände mit einem normalen Eisenwasserstoffwiderstand (vgl. Abb. 274). Die durch solche Kombinationswiderstände erreichte Abdämpfung des Einschaltstoßes zeigt Abb. 275.

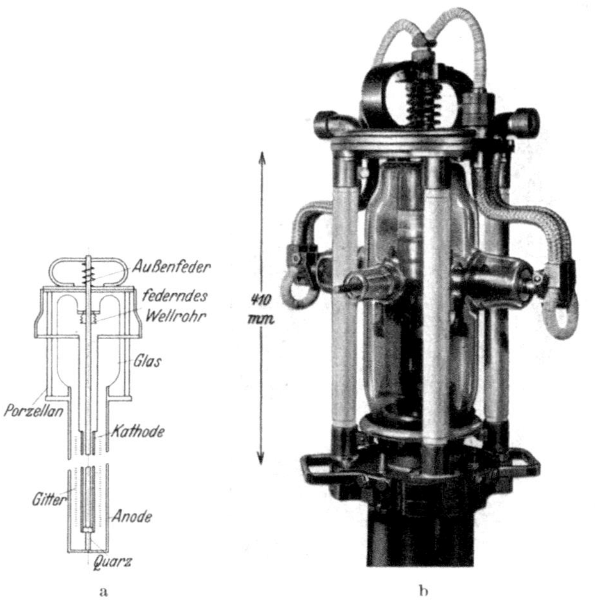

Abb. 280. Außenanfederung von Glühkathoden. a Schematischer Längsschnitt; b technische Ausführung (300 kW-Senderohr; Hersteller: Telefunken-Siemens).

Anfederung[2]. Sie ist häufig zur Fixierung der Kathodenlage gegenüber dem übrigen Elektrodensystem notwendig. Beim Einsetzen der Kathode müssen die Federn um einen Betrag vorgespannt werden, der mindestens gleich der später durch die Wärmedehnung bewirkten Verlängerung der Kathode sein muß. Die dabei auf die Kathode ausgeübte Zugkraft muß einerseits groß genug sein, um die Kathode straff zu halten; andererseits darf sie niemals die durch die Dauerstandfestigkeit des Kathodenmaterials vorgeschriebene Größe überschreiten (unter Berücksichtigung der Verringerung des Kathodendurchmessers durch Verdampfung während der Brenndauer!). Über die Ermittlung der maximal zulässigen Zugkraft durch Lebensdauermessungen vgl. S. 7, insbesondere Abb. 7 und 8. Die Ausmessung der Zug- oder Druckkraft von Kathodenfedern in

[1] Vgl. auch Berg *1*, Kleinschmidt *1*, W. Meyer *1*, N. N. *4*. Hergestellt werden solche Widerstände meist aus pulverförmigem UO_2, dem vielfach andere Oxyde, z. B. MgO (bis 65% der Widerstandsmasse) und TiO_2 (bis 25%) beigemengt sind. Die Masse wird mit Aq. dest. und Tragant zu einer dicken Paste gemischt, die durch eine Presse ähnlich Abb. 219 zu Nudeln geformt wird. Diese werden bei etwa 1500° C unter H_2 gesintert, zu geeigneten Längen geschnitten, mit Kontaktschellen versehen und in Vakuumröhren eingebaut.

[2] Über die Berechnung von Federn vgl. Blodgett *1*, Föppl *1*, Hütte *1* und Voss *1*.

Abhängigkeit von der Elongation erfolgt durch Auswiegen oder mittels Spezialfederwaage (Abb. 276).

Wegen der Nähe der Glühkathode nehmen die Spannfedern häufig erhebliche Temperaturen [1] an; in solchen Fällen läßt sich nur Ta verwenden, das Temperaturen bis zu 1000° C ohne wesentliches Nachlassen der Spannkraft dauernd aushält. Für geringere thermische Beanspruchung (bis 500° C) genügen W- und Mo-Federn und unter 200° C hartgewalztes Ni. Eine Stromzufuhr über die Feder zur Kathode ist nach Möglichkeit zu vermeiden (evtl. Parallelschalten eines flexiblen guten Leiters). Abb. 277 zeigt einige schematische Beispiele von Kathodenanfederungen, Abb. 278 eine typische Zugfeder, Abb. 279 eine typische Druckfeder für direkt geheizte Kathoden. Benutzt man zur Elektrodeneinführung ein elastisches vakuumdichtes Element, z. B. Tombak-Wellrohr, so können die Spannfedern auch außerhalb angebracht werden (Abb. 280).

Eine Zusammenstellung der Werkstoffe für die wichtigsten Kathodenarten gibt Tabelle 103.

Tabelle 103. Werkstoffe für technisch gebräuchliche Glühkathodenarten.

Kathodenart	Heizung		Vgl. Seite
	direkt	indirekt	
Massivkathoden	W	Ta, Nb	263
Thoriumfilmkathoden	WTh; MoTh	—	267
Pastekathoden mit Ba-Film	Ni + BaOSrO; PtIr + + CaO + BaOSrO; PtNi + BaOSrO	Ni + BaOSrO	270
Ba-Sinterkathoden	—	W-Pulver + BaO	286
Ba-Destillationskathoden	W + W_2O_3 + Ba	Ni+BaOSrO+Ba	287

b) Massivkathoden.

Da die Elektronenemission blanker massiver Metalle mit genügend niedrigem Dampfdruck relativ klein ist, finden für Massivkathoden nur die hoch erhitzbaren Metalle W, Ta und Nb Verwendung. Massivkathoden bedürfen im Gegensatz zu anderen Glühkathoden keines besonderen Formierprozesses. Sie sind nach genügender Entgasung durch kurzzeitige Erhitzung auf 100—200° C über ihrer normalen Betriebstemperatur gebrauchsfertig. Abb. 272 zeigt die spezifische Elektronenemission, Abb. 273 die Elektronenausbeute pro Watt Heizleistung, Abb. 281 den spezifischen Widerstand, Abb. 282 die spezifische Heizleistung dieser Kathodenmetalle abhängig von der Temperatur und Abb. 283 den Zusammenhang zwischen wahrer und schwarzer Temperatur.

W-Kathoden (vgl. auch Wolfram, Abschnitt 3b, S. 10, insbesondere Tabelle 5). Praktisch kommen nur Drahtkathoden mit direkter Heizung vor, da für indirekt geheizte W-Kathoden Heizkörper mit entsprechend hoher Erhitzbarkeit nicht zur Verfügung stehen. Für kurze Kathoden, besonders für Meßröhren und Röntgenröhren, verwendet man Einkristalldrähte, für längere Kathoden durchwegs NS-Draht, der praktisch thorfrei ist (vgl. S. 17). Die Drahtdicke

[1] Über die Abhängigkeit des Elastizitätsmoduls von Federmaterialien von der Temperatur vgl. Dodge *1*.

wird in der Praxis meist durch die Gewichtsangabe eines 200 mm langen Stückes gekennzeichnet.

Besondere Sorgfalt erfordert das Befestigen der Zuleitungen. Durch Anschweißen des W-Drahtes mittels Kohleelektrode im H_2-Strom wird das

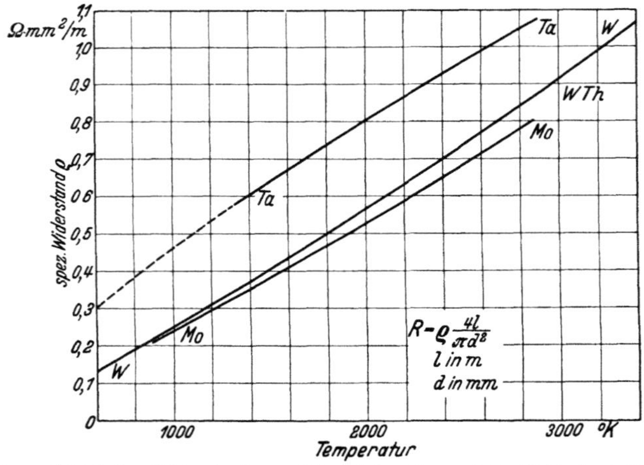

Abb. 281. Spez. elektrischer Widerstand von W-, WTh-, Mo- und Ta-Kathodendrähten, abhängig von der wahren Temperatur.

Kathodenende brüchig. Punktschweißungen sind wegen des hohen Schmelzpunktes des W nicht einwandfrei durchzuführen; es bilden sich leicht Übergangswiderstände, sodaß das Material der Halterung schmilzt oder verdampft und der heiße W-Draht durch die Federung aus der Halterung herausgezogen wird. Man befestigt den Kathodendraht daher besser durch Abbinden mittels dünnem W- oder Mo-Draht oder (dünnere Drähte) durch Einklemmen (vgl. Abb. 159, Teilbilder c_1 u. h). Wendeln aus W werden am Einklemmende durch einen Stift ausgefüllt und der flachgedrückte Haltedraht gemeinsam um Stift und Wendel festgequetscht (vgl. Abb. 159, Teilbild c_2). Über Wärmeverluste an den Zuleitungsenden der Kathoden vgl. Langmuir *6* und Simon *2*, über Anfederungen Blodgett *1*.

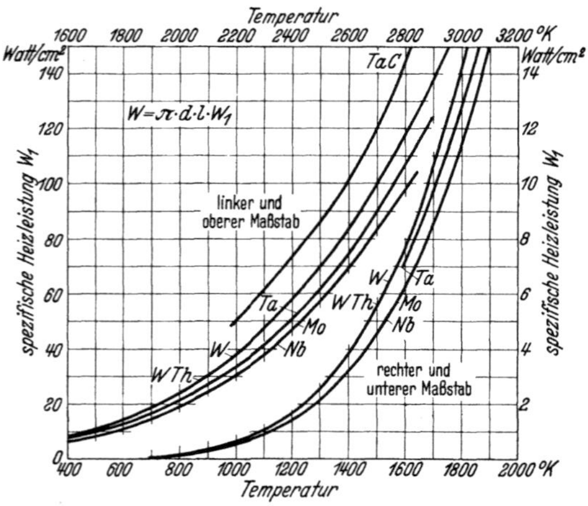

Abb. 282. Spez. Heizleistung von direkt geheizten Glühkathoden aus W, WTh, Mo und Nb sowie von karburiertem Ta, abhängig von der wahren Temperatur.

Die optimale Federzugkraft beträgt etwa 5—7,5% der Zerreißfestigkeit des Kathodendrahtes, für NS-Draht also bei 2400° K etwa 200 g/mm² (für kleine Durchmesser $< 0,1$ mm) bis 300 g/mm² (für dickere Drähte > 1 mm). Abb. 284 zeigt die zulässige Zugbeanspruchung von W-Drahtkathoden in Abhängigkeit von ihrem Durchmesser für NS-Draht.

Die Lebensdauer von glühenden W-Drähten fällt stark mit steigender Temperatur. Als rohe Regel gilt für sehr dünne Drähte (auf Grund von Messungen an Hochvakuumlangdrahtlampen mit leicht angefederten Leuchtfäden nach Abb. 21), daß der W-Draht reißt, nachdem er durch Verdampfung 12% seines Gewichtes verloren hat (vgl. Tabelle 104, S. 267); danach läßt sich also aus den Drahtabmessungen und der bei der betreffenden Temperatur vorhandenen

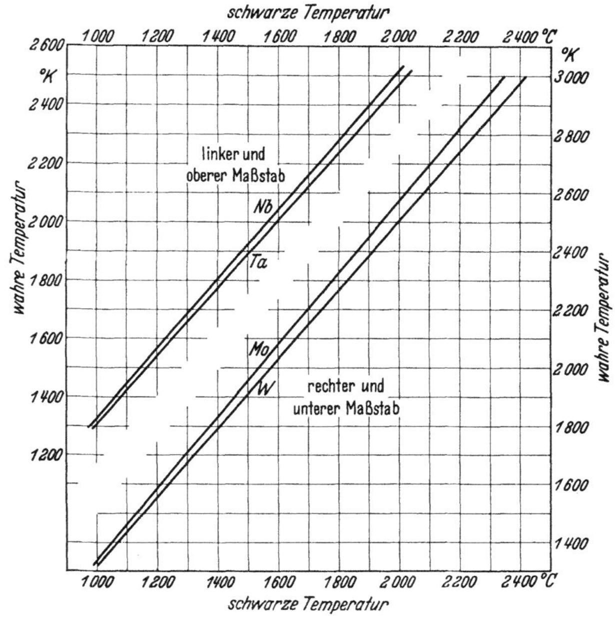

Abb. 283. Zusammenhang zwischen „wahrer" Temperatur (° K) und (pyrometrisch in ° C gemessener) „schwarzer" Temperatur für blankes W, Mo, Ta und Nb. (Pyrometer geeicht am schwarzen Körper mit Filter für $\lambda = 0{,}650\,\mu$; Kurven für Ta und Nb nach Matthies *1*, ermittelt nach der Lochmethode an nahtlos gezogenen Röhren in Gefäßen mit nicht reflektierenden Wänden.)

Verdampfungsgeschwindigkeit (vgl. Tabelle 5, S. 21) die wahrscheinliche Lebensdauer für im Hochvakuum glühende W-Drähte schätzen. In gasgefüllten Röhren (z. B. Tungar-Gleichrichtern, AEG. *6*) ist die Verdampfung wesentlich geringer (vgl. Abb. 253) und demnach bei gleicher Temperatur die Lebensdauer der W-Glühkathoden bedeutend höher (vgl. S. 284). Zur überschlägigen Dimensionierung frei abstrahlender Drahtkathoden ist in Abb. 285 die Strom- und Spannungsabhängigkeit vom Kathodendurchmesser für verschiedene Temperaturen dargestellt.

Im Gegensatz zu Thorium- und Bariumfilmkathoden ist die Elektronenemission von W relativ unempfindlich gegen vorhandene Gasreste, da entstehende chemische Verbindungen, z. B. WO_3, bei den hohen Betriebstemperaturen sofort abdampfen; doch wird das Kathodenmaterial bei dauerndem Vorhandensein solcher Gase (insbesondere durch H_2O) allmählich auf chemischem Wege abgebaut. Hg- und Edelgasdämpfe beeinflussen die Elektronenemission nicht; auch die ersteren greifen die Drahtoberfläche chemisch nicht an.

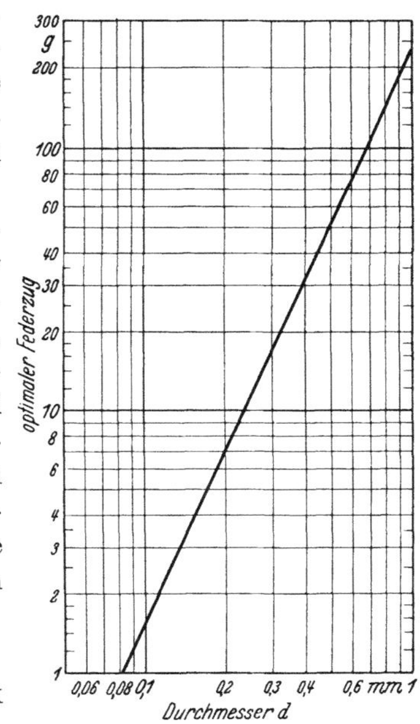

Abb. 284. Höchstzulässiger Federzug für im Hochvakuum auf 2400° K erhitzte NS-Wolframdrähte, abhängig vom Durchmesser.

Technische Anwendungen. Kleine Hochvakuummeßröhren; Hochvakuumsenderöhren (vgl. Abb. 77); Hochspannungsgleichrichter (vgl. Abb. 90); Röntgenröhren (vgl. Abb. 24 und 72); argongefüllte Gleichrichter.

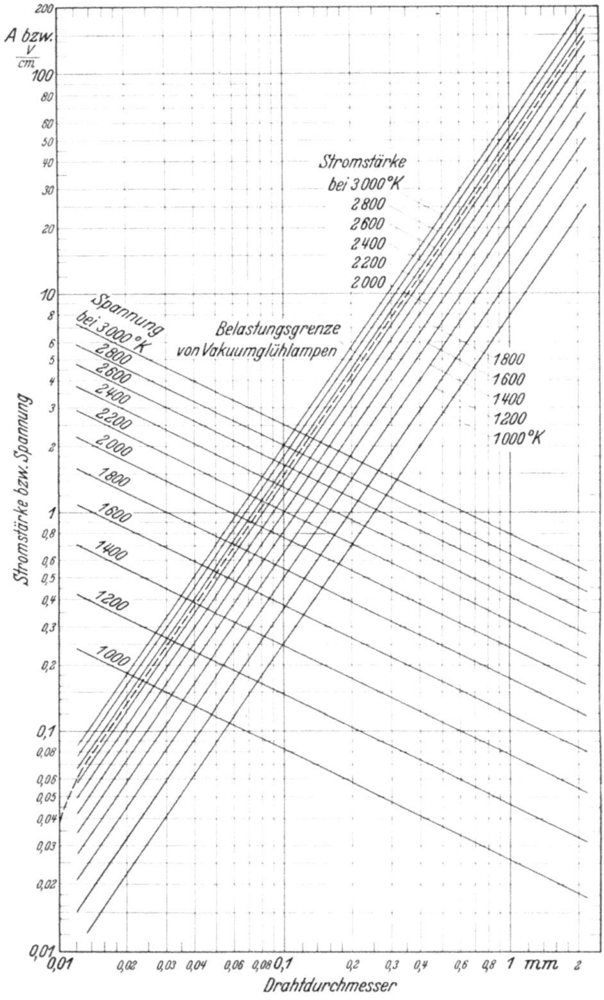

Abb. 285. Beziehung zwischen Strom, Spannung pro Längeneinheit, Temperatur und Drahtdurchmesser von glühendem Wolframdraht im Hochvakuum[1].

Ta- und Nb-Kathoden[2]. Wegen ihres niedrigeren Schmelzpunktes und der gegenüber W geringen Zugfestigkeit verwendet man sie ausschließlich für indirekt geheizte Kathoden. Dies wird dadurch begünstigt, daß sich dünnwandige nahtlose Ta- und Nb-Rohre leichter als W-Rohre herstellen lassen, die

[1] Für eine Temperatur von 2600° K und einen Spannungsabfall am Kathodendraht von 1 V/cm ergibt sich z. B. aus dem Diagramm ein Drahtdurchmesser von 0,26 mm und eine Stromstärke von etwa 6,5 A.

[2] Vgl. Abb. 272, 273, 281, 282 und 283, ferner Abschnitt 3e, S. 35 und 3f, S. 41.

Tabelle 104. Wahrscheinliche Lebensdauer von W-Glühdrähten in Hochvakuumlampen (Aboville *1*).

Temperatur °K	Fadenlänge cm	Fadendurchmesser μ	Verdampfungszeit von 1% des Fadengewichtes h	Wahrscheinliche Lebensdauer h
2383	78,5	74	560	6700
2432	71	70	220	1640
2485	63	63	80	960
2555	55	56	25	300
2637	47	49	6,30	76
2733	39	41,5	1,20	14,4
2860	30	33,5	0,14	1,7
2950	25,5	30	0,036	0,43

durch Strahlung innenliegender W-Heizkörper auf genügend hohe Betriebstemperatur (bis zu 2150° K) gebracht werden können (Schema einer solchen Kathode in Abb. 280a).

Durch Wasserdampf, O_2 und CO_2, wird die spezifische Emission von Ta stark herabgesetzt, da das sich bildende Ta-Pentoxyd bzw. Ta-Karbid bei den Betriebstemperaturen bedeutend schwerer verdampft als W_2O_3 bei den entsprechenden Betriebstemperaturen der W-Kathode.

Technische Anwendungen. Indirekt geheizte Großsenderöhren (vgl. Ganswindt *1*). Die in Abb. 77c wiedergegebene Senderöhre ist beispielsweise mit einer solchen Kathode ausgerüstet (Länge: etwa 700 mm, ⌀: 40 mm, Heizstrom: 1800 A bei 17 bis 18 V Heizspannung).

c) Thoriumfilmkathoden.

(Dushman *8*, Langmuir *7*, Ricq *1*; massives Thorium: Zwikker *2*.)

Wolfram-Untergrund. Spezifische Elektronenemission vgl. Abb. 272, Elektronenausbeute Abb. 273. Spezifische Heizleistung, Strahlungsvermögen und spezifischer Widerstand praktisch wie bei reinem W (vgl. Abb. 281—283).

Dem W-Metall zugesetztes Thoroxyd [1] wird im Vakuum bei hohen Temperaturen durch das umgebende W zu reinem Thorium reduziert; dieses diffundiert an die Oberfläche und ergibt schon bei 1700° K eine 6- bis 10fach höhere Elektronenausbeute (mA/W) als reines W bei 2400° K. Die Emission erreicht ihr Maximum, sobald die Kathodenoberfläche vollständig mit einer einmolekularen[2] Thoriumschicht bedeckt ist. Den Verlauf der dementsprechend notwendigen abgestuften Temperaturbehandlung (Formierung) zeigt Tabelle 105.

Da zwischen 2300 und 2600° K die Verdampfung des Th-Films von der Oberfläche größer ist als die Nachdiffusion aus dem Inneren („Entaktivierung"), ist dieser Temperaturbereich während des Formierens unbedingt zu vermeiden. Die erforderliche Dauer der Aktivierungserhitzung (Nr. 5 des Formierschemas) schwankt mit dem Drahtdurchmesser und dem Drahtmaterial und muß für diese jeweils experimentell ermittelt werden. Hierzu wird der Aktivierungsprozeß

[1] Im fertig gezogenen Draht maximal 0,7—2% Th; handelsübliche Zusammensetzungen vgl. S. 16.

[2] Die Atomzahl pro cm^2 beträgt in diesem Falle $7{,}56 \cdot 10^{14}$.

Tabelle 105. Formierschema für thorierte Wolframkathoden.

Nr.	Vorgang	Kathoden-temperatur °K	Kathoden-heizzeit	Anmerkung
1	Entgasung	2000	5 Min.	Ohne Anodenspannung
2	Reduktion des ThO_2	2600—2800	30 Sek.	„
3	Gettern mit Mg oder Ba	Raumtemp.	—	„
4	Abschmelzen der Röhre von der Pumpe			
5	Aktivierung (Th-Diffusion)	1900—2100	bis zur völligen Ausbildung des Th-Filmes	„
6	Einbrennen (Nachaktivieren)	1800—1900	1—6 Stunden	Unter Anodenspannung
7	Prüfen	1500	—	Bei Sättigungsspannung. Sollwert etwa 20 mA/cm²
8	Normale Belastung	1600—1800	1000—3000 Stunden	Unter Betriebsbedingungen

nach etwa einer Minute unterbrochen, die Kathodentemperatur auf 1500° K erniedrigt und der Sättigungsstrom durch Anlegen einer genügend hohen Anodenspannung ermittelt. Dann wird die Kathode wieder bei 1900—2100° K eine Minute lang ohne Anodenspannung geglüht und die Messung bei 1500° K wiederholt und so fort, bis keine Steigerung des Sättigungsstromes mehr eintritt. Die Summe der einzelnen Aktivierungszeiten ergibt die für den betreffenden Kathodendraht notwendige Gesamtaktivierungszeit. Einen Überblick über die spezifische Emission und die Austrittsarbeit thorierter W-Kathoden abhängig vom Formierungsgrad („Bedeckungsgrad" Θ) zeigt Abb. 286.

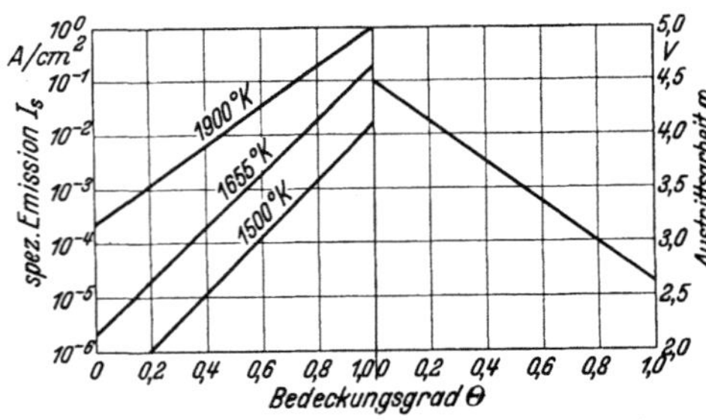

Abb. 286. Spez. Elektronenemission und Austrittsarbeit thorierter W-Kathoden, abhängig vom Bedeckungsgrad der Oberfläche mit Th.

Da durch Kohlenstoff die Reduktion des Thoroxyds begünstigt wird, ist es vorteilhaft, die Kathodendrähte vor ihrem Einbau nicht von der ihnen vom Ziehprozeß anhaftenden Graphitschicht zu befreien; auch setzt man häufig dem Thor-Wolframmaterial für Glühkathoden 0,25—1,5% C zu. Kathoden mit 1,5—2% ThO_2-Gehalt und Durchmessern $> 0,15$ mm, wie sie in kleinen Senderöhren Verwendung finden, werden vor der Reduktion (also vor Nr. 2 des Formierschemas Tabelle 105) in einer Kohlenwasserstoffatmosphäre (Benzin, Naphthalin, Azethylen) mit etwa 5—60 W pro cm² Kathodenoberfläche kurzzeitig geglüht (Karbonisierung).

Es bildet sich hierbei an der W-Oberfläche eine Schicht von grobkristallinem W-Karbid (vgl. Abb. 287), von der (nach Umbreit *1*) die einmolekulare Th-Schicht weniger schnell abdampft[1] als von einer reinen W-Oberfläche. Außerdem ist die Diffusion des Th aus dem Inneren infolge der geringeren Anzahl von Oberflächenkorngrenzenspalten stark reduziert.

[1] Die Verdampfung von Th folgt der Gleichung $\log n = 31{,}434 - \frac{44\,500}{T_{0_k}}$ (Atome/cm² sec) (Langmuir).

Derartige Kathoden vertragen Betriebstemperaturen von 1950° K bei 3000 Stunden Lebensdauer[1]. Wegen der zunehmenden Brüchigkeit darf jedoch bei diesem Verfahren der C-Gehalt des Fadenmaterials 0,5% nicht überschreiten (Dosierungskontrolle durch Messen des Drahtwiderstandes, vgl. Abb. 19, S. 23).

Thoriumfilmkathoden lassen sich auch durch Auftragsverfahren herstellen. Die verwendete Paste besteht aus einer Lösung von 5 g reinstem Thornitrat in 10 cm³ Aqua dest. (Lösungstemperatur 80° C), der eine Lösung von 1 g Borax (DAB 5) in etwa 4 cm³ Aqua dest. (Lösungstemperatur 80° C) zugesetzt wird. Die Mischung ist bei 80—90° C so lange zu erwärmen, bis sie völlig klar ist.

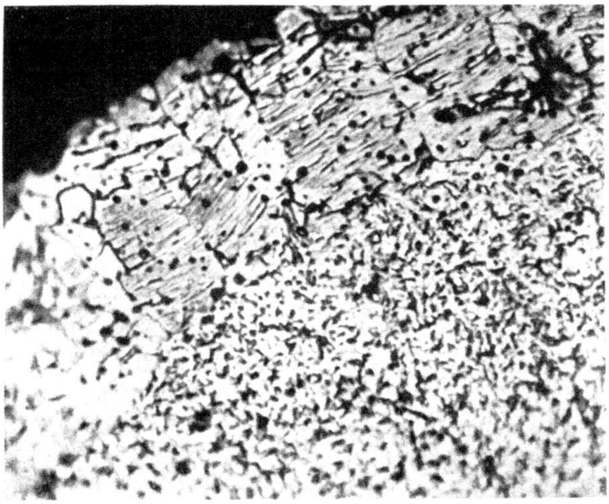

Abb. 287. Querschnitt durch die Oberfläche eines in Kohlenwasserstoff geglühten WTh-Kathodendrahtes Die groben Kristalle bestehen aus W_2C, die dunklen Stellen aus ThO_2. Vergr. 1500 (Umbreit *1*).

Sie wird mit einem Pinsel bei 50° C auf die fertig montierte Kathode aufgetragen und das Aufstreichen nach Auskristallisieren mehrmals wiederholt. Die Benetzung anderer Elektrodenteile mit der Paste ist zu vermeiden; getrübte oder ausgeflockte Lösungen sind nicht mehr brauchbar.

Die Elektronenemission von Thoriumfilmkathoden ist gegenüber in der Vakuumröhre vorhandenen Gas- und Dampfresten, besonders gegen kleinste Spuren O_2, sehr empfindlich. Aus diesem Grunde lassen sich Thoriumfilmröhren im Gegensatz zu Massivkathodenröhren nicht ohne Getter (Mg oder Ba) herstellen. Hg und Edelgase beeinflussen die Emission zwar nicht auf chemischem Wege, jedoch wird durch Ionenaufprall bei Spannungen über 20—25 Volt der Thoriumfilm abgetrommelt (vgl. auch Hull *1*, Kingdon *2*).

Technische Anwendungen. Kleine Meßröhren (niedrige Temperatur, etwa 1300° K); Senderöhren bis zu mehreren kW Wechselstromleistung.

Molybdän-Untergrund. An Stelle von Wolfram wird auch Mo als Kerndraht für Thoriumfilmkathoden verwendet. Wegen der leichteren Verdampfbarkeit des Mo eignen sich solche Kathoden nur für gasgefüllte Röhren, in denen der Verdampfungsgrad durch die Dampffüllung herabgesetzt ist (vgl. S. 240).

[1] Nach Ricq *1* soll sich bei so behandelten Kathoden eine Elektronenausbeute bis zu 100 mA/W ergeben.

Im Gegensatz zu Thorwolframkathoden bedürfen solche Kathoden keiner besonderen Formierung, da sie ihre maximale Elektronenemission schon bei normaler Betriebstemperatur erreichen (Gehrts *1*).

Technische Anwendungen. Gasgefüllte Niederspannungsgleichrichter mit 2 bis 30 Tor Argon (Betriebstemperatur 1700—1900° K).

d) Barium-Pastekathoden.

Bei den Barium-Pastekathoden wird auf einem Grundmetall eine Paste aus Bariumverbindungen (meist gemischt mit Ca- und Sr-Verbindungen) an Luft aufgetragen und festgetrocknet (Dicke der trockenen Schicht 10 bis 100 μ). Nach Einbau in die Vakuumröhre wird die Pasteschicht, sofern sie nicht von vornherein aus Oxyden besteht, durch Glühen bei etwa 1000° C in die entsprechenden Erdalkalioxyde umgewandelt. Dann wird durch Anlegen von Anodenspannung ein Elektronenstrom quer durch die Schicht getrieben, der die Paste durch Elektrolyse in O_2 und Ba (Sr, Ca) zersetzt. Während O_2 abgepumpt oder von vorhandenem Getter festgehalten wird, diffundiert das Ba an die Oberfläche und bildet dort wahrscheinlich eine aus diskreten Inseln bestehende einmolekulare Ba-Schicht (vgl. auch das Schema Abb. 271, Teilabbildung f), die je nach dem Formierungsgrad die Kathodenoberfläche mehr oder weniger bedeckt (Rothe *2*, Espe *1*, *2*, Detels *1*, Berdennikowa *1*, Kniepkamp *1*).

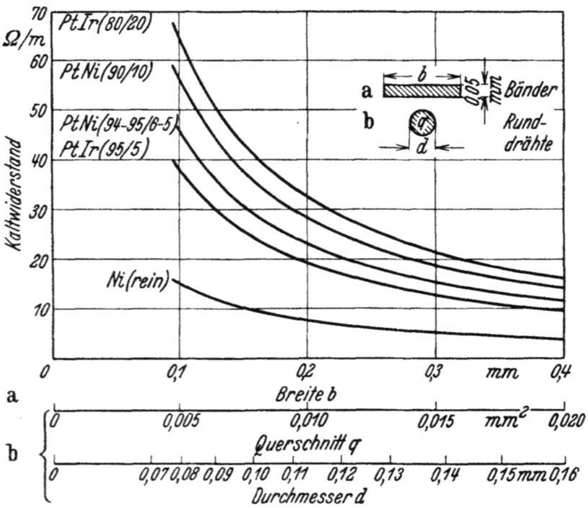

Abb. 288. Kaltwiderstand von Kerndrähten und -bändern für Ba-Pastekathoden.

Dieser Emissionsmechanismus macht es verständlich, daß die Eigenschaften von Pastekathoden in gewissen Grenzen von der Art ihrer Herstellung (Grundmetall, Zusammensetzung der Paste, Formierverfahren und geometrischer Aufbau) abhängen. Für direkt geheizte Kathoden gibt Abb. 272 die spezifische Elektronenemission, Abb. 273 die Elektronenausbeute an.

Grundmetalle (Dushman *1*). An diese sind folgende Anforderungen zu stellen: Genügende chemische Indifferenz gegenüber glühenden Erdalkalioxyden; geringe Verdampfung bis 1200° C; genügende Zugfestigkeit (bei angefederten Kathoden); ausreichende Formbeständigkeit bzw. Dauerstandfestigkeit (bei gewendelten Kathoden) und möglichst hoher elektrischer Widerstand. Besonders zu beachten sind die im Kernmetall enthaltenen Zusätze von Fremdmetallen, die häufig durch Zugabe von Desoxydationsmitteln beim Schmelzprozeß unedler Metalle in diese gelangen. So setzen Mn und Fe schon in geringer Konzentration die Emission erheblich herab. Manche Zusätze (z. B. Mg) sind dagegen unschädlich, während andere Beimengungen, wie z. B. Ti und Al, die Emission sogar erhöhen können (wahrscheinlich infolge thermischer Reduktion von Oxyd der Paste zu reinem Erdalkalimetall, vgl. Benjamin *2*). Daneben ist auch die Haftfestigkeit der Paste auf dem Grundmetall zu berücksichtigen. Um eine große Emissionsfläche zu erhalten, verwendet man bei direkt geheizten Kathoden meist aus Runddrähten gewalzte dünne Bänder bis 0,05 mm Dicke herunter. Da zur Einhaltung gleichmäßiger Heizdaten direkter Kathoden in der Röhrenfabrikation die Kerndrahtabmessungen bzw. der spezifische Widerstand konstant bleiben müssen, werden Drähte und Bänder vor der Verwendung genau auf ihren Widerstand kontrolliert. Dünne W- und Mo-Drähte werden wegen der starken Reaktionsfähigkeit dieser Metalle mit Erdalkalioxyden für Pastekathoden nur mit einer Oxydationsschutzschicht oder einer Ni-Schutzwendel verwendet.

Grundmetalle für direkt geheizte Kathoden. Platiniridium (5—20% Ir) und Platinnickel (5—10% Ni, vgl. Bell Telephone *1*, Dushman *1*). Die Lebensdauer der mit PtNi-Kerndrähten hergestellten Kathoden ist erfahrungsgemäß größer als bei PtIr, wahrscheinlich, weil das Ni mit dem Ba eine für die Emission günstige Verbindung eingeht. Abb. 288 enthält für die gebräuchlichen Pt-Legierungen den Kaltwiderstand pro m Draht bzw. Band in Abhängigkeit von den Abmessungen, Abbildung 289 die Widerstandserhöhung durch Erhitzung (R_T/R_{293})[1].

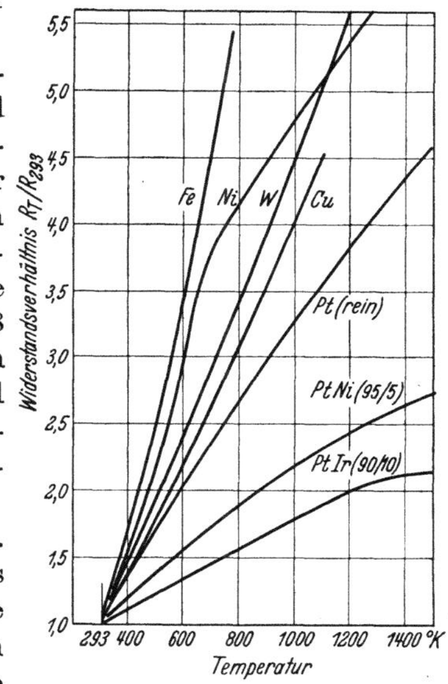

Abb. 289. Widerstandsverhältnis $R_{T(°K)}/R_{293}$ von Kerndrähten für Ba-Paste- und -Destillationskathoden, als Maß für ihre absol. Temperatur.

Nickel (manganfrei, vgl. auch S. 52ff.). Wegen der geringen Dauerstandfestigkeit und des hohen Verdampfungsgrades beschränkt sich seine Anwendung bei direkter Heizung auf Kathoden in weniger hoch beanspruchten Röhren (kleine Hochvakuumgleichrichter) oder auf Kathoden mit großem Querschnitt (Starkstromkathoden, vgl. Abb. 290). Für freitragende Wendelkathoden eignet sich Ni aus demselben Grunde weniger. Zusätze von Ti ($\approx$0,5%) und Al ($\approx$2%) wirken günstig auf die Emission (Benjamin *2*); auch durch Legieren mit metallischem Ba (0,2%) und Chrom (bis 4%) hat man versucht, die Emissionsfähigkeit von Pastekathoden mit Ni-Kern zu erhöhen (Randolph *1*; vgl. auch S. 90).

Konelmetall (vgl. S. 90). Das Material besitzt hohe Dauerstandfestigkeit und gutes Haftvermögen für Erdalkalioxyde (Hunter *1*, Lowry *1*). Über die günstige Wirkung des Ti-Gehaltes dieser Legierung vgl. S. 90.

Grundmetalle für halbindirekte Kathoden. Bei diesen wird ein Kerndraht auf der Wickelmaschine eng mit dünnerem Ni-Draht bespult, dann meist gewendelt (vgl. Abb. 291) und nach Befestigung an den Kathodenzuleitungen durch Tauchen oder Pinseln pastiert[2]; diese Anordnung bewirkt

[1] Die Temperatur des Kerndrahtes ist infolge der Oxydbedeckung nicht pyrometrisch bestimmbar. Die Messung des Widerstandsverhältnisses R_T/R_{293} gibt hierfür angenäherte Werte (Abkühlenden berücksichtigen!).

[2] Konstruktionsbeispiel einer Verstärkerröhrenkathode für 1,1 A Heizstrom nach Patai *1*: Kerndraht: WMo, $\varnothing$ 120 μ; Wendeldraht: Ni, $\varnothing$ 50 μ; Zwischenraum zwischen den einzelnen Wendeln 80 μ; Gesamtdurchmesser der pastierten Kathode: 230 μ.

eine besonders gute Haftfestigkeit der Paste. Als Kerndraht für solche Kathoden verwendet man häufig Wolfram oder Wolfram-Molybdän. Will man nach Möglichkeit eine chemische Reaktion zwischen W-Kerndraht und Paste verhüten, so muß die Ni-Wendel ohne Zwischenraum dicht gewickelt oder der W-Draht durch einen elektrolytischen Ni-Überzug geschützt werden.

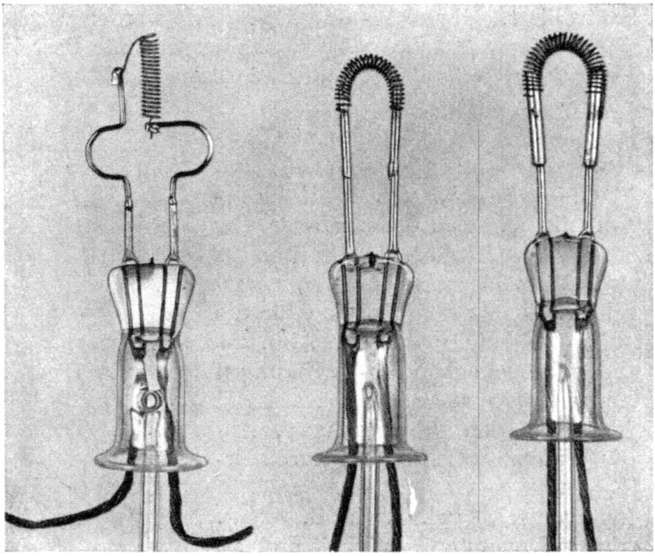

a b c

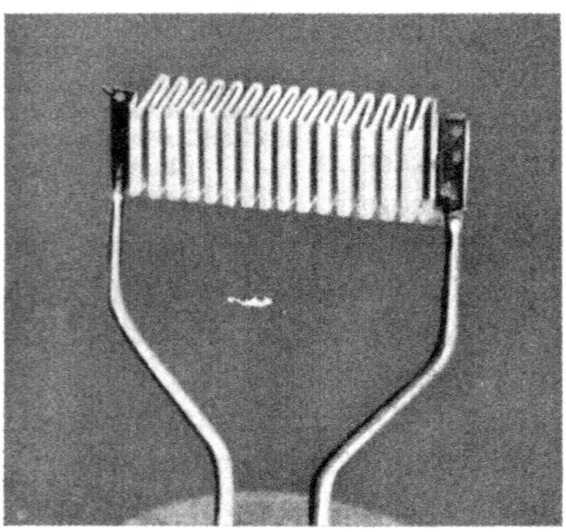

d

Abb. 290. Direkt geheizte Ba-Pastekathoden für gas- oder dampfgefüllte Entladungsröhren. a bis c für etwa 10 A (Köhler *1*), d für 65 A Emissionsstrom (200 Watt Heizleistung, Aufheizzeit 2 min, vgl. Lowry *3* und Abb. 302).

An Stelle von Wolfram verwendet man auch: CrNi (vgl. S. 88), MoFeCrNi (B 7 M-Legierung, vgl. S. 96) und MoFeNi (A-Legierung, vgl. S. 97) als Wendelkerndrähte, da diese Materialien von Erdalkalioxyden wenig angegriffen werden und ihre Dauerstandfestigkeit ziemlich hoch ist, besonders wenn sie durch kurzzeitiges Aufglühen oberhalb der Rekristallisationstemperatur ein grobkristallines (formbeständiges) Gefüge erhalten (vgl. S. 8, insbesondere Fußnote 1 und Abb. 97, S. 97).

Grundmetalle für indirekt geheizte Kathoden (Äquipotentialkathoden). Das meist durch Wärmestrahlung oder Wärmeleitung beheizte Grundmetall besteht fast immer aus Ni, in Sonderfällen aus Cu[1], aus NiCo[2] oder FeCo[3]. Zur Erhöhung der Haftfestigkeit kann es chemisch oder mechanisch aufgerauht werden. Das Kernmaterial muß manganfrei sein; als Desoxydationsmittel während des Schmelzens dürfen nur Be oder geringe Mengen Mg verwandt werden. Ausführungsformen indirekt geheizter Pastekathoden für Verstärkerröhren in Abb. 220 und 222, für Hohlkathoden in Abb. 292 und 303.

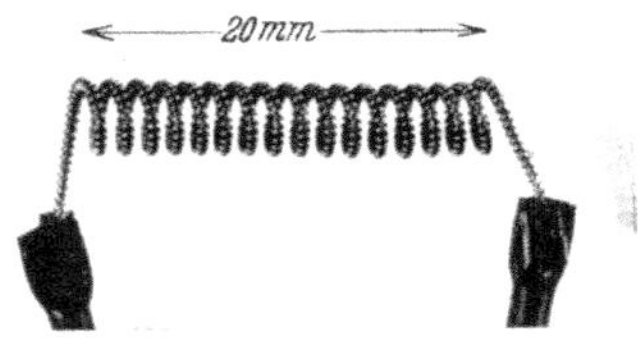

Abb. 291. Gewendelter und bespulter Kerndraht für halb indirekt geheizte Oxydkathoden; Kern: A-Draht (vgl. S. 97), Bespulung: Ni-Draht.

Bestandteile und Herstellung der Paste. Die Kathodenpasten sind meist Suspensionen pulverförmiger Erdalkalioxyde, -nitrate oder -karbonate in einem flüssigen Medium (Aqua dest., Paraffinöl DAB 6, reines geschmolzenes Paraffin usw.). Vielfach werden der Flüssigkeit noch Bindemittel zugesetzt, z. B. Kolophonium zu Alkohol, Kollodium zu Azeton und Amylazetat oder Nitrozellulose zu Amylazetat.

Um die Neigung zu „Fackel"bildung bei Oxydpastekathoden (vgl. Espe *1*, *2*), besonders in gasgefüllten Röhren[4], zu verringern, mischt man der Paste häufig fein verteiltes Metall, z. B. Pt- oder Fe-Pulver, zu oder mischt die Paste mit einer Verbindung, aus der beim Glühen der fertig pastierten Kathode fein verteiltes Metallpulver ausfällt, z. B. Pt- oder Pd-Chlorid ($PdCl_2$). Die Beimengung soll den Querwiderstand der Paste auch in unterheiztem Zustand herabsetzen.

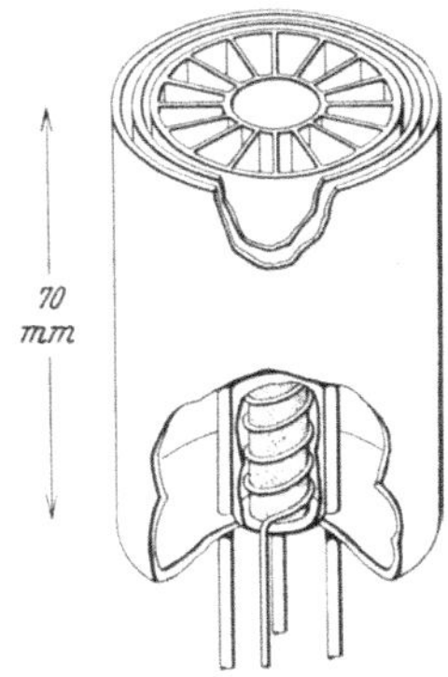

Abb. 292. Indirekt geheizte Hohlkathode für Gleichrichter mit Hg-Dampf- oder Edelgasfüllung; Emissionsfläche: Ni mit SrO und BaO pastiert (Hull *2*)[5].

[1] Vgl. Philips *1*. [2] Vgl. Rocard *1*. [3] Vgl. Nally *1*.

[4] Die Gefahr einer solchen „Fackel"bildung liegt stets vor, wenn das Einschalten der Anodenspannung gleichzeitig mit dem Einschalten der Heizspannung erfolgt. Da die Kathode infolge ihrer Wärmeträgheit erst allmählich auf Temperatur kommt, besitzt die Paste, die während der Aufheizzeit unterheizt ist, einen großen Querwiderstand R_q. Der von der Anodenspannung der Kathode in diesem Zustand entnommene Elektronenstrom i_a erzeugt also in der Kathodenschicht eine erhebliche Leistung $i_a^2 R_q$, die in Joulesche Wärme umgesetzt wird. Hierzu tritt bei Gasfüllung des Rohres und unterheizter Kathode noch ein starker Ionentrommeleffekt (vgl. S. 284, Fußnote 1). Beide Erscheinungen bewirken eine starke Erhitzung einzelner Stellen der Paste, die zu einem punktförmigen Ansetzen einer Bogenentladung und zum Abspritzen hellglühender Pasteschichtteilchen führt. Es empfiehlt sich daher grundsätzlich auch in Hochvakuumröhren dick pastierte Oxydkathoden erst nach völliger Aufheizung der Kathode mit Anodenstrom zu belasten und während des Betriebes des Rohres die Kathodenheizspannung nicht zu verringern oder sogar abzuschalten. Auch beim Pumpen von Oxydkathodenröhren ist diese Vorschrift zu beachten.

[5] Die beiden äußeren Zylinder (Ni oder reinstes Fe) sind Reflektionszylinder zur Verringerung der Abstrahlung. Die erforderliche Heizleistung ist infolgedessen sehr gering (für die Kathode der Abb. 292 bei einer Gesamtemissionsoberfläche von 250 cm² nur 60 W bei etwa 850° C; vgl. dagegen die erforderliche Wattleistung für freistrahlende Kathoden in Abb. 300).

Mit Rücksicht auf hohe Elektronenemission würde an sich für die Paste reines BaO am geeignetsten sein, da Ba von allen Erdalkalimetallen die kleinste Austrittsarbeit besitzt. Da jedoch BaO unter den brauchbaren Erdalkalioxyden die größte Verdampfungsgeschwindigkeit besitzt (vgl. Abb. 293) und häufig stark mit dem Grundmetall reagiert (geringe Haftfestigkeit!), werden meist Mischungen von BaO mit SrO bzw. $BaCO_3$ mit $SrCO_3$ verwendet und außerdem häufig als Schutzschicht auf das Grundmetall zuerst eine CaO-Schicht aufgetragen (vgl. Nickel *1*). Da während des Formierprozesses die äußeren Schichten der Paste an BaO verarmen, sind die meisten quantitativen Angaben in der Literatur über die Emissionsfähigkeit in Abhängigkeit von der Zusammensetzung der Paste unzuverlässig. Praktisch haben sich eine Reihe bestimmter Zusammensetzungen bewährt, die in Tabelle 107 neben den zugehörigen Auftragsverfahren angegeben sind.

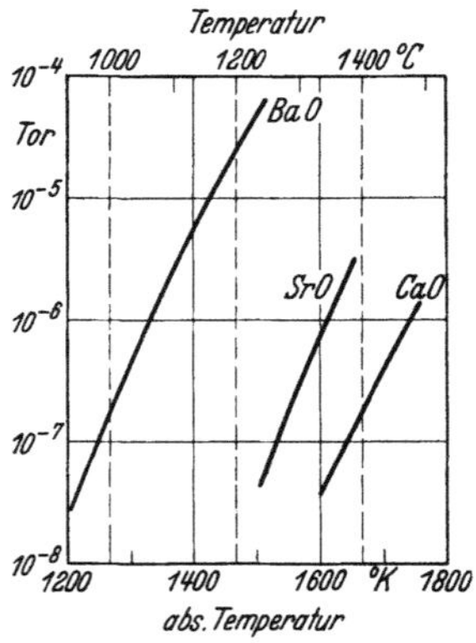

Abb. 293. Dampfdruck der Erdalkalioxyde, abhängig von der Temperatur (Claassen *1*).

Erfahrungsgemäß ist nicht jedes Oxydmaterial gleich gut für Emissionszwecke geeignet. Vor jeder größeren Fabrikationsserie mit neu angeliefertem Ausgangsmaterial sind daher Stichproben durch Anfertigung einiger Röhren und anschließende Lebensdauerversuche anzustellen. Ein chemisches Analysenbeispiel von Oxyden, die einwandfreie Emissions- und Lebensdauerwerte ergaben, zeigt Tabelle 106.

Tabelle 106. Analysenbeispiel von BaO und SrO für Pastekathoden (Zahlen in %).

BaO		SrO		Bemerkungen
BaO	77,17	SrO	93,03	Chloride spurenweise; Sulfate, Sulfide, Phosphate und Nitrate nicht nachzuweisen
$BaCO_3$ . . .	17,24	$SrCO_3$ . . .	4,56	
BaO_2. . . .	4,52	SiO_2 . . .	0,41	
SiO_2	0,56	Fe_2O_3 . . .	0,28	
Fe_2O_3 . . .	0,24	Al_2O_3 . . .	0,21	
		BaO. . . .		
Al_2O_3 . . .	0,18	CaO	1,53	
		C-Teilchen		

Bei der Bereitung der Pasten ist auf äußerste Sauberkeit zu achten. Man beginnt meist mit der Zerkleinerung der festen Bestandteile in einem Porzellan- oder Achatmörser. Nach Sieben und Hinzufügen der flüssigen Bestandteile wird die Mischung in einer kleinen Kugelmühle aus Hartporzellan (vgl. Abb. 294) mit gehärteten Stahlkugeln bis zu mehreren Tagen lang gemahlen [1]; die Korngröße der festen Suspensionsbestandteile beträgt dann nur noch 0,5—3 μ.

Erdalkalioxyde sind stark hygroskopisch und kohlensäureempfindlich [2]; die damit pastierten Kathoden müssen daher rasch (innerhalb 1 Stunde) unter Vakuum gesetzt werden. Erdalkalioxydpasten sind in Tagesrationen eingeteilt und in kleine Gläser eingeschmolzen aufzubewahren. Flüssige Paste, die länger als

[1] Zur Erzielung gleichmäßiger Kathoden bei größeren Röhrenstückzahlen müssen die Anzahl der Kugeln, die Größe, die Beschickungsmenge, die Mahlzeit und die Umdrehungszahl der Kugelmühle (etwa 60/min) stets gleich sein.

[2] Bei Aufnahme von H_2O bzw. CO_2 neigt die auf der Kathode eingetrocknete Paste zum Abplatzen.

8—10 Stunden mit Luft in Berührung stand, darf nicht mehr gebraucht werden. Auch das verwendete Paraffinöl muß luftdicht aufbewahrt werden, da es stark hygroskopisch ist. Die gesamte Verarbeitung einschließlich der Pastierung muß in wasserdampfarmen Räumen vor sich gehen (Belüftung durch vorgetrocknete Luft, Hygrometerkontrolle [1]). Karbonatkathoden können dagegen ohne Schädigung beliebige lange an Luft aufbewahrt werden. Über Herstellung der Karbonate in fein verteilter Form vgl. Fredenburgh *1* und SSW *3*. Bei der Verarbeitung ist zu beachten, daß alle Bariumverbindungen starke Magengifte sind.

Herstellung der Pasteoxydkathoden. Die Auftrags- und Formierverfahren sind meist das Ergebnis langjähriger Erfahrungen der röhrenbauenden Firmen, beruhen aber gewöhnlich mehr auf rein empirischen Versuchen als auf physikalischer Erkenntnis. Daher ist es verständlich, daß ein einmal erprobtes Verfahren in allen auch unbedeutend erscheinenden Einzelheiten genauestens festgelegt und eingehalten werden muß, wenn gleichmäßige Resultate in der Massenfertigung erhalten werden sollen. Von grundsätzlicher Wichtigkeit ist peinlichste Sauberkeit bei der Fabrikation. Die verwendeten Kerndrähte sind vor dem Auftrag gründlich von Schmutz- und Fettschichten zu reinigen (Waschen und danach Ausglühen in Luft, H_2 oder CO_2). Die verwendeten Chemikalien sind stets gut verschlossen, am besten unter Vakuum, aufzubewahren. Trotz aller Vorsicht ist jedoch beim heutigen Stande der Technik das Auftreten von Fehlschlägen nicht immer mit Sicherheit zu vermeiden.

Abb. 294. Kugelmühle (Inhalt 1 bis 2,5 l) zum Feinmahlen der Oxydpaste (Hersteller: Gladitz, Berlin).

Auftragsverfahren. Je nach der verwendeten Paste unterscheidet man das Oxyd-, Nitrat- oder Karbonatverfahren. Das Aufbringen geschieht durch Aufstreichen mittels Pinsel [2], maschinell mittels Streichrad bzw. durch Tauchen oder durch Aufspritzen mit einer Pistole bis zur gewünschten Schichtdicke. In Tabelle 107 sind einige praktisch erprobte typische Auftragsverfahren zusammengestellt [3].

[1] Aus demselben Grunde ist die Vorratsfertigung größerer Oxydpastemengen in der warmen (wasserdampfreichen) Jahreszeit zu vermeiden (absoluter Feuchtigkeitsgehalt der Luft in unseren Breitengraden im Winter etwa 3 g/m³, im Sommer etwa 15 g/m³ und darüber, vgl. auch Führer *1*).

[2] Auch das Bestreichen des mäßig erhitzten Drahtes mittels eines entwässerten Nitratkristalles (z. B. Ca-Nitrat) oder mittels einer die Paste suspendiert enthaltenden festen Paraffinstange ist möglich.

[3] Es ist nicht nötig, bei der Wahl eines Auftragsverfahrens sich starr an eines der in der Tabelle aufgeführten Verfahren zu halten. Die Aufstrichtechnik irgendeines Verfahrens kann, sinngemäß angepaßt, auch für die Verarbeitung der Paste eines anderen Verfahrens benutzt werden; jedoch wird man ein durch Lebensdauerprüfungen und geringen Fabrikationsausschuß bewährtes Verfahren nicht ohne schwerwiegende Gründe verlassen, noch in auch unbedeutend erscheinenden Einzelheiten ändern. Von den in Tabelle 107 angegebenen Verfahren sind heute für direkt geheizte Kathoden die in Spalte C und F, für indirekt geheizte Kathoden die in Spalte G und H angegebenen Verfahren am gebräuchlichsten.

Tabelle 107. Auftragsverfahren für Barium-Pastekathoden (Arnold *1*, Espe *1*,

Nr.		A	B	C	D
1	Kathodentypus:	eingebrannte (combined) Oxydkathode	eingebrannte (combined) Oxydkathode	eingebrannte (combined) Oxydkathode	nicht eingebrannte (uncombined) Karbonatkathode
2	Kathodenheizung:	direkt	direkt	direkt	direkt
3	Grundmetall:	PtIr (6%)	PtIr (10%) Band 0,25·0,05	PtNi (5%) Band	Konel, Ni oder NiCr (Band bis zu 1 cm Breite)
4	Feste Pastebestandteile:	I: $SrCO_3$ in fester Paraffinstange; II: $BaCO_3$ in fester Paraffinstange	3 Gew.-T. BaO, 1 Gew.-T. SrO (0,5—3 μ Korngröße)	Erdalkalikarbonate (in Mühle 2—3 Tage gemahlen)	1 Gew.-T. $BaCO_3$, 1 Gew.-T. $SrCO_3$
5	Flüssige Pastebestandteile:	—	Alkohol mit Kolophoniumzusatz oder Paraffinöl (gemischt mit doppelter Gewichtsmenge Oxyd)	Paraffinöl (grobe Teile der Paste absetzen lassen!)	Aqua dest. oder Alkohol (vgl. auch Fußnote * Abs. a und b)
6	Aufstrichtechnik:	4mal mit I, 4mal mit II, 4mal mit I, 4mal mit II streichen	in einzelnen Schichten mit Pinsel auftragen (evtl. als 1. Grundschicht BaO dünn auftragen)	aufstreichen auf erwärmten (200 bis 300° C) Draht mit Pinsel, 14 Schichten, eventuell maschinell	Spritzen, Streichen oder Tauchen
7	Temperatur nach jedem Aufstrich:	1000—1100° C	1000° C, allmählich mit steigender Aufstrichzahl steigern bis 1200° C	500—600° C, wenige sec, dann 1000° C, 30 sec	1000° C
8	Einbrenntemperatur nach Gesamtauftrag:	1200° C	1200° C	—	—
9	Einbrennzeit:	bis zu 2 h	1 min	—	—
10	Streich- und Einbrennatmosphäre:	Luft	Luft	Luft	CO_2
11	Zulässige Lagerzeit an Luft:	maximal etwa 1 h (empfindlich gegen H_2O und CO_2: „Aufblühen" der Schicht)			beliebig lange

* a) Eine andere Streichmasse, die sich (stärker verdünnt) auch zum Spritzen eignet, besteht aus 200 cm³ Nitrozelluloselack mit 100 g $BaCO_3$, 100 g $SrCO_3$ und 20 g $CaCO_3$, 10 h lang in Kugelmühle gemahlen; danach wird erneut 200 cm³ Lack zugegeben und nochmals $^1/_4$ h gemahlen (vgl. auch Westinghouse *3*).

b) Ein weiteres Rezept (Spanner *1*), das sich besonders für selbstaufheizende Kathoden eignen soll, schreibt folgende Bestandteile (in reinster Qualität „zur Analyse") vor: 60% BaO

Hocker *1*, Koller *1*, Lowry *1*, *3*, Macnabb *1*, Nickel *1*, Statz *1*, Wagner *1*).

E	F	G	H
eingebrannte Karbonatkathode	nicht eingebrannte Karbonatkathode	nicht eingebrannte Oxydkathode	nicht eingebrannte Karbonatkathode
direkt	direkt	indirekt	indirekt oder direkt
PtIr (10%) oder sorgfältig gereinigtes Ni	Pt oder Ni	Ni- oder Cu-Röhrchen	Ni-Röhrchen oder Ni-Bänder
Aqua dest. mit 3% Ba-Nitrat und 2% Sr-Nitrat	Erdalkali-Karbonate und -Nitrate	Paste I: SrO Paste II: BaO	50 g $BaCO_3$, 50 g $SrCO_3$, 1—10 g $CaCO_3$ (unter 100 cm³ Alkohol in Kugelmühle feingemahlen)
	Aqua dest. oder Alkohol	für beide Pasten: H_2O (Oxyde etwa ³/₄ h verrühren)	200 cm³ Amylazetat mit 1¹/₂% trockener Kollodiumwolle (chemisch rein), 20 cm³ Äthyloxalat (anderes Rezept vgl. Fußnote *, Abs. c)
40mal tauchen, evtl. maschinell	6mal maschinell streichen	erst dünne Grundschicht mit Paste I, dann auf diese Paste II aufspritzen (Trägermetall kalt, 8 Schichten mit Trockenpausen übereinander)	Aufspritzen mit Pistole auf kalten Träger
1000—1200° C	500—700° C (in Rohröfen, die vom Kernband laufend durchwandert werden)	—	—
—	≈ 800° C	5 min in Luft vortrocknen, dann bei 400° C fertig trocknen (etwa 10 min)	im Ofen bei 80—100° C (10 min)
—	≈ 1 min		
CO_2	CO_2	Luft	Luft
beliebig lange	ziemlich luftbeständig (Karbonate)	bis etwa 1 h	beliebig lange

(Merck), 20% CaO (Kahlbaum), 5% BaF_2, 5% ZrO_2, 5% Al_2O_3, 5% ZnO. Sämtliche Chemikalien werden in destilliertem Wasser zu einem dünnen Brei angerührt; das BaO wird erst kurz vor Gebrauch beigemengt. Auftrag in mehreren dünnen Schichten, Trocknen in erhitzter Luft.

c) Zum Spritzen mit Pistole wird auch folgende Masse verwendet: 25 cm³ 20%ige Kollodiumlösung in Azeton, dazu 160 cm³ essigsaures Amylazetat sowie 12 g $BaCO_3$ und 12 g $SrCO_3$.

Tabelle 107.

Nr.		A	B	C	D
12	Aussehen der Schicht:	weiß-grau	weiß-grau, um so grauer, je stärker eingebrannt	grau	rein weiß (Kerndraht nach Schichtentfernung blank!)
13	Schichtdicke:	2—3 mg Oxyd pro cm^2	10—40 μ	—	—

Im einzelnen ist noch folgendes hervorzuheben: Das Aufstreichverfahren von Hand mittels Pinsel wird meist bei direkt geheizten Band- oder Drahtkathoden angewendet. Das zu bedeckende, vorher zwecks Reinigung kurz geglühte[1] Band wird dabei in einen der Kathodenlänge entsprechenden Rahmen gespannt, in dem es beliebig oft durch direkten Stromdurchgang erhitzt werden kann (vgl. Abb. 295). Die Paste wird dann in einzelnen Schichten auf das mäßig (etwa 100° C) erhitzte Grundmetall aufgetragen; nach jedem Auftrag erfolgt Festtrocknen bzw. Festsintern durch Stromerhitzung. Meist wird dabei so hoch geglüht (etwa 1000° C), daß das Grundmetall an seiner Oberfläche eine chemische Verbindung mit dem Überzug eingeht (Platinate, Iridate oder Nickelate[2]: „eingebrannte" oder „combined"-Kathoden)[3]; der Nachweis einer solchen Reaktion läßt sich durch Messung des Kaltwiderstandes vor und nach dem Einbrennen führen[4]. In anderen Fällen begnügt man sich mit einfachem Festtrocknen der einzelnen Schichten bei 100 bis 150° C (nicht eingebrannte oder „uncombined"-Kathoden). Im allgemeinen finden sämtliche Temperaturbehandlungen in Luft statt, bei Verwendung von Karbonatpasten auch in CO_2.

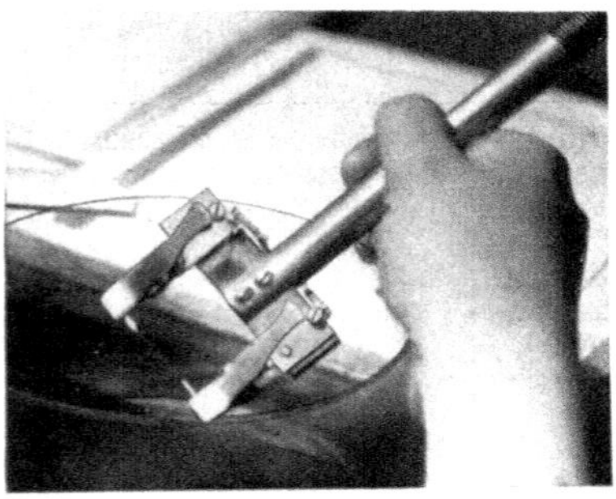

Abb. 295. Rahmen zum Streichen und Tauchen von Ba-Pastekathoden (aus der Fabrikation Telefunken-Osram).

[1] Das Aufglühen kann meist in Luft stattfinden, da eine mäßige Oxydation des Grundmetalls für das Haften der Paste günstig wirkt.

[2] Z. B. $BaPtO_3$ oder $BaNiO_3$.

[3] Da Spuren des Grundmetalls durch Diffusion bis an die Oxydoberfläche dringen, zeigen eingebrannte Kathoden im allgemeinen ein dunkleres Aussehen als nicht eingebrannte und benötigen entsprechend mehr Heizenergie. Sie sind im allgemeinen leichter formierbar und besitzen eine längere Lebensdauer als nicht eingebrannte, sind aber empfindlich gegen H_2O-Dampf und CO_2 der Atmosphäre.

[4] Bei Pt-Ir-Kathoden setzt sich diese Reaktion auch beim normalen Betrieb der Röhre fort, was sich bei konstant gehaltenem Heizstrom durch allmähliche Erhöhung der Kathodenheizspannung (bis 25%) und damit der Kathodentemperatur bemerkbar macht. Ersetzt man Ir durch Ni, so tritt diese Erscheinung auch bei langer Brenndauer (bis zu 10000 h) nicht auf, was wahrscheinlich auf den rascheren Ablauf der Reaktion (schon während des Einbrennens beim Formierprozeß) zurückzuführen ist.

(Fortsetzung.)

E	F	G	H
	feste Kruste (vgl. Abb. 297 unten)	weiß	weiß
	8—40 μ	30—60 μ	40—70 μ (5—7 mg/cm² nach Trocknung) } für indirekt geheizte Kathoden bis 60 μ } für direkt geheizte Kathoden

Die ersten unmittelbar auf das Grundmetall aufgetragenen Schichten sollen zweckmäßig kein oder nur wenig BaO, sondern nur CaO oder SrO enthalten

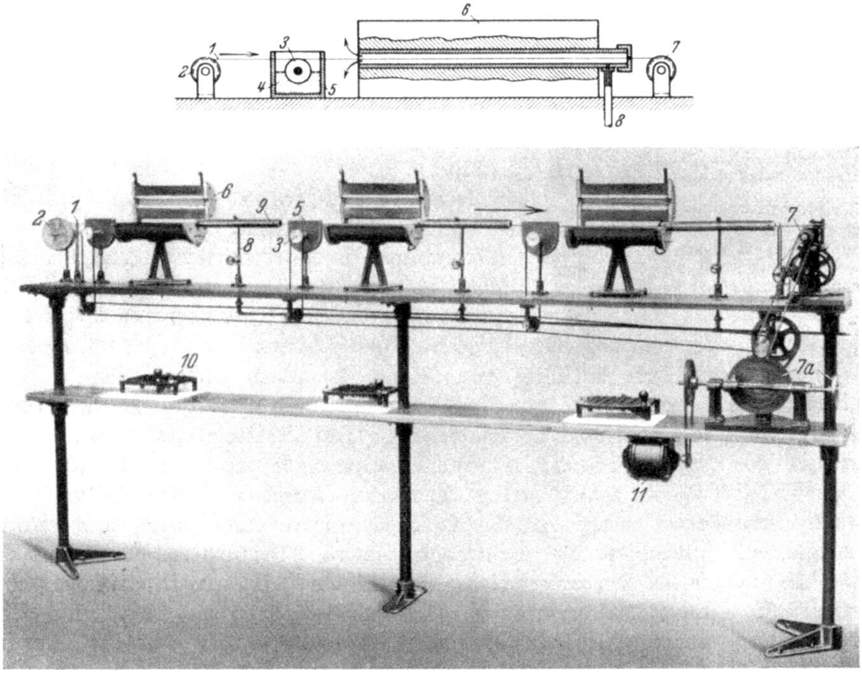

Abb. 296. Maschinelles Streichen von Ba-Pastekathoden. Oben: Schema der Anordnung (vgl. Cachemaille *1*); unten: dreiteilige technische Apparatur (Hersteller: Eisler Engineering Corp.); vgl. auch Statz *1*. 1 zu pastierender Kerndraht; 2 Vorratsrolle mit unbedecktem Kerndraht; 3 Streichrad bzw. zugehöriges Antriebsrad; 4 Streichmasse, durch das rotierende Streichrad dauernd durchgerührt und auf den vorbeilaufenden Kerndraht gebracht; 5 Streichmassebehälter; 6 Einbrennofen (teilbar); 7 Ziehvorrichtung zum Transport des Kerndrahtes mit Geschwindigkeitsregulierung 7a; 8 Gaszufuhr (z. B. CO_2) für die einzelnen Öfen; 9 Gasströmungsrohr, ebenfalls aufklappbar (während des Durchströmens dieses Rohres kühlt sich der Draht unter Schutzgas ab); 10 Widerstand zur Temperaturregulierung des Einbrennofens; 11 Transportmotor.

(vgl. Benjamin *1*, Nickel *1* und S. 274). Kathoden mit Paste aus Oxyden werden unmittelbar nach dem Streichen mit ihren unbedeckten Enden an den Halterungen in den Entladungsröhren montiert, die fertigen Aufbauten eingeschmolzen und die Röhren auf die Pumpe gesetzt oder wenigstens vorevakuiert.

Für größere Stückzahlen wird das Auftragsverfahren maschinell durchgeführt (vgl. Abb. 296). Der auf eine Vorratsspule 2 aufgewickelte Kerndraht 1 wird über eine Reihe von gesondert angetriebenen kleinen, an der Stirnfläche mit einer Hohlkehle versehenen Metallrädern 3 mit einer Geschwindigkeit von 10—80 m/h gezogen. Die Räder tauchen fast vollständig in die Paste 5 ein und halten diese gleichzeitig zur Verhinderung von Sedimentation durch Rühren in Bewegung. Auf jedes Streichrad folgt ein Heizofen 6, in dem der Aufstrich in der gewünschten Atmosphäre (Zufluß 8) eingetrocknet bzw. festgebrannt wird. Danach erfolgt Aufwickeln auf eine mit der Vorratsspule synchron laufende zweite Spule 7. Die Gleichmäßigkeit der Schicht ist laufend mikroskopisch zu kontrollieren (vgl. Abb. 297). Der fertig pastierte Draht wird in geeignete Längen geschnitten und die Kathodenenden mechanisch (z. B. durch Abschaben) sorgfältig von Oxyd befreit.

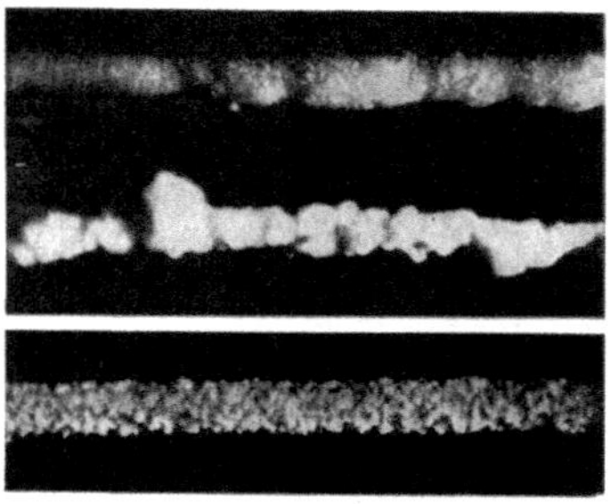

Abb. 297. Mit Oxydpaste bedeckte Kathodendrähte (Vergr. etwa 10). Die beiden oberen Kathoden sind schlecht (Knotenbildung), die untere ist gut (gleichmäßig) bedeckt; vgl. Simon 2.

Beim Tauchverfahren wird (bei dünnen Drahtkathoden) ein Streichrahmen nach Abb. 295 oder (bei größerem Kathodenquerschnitt, etwa nach Abb. 291) die fertig montierte Kathode mehrmals in die flüssige Paste getaucht und zwischen den Tauchperioden getrocknet bzw. geglüht.

Das Spritzverfahren findet hauptsächlich für indirekt geheizte bzw. Großflächenkathoden Anwendung. Es unterscheidet sich grundsätzlich nicht von den (z. B. für Farben) üblichen Spritzverfahren. Als Druckgas findet trockenes CO_2 oder N_2 Verwendung (Druck etwa $^1/_4$—$^1/_2$ Atmosphäre, Reduzierventil). Da die von der Luft berührte Oberfläche der Paste dabei sehr groß ist, beschränkt sich das Verfahren fast ausschließlich auf die gegen Wasserdampf unempfindlicheren Karbonatpasten. Ein Erhitzen des Grundmetalls während des Spritzvorgangs ist meist unbequem; man verwendet daher in der Regel Pasten mit niedrig siedenden flüssigen Bestandteilen (z. B. Azeton, Amylazetat, Äthyloxalat oder Mischungen von diesen) und schaltet zwischen den einzelnen Spritzaufträgen (etwa 8 Schichten) Trockenpausen ein. Eine typische Spritzanordnung für kleinere Rundkathoden zeigt Abbildung 298, eine Haltevorrichtung während des Spritzens Abb. 299. Nach dem Spritzen werden die Kathoden in ihrer Halterung in Luft bei Zimmertemperatur oder in einem Trockenofen (bei etwa 100° C) getrocknet und anschließend mit ihrem Heizelement versehen (vgl. auch Abschnitt 13c, S. 207, insbesondere Abb. 220 und 222).

Formierungs- und Aktivierungsverfahren. Die Art der Formierung der fertig pastierten Kathoden hängt davon ab, ob Oxyd- oder Karbonatbedeckung vorliegt. Beim Formieren von Oxydschichten[1] wird die Kathode im Vakuum zunächst ohne Anodenspannung durch Erhitzen entgast, wobei Spuren gebildeter Karbonate und Hydroxyde in Oxyde zurückverwandelt werden. Erst mit Einschalten der Anodenspannung setzt der Aktivierungsvorgang durch Elektrolyse

[1] Aufgetragene Nitrate werden schon vor dem Einsetzen ins Vakuum an Luft in die Oxyde überführt.

der Oxydschicht ein (vgl. S. 270). Bei Karbonatschichten muß zunächst durch eine längere und höhere Temperaturbehandlung die gesamte Bedeckung in Oxyd übergeführt werden (break down-Prozeß[1]). Der folgende Aktivierungs-

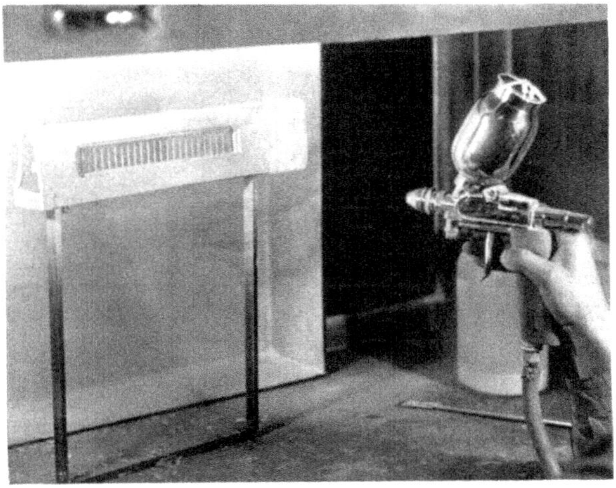

Abb. 298. Aufspritzen von Karbonatpaste auf Ni-Röhrchen für indirekt geheizte Kathoden (aus der Fabrikation Telefunken-Osram).

prozeß ist dann der gleiche wie bei Oxydkathoden. In der Tabelle 108 sind einige typische Formier- und Aktivierungsverfahren zusammengestellt.

Das Wesentliche des Aktivierungsvorganges ist die elektrolytische Zersetzung des BaO zu Ba, das teils (als wahrscheinlich einmolekulare Oberflächenschicht) die hohe Elektronenemission bewirkt, teils (im Innern der Auftragsschicht suspendiert oder mit dem Kernmetall legiert) während der Lebensdauer als Reserve für die Ergänzung der Oberflächenschicht (durch Diffusion) dient[2]. Die Kathodenaktivierung wird meist mit der Entgasung der Elektroden durch Elektronenbombardement verbunden. Der während der Aktivierung entstehende Sauerstoff muß von der Pumpe oder (wenn die Aktivierung erst nach dem Abschmelzen erfolgt) von einem stark wirkenden Getter entfernt

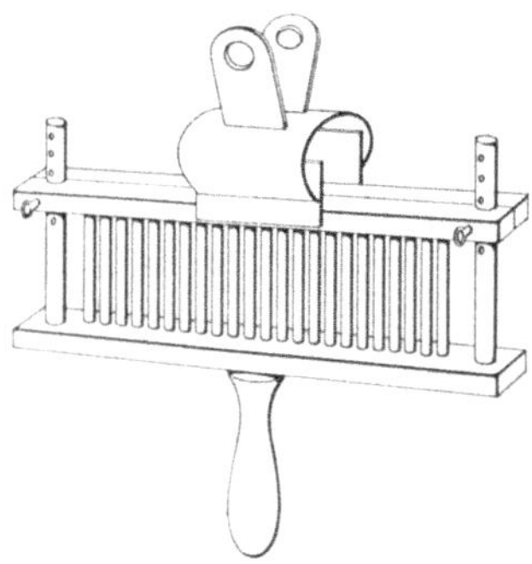

Abb. 299. Halterung von Ni-Röhrchen für indirekt geheizte Kathoden während des Bespritzens mit Karbonatpaste.

[1] Dieser Prozeß darf nur durch allmähliches Aufheizen durchgeführt werden, da sonst leicht die Pasteschicht abplatzt oder ein schlechter Kontakt zwischen ihr und dem Grundmetall entstehen kann. Vor Anlegen der Anodenspannung muß die Überführung des Karbonats in das Oxyd vollständig beendet sein, da sonst spätere Kathodenvergiftungen nicht zu vermeiden sind.

[2] Wahrscheinlich findet daneben auch im späteren normalen Betrieb durch den Emissionsstrom eine elektrolytische Nachlieferung von Ba zur Kathodenoberfläche statt. Das positive Ba-Ion wandert dabei zunächst zum Kerndraht und diffundiert von dort nach Neutralisation zur Kathodenoberfläche. Der gleichzeitig zur Oberfläche wandernde Sauerstoff gelangt in das Vakuum und wird vom Getter oder den an Oberflächen des Röhrenaufbaues und der Glaswand niedergeschlagenen Ba-Schichten aufgenommen.

Tabelle 108. Formier- und Aktivierungsverfahren für Barium-

	Verfahren	I	II
1	Geeignet für:	eingebrannte Oxydkathoden (A bis C in Tabelle 107)	eingebrannte Oxydkathoden (A bis C in Tabelle 107)
2	Rohrentgasung:	mit Außenofen (400° C, 10—60 min)	mit Außenofen (400° C, 10—60 min)
3	Kathodenentgasung [3]:	stufenweise Erhitzung (in 20 min steigend bis 1050° C, dann 10 min bei 1050° C)	stufenweise Erhitzung (in 20 min steigend bis 1050° C, dann 10 min bei 1050° C)
4	Zersetzung der Verbindungen zu Oxyd:	—	kurzzeitiges Erhitzen auf 1100° C (Zersetzung der Karbonatbeimengungen)
5	Elektrodenentgasung durch Hochfrequenz	—	—
6	Elektrodenentgasung durch Elektronenbombardement [4]:	bis zum Aufhören der Gasabgabe bei 900° C	1100° C, allmählich abnehmend bis 1000° C; gleichzeitig Anoden- und (evtl. positiv) Gitterspannung anlegen, bis volle Emission (0,8 bis 2 A/cm²) erreicht ist; Temperatur von Anode und Gitter dabei 900 bis 1000° C
7	Kathodenaktivierung [4]:	1300° C; Anodenspannung anlegen, bis Emission erreicht ist	
8	Abziehen des Rohres:	vor dem Einbrennen	nach dem Einbrennen
9	Einbrennen:	unter normalen Betriebsbedingungen	kurzzeitig mit normaler Anodenspannung (Vorschaltlampen)
10	Altern:	—	bis zu 10 h unter normalen Betriebsbedingungen

[1] Besonders geeignet für Röhren, bei denen die Emission im späteren Betrieb weitgehend konstant bleiben soll.

[2] Besonders geeignet für automatisch gepumpte Rundfunkröhren.

[3] Alle Kathodentemperaturangaben beziehen sich auf pyrometrisch an der Oxydoberfläche gemessene Werte. Bei direkt geheizten Kathoden dürfen dabei die Kerndrähte, soweit sie aus reinem Ni bestehen, bis maximal 1000° C, Pt-Kerne bis maximal 1500° C erhitzt werden. Bei indirekt geheizten Kathoden mit in keramische Oxyde eingebettetem W-Heizdraht beträgt die Temperatur des letzteren je nach der Kathodenkonstruktion

werden (vgl. Abschnitt 24d). Im letzteren Falle muß die Entgasung der übrigen Elektroden (und die Getterung) vor dem Abschmelzen der Röhre mit Hochfrequenz vorgenommen werden.

Bei Gasentladungsröhren mit Oxydkathoden ist die Formierung und Aktivierung soweit als möglich im Hochvakuum durchzuführen, um den entstehenden Sauerstoff rasch genug zu entfernen. Nach Einlassen des Füllgases erfolgt zweckmäßig ein Nachaktivieren durch Anlegen von Anodenspannung, dann Abpumpen der verunreinigten ersten Füllung (evtl. Getterung) und schließlich Neufüllung mit reinem Gas.

Über Zusatzaktivieren von Pastekathoden durch Aufdampfen von Ba vgl. Abschnitt 21f., S. 287.

Pastekathoden (Arnold *1*, Becker *1*, Espe *1*, Lowry *1*, *3*).

	III	IV[1]	V[2]
1	Karbonatkathoden (D bis F in Tabelle 107)	indirekt geheizte Karbonatkathoden (G bis H in Tabelle 107)	indirekt geheizte Karbonatkathoden (G bis H in Tabelle 107)
2	mit Außenofen (400° C, 10—60 min)	mit Außenofen (400° C, 10—60 min)	mit Außenofen (400° C, ≈ 5 min)
3	stufenweise Erhitzung (in 20 min steigend bis 1000° C)	stufenweise Erhitzung (in 90 min steigend bis 1150° C)	Erhitzung auf 1000 bis 1100° C, ≈ 10 min
4	5 min bei 1000° C, 30 min bei 950° C	—	—
5	15 min bei 1000° C	vorsichtig bis zu beginnender Rotglut der Getterkapsel	3 min 800—1000° C, gleichzeitig Gettern mit Barium
6	—	—	—
7	bei Betriebstemperatur; 2—30 min Anodenspannung anlegen, bis volle Emission (0,1—1,0 A/cm²) erreicht ist	1000—820° C; Anodenspannung anlegen, bis volle Emission (0,05—0,3 A/cm²) erreicht ist. Anschließend Hochfrequenzverdampfung des Ba-Getters	nicht auf der Pumpe
8	nach dem Einbrennen	vor dem Einbrennen	vor dem Einbrennen
9	unter normalen Betriebsbedingungen	unter normalen Betriebsbedingungen	2½ h bei allmählich abnehmender Temperatur (1000—820° C) und einem Emissionsstrom von 0,1 A/cm²
10	mehrere Stunden unter normalen Betriebsbedingungen	—	

1500—1900° C (1900° C nur bei MgO-Isolator zulässig!); bei reiner Strahlungsheizung beträgt die Temperatur des W-Heizdrahtes bis 2500° K. Temperaturmessung der Kern- und Heizdrähte durch Ermittlung des Verhältnisses Warm-/Kaltwiderstand (vgl. Abb. 289 und für W-Heizdrähte Tabelle 5, S. 20).

[4] Bei der Kathodenaktivierung und der Elektrodenentgasung durch Elektronenbombardement sind die positiven Anoden- und Gitterspannungen über Vorschaltlampen anzulegen (vgl. Abb. 141). Maßgebend für den Entgasungsgrad ist das Produkt: $i_a \cdot u_a \cdot t$, für den Aktivierungsgrad das Produkt $i_a \cdot t$.

Physikalische und chemische Eigenschaften aktivierter Barium-Pastekathoden. Da bei den Pastekathoden die Elektronenemission an das Vorhandensein eines dünnen Oberflächenfilms gebunden ist, gilt für die Empfindlichkeit gegen Gase im wesentlichen dasselbe wie für die Thorwolframkathoden (vgl. S. 269). Insbesondere wird die Emissionsfähigkeit durch Sauerstoff schwer geschädigt, und zwar schon bei kurzzeitiger Einwirkung auf die ungeheizte Kathode. Bei vollständiger Durchoxydation durch Glühen in O_2 wird die Austrittsarbeit einer aktivierten Ba-Pastekathode von 1,0 auf 3,1 V erhöht (vgl. Koller *1*). Geringe Mengen von reinem H_2 scheinen die Elektronenemission von Pastekathoden nicht herabzusetzen. Auch Edelgase (vgl. Akkumulatoren-Fabrik A. G. *1*) und Hg haben keine schädigende Wirkung auf die Elektronenemission; dagegen spielt bei ihnen die Zerstörung des Ba-Films durch Kathodenzerstäubung eine große Rolle, sobald die Geschwindigkeit der auftreffenden Gas- oder Dampfionen über 25 V (bei He über 40 V) steigt (Hull *1*)[1]. Ebenso wie beim W (vgl. S. 240) erschweren Gasfüllungen bei höheren Drucken durch Reflektionswirkung die Verdampfung des Emissionsfilmes, sodaß z. B. Pastekathoden in Argon von etwa 5—10 Tor um etwa 100° C höher erhitzt werden können als bei gleichem Verdampfungsgrad im Hochvakuum. (Steigerung der Emission um das 4—5fache.)[2]

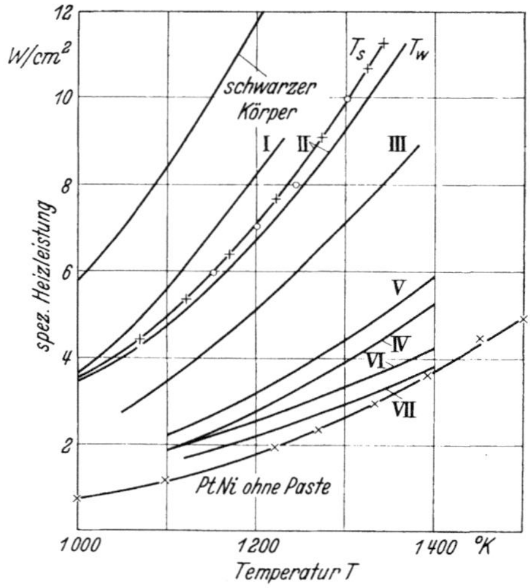

Kurve	Kerndraht	Paste	Autor
	eingebrannte Kathoden		
I	PtNi	SrO—BaO	Dushman *1*
II	PtIr bzw. PtNi	SrO—BaO	Harnisch *1*, King *1*
III	Konel	SrO—BaO	Lowry *1*
	nicht eingebrannte Kathoden		
IV	Pt	SrO—BaO	Lowry *1*
V	Pt	CaO	Hild *1*
VI	Ni	SrO	Clausing *1*
VII	Ni	SrO—BaO	Clausing *1*

Abb. 300. Spez. Heizleistung (bzw. Gesamtstrahlungsvermögen) von formierten Ba-Pastekathoden, abhängig von der Temperatur (Kurve II: T_s für schwarze, T_w für wahre Temperaturen, alle anderen Kurven für wahre Temperaturen).

---

[1] Da die Ionisierungsspannungen der Edelgase und des Hg unter 25 V liegen, ist es stets durch ausreichende Dimensionierung und genügende Erhitzung der Kathode möglich, unterhalb der genannten kritischen Spannung zu bleiben. Besondere Beachtung erfordert jedoch bei Oxydkathoden in gashaltigen Röhren der Einschaltvorgang der Kathode bei gleichzeitig angelegter Anodenspannung, da bei diesem die Kathode stets einen ungenügend geheizten Zustand mit entsprechend hoher Bogenbrennspannung durchlaufen muß (Elektronenarmut der Entladungsstrecke, vgl. auch S. 273, Fußnote 4). Man darf in solchen Röhren zur Vermeidung des „Trommeleffekts" während der Kathodenaufheizzeit daher die Anodenspannung erst einschalten, nachdem die Kathode auf genügend hohe Temperatur gekommen ist (bei großen Kathoden, insbesondere indirekt geheizten Hohlkathoden 15 min und mehr).

Eine andere Möglichkeit, eine zu frühzeitige Emissionsbelastung von Oxydkathoden in gasgefüllten Röhren (Stromrichter) trotz gleichzeitiger äußerer Einschaltung von Heiz- und Anodenspannung automatisch durch das Rohr selbst verhüten zu lassen, hat Lowry *4* angegeben. Er umhüllt die Kathode mit einem durchlöcherten Schirm, der auf seiner Innenseite selbst mit Emissionsmaterial bedeckt ist und gegenüber der Kathode über einen hohen Widerstand soweit negativ vorgespannt wird, daß unmittelbar nach dem Einschalten der Kathode eine Entladung zur Anode (Zündung) verhindert wird. Nach Einschalten der Kathode wird der Schirm durch ihre Wärmestrahlung allmählich so stark erhitzt, daß er selbst Elektronen emittiert. Dadurch senkt sich sein negatives Potential so weit, daß die Entladungssperrung aufgehoben wird. Durch geeignete Wahl des Vorschaltwiderstandes und der Sperrspannung im Schirmkreis sowie des Schirmdurchgriffes kann man die Sperrzeit der Kathodenaufheizzeit so anpassen, daß im Moment der Anodenstromfreigabe die Kathode stets ihre volle Betriebstemperatur besitzt.

Überschlägig gilt für Kathoden mittlerer Größe in gasgefüllten Röhren ohne Ionenauffänger, daß jeder Einschaltvorgang in kaltem Zustand unter Anodenlast eine Lebensdauerverkürzung entsprechend 5—10 Stunden Normalbetrieb der Röhre bewirkt.

[2] Über den Einfluß der Gasfüllung auf die Heizleistung vgl. Tabelle 96a, S. 241.

Durch Überheizung wird die Emissionsfähigkeit der Pastekathode geschädigt, da über 930° C (im Hochvakuum) der Ba-Film von der BaO-Unterlage schnell abdampft. Nach kurzzeitiger Überheizung ergänzt sich dieser jedoch rasch aus dem in der Paste noch enthaltenen oder mit dem Kerndraht legierten Ba-Vorrat, sobald wieder normal geheizt wird. Auch eine Unterheizung (< 700° C) ist für die Lebensdauer schädlich, da hierbei der Querwiderstand, den die Oxydschicht für den Emissionsstrom beim Übergang vom Kerndraht in das Vakuum bietet, infolge des stark negativen Temperaturkoeffizienten der Oxyde so groß wird, daß Glühinseln auftreten (vgl. Espe *2*, Kroczek *1*).

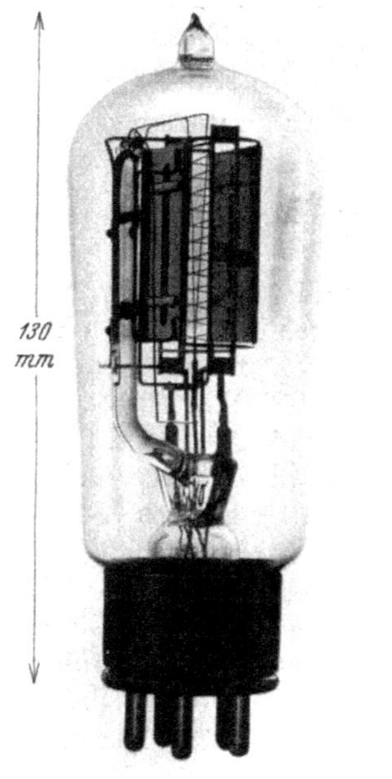

Abb. 301.

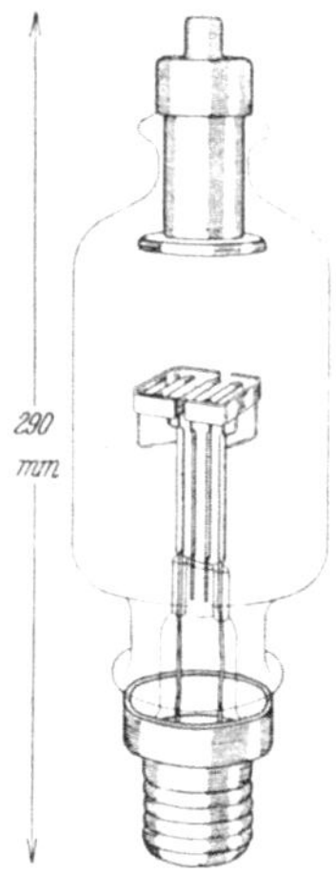

Abb. 302.

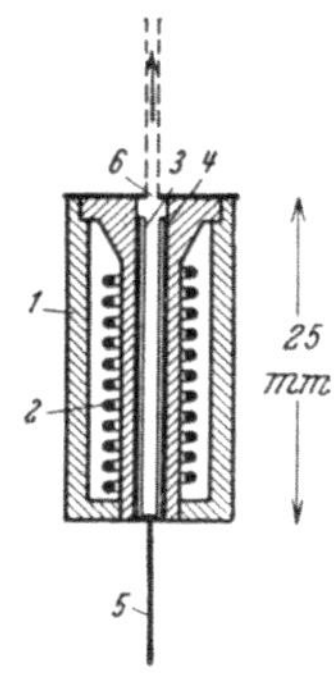

Abb. 303.

Abb. 301. Postverstärkerröhre mit direkt geheizter Ba-Pastekathode. Kerndraht: PtNi-Band; Kathodenheizung: 1,1 A, 3,6 V; Anodenspannung: 220 V (Hersteller: Siemens-Röhren-Werk).

Abb. 302. Oxydkathodengleichrichter mit pastierter Bandkathode und Hg-Dampffüllung. Heizleistung: 11 A, 5 V; Anodenstrom: 2 A; Sperrspannung: 10000 V (Hersteller: Int. Standard El. Corp.).

Abb. 303. Indirekt geheizte oxydpastierte Hohlkathode für Braunsche Röhren (F. Schröter *5*). 1 Strahlungsschutzmantel aus Keramik; 2 Heizwicklung aus W; 3 Oxydpaste; 4 Ni-Röhrchen, innen pastiert; 5 Zuleitung zum Ni-Röhrchen; 6 Sauganode oder Steuerelektrode (Metallblech mit Austrittsöffnung für den Kathodenstrahl).

Das Strahlungsvermögen eingebrannter Oxydkathoden für 0,650 μ beträgt 65—85%, nicht eingebrannter 30—55% (vgl. Patai *1*). Entsprechend schwankt auch die spezifische Heizleistung von Oxydpastekathoden (vgl. Abb. 300).

Technische Anwendungen. Direkt geheizte Kathoden: Für Verstärkerröhren und Hochvakuumgleichrichter für Niederspannung (bis etwa 500 V) und nicht zu kleine Heizströme (> 0,25 A), vgl. z. B. Abb. 301; Kerndraht aus PtNi, PtIr oder Ni; Oxyd- und Karbonatpaste, eingebrannt und nichteingebrannt; meist Streichverfahren. Für Stromrichter mit Hg-Dampf- oder Edelgasfüllung (0,2—100 A Stromstärke, 30 V bis 60 kV Sperrspannung), vgl. Abb. 57, 114 und 302. Kerndraht aus Konel, Ni oder W (bzw. WMo, CrNi oder A-Draht), mit Ni bespult; Karbonatpaste, nicht eingebrannt; Streich- und Tauchverfahren (vgl. Abb. 291).

Indirekt geheizte Kathoden: Für netzbeheizte Rundfunkröhren (vgl. Abb. 56 und 220) und Hochvakuumniederspannungsgleichrichter. Grundmetall: Nahtlose, manganfreie Ni- oder Cu-Röhrchen; Karbonatpaste, nicht eingebrannt; Spritzverfahren. Für gasgefüllte Stromrichter und Leuchtröhren (vgl. Abb. 67). Kathodenträger: innenpastierte Ni-Hohlkörper; Karbonatpaste, nicht eingebrannt; Streich-, Tauch- oder Spritzverfahren. Hohlkathoden mit Strahlungsschutz (vgl. z. B. Abb. 292) besitzen eine Elektronenausbeute bis zu 1 A/Watt. Braunsche Röhren (vgl. Abb. 303). Für entladungsbeheizte Kathoden, vgl. z. B. Abb. 269. Gasentladungsröhren für Beleuchtung und Therapie (z. B. Ende *1*). Grundmetall Ni, meist in Hohlform; Karbonatpaste, nicht eingebrannt; Spritz- oder Tauchverfahren.

e) Barium-Sinterkathoden.

(Espe *7*, Nienhold *2*, Pirani *3*, *7*)

Sie bestehen meist aus einem massiven Verbundkörper aus W und BaO (vgl. Abb. 304). Die Herstellung erfolgt entweder durch Mischen von W-Pulver mit BaO, Pressen unter hohem Druck und nachfolgendem Sintern (max. 1300° C); oder es wird ähnlich wie bei der W-Metallgewinnung durch Sintern von W-Pulver (1500° C) ein stark poröses W-Stück hergestellt, das mit der Lösung einer Ba-Verbindung getränkt wird, die dann durch Vorglühen (etwa 1200° C) im Vakuum in das Oxyd übergeführt wird. Das Wolframgerüst dient dabei nicht nur zur besseren Stromleitung (das BaO wird erst bei höheren Temperaturen leitend!), sondern verhindert auch durch die bessere Wärmeleitung das Auftreten überhitzter Glühinseln.

Abb. 304. Sinterkathodenkörper aus W-Pulver und BaO.

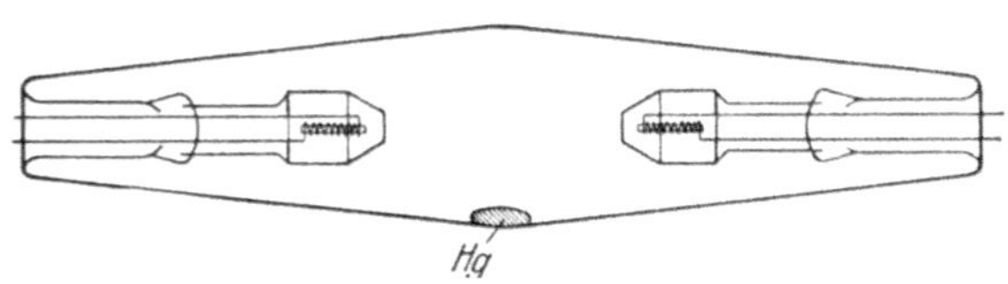

Abb. 305. Hg-Leuchtröhre mit strahlungsgeschützten, von Wolframheizwendeln umgebenen Sinterkathodenstiften (Pirani *3*).

Für die technische Ausführung wird bei indirekt geheizten Kathoden ein zylindrischer Sinterblock als Füllung einer W-Wendel angeordnet, die vielfach noch mit einem Strahlungsschutzzylinder umgeben wird (vgl. Abb. 305). In anderen Fällen benutzt man einen hohlen Sinterkörper, der durch die Strahlung einer innen befindlichen W-Heizwendel beheizt wird und häufig außen von einer Lage W-Draht umwickelt ist, der gleichzeitig als Halterung dient. Bei Wechselstromleuchtröhren kann die Fremdheizung ohne Verkürzung der Lebensdauer einige Zeit nach dem Einschalten abgeschaltet bzw. (z. B. in Röhren mit Hg-Dampffüllung bei Vorhandensein eines Zündgases) auch ganz fortgelassen werden, da die Kathode in der ihrer Durchlaßphase vorangehenden Phase durch den Anodenfall aufgeheizt wird.

Technische Anwendungen. Leuchtröhren und Therapielampen mit Edelgas- oder Hg-Füllung.

f) Barium-Destillationskathoden[1].

(Espe *3*, Simon *2*)

Spezifische Emission und Elektronenausbeute vgl. Abb. 272 und 273, S. 258.

Grundmetall. Bei den Destillationskathoden wird der Ba-Emissionsfilm durch Niederschlag von reinem Ba aus der Dampfphase auf einen Trägerkörper erzeugt. Als solcher dient in der Regel (nach Gessel *1*) oxydierter W-Draht (Aufbauschema vgl. Abb. 271, Teilbild d). Erfahrungsgemäß ist die Kathodenlebensdauer nur dann hoch genug, wenn die Zwischenschicht aus niederen W-Oxyden besteht (blauviolettes W_2O_5 bzw. W_4O_{11}[2], nicht weißlichgelbes WO_3). Die Herstellung der Zwischenoxydschicht (Dicke von der Größenordnung 1 μ) auf dem sorgfältig von Graphitresten zu befreienden W-Draht erfolgt entweder nach Montage des Kerndrahtes im Rohr selbst durch Glühen in O_2 (10^{-2} Tor, 700—800° C) oder durch Vorglühen des Drahtmaterials in einem H_2-H_2O-Gemisch bei 700—900° C (vgl. Espe *8*, Vorschubgeschwindigkeit des Drahtes beim Oxydieren etwa 2 cm/sec bei 10 cm Glühzonenlänge). Bei einem anderen Verfahren (Philips *11*) wird der W-Kerndraht zunächst elektrolytisch verkupfert und dann das Cu oxydiert.

Herstellungsverfahren. Der Bariumdampf wird durch Erhitzung von metallischem Ba oder Ba-abspaltenden Verbindungen bzw. Reaktionsgemischen erzeugt[3]. Die dampfliefernde Substanz wird meist in Anodentaschen (vgl. z. B. Espe *10*) untergebracht, die gegen die Kathode zu Öffnungen besitzen (vgl. auch Abschnitt 24 d, S. 310). Die Erhitzung des Ba-Trägers erfolgt durch Hochfrequenz, seltener durch Wärmestrahlung von der Kathode her (vgl. z. B. Abb. 337 b).

Vielfach heizt man während des Destillationsvorgangs die Kathode (etwa 700° C), um die erste Reaktion zwischen dem aufgedampften Ba und der Oxydschicht zu beschleunigen. Zweckmäßig ist das Anlegen von Anodenspannung schon während des Verdampfungsvorganges, da hierbei die (ionisierten) Ba-Moleküle in größerer Anzahl zur Kathode befördert werden (Espe *3*). Das überschüssige Ba schlägt sich auf den übrigen Elektroden und der Glaswand nieder und dient als Getter.

In Tabelle 109 sind die bewährtesten Herstellungsverfahren für Destillationskathoden zusammengestellt. Die Gesamtdicke der Schicht (W-Oxyd und evtl. gebildetes BaO mit Ba-Film) liegt nur zwischen 0,1 und 5 μ. Wegen des dadurch bedingten geringen Querwiderstandes treten Glühinseln nicht auf; die Stromspannungskennlinie zeigt daher im Gegensatz zu Pastekathoden ausgesprochenen Sättigungscharakter[4]. Wegen der raschen Verdampfung der W-Oxydschicht bei Temperaturen über 900° C sind Destillationskathoden gegen Überheizung sehr empfindlich und im Gegensatz zu Th-Filmkathoden nicht wieder regenerierbar. Die Betriebstemperatur liegt für eine Lebensdauer von 800—2000 h zwischen 700 und 800° C.

---

[1] Auch vielfach „Aufdampfkathoden" genannt.

[2] Vgl. F. Ebert *1*, Reinders *1*, Tarjan *1*.

[3] Metallisches Ba wird in Cu- oder (besser) Ni-Schutzröhrchen (Schröter *7*) in die Röhre eingebracht oder aus BaO-Al-Thermitreaktionsgemisch (Lewy *1*, Marden *1*, Thomson-Houston *1*, Ver. Glühlampen *3*) oder Ba-Azid (Hertz *2*) nach Evakuierung des Rohres thermisch gewonnen. Über Einzelheiten vgl. Abschnitt 8c, S. 106.

[4] Vorausgesetzt, daß der Emissionsstrom nicht von der Größenordnung des Heizstromes ist.

Tabelle 109. Herstellungsverfahren für Destillationskathoden.

a) Vorbehandlung.

Verfahren:	A Ba-Azid	B Ba-Thermit	C Cuba bzw. Niba	D Reinbarium
Wolfram-Kerndraht	entweder bedeckt mit oxydiertem Cu oder oberflächlich direkt oxydiert. Kerndraht vorher sorgfältig entgraphitieren!			
Ba-Dampfquelle auf der Anode	BaN_6 (Bariumazid)	6,5 Gew.-T. BaO und 1 Gew.-T. Al, in Pillenform gepreßt	Cu- oder Ni-Röhrchen mit Ba-Füllung	gepreßtes reines Ba mit Paraffinüberzug
Erhitzung des Rohres im Pumpofen	langsam auf 180° C bis kein N_2 mehr entweicht, dann 1 h bei 400° C	1 h bei 400° C	1 h bei 400° C	1 h bei 400° C
Kathodenerhitzung	10 min bei 700—800° C	10 min bei 700—800° C	10 min bei 700—800° C	10 min bei 700—800° C
Entgasung der Anode (Hochfrequenz)	—	10 min bei 800° C, dann bis ≈ 1200° C steigern; bei Thermitentzündung sofort abschalten	stoßweise bei 700° C, bei thermisch isolierter Halterung des Ba-Trägers bis 900° C (Ba-Verdampfung während der Vorentgasung möglichst vermeiden!)	

b) Destillationsvorgang.

Geeignet für Verfahren:	A	B, C, D	B, C, D
Kathodentemperatur	700° C	700° C	20° C
Anoden- bzw. Gitterspannung (gegen Kath.)	0	positiv (über Widerstand oder Lampen)	0
Anodentemperatur bei Destillation (Hochfrequenz)	≈ 700° C	800—1000° C	800—1000° C
Abziehen des Rohres von der Pumpe			
Einbrennvorgang (Kathodentemperatur)	1 h unter Betriebsbedingungen (800° C)	1 h mit erhöhter Anodenspannung, dann 4—5 h unter Betriebsbedingungen (800° C)	unter Betriebsbedingungen bis zum Eintritt konstanter Emission; evtl. vorher positive Gitterspannung (800° C)

Auch kombinierte Herstellungsverfahren werden angewendet, indem auf eine (vollständig aktivierte!) Pastekathode zusätzlich Ba aufgedampft wird. Derartige Kathoden zeigen höhere Emission (Vergrößerung des Bedeckungsfaktors) und höhere Lebensdauer. Die Erhitzung der Ba-Dampfquelle kann in diesem Falle auch mittels Elektronenbombardement durch die bereits aktivierte Kathode erfolgen (vgl. Espe *9*).

Technische Anwendungen. Direkt geheizte Hochvakuumverstärkerröhren kleiner Heizleistung, besonders für Rundfunkzwecke (Heizströme 0,04 bis 0,6 A; vgl. Abb. 366); indirekt geheizte Hohlkathoden für gasgefüllte Stromrichter (die Ba-liefernde Substanz ist meist in einer Tasche des Strahlungsschutzzylinders untergebracht, z. B. bei Röhren nach Abb. 67); indirekt oder direkt geheizte Pastekathoden mit zusätzlicher Ba-Aufdampfung aus einem gegen die Kathode gerichteten Ba-Vorratsbehälter (Aufbau z. B. ähnlich wie Abb. 337 b).

22. Lichtelektrische Kathoden.

a) Allgemeines.

(Alterthum *5*, Campbell *1*, Fleischer *1*, Geffken *1*, Gudden *1*, F. Schröter *1*, Simon *3*, Suhrmann *1*, Zworykin *1*.)

Der durch Bestrahlung mit Licht ausgelöste Elektronenstrom[1] ist (für konstante Wellenlänge oder konstantes Wellenlängengemisch) der auffallenden Lichtintensität direkt proportional. Eine Abhängigkeit des Photostromes von der Kathodentemperatur wird erst bei größeren Temperaturdifferenzen ($> 100^0$ C) merkbar[2]. Der Photostrom setzt je nach der Austrittsarbeit φ des Schichtmaterials bei einer bestimmten Wellenlänge, der sog. langwelligen Grenze λ_{max} des lichtelektrischen Effektes ein:

$$\lambda_{max} = \frac{12350}{\varphi \, \text{Volt}} \, (\text{Å}).$$

Nur bei dicken Schichten (Massivkathoden) ist in diese Gleichung die Austrittsarbeit φ des reinen kompakten Kathodenmetalles einzusetzen. Bei dünnen Schichten[3] ist zu beachten, daß die Austrittsarbeit wie bei Glühkathoden (vgl. S. 258) von der Art der Grundschicht mit abhängt; z. B. ist die Austrittsarbeit einer dünnen Alkalimetallschicht auf einer elektronegativen Grundschicht geringer als die des kompakten Alkalimetalles; die langwellige Grenze wird also durch solche elektronegative Grundschichten nach längeren Wellenlängen verschoben. Einen Überblick über die langwelligen Grenzen[4] des Photoeffektes der wichtigsten Elemente gibt Tabelle 110.

[1] Der zwischen Photokathode und Anode bei einer bestimmten Belichtung und Temperatur fließende Strom setzt sich zusammen aus

a) dem von der Leitfähigkeit des Glases oder von Brücken verdampften Metalls herrührenden Leitungsstrom („Isolationsstrom“),

b) dem mit steigender Temperatur zunehmenden thermischen Elektronenstrom und

c) dem durch die Bestrahlung mit Licht ausgelösten Elektronenstrom („lichtelektrischer Strom“).

a) und b) werden häufig unter dem Namen „Dunkelstrom“ zusammengefaßt. Die Trennung von a) und b) kann durch Umpolen der Stromquelle bzw. (bei hohem Isolationsstrom) durch Wechselstrommessung mit Kompensation der Gleichstromkomponente erfolgen. Die Ergebnisse sind jedoch nicht immer eindeutig, da häufig die Anode ebenfalls mit Alkali aktiviert ist und dann auch bei Umpolung ein thermischer Elektronenstrom fließt. Wegen der starken Zunahme des thermischen Elektronenstromes mit der Temperatur gelingt bei höheren Temperaturen ($> 50^0$ C) die Trennung erheblich leichter. Zellen mit überwiegendem Isolationsstrom zeigen eine geradlinige, Zellen mit überwiegend thermischem Elektronenstrom eine $u^{3/2}$-Kennlinie, die je nach der Schichtzusammensetzung eine mehr oder weniger ausgeprägte Sättigung besitzt. Bei guten Photozellen bleibt der Dunkelstrom bei Zimmertemperatur unter 10^{-9} A.

[2] Häufig wird sie auf Änderungen der Emissionsschicht infolge der Temperaturbehandlung zurückgeführt; jedoch ist die Abhängigkeit reversibel.

[3] Unter „dünnen“ Schichten versteht man nach Gudden *1* solche, die weder das einfallende Licht, noch die etwa in der Schichtmitte ausgelösten Elektronen vollständig absorbieren.

[4] Die von verschiedenen Autoren angegebenen Grenzwellenlängen hängen naturgemäß (besonders bei Schichtkathoden, deren spektrale Empfindlichkeitskurven sich asymptotisch an die Abszisse anschließen, vgl. z. B. Abb. 312) stark von der Empfindlichkeit der Meßanordnung ab; R. Schulze *1* definiert z. B. als langwellige Grenze diejenige Wellenlänge, bei der für eine auffallende Lichtenergie von 10 erg/sec der lichtelektrisch ausgelöste Elektronenstrom auf $1 \cdot 10^{-15}$ A abgesunken ist.

Tabelle 110. Langwellige Grenze des Photoeffektes der wichtigsten Elemente.

Kathodenmaterial	λ_{max} (mμ †)	Kathodenmaterial	λ_{max} (mμ †)
Al	298*—439—697△	Mg	340—450*—698△
Ag	256*—268—399△	Mn	328*
As	236*	Mo	285△—297—383△
Au	252—285△	Na	500—600*—686△
Ba	457—650*—777△	Ni	246—278*—336△
Ba-Film auf BaO	1235△	Pb	298△—355△
Be	374—390*	Pd	231△—287△
Bi	256△—278—330△	Pt	190△—196—340△
C	257△—287△	Rb	570—810*—1030△
Ca	385—510*—727△	Re	248
Cd	305△—320*—475△	Rh	251
Ce	430—599△	Sb	307△
Co	272*—299—315△	Se	220△—236*—267△
Cr	330*	Si	257△
Cs	630—900*—1760△	Sn	274△—362△
Cs-Film auf oxyd. Ag	bis 1100	Sr	550*—689△
Cs-Film auf W	909△	Ta	251△—297—336*
Cs-Film auf oxyd. W	bis 1740△	Te	360
Cu	256*—321△	Th	336*—365—458△
CuO	231△	Th-Film auf W	472△
Cu_2O	239△	Ti	313*
Fe	259—264*—315△	Tl	335—360△
Ga	292—300*	U	340
Ge	255△—260*—288△	V	325*
Hf	241△	W	230△—286△
Hg	260△—305△	Zn	301△—313*—408△
K	550—710*—2680△	Zr	274△—322*—330
Li	510*—540		

* Nach R. Schulze *1*, △ aus Knoll *2*, alle anderen Werte aus Rukop *1*.
† 1 mμ = 10^{-7} cm = 10 Å.

Mit fallender Wellenlänge steigt im allgemeinen bei einheitlichen (kompakten, reinen) Metallen der lichtelektrische Strom monoton an (normaler Photoeffekt). Bei dünnen Schichten (Filmkathoden) und adsorbierten Gasschichten überlagern sich ausgesprochene Maxima, sofern der elektrische Vektor des einfallenden Lichtes eine Komponente senkrecht zur Kathodenoberfläche besitzt (selektiver Photoeffekt). Es ist ungeklärt, inwieweit rein optische Einflüsse hierbei eine Rolle spielen. Die Lage und Höhe der Maxima ändert sich mit der Beschaffenheit und Lage der einzelnen Schichten, hängt also stark von den Herstellungs- und Betriebsbedingungen ab.

Eine besondere Bedeutung als Emissionsmaterial für Photokathoden haben wegen ihrer geringen Austrittsarbeit und den hohen Elektronenausbeuten die Alkalimetalle K, Na, Rb und Cs, besonders in Form dünner Schichten auf einer elektronegativen Grundlage. Bei diesen Elementen beobachtet man auch dann selektiven Photoeffekt, wenn anscheinend einheitliche kompakte Emissionsschichten vorliegen. Es wird dies vielfach durch Verunreinigungen und Gasschichten (H_2, H_2O) erklärt, die sich bei den chemisch sehr aktiven Alkalimetallen niemals ganz vermeiden lassen.

Was von den Glühkathoden, besonders den Oxydpastekathoden hinsichtlich der Reproduzierbarkeit ihrer Eigenschaften bei der Reihenherstellung gesagt wurde (vgl. S. 275), gilt in erhöhtem Maße für Photozellen. Nur bei sehr sauberen und genau eingehaltenen Fabrikationsbedingungen (Reinheit der

Ausgangsmaterialien, sorgfältige Entgasung, geeignetes Glas [1], exakte Einhaltung des Herstellungsganges, genaue Temperaturbehandlung) lassen sich Zellen mit für technische Zwecke genügend gleicher und zeitlich konstanter Emission herstellen. Die Herstellung von Photozellen wird daher vielfach auch bei größeren Stückzahlen nur im Laboratorium durchgeführt. Wie bei Glühkathoden lassen sich Massivkathoden und Schichtkathoden unterscheiden.

b) Massivkathoden.

Abb. 306 gibt einen Überblick über die Abhängigkeit der Elektronenausbeute von der einfallenden Lichtwellenlänge für eine Reihe von Elementen.

K- bzw. Na-Kathoden. Sie werden durch Gießen [2], durch Destillation im Hochvakuum oder durch Glaswandelektrolyse hergestellt.

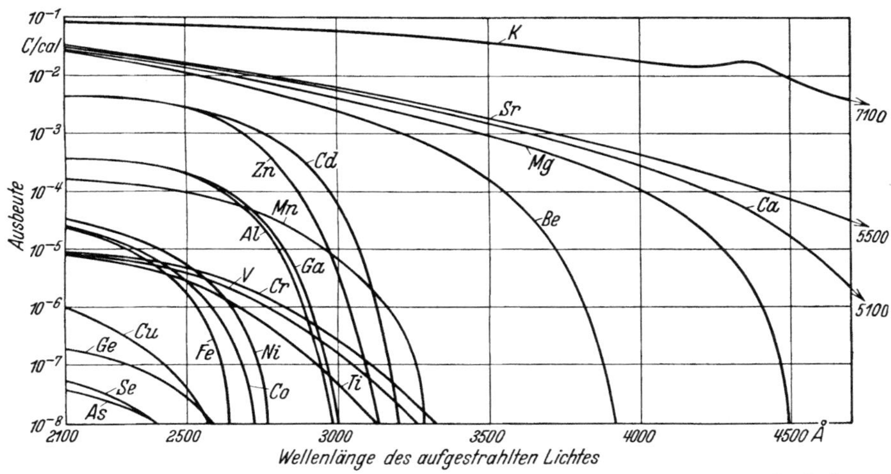

Abb. 306. Lichtelektrische Stromausbeute (Coul/cal) einiger Elemente, abhängig von der Wellenlänge des einstrahlenden Lichtes (Kathodenschichtdicken etwa 10^{-6} cm; vgl. R. Schulze *1*).

Die Destillation erfolgt nach sorgfältiger Reinigung und Entgasung der Glas- bzw. Quarzwand meist von einem seitlichen Stutzen aus nach den in Abschnitt 8b, S. 104 beschriebenen Methoden. Zur Erhöhung der Leitfähigkeit und sicheren Kontaktgebung mit der Kathodenzuführung (nicht zur Empfindlichkeitserhöhung!) schlägt man das Alkalimetall häufig auf einer (vorher chemisch aufgebrachten) Silberschicht nieder [3]. Um eine vorzeitige Verdampfung

[1] Ungeeignet für Photozellen ist Bleiglas. Gut brauchbar ist z. B. Gundelachglas (Durchlässigkeitsgrenze 300 mμ), das bei Heizung auf 300° C noch keine Elemente ausscheidet, die den lichtelektrischen Effekt der Auflage beeinflussen (R. Schulze *1*). Am besten geeignet sind Borosilikatgläser mit Durchführungen aus W oder Mo, die am Ende mit einem Stückchen Platindraht versehen sind, der zur besseren Kontaktgabe federnd gegen die Kathodenschicht gedrückt wird (vgl. Abb. 363 l). Bei diesen Glassorten ist auch die Neigung des Cs-Dampfes zur Bildung leitender Brücken zwischen Kathode und Anode erfahrungsgemäß sehr gering. Für hoch isolierende Zellen empfiehlt sich die Einschaltung von Quarzzwischenstücken.

[2] Vgl. Teichmann *1*.

[3] Fenster zum Eintritt des Lichtes in der Silberschicht erhält man durch vorhergehende Bedeckung des betreffenden Teiles mit Bienenwachs, das nach der Versilberung mit Benzin weggelöst wird.

des Alkalimetalls während der Ausheizentgasung der Zellenwand zu verhindern, wird der Destillationsstutzen so lang gewählt, daß das Alkalimetall außerhalb des Heizofens bleibt (vgl. Abb. 307). Erst nach der Ausheizperiode wird das Alkalimetall mit Hilfe eines Magneten in die Nähe der Zelle geschoben und von dort durch Erhitzung in die Zelle destilliert. Von Stellen der Zellenwand, die für den Lichteintritt frei bleiben sollen, wird das Alkalimetall durch nachträgliche Erhitzung[1] entfernt.

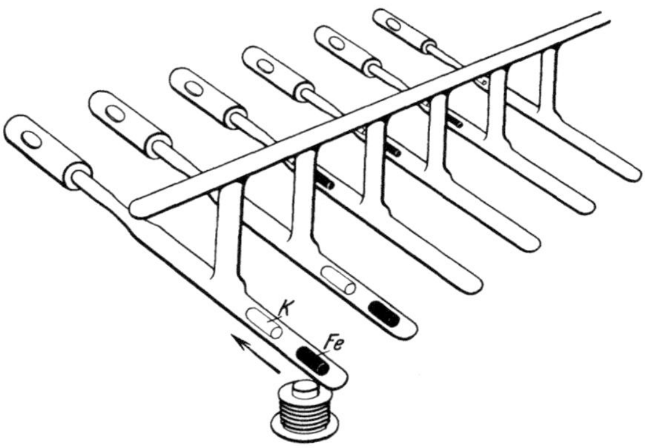

Abb. 307. Pumpstand für lichtelektrische Zellen (aus der Fabrikation AEG.; vgl. Fleischer *1*).

Bei der Glaswandelektrolyse[2] (vgl. Abb. 308 und 314) wird die Photozelle zum Teil in eine zu gleichen Teilen aus K- (Na) Nitrat und K- (Na) Nitrit bestehende, in einem Eisenbehälter auf etwa 300° C erwärmte Schmelze eingetaucht. Die eintauchende Glaswand muß für K-Zellen aus K-haltigem Glas, für Na-Zellen aus Na-haltigem Glas (z. B. Thüringer Glas) bestehen. Dann wird ein Edelgas (z. B. Ar, 1—3 Tor) eingefüllt und zwischen Badbehälter (positiv) und Zellenanode (negativ) eine Spannung gelegt. Es entsteht eine Glimmentladung, bei der die Alkaliionen des Bades durch die heiße Glaswand und die Gasentladung zur Zellenanode transportiert werden und sich auf dem kalten Teil der Zellenwand (evtl. auf einer dort vorbereiteten Ag-Schicht) niederschlagen. Die Stromstärke darf nicht wesentlich über 0,5 mA/cm² eingetauchter Glasoberfläche steigen, da sonst das Glas sich gelb färbt und unerwünschte Lichtabsorption verursacht. Die erforderliche Spannungshöhe und Elektrolysierungszeit hängt von der Badtemperatur, der gewünschten Schichtdicke, der Stärke der Glaswand und davon ab, ob als Zellenanode ein kalter Draht (500—1000 V) oder eine geheizte Wolframwendel (300 V) benützt wird.

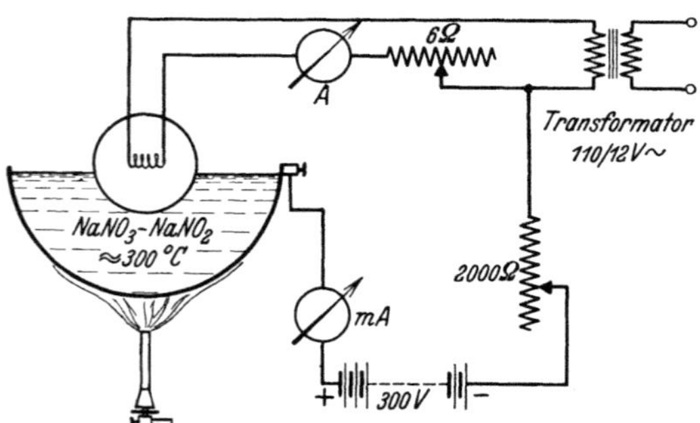

Abb. 308. Schematische Darstellung der Glaswandelektrolyse von Na in lichtelektrische Zellen (vgl. Marton *1*).

Cd-Kathoden. Der Niederschlag der Schicht erfolgt meist durch Destillation, und zwar entweder aus einem Glasansatz mittels Außenerhitzung oder von einer an der Zellenanode befestigten hochfreqenzerhitzten Metallkapsel oder aus einem mittels W-Drahtwendel beheizten Näpfchen aus Quarz oder keramischem Material. Zur Herstellung von Schichtkathoden (vgl. nächsten Abschnitt c) ist Cd nicht geeignet.

[1] Noch auf der Pumpe!

[2] Vgl. Forro *1*, Marton *1*, Pirani *2*, Selenyi *1*.

Technische Anwendungen. Massivkathoden finden fast ausschließlich in Zellen aus Quarz bzw. mit Quarzfenster oder aus sog. Uviolglas (Durchlässigkeitsgrenze 240 mμ) Verwendung. Abb. 309 zeigt die relative spektrale Empfindlichkeit einiger Photozellen mit Massivkathoden. Die „Stromempfindlichkeit" (bei Bestrahlung mit einer W-Glühlampe von 2850° K[1]) liegt für Hochvakuumzellen in der Größenordnung von 0,05 μA/Lm. Zur Erhöhung dieser geringen Empfindlichkeit werden die Zellen vielfach mit Edelgas gefüllt (max. Empfindlichkeit dann 0,5 μA/Lm). Kadmiumzellen finden hauptsächlich im Spektralbereich der stärksten biologischen Wirkung (290 bis 320 mμ, Dornogebiet) Verwendung.

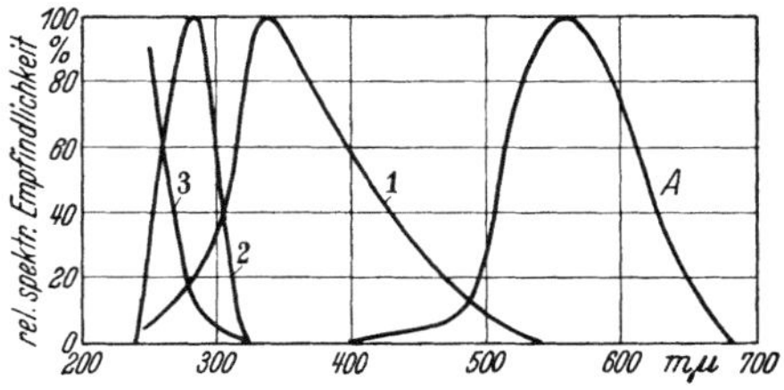

Abb. 309. Rel. spektrale Empfindlichkeit einiger Massivkathoden im Hochvakuum (Empfindlichkeitsmaximum jeder Kathode gleich 100 gesetzt; vgl. Fleischer *1*, Seitz *1*).
1 Na mit Quarzfenster; 2 Cd in Uviolglasgefäß; 3 Cd in Quarzgefäß. A Augenempfindlichkeitskurve.

c) Schichtkathoden.

Je nach der Verteilung des reinen Alkalimetalles (M), seiner Verbindungen (Hydride; MH; Oxyde: M_2O) und des Grundmetalles (meist Ag) in der fertigen Kathode unterscheidet man folgende Schichtsysteme:

1. Hydrierte Kathode (Typus M-MH-M).
2. Oxydierte Kathode mit Alkaliuntergrund (Typus M-M_2O-M).
3. Destillationskathode mit voroxydiertem Silberuntergrund (Typus Ag-M_2O-M).
4. Mehrschichten- oder Diffusionskathode (Typus Ag-M_2O-Ag-M_2O-M).

Hydrierte Kathoden. Die Herstellung erfolgt zunächst wie die der entsprechenden Massivkathoden. Dann wird trockener, O_2-freier Wasserstoff eingelassen ($p = 10^{-1}$ bis 10^{-3} Tor, je nach den Gefäßdimensionen) und zwischen Kathode und Anode eine Glimmentladung (100—400 V, 10^{-4} A/cm²) gezündet, wobei sich auf der Kathode ein Hydrid bildet[2] und gleichzeitig wahrscheinlich durch die Erhitzung eine Diffusion von Alkali aus dem Untergrund an die Kathodenoberfläche stattfindet. Eine dünne Alkalischicht auf der Kathodenoberfläche kann auch dadurch erhalten werden, daß nach Hydrierung[3] und vollständigem Abpumpen des H_2 im Hochvakuum erneut Alkalimetall aufgedampft wird. In Abhängigkeit von der Dicke dieses Alkalifilms, die durch die Aufdampfzeit bestimmt ist und durch Empfindlichkeitsmessung laufend verfolgt werden kann, durchläuft die lichtelektrische Elektronenausbeute ein Maximum. Kennzeichnend für die richtige Herstellung ist die durch das Alkalimetall verursachte Farbtönung der ursprünglich weißen Hydridschicht. Sie ist bei Na braungelb, bei Cs

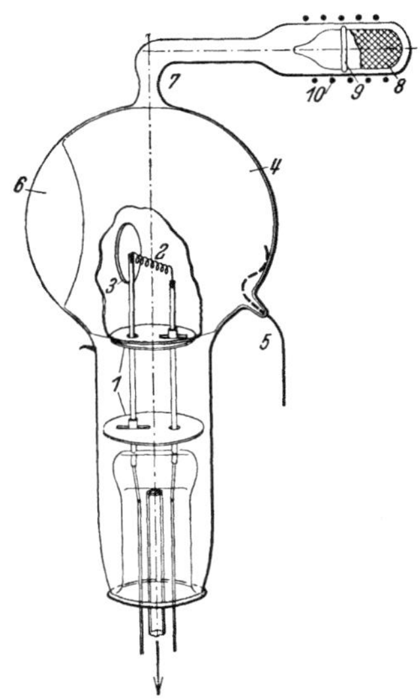

Abb. 310. Photozelle mit Destillationskathode. Grundschicht: auf Glaswand destillierter, dann oxydierter Ag-Spiegel (Tedham *1*).
1 Abschirmplatten; 2 W-Wendel, mit Ag-Draht bespult; 3 Abschirmblech; 4 Ag-Grundschicht; 5 Kathodenzuleitung; 6 beschlagfreies Fenster im Kolben; 7 Abschmelzstutzen; 8 Cs in evakuiertem Glasbehälter; 9 Hochfrequenz-Sprengring; 10 Hochfrequenzspule.

[1] Vgl. Hull *3*. [2] Mey *1*.
[3] Reine Hydridoberflächen zeigen keine lichtelektrische Emission!

grünlich, bei Rb blauviolett und bei K blauviolett bis grünlichblau. Zellen mit hydrierten Kathoden neigen im Betrieb häufig zu Schwankungen der Empfindlichkeit. Spektrale Empfindlichkeitskurven von hydrierten Kathoden in Abb. 312, Kurve a 2 und b.

Oxydierte Kathoden mit Alkaliuntergrund. Nachdem die Alkalischicht wie bei der Massivkathode hergestellt ist, wird reiner trockener Sauerstoff (Druck 10^{-1} bis 10^{-3} Tor) eingelassen und wie bei der Hydrierung eine Glimmentladung eingeleitet. An die Oxydation schließt sich entweder eine Wärmebehandlung (Diffusion!) oder Aufdampfen einer dünnen Alkalischicht mit darauffolgender Erhitzung zur Ausbildung der optimalen Dicke dieser Schicht. Gegenüber den entsprechenden Massivkathoden wird durch die Oxydationsmethode nicht nur eine erhöhte Empfindlichkeit, sondern auch eine Verschiebung der langwelligen Grenze bewirkt (vgl. z. B. Abb. 312, Kurve a 1 und a 3 und Selenyi *2*).

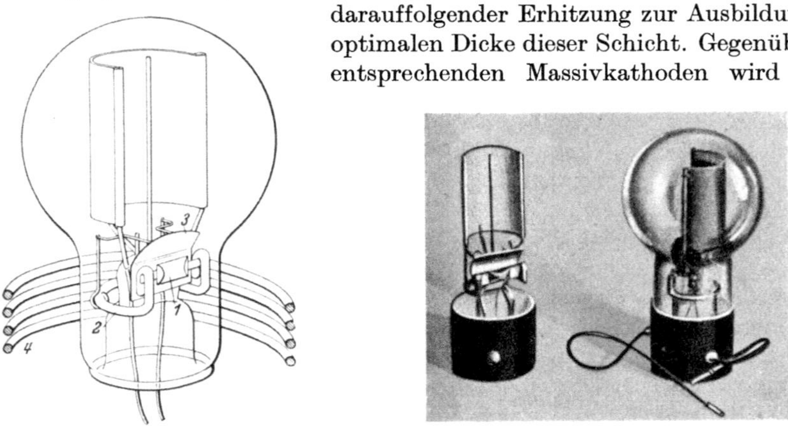

Abb. 311. Photozelle mit Destillationskathode. Grundschicht: massives, oxydiertes Ag-Blech (Prescott *1*, Electr. Res. Prod. *1*). Linkes Bild: Schema der Anordnung. 1 Kapsel mit Destillat; 2 Hochfrequenz-Kurzschlußring; 3 Schutzschirm für den Quetschfuß; 4 Hochfrequenzspule.

Destillationskathoden mit oxydiertem Silberuntergrund (vgl. Bainbridge *1*, Prescott *1*, Tedham *1*). Bei diesem Verfahren wird als Grundmetall häufig Ag, aber auch Mg, Cu, Au oder W verwendet. Es wird meist in dünner Schicht (1—100 μ) im Hochvakuum auf die vorher mit einer Stromzuführung (vgl. Abb. 310) versehene, gut entgaste Zellenwand aufgedampft, indem eine mit Ag-Draht bespulte W-Wendel vorsichtig erhitzt wird (vgl. Matériel *1*). Der für das Lichteintrittsfenster vorgesehene Teil der Glaswand wird dabei durch einen Metall- oder Glimmerschirm abgedeckt. Auch massive Bleche aus Ag werden als Grundmetall verwendet (vgl. Abb. 311). Die Oxydation der Grundschicht erfolgt durch Glimmentladung in reinem O_2 bei einem Druck von 10^{-1} bis 10^{-3} Tor; bei Gleichspannung (200—500 V über Vorschaltwiderstand, Ag-Spiegel negativ!) beträgt die Stromdichte dabei etwa 10^{-4} A/cm². Eine über die ganze Schicht gleichmäßigere Oxydation läßt sich bei höheren O_2-Drucken und damit kürzeren Oxydationszeiten (etwa 30 sec) durch elektrodenlose Hochfrequenzglimmentladung (mittels Röhrenoszillator oder Teslatransformator) erreichen. Die Menge des von der Ag-Schicht gebundenen O_2 ist von der Größenordnung 10^{-6} g/cm² und läßt sich aus der entstandenen

Anlauffarbe abschätzen; erfahrungsgemäß sind Oxydschichten mit dunkelgelber Farbe am günstigsten für die spätere Empfindlichkeit[1]. Auch die Druckmessung vor und nach der Oxydation gestattet eine Verfolgung der gebundenen O_2-Menge[2].

Nach Evakuierung auf Hochvakuum wird die in einem Seitenstutzen befindliche Zäsiumquelle (Reduktionsgemisch oder verschlossene Glaskapsel, vgl. Abschnitt 8 e) aufgeschlossen und Cs auf die Silberoxydschicht aufgedampft, wobei ein Farbumschlag ins Bräunliche eintritt. Die Dosierung der günstigsten (einmolekularen?) Schichtdicke erfolgt auf der Pumpe[3] durch Abdampfen und Abpumpen des überschüssigen Cs bei 155 165 °C (einige min bis 1 h) unter dauernder lichtelektrischer Empfindlichkeitskontrolle. Das Auf- und Abdampfen des Cs kann, wenn notwendig, mehrmals wiederholt werden. Erst dann wird die Röhre (evtl. nach Füllung mit Edelgas) abgeschmolzen. Nach dem Abschmelzen kann während der ersten Betriebsstunden noch eine erhebliche Empfindlichkeitserhöhung auftreten („Nachformieren").

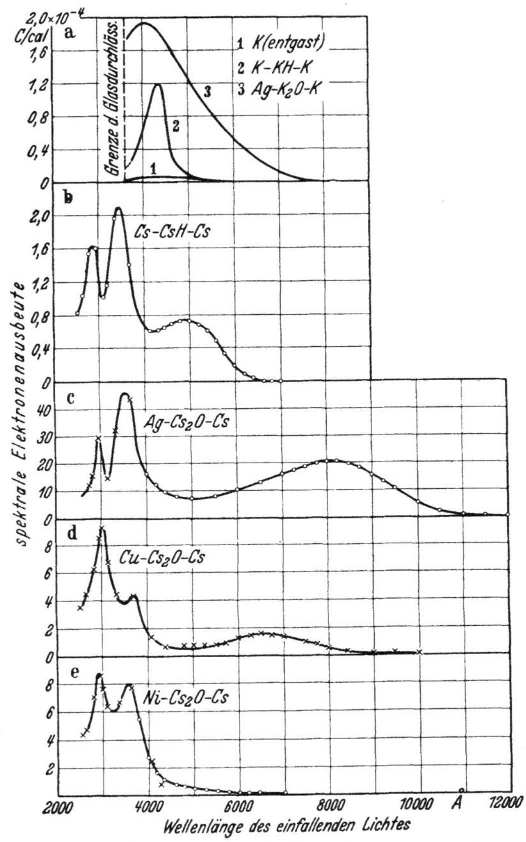

Abb. 312. Spektrale Empfindlichkeit einiger hydrierter bzw. durch Destillation auf oxydiertem Metalluntergrund hergestellter Alkali-Photokathoden (a in Glaskolben, nach Kluge *1*; b bis e in Quarzgefäßen, nach Kluge *2*; Streukurven bei Kluge *3*).

Zellen mit **überschüssigem** Cs zeigen häufig inkonstantes Verhalten (Dunkelstrom, Isolationsfehler). Für Fernsehsenderöhren (sog. Ikonoskope, vgl. Abb. 314) wird der mit CsO—Cs bedeckte Ag-Untergrund meist auf einer Glimmerplatte[4] angebracht und in viele einzeln voneinander isolierte Teilstücke zerlegt.

[1] In manchen Fällen wird weiter (bis zu dunkelblauer Färbung) oxydiert und dann der überschüssige Sauerstoff durch Erhitzung der Zelle bei 150° C im Hochvakuum entfernt.

[2] Z. B. fällt bei einem Gesamtvolumen (Zelle, Vakuumleitung, McLeod) von 1 l, einer Ag-Fläche von 100 cm² und einem Anfangsdruck von 0,2 Tor der Druck auf etwa 0,14 Tor (20° C), vgl. Tedham *1*.

[3] Die Entfernung des überschüssigen Cs kann auch durch Bildung einer Legierung mit Zinn oder Blei erfolgen. Es wird zu diesem Zweck ein verzinnter Eisenring vorgesehen und das Rohr nach dem Abschmelzen auf 150° C erhitzt (vgl. Holst *2*).

[4] Die Glimmerplatte trägt auf ihrer Rückseite einen zusammenhängenden Metallfilm. Das Ikonoskop ermöglicht ohne mechanische Vorrichtungen durch Elektronenstrahlabtastung eines auf die lichtempfindliche Schicht projizierten optischen Bildes eine Transformierung der Lichtintensität auf den einzelnen punktförmigen Photozellenteilen in entsprechende elektrische Stromschwankungen. Über Einzelheiten vgl. Zworykin *2*, *3*.

Die Zerlegung des Ag-Untergrundes erfolgt entweder durch Kathodenzerstäubung unter Zwischenschaltung von Schablonen (z. B. einer feingeritzten Lackschicht, die hinterher entfernt wird), oder auf photographischem Wege oder durch

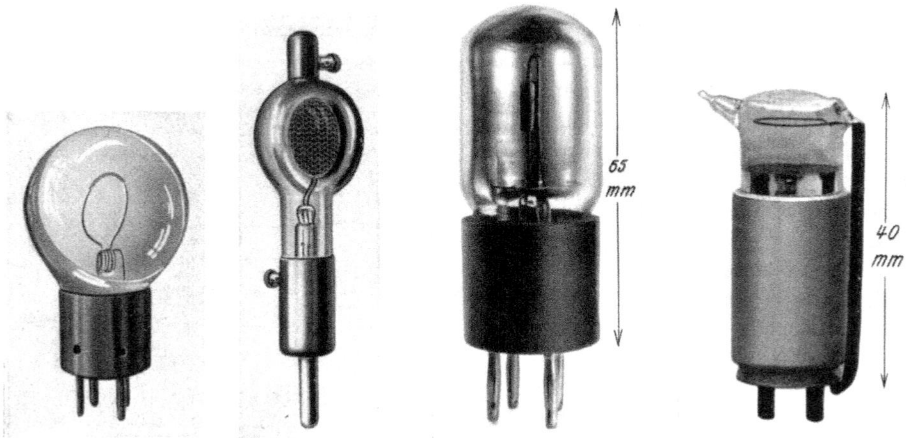

a b c d

Abb. 313. Technische Photozellen mit Alkali-Schichtkathoden.
a Durch Glaswandelektrolyse hergestellte Na-Zelle mit oxydiertem Ag-Untergrund (Hersteller: Tungsram); b Zelle mit Destillationskathode und Maschenanode (Hersteller: Pressler, Leipzig); c Zelle mit Cs-Destillationskathode (Hersteller: AEG.); d „Front"-Zelle mit Cs-Destillationskathode (Hersteller: AEG.).

thermische Zerreißung. Spektrale Empfindlichkeitskurve einer Cs-Filmkathode auf oxydiertem Ag-Grund in Abb. 312, Kurve c, vergleichende Kurven für Cs, Rb, K und Na in Abb. 405, S. 360 (Nachtrag).

Mehrschichtenkathoden (Asao *1*). Ihre Herstellung erfolgt wie die der im letzten Absatz beschriebenen Destillationskathoden, nur mit dem Unterschied,

Tabelle 111. Empfindlichkeit technischer Hochvakuum-Photozellen bei Bestrahlung mit Glühlampenlicht (2850° K); vgl. Alterthum *5*, Fleischer *1*.

Kathodenzusammensetzung	Elektronenausbeute (μA/Lumen)	Spektrale Verteilung
K	≈ 0,1	vgl. Abb. 312, Kurve a 1
Cs	0,17	—
K—KH—K	0,7	vgl. Abb. 312, Kurve a 2
Cs—CsH—Cs	3,1	vgl. Abb. 312, Kurve b
Cs—Cs_2O—Cs	12	—
Ag—K_2O—K	3	vgl. Abb. 312, Kurve a 3
Ag—Cs_2O—Cs	10—30	vgl. Abb. 312, Kurve c
Ag—Rb_2O—Ag—Rb_2O—Rb	10—15	—
Ag—K_2O—Ag—K_2O—K	≈ 29	—
Ag—Cs_2O—Ag—Cs_2O—Cs	40—50	—

daß auf die einmolekulare Cs-Schicht eine zweite dünne Ag- (oder Ni-, W-, Ta-) Schicht aufgebracht wird. Nach dem Aufdampfen dieser Schicht verschwindet die lichtelektrische Empfindlichkeit zunächst vollständig, steigt jedoch bei erneuter Wärmebehandlung der Zelle rasch auf einen höheren Betrag als vor der letzten Behandlung, wahrscheinlich infolge Diffusion der Cs-Schicht durch die dünne Ag-Schicht. Die Elektronenausbeute solcher Kathoden ist höher als bei allen, nach anderen Verfahren hergestellten Kathoden (vgl. Tabelle 111).

Technische Anwendungen. Da die langwellige Grenze der Filmkathoden sich relativ weit in den roten Teil des Spektrums erstreckt, benutzt man im allgemeinen Glas als Zellenwand. Abb. 312, Teilbild a zeigt die Verschiebung der langwelligen Grenze von K-Destillationskathoden mit oxydiertem Untergrund gegenüber massiven K- und hydrierten K-Kathoden, Teilbild c bis e die Abhängigkeit ihrer langwelligen Grenze und der Lage ihrer selektiven Maxima vom Grundmetall. Tabelle 111 gibt einen Überblick über die technisch erreichten Stromausbeuten von Hochvakuumzellen, Abb. 313 zeigt Ausführungsformen von technischen Photozellen mit Schichtkathoden. Zur Empfindlichkeitssteigerung wird auch für Schichtkathoden Edelgasfüllung benützt; doch werden sehr dünne Alkalischichten bei Ionenbombardement leicht zerstört, wodurch bei zu hoher Zellenspannung ein rascher Abfall der Lichtempfindlichkeit eintritt. Gasgefüllte Zellen folgen wegen ihrer Trägheit hochfrequenten ($n < 6000$) Lichtänderungen nicht (vgl. Roggendorf *1*) und sind deshalb für Tonfilm- und Fernsehzwecke vielfach ungeeignet. Weitere Anwendungen von Schichtkathoden sind: Sekundäremissionsphotozellen (vgl. Farnsworth *1*, Iams *1*, Penning *2*, Zworykin *4*, *5* und Abb. 314) und Fernsehsenderöhren (vgl. Farnsworth *1*, Zworykin *2*, *3* und Abb. 315).

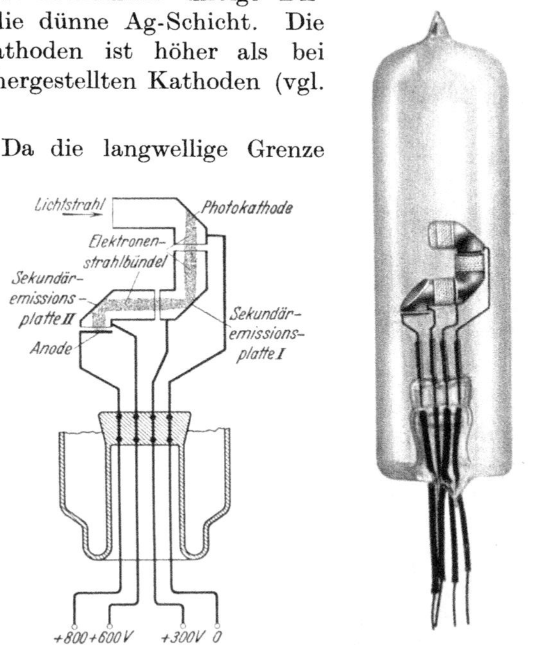

Abb. 314. Photozelle mit Cs-Schichtkathode und Sekundäremissionsverstärkung. a Schema für zweifache Sekundärelektronenauslösung; b technische Ausführung (Zworykin *4*). Jedes Primärelektron erzeugt etwa 7—10 Sekundärelektronen.

Abb. 315. Ikonoskopröhre (Zworykin *3*). 1 Rasterphotokathode auf Glimmer mit oxydiertem Ag-Untergrund und aufgedampfter Cs-Schicht zur Aufnahme des projezierten optischen Bildes; 2 Elektronenrichtstrahler zur Abtastung (Entladung) der lichtelektrisch aufgeladenen Rasterelemente.

23. Kalte Kathoden[1].

Die technische Anwendung kalter Kathoden beschränkt sich auf gas- oder dampfgefüllte Entladungsröhren. Die Elektronenablösung erfolgt dabei durch den Aufprall positiver Ionen; die gleichzeitig freiwerdende Wärmeenergie führt zu einer Verdampfung des Kathodenmaterials in atomarer Form, der sog. Kathodenzerstäubung (Blechschmidt *1*, Güntherschulze *2*, v. Hippel *1*, Mierdel *1*, Research *1*, Steenbeck *1*). Man verwendet Massivkathoden, Alkali- bzw. Erdalkali-Kathoden und flüssige Kathoden.

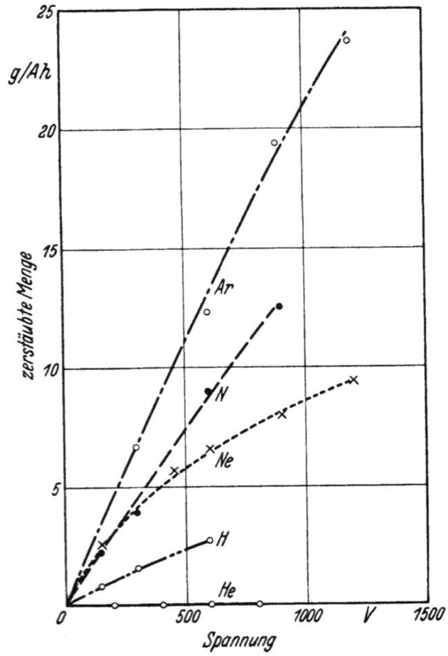

Abb. 316. Kathodenzerstäubung von Ag-Blech für verschiedene Gase, abhängig von der Spannung (Güntherschulze *2*); Ionenerzeugung durch Glühkathodenhilfsentladung zur Anode; mittlere freie Weglänge aller Gase gleich der von Ar bei 0,01 Tor; Kathodenoberfläche: 22,5 cm²; Kathodentemperatur: etwa 530° C; Abstand Anode-Kathode: 2,5 cm; Zerstäubungsstromstärke: 20 mA.

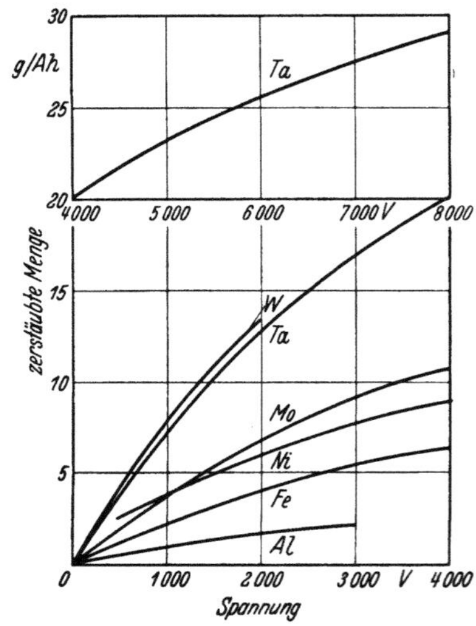

Abb. 317. Kathodenzerstäubung von Metallen in Hg-Dampf von 18° C, abhängig von der Spannung. Ionenerzeugung durch Hilfsentladung; Abstand Anode - Kathode: 2 cm; Kathodenoberfläche: 16 cm²; Stromstärke: 10 mA (Werte für Ni bei niedrigen Spannungen unsicher; vgl. Güntherschulze *2*).

a) Massivkathoden.

(Bär *1*, Kossel *1*)

Sie bestehen aus massivem Metall in Form von Scheiben oder Hohlkörpern, die vor dem Einbringen in die Vakuumröhre oder auf der Pumpe gut entgast werden müssen. Bei ihrer Auswahl spielt wegen der hohen Ionengeschwindigkeit (hoher Kathodenfall!) die Kathodenzerstäubung eine wichtige Rolle.

Kathodenzerstäubung. Diese nimmt im allgemeinen mit der Stromdichte, der Ionengeschwindigkeit und der Ionenmasse zu. Tabelle 112 zeigt die Zerstäubungsreihe der wichtigsten Vakuummetalle in H_2 und Hg-Dampf, Abb. 316 die

[1] Werden kalte Kathoden so hoch beansprucht, daß es zu einer erheblichen thermischen Elektronenemission kommt, so spricht man von „selbstaufheizenden" Kathoden. Diese sind auf S. 286 behandelt.

Abhängigkeit der Zerstäubung von Ag von der Ionengeschwindigkeit in den wichtigsten Gasen, Abb. 317 die Abhängigkeit der Zerstäubung verschiedener Metalle von der Ionengeschwindigkeit in Hg-Dampf. Die Absolutwerte der Zerstäubung hängen stark von den Dimensionen der Vakuumröhre ab und werden auch von der Kathodenform beeinflußt. So fällt die Zerstäubung mit zunehmender Entfernung benachbarter Gefäßwände wegen der Rückdiffusion des zerstäubten Metalls zur Kathode; ferner zeigen Hohlkathoden, wenn die Entladung hauptsächlich im Innern ansetzt, eine geringere Zerstäubung als Plankathoden gleicher Oberfläche. Unedle Metalle, die zur Bildung von Oxydoberflächenschichten neigen, zerstäuben in reaktionsfähigen Gasen nur wenig. Die Kathodenoberfläche wird durch die auftreffenden positiven Ionen leicht aufgerauht, in erhöhtem Maße dann, wenn benachbarte Wände weit genug entfernt sind, sodaß infolge Umladung des Metallstaubes eine Rückwanderung auf die Erhöhungen der Kathodenoberfläche eintritt (vgl. Abb. 318).

Tabelle 112.
Zerstäubungsreihe der wichtigsten Vakuummetalle in H_2 und Hg-Dampf (nach Güntherschulze *2*).

H_2 (850 V) *		Hg (1000 V) †	
Element	mg/Ah	Element	g/Ah
Mg	9	Be	0,428
Ta	16	Al	1,07
Cr	27	Si	1,12
Al	29	Mn	2,25
Mn	38	Fe	2,31
Mo	56	Ni	2,40
Co	56	Zr	3,39
Wo	57	(Co)	3,44
Ni	65	(Cr)	3,49
Fe	68	Mo	3,92
C	262	(Cu)	6,89
Cu	300	Ta	7,40
Au	460	Wo	7,65
Ag	740	(Pt)	15,76
		(Ag)	20,47

* Abstand An.-Kath.: 6 cm; Kath.-Oberfläche: 7 cm²; Stromstärke: 40 bis 50 mA.

† Abstand An.-Kath.: 2 cm; Kath.-Oberfläche: 16 cm²; Stromstärke: 2 bis 10 mA; Hg-Temp.: 11—15° C; Ionenerzeugung durch Hilfsentladung.

Bei den eingeklammerten Metallen spielen Amalgamierungseinflüsse eine Rolle.

In Vakuumröhren ist die Kathodenzerstäubung besonders unangenehm wegen der damit verbundenen Gasabsorption (vgl. S. 315, insbesondere Tabelle 116), wegen Isolationsverschlechterung (vgl. S. 313) oder Feldverzerrung durch gebildete Beschläge auf der Glaswand, wegen der Lichtschwächung durch solche Beschläge in Kathodennähe (bei Leuchtröhren) und wegen der Kraterbildung an Hochspannungskathoden (Ionenröntgenröhren, Kathodenstrahloszillographen, vgl. Abb. 319). Wegen ihrer geringen Zerstäubung bevorzugt man Al, Fe und Ni, in Spezialfällen Ta, z. B. als Anodenstifte (A_1, A_2 in Abb. 326c) in Glimmlichtgleichrichtern, auf die die Ionen in der Sperrphase mit hoher Geschwindigkeit auftreffen. Als Füllgas verwendet man in letzterem Falle vorzugsweise He, das bis 800 V geringe Zerstäubung bewirkt, wenn es nicht durch Ne verunreinigt ist (Abb. 316, vgl. auch S. 236 und 247).

Zur Herstellung dünner Metallschichten, besonders auf isolierender Unterlage, wird die Kathodenzerstäubung vielfach technisch ausgenützt, z. B. zur Herstellung von Ag-Spiegeln für optische Zwecke, von Hochohmwiderständen (vgl. Krüger *1*), von Rastern für Selenphotozellen, sowie zur Metallisierung von Textilien, Kunststoffen, Wachsschallplatten usw. Dabei werden die zu metallisierenden Gegenstände der Kathode im ungefähren Abstand der Fallraumdicke gegenübergestellt. Als Füllgas verwendet man meist H_2 oder Ar; ist der zu bestäubende Gegenstand nicht auf mindestens 100° C ausheizbar, so muß im strömenden Gas gearbeitet werden (vgl. Knoll *4*). Der Gasdruck beträgt 10^{-1} bis 10^{-2} Tor, die Anodenspannung 500—10000 V, am besten Gleichspannung, die Stromdichte bis 1 mA/cm² je nach Wärmeableitung bzw.

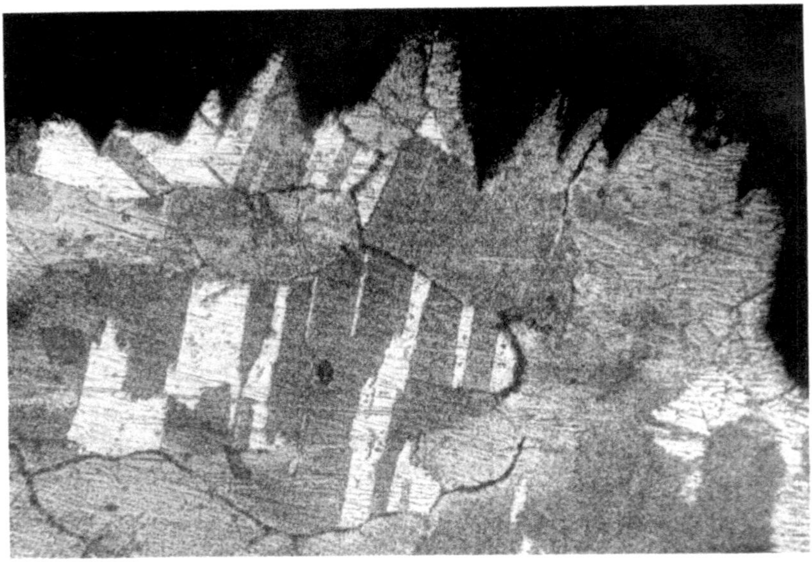

Abb. 318. Geätzter Querschnitt einer Ag-Drahtkathode nach 200 Stunden Zerstäubung bei weit entfernten Gefäßwänden; Vergr. 135 (Knoll *3*).

-abstrahlung und thermischer Belastbarkeit der Kathode. Eine einfache Zerstäubungsapparatur mit wassergekühlter Kathode, welche die Herstellung einer

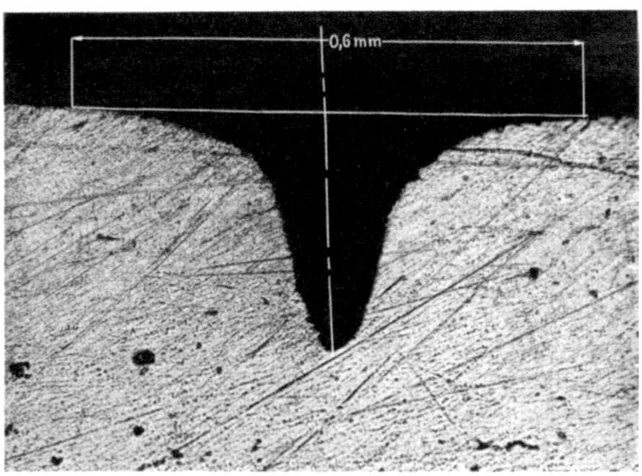

Abb. 319. Querschnitt durch die Al-Kathode eines Kathodenstrahloszillographen nach 4 Stunden Dauerbetrieb (Rühlemann *1*).

undurchsichtigen Au- oder Ag-Schicht (10^{-5} cm) innerhalb 10 min erlaubt, zeigt Abb. 320, eine typische laboratoriumsmäßige Zerstäubungsapparatur aus Glas Abb. 321 (Rother *2*), eine technische Kathodenzerstäubungsanlage Abb. 322; weitere Apparaturen bei Cartwright *1* und Fruth *1*.

Technische Anwendungen von Massivkathoden. Al-Massivkathoden für Ionenröntgenröhren (meist in Hohlspiegelform) und Kaltkathodenstrahloszillographen, vgl. Abb. 80; Plankathoden aus Al in Geißlerröhren, Vakuumprüfröhren, Überspannungsableitern, vgl. Abb. 81; Hohlkathoden aus Fe, Ni oder Cu in Leuchtröhren, vgl. Abb. 323; Fe-Kathoden in Beleuchtungsglimmlampen (220 Volt) bzw. Polsuchlampen (Abbildung 324a und b), Glimmrelais

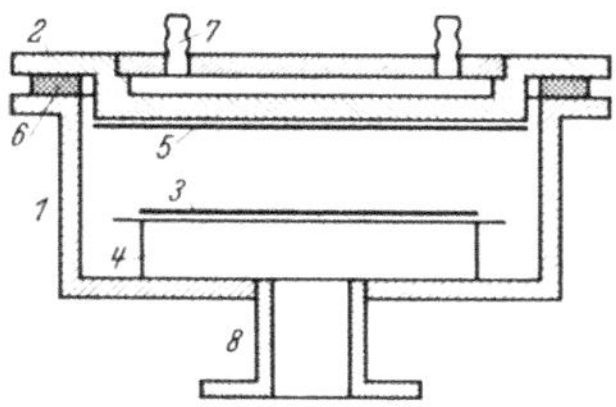

Abb. 320. Kathodenzerstäubungsapparatur aus Metall (Knoll *5*).
1 Anode, gleichzeitig Gefäß; 2 Kathode, gleichzeitig Deckel; 3 zu bestäubendes Gut; 4 Haltevorrichtung; 5 Zerstäubungsbleche (z. B. Edelmetall), an 2 leitend befestigt oder elektrolytisch niedergeschlagen; 6 Dichtungsring aus Gummi, zugleich Kathoden-Anodenisolierung; 7 Wasserkühlung; 8 Pumpenanschluß und Gaseinlaß.

Abb. 321. Kathodenzerstäubungsapparatur mit Glasgefäß (Rother *2*).

(Abb. 324c), Fernseh-Flächenglimmlampen (Abb. 325a) und Fernseh- oder Tonfilm-Punktglimmlampen (Abb. 325b), Glimmlichtoszillographen bzw. HF-Amplitudenanzeigern (vgl. Abb. 73); Graphitkathoden in Kaltkathodenstrahloszillographen bzw. Ionenröntgenröhren.

b) Alkalikathoden.

Abb. 322. Technische Kathodenzerstäubungsanlage zur Metallisierung von Schallplatten-Wachsmatrizen. Kathode: Silberdraht; Zerstäubungsgas: H_2; V: Vakuumkessel aus Stahl (aus der Fabrikation Telefunken, gebaut von Ges. f. Elektrodenzerstäubung, Böhlitz).

Bei kalten Massivkathoden (Fe, Ni, Al usw.) beträgt der normale Kathodenfall 200—400 V, der anormale Kathodenfall bis zu 1000 V und darüber. Um die damit verbundenen Wärmeverluste zu vermeiden und die hohe Betriebsspannung herabzusetzen, bedeckt man sie häufig mit Materialien, die einen niedrigen Kathodenfall besitzen, besonders mit Na, K (F. Schröter *3*) und Ba (Skaupy *4*).

Das Aufbringen auf die Kathode erfolgt bei den Alkalimetallen in der Regel durch Vakuumdestillation in die fertig zusammengebaute Röhre, wobei die Alkalien mit dem Grundmetall der Kathode (meist Ni oder Ni-plattiertes Fe) oberflächlich legieren. Für Kalium wird auch leicht oxydiertes Al als

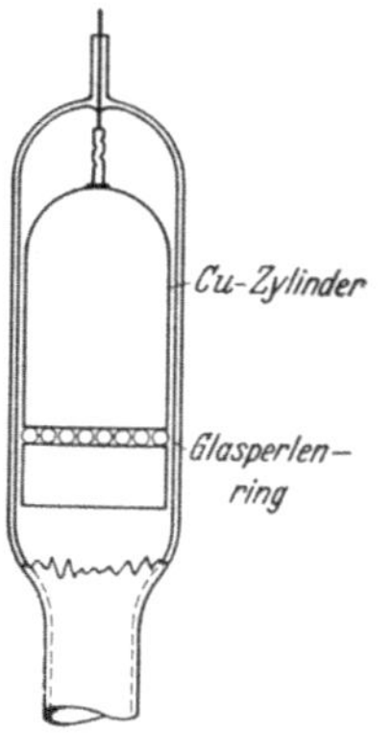

Abb. 323.

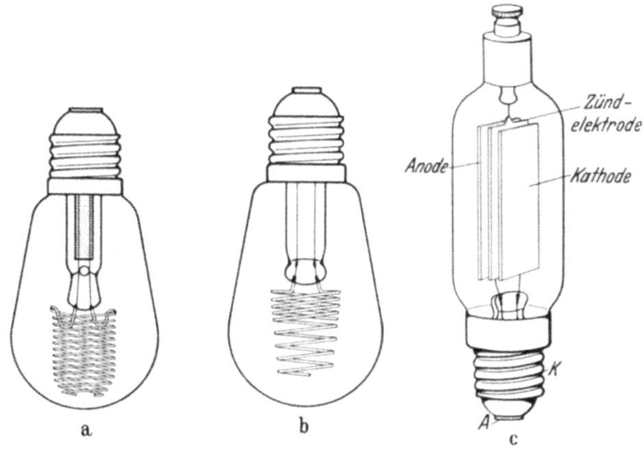

Abb. 324.

Abb. 323. Kalte Kathoden für Leuchtröhren (vgl. Tellmann *2*); Glaskugellager zur Distanzierung.

Abb. 324. Kalte Kathoden aus Fe für Glimmentladungsröhren.
a Beleuchtungsglimmlampe; b Polsuchglimmlampe (Hersteller: Osram); c Glimmrelais (Hersteller: Deutsche Glimmlampen-Gesellschaft).

Untergrund verwendet (vgl. S. & H. *5*). Hierbei wird nach der Aufdestillation des Alkalimetalles auf die Kathode die hochevakuierte oder mit Argon gefüllte Röhre im Heizofen so lange erhitzt (350^0 C; 10—15 min), bis sich eine oberflächliche Legierung auf der Kathode gebildet hat. Derartige Kathoden haben einen Kathodenfall von unter 80 V (in Ne), zerstäuben selbst bei Belastung von 25 mA/cm^2 und nach mehr als 1000 Betriebsstunden nicht merklich und behalten über diese Zeitdauer die niedrige Elektronenaustrittsarbeit bei.

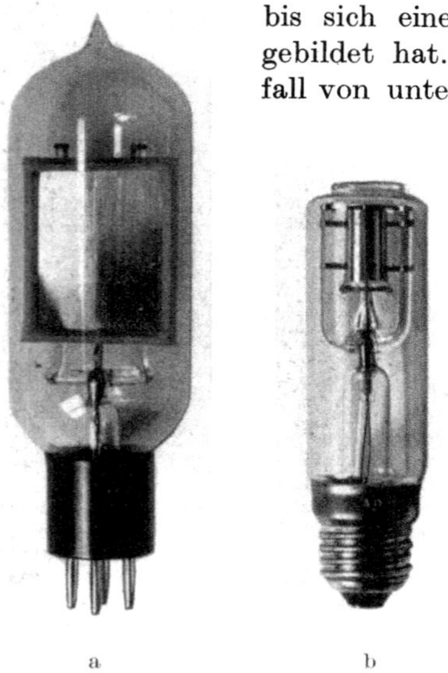

a b

Abb. 325. Röhren mit kalten Fe-Kathoden (Hersteller: Deutsche Glimmlampen-Gesellschaft). a Fernseh-Flächenglimmlampe; b Tonfilm-Punktglimmlampe mit Planfenster aus UV-Glas.

Kalte Ba-Kathoden werden in der Regel durch Aufstreichen von Ba-Azid in alkoholischer Suspension auf Fe-Untergrund und nachträgliches Zersetzen des Azides im Vakuum hergestellt.

Technische Verwendung finden ferner kalte Kathoden, deren Oberflächen mit einer Oxydschicht pastiert sind (z. B. für Überspannungsableiter, vgl. Abb. 326d und 329; Dobke *1*, AEG. *2*). Als Paste eignet sich hierfür beispielsweise die (breiige) Suspension einer Mischung von K_2CO_3 und ThO_2 (etwa 5 : 2) in stark konzentrierter wässeriger KOH-Lösung. Die Paste wird meist in mehreren dünnen Schichten auf einen (durch eng aufeinander liegende Ni-Drahtwendeln gebildeten) Ring[1] aufgetragen.

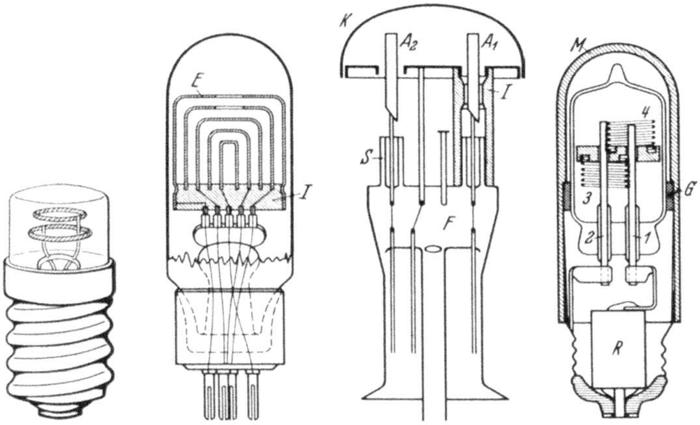

a b c d

Abb. 326. Anwendung kalter Kathoden mit den Kathodenfall herabsetzenden Überzügen. a Signallampe (Hersteller: Deutsche Glimmlampen-Gesellschaft). b Glimmspannungsteiler (Hersteller: Stabilivolt G. m. b. H.): E Elektroden; I keramische Isolierplatte. c Glimmgleichrichter (Hersteller: Telefunken): K Kathode; A_1, A_2 Anoden; I keramisches Isolierrohr; S Glaskragen (mit dem Quetschfuß F verschmolzen) zur Verhinderung von Überschlägen zwischen den Anoden. d Überspannungsableiter (Hersteller: AEG.): 1 Halter für Kathode 3, gleichzeitig Anodenstift für das obere Entladungssystem; 2 Halter für Kathode 4, gleichzeitig Anodenstift für das untere Entladungssystem; Entladungssystem durch Isolierscheibe aus keramischem Material getrennt; R Stabilisierungswiderstand; M Porzellankappe; G Gummi-Distanzring

Technische Anwendungen. Na oder K auf Fe oder Ni für Schwachstromüberspannungsableiter; K auf oxydiertem Al für Signalglimmlampen; Ba auf

Abb. 327. Fe-Elektroden und keramische Isolationsteile eines Glimmspannungsteilers (Körös *1*; Hersteller: Stabilivolt G. m. b. H.); vgl. auch Abb. 326b.

Abb. 328. Glättungsglimmröhre; Fe-Kathode mit den Kathodenfall herabsetzendem Überzug (Hersteller: Deutsche Glimmlampen-Gesellschaft).

Abb. 329. Überspannungsableiter mit kalten pastierten Kathoden und Argonfüllung, Schutzkappe entfernt (Einzelheiten vgl. Abb. 326d; Hersteller: AEG.).

Abb. 327.

Abb. 328.

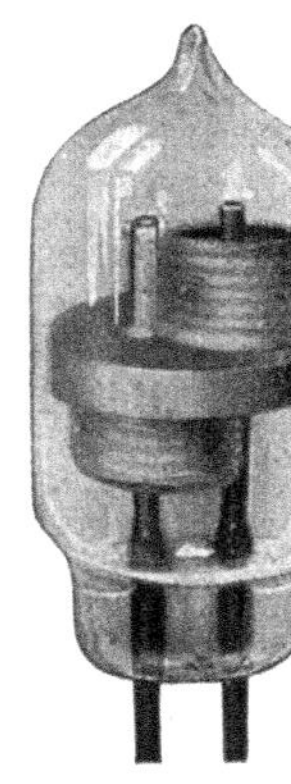

Abb. 329.

[1] Wird die Pastierung so vorgenommen, daß nur die Vertiefungen der Wendel bedeckt sind (nachträgliches Abkratzen der Paste an den erhabenen Drahtstellen), so bildet das aus den Verbindungen der Paste bei der Formierung entstandene Alkali- bzw. Erdalkalimetall auf den unbedeckten Stellen Legierungen bzw. Filme mit niederer Austrittsarbeit und gleichzeitig kleinem Querwiderstand. Bei Überspannungsableitern mit derart „teilpastierten" Kathoden setzt daher die Lichtbogenentladung stets an der Grenze zwischen der Oxydschicht und der nicht pastierten Metalloberfläche an.

Fe für Beleuchtungsglimmlampen mit niedrigen Betriebsspannungen (110 V), Signalglimmlampen (Grundmetall: verdrillter Draht, vgl. Abb. 326 a) und Glimmspannungsteiler (Abb. 326 b und 327) bzw. Glättungsglimmröhren (Abb. 328); Ba auf Al für Glimmgleichrichter (Abb. 326 c); Paste aus Ba-Verbindungen mit Alkalisalzen auf Ni für Starkstromüberspannungsableiter (Abb. 326 d und 329).

c) Flüssige Kathoden.

(Güntherschulze *1*, Helmuth *1*).

Ihre Anwendung erstreckt sich durchweg auf Röhren mit Bogenentladung, deren Ansatzpunkt auf der Kathode hohe Temperatur besitzt („Kathodenbrennfleck"). Sie bestehen aus im Betriebszustand flüssigen Metallen bzw. Legierungen; technisch verwendet man fast ausschließlich Hg und Amalgame. Zur Erzielung hohen Reinheitsgrades erfolgt bei Glasgefäßen das Einfüllen in die vorher ausgeheizte Vakuumröhre durch Destillation (vgl. Abschnitt 7); nach dem Einfüllen ist das Kathodenmetall durch Lichtbogenentladung mit Gleichspannung längere Zeit (bis zu mehreren Stunden) auf der Pumpe bei etwa 20—30% Überlast zu entgasen. Bei Eisen-Großgleichrichtern, bei denen wegen der Dichtungen keine Entgasungserhitzung im Heizofen stattfinden kann, dauert die Entgasung durch Lichtbogenentladung bis zu mehreren Tagen. Die wichtigsten physikalischen Daten der Hg-Kathoden sind in Tabelle 113 zusammengestellt; eine typische Großgleichrichterkathode zeigt Abb. 330.

Abb. 330. Hg-Kathode eines Großgleichrichters für 2000 A und 800 V. Flanschdurchmesser: etwa 750 mm; Hg-Menge: etwa 60 kg; Außenisolierrohr aus Porzellan; Einsatzring aus Quarzgut (Hersteller: Siemens-Röhren-Werk).

Bei größeren Kathoden verhindert man das Umherirren des Kathodenfleckes [1] auf der Hg-Oberfläche durch einen etwas über die Oberfläche hinausragenden

Tabelle 113. Eigenschaften des Brennfleckes von Hg-Kathoden (vgl. Güntherschulze *1*, Issendorff *1*).

An die Kathode abgegebene Energie (umherirrender Fleck)	2,68 W/A
Querschnitt des Fleckes	$2{,}53 \cdot 10^{-4}$ cm²/A
Stromdichte	4000 A/cm²
Verdampfende Hg-Menge:	
a) bei vollständiger Wärmeisolierung	9 mg/A sec
b) bei starker Kühlung	$<$ 1 mg/A sec
c) in technischen Glasgleichrichtern bei fixiertem Fleck	4—5 mg/A sec
d) bei umherirrendem Fleck	7—8 mg/A sec
Mindeststromstärke (je nach Kathodenoberfläche und Temperatur)	2—10 A
Kathodenflecktemperatur	$\approx$ 600° C
Kathodenfall bei umherirrendem Fleck	8—10 V
Kathodenfall bei fixiertem Fleck	7—8 V

[1] Bei Stromstärken über 30 A löst sich der Fleck in eine Anzahl kleiner ameisenartig durcheinanderlaufender Flecke auf. Man kann pro 30 A Stromstärke mit je einem Fleck rechnen.

Stift oder ein rundes bzw. spiralförmig aufgewundenes Blech (vgl. Linn *1*) aus W oder Mo. Der Kathodenfleck setzt dann (aber erst nach vollständiger Entgasung!) an der Grenze zwischen Fixierstift und Hg fest an, wodurch die Mindeststromstärke und der Kathodenfall herabgesetzt und das Überspringen des Kathodenflecks an die Grenze Glaswand-Hg (Glassprünge!) verhindert wird.

Die Zündung von flüssigen Hg-Kathoden erfolgt durch Kippzündung (z. B. bei Quarzlampen nach Abb. 210a), Spritzzündung (vgl. Abb. 69), Tauchzündung (vgl. Linn *2* und Abb. 70), Hochfrequenzzündung mittels Glasaußenbelägen (Cooper-Hewitt *2*) oder sog. Innenzünder („Igniter"). Die letzteren bestehen aus dauernd in das Hg eintauchenden Stiften aus Siliziumkarbid[1] mit einem spez. elektrischen Kaltwiderstand von etwa 7000 Ω mm²/m (vgl. Slepian *1*, Ludwig *1*).

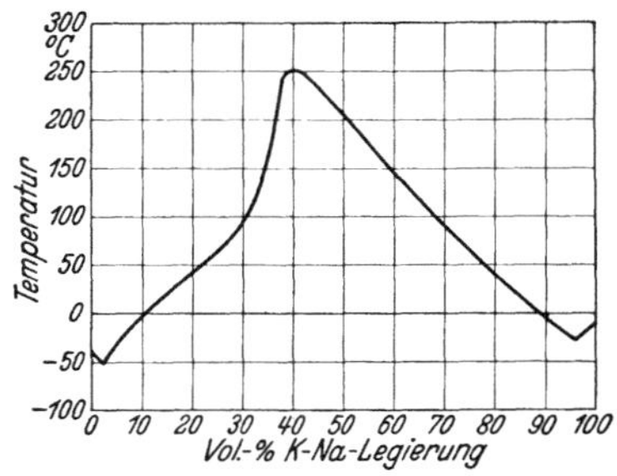

Abb. 331. Erstarrungskurve von K-Na-Amalgam, hergestellt durch Zugabe einer bei Raumtemperatur flüssigen K-Na-Legierung (75/25 Gew.-%) zu Hg (Hellmuth *1*; vgl. auch Abb. 107).

Kathoden mit kleiner Mindeststromstärke bzw. kleinem Kathodenfall werden durch Zusatz von K oder Na zum Hg hergestellt. Soll die Kathode auch bei Raumtemperatur flüssig bleiben[2], so muß der Alkaligehalt unter 8—10% sein (vgl. Abb. 331). Über Herstellung der Amalgame im Vakuum vgl. S. 102 und 255.

Technische Anwendungen. Stromrichter (vgl. z. B. Abb. 65); Hg-Quarzlampen (vgl. Abb. 210a).

24. Gettermethoden (Gasabsorption).

(Dushman *2*)

Zur Unterstützung des Pumpprozesses bei der Röhrenherstellung und zur Aufrechterhaltung des Vakuums trotz abgegebener Gasreste in abgeschmolzenen Röhren nutzt man Sorptionserscheinungen der Gase an festen bzw. vorübergehend dampfförmigen Stoffen aus. Als solche können im einfachsten Fall gegenüber der Raumtemperatur stark gekühlte, insbesondere poröse Flächen (Glas, Kohle) dienen. Energische Sorptionsmittel sind ferner einige massive Metalle (z. B. Ta, Zr), sowie P und die meisten Metalle in dampfförmigem bzw. feinverteiltem kondensiertem Zustand (W, Ni, Cu, besonders die Alkali- und Erd-

---

[1] SiC (Karborund, Silit II, Silundum) wird durch Einwirkung von Si-Dampf auf Kohlepreßkörper bei 1600—1900° C gewonnen (vgl. Askenasy *1*). Sein spez. elektrischer Widerstand schwankt je nach den Herstellungsbedingungen und beträgt bei 800° C 600 bis 9000 Ω mm²/m (gebräuchlichster Wert 1000 Ω mm²/m). Der Temperaturkoeffizient des elektrischen Widerstandes ist negativ. Die spez. Wärme und die Wärmeleitfähigkeit schwanken verhältnismäßig wenig mit dem spez. elektrischen Widerstand; die spez. Wärme beträgt etwa 0,29 cal/g Grad, die Wärmeleitfähigkeit 0,024 cal/cm/sec Grad (Siemens-Plania-Werke *1*). Der lin. Wärmeausdehnungskoeffizient beträgt $45—50 \cdot 10^{-7}$ (vgl. Heindl *1*). Das Material ist bis 1600° C an Luft ohne Strukturänderung belastbar. Die Betriebstemperatur als Zündstift im Hg-Gleichrichter beträgt 300—400° C.

[2] Amalgamkathoden mit hohem Alkaligehalt sind bei Zimmertemperatur fest. Auch solche Kathoden sind brauchbar; sie werden im Betriebe in kurzer Zeit flüssig. Die mit ihnen versehenen Vakuumröhren sind gefahrloser zu transportieren, müssen jedoch zur Zündung der Kathode eine Edelgasgrundfüllung enthalten.

alkalimetalle). Ausschließlich zur Wasserdampfabsorption werden Phosphorpentoxyd, Chlorkalzium und andere „Trockenmittel" angewendet.

Die Gasbindung („Getterung") kann auf verschiedenen Ursachen beruhen:

a) Chemische Reaktion mit dampfförmigem oder festem (feinverteiltem) Gettermetall bzw. mit heißen Elektrodenteilen [1].

b) Absorption bzw. Adsorption an beim Herstellungsprozeß durch vorherige Erhitzung entgasten Röhrenteilen (Glaswände, kalte Elektroden, auch Glühkathoden nach dem Erkalten), an gasfreien Metallniederschlägen der Röhrenwand oder an einem Gettermetall während der Verdampfung mit nachträglicher Einlagerung der Gasmoleküle in das feste Metallkondensat.

Besonders energisch geht die Gasbindung vor sich, wenn die Restgase durch eine elektrische Entladung ionisiert sind (stärkere chemische Aktivität der ionisierten Moleküle, tieferes Eindringen der schnellen, ionisierten Moleküle in die getroffene Oberfläche, besonders bei Hochspannungsröhren [2]). Während bei Edelgasen nur die Gasbindung durch Adsorption eine Rolle spielt, sind bei unedlen Gasen chemische Reaktionen und Adsorptionsvorgänge schwer zu trennen. Es ist stets zu berücksichtigen, daß bei Erhitzen der Adsorptionsfläche adsorbierte (nicht chemisch gebundene) Gasreste wieder befreit werden. In Übereinstimmung damit zeigt die praktische Erfahrung, daß mit dem Gettermetall stark reagierende Gase (z. B. O_2) bei Erhitzung im Gegensatz zu Edelgasen nur zum geringen Teil wieder freigegeben werden.

a) Kondensation an gekühlten Oberflächen.

Leicht kondensierbare Dämpfe kann man aus Vakuumröhren dadurch entfernen, daß man einen zweiten, mit der Vakuumröhre in Verbindung stehenden

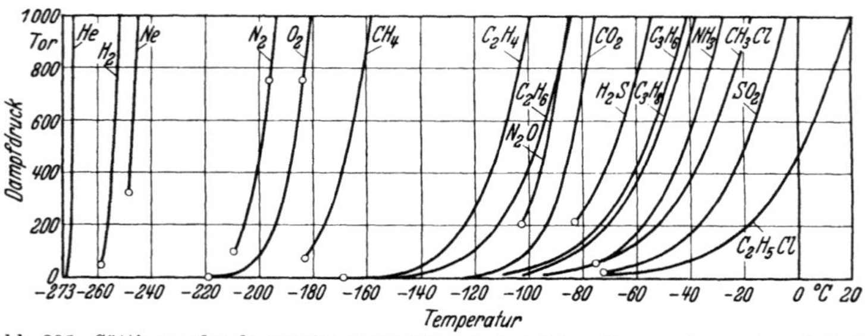

Abb. 332. Sättigungsdruck verschiedener Dämpfe bei tiefen Temperaturen (aus Crit. Tables).

Raum so weit unter den Kondensationspunkt abkühlt, daß der Dampfdruck des Kondensats unmerklich klein wird. Infolge des im Kondensationsraum erniedrigten Partialdrucks diffundieren allmählich die Moleküle des betreffenden Dampfes aus der Vakuumröhre in diesen und werden dort festgehalten, sodaß die Röhre nach Abschmelzen vom Kondensationsraum nur noch einen sehr kleinen, der betreffenden Kühltemperatur entsprechenden Dampfdruck enthält. Ein derartiges Kühlgefäß arbeitet also als „Partialdruckkondensationspumpe", deren Grenzvakuum für jede Gasart verschieden ist.

[1] Die chemische Reaktion führt nur dann zu einer Getterung, wenn das entstehende Reaktionsprodukt einen genügend niedrigen Dampfdruck hat. So entsteht z. B. bei der Reaktion zwischen dem Gettermetall Mg und vorhandenem O_2 ein Reaktionsprodukt mit unmerklich niedrigem Dampfdruck (MgO), dagegen bei der Reaktion zwischen glühender Kohle (Graphitanoden!) und O_2 ein Reaktionsprodukt mit relativ hohem Dampfdruck (CO_2).

[2] Sog. Clean-up-Effekt; vgl. auch Mierdel *2*, Pietsch *1* und Tab. 116, S. 315.

In derselben Weise wirken die zum Ausfrieren der Dämpfe des Pumpentreibmittels in der Hochvakuumtechnik üblichen, mit flüssiger Luft [1] gekühlten Ausfrierfallen. Die durch eine solche Kühlfalle oder ein Kondensationsgefäß in einer angeschlossenen Vakuumröhre erzielbaren Grenz-Dampfdrucke für verschiedene Gase und Dämpfe sind in Tabelle 114 und Abb. 332 zusammengestellt. Aus beiden geht hervor, daß die reine Kondensationsmethode mit flüssiger Luft (Temperatur etwa — 185° C) zur Entfernung einiger beim Herstellungsprozeß von Vakuumröhren häufig auftretender Gase und Dämpfe nicht ausreicht.

Tabelle 114. Drucke einiger Dämpfe bei der Temperatur der flüssigen Luft (Dushman *9*).

Substanz	Druck in Tor
Hg	unmeßbar (10^{-27})
H_2O	10^{-16}
CO_2	10^{-5} bis 10^{-6}
CO	863
CH_4 (Methan)	79,8
C_2H_4 (Äthylen) . . .	$8 \cdot 10^{-2}$
Vaseline (Hahnfett) .	$< 10^{-9}$

b) Adsorption durch Kohle.

Ein wirkungsvolleres Mittel zur Absorption von Gasen und Dämpfen als die reine Kondensationsmethode ist die Adsorption an gekühlter hochporöser Kohle, bei der die Bindung der Gase hauptsächlich auf den starken Adsorptionskräften zwischen der außerordentlich großen, gasfrei gemachten Oberfläche der Kohle und den in wenigen Molekülschichten sich anlagernden Gasschichten beruht [2].

Am besten geeignet sind Kohlen, die aus Holz (Erle, Buchsbaum, Hainbuche) oder aus Kokos- bzw. Haselnußschale hergestellt sind. Das Holz wird in haselnuß- bis erbsengroße Stücke zerkleinert (Staubbildung vermeiden!) und unter Luftabschluß in einem Eisenbehälter bei 500—700° C so lange geglüht [3], bis alle Kohlenwasserstoffe entfernt sind und kein sichtbarer Dampf mehr entweicht. Dann wird die Kohle bei etwa

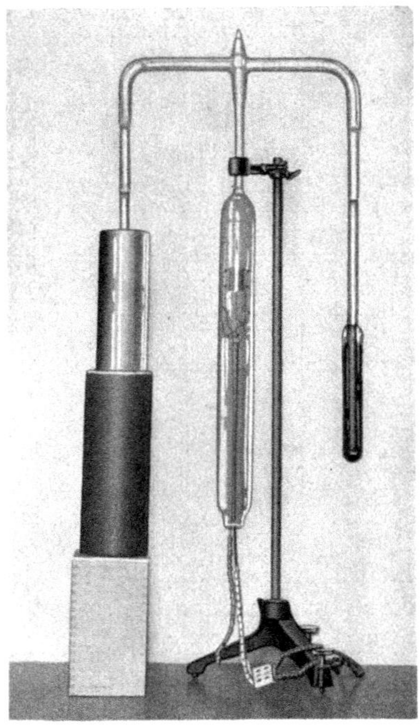

Abb. 333. Hartglasbeutel mit Absorptionskohle, durch Zwischengläser an Gundelach-Apparateglas angeschmolzen.

[1] Über Aufbewahrungsgefäße für flüssige Luft vgl. Banneitz *1*. In Ermangelung von flüssiger Luft wird häufig mit „Kältemischungen“, z. B. fester Kohlensäure in Äther (etwa — 78° C) oder in Azeton (etwa — 86° C) gearbeitet.

[2] Diese Adsorptionskräfte sind selbstverständlich beim Beginn der Kondensation an jeder tief gekühlten, entgasten Oberfläche vorhanden; die dadurch hervorgerufene Wirkung tritt aber bei den üblichen Kühlgefäßen nicht in Erscheinung, da wegen der kleinen Oberfläche innerhalb kurzer Zeit einmolekulare Bedeckung erreicht ist und der dann sich einstellende Enddruck nur noch von dem Gleichgewicht zwischen Kondensat und Dampf abhängt („echte Kondensation“). Im Gegensatz dazu werden an Kohle auch Gase oberhalb ihrer Kondensationstemperatur gebunden.

[3] Eine längere Erhitzung oberhalb dieser Temperaturen ist unbedingt zu vermeiden, da sonst eine Abnahme der Porosität durch Kristallwachstum (Graphitierung) eintritt.

600° C im Vakuum (mit Ölvorpumpe unter Zwischenschaltung eines wassergekühlten Kondensators) vorentgast, in einen Glasbeutel gefüllt, an die Hochvakuumapparatur angeschmolzen und bei 400° C mehrere Stunden im Hochvakuum möglichst gasfrei gemacht. Eine wesentlich höhere Adsorptionswirkung erreicht man durch Entgasen der Kohle bei 500—600° C, wozu Gefäße aus Hartglas erforderlich sind (Anschmelzen durch Zwischengläser, vgl. Abb. 333).

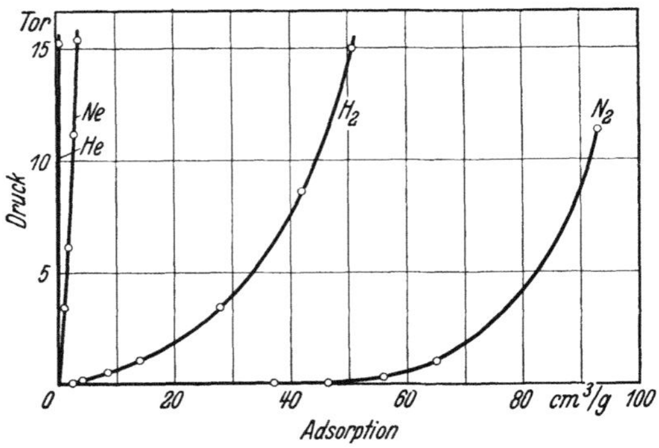

Abb. 334. Adsorption von Gasen an mit flüssiger Luft gekühlter Holzkohle, abhängig vom Druck (Claude).

Die Adsorptionsfähigkeit der Kohle ist für die einzelnen Gase stark verschieden, vgl. Abb. 334 und Tabelle 115, wobei zu berücksichtigen ist, daß die Größe der adsorbierten Volumina quantitativ stark von Art und Vorbehandlung der verwendeten Kohle abhängt. O_2 wird sehr schnell, H_2 dagegen langsam absorbiert. Eine ausführliche Zusammenstellung hierüber findet sich bei Dushman *2*, eine neuere Untersuchung bei Winkler *1*.

Wegen der Explosionsgefahr, die bei Bruch des Glasgefäßes durch die Berührung von Kohle mit flüssiger Luft (besonders mit flüssigem O_2) entsteht, ist dieses durch ein übergeschobenes, unten geschlossenes Metallrohr abzuschließen oder besser die Kohle im Innern in einem Metallgefäß anzuordnen[1]. Aus demselben Grunde darf der Verschluß von Aufbewahrungsgefäßen für flüssige Luft nicht mit loser Watte erfolgen.

Tabelle 115.
Adsorptionsfähigkeit von 1 cm³ Kokosnußkohle (Dewar).

Gasart	Absorb. Gasmenge in cm³ (red. auf 0° C und 760 Tor) bei	
	0° C	— 185° C
Ar	12	175
H_2	4	135
CO_2	21	190
He	2	15
N_2	15	155
O_2	18	230

c) Sorption durch massive Metalle.

Nach energischer Entgasung durch Erhitzung zeigen sämtliche Metalle Sorptionserscheinungen, die meist auf reiner Oberflächenadsorption beruhen. Darüber hinaus können manche Metalle bei höheren Temperaturen Gase durch Lösung in ihr Volumen aufnehmen, wobei ungeklärt ist, ob hierbei stabile chemische Verbindungen entstehen.

Ta, Zr. Besonders groß ist die Sorptionsfähigkeit des heißen Ta, vor allem gegen Wasserstoff. Sorgfältig entgastes Ta-Blech absorbiert bis zum 740fachen seines Volumens an H_2 (Pirani *9*), wenn seine Temperatur 800° C nicht überschreitet. Das Optimum der Sorption liegt bei etwa 600° C (Fetkenheuer *1*), weshalb man z. B. Senderöhren mit schwach rotglühender Ta-Anode betreibt. Auch andere unedle Gase, besonders O_2 und N_2, werden stark absorbiert, wobei sich vielfach chemische Verbindungen bilden; gering ist dagegen die Absorption von Ar, Ne und He. Wenn (z. B. aus Preis-

[1] Bei Verwendung von Silika-Gel an Stelle von Kohle besteht keine Explosionsgefahr beim Platzen der Kühlfalle, jedoch ist dabei die H_2-Adsorption sehr gering (vgl. Winkler *1*).

gründen) die Herstellung der gesamten Elektrode aus Ta nicht durchführbar ist, versieht man sie an besonders stark erhitzten Stellen mit aufgenieteten Ta-Streifen (vgl. Telefunken *1*). Ähnlich wie Ta wirkt Zirkonmetall, das in Form von Stäbchen in der Nähe erhitzter Elektroden angebracht wird (Philips *2*) oder in Pulverform auf die äußere Oberfläche hochbelasteter Anoden (z. B. aus aufgerauhtem Mo) aufgetragen wird[1].

W, Mo. Die Aufzehrung von Gasen durch glühendes W und Mo beruht durchweg auf chemischen Vorgängen. So reagiert W mit O_2 bei hohen Temperaturen zu W-Oxyden, die von 1000^0 C ab (bei Drucken $< 10^{-1}$ Tor) ebenso schnell an benachbarte Wände abdampfen, wie sie sich bilden, sodaß die W-Oberfläche blank bleibt. Auf diese Weise läßt sich der Druck in einer Hochvakuumröhre bis zu 10^{-6} Tor erniedrigen. Die Aufzehrung von N_2 und CO gelingt erst bei Temperaturen, bei denen das W schon merklich verdampft ($> 2300^0$ C), und nicht so vollständig wie bei O_2. Wahrscheinlich bildet sich WN_2 bzw. WCO auf der Glaswand. H_2 wird von W von 1000^0 C ab bei Drucken von 10^{-2} bis 10^{-3} Tor dissoziiert und in diesem Zustand von den Glaswänden leicht absorbiert. Ähnlich wie W verhält sich Mo, doch reagiert Mo selbst bei 2300^0 C fast gar nicht mit N_2, dagegen in starkem Maße mit CO (Langmuir *2*).

Die erwähnten Reaktionen werden wesentlich beschleunigt, wenn die Restgase in nennenswerter Menge ionisiert sind (kräftige Glimmentladung). Nach einiger Zeit, wenn nach erfolgter Teilabsorption der Restgase die Zündspannung bzw. die Brennspannung gestiegen ist und die Glimmentladung aussetzt, muß durch Erhöhung der angelegten Entladungsspannung für weitere Aufrechterhaltung der Glimmentladung gesorgt werden.

Das Verhalten glühenden Wolframs gegenüber unedlen Gasen wird technisch zu Getterzwecken in der Weise ausgenützt, daß man Röhren mit glühenden W-Drähten[2] nach dem Evakuieren und Abschmelzen erst eine Zeitlang einbrennt. Glühlampen werden dabei unter erhöhter Temperatur so lange erhitzt, bis jede Spur von Glimmentladung zwischen den Glühdrahtenden verschwunden ist („Klarbrennen“[3]). Elektronenröhren werden erst eine Zeitlang mit glühender, überlasteter Kathode betrieben, bevor die volle Anodenspannung bzw. Betriebslast angelegt wird.

Cu, K, Na, Sn. Rein chemischer Natur ist die intensive Aufzehrung von O_2 durch blanke, nicht zu hoch erhitzte Cu-Drähte oder -Bleche bzw. -Späne bei niedrigen Drucken, wobei der Sauerstoff unter Bildung von Cu_2O in das Metall diffundiert. Besonders starke chemische Adsorption von O_2, N_2 und H_2 erreicht man durch die Verwendung von K und Na als Kathoden einer Glimmentladung (z. B. bei Glimmlampen), allerdings nur, solange die Oberfläche noch reines Metall enthält (vgl. auch S. 246). Über die Aufnahme von Cs-Dampf durch Sn vgl. S. 295.

---

[1] Über Auftragsverfahren vgl. S. 155.

[2] Mitunter werden auch ausschließlich für Getterzwecke besondere Glühdrähte aus W oder Ta in Vakuumröhren eingebaut.

[3] Über die Beschleunigung dieses Vorganges durch aufgespritzten Phosphor vgl. Abschnitt 24e.

d) Getterung durch Metalldämpfe.

Allgemeines. Die quantitativ stärkste Absorptionswirkung zeigen Metalle in dampfförmigem Zustand. In der Vakuumröhre wird das Gettermetall (gewöhnlich genügen einige Gramm) durch Anodenbombardement, Hochfrequenz oder durch Wärmestrahlung von der Kathode so stark erhitzt, daß es verdampft

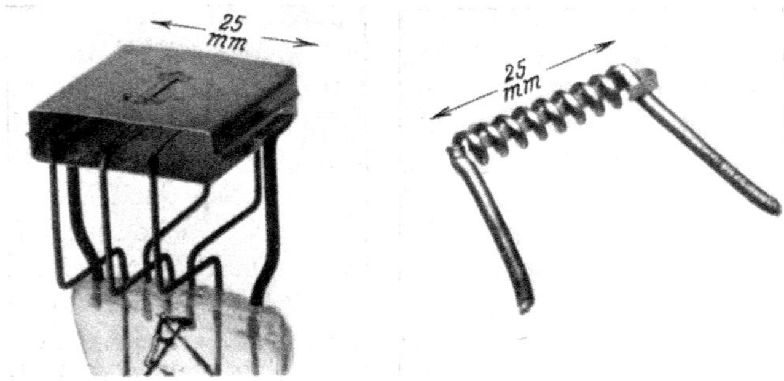

a b

Abb. 335. Anwendung von Mg-Band zur Getterung.
a Auf Anode mit Ni-Streifen durch Punktschweißung befestigt (Verdampfung durch Hochfrequenz); b in Kathodenspirale eingeschoben, gegen Herausfallen durch Umbiegen der Enden gesichert (Verdampfung beim Aufglühen der Kathode).

und sich an der Glaswand als zusammenhängender Belag niederschlägt. Besonders geeignet für dieses Verfahren sind wegen ihrer relativ niedrigen „Verdampfungstemperatur", ihres bei Zimmertemperatur ausreichend niedrigen Dampfdrucks und ihrer großen chemischen Affinität für unedle Gase die Erdalkalimetalle,

Abb. 336. Getterhalter aus Ni.
a Haltetöpfchen mit gelochtem Deckel (Siemens-Röhren-Werk); b Topf mit Deckelspinne (Deutsche Glühfaden-Fabrik); c Halteblech mit aufgeschweißtem Ni-Netz für Ba-gefülltes Cu-Röhrchen (Telefunken).

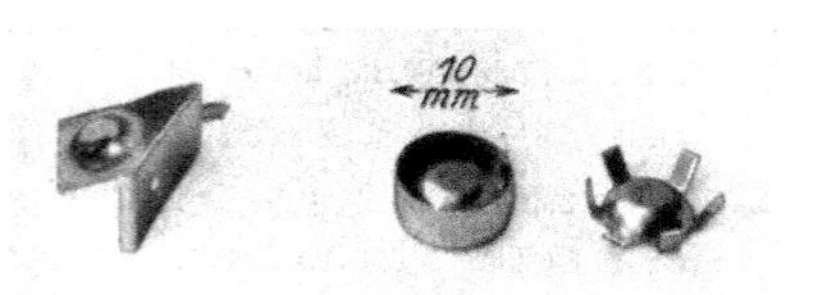

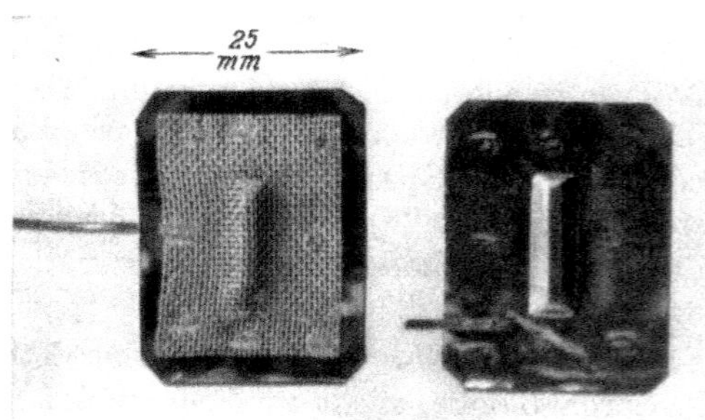

a b c

besonders Mg und Ba (vgl. Reimann *2*), sowie Legierungen zwischen Mg, Sr, Ca und Ba (vgl. z. B. Ver. Glühlampen- u. El.-Ges. *1*).

Magnesium. Mg wird meist als Band durch Punktschweißung direkt auf der Anode oder auf einem besonderen Halteblech befestigt oder direkt in die Glühkathode eingelegt (vgl. Abb. 335). In dampfförmigem Zustand absorbiert es erheblich O_2, N_2 und wohl auch Kohlenwasserstoffe, bei Zimmertemperatur als Wandbelag nach der Verdampfung jedoch nur noch sehr wenig (im Gegensatz zu Ba). Das handelsübliche Metall (Blitzlichtband) enthält beträchtliche Verunreinigungen, die nach der Verdampfung kohlenstoffhaltige Rückstände hinterlassen (vgl. auch S. 110). In Röhren mit Oxydglühkathoden besteht die Gefahr eines Mg-Niederschlages auf der Kathode, der die Austrittsarbeit herabsetzt.

Barium. Wegen seiner größeren Getterwirkung nicht nur in dampfförmigem Zustand, sondern auch nach der Kondensierung als Wandbeschlag (Getterspiegel) hat das Ba das Mg im Vakuumröhrenbau allmählich verdrängt, trotzdem wegen seiner starken Affinität zum Sauerstoff beim Röhrenzusammenbau besondere Vorsichtsmaßnahmen einzuhalten sind. Das Metall wird entweder in luftschützenden Hüllen aus Paraffin, Metall-Rohr oder -Folien eingebracht (vgl. Schröter *7*) oder durch Reaktionsgemische erst innerhalb der Röhre erzeugt (vgl. Cooper *1* und Abschnitt 8c). Weniger empfindlich sind Legierungen des Ba mit Sr und Mg, ferner

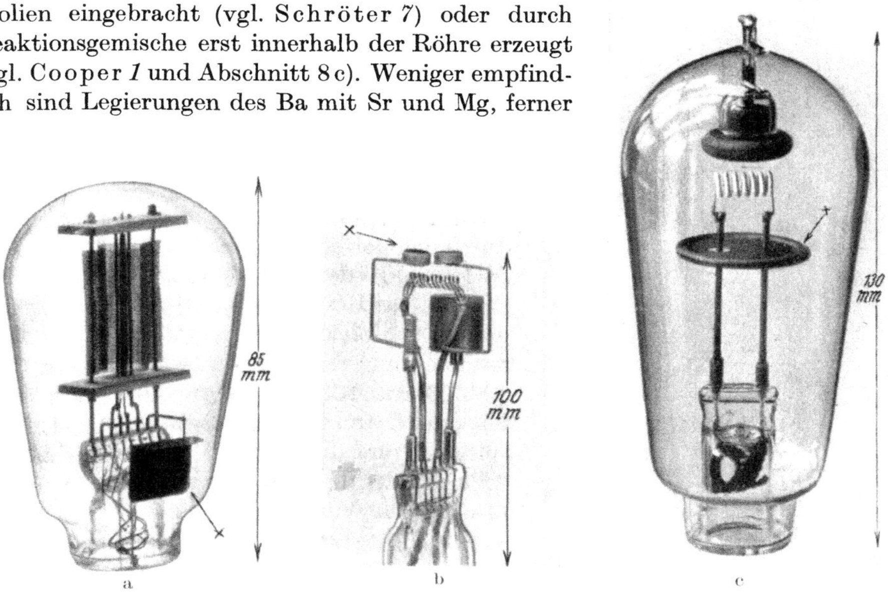

Abb. 337. Typische Halterungen für Ba-Getter.

a Halter neben dem Fuß montiert. Hochfrequenzentgasung der Elektroden und Getterverdampfung getrennt möglich (vgl. auch Abb. 336c und 338); b Topf mit Ba-Sr-Mg-Tabletten oberhalb der Kathode montiert. Verdampfung durch Wärmestrahlung der Kathode (vgl. Abb. 336b); c Ba-gefülltes Cu-Röhrchen, ringförmig zwischen zwei eng aneinanderliegenden Strahlungsblechen gelagert. Verdampfung durch Hochfrequenz.

mit Ca und Mg und mit Al und Mg, die in Form kleiner Tabletten handelsüblich sind [1]. In Röhren mit Ba-Pastekathoden kann durch reines Ba-Getter naturgemäß eine Emissionsverschlechterung, wie sie bei Mg-Getterung vielfach auftritt, nicht hervorgerufen werden; häufig wird sogar nach der Verdampfung des Getters eine Emissionserhöhung selbst bei gut aktivierten Kathoden beobachtet, vgl. auch Abschnitt 21f, S. 288.

[1] Eine erprobte Legierung besteht aus 15% Ba, 20% Sr und 65% Mg (Fabrikat Kemet, Deutsche Glühfaden-Fabrik). Auch solche, an Luft bei Zimmertemperatur ziemlich beständigen Gettermischungen dürfen jedoch nicht ungeschützt einer erhöhten Temperatur (z. B. während des Glasfußeinschmelzens) ausgesetzt werden, da sie sonst oxydieren oder mit dem Wasserdampf aus den Verbrennungsgasen der Gebläseflamme reagieren. Läßt sich eine derartige Erhitzung wegen gedrängten Röhrenaufbaues nicht vermeiden, so empfiehlt sich vor der Montage ein Einpacken der Gettertabletten in dünne Metallfolien aus Ni, Cu oder Al. Bei der späteren Getterungserhitzung schmilzt die Folie oder wird durch den Dampfdruck des Gettermaterials gesprengt und läßt den Metalldampf des Getters entweichen.

Die Befestigung der Ba-Getter erfolgt meist in topfförmigen Trägerblechen oder Kapseln, die durch einen gelochten Deckel, eine Spinne oder ein Netz aus Metall (vgl. Abb. 336) abgeschlossen sind und durch Hochfrequenz, Elektronenbombardement oder Wärmestrahlung der Kathode erhitzt werden (vgl. Abb. 337). Über Befestigung des Getters an einem besonders leicht erhitzbaren Hochfrequenzkurzschlußring vgl. Fay *1* und Abb. 311.

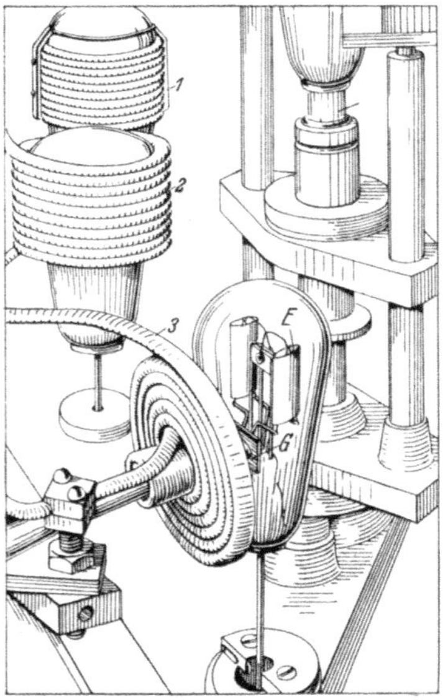

Abb. 338. Getrennte Elektrodenentgasung und Ba-Getterung auf dem Pumpautomaten (schematisch).
1, 2 Hochfrequenzentgasung des Elektrodensystems E durch übergeschobene Zylinderspulen; 3 Verdampfen des seitlich auf einem Blech gehalterten Getters G durch Flachspule.

Die Temperatur einer ausreichend schnellen Verdampfung des Ba liegt bei 700—800° C (vgl. Abb. 403, Anhang); bei Thermitgemischen sind zur Zündung etwa 1100° C erforderlich, sodaß vorher bei 800—900° C eine gründliche Entgasung der anderen Elektroden ohne Ba-Verdampfung vorangehen kann. Ebenso kann man, um eine unnötige Gasaufnahme durch das Getter zu vermeiden, durch geeignete Anbringung[1] des Getterhaltebleches dafür sorgen, daß die Hochfrequenzentgasungserhitzung der übrigen Elektroden getrennt vor der Getterverdampfung durchgeführt werden kann (vgl. Abb. 337 a und 338), sodaß die volle Absorptionsfähigkeit des an der Wand entstandenen Getterspiegels für die spätere Vakuumerhaltung während der Lebensdauer des Rohres unverbraucht zur Verfügung steht.

Sonstige Metalldämpfe. Natürlich zeigen neben den Erdalkali- und Alkalidämpfen auch andere Metalldämpfe einen Gettereffekt, besonders wenn sie durch Kathodenzerstäubung in Hochspannungsröhren entstehen, wobei gleichzeitig die Ionisation der Restgase mitwirkt. So läßt sich die Spannungssicherheit bei Hochvakuum-Hochspannungsröhren dadurch bedeutend erhöhen, daß man (bei ausgeschalteter Glühkathode) zwischen den einzelnen Elektroden eine leistungsbegrenzte Hochspannungsquelle, z. B. einen Funkeninduktor, anlegt und eine Glimmentladung aufrecht erhält. Neben einer reinen Vakuumverbesserung durch die Gasabsorptionswirkung des Zerstäubungsmaterials werden durch solche Behandlung auch oberflächliche Gas-, Fett- oder sonstige Schichten, die Gasausbrüche und Fehlentladungen (Vakuumdurchschläge) einleiten können, an die Glaswand oder an Stellen geringerer Feldbeanspruchung verdampft („Funkeninduktorabbürstung", vgl. Ch. Sykes *1*).

[1] Auch durch Einschaltung einer Wärmedrossel (Invar, Frigidal) zwischen Getterkapsel und heißen Elektrodenteilen kann eine Verzögerung der Ba-Verdampfung gegenüber der Entgasungserhitzung der Elektroden herbeigeführt werden. Über bewegliche Getterhalter, die erst nach erfolgter Entgasungserhitzung des Elektrodensystems diesem angenähert und durch Wärmestrahlung des letzteren bis zur Verdampfungstemperatur des Getters erhitzt werden, vgl. S. Loewe *1*, *2*.

Störende Nebenerscheinungen. Bei allen Metallverdampfungsvorgängen innerhalb von Entladungsröhren treten eine Reihe störender Nebeneffekte auf, die teils bei der Konstruktion der Röhre, teils bei der Herstellung zu berücksichtigen sind:

Isolationsfehler. Sie entstehen durch Metallniederschläge auf den Isolationsflächen zwischen Elektrodenhalterungen bzw. -zuleitungen, besonders auf Quetschfüßen und Glasbrücken. Konstruktive Maßnahmen dagegen sind Abdeckschirme aus Metall (vgl. Espe *12*) oder Glimmer (vgl. Abb. 265), Hütchen oder Kragen aus Glas oder Porzellan, welche die Zuleitung umgeben und mit dem Fuß verschmolzen sein können (vgl. Beauvais *1*, Abb. 216 und Abb. 339a). Ein weiteres Mittel gegen Isolationsverschlechterung ist das Aufrauhen der isolierenden Oberfläche, z. B. durch einen Aufstrich von Erdalkalioxyd[1] oder -karbonat auf Quetschfüßen (vgl. Philips *6* und Abb. 339b) oder bei Glimmerbrükken oberflächliches Strichritzen (vgl. Abb. 340). Eine Vergrößerung des Isolationsweges durch Einschnitte in keramischen Halterungsbrücken führt zu demselben Ziel. Durch entsprechende Anordnung des Getterhalters bzw. der das Getter tragenden Elektrode (vgl. z. B. Abb. 335a und 337a) läßt sich der Metalldampfstrom von den gefährdeten Isolationsflächen fernhalten. Dünne, durch Verdampfung von Erdalkalimetall auf Quetschfüßen und Glasbrücken entstandene leitende Schichten lassen sich häufig auch nach beendetem Pumpprozeß durch „Abbrennen" mittels kräftiger Hochspannungsentladung (Funkeninduktor, Teslatransformator) beseitigen (vgl. Nickel *2*).

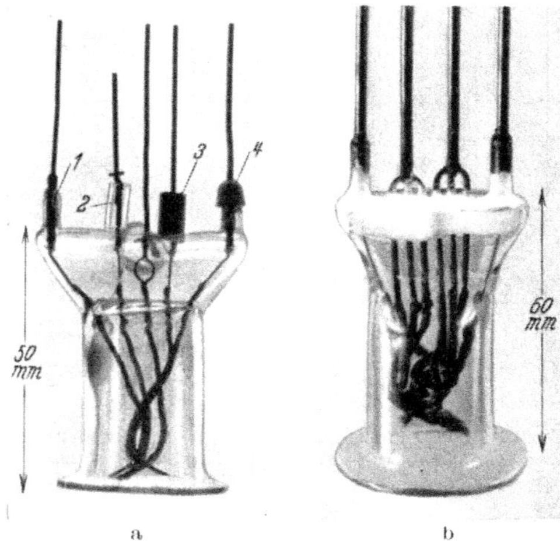

Abb. 339. Schutzmaßnahmen gegen Isolationsverschlechterung der Glasoberfläche von Quetschfüßen durch Metalldampfniederschläge.
a Hütchen: 1 Glashose mit Zuleitung verschmolzen; 2 loses Glasröhrchen (sog. Schüttelrohr); 3 Röhrchen aus porösem Porzellan, in das Glas eingeschmolzen; 4 Porzellanhütchen, mit CaO an Glashose gekittet (vgl. auch Abb. 216). b Oberflächenanstrich aus $CaCO_3$ (vgl. auch Abb. 265).

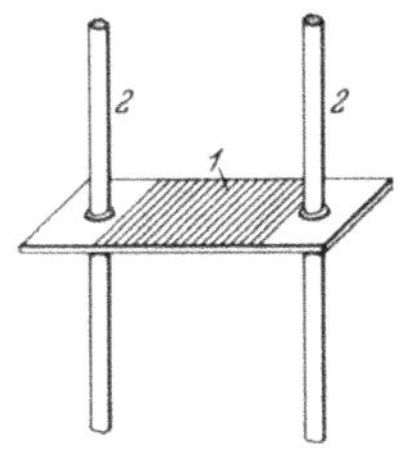

Abb. 340. Erhöhung der Oberflächenisolation von Glimmer durch Strichritzen (vgl. AEG. *4*). 1 Glimmerbrücke; 2 Elektrodenhalter.

Metallniederschläge auf den Backen des Quetschfußes können ferner, auch wenn sie nicht zu einem Isolationsfehler führen, eine bedeutende Kapazitätserhöhung zwischen den Zuleitungen zweier Elektroden herbeiführen, die z. B. bei Hochvakuumverstärkerröhren bis zu mehreren $\mu\mu$F betragen kann. Durch vollständiges (auch seitliches) Bestreichen des Quetschfußes mit

[1] Die Erdalkalioxyde selbst besitzen einen hohen Widerstand. So wird ein Widerstand von 10^6 Ω cm von CaO erst bei 1200° C, von MgO bei 800° C, von BaO bei 300° C erreicht (Makay *1*).

Erdalkalioxyd (CaO, BaO), das die Bildung von zusammenhängenden Metallschichten erschwert, wird dieser Effekt vermieden.

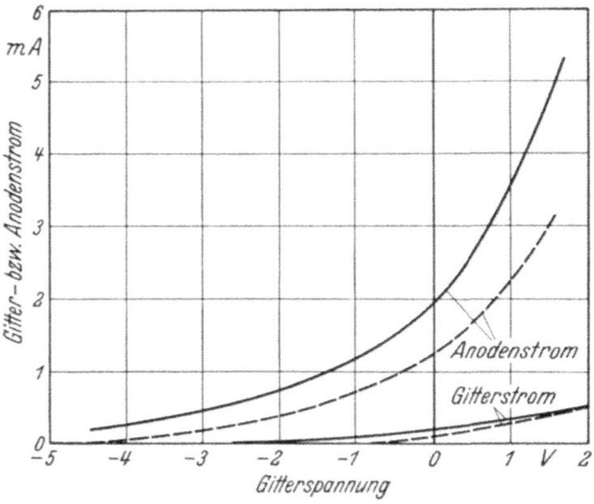

Abb. 341. Verschiebung der Gitterstrom- und Anodenstromkennlinien von Dreielektrodenröhren durch Veränderung des Kontaktpotentials (vgl. Rothe *1*, Simon *2*).

Zur Verhinderung einer Aufladung zusammenhängender Getterspiegel benutzt man häufig besondere Ableitungen.

Verschiebung des Kontaktpotentials von Steuergittern in Verstärkerröhren. Die zwischen Gitter- und Kathodenoberfläche vorhandenen materialabhängigen Kontaktpotentiale werden durch Metallverdampfung in unkontrollierbarer Weise verändert, sodaß die Anodenstrom- und Gitterstromkennlinien verschiedener Röhren derselben Type nicht mehr übereinstimmen (Unmöglichkeit der Austauschbarkeit) bzw. bei derselben Röhre während der Lebensdauer sich verschieben (z. B. bei Ba-Aufdampfung: Herabsetzung des Verstärkungsgrades durch Verschiebung des Gitterstromeinsatzes ins Negative, vgl. auch Abb. 341).

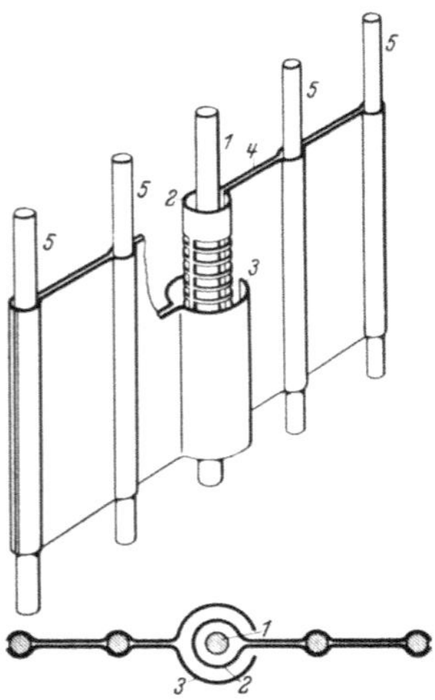

Abb. 342. Verhinderung thermischer Gitteremission durch Strahlungskühlbleche. 1 Kathode; 2 Gitter; 3 Anode; 4 Kühlflügel für Gitter bzw. Anode; 5 Zuleitungen und Halterungen (vgl. Bedford *1*).

Thermische Gitteremission in Verstärkerröhren. Durch die Bildung dünner Erdalkalimetallfilme auf negativ vorgespannten Steuergittern können diese schon bei niedrigen Temperaturen (300—400° C) Ströme von 10^{-6} bis 10^{-7} A emittieren und dadurch den Verstärkungsgrad in erheblichem Maß herabsetzen[1]. Gegenmaßnahmen sind Kühlung des Gitters durch Strahlungsbleche (vgl. Abb. 342) oder gut wärmeableitende Halterungsstäbe, Schwärzung oder Oxydierung der Gitterdrähte, letzteres auch zur Erhöhung der Austrittsarbeit (vgl. Abschnitt 10d, S. 150), und die Anwendung von Geflechtanoden zur Herabsetzung der Anodentemperatur und damit der Anodenrückstrahlung auf das Gitter.

[1] Ob ein beobachteter Gitterstrom von Isolationsfehlern, thermischer Gitteremission oder positivem Ionenstrom (schlechtem Vakuum) herrührt, ist oft nicht ohne weiteres erkennbar. Eine Trennung läßt sich wie folgt durchführen: Der bei ungeheizter Kathode noch fließende Gitterstrom ist reiner Isolationsstrom; der bei heißer Kathode und negativem Gitter fließende zusätzliche Strom setzt sich zusammen aus dem Gasionenstrom und dem thermischen Gitteremissionsstrom. Schaltet man die geheizte Kathode schnell vom negativen auf den positiven Pol der Anodenbatterie, so setzt der Gasionenstrom sofort aus, während die thermische Gitteremission entsprechend der Wärmeträgheit des Gitters nur langsam und nicht ganz auf Null abklingt (Wegfall der Rückstrahlung der Anode, Aufheizung des Gitters nur noch durch die Kathodenwärmestrahlung!).

Sekundäremission in Verstärkerröhren und Senderöhren (vgl. auch Sixtus *1*). Wird das Gitter auch nur kurzzeitig stark ins Positive gesteuert (B-Verstärker, Senderöhren), so lösen die von der Kathode stammenden Primärelektronen auf der Gitteroberfläche Sekundärelektronen aus, deren Strom den primären Gitterstrom (Elektronen von der Kathode) zu Null kompensieren kann, wodurch dauernd eine unzulässig hohe positive Gitterspannung von der Röhre selbst aufrechterhalten wird (vgl. Abb. 343). Die dadurch bedingte hohe Anodenlast, ebenso die Bildung eines starken Sekundäremissionsstromes von der Anode zum Gitter[1], kann zur Zerstörung der Röhre führen. Besonders ausgeprägt sind diese Erscheinungen naturgemäß dann, wenn Gitter oder Anode mit emissionsförderndem Metallkondensat (Ba, Mg) bedeckt sind. Abhilfemaßnahmen sind: Abdampfen des Metallbelages durch kurzzeitiges Erhitzen von Gitter und Anode; Einschalten von Strombegrenzungswiderständen in die Gitterleitung (z. B. Glühlampen, vgl. Abb. 140).

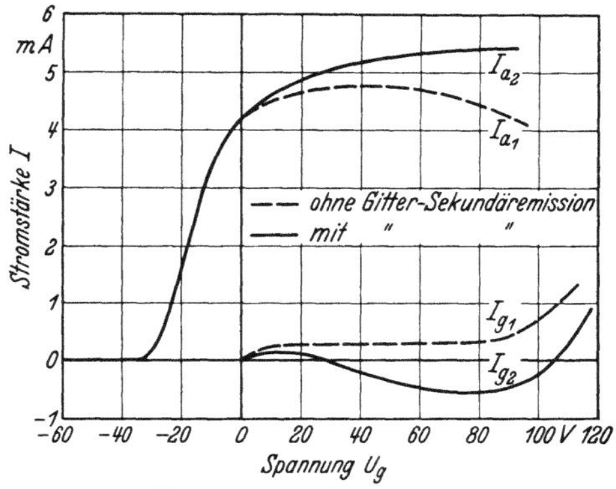

Abb. 343. Gitterstrom- und Anodenstromkennlinien einer Verstärkerröhre ohne und mit Gittersekundäremission.

Verringerung der Elektrodenwärmeabstrahlung. Bedeckt der Getterspiegel die gesamte Innenfläche des Glaskolbens, so wird die Wärmeabstrahlung der Elektroden durch die (für Ultrarot im klaren Zustande gut durchlässige) Glaswand hindurch erheblich herabgesetzt. Man sorgt daher bei hochbelasteten Röhren durch Schirmbleche und geeignete Anbringung des Getters dafür, daß der Getterspiegel sich nur auf Teilen der Glaswand bildet, die für die Wärmeabstrahlung des Elektrodensystems sowieso nicht in Frage kommen, z. B. am Fuß der Röhre (vgl. Abb. 337) oder (bei runden Anoden) an dem in Richtung der Anodenachse liegenden oberen Teil des Kolbendomes (vgl. z. B. Loewe *2*).

Tabelle 116.
Von 1 g zerstäubtem Silber gebundene Gasmenge* (Gasvolumen 1000—2500 cm³; vgl. Güntherschulze *2*).

Gas	Druck Tor	Spannung V	Gebundene Gasmenge mg
Ar	0,04	900	0,37
Ne	0,03	600	1,56
N_2	0,01	600	1,61
H_2	0,02	600	1,08
He	0 08	600	**

* Zerstäubung durch Ionenaufprall, keine gewöhnliche Glimmentladung (Ionenerzeugung durch Hilfsentladung).

** Keine Ag-Zerstäubung; Gasabsorption nur durch Clean up-Effekt der Elektroden und der Glaswand.

Unerwünschte Gasabsorption. In gasgefüllten Röhren, besonders bei Hochspannungsröhren mit Füllungen unter einigen Tor (Ionenröntgenröhren, Leuchtröhren, Stromtore), tritt während des Betriebes eine Absorption durch das kathodenzerstäubte Material ein, auch dann, wenn die Füllung aus Edelgas besteht (vgl. z. B. Tabelle 116).

[1] Bei vorübergehendem Absinken des Anodenpotentials unter das Gitterpotential.

Bei Hochspannungsröhren muß man daher das „Hartwerden“ von Gasentladungsröhren durch Einbau von Gasnachlieferungsvorrichtungen verhüten oder statt Edelgasen Metalldämpfe mit dampfnachlieferndem Kondensat (z. B. einen Hg-Tropfen) zur Füllung benutzen.

Technische Anwendung. Für Niederspannungs-Hochvakuumröhren sind praktisch alle Metalldampfgetter verwendbar; nur bei extrem hohen Isolationsansprüchen (statische Meßröhren mit W- bzw. W-Th-Kathoden) muß man auf Metalldampfgetter verzichten. Für Röhren mit Bariumpastekathode bevorzugt man Ba-Getter gegenüber Mg (sonst Vergiftungsgefahr für die formierte Kathode); unumgänglich notwendig ist eine Getterung durch Mg oder besser Ba-Mg-Legierung bei Röhren mit Th-Kathode[1]. Bei Ba-Destillationskathoden ist das Anbringen besonderer Getter wegen des Ba-Überschusses meist überflüssig, ebenso bei Photokathoden und kalten Kathoden mit Alkali- oder Erdalkalischichten. Auch bei Glühkathodenstromrichtern mit Edelgas- oder Hg-Dampffüllung verwendet man zur Absorption der unedlen Restgase durchweg Getter aus Ba- oder Ba-Legierungen. Stromrichter mit flüssiger Hg-Kathode enthalten wegen der Rückzündungsgefahr[2] keine besondere Gettersubstanz; bei Alkaliamalgamkathoden trägt der Alkalidampf zur Aufrechterhaltung des Vakuums bei. Bei Leuchtröhren und Glimmlampen vermeidet man wegen der Lichtabsorption nach Möglichkeit Gettermittel oder bringt sie an ungefährlichen Stellen des Glaskolbens an. Bei Hochvakuum-Hochspannungsröhren mit W-Glühkathoden (Hochspannungsgleichrichter, Senderöhren, Röntgenröhren) werden wegen der Isolationgefährdung, der Rückzündungsgefahr durch die meist glühende Anode und des Auftretens kurzzeitiger Stromstöße, die durch spontane Erhöhung der Kathodenemission und nachfolgende Stoßionisation des Getterdampfes verursacht werden, besondere Metalldampfgetter selten angewendet. Man begnügt sich mit der Gasaufzehrung des glühenden Kathodenmetalls und mit der Absorption der gut vorentgasten Anoden.

Bei Glühlampen ersetzt man die Metalldampfgetter wegen der nicht zu vermeidenden Bildung lichtabsorbierender Beschläge durch Phosphor (vgl. folgenden Abschnitt).

e) Getterung durch Phosphor.

(Bartlett *1*, Dushman *2*, Huthsteiner *1*, Knepper *2*)

Sie wird allein oder mit Zusätzen von Salzen überall dort verwendet, wo Metalldampfgetter wegen ihrer Lichtabsorption oder aus anderen Gründen nicht brauchbar sind. Bei der Glühlampenherstellung[3] wird auf die Zuleitungen und den Leuchtkörper weißer oder roter[4] Phosphor mittels eines Zerstäubers aufgespritzt. Der verwendete Phosphor wird nach Vorzerkleinerung in einer Kugelmühle mit Alkohol (oder einer Lösung aus Nitrozellulose in Amylazetat)

---

[1] Wegen der Empfindlichkeit des Th-Films gegen Ionenbombardement bei schlechtem Vakuum.

[2] Diese ist wegen des Verschleppens der Gettersubstanz durch den zirkulierenden Hg-Strom auf die Anoden und Anodenschutzrohre besonders groß.

[3] Hauptsächlich nur bei Hochvakuum-Langdrahtlampen; bei gasgefüllten Wendeldrahtlampen nur für Typen unter 60 W; nicht bei Niederspannungsglühlampen.

[4] Die rote Modifikation ist zwar weniger wirksam, aber ungiftig.

mehrere Tage zu einer sehr feinen Suspension gemahlen. Das Zerstäuben muß aus hygienischen Gründen unter einem Abzug vorgenommen werden. Der untere Teil des Lampenquetschfußes ist abzudecken, weil sonst beim Einschmelzen der Füße in die Glasglocken poröse Stellen auftreten. Bei einer 25 W-Lampe beträgt die für gute Getterung erforderliche Phosphormenge etwa 0,05 mg (vgl. auch Fußnote S. 318).

Nach dem Einschmelzen der Füße werden die Lampen mit Ölpumpen auf $10^{\ 2}$ bis $10^{\ 3}$ Tor evakuiert und abgeschmolzen[1]. Auf dem „Einbrenn-

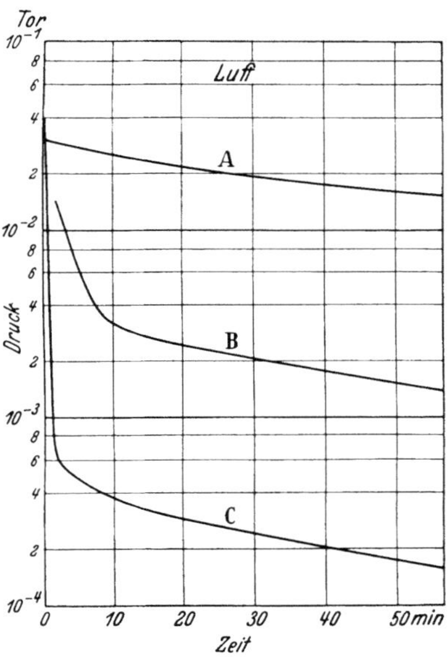

Abb. 344. Getterwirkungen. A rein thermische Getterwirkung einer glühenden W-Kathode; B dieselbe bei eingeschalteter Anode (Clean up-Effekt der Entladung); C wie B, jedoch bei Anwesenheit von Phosphor (Dushman 2).

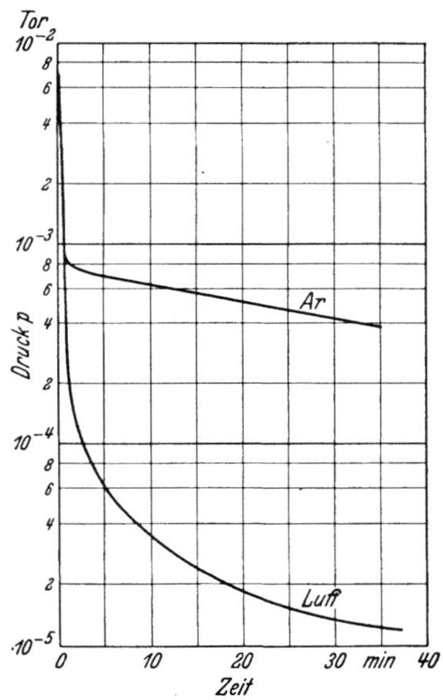

Abb. 345. Phosphorgetterung von Argon und Luft, gemessen mit einer 120 V/100 W-Lampe bei 144 V Belastung (Dushman 2).

automaten“ werden die Lampen dann stufenweise höher und höher erhitzt (letzte Erhitzungsstufe für 220 V-Lampen etwa 260 V 10 sec lang). Sobald die Spannung hoch genug ist, tritt zwischen den Glühdrahtenden eine kräftige Glimmentladung auf, die von den Ionen der Restgase und des Phosphordampfes herrührt und in wenigen Sekunden verschwindet. Dabei bildet sich an der Glaswand wahrscheinlich fester roter Phosphor, der einen sehr geringen Dampfdruck besitzt. Praktisch werden H_2 von 0,4 Tor, CO und N_2 von 0,15 Tor Ausgangsdruck vollständig gebunden; Hg und O_2 werden durch direkte chemische Reaktion entfernt. Das Endvakuum beträgt nach diesem „Klarbrennen“ 10^{-4} bis 10^{-5} Tor und verringert sich in den ersten Betriebstagen bis zu 10^{-6} Tor und darunter.

Wird zuviel P eingeführt, so werden die Glasglocken gelb; ist zu wenig Getter vorhanden, so bildet sich ein schwärzlicher W-Belag und die infolge noch

[1] Lampen mit Stickstoffüllung werden vor der Füllung noch auf der Pumpe gegettert.

ungenügenden Vakuums vorhandene Gasentladung kann bei Fehlen eines Stabilisierungswiderstandes zu einer Explosion der Lampe führen. Ein Richtmaß für die Getterdosierung ist die auf dem Einbrennautomaten zum ersten Einsatz der Glimmentladung erforderliche Lampenspannung.

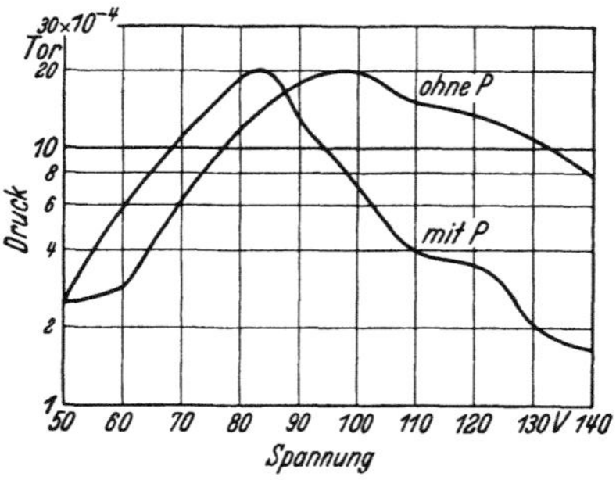

Abb. 346. „Klarbrennen" einer 120 V-Glühlampe. Wirkung des Phosphors auf das Vakuum bei steigender Brennspannung.

Beispiele für den Zusammenhang zwischen Lampendruck, Getterungszeit und Lampenbrennspannung zeigen Abb. 344—346. Da keine einfache Beziehung zwischen verdampfter Phosphormenge und aufgezehrter Gasmenge besteht und auch Edelgase absorbiert werden, sind nicht allein chemische Reaktionen für den Aufzehrungsvorgang maßgebend.

Vielfach setzt man der Phosphorsuspension größere Mengen einer zweiten Substanz (z. B. Kalziumfluorid oder NaCl oder Kryolithe oder Cl bzw. O_2 abspaltende Verbindungen, z. B. K_3TlCl_6) zu, um den durch die Verdampfung des W während der Lebensdauer entstehenden schwärzlichen Wandbelag durch Bildung einer farblosen oder hellgelben Halogen- bzw. Oxydverbindung möglichst lichtdurchlässig zu erhalten („Entfärber", Hamburger *1*)[1].

f) Trockenmittel.

Bei den abgeschmolzenen Entladungsröhren wird der Wasserdampf schon beim Herstellungsprozeß durch die Entgasungserhitzung, durch Vorschalten einer Ausfrierfalle und durch evtl. vorhandene Getter entfernt; die Anwendung der Trockenmittel beschränkt sich daher im allgemeinen auf Entladungsröhren mit angebauter Pumpe, Hochvakuumanlagen, Gaserzeugungs- und Gasfüllanlagen (vgl. Abschnitt 20c) sowie Exsikkatoren zur Aufbewahrung vorentgaster Röhrenbauteile.

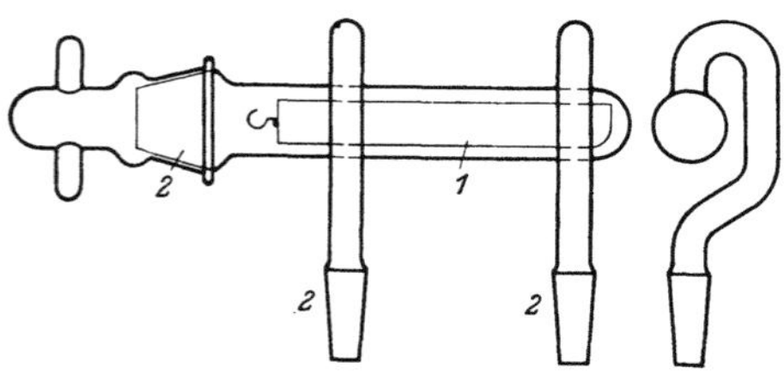

Abb. 347. Trockengefäß mit P_2O_5 zum Einschalten in die Pumpleitung (Goetz *1*).
1 Porzellanschiffchen; 2 Normalschliffe.

Tabelle 117 gibt einen Überblick über die quantitative Wirksamkeit der wichtigsten wasserdampfabsorbierenden Stoffe. In der Vakuumtechnik verwendet man fast ausschließlich Phosphorpentoxyd und, bei geringeren Ansprüchen (Exsikkatoren) bzw. als Vortrocknungsmittel, Chlorkalzium.

[1] Bei Hochvakuumlampen verwendet man beispielsweise eine Suspension von 1 Gew.-T. P, 3 Gew.-T. fein geriebenes CaF_2 und 40 Gew.-T. Alkohol. Die auf den Aufbau einer 25 W-Lampe aufzutragende Gesamtmenge beträgt (nach Verdunstung des Alkohols) etwa 0,5 mg; bei kleinen Kolben und hoher Belastung muß etwas mehr CaF_2 hinzugefügt werden.

Bei gasgefüllten Lampen verzichtet man in der Regel auf Entfärberzusätze zum P; die aufzuspritzende Suspension besteht in diesem Falle aus etwa 1 Gew.-T. P und 20 Gew.-T. Alkohol.

Das P_2O_5 muß frei von As und von niederen P-Oxyden [1] sein, weil diese mit verschiedenen Gasen und Dämpfen flüchtige Verbindungen bilden (z. B. mit H_2O-Dampf den sehr giftigen Phosphorwasserstoff). Meist wird das Trockenmittel in einer besonderen Schale (Porzellan- oder Glasschiffchen) in möglichst großer Oberfläche mittels Schliff in das zu trocknende Vakuumgefäß oder in den Zug der Hochvakuumleitung eingeführt (vgl. Abb. 347). Wenn das

Tabelle 117. Wirksamkeit von Trockenmitteln (gemessen durch Wasserrückstand in mg pro 1 l Gas nach Trocknung bei 25° C).

Trockenmittel	Rückstand (mg H_2O/l Gas)	
	aus Shepherd *1*	nach Bower *1* *
Kühlfilter bei — 180° C	$\approx 10^{-16}$	—
P_2O_5	$< 2\cdot10^{-5}$	—
$Mg(ClO_4)_2$	$< 5\cdot10^{-4}$	$2\cdot10^{-3}$
$Mg(ClO_4)_2\cdot3\,H_2O$	$< 2\cdot10^{-3}$	$3{,}1\cdot10^{-2}$
BaO	—	$6{,}5\cdot10^{-4}$ (!)
KOH (geschmolzen)	$2\cdot10^{-3}$	$1{,}4\cdot10^{-2}$
Al_2O_3	$3\cdot10^{-3}$	$5\cdot10^{-3}$
H_2SO_4	$3\cdot10^{-3}$	—
MgO	$8\cdot10^{-3}$	—
Silikagel	—	$3\cdot10^{-2}$
NaOH (geschmolzen)	$1{,}6\cdot10^{-1}$	$8\cdot10^{-1}$
$CaBr_2$	$2\cdot10^{-1}$	—
CaO	$2\cdot10^{-1}$	$3\cdot10^{-3}$ (!)
$CaCl_2$ (gekörnt)	1,4 bis $2{,}5\cdot10^{-1}$	1,5
„ (technisch, anhydriert)	—	1,25
„ (anhydriert bei 250° C)	—	$3{,}6\cdot10^{-1}$
H_2SO_4 (95,1%)	$3\cdot10^{-1}$	—
$ZnCl_2$	$8\cdot10^{-1}$	$9{,}8\cdot10^{-1}$
$ZnBr_2$	1,1	—
$CuSO_4$	1,4	—

* Strömungsgeschwindigkeit etwa 100 cm^3 Luft pro h und pro cm^3 Trockenmittel.

P_2O_5 ein klebriges, honigartiges Aussehen angenommen hat, ist es durch Auswaschen in warmem H_2O zu entfernen und durch frisches Material zu ersetzen. Auch zur Bindung des von photographischen Filmen oder Platten bei Verwendung im Vakuum (Kathodenstrahloszillograph für Innenaufnahme, Massenspektrograph, Röntgenspektrograph) abgegebenen Wasserdampfs [2] und zur Trocknung der Glasoberfläche hochisolierter Sockel (vgl. Abb. 174) wird P_2O_5 benutzt.

Als Trockenmittel verwendetes $CaCl_2$ muß neutrale Reaktion zeigen und weitgehend arsenfrei sein. Das handelsübliche Produkt enthält zuweilen größere Mengen Feuchtigkeit, die durch Erhitzen auf 250° C ausgetrieben werden. Das Einfüllen in das Trockenrohr muß anschließend in noch warmem Zustand erfolgen.

[1] Diese Befreiung erfolgt durch Einbringen des technischen P_2O_5 in eine rotglühende Porzellanschale und Umrühren im O_2-Strom. Für Vakuumzwecke einwandfrei gereinigt ist das Produkt: Acid. phosphoric. anhydr. albiss. pro anal. von Merck.

[2] So gelingt z. B. eine Trocknung eines 300 m langen Normalkinofilmstreifens mit 250 g P_2O_5 innerhalb weniger Stunden so weit, daß an dem betreffenden Vakuumgefäß mit einer dreistufigen Hg-Diffusionspumpe ein Grenzvakuum von etwa 10^{-3} Tor aufrechterhalten werden kann.

25. Vakuumdichte Verbindungen.

Die Notwendigkeit, Stromzuführungen in Entladungsröhren gegeneinander bzw. (bei metallischen Entladungsgefäßen) gegen das Entladungsgefäß isoliert einzuführen, oder einzelne Teile der Entladungsröhre bzw. der Hochvakuumanlage vorübergehend voneinander bequem und rasch zu trennen, erfordert vakuumdichte Verbindungen zwischen Metall, Glas, Porzellan oder Quarz. Die Dichtung der zu verbindenden Teile erfolgt dabei entweder durch Dichtungsmittel (Fette, Kitte, Flüssigkeiten oder elastische Zwischenlagen) oder durch Verschmelzen bzw. Verlöten.

Gute vakuumdichte Verbindungen müssen nicht nur den bei der Herstellung, sondern auch den im späteren Betriebe der Entladungsröhre auftretenden mechanischen, thermischen und elektrischen Belastungen widerstehen können; auch der Dampfdruck und die chemische Angreifbarkeit der Dichtungswerkstoffe sind zu beachten.

a) Lösbare Verbindungen.

(Lauster *1*, A. Siemens *1*)

Schliffe. Bei Schliffen müssen die Dichtungsflächen so gut aufeinander passen, daß die durch den Dichtungsmittelfilm verstärkten Adhäsionskräfte groß genug sind, um ein Eindringen von Luft zu verhindern. Das Aufeinanderpressen der Schliffflächen erfolgt dabei nicht nur durch die Adhäsionskräfte, sondern auch durch den äußeren Luftdruck. Als Dichtungsmittel dienen Vakuumfett bzw. Vakuumöl, besonders für drehbare Schliffe

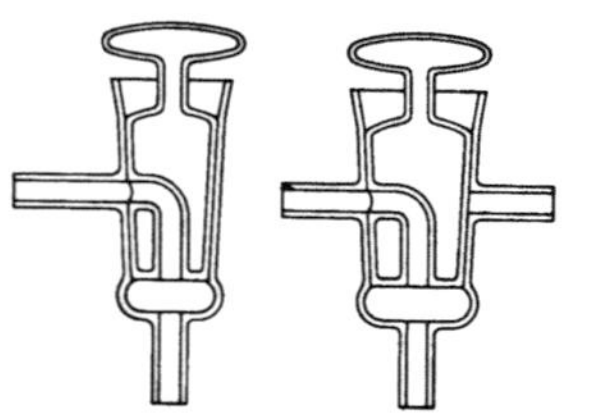

Abb. 348. Fetthähne mit zusätzlicher Hg-Dichtung (Hersteller: A. Pfeiffer, Wetzlar).

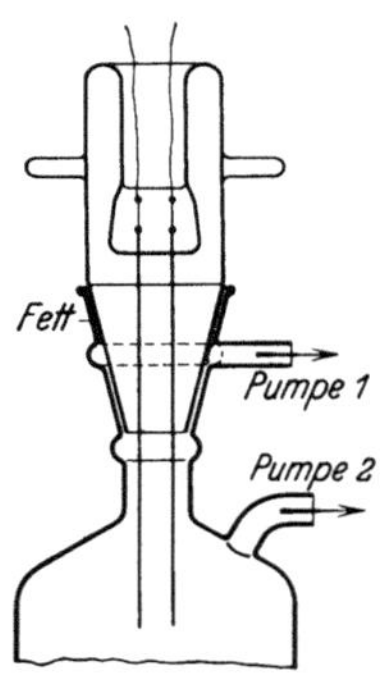

Abb. 349. Schliff mit gesondert evakuierbarem „Schutzring". Oberteil mit, Unterteil ohne Fettdichtung.

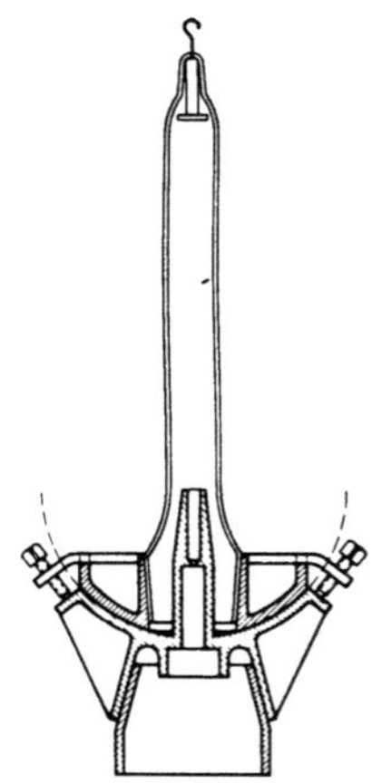

Abb. 350. Kugelmetallschliff zur Richtungseinstellung eines Kathodenstrahls (K. Berger *1*).

(vgl. S. 223), Kitte (vgl. S. 226) oder niedrigschmelzende Metallegierungen, z. B. Wood-Metall (Farnsworth *2*, Welo *1*); häufig wird auch der auf der Atmosphärenseite liegende Dichtungsspalt mit Hg überschichtet [1] (vgl. Abb. 348) oder zur Erhöhung der Betriebssicherheit, besonders bei häufig zu öffnenden Schliffen, ein gesondert zu evakuierender Hohlraum („Vakuum-Schutzring") innerhalb der Dichtungsfläche vorgesehen (vgl. Abb. 349). Über eine Schliffanordnung mit Ausfriermöglichkeit der Fettdämpfe durch flüssige Luft vgl. Abb. 130.

[1] Zur Verhütung der Hg-Dampfabgabe in den Raum und zur völligen Abdichtung der Trennfläche Glas-Hg wird das Hg meist noch mit Glyzerin überschichtet.

Beim Einschleifen werden die Dichtungsflächen mit Terpentinöl und etwas Kampferzusatz befeuchtet und feines Schmirgelpulver (Karborund) aufgestäubt. Zur Vermeidung von Rillenbildung sind die Flächen während des Schleifens mehrmals voneinander abzuheben. Erneuerung des Schmirgelpulvers ist nur beim Grobschleifen (Vorschleifen) zulässig (vgl. auch Woytacek *1*).

Anwendung von Schliffen. Glas- und Metallhähne in Hochvakuumanlagen; Konusschliffe aus Glas oder Metall zur Verbindung von Rohr-

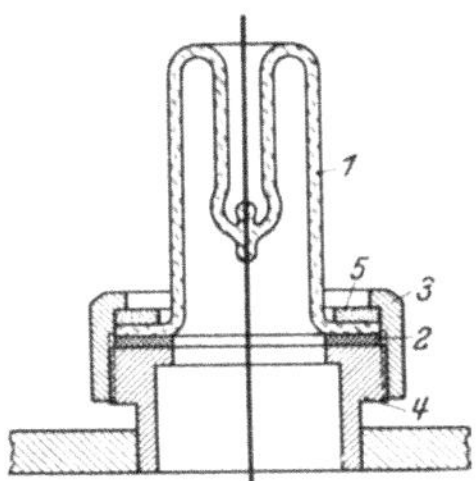

a

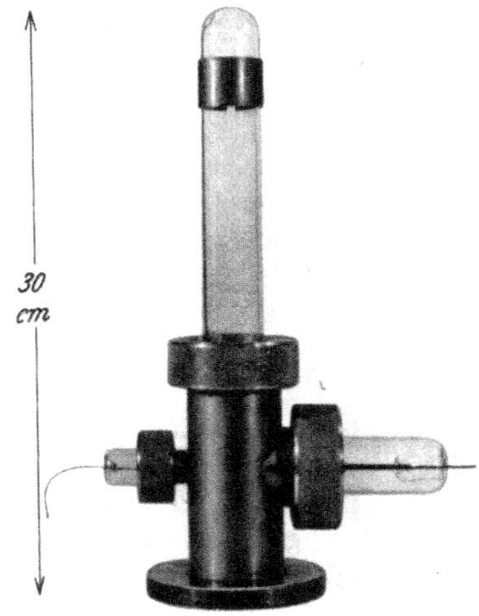

b

Abb. 351. Gummigedichtete Metall-Glas-Schraubverbindung (Knoll *6*).
a Schema: 1 Glaskörper; 2 Gummidichtungsring; 3 Überwurfmutter; 4 Dichtungsflansch mit Gewinde; 5 Vulkanfiber-Druckring. b Ausführung: zerlegbares Entladungsrohr mit auswechselbaren Durchführungen.

leitungen [1]; Konusschliffe mit Hg-Dichtung für Quarzlampen (Kernschliff aus Invar, vgl. Abb. 387); Planschliffe an Rezipientenglocken, vgl. Abb. 166 und 321; Kugelschliffe aus Metall oder Glas für zerlegbare Entladungsröhren, vgl. Abb. 350.

Preßdichtungen. Bei elastischen Preßdichtungen mit Gummi-Zwischenlagen muß der Druck pro cm² (spezifischer Druck) der Dichtungsfläche stets größer sein als der Atmosphärendruck. Bei großen Dichtungsdurchmessern (z. B. beim Großgleichrichter) genügt zur Vakuumdichtigkeit der durch die Atmosphäre ausgeübte Druck, da die ihm entsprechende Druckfläche bedeutend größer ist als die Dichtungsfläche. Bei kleinen Dichtungsdurchmessern, bei denen die dem Atmosphärendruck ausgesetzte Fläche gleich oder kleiner als die Dichtungsfläche werden kann, muß man durch Eindrehen von Rillen den spezifischen Druck

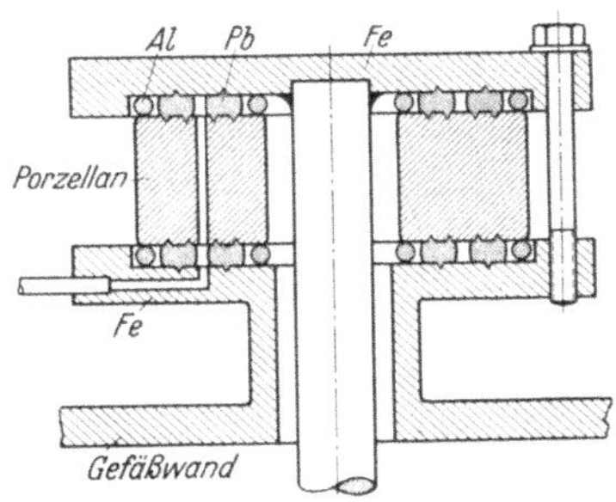

Abb. 352. Preßdichtung zwischen Metall- und Porzellanbauteilen eines Großgleichrichters. Zwei konzentrische Pb-Scheiben mit evakuierbarem Zwischenraum; Al-Ringe zur Verhütung zu starken Zusammenpressens der Pb-Scheiben und als Schutz des Pb gegen Hg-Angriff (Hersteller: AEG).

[1] Um bei Zerstörung einer Schliffhälfte nicht Kernschliff und Mantelschliff gleichzeitig ersetzen zu müssen und zum Zwecke der Auswechselbarkeit sind besonders sorgfältig hergestellte Schliffe konstanter Steigung in verschiedenen Größen als „Normalschliffe" handelsüblich. Die Steigung beträgt entweder 1 : 10 (kleinster Konusdurchmesser $D_{min} = 3$—80 mm) oder 1 : 5 ($D_{min} = 20$—60 mm).

der Dichtungsfläche wenigstens stellenweise erhöhen oder die Dichtungsflächen durch Schrauben (vgl. z. B. Abb. 242) oder durch Preßluft (vgl. Abb. 244) von außen gegeneinander pressen. Weitere Ausführungsformen von Gummidichtungen geben die Abb. 96, 243, 320 und 351 wieder. Das Fetten von Gummidichtungen ist wegen der Quellung des Gummis nach Möglichkeit zu unterlassen.

Für Dichtungsringe verwendet man neben dem elastischen Gummi auch plastisch deformierbare Metalle, z. B. Pb, Sn oder Cu zwischen gerillten Nahtflanschen (vgl. Knoll *1*, Abb. 94 und 352). Derartige Dichtungen lassen im Gegensatz zu Gummidichtungen eine kurzzeitige Entgasungserhitzung (max. 150° C) von Entladungsröhren zu („Abflammen"). Metalldichtungsringe können wegen ihrer Plastizität nach Lösen der Verbindung nicht wieder verwendet werden; da sie Hochvakuum nicht so sicher abdichten wie Gummiringe, verwendet man häufig zwei konzentrische Dichtungsringe und evakuiert den Zwischenraum durch eine Vorvakuumpumpe (vgl. Abb. 352). Über Preßdichtungen mit Asbestfaserplatten und Hg-Überschichtung vgl. Abb. 240, über die Verwendung von Micalex für Großgleichrichter-Preßdichtungen vgl. Reid *1*.

b) Glas-Metall-Verschmelzungen.

(Aschermann *1*, Honigmann *1*, Hull *4*, H. Scott *4*)

Zur Herstellung vakuumdichter Glas-Metall-Verschmelzungen werden Glas und Metall bei etwa 700—1000° C miteinander in Berührung gebracht bzw. zusätzlich mechanisch gegeneinander gepreßt; erst nach dem Erkalten wird das mit dem Metall verbundene Glasstück in eine entsprechend vorgeformte Öffnung des Entladungsgefäßes eingeschmolzen. Bei sehr kleinen Einschmelzungen und bei Einschmelzungen von Kappen oder Ringen erfolgt das Verschmelzen des Metalls direkt mit dem Glas des Vakuumgefäßes. Wesentlich für eine einwandfreie Glas-Metall-Verschmelzung sind: weitgehende Spannungsfreiheit des Einschmelzglases, vakuumdichtes Haften des Glases an der Metalloberfläche und Blasenfreiheit der Einschmelzstelle.

Vermeidung unzulässiger Spannungen. Die bei der Herstellung und im späteren Betrieb der Entladungsröhre im Glas auftretenden Spannungen müssen möglichst weit unterhalb der Bruchgrenze liegen. Da die Zugfestigkeit des Glases (3,5—8,5 kg/mm²) bedeutend geringer ist als seine Druckfestigkeit (60—120 kg/mm²), sind an den Schmelzstellen besonders die Zugspannungen zu beachten[1]. Bei technischen Einschmelzungen dürfen diese an keiner Stelle größer als etwa $^1/_{20}$ der Zugfestigkeit des verwendeten Glases sein (Späte *2*); nur bei kleinen konzentrischen Einschmelzungen sind Zugspannungen bis zu 1 kg/mm² noch zulässig (Hull *4*). Die Spannungen werden veranlaßt durch ungenügende Übereinstimmung der Ausdehnungskurven von Metall und Glas, durch zu schnelle bzw. ungleichmäßige Abkühlung des Glases bei der Herstellung oder durch unzulässig hohe Temperaturdifferenzen zwischen Metall und Glas bei Strombelastung der Durchführungen.

Ausdehnungsspannungen. Zu ihrer Vermeidung ist die Kenntnis des gesamten Verlaufes der Ausdehnungskurven der zu verschmelzenden Gläser und Metalle zwischen Zimmertemperatur und Glastransformationstemperatur

[1] Im Glasspannungsprüfer lassen sich Druck- und Zugspannungen des Einschmelzglases qualitativ und quantitativ (in kg/mm²) feststellen (vgl. S. 183, insbesondere Tafel I, S. 182 sowie Honigmann *1* und Hull *4*).

notwendig. Da sich oberhalb der Transformationstemperatur Glasspannungen nicht mehr ausbilden können, ist der Verlauf der Ausdehnungskoeffizienten in diesem Temperaturgebiet unbeachtlich.

Die Messung der Ausdehnungskurven erfolgt am einfachsten mit dem Quarzdilatometer (vgl. z. B. Abb. 170), in dem die Verlängerung des Probestückes gegen Quarz als Vergleichsmaterial mittels einer optischen Anzeigevorrichtung festgestellt wird. Zur Messung der Ausdehnungsdifferenz von Metallen und Gläsern, die miteinander verschmolzen werden sollen, ist es bequemer und genauer, die beiden Partner nicht einzeln gegen Quarz, sondern direkt miteinander zu vergleichen (Differentialdilatometer, vgl. Burger *1*). Abb. 353 zeigt als Beispiel Ergebnisse derartiger Messungen an verschiedenen

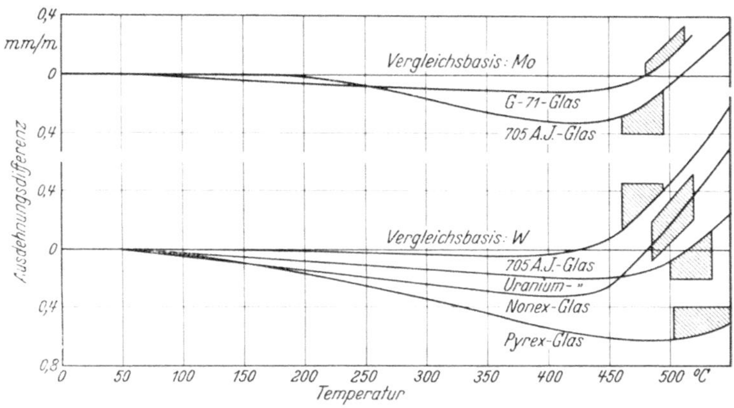

Abb. 353. Ausdehnungsdifferenz einiger Gläser (Corning-Works) gegen Mo und W, gemessen bei Abkühlung (1°/min). Die schraffierten Flächen kennzeichnen den Entspannungsbereich der einzelnen Gläser; seine untere Temperaturgrenze ist identisch mit der „4 h-Entspannungstemperatur“ (Strain point), seine obere mit der „15 min-Entspannungstemperatur“ (Annealing point); vgl. Hull *4*.

Gläsern gegen Mo und W. Der Temperaturanstieg ist dabei zur gleichmäßigen Erhitzung der Glasproben wegen der geringeren Wärmeleitfähigkeit bedeutend langsamer zu wählen als bei den üblichen Ausdehnungsmessungen von Metallen. Der maximal zulässige Temperaturanstieg hängt von den Abmessungen des Probekörpers ab[1]; durch Veränderung der Erhitzungsgeschwindigkeit und durch Vergleich der Ausdehnungskurven für steigende und fallende Temperatur ist zu prüfen, ob die Ausdehnungsmessungen wirklich unabhängig von der Geschwindigkeit der Temperaturänderungen im Meßofen sind.

Die Ausdehnungskurven der Gläser steigen meist etwas stärker als linear mit der Temperatur an; oberhalb des Transformationspunktes wird der Anstieg steiler (vgl. Abb. 358). Die Ausdehnungskurven der reinen unlegierten Metalle zeigen zwischen Zimmertemperatur und Transformationstemperatur der verwendeten Gläser einen gleichmäßigen, angenähert linearen Anstieg, die der eisenhaltigen Legierungen dagegen im magnetischen Umwandlungspunkt, dessen Lage von der Zusammensetzung der Legierung abhängt, einen

[1] Vgl. z. B. Klemm *1*, der für Glasproben in Form quadratischer Plättchen (Seitenlänge 20 mm, Dicke 10 mm) eine Erhitzungsgeschwindigkeit von 4°/min als zulässig ermittelt. Es empfiehlt sich, Glasprobe und Vergleichsmaterial im Ofen mit einem dickwandigen Cu-Rohr zu umgeben.

Knick mit darauffolgendem steilerem Anstieg[1] (vgl. Abb. 357). Dieser Knickpunkt in der Ausdehnungskurve darf nicht weit unterhalb der Transformationstemperatur des gewählten Einschmelzglases liegen; andernfalls ist entweder ein Glas mit gleichem Ausdehnungskoeffizienten, jedoch entsprechend niedrigerer Transformationstemperatur zu wählen oder durch Änderung der Legierung der magnetische Umwandlungspunkt zu erhöhen[2]. Außer dem magnetischen Umwandlungspunkt ist bei eisenhaltigen Einschmelzlegierungen die Umwandlungstemperatur der Fe-Komponente vom γ- in den α-Zustand („Ar_3-Punkt") zu beachten: liegt diese innerhalb des durch Herstellung und spätere Verwendung der Verschmelzung gegebenen Temperaturintervalls, so ist die Ausdehnungskurve nicht reversibel[3]. Derartige Legierungen sind für Verschmelzung mit Glas unbrauchbar. Bei richtiger Zusammensetzung der Einschmelzlegierung liegt der Ar_3-Punkt jedoch weit unterhalb der Zimmertemperatur, so daß bei den im Betrieb vorkommenden Temperaturen[4] stets der γ-Zustand erhalten bleibt (stark ausgezogene Kurve in Abb. 354).

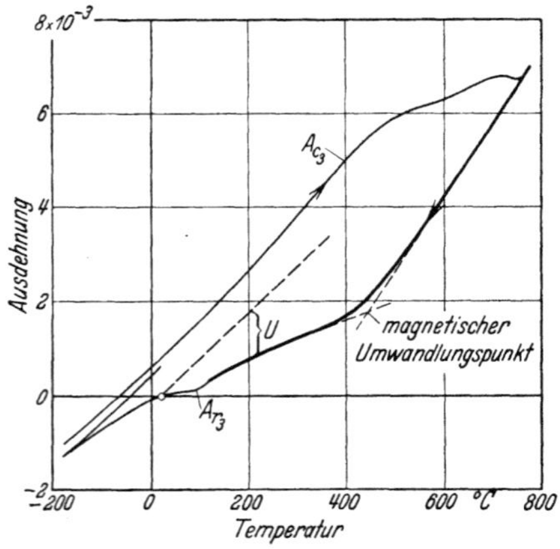

Abb. 354. Ausdehnungsdiagramm einer für Einschmelzzwecke unbrauchbaren Fe-Ni-Co-Legierung mit α-γ-Umwandlungspunkt (A_{r_3}) oberhalb Zimmertemperatur. Stark ausgezogene Ausdehnungskurve nur reversibel, solange A_{r_3} nicht unterschritten wird; sonst Änderung der Ausdehnung (z. B. nach Abkühlen auf 20° C: um den Wert U). Rückverwandlung der Legierung vom α- in den γ-Zustand erst bei sehr hohem Erhitzen, über den A_{c_3}-Punkt hinaus (vgl. H. Scott 2).

Bei Eisenlegierungen mit unbekannter Wärmevorgeschichte ist es zur sicheren Überführung des ganzen Gefüges in den γ-Zustand zweckmäßig, das Einschmelzmetall vor der Verwendung auf Temperaturen über den Ar_3-Punkt hinaus (vgl. Abb. 354) auszuglühen; die Abkühlung auf Zimmertemperatur soll dann im Ofen langsam erfolgen (nicht abschrecken!). Ähnlich geht man bei Einschmelzlegierungen vor,

[1] So steigt z. B. der Ausdehnungskoeffizient einer Einschmelzlegierung aus etwa 54% Fe, 28% Ni und 18% Co („Fernico") im Umwandlungspunkt von 47,5 auf $142{,}5 \cdot 10^{-7}$. Die Ausdehnungskurve ist bei den eisenhaltigen Einschmelzlegierungen jedoch auch beim Überschreiten des Knickpunktes reversibel, d. h. Abkühlungs- und Erhitzungskurve fallen zusammen. In der amerikanischen Literatur wird für die Temperatur des Ausdehnungsknickpunktes meist die Bezeichnung „inflection temperature" angewandt.

[2] Jedoch ohne Änderung des Ausdehnungskoeffizienten für Temperaturen unterhalb des Umwandlungspunktes (vgl. S. 335).

[3] In Abb. 354 ist als Beispiel für eine solche Legierung der Kurvenzug der vollständigen Umwandlung einer Fe-Ni-Co-Legierung mit 24,1% Ni, 24% Co und 0,56% Mn wiedergegeben (ausgezogene Linie). Nach dem Einschmelzen wird das Metall abgekühlt und durchschreitet dabei den Ar -Punkt. Bei 20° C ist die Umwandlung vom γ- in den α-Zustand noch nicht vollständig beendet; in diesem Fall wird bei einer späteren betriebsmäßigen Erhitzung der Glas-Metallverbindung die Ausdehnung längs der gestrichelten Linie verlaufen und beispielsweise bei 200° C um den Betrag U von der Glasausdehnung abweichen, falls letztere dem unteren (stark ausgezogenen) Kurvenast der Erhitzungskurve des Metalls entspricht. Die Größe von U hängt davon ab, wie weit die Ar_3-Temperatur unterschritten wird.

[4] Auch solche Legierungen dürfen natürlich nicht unterhalb ihres Ar_3-Punktes abgekühlt werden (Glas-Metallverbindungen in Ausfrierfallen!).

welche die Erscheinung der sog. Ausscheidungshärtung[1] zeigen und beim Abschrecken zuweilen ihren Ausdehnungskoeffizienten merklich ändern. Bei ihnen kann man nur nach Ausglühen und nachfolgendem langsamem Abkühlen sicher sein, daß die zu einem bestimmten Einschmelzglas passende Ausdehnungskurve erhalten bleibt. Ausscheidungshärtung zeigt z. B. die Einschmelzlegierung EMK (vgl. S. 334), deren Ausdehnungskoeffizient durch Abschrecken von $95 \cdot 10^{-7}$ bis zu $110 \cdot 10^{-7}$ vergrößert werden kann.

Eine genaue Anpassung der Ausdehnungskurve des Einschmelzglases an diejenige des Metalls ist praktisch unmöglich; die Anpassung muß aber um so genauer sein, je weniger ein elastisches Nachgeben des Metalls oder des Glases stattfinden kann. Im allgemeinen sind Ausdehnungsdifferenzen der Kurven bis zu 10% noch zulässig. Wird die Wandstärke des Verschmelzmetalls so dünn gewählt, daß es bei Ausdehnungsdifferenzen elastisch nachgeben kann, so kommt es auf die Differenz des Ausdehnungskoeffizienten von Glas und Metall nicht mehr an; es lassen sich dann auch Verschmelzungen von Metallen und Gläsern betriebssicher herstellen, deren Ausdehnungskoeffizienten weit auseinander liegen (z. B. von Cu mit $\alpha = 165 \cdot 10^{-7}$ und Glas mit $\alpha = 90 \cdot 10^{-7}$, vgl. S. 343).

Ist der Ausdehnungskoeffizient des Glases (gemittelt zwischen Zimmertemperatur und Transformationstemperatur) kleiner als der des Metalls, so zieht sich beim Abkühlen das Glas nicht so stark zusammen wie das Metall. Bei Einschmelzungen eines Metalldrahtes in Glas entstehen dann an der Grenze Glas-Metall radiale Zugspannungen, die zur Ablösung des Metalls vom Glas (Quetschfußhaarrisse) oder zu Glassprüngen längs des Einschmelzdrahtes führen können (Abb. 355b). In axialer Richtung treten dagegen (durch die stärkere Schrumpfung des Drahtes in seiner Längsrichtung) Druckspannungen im Glase auf. Ist der Ausdehnungskoeffizient des Glases größer als der des Metalls, so zieht sich beim Abkühlen das Glas stärker zusammen als das Metall, es treten also bei Einschmelzungen von Metalldrähten in Glas radiale Druckspannungen und axiale Zugspannungen auf, die z. B. bei längeren Wickeleinschmelzungen sog. Ringelsprünge verursachen können (vgl. Abb. 355a).

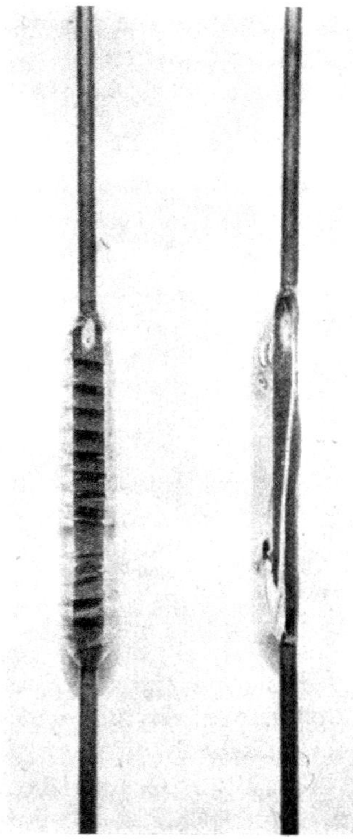

Abb. 355. Typische Glassprünge bei Wickelglaseinschmelzungen mit Runddraht ($\alpha = 81 \cdot 10^{-7}$) nach Abkühlung in rußender Flamme (H. Scott *4*). a „Ringelsprung": Glasausdehnung ($\alpha = 92 \cdot 10^{-7}$) größer als die des Metalles, zu große Axialzugspannungen; b Längssprung: Glasausdehnung ($\alpha = 45 \cdot 10^{-7}$) kleiner als die des Metalles, zu große Radialzugspannungen.

[1] Während die γ-α-Umwandlung auf Änderungen des Kristallgitters beruht, ist die Ausscheidungshärtung eine Folge von Ausscheidungs- und Zerfallsvorgängen der Mischkristalle (vgl. z. B. Masing *2*). Die Voraussetzung hierfür ist immer dann gegeben, wenn die Legierungsbestandteile bei hohen Temperaturen als feste Lösung, bei tieferen Temperaturen dagegen als heterogenes Gemenge vorliegen. Dabei spielen nicht nur absichtlich zugesetzte Stoffe eine Rolle, sondern häufig auch unabsichtlich vorhandene Beimengungen.

Wegen der Unkontrollierbarkeit feiner Haarrisse, der bei technischen Einschmelzungen in radialer Richtung meist kleinen Zugfestigkeit und wegen der Strombelastung der Einschmelzdrähte (S. 327), wählt man meist für Einschmelzungen von Metalldrähten oder -stäben in Glas die Ausdehnung des Glases eher etwas größer als die des Metalls. Wenn dagegen das Metall das Glas umschließt (z. B. bei Metallhülsenanschmelzungen nach Abb. 356), treten bei kleinerer Ausdehnung des Metalls radiale Zugspannungen und axiale Druckspannungen, bei größerer Ausdehnung des Metalls radiale Druckspannungen und axiale Zugspannungen im Glase auf. In solchen Fällen wählt man aus den gleichen Gründen den Ausdehnungskoeffizienten des Glases etwas kleiner als den des umschließenden Metallrohres. Bei mehreren konzentrischen Ringeinschmelzungen muß also der Ausdehnungskoeffizient der Bestandteile von außen nach innen zu abnehmen, wenn an jeder Grenzfläche Metall-Glas radiale Druckspannungen vorhanden sein sollen.

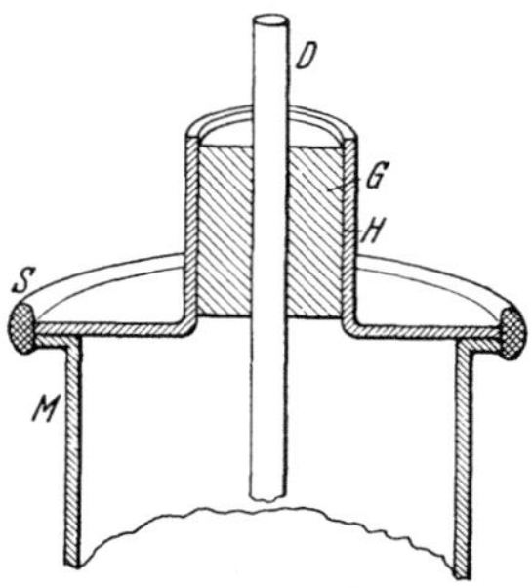

Abb. 356. Hülsenverschmelzung. D Einschmelzdraht; G Glaspfropfen; H angeschmolzene Metallhülse; S Schweißstelle zwischen Hülse H und Metallgefäß M (vgl. Gen. El. Co. *3* und Pike *1*). Günstigste Ausdehnungskoeffizienten: $\alpha_D \leqq \alpha_G < \alpha_H$.

Kühlspannungen. Bei raschem Abkühlen läßt es sich wegen der schlechten Wärmeleitfähigkeit des Glases nicht vermeiden, daß einzelne Teile, z. B. in der Nähe des gut wärmeleitenden Einschmelzmetalls, sich schon im spröden Zustand befinden, während andere Glaszonen noch plastisch sind. Kühlen später auch diese unter Verringerung ihres Volumens ab, so können die bereits erstarrten Zonen nicht mehr nachgeben und es entstehen Spannungen, die zum Bruch des Einschmelzglases führen, besonders wenn beim späteren Betrieb der Röhre durch Strombelastung und Wärmeausdehnung der Einschmelzdrähte zusätzliche mechanische Kräfte auftreten.

Aus diesem Grunde ist es im allgemeinen notwendig, Glas-Metall-Verbindungen nach ihrer Herstellung im Temperofen mehrere Stunden oberhalb der Transformationstemperatur zu entspannen und dann langsam abzukühlen, besonders wenn der Ausdehnungskoeffizient des Glases größer ist als der des Metalls. Glas-Metall-Verbindungen, bei denen der mittlere Ausdehnungskoeffizient des Glases (zwischen Transformationstemperatur und Zimmertemperatur) kleiner ist als der des Metalls, gelingen dagegen erfahrungsgemäß besser, wenn man sie ohne stundenlange Temperung nach der Herstellung verhältnismäßig rasch (1°/min) abkühlen läßt (Hull *4*). Diese Erscheinung beruht wahrscheinlich teilweise darauf, daß durch langes Tempern bei höheren Temperaturen eine gewisse Alkaliverarmung und damit ein „Härterwerden" des Glases eintritt, d. h. also eine weitere Verringerung des ohnedies schon kleineren Ausdehnungskoeffizienten. Im allgemeinen lassen sich fast immer die in Glas-Metall-Verbindungen auftretenden Spannungen durch geeignete Führung des Temper- und Abkühlprozesses günstig beeinflussen, was durch Messung der Maximalspannungen gleicher Glas-Metall-Verbindungen nach verschiedener thermischer Vorbehandlung im Polarisationsmikroskop festgestellt werden kann.

Strombelastungsspannungen. Werden in Glas eingeschmolzene Stromzuführungsdrähte durch plötzliche Strombelastung stark erhitzt, so dehnt sich der Draht, ehe noch ein Temperaturausgleich zwischen Metall und Glas stattgefunden hat, stärker aus als das Glas; es treten also (eventuell zusätzlich zu schon vorhandenen Spannungen) radiale Druckspannungen und axiale Zugspannungen auf. Wenn vorher schon (infolge eines größeren Ausdehnungskoeffizienten des Glases) eine radiale Druckspannung vorhanden war, so müßte sich diese bei Strombelastung vergrößern; dagegen müßte eine bereits vorhandene radiale Zugspannung (hervorgerufen durch einen kleineren Ausdehnungskoeffizienten des Glases gegenüber dem des Metalls) bei Strombelastung zunächst kompensiert werden und dann in eine Druckspannung übergehen. Demnach wäre der Ausdehnungskoeffizient des Glases einer stromführenden Einschmelzung (entgegen den Ausführungen auf S. 326) stets kleiner zu wählen als der des Metalls. Die Erfahrung (vgl. Honigmann *1*) zeigt jedoch, daß die in radialer Richtung zugvorgespannten Gläser bei Strombelastung fast genau so stark druckgespannt werden wie stark druckvorgespannte. Hieraus folgt, daß Gläser mit einem kleineren Ausdehnungskoeffizienten als dem des Metalls nur dann zulässig sind, wenn die Drähte durch die Strombelastung lediglich eine geringe Vergrößerung ihres Durchmessers erfahren. In solchen Fällen kann durch den zusätzlichen Radialdruck bei Strombelastung ein vollkommener Spannungsausgleich zustande kommen. Bei allen hoch strombelasteten Einschmelzungen, bei denen die Drähte stark erwärmt werden, ist es dagegen in Übereinstimmung mit den Überlegungen auf S. 326 zweckmäßiger, Gläser mit etwas höherem Ausdehnungskoeffizienten als dem des Einschmelzmetalls zu verwenden.

Für Starkstrom-Durchführungen sind die Spannungsmessungen am Polarisationsmikroskop nicht nur in unbelastetem, sondern auch in strombelastetem Zustand auszuführen (Honigmann *1*). Die Glasspannungen nehmen mit der Stromstärke zu; bereits wenige Minuten nach Einschalten des Stromes ist der endgültige Spannungszustand erreicht, der sich auch bei Dauerbelastung über mehrere Stunden nicht mehr ändert. Die Richtung der in stromlosem Zustand vorhandenen Spannungen ändert sich erfahrungsgemäß bei Strombelastung nicht oder nur wenig. Es genügt also, die Glas-Metall-Verbindungen nur kurzzeitig mit der Maximalstromstärke zu belasten und die Spannungen an den schon im unbelasteten Zustand am stärksten gespannten Stellen zu messen.

Bei sonst gleichen Eigenschaften sind selbstverständlich diejenigen Einschmelzmetalle vorzuziehen, welche die größere Wärmeleitfähigkeit (rasche Ableitung der entstehenden Stromwärme in die außenliegenden Zuleitungsdrähte) und den geringeren spezifischen Widerstand (geringere Joulesche Wärme bei bestimmter Strombelastung) besitzen[1].

Bei Kappen- oder Ringanschmelzungen spielt die Strombelastung keine ausschlaggebende Rolle[2], da bei ihnen die Grenze zwischen Metall und Glas meist nicht vom Strom durchflossen wird. Plötzliche Wärmeausdehnungen verursachen bei solchen Verbindungen wegen der Elastizität der dünnwandigen Metallkappe nur geringe mechanische Spannungen.

Haften des Glases an der Metalloberfläche. Neben den im Glas auftretenden Spannungen ist für die Güte, insbesondere die Gasdichtigkeit einer Glas-Metall-

[1] Über konstruktive Maßnahmen zur Verbesserung der Strombelastbarkeit von Einschmelzstäben vgl. S. 341, insbesondere Abb. 374.

[2] Dagegen sind bei ihnen thermische Ermüdungserscheinungen zu beachten (vgl. S. 344).

Verschmelzung das gute Haften des Glases am Metall maßgebend. Es hat sich gezeigt, daß dies um so besser ist, je leichter die während des Verschmelzungsvorganges auf der Metalloberfläche gebildeten Oxydhäute vom hocherhitzten Glas aufgenommen („gelöst") werden. Es bildet sich demnach an der Grenzfläche ein „Zwischenglas" mit allmählich abnehmendem Gehalt an Oxyd des Einschmelzmetalles[1]. Die auf dem Metall vor oder beim Einschmelzen gebildete Oxydschicht darf jedoch andererseits nicht so dick sein, daß sich nach der Fertigstellung der Einschmelzung noch eine größere Menge Oxyd zwischen Glas und Metall befindet. Im letzteren Falle werden undichte Einschmelzungen erhalten, die deshalb besonders gefürchtet sind, weil wegen der Kleinheit des Spaltes zwischen Glas und Metall die Undichtigkeit sich auch am fertigen Rohr erst nach längerer Zeit bemerkbar macht („Nachzieher", „überoxydierte" Einschmelzungen).

Zur guten Verbindung des Glases mit den Metallen muß die Verschmelzungstemperatur so hoch sein, daß die Metalloxyde vom Glas gut aufgenommen werden. Bei unedlen Metallen und Legierungen darf jedoch wegen der erwähnten Gefahr zu starker Oxydation die Einschmelztemperatur meist nicht über 750 bis 850° C betragen; die Einschmelzzeit muß aus demselben Grunde entsprechend kurz sein[2]. Man arbeitet daher bei leicht oxydierenden Metallen an der kälteren Wurzel der Gebläseflamme und verhindert durch deren reduzierende Wirkung nicht nur eine zu starke Oxydation, sondern auch die Bildung von schädlichen höheren Oxyden, die vom Glas nicht völlig aufgenommen werden, und bei Manteldrähten das Verbrennen des Mantelmetalls. Ob auch beim Pt die Bildung einer (wahrscheinlich sehr stabilen) Oxydschicht bei Glaseinschmelzungen eine Rolle spielt, ist noch nicht genügend geklärt. Bei Verwendung von Pt, das sehr sichere Einschmelzungen ergibt, ist eine Erhitzung auf 1000—1100° C notwendig (Arbeiten an der Spitze der Gebläseflamme).

Am besten löst sich im Glas Kupferoxydul (nicht Kupferoxyd!). Kupfer-Glas-Anschmelzungen (elastische Kappen und Ringe) haften bei richtiger Herstellung so fest, daß bei Zugbeanspruchung nicht eine Trennung der Grenzfläche Glas-Metall, sondern ein Zerreißen des Metalls oder des Glases selbst eintritt. Für Einschmelzungen von Drähten in Glas läßt sich Cu wegen seines zu hohen Ausdehnungskoeffizienten nicht verwenden; durch Überziehen eines Kerndrahtes von niedrigem Ausdehnungskoeffizienten (FeNi) mit einem Cu-Mantel erhält man jedoch Einschmelzdrähte, die wenigstens in radialer Richtung den gleichen Ausdehnungskoeffizienten wie die gebräuchlichen Einschmelzgläser besitzen und gleichzeitig die gute Haftbarkeit des Cu am Glase auszunutzen gestatten (Kupfermanteldraht[3]; vgl. S. 333).

---

[1] In Übereinstimmung mit dieser Auffassung des Haftmechanismus steht die Beobachtung (Hull *4*), daß bei völligem Fehlen der Oxydschicht auf der Metalloberfläche (z. B. beim Glas-Metall-Verschmelzen auf elektrischem Wege in einer O_2-freien H_2-, N_2- oder CO_2-Atmosphäre) kein oder nur ungenügendes Haften des Glases am Metall stattfindet. Dagegen ist die Haftfestigkeit auch in N_2 und CO_2 gut, sobald die Metalloberfläche vorher oxydiert wurde (vgl. auch N. W. Taylor *1*).

[2] Dünne Einschmelzdrähte aus unedlen Metallen werden daher vorwiegend für maschinell hergestellte, Pt vorwiegend für von Hand hergestellte Einschmelzungen verwendet.

[3] Im Gegensatz hierzu besitzt der Platinmanteldraht einen Kern aus FeNi von gleichem Ausdehnungskoeffizienten wie der Platinmantel. Der Platinmantel ermöglicht hier nur die Herabsetzung des Materialpreises unter Beibehaltung der einfacheren Einschmelztechnik des Pt.

Geringere Lösbarkeit als Kupferoxydul zeigen Ni- und Fe-Oxyd; daher ersetzt man in Einschmelzlegierungen das Ni bzw. das Fe teilweise durch Co (z. B. beim EMK, vgl. S. 95 und 334, beim Kovar, vgl. S. 86 und 335 und beim Wonico, vgl. S. 98), weil die beim Einschmelzen sich bildenden Co-Oxyde leichter im Glas löslich sind.

Blasenfreiheit der Einschmelzstelle. Bei sämtlichen Einschmelzmetallen ist möglichst geringer Gas- und Kohlenstoffgehalt erforderlich, da sich sonst beim Einschmelzen perlschnurartig kleine Gas- bzw. CO_2-Bläschen längs der Einschmelzgrenze bilden, die leicht Anlaß zu Undichtigkeiten geben können. Aus diesem Grunde sind Einschmelzmetalle sorgfältig zu entgasen bzw. C-haltige Materialien durch Glühen in Luft oder besser in H_2 zu entkohlen (etwa 1200° C, 15—60 min)[1].

Grundsätzlich ist daher schon bei der metallurgischen Herstellung der Einschmelzwerkstoffe ein möglichst niedriger Gehalt an C und anderen festen oder gasförmigen Verunreinigungen anzustreben. Besonders gut erfüllen diese Bedingung Einschmelzmetalle und Legierungen, die auf dem Sinterwege oder durch Vakuumschmelzen hergestellt sind. Zwischenglühungen (Weichglühen) beim Ziehen von Einschmelzdrähten und anderen Verformungsprozessen sollen aus demselben Grund bei unedlen Einschmelzmetallen möglichst in neutraler Atmosphäre (H_2) vorgenommen werden.

Werkstoffe für Glas-Metall-Verschmelzungen. Je nach der Form der Metall-Glas-Verbindung unterscheidet man Einschmelzungen und Anschmelzungen. Bei den ersteren wird das Metall, meist in Draht- oder Bandform, vom Glas auf größere Länge völlig umschlossen. Da bei ihnen die Verbindungsstelle Glas-Metall beim Stromdurchgang unmittelbar thermisch beansprucht wird und schlechte Wärmeableitung besitzt, ist ihre Anwendung meist auf kleinere Stromstärken (vgl. Abb. 375) begrenzt. Bei den Anschmelzungen wird nur der Rand einer Scheibe, eines Ringes oder eines Topfes mit dem Glas verschmolzen; die Anschmelzstelle ist stromlos, sie besitzt günstige Wärmeableitung und ist in weiten Grenzen unabhängig von der genauen Übereinstimmung der Ausdehnungs-Temperaturkurven. Aus diesen Gründen ist jede für Einschmelzungen mögliche Glas-Metall-Kombination auch ohne weiteres für Anschmelzungen geeignet, nicht aber umgekehrt.

Grundsätzlich ist es ebenso möglich, einem bestimmten Einschmelzmetall entsprechende Einschmelzgläser wie einem bestimmten Glas entsprechende Einschmelzmetalle anzupassen. In Tabelle 118 sind die in der Vakuumtechnik hauptsächlich angewendeten Reinmetalle, Legierungen und Manteldrähte mit den für sie geeigneten Einschmelzgläsern, in Abb. 357 die Ausdehnungskurven der wichtigsten Einschmelzmetalle, in Abb. 358 die einiger Einschmelzgläser zusammengestellt.

Im einzelnen ist dazu folgendes zu bemerken:

Platin (vgl. auch S. 41). Pt-Verschmelzungen lassen sich sehr sicher herstellen; da die Gefahr einer Überoxydation nicht vorliegt, eignen sie sich besonders für Herstellungen von Hand, bei denen keine so genaue Konstant-

[1] Besonders stark ist die Bildung von Blasen an der Grenzfläche Metall-Glas bei nicht entgasten Ni-Halterungs- und -Zuleitungsdrähten, die in Quetschfüße oder Vollglasisolierstücke eingeschmolzen sind. Die Erscheinung verschwindet, wenn die Ni-Drähte vorher durch Glühen (1200° C, 15 min) in H_2 oder im Hochvakuum entgast wurden.

Tabelle 118. Werkstoffe für

	Metall	Handelsübliche Formen	Ausdehnungskoeffizient $\alpha \cdot 10^7$
Für Ein- und Anschmelzungen	Platin (technisch bis chemisch rein)	Runddraht: bis 1,5 mm ∅, Ringe: bis etwa 50 mm ∅, Wandstärke: 0,1—0,15 mm	90,7 (25—100° C)
	Nickeleisen a) vakuumgeschmolzen (Ni 47,5%, Fe 50%, Cr 1%, Mn 1%); b) gesintert („Ommet": Ni 48%, Fe 52%, C < 0,01%)	Runddraht: bis 5 mm ∅, Ringe und Kappen: bis 30 mm ∅	89
	Platinit (Ni 48%, Fe 52%, C 0,15%)	Runddraht: bis 5 mm ∅	≈ 90
	Platin-Manteldraht (Kern: Ni 48%, Fe 51%; Pt-Mantel: 30 bis 40% des Gesamtgewichtes)	Runddraht: bis 3 mm ∅	≈ 90
	Cu-Manteldraht, sog. Finkdraht, (Kern: Ni 42%, Fe 58%; Cu-Mantel: 20—30% des Gesamtgewichts)	Runddraht: 0,2—0,8 mm ∅, überzogen mit Borax	radial: 80—100 axial: 61—65
	Chromeisen (Cr 25—30%) . . .	Runddraht: 2–3 mm ∅, Stäbe: 5—12 mm ∅, Scheiben und Ringe: 0,2—1 mm Wandstärke	95—100 (20—100° C)
	EMK (Fe 71%, Mo 10%, Co 19%, Si 0,8%, Mn 0,0)	Stäbe: 0,5—12 mm ∅, Ringe: bis 30 mm ∅, Wandstärke etwa 1 mm	90—95
	Fernichrom (Fe 37%, Ni 30%, Co 25%, Cr 8%)	Runddraht, Ringe	≈ 92
	Wonico (W 80%, Ni ≈ 13%, Co ≈ 5%)	Runddraht	(≈ 55)
	Wolfram	Runddrähte und Stäbe: bis zu mehreren mm	40—45 (20—100° C)
	Molybdän	Stäbe: bis zu 5 mm und darüber	53—55 (25—100° C)
	Kovar, Fernico (Ni 28—29%, Co 17—18%, C < 0,1%, Mn etwa 0,2%, Rest Fe)	Runddrähte und Stäbe: bis 16 mm ∅, Ringe: 4—30 mm ∅, Wandstärke 0,3—3 mm	47 (25—450° C) 56 (25—500° C) △
Nur für Anschmelzungen	Kupfer (vakuumgeschmolzen, mit 1—2% Mn, oder Elektrolyt-Cu)	angeschärfte Ringe und Kappen: 15—120 mm ∅; Materialstärke am Anschmelzrand: 0,2—0,1 mm	165 (0—100° C)
	Chromnickel (Cr 21%, Ni 76,5%, Fe 2,3%)	angeschärfte Ringe und Kappen; Materialstärke am Kappenrand: ≈ 0,05 mm	145

△ Weitere Werte bei Scott *3*.

haltung und Kontrolle der Einschmelztemperatur und -zeit möglich ist wie bei Einschmelzungen, die mit Maschinen gemacht werden. Die allgemeine Verwendung von Pt für Weichgläser verhindert in der Hauptsache der hohe Preis. Wertvolle Röhren, bei denen der Aufwand für die Einschmelzdrähte

vakuumdichte Glas-Metall-Verbindungen.

Wärmeleitfähigkeit (20° C) cal/cm sec Grad	Spezifischer Widerstand (20° C) $\Omega \cdot mm^2/m$	Geeignete Verschmelzungsgläser	Bemerkungen
0,167	0,108	M-Glas (Osram) Einschmelzglas 301 b (Osram) Geräteglas 584 a † (Osram) Pt-Glas 16^{III} (Schott) Pt-Glas GeGe Eff (Fischer) Pt-Glas (Gundelach) Geräteglas (Gundelach) Moosbrunnerglas †, G 1- und G 5-Glas (Corning)	vgl. S. 329, 345 und Abb. 358
0,038	0,45		vgl. S. 332, 347 und Abb. 357
0,038	0,45		
—	—		vgl. S. 328, Fußnote 3
≈ 0,4	0,04—0,06	wie oben, am besten M-Glas (Osram)	vgl. S. 333
0,05	0,5	GeGe 28 (Fischer) Geräteglas † (Gundelach) G 1-, G 5-, G 6- und G 8-Glas (Corning) nicht M-Glas (Osram)	vgl. S. 334, 347 und Abb. 357
≈ 0,05	0,33—0,37	Pt-Glas (Fischer) M-Glas (Osram) Geräteglas (Gundelach)	vgl. S. 334, 348
—	—	G 5-Glas (Corning) Bleigläser	vgl. S. 335 und Abb. 357
—	≈ 0,13	natriumfestes Glas V 612 e (Osram)	vgl. S. 335 und Pirani *4*
0,38	0,06	V 362 a (Osram), V 619 i (Osram) Uranium, Nonex † (Corning) Duranglas † (Schott)	vgl. S. 335 und Abb. 358
0,35	0,06	1447 III, Uviolglas (Schott) V 637 b, V 195 c (Osram) G 71 oder G 705 AO (Corning)	vgl. S. 335 und Abb. 358
≈ 0,09	0,27	V 756 (Osram) Clear sealing G 705 AJ † (Corning) Spezialglas 184 * G 71, G 705 AO (Corning)	vgl. S. 335, 348 und Abb. 357, 358, 362
0,92	0,017	Geräteglas (Gundelach) † Pt-Glas (Fischer) blaues Kobaltglas KHE (Gundelach) G 1, G 8, G 71, Pyrexglas (Corning)	vgl. S. 343 und Abb. 358
≈ 0,03	1,09	wie oben	vgl. S. 344

* Zusammensetzung: SiO_2 65%, B_2O_3 23%, Na_2O 7%, Al_2O_3 5% (Hull *4*).
† Zusammensetzung in Tabelle 72, S. 160.

nicht ins Gewicht fällt, werden jedoch vielfach auch heute noch mit Pt-Einschmelzungen ausgeführt. Die Einschmelztemperatur beträgt 1000—1100° C. Bei zu niederer Einschmelztemperatur ist die Haftung am Glas ungenügend. Über Kappenanschmelzungen vgl. S. 345.

Nickeleisen (vgl. auch S. 83). Vakuumgeschmolzenes oder metallkeramisch hergestelltes[1] Material ist wegen seiner kleineren Gasabgabe beim Einschmelzvorgang (geringere Blasenbildung) vorzuziehen. Zur Entfernung von Ziehspannungen empfiehlt sich Ausglühen des Materials im Hochvakuumofen vor dem Einschmelzen. Wegen der Gefahr des Auftretens von CO_2-Bläschen muß der Kohlenstoffgehalt kleiner als 0,2% sein. Das verwendete Glas darf keine zu

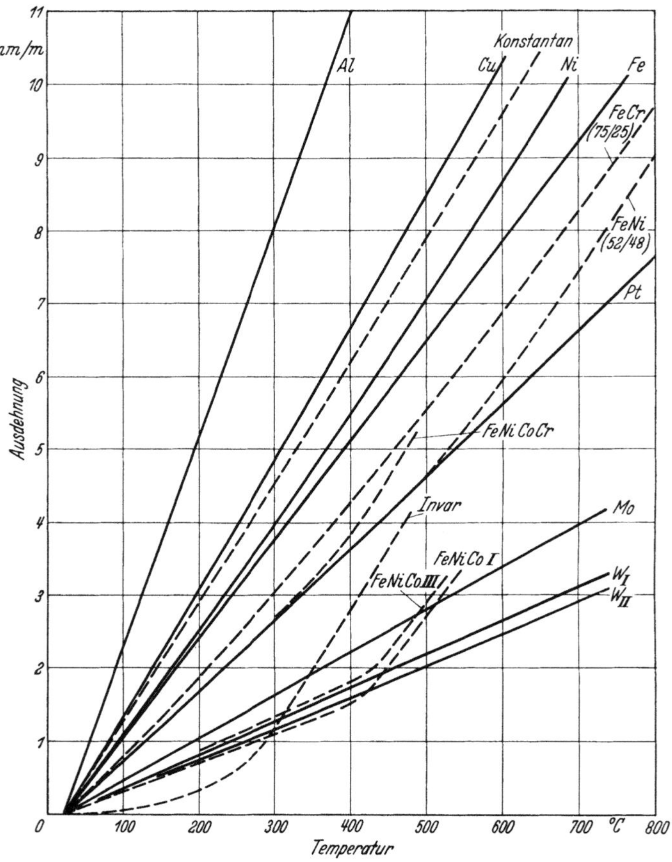

Abb. 357. Ausdehnungskurven von Metallen und Legierungen. (Fe-Ni-Co-Cr = 37/30/25/8; Fe-Ni-Co I = 55/28/17; Fe-Ni-Co III = 54/28/18; nach Hull *4* und Scott *2*, *4*; W I nach Smithells *2*; W II nach Schwarzkopf *2*.)

hohe Transformationstemperatur haben, da NiFe mit 52% Fe bei etwa 480° C einen Knick in der Ausdehnungskurve zeigt (magnetischer Umwandlungspunkt); andernfalls können in dem Temperaturgebiet zwischen diesem Knickpunkt und dem Transformationspunkt des Glases leicht Ausdehnungsdifferenzen eintreten,

[1] Aus Fe- und Ni-Karbonyl, sehr rein, besonders geringer C-Gehalt (Handelsname „Ommet"). Durch sehr hohe Reinheit des Sintermaterials scheint der Knickpunkt in der Ausdehnungscharakteristik gegenüber geschmolzenem Ni-Fe um etwa 20° C heraufgesetzt zu werden (vgl. Hambrecht *1*), was eine erhöhte Sicherheit beim Verschmelzen mit Gläsern mit sich bringt, die einen hohen Transformationspunkt besitzen.

die den zulässigen Wert (etwa 10%) überschreiten [1]. In feuchter Atmosphäre neigt die Legierung zum Rosten (Aufbewahrung im Trockenschrank). Die günstigste Einschmelztemperatur beträgt 800° C. Über Kappenanschmelzungen vgl. S. 347.

Platinmanteldraht vgl. S. 328, Fußnote 3.

Kupfermanteldraht [2], auch „Fink"-, „Eldred"- oder „Dumet"-Einschmelzdraht genannt (vgl. AEG *8*, Eldred *1*, Fink *1*, Hull *4* und S. 328). Zur Verhütung zu starker Oxydation während der Lagerung und Einschmelzung wird der Kupfermanteldraht unmittelbar nach der Herstellung mit einer dünnen Schicht aus wasserfreiem Borax ($B_4O_7Na_2$, Schmelzpunkt etwa 740° C) überzogen; ein Verletzen der Boraxschicht ist sorgfältig zu vermeiden (Aufbewahrung auf großen Holzrollen). Bei richtiger Temperatur-Zeit-Führung des Einschmelzprozesses muß die Farbe des vom Glas bedeckten Metalls goldgelb (Cu) oder rubinrot (Cu_2O), nicht aber schwarz (CuO) erscheinen. Die richtige Einschmelztemperatur beträgt 750 bis 800° C; bei zu heißem oder zu kaltem Einschmelzen treten Haarrisse auf, die zu schwer feststellbaren Undichtigkeiten führen (vgl. Abb. 360). Der Ausdehnungskoeffizient von Cu-Manteldraht ist in der axialen Richtung erheblich verschieden von dem in der radialen Richtung (nach Messungen von Hull *4* radial: 80—100 · 10^{-7}, axial 61—68 · 10^{-7}). Die außerordentlich gute Haftfestigkeit am Glas und die sehr niedere Fließgrenze des Cu ermöglichen trotz dieser unhomogenen Ausdehnungseigenschaften und eines Knickpunktes in der Ausdehnungscharakteristik des Kernmaterials (bei 380—400° C) die Herstellung dichter Glasverschmelzungen, jedoch nur

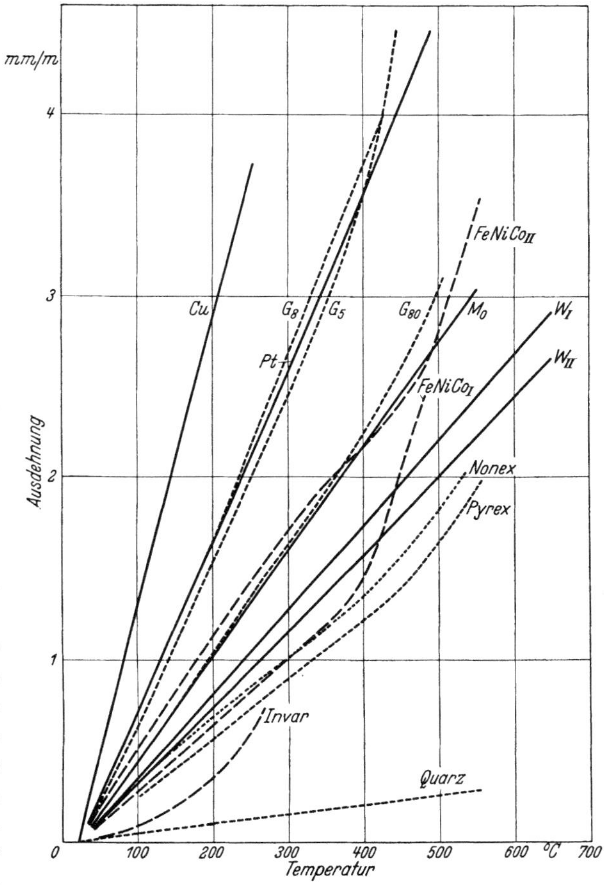

Abb. 358. Ausdehnungskurven einiger Einschmelzgläser (G 5, G 80, Pyrex, Nonex; Hersteller: Corning Glass Works) im Vergleich zu geeigneten Einschmelzmetallen und -legierungen (Fe-Ni-Co I = 55/28/17; Fe-Ni-Co II = 50/26/23; vgl. Tabelle 119).

[1] Vgl. S. 324 und 335 (FeNiCo-Einschmelzlegierungen).

[2] Schliffbild eines Fink-Drahtes in Abb. 359. Auch dünnwandige Anschmelzringe mit Cu-Überzug werden angewendet (vgl. N.N. *4*).

für Drähte unter 0,8 mm Ø. Dickere Drähte lassen sich normalerweise nicht verwenden, da Glasbruch auftritt. Über die Bestimmung des (radialen) Ausdehnungskoeffizienten auf Grund der chemischen Analyse vgl. Liempt *2*.

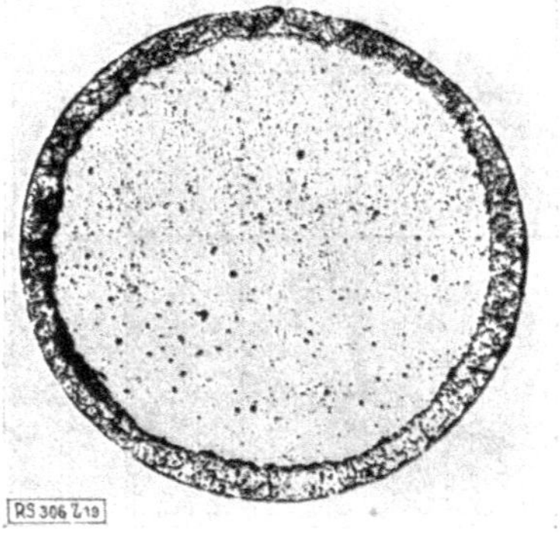

Abb. 359. Querschnitt eines Kupfermanteldrahtes mit Ni-Fe-Kern (Mikrophotographie, Vergr. 300; K. Schröter *1*).

Chromeisen (vgl. auch S. 86; AEG *9*, Brandsma *1*, Hull *4*, Philips *3*, *9*, *10*). Die günstigste Einschmelztemperatur beträgt 800—850° C. Die Legierung besitzt gute Haftfestigkeit am Glas; die Gefahr einer Überoxydation ist bemerkenswert gering, sodaß sich Einschmelzungen auch von Ungeübten leicht und sicher herstellen lassen. Da sich das Material nicht mit Cu verschweißen läßt, muß zwischen dem Einschmelzdraht und die zum Röhrensockel führende Cu-Litze ein kurzes Stück Ni-Draht eingesetzt werden (Rohn *4*). Hartlöten des Materials ist nicht möglich; häufig wird Stumpfschweißung angewendet. Über Kappen- und Scheibenanschmelzungen vgl. S. 347.

EMK (FeMoCo; vgl. auch S. 95 und AEG *10*). Das Material ist wegen seiner Härte schwer bearbeitbar. Es wird meist auf metallkeramischem Wege

Abb. 360. Schliffbilder von Kupfermanteldrähten in Glasquetschfüßen; Vergr. 800. Oben: zu kalt gequetscht; Abblättern der Kupferoxydulschicht. Unten: zu heiß gequetscht; Loslösung des Kupfermantels vom Fe-Ni-Kern (vgl. K. Schröter *1*).

hergestellt; schlecht gesintertes Material enthält manchmal kapillare Kanäle in Richtung der Drahtachse, die zu Undichtigkeiten Veranlassung geben können („Nachzieher"). Meist wird EMK in Form von Stäben für Wickelglaseinschmelzungen oder in Form von Ringen für Anschmelzungen verwendet; vor dem Einschmelzen muß es im Hochvakuumofen vorentgast, langsam abgekühlt (vgl. S. 324) und seine Oberfläche durch Schleifen blank gemacht werden. Für

Quetschfüße empfiehlt es sich, den Stab vor dem Einquetschen durch Handbewicklung mit Glas zu überziehen (vgl. Abb. 364). Über Miteinschmelzen einer Kupferfolie (Einschmelzfutter) vgl. S. 340. Das Material wird von Hg-Dampf nicht angegriffen. Über Ringanschmelzungen vgl. S. 348.

Fernichrom (vgl. Hull *4*). Das Material besitzt eine Ausdehnung, die zwischen der von FeCr und Pt liegt (vgl. Abb. 357). Die Umwandlungstemperatur ist jedoch sehr niedrig, etwa 380° C. Es läßt sich gut mit Gläsern verschmelzen, deren Transformationstemperatur mit seiner Umwandlungstemperatur zusammenfällt (gemeinsamer Knick in den Ausdehnungskurven von Metall und Glas).

WoNiCo (vgl. S. 98). Das Material ist speziell für Verschmelzungen mit natriumfestem Glas entwickelt worden. Über die Einschmelztechnik ist bisher nichts bekannt.

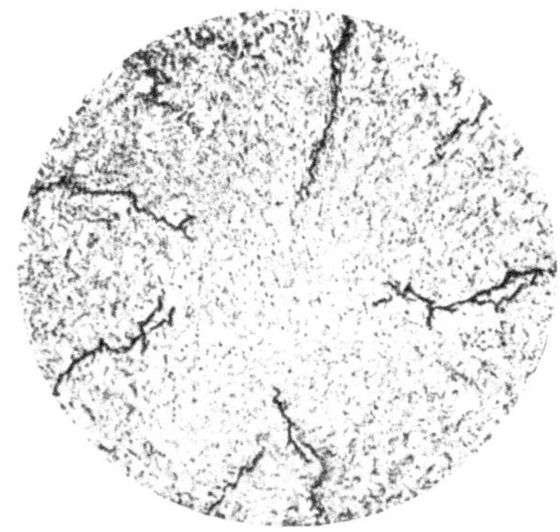

Abb. 361. Querschnitt durch einen überstreckten Wolframstab (Vergr. 50; Umbreit *1*); für Glaseinschmelzungen unbrauchbar (sehr feine Risse, daher „Nachzieher").

Wolfram, Molybdän (vgl. AEG *7*, Weintraub *1*). Man benutzt sie für Hartgläser, vorwiegend für Wickeleinschmelzungen. Auch für Quetschfüße empfiehlt sich Glasbewicklung vor dem Quetschen. Die günstigste Einschmelztemperatur liegt entsprechend dem Viskositätsverlauf der Hartgläser höher als bei den anderen Einschmelzmetallen (> 1100° C), sodaß bei der Verarbeitung der Gebläseflamme (Gas-Luftgemisch) Sauerstoff zugesetzt werden muß. Lästig ist, besonders bei Mo, die starke Verdampfung des beim Erhitzen an der Oberfläche gebildeten Oxydes; vielfach (vgl. z. B. Bockstahler *1*, L. T. Jones *1*) wird daher über den gut gereinigten [1] Einschmelzstab nach leichter Oxydation in der Flamme (blaue Anlauffarbe) ein gut passendes Glasröhrchen geschoben und von einer Seite her unter Andrücken mit dem Metall verschmolzen [2]. Der Einschluß von Luftblasen ist dabei sorgfältig zu vermeiden und die Einschmelzstelle zum Schluß als Ganzes nochmals kräftig zu erhitzen und zu quetschen. Für Einschmelzzwecke brauchbares Material muß frei von Rissen und Rillen sein (vgl. Abb. 361).

Kovar[3] (Fernico, FeNiCo; vgl. Hull *4*, Pike *1*, H. Scott *1, 2, 3, 4*). Das Material ist besonders geeignet zum Verschmelzen mit Hartgläsern (niedriger Ausdehnungskoeffizient, hohe Transformationstemperatur) an Stelle von Mo, wofür reine Fe-Ni-Legierungen wegen ihrer unterhalb der Transformationstemperatur der Hartgläser liegenden magnetischen Umwandlungspunkte (Knickpunkt der Ausdehnungskurve) ungeeignet sind (vgl. S. 323). Der Kobaltzusatz erhöht die Umwandlungstemperatur der Legierung[4] und (wegen

---

[1] Durch Berührung des rotglühenden Metalls mit festem Kaliumnitrit (KNO_2) und nachfolgendes Abspülen unter fließendem Wasser.

[2] Dabei bildet sich wahrscheinlich aus dem W-Oxyd und den im Glas vorhandenen Oxyden (z. B. Na_2O) Wolframbronze ($Na_2W_2O_6$?). Es entsteht ein Farbumschlag an der Einschmelzzone (vgl. Philips *8*).

[3] Vgl. auch S. 86.

[4] Vgl. in Abb. 362 die Knickpunkttemperaturen für Legierungen gleicher Ausdehnung mit und ohne Co-Zusatz.

der besseren Löslichkeit des Kobaltoxydes) die Haftfestigkeit des Metalls am Glase.

Das Verhältnis des Ni- zum Co-Gehalt ist so gewählt, daß der A_{r3}-Punkt unterhalb der Zimmertemperatur (zwischen —100 und —200° C) liegt, sodaß

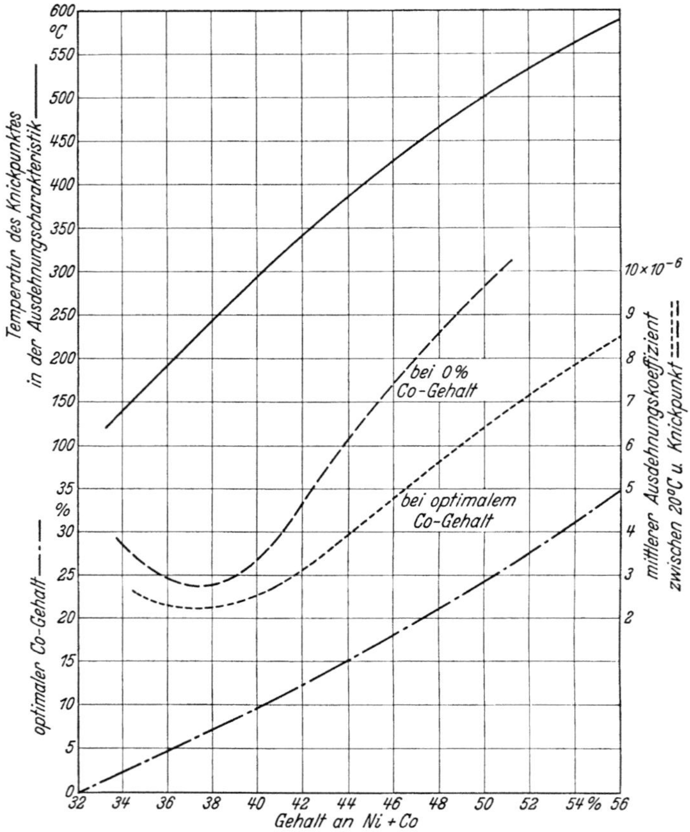

Abb. 362. Knickpunkttemperatur und Ausdehnungskoeffizient von Kovar-Einschmelzlegierungen, abhängig von der Zusammensetzung. Zum Vergleich ist die Kurve des Ausdehnungskoeffizienten für Fe-Ni-Legierungen ohne Co-Gehalt mit eingezeichnet. Die Kurve des optimalen Co-Gehaltes gibt die Maximalmenge von Co an, bei der der A_{r3}-Punkt mit Sicherheit noch unter — 100° C liegt (H. Scott 3).

sich die Legierung stets im γ-Zustand befindet und eine reversible Ausdehnungscharakteristik besitzt.

Eine ähnliche Zusammensetzung wie die unter dem Namen „Kovar“ (29% Ni, 17% Co) bekanntgewordene und von der Westinghouse Co. entwickelte Einschmelzlegierung besitzt die von der Gen. El. Co. „Fernico“ genannte Einschmelzlegierung (28% Ni, 18% Co).

Neben dem speziell als W- bzw. Mo-Ersatz gebrauchten Kovar sind noch eine Reihe ähnlicher FeNiCo-Legierungen für Gläser mit höheren Ausdehnungskoeffizienten entwickelt worden (vgl. Tabelle 119 und Abb. 362).

Der C-Gehalt derartiger Legierungen muß klein sein und die Vorentgasung genügend weit getrieben werden, da sich sonst beim Einschmelzvorgang Gas-

Tabelle 119. Ausdehnungskoeffizienten und Umwandlungstemperaturen von FeNiCo-Legierungen für Glas-Metall-Verschmelzungen im Vergleich mit kobaltfreien NiFe-Legierungen.

Ausdehnungskoeffizienten (Mittel zwischen 20° und T_u) ($\alpha \cdot 10^7$)	FeNiCo (Scott 2) * Zusammensetzung in % Fe	Ni	Co	Umwandlungstemperatur T_u (° C)	FeNi für den gleichen mittleren Ausdehnungskoeffizienten Zusammensetzung in % Fe	Ni	Umwandlungstemperatur T_u † (° C)
40	54,6	28,0	17,4 ○	413	59	41	310—365
43	54,7	29,8	15,5	420	58,5	41,5	320—370
53	51,5	25,1	23,4	480	57,5	42,5	345—390
56	51,3	28,0	20,7	474	57	43,2	350—400
60	50,3	26,4	23,3 △	496	56	44	370—410
75	46,8	23,6	29,6	567	54	46	395—440
91	42,0	19,8	38,2	640	51,5	48,5	425—470

* Mn-Gehalt ändert den Ausdehnungskoeffizient wenig, setzt aber T_u herab (0,6% um etwa 20—30° C); C-Gehalt ist unter 0,1% zu halten.
† Nach Guertler *1*, Kühlewein *1*, Scott *2*.
○ Vgl. Abb. 357 (FeNiCo I), an Stelle von Wolfram.
△ Vgl. Abb. 358 (FeNiCo II), an Stelle von Molybdän.

blasen bilden. Der Mangangehalt[1] muß ebenfalls niedrig gehalten werden, da er die Umwandlungstemperatur des Metalles herabsetzt. Die Einschmelztemperatur des Metalles beträgt für Handherstellung 900—1000° C, für rasch arbeitende Maschinen 1000—1100° C. Vorteilhaft ist die relativ leichte Bearbeitbarkeit und die Unempfindlichkeit gegen Hg-Dämpfe. Über Hülsen- und Kappenanschmelzungen vgl. S. 348.

Kupfer (Housekeeper *1*, Kruh *1*) und Chromnickel (Siemens-Reiniger-Werke *1*) haben bedeutend größere Ausdehnungskoeffizienten als die verwendbaren Gläser; sie können daher nur für (federnde) Anschmelzungen verwendet werden (vgl. S. 343 und 344).

Technische Ausführungen von Einschmelzungen. Abb. 363 gibt einen Überblick über die häufigsten Ausführungsformen von Einschmelzungen, die von der Elektrodenanordnung der Entladungsröhre und den an sie gestellten thermischen und elektrischen Anforderungen (Strom, Spannung, Kapazität, dielektrische Verluste) abhängen. Man unterscheidet Flachquetschfüße (Abb. 363a—e), Formquetschfüße (Abb. 363f, g und 368), Ringquetschfüße (Abb. 363h), Wickeleinschmelzungen (Abb. 363i, k) und Perleneinschmelzungen (Abb. 363l).

Über Herstellung von Quetschfüßen vgl. Abschnitt 11c. Meist besteht nur der in das Glas eingequetschte Teil der Stromzuführung aus Einschmelzdraht; an dieses kurze Stück ist einerseits ein Elektrodenhaltedraht bzw. -stab, auf der anderen Seite die zum Sockel führende Kupferlitze angeschweißt[2]. Zur Erhöhung

[1] Die auf dem Schmelzwege hergestellten Fe-Ni-Co-Legierungen besitzen immer etwas Mangangehalt, da sie sich sonst sehr schwer spanlos verformen lassen. Dagegen können auf dem Sinterwege derartige Einschmelzlegierungen praktisch manganfrei hergestellt werden, bei denen das Herunterziehen zu Drähten und das Walzen zu Blechen keine Schwierigkeit bereitet (Handelsname: „Sivar"-Einschmelzlegierung). Das Material besitzt sehr geringen C-Gehalt.

[2] Über Schweißtechnik vgl. die Abschnitte Gasschmelzschweißung S. 142 und Abbrennschweißung S. 139.

der mechanischen Festigkeit werden bei Schwachstromdurchführungen die Knoten meist in das Glas eingeschmolzen. Bei Starkstromdurchführungen liegen die Verbindungsknoten wegen der Sprenggefahr und zur Herabsetzung der Wärmestauung an der Verbindungsstelle außerhalb des Glases (vgl. Abb. 363 d). Häufig werden bei der Herstellung der Quetschfüße neben den Stromzuführungsdrähten

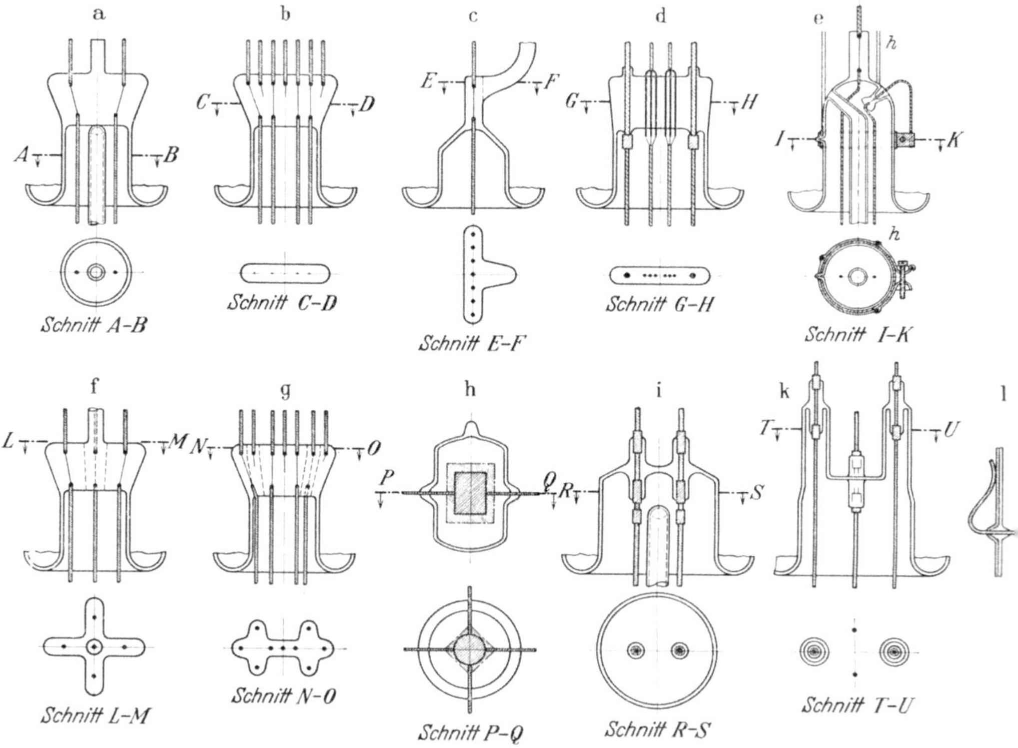

Abb. 363. Ausführungsformen von Metalleinschmelzungen in Glas.
a Glühlampenfuß mit Cu-Manteldraht; b Rundfunkröhrenfuß mit Pt-Manteldraht und Ni-Haltedrähten (vgl. Abb. 366); c Fuß einer Fernsprechverstärkerröhre mit Pt-Einschmelzdraht (vgl. Abb. 301); d Fuß eines Glühkathodengleichrichters mit Dreifach-Finkdraht und EMK-Stäben (vgl. Abb. 364); e Schellenfuß einer Senderöhre mit Pt- oder CrFe-Einschmelzdraht; f Kreuzfuß; g Doppelkreuzfuß (vgl. Abb. 369); h Ringquetschfuß (vgl. Abb. 236); i „deutscher" Fuß mit EMK-Einschmelzstäben (vgl. Abb. 372); k „Hosenfuß" mit EMK-Einschmelzstäben (vgl. Abb. 373); l „Perleneinschmelzung" mit Pt-Einschmelzdraht (Stromzuführung eines Metallbelages auf der Innenglaswand).

auch Vollglas- (Abb. 363 a, c und Abb. 301) oder Metallstäbe (Abb. 363 b, g und Abb. 366) zur Elektrodenhalterung eingepreßt. Die letzteren können, da die Einschmelzung nicht vakuumdicht sein muß, einen bedeutend größeren[1] Ausdehnungskoeffizienten besitzen als das Glas, müssen jedoch einigermaßen an diesem haften (z. B. Konstantan, vgl. Abb. 92). Schlecht haftende Materialien (z. B. Ni) werden zweckmäßig vor dem Einquetschen am Ende mit einem kurzen Stück Einschmelzdraht versehen (vgl. Abb. 363 b). Dickere Einschmelzdrähte werden vorteilhaft vor dem Einquetschen mit einer Glasbewicklung

[1] Ein bedeutend kleinerer Ausdehnungskoeffizient würde zum Sprengen des Quetschfußes führen.

umgeben (vgl. Abb. 363d und 364); bei Mehrdrahtdurchführungen, deren einzelne Leiter auf einem Kreisumfang angeordnet sind (vgl. Abb. 365), wird vor dem Einschmelzen zwischen die Drähte ein Glasstab gesteckt, der beim Zusammenquetschen mit eingeschmolzen wird. Häufig werden auch zur Erhöhung der Oberflächenisolation um die einzelnen Haltedrähte Schutzröhrchen aus Porzellan oder Glas mit eingepreßt (vgl. Abb. 339). Meist liegt der flache Teil des Quetschfußes im Innern der Entladungsröhre (Abb. 366); seltener ist er nach außen

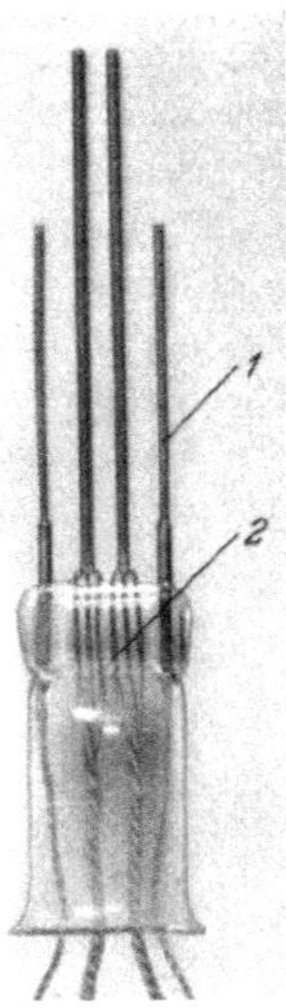

Abb. 364.

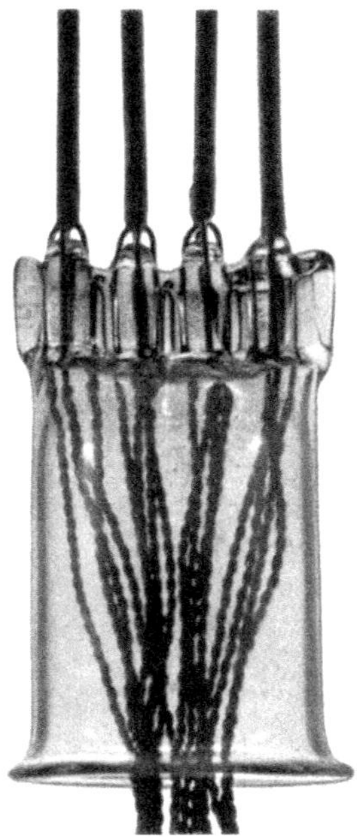

Abb. 365.

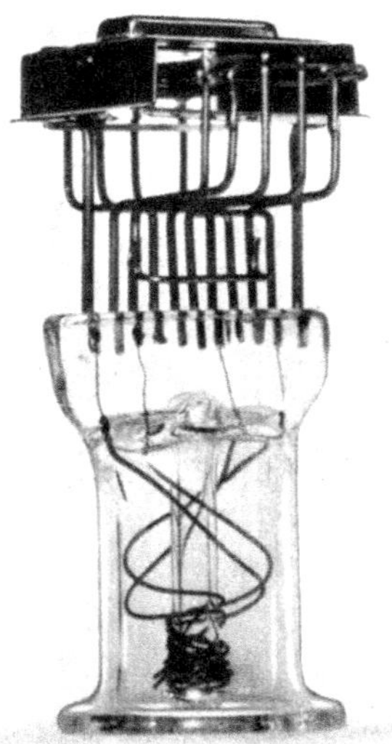

Abb. 366.

Abb. 364. Quetschfuß eines Glühkathodengleichrichters (Hersteller: Siemens-Röhren-Werk). 1 EMK-Stäbe; 2 Cu-Manteldrähte, dreifach parallel geschaltet.

Abb. 365. Quetschfuß mit je vier parallelgeschalteten Einschmelzdrähten.

Abb. 366. Quetschfuß einer Rundfunkröhre mit direkt geheizter Destillationskathode (Hersteller: Telefunken-Osram).

gerichtet (Abb. 367); im letzteren Fall ist wegen des Wegfalls der Tellereinschmelzung das Einhalten kleinerer Röhrenabmessungen und eine bessere Kühlung der Quetschstelle möglich [1].

Zwecks größerer Stabilität des Elektrodenaufbaus sind beim Kreuzquetschfuß (Weeks *1*) die einzelnen Elektrodenhaltedrähte statt in einer Ebene im Quadrat angeordnet (vgl. Abb. 363f). Andere Formen, bei denen die Haltedrähte ebenfalls nicht in einer Ebene angeordnet sind, bezeichnet man als Stern-, T- oder allgemein als Formquetschfüße (vgl. Abb. 363g, 368 u. 369). Ringquetschfüße (Abb. 363h und 236) werden durch Zusammenpressen der Flansche zweier Glashütchen hergestellt, die gleichzeitig den Röhrenkolben bilden (über Herstellung vgl. Abb. 370). Man verwendet sie hauptsächlich

[1] Die Anordnung erschwert jedoch im allgemeinen den exakten Aufbau des Elektrodensystems, da sie Hilfshalterungen erforderlich macht.

bei Kurzwellenröhren kleiner Abmessungen, weil dabei die Kapazität der eingequetschten Stromzuführungen gegeneinander sehr gering gehalten werden kann (vgl. Telefunken 2).

Bei den Wickeleinschmelzungen wird das Glas auf den heißen Einschmelzstab mit Hilfe eines Vollglasstabes aufgewickelt oder es wird ein passendes Glasrohr übergeschoben und festgeschmolzen. Um das an den Enden des Glaswickels leicht eintretende Einreißen zu vermeiden (Ringelsprünge!), umhüllt man den Einschmelzdraht an diesen Stellen mit Kupferfolie, die zum größten Teil mit dem Wickelglas umgeben wird (vgl. Karl 2, Abb. 371). Die Cu-Folie verhindert durch ihr starkes Haften am Glas weitergehende Sprünge und wirkt bei kleinen Verbiegungen des Einschmelzstabes als elastisches Futter.

Die umwickelten Einschmelzstäbe werden von Hand entweder gemeinsam in ein größeres Glasrohr eingeschmolzen („deutscher Fuß", vgl. Abb. 363 i und 372) oder für sich in kleinere Glasrohre eingesetzt, die ihrerseits wieder zu einem gemeinsamen Fuß vereinigt werden können („Hosenfuß", vgl. Abb. 363 k und Abb. 373).

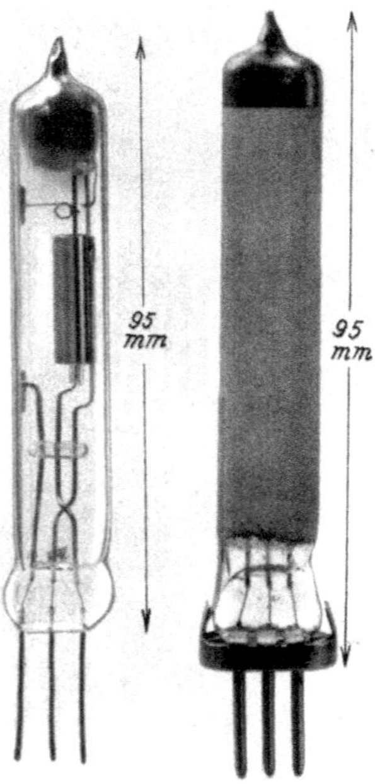

Abb. 367. „Außenquetschfuß" (Rundfunkröhre mit ovalem Glasgefäß; Hersteller: Telefunken-Osram).

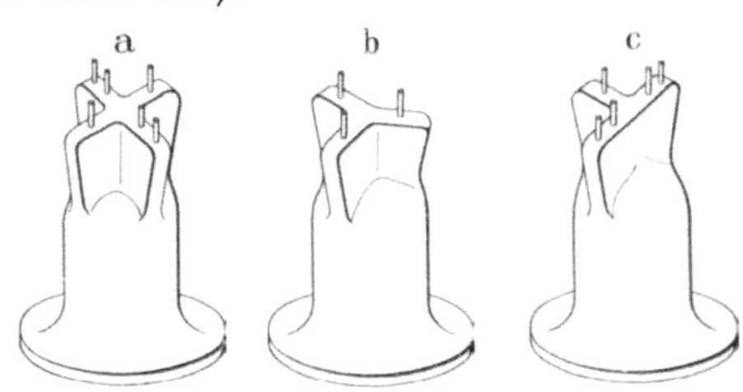

Abb. 368. Formquetschfüße: Kreuz-, Stern- und T-Form (hergestellt mit Quetschzangen der Eisler Engineering Co. nach Abb. 188; vgl. auch Weeks 1).

Bei der Perleneinschmelzung (vgl. Madine 1) wird der Einschmelzdraht mit einer kleinen Glasperle umschmolzen, die ihrerseits in ein vorher hergestelltes Loch der Glaswand eingesetzt und mit ihr verschmolzen wird. Sie wird für einzelne Durchführungen kleiner Kapazität oder hoher Spannung angewendet oder dient zur Ableitung metallischer Innenwandbeläge (vgl. Abb. 363 l). Über Perleneinschmelzungen in Metallröhrchen (Hülseneinschmelzungen) vgl. Abb. 356 und 386.

Die **Strombelastbarkeit** einer Einschmelzung hängt von der Erwärmung ab, die der Einschmelzdraht bei Stromdurchgang erfährt. Abb. 375 und 376 zeigen die maximal zulässige Dauerstrombelastung einiger Einschmelzdrähte und -stäbe. Die Belastbarkeit ist um so größer, je geringer der Widerstand des Einschmelzdrahtes (abhängig von spezifischem Widerstand, Drahtdurchmesser und Länge der Quetschstelle[1]) und je besser die Wärmeableitung

[1] Einschmelzlängen unter 5 mm sind in Quetschfüßen im allgemeinen nur noch für schwach belastete, dünne Einschmelzdrähte aus reinem Pt zulässig.

durch die Zuleitungen nach außen ist. Bei Mehrfacheinschmelzungen setzt die gegenseitige Erhitzung die Belastbarkeit der einzelnen Einschmelzdrähte herab; außerdem darf bei ihnen die Glastemperatur mit Rücksicht auf die Glaselektrolyse einen gewissen Wert nicht überschreiten [1] (vgl. S. 168). Wegen der größeren Ausdehnungsunterschiede, der schlechteren Wärmeableitung und der ungünstigen Wärmeverteilung im Glas ist die Strombelastbarkeit eines einzigen dicken Einschmelzdrahtes kleiner als diejenige mehrerer

Abb. 369.

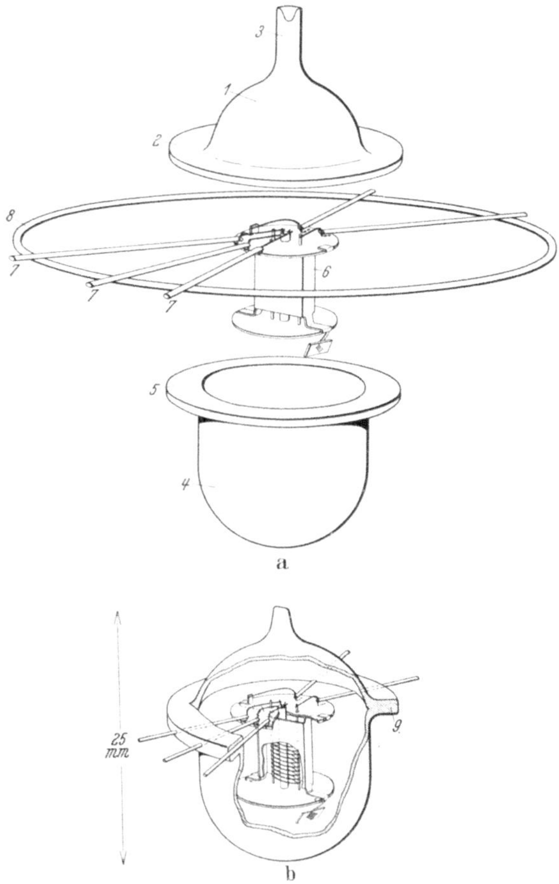

Abb. 370.

Abb. 369. Formquetschfuß mit Elektrodenaufbau (Verstärkerröhre).

Abb. 370. Ringquetschfußeinschmelzung (vgl. Salzberg *1* und Abb. 236).
a Vor dem Zusammenschmelzen: 1 obere Glasglocke mit Glasflansch 2 und Pumpstutzen 3; 4 untere Glasglocke mit Glasflansch 5; 6 Elektrodensystem (montiert zwischen zwei Glimmerplatten) mit Zuleitungen 7 und Hilfshaltering 8, der nach beendetem Einschmelzen des Aufbaues abgeschnitten wird. b Nach dem Zusammenschmelzen und -quetschen der Flansche 2 und 5, Hilfshaltering 8 entfernt, 9 Schmelzstelle.

parallelgeschalteter dünner Einschmelzdrähte von gleichem Gesamtquerschnitt. Über eine konstruktive Möglichkeit, bei Einschmelzungen von dicken Stäben aus schlecht stromleitendem Material die Einschmelzstelle thermisch zu entlasten und die Strombelastbarkeit um ein Vielfaches zu steigern vgl. Abbildung 374.

[1] Kontrollmessung an Probequetschfüßen z. B. mittels Thermoelement aus Pt-PtRh, dessen Lötstelle in den Mittelteil des Quetschfußes eingequetscht ist.

Technische Ausführungen von Anschmelzungen (Housekeeper *1*, Lauster *1*, Pike *1*). Abb. 377 gibt eine Zusammenstellung der wichtigsten Ausführungsformen von Anschmelzungen. Man unterscheidet Scheiben- (Abb. 377 a, b), Ring- (Abb. 377 c, d) und Kappenanschmelzungen (Abb. 377 e—g). Bei Hochspannungssenderöhren empfiehlt sich eine elektrische Abschirmung der Glas-Metall-Verbindungsstelle (vgl. Abb. 77 und 378). Grundsätzlich muß das Anschmelzmetall, wenn es nicht denselben Ausdehnungskoeffizienten wie das Glas hat, an der mit dem Glas verschmolzenen Stelle dünnwandig gehalten werden [1]. Die Anschärfung muß wegen der besseren Festigkeit und Dichtigkeit in der Regel durch Drücken (nicht durch Drehen) auf der Drehbank erfolgen.

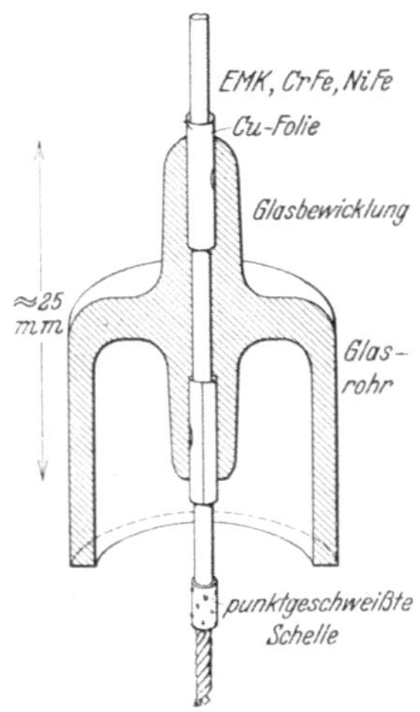

Abb. 371. Einschmelzfutter aus Cu-Folie für Wickeleinschmelzungen (nach Karl *2*; Glas geschnitten). Vgl. auch Abb. 378.

Abb. 372. Wickeleinschmelzung („Deutscher Fuß").

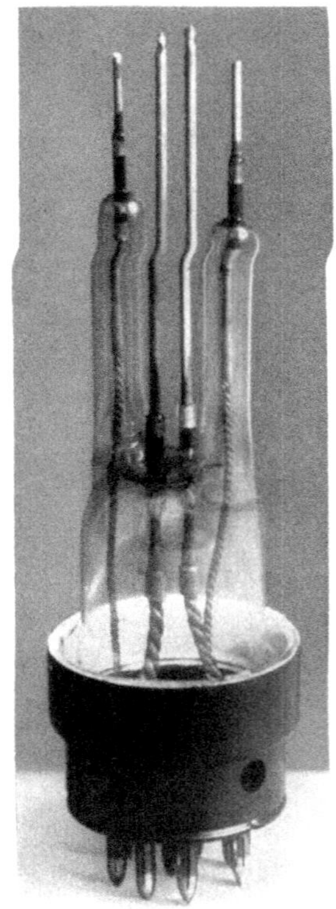

Abb. 373. Hochspannungs-Wickeleinschmelzung („Hosenfuß") mit EMK-Einschmelzstäben und Cu-Folien-Futter (vgl. auch Abb. 371).

Die Herstellung der Anschmelzungen unterscheidet sich bei den verschiedenen Metallen nur unwesentlich. Bei Ringen, Kappen und Rundscheiben wird der anzuschmelzende Metallrand unter dauerndem Drehen (größere Stücke auf der Drehbank, vgl. Abb. 379) in der Gebläseflamme erhitzt und auf beiden Seiten mit Hilfe eines Vollglasstabes mit einem schmalen Glasstreifen überzogen. Vielfach werden die beiden Glasstreifen noch durch einen dritten, zwischen ihnen liegenden Glasstreifen überbrückt oder es wird ein entsprechend vorgeformtes Glasrohr um den angeschärften Metallkappenrand herum ange-

[1] Ist die Einschmelzung Träger einer schweren Elektrode, so muß die letztere in geeigneter Weise (z. B. mit keramischen Baustoffen oder Glimmer gegen die Gefäßwand oder mittels Metallschellen gegen den Röhrenfuß) abgestützt werden, damit nicht das ganze Gewicht der Elektrode auf der Einschmelzung lastet (vgl. z. B. Dällenbach *1*, *3*, Prince *2* und Abb. 280).

schmolzen (vgl. Abb. 381 A, Ziffer I bis III). Erst dann erfolgt das Verschmelzen mit einem passenden Glasrohr. Beim Einschmelzen auf der Drehbank ist für streng synchronen Lauf von Einschmelzung und Glasrohr zu sorgen bzw. eine Rutschkupplung vorzusehen, durch die Beanspruchungen des Glases nach der Erstarrung bei nicht genau synchronem Lauf vermieden werden.

Für großflächige Anschmelzungen an Glas finden hauptsächlich Cu, Pt, NiFe, CrFe, EMK und Kovar Verwendung. Außer den auf S. 329 ff. für die einzelnen

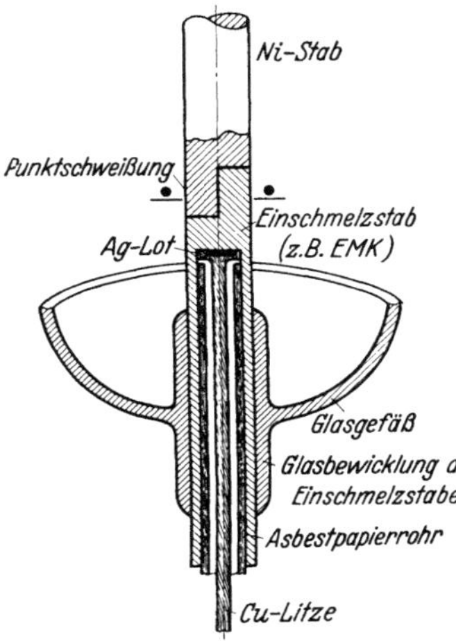

Abb. 374. Glas-Metall-Einschmelzung aus EMK mit stromentlasteter Einschmelzstelle (Kraus *1*, Idelberger *1*).

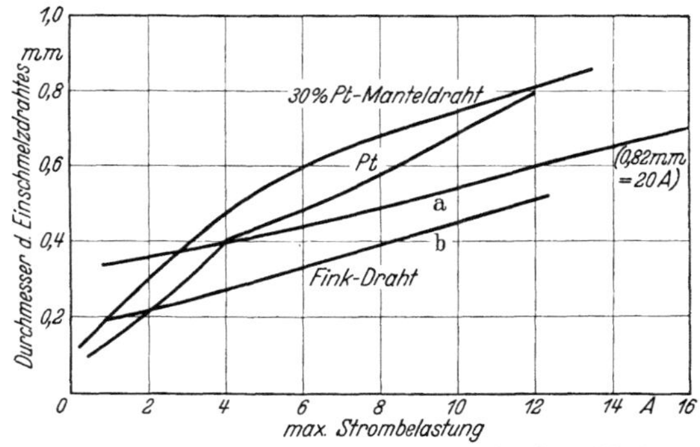

Abb. 375. Strombelastbarkeit von Einschmelzrunddrähten. Finkdraht a: Zweidraht-Einschmelzung; Dichtungslänge: 12 mm; Abstand der Drähte voneinander: 7,5 mm; Stromangabe für den Einzeldraht. Finkdraht b: Eindraht-Einschmelzung; Dichtungslänge: 5 mm. Pt-Draht: nach Knepper *2*. Pt-Manteldraht: nach Heraeus-Vakuumschmelze.

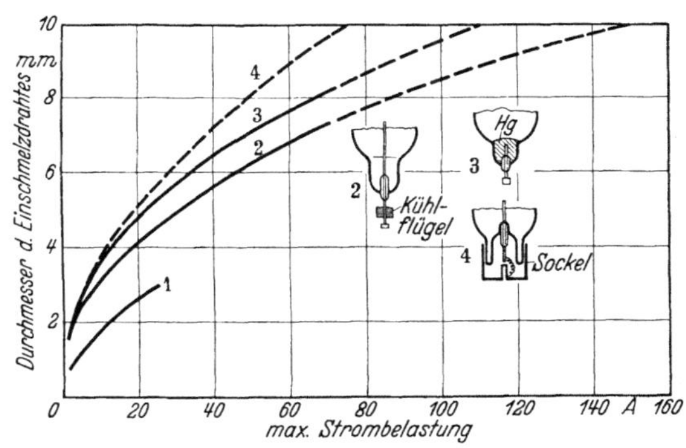

Abb. 376. Strombelastbarkeit von EMK-Einschmelzstäben. 1 In Röhren mit niedriger Betriebstemperatur (kurze Einschmelzlänge); 2 in gut luftgekühlten, ungesockelten „deutschen" Füßen; 3 Ausführung wie 2, jedoch schlecht gekühlt (z. B. von heißer Hg-Kathode umgeben); 4 in Starkstromröhren mit eingestülptem Fuß und wärmeisolierendem Sockel.

Metalle angegebenen allgemeinen Richtlinien ist speziell für Anschmelzungen noch folgendes zu beachten:

Kupferanschmelzungen (Housekeeper *1*, Kruh *1*, *2*). Man verwendet Elektrolyt- oder besser vakuumgeschmolzenes Kupfer, meistens in Form von Kappen und Ringen (vgl. Abb. 178, 380 und 381). Die Dicke des Metalls soll an der Anschmelzstelle nur 0,1—0,2 mm betragen und nur allmählich (in 5—20 mm Abstand) auf die volle Materialstärke ansteigen (vgl. z. B. Abb. 377 e). Es ist im reduzierenden Teil der Gebläseflamme zu arbeiten, da sonst „Überoxydierung" eintritt (vgl. S. 328); nach dem Bewickeln empfiehlt sich Andrücken des Glases gegen das Metall mit Hilfe einer Holz- oder Metall-Spachtel (vgl. Abb. 379). Auch an Hartglas lassen sich Cu-Kappen unter Beachtung gewisser Vorsichtsmaßregeln anschmelzen (vgl. Skinner *1*, Wolff *1* und Abb. 381 A); über Cu-Anschmelzungen mit Borax als Flußmittel vgl. de Laszlo *1*.

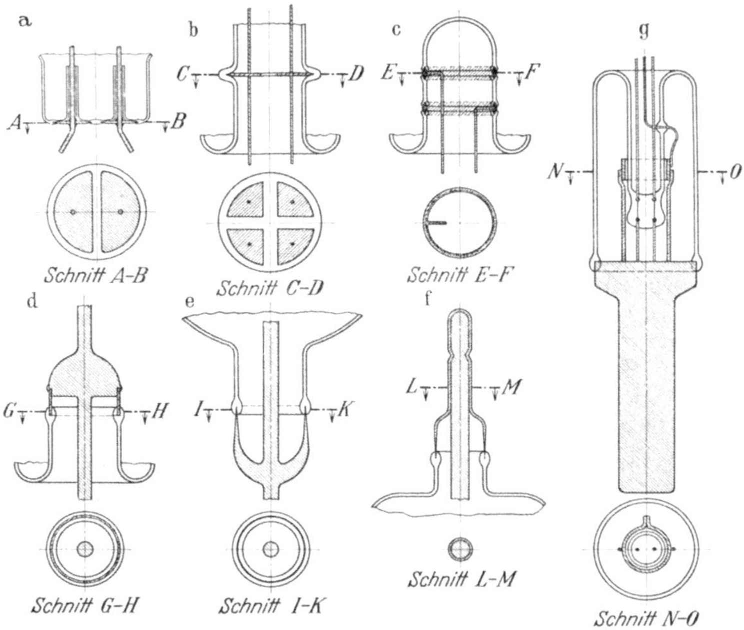

Abb. 377. Technische Ausführungsformen von Metallanschmelzungen an Glas.
a Zweifachscheibe (vgl. Abb. 384); b Vierfachscheibe; c Doppelring; d Pt-Zwischenring (vgl. Abb. 381a); e Cu-Kappe mit eingelöteter Zuführung (vgl. Abb. 381b); f wie e, mit eingeklemmter Zuführung (nach Kruh *2*, vgl. Abb. 111); g Cu-Zwischenring mit eingelöteter Außenanode (vgl. auch Abb. 178).

Kupfer-Glas-Anschmelzungen sind besonders empfindlich gegen häufigen hohen Temperaturwechsel (Nachlassen der Elastizität des Cu), wie er sich bei ungekühlten Durchführungen, die der Wärmestrahlung hoch belasteter Elektroden ausgesetzt sind, bei jedesmaliger In- und Außerbetriebsetzung des Entladungsrohres nicht vermeiden läßt. So ergaben Versuche an 14 Stück Kupferkappenanschmelzungen (20 mm ∅), daß Bruch der Einschmelzung im Mittel nach 290 maligem Aufheizen auf 400° C und nachfolgendem Abkühlen auf 50° C eintritt, während gleiche Einschmelzungen mit Eisennickel dieselbe Behandlung 1100 mal, Einschmelzungen mit Fernico 5000 mal und mehr aushielten (vgl. Hull *4*). Dagegen halten Cu-Anschmelzungen mit größerem Durchmesser vorzüglich bei dauernder guter Kühlung der Einschmelzstelle, z. B. in wassergekühlten Senderöhren mit Cu-Außenanoden.

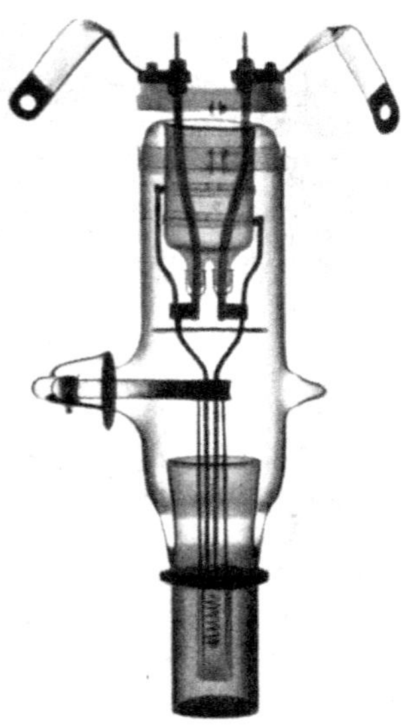

Abb. 378. Röntgenaufnahme einer Kurzwellensenderöhre mit Abschirmrohr zum Schutz der Verbindungsstelle Glas-Kupferanode gegen das elektr. Feld der Elektroden (Hersteller: MO-Valve; Aufnahme mit 150 kV, 6 mA, 6 sec in 60 cm Entfernung, vgl. E. W. Hall *1*).

CrNi-Anschmelzungen (vgl. Siemens-Reiniger-Werke *1* und S. 88). Die Wandstärke der Kappen beträgt am Anschmelzrand nur etwa 0,04—0,05 mm und erhöht sich nach dem Kappenboden zu erst allmählich (innerhalb einer Strecke von etwa 10 mm auf 0,1 mm).

Abb. 379. Anschmelzen eines Metallringes an ein Glasrohr auf der Horizontaleinschmelzmaschine; nachträgliches Andrücken des Glases an das Metall mittels Holzspachtel (Electronics 1932).

a b c d

Abb. 380.

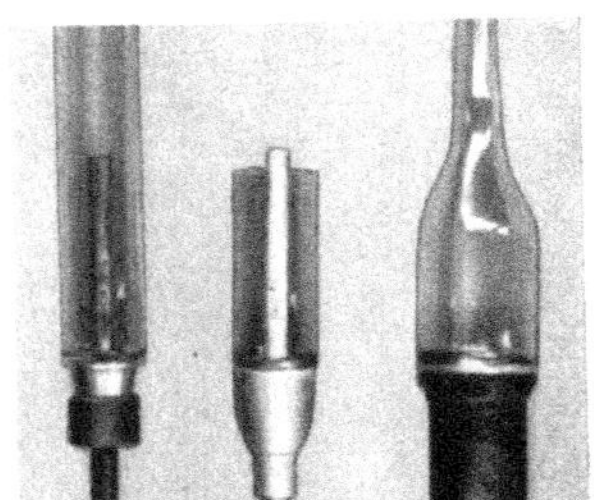

a b c

Abb. 381.

Abb. 380. Kappen und Ringe für Glasanschmelzungen
a Cu-Ring für Außenanoden (vgl. Abb. 377g); b Cu-Kappe mit Glasringvorbewicklung; c Pt-Zwischenring (ø 20 mm) für thermisch wechselnd belastete Anschmelzungen (vgl. Abb. 381a); d kleine Cu-Kappe für Klemmhalterungen (vgl. Abb. 377 und 111).

Abb. 381. Glas-Metall-Anschmelzungen.
a Mit Pt-Zwischenring; b Cu-Kappe mit hart eingelöteter Zuführung; c Cu-Kappe mit Boden aus einem Stück.

Platinanschmelzungen[1]. Bei Cu-Ringeinschmelzungen mit kleinem Durchmesser und starkem Boden genügt häufig die Elastizität auch dünner

[1] Konstruktionsformen vgl. Lauster *1*.

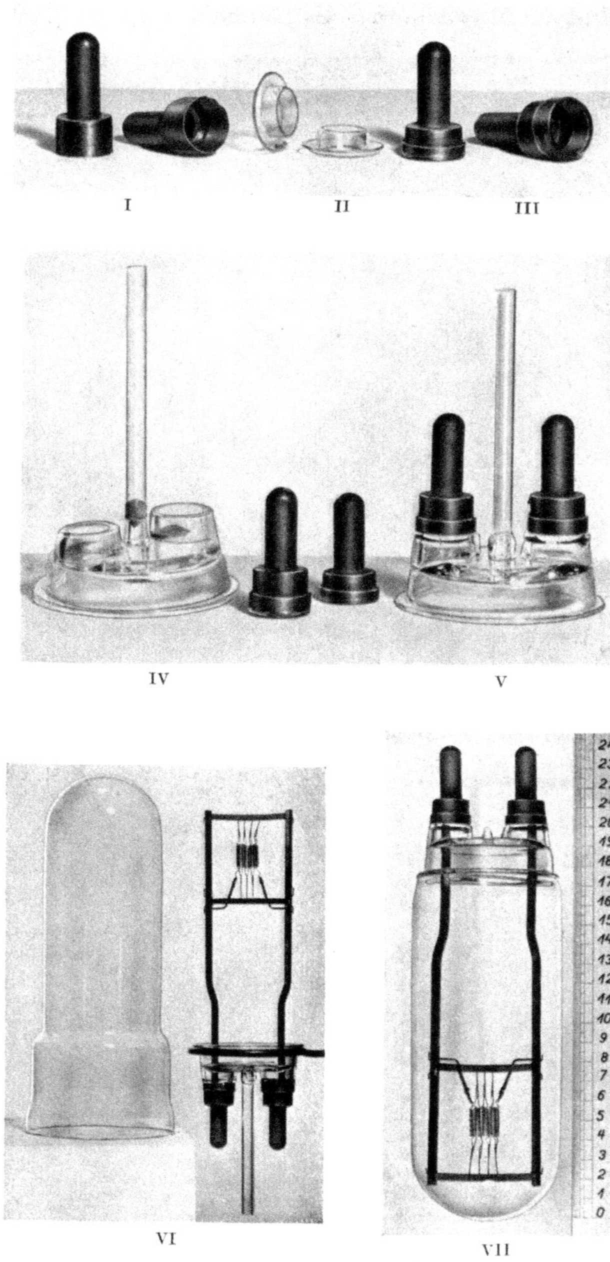

Abb. 381 A. Anschmelzen angeschärfter Cu-Kappen an Hartglas zur Stromzuführung und Elektrodenhalterung für hochbelastete Glühlampen (Wolff *1*; vgl. auch Kruh *2* sowie Abb. 111 und 377f).

I Angeschärfte Cu-Kappen; II vorgeformte Glasüberzüge; III Cu-Kappen mit Innen- und Außenglasüberzug; IV Preßglasnapf mit vorbereiteten Anschmelzstellen und Pumprohr; V Preßglasnapf mit angeschmolzenen Cu-Kappen; VI Lampenaufbau; Zuleitungen an den Cu-Kappen befestigt, daneben Hartglasglocke mit Überschußrand; VII Preßglasnapf an Glocke geschmolzen, Lampe gepumpt und abgeschmolzen.

Rohrwände nicht zum Ausgleich der infolge des verschiedenen Ausdehnungskoeffizienten zwischen Glas und Metall auftretenden Spannungen. In solchen Fällen benutzt man, wenn der Preis der Anschmelzung keine große Rolle spielt, besser Pt-Zwischenringe (vgl. Abb. 380c, 381 und 77a, Ziffer 5). Auch bei Pt-Anschmelzungen empfiehlt sich eine leichte Anschärfung des Metalls (z. B. von 0,15 mm Wandstärke auf 0,1 mm). Ihre Anschmelzung erfolgt am besten in der Spitze einer Gas-Luft-Gebläseflamme mit Sauerstoffzusatz[1]. Die Bindung mit dem Glas ist nur dann genügend, wenn (auch ohne Andrücken mit der Spachtel!) das Glas gut fließt.

Nickeleisen wird meist in Form 2—3 mm dicker Rohre verwendet, die trotz des bei niedrigen Temperaturen mit dem Glas gleichen Ausdehnungskoeffizienten gegen den Einschmelzrand hin anzuschärfen sind

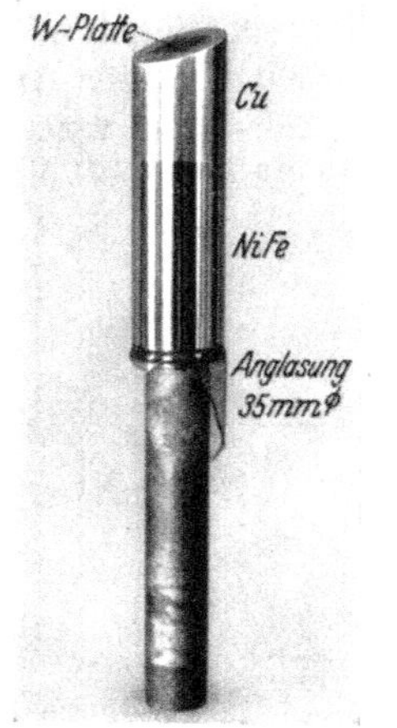

Abb. 382. Röntgenanode mit Ni-Fe-Schaft und angeschmolzenem Glasrohr (Hersteller: Deutsche Glühfaden-Fabrik).

Abb. 383. Cr-Fe-Ringeinschmelzung einer Röntgenröhre mit Drehanode (Hersteller: Philips).

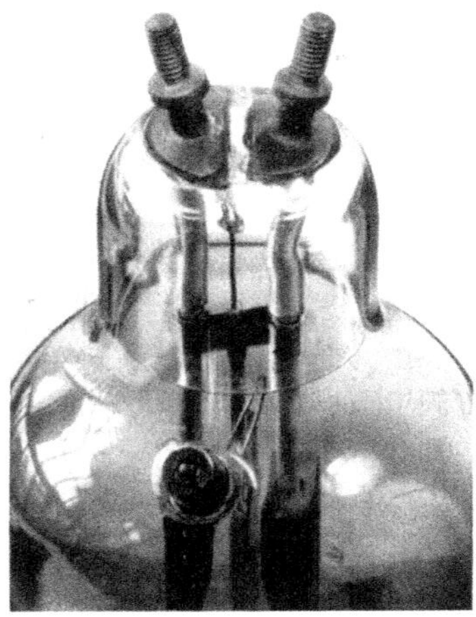

Abb. 384. Cr-Fe-Doppelscheibeneinschmelzung für Anodenzuleitungen eines Glühkathodengleichrichters (Hersteller: Philips).

Abb. 385. Doppelseitige Glasrohranschmelzung eines EMK-Ringes.

(über Anwendung als Träger wassergekühlter Antikathoden in Röntgenröhren vgl. Abb. 382); Vorentgasung und Entspannen der Ringe im H_2-Ofen ist zweckmäßig. Ansetzen der Ringe an die Elektroden meist durch Stumpf- (Abbrenn-) Schweißung. Über Vorverkupfern von Ni-Fe-Einschmelzkappen vgl. N. N. *6*.

Chromeisen (vgl. Philips *9*, *10*). Ausgeführt werden Ring- (vgl. Abb. 383) und (meist segmentförmige) Scheibenanschmelzungen (vgl. Abb. 384). Wegen der schweren Entgasbarkeit des sich beim Anschmelzprozeß bildenden Chromoxyds werden die Scheibeneinschmelzungen vielfach auf der Vakuumseite völlig mit Glas überzogen (Philips *10*).

[1] Zu starker Sauerstoffzusatz ist zu vermeiden (Braunwerden des Glases).

EMK. Da das Material sich schwer verformen läßt, wird es meist nur in Form von 2—3 mm dicken Ringen und Rohren verwendet (vgl. Abb. 385).

Kovar, Fernico. Im Gegensatz zu Cu lassen sich auch Ring- und Hülsenanschmelzungen mit sehr kleinem Durchmesser (bis zu etwa 4 mm) betriebssicher herstellen. Eine Anschärfung des Rohrrandes ist nicht erforderlich. Die Einschmelzstellen vertragen im Gegensatz zu Cu ein häufiges Erhitzen und Abkühlen. Das Material läßt sich (ebenfalls im Gegensatz zu Cu) leicht mit Fe vakuumdicht

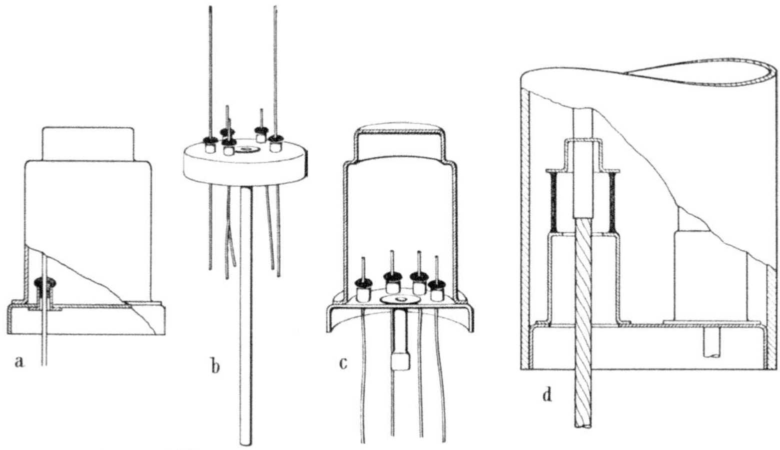

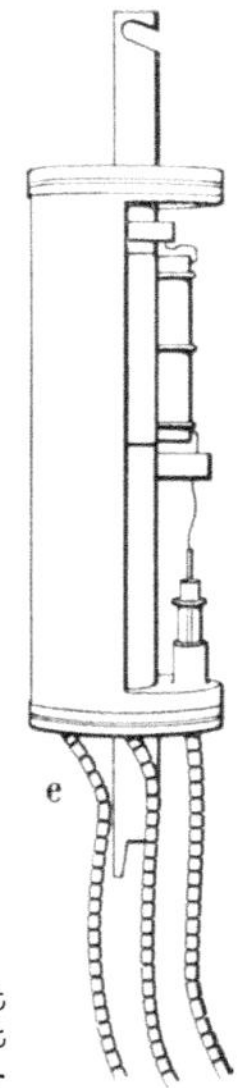

Abb. 386. Fe - Ni - Co - Glas - Verschmelzungen bei „Ganzmetall"-Röhren (vgl. Bondley *1*, Nolte *1*, N. N. *8*).
a Hülseneinschmelzung für Rundfunkröhren; b Grundplatte mit Glas - Metall - Verschmelzungen und Metallpumpstutzen; c Schnitt durch ein fertiges Ganzmetallrohr (ohne Innenaufbau); d Glaskappen-Anschmelzung für größere Röhren; e Schnitt durch einen 25 A-Gleichrichter mit Kappenanschmelzungen wie d; f Ansicht einer Ganzmetall-Rundfunkröhre.

Abb. 386 f.

verschweißen[1] bzw. mittels Ag-Lot verbinden. Ausführungsformen, wie sie neuerdings für „Ganzmetall"-Röhren, insbesondere Rundfunkröhren und Vakuumschalter, verwendet werden, zeigt Abb. 386 (vgl. auch Metcalf *1*, Nolte *1*, N.N. *8* u. *10*). Die Herstellung derartiger Einschmelzungen geschieht in der Weise, daß zunächst in die Löcher einer metallenen Sockelkappe Kovarhülsen vakuumdicht eingeschweißt werden[1]; dann werden in die Hülsen entweder Pfropfen aus Hartglas, die eine Durchführung (ebenfalls aus Kovar) umschließen (vgl. Abb. 386a und b), eingesteckt und auf einer Einschmelzmaschine mit der Kovarhülse verschmolzen. Für größere Einschmelzungen wird eine entsprechende Kappe aus Kovar, die konzentrisch von einer Zuleitung vakuumdicht durchsetzt wird (vgl. Abb. 386d und e), mit Hilfe eines Glaszwischenrohres an die Kovarkappe der Grundplatte angeschmolzen. Nach Befestigung des Innenaufbaues an den Halterungsdrähten wird dann die Sockelkappe[2] vakuumdicht mittels Nahtschweißung mit der metallenen Gefäßwand verbunden (Abb. 386c).

[1] Mit stromtorgesteuerten Nahtschweißmaschinen oder durch Lichtbogenschweißung.
[2] Kovarhülsen: 3 mm Ø, 5 mm Höhe, 0,3 mm Wandstärke, Schweißwand umgebördelt auf etwa 6 mm Ø. In die Sockelkappe ist ebenfalls vakuumdicht ein metallenes Pumpröhrchen eingeschweißt.

c) Quarz-Metall-Verbindungen

(vgl. auch Gabor *3*).

Der außerordentlich niedrige Ausdehnungskoeffizient von Quarz erschwert die Herstellung vakuumdichter Quarz-Metall-Verbindungen. Von den Metallen hat Invar, wenigstens für niedrige Temperaturen, einen Ausdehnungskoeffizienten, der dem des Quarzes am nächsten kommt (vgl. Abb. 358). Am gebräuchlichsten sind folgende Herstellungsmethoden:

Hg-gedichtete Schliffe mit Quarzmantel und Invarkern, besonders für Stromeinführungen von Hg-Dampflampen. Zwischen Schliff und Außenluft befindet sich ein mit Hg gefüllter Raum; die in diesen von außen führende Zuleitung ist mit Kitt (z. B. Pizein) abgedichtet (vgl. Abb. 387).

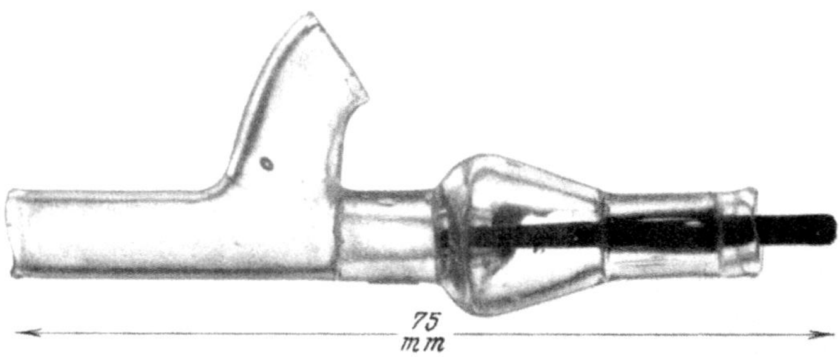

Abb. 387. Quarz-Invar-Schliffverbindung mit Hg-Dichtungsgefäß.

Lötverbindungen zwischen metallisiertem Quarz und Kernschliffen aus Invar oder elastischen Invarkappen (vgl. Morris *1*). Die Quarzoberfläche wird aufgerauht, darauf nach dem Platineinbrennverfahren (vgl. S. 186) eine relativ dicke Pt-Schicht bei heller Rotglut aufgebrannt und diese elektrolytisch mit Cu verstärkt. Die Cu-Oberfläche und das anzuschmelzende Metall werden aufgerauht, mit (antimonfreiem) Lötzinn verzinnt und beide Teile bei der Schmelztemperatur des Lötzinns zusammengefügt. Derartige Verbindungen sollen zwischen -196 und $+215^{0}$ C gut vakuumdicht sein.

Metalleinschmelzungen mit Hilfe von Zwischengläsern. An ein Quarzrohr wird eine Reihe von Zwischengläsern mit jedesmal zunehmendem Ausdehnungskoeffizienten angeschmolzen. Das letzte Glied ist meist ein Borosilikatglas, das mit W oder Mo unmittelbar verschmolzen werden kann (vgl. Abb. 388). Die Ausführung ist relativ teuer.

W-Drahteinschmelzungen. Das Quarzrohr wird an der Einführungsstelle kapillar ausgezogen, ein gut passender W-Draht hineingesteckt und das erweiterte Ende der Quarzkapillare zugeschmolzen (vgl. Abb. 390a). Nach Evakuieren des Gefäßes wird die Quarzkapillare in der Nähe des W-Drahtes so lange erhitzt, bis sie sich unter der Wirkung des äußeren Luftdruckes an diesen anlegt. Beim Erkalten löst sich das W unter Bildung einer kreisringförmigen kapillaren Öffnung vom Quarz; der entstandene „Haarriß“ wird nach Öffnen des erweiterten Kapillarenendes durch ein niedrig schmelzendes Metall (z. B. geschmolzenes Blei) abgedichtet oder es wird hinter der Durchführungsstelle Wolfram-Quarz eine Erweiterung des Quarzrohres vorgesehen, die für sich evakuiert oder mit

Hg gefüllt ist und nach außen hin eine zweite, mit Kitt abgedichtete Durchführung besitzt (vgl. Abb. 389).

Ta- und Mo-Folieneinschmelzungen (Gabor *1, 2, 3*, Lauster *2*). Hierbei wird ein etwa 15 μ starkes, 4 mm breites, gut geglättetes und eventuell oberflächlich rein gebeiztes Band (ohne jeglichen Grat!) aus Mo oder hochentgastem (H_2-freiem) Ta in eine spaltartig vorgeformte Kapillare (vgl. Abb. 390b) eingeführt und unter O_2-Abschluß oder Hochvakuum eingeschmolzen [1]. Die Erhitzung der Kapillaren von außen darf bei Ta [2] nicht in der

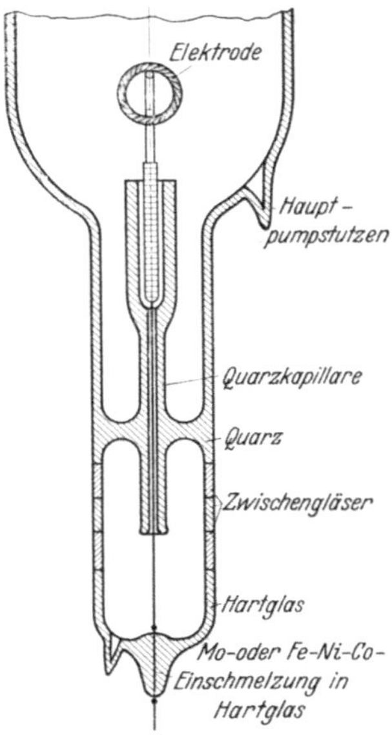

Abb. 388.

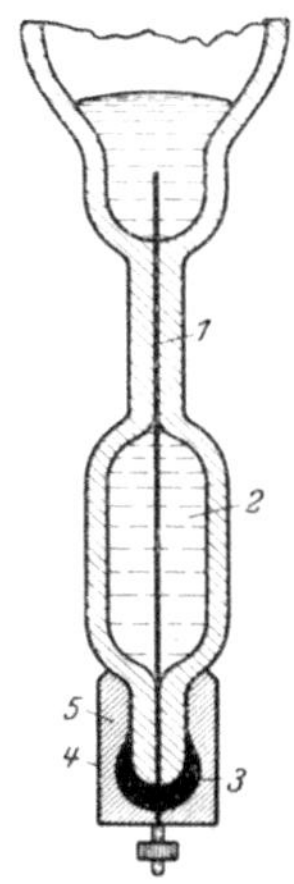

Abb. 389.

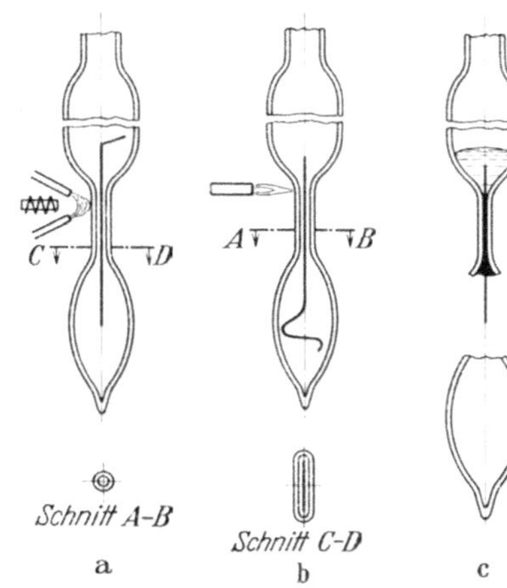

Abb. 390.

Abb. 388. Vakuumdichte Metalldurchführung für Quarzentladungsgefäße, hergestellt mit Hilfe von Zwischengläsern.

Abb. 389. W-Drahtdurchführung für Quarzlampen mit Hg-Dichtung.
1 W-Draht; 2 Dichtungs-Hg; 3 Dichtungskitt; 4 Sockel; 5 Sockelkitt.

Abb. 390. Herstellung von Quarz-Metall-Verbindungen.
a Mit W-Runddraht; b mit Ta- oder Mo-Folie (Einschmelzen unter Vakuum mit magnetisch gerichtetem Lichtbogen); c Folieneinschmelzung nach Entfernung des Hilfsansatzes und Füllung des Quarzrohres mit Hg.

Gebläseflamme, sondern nur im (magnetisch gerichteten) Kohlelichtbogen erfolgen. Nach Abkühlen der Einschmelzstelle wird das zugeschmolzene erweiterte Ende der Einschmelzung entfernt (vgl. Abb. 390c) und eventuell die Austrittsstelle der Durchführungsfolie zusätzlich mit Vakuumkitt abgedichtet.

Die Mo-Folieneinschmelzung scheint bisher die einzige vakuumtechnisch völlig einwandfreie direkte Verschmelzungsmethode zwischen Quarz und Metall zu sein. Trotzdem der Ausdehnungskoeffizient von Quarz ($\alpha = 6 \cdot 10^{-7}$) bedeutend kleiner ist als der von Mo ($\alpha = 53 \cdot 10^{-7}$), also starke radiale Zugspannungen in der Mo-Quarzeinschmelzung vorhanden sein müssen, ist die Adhäsion zwischen Folie und Quarzkapillare doch groß genug, um ein Ablösen der Folie zu vermeiden. Senkrecht zur Folie ist die Ausdehnungsdifferenz und damit die Radialzugspannung infolge der geringen Folienstärke sehr niedrig;

[1] Auch mit einer dünnen Ta-Schicht bedeckte Quarzstäbe sollen sich so in Quarzglas vakuumdicht einschmelzen lassen und Stromzuführungen ähnlich Abb. 395 ergeben (vgl. Ver. Glühlampen El. Ges. *2*).

[2] Wegen der H_2-Diffusion durch den Quarz, die das Ta hart und spröde macht und die für eine gute vakuumdichte Verbindung notwendige Nachgiebigkeit zerstört.

in Richtung der Folienbreite wird die Radialzugspannung dadurch zum Teil ausgeglichen, daß die Folie durch Dehnung nachgeben kann. Dazu kommt, daß jede Strombelastung durch Ausdehnung der Folie eine Verringerung der vorhandenen Spannungen bewirkt. Wegen der guten Wärmeleitfähigkeit des Quarzes (vgl. Abb. 171) und der großen wärmeabgebenden Folienoberfläche liegt die Strombelastbarkeit bedeutend höher als bei Runddrahteinschmelzungen gleichen Querschnitts in Glas. Eine Einschmelzung von 4 mm Breite und 15 μ Stärke hält im Dauerbetriebe bis zu 10 A aus (Lauster *3*), wenn man das mit der Außenluft in Berührung kommende Ende der Folie gegen Oxydation bei Stromerwärmung abschirmt (z. B. durch Einbetten in feste niedrig schmelzende Metalle wie Pb) und an den Verbindungsstellen der Folie mit der Außenzuleitung bzw. der inneren Elektrodenzuführung für geringen Übergangswiderstand sorgt.

d) Verbindungen keramischer Stoffe mit Glas und Metall.

Keramik - Glas- bzw. Keramik - Glas - Metall - Verschmelzungen (Skaupy *5*). Dichtes keramisches Material (z. B. Calit) läßt sich erfahrungsgemäß mit Glas verbinden, wenn dessen Ausdehnungskoeffizient 10 bis 30% niedriger ist (vgl. Abb. 391 und Kahla *1* [1]). Zum Zusammenfügen zweier Calitrohre wird über die Stoßstelle ein eng anliegendes Glasrohrstück geschoben, das sich bei Erhitzung im elektrischen Ofen (950—1100° C) vakuumdicht mit den beiden Röhren verbindet (vgl. Abb. 392).

Abb. 391. Glasiertes Calit, mit Glas verschmolzen.

In einer normalen Gebläseflamme können durch Verschmelzen von Glas und Keramik Entladungsröhren hergestellt werden, die an besonders stark thermisch belasteten Stellen (z. B. in der Nähe der Elektroden) aus keramischen Werkstoffen, an Stellen, an denen hohe Lichtdurchlässigkeit erwünscht ist, aus Glas bestehen (vgl. Abb. 394). Bei gewissen Röhrenkonstruktionen werden dabei die keramischen Teile auf der Innenseite metallisiert und dienen so (mit einer Zuleitung versehen) gleichzeitig als Elektroden oder elektrische Linsen. Ähnlich lassen sich Glasrohre zum Schutz gegen lokale Überhitzung mit Keramik auskleiden (vgl. Abb. 393). Auch das Einquetschen dünner Porzellanrohre in Glasquetschfüße (zur Erhöhung ihrer Oberflächenisolation) ist möglich (vgl. Abb. 339). Metallische Einführungen in Porzellan können mit Hilfe eines entsprechenden Zwischenglases vakuumdicht hergestellt werden (Steatit-Magnesia *1*). Als Einschmelzdraht wird für Calit (entsprechend dem niedrigen

[1] Calit ($\alpha = 78 \cdot 10^{-7}$) läßt sich z. B. einwandfrei mit Felsenglas Schott oder Glas 17 Sophienhütte ($\alpha = 55 \cdot 10^{-7}$) verbinden.

Die grundsätzliche Forderung eines niedrigeren Ausdehnungskoeffizienten des Verschmelzglases im Vergleich zur Keramik wird von anderer Seite auf Grund von Versuchen bestritten, nach denen sich keramische Magnesiumsilikate wie Frequenta und Steatit in der Gebläseflamme auch mit Gläsern (z. B. Bleiglas und einer Reihe von Weichgläsern) verschmelzen lassen, deren Ausdehnungskoeffizient höher ist als der der Keramik. Maßgebend soll dagegen nach diesen Untersuchungen die Höhe der Transformationstemperatur des verwendeten Glases sein; die Einschmelzung gelingt um so leichter (eventuell sogar ohne Tempern), je niedriger die Entspannungstemperatur des Glases liegt (Albers-Schönberg *1*).

Ausdehnungskoeffizienten des Verbindungsglases) meist Mo verwendet (vgl. Abb. 217). Auch Anschmelzungen von Cu-Kappen lassen sich auf diese Weise herstellen. Erfolgt die Verschmelzung im elektrischen Ofen (950—1000° C), so muß zum Schutz des Cu gegen Überoxydation in einer O_2-armen Atmosphäre[1] aus CO_2 oder N_2 gearbeitet werden (nicht H_2 wegen Blasigwerden des Glases). Auch in der Gebläseflamme ist Anschmelzen von Cu-Kappen an Porzellan mit Hilfe eines zwischengelegten Glasringes oder einer Glasvorbewicklung möglich.

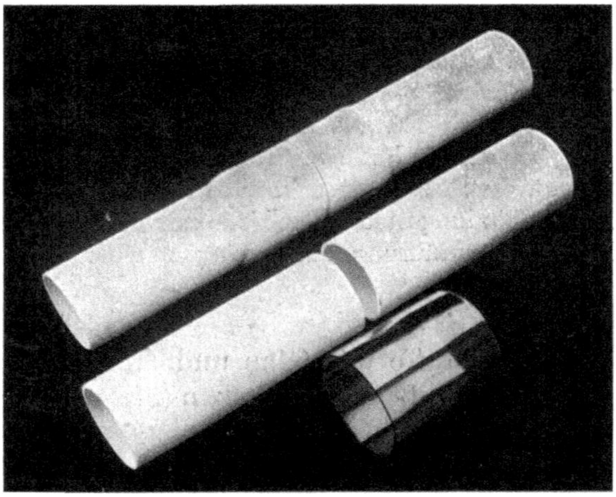

Abb. 392. Mit Glas im elektrischen Ofen verschmolzene keramische Rohre vor und nach der Verschmelzung (vgl. Handrek *1*; keramischer Werkstoff: Calit, Hersteller: Hescho-Isolatoren-Ges.).

Eine bewährte Zwischenglaskombination zum Übergang von Keramik auf Weichglas ist folgende: Calit → Glas 17 Sophienhütte → Glas 357 Fischer oder Felsenglas Schott → Geräteglas Gundelach → Bleiglas. Das keramische Material Steatit T 2 läßt sich direkt mit Bleiglas spannungsfrei verschmelzen (Steatit-Magnesia *2*).

Calit-Glas-Verbindungen müssen in der Regel sorgfältig getempert werden (in 10 h von 1000° C auf etwa 100° C). Bei Anwesenheit von oxydablem Einschmelzmetall (z. B. Cu) erfolgt die Temperung in Schutzatmosphäre (CO_2 oder N_2, nicht H_2, vgl. oben).

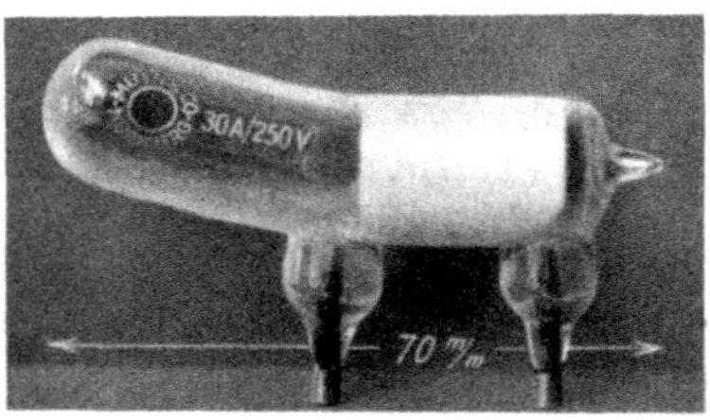

Abb. 393. Hg-Vakuumschalter (ohne Hg-Füllung) mit an der Innenseite des Glases angeschmolzenem Funkenschutzrohr aus Calit; in Glas eingeschmolzene Durchführungen aus Mo (Hersteller: Muth & Co.).

Bei Metallhaut-Stromdurchführungen (vgl. Abb. 395, Handrek *1*) wird ein massiver, mit einer dünnen Metallschicht (Pt, Ag) überzogener Porzellanstab an der Einschmelzstelle mit einem kurzen, eng anliegenden Glasrohr überzogen und dieses in eine gut passende Öffnung des Vakuumgefäßes gesteckt, das aus dem gleichen keramischen Stoff wie der Porzellanstab besteht. Die vakuumdichte Verbindung erfolgt durch Erhitzen im elektrischen Ofen bei 700—900° C. Derartige Stromzuführungen eignen sich besonders für Kurzwellenröhren und verhältnismäßig hohe Ströme (Belastbarkeit bei 5 mm Durchmesser und 10 mm Einschmelzlänge etwa 10 A).

Porzellan-Metall-Lötungen (vgl. SSW *4*). Wegen der meist großen Verschiedenheit der Ausdehnungskoeffizienten muß der Metallkörper in der Nähe der Verbindungsstelle bei dünnwandigem Porzellan elastisch nachgiebig sein. Meist

[1] Auch im Vakuumofen können derartige Verschmelzungen zwischen Glas und Keramik vorgenommen werden, wenn die Temperatur nicht über 700° C beträgt (sonst Blasenbildung des Glases).

(vgl. S S W *4*) wird gewöhnliches glasiertes Hartporzellan an der Verbindungsstelle nach dem Einbrennverfahren (vgl. S. 186) mit einer dünnen Platinschicht überzogen, die elektrolytisch[1] mit Cu bis auf etwa 0,2 mm verstärkt (vgl. Abb. 396) und dann mit einer dünnen Schicht von Weichlot (reines Zn und Pb zu gleichen

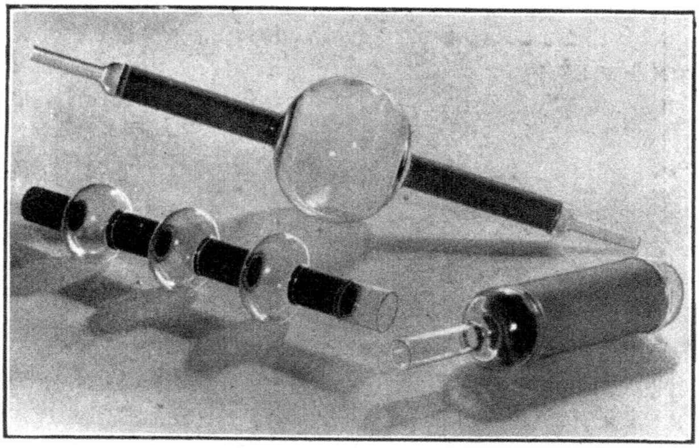

Abb. 394. In der Gebläseflamme hergestellte vakuumdichte Verbindungen von keramischen Rohren mit Glas (keramischer Werkstoff: Frequenta, Hersteller: Steatit-Magnesia A. G.).

Teilen) überzogen wird (vgl. Abb. 397). Die Verbindung mit dem ebenfalls vorverzinnten Metallstück (Kappe oder Rohr) erfolgt durch Erhitzen der aufeinandergelegten zu verbindenden Teile mittels Stichflamme. Die angelötete Kappe kann dann ihrerseits mit der Metallwand des Vakuumgefäßes verlötet werden (vgl. Abb. 398 und 95).

Auf dieselbe Weise lassen sich auch Porzellanteile miteinander vakuumdicht verlöten, wenn sie längs der Lötfuge vormetallisiert werden (vgl. z. B.

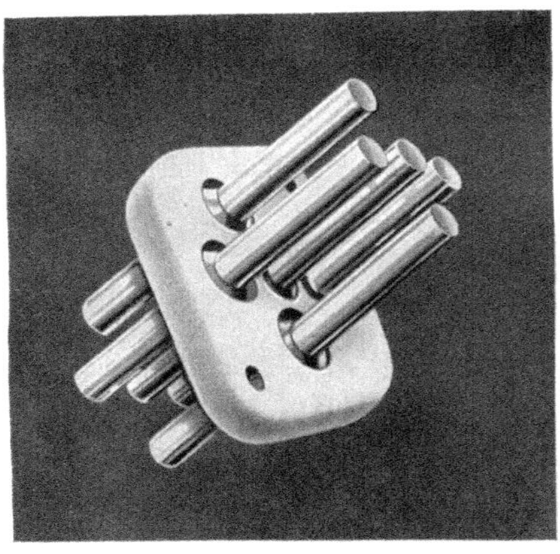

Abb. 395. Calitplatte mit fünf gleichzeitig im elektrischen Ofen mittels Zwischenglas eingeschmolzenen metallisierten Calitstäben („Metallhaut"-Durchführungen, vgl. Handrek *1*).

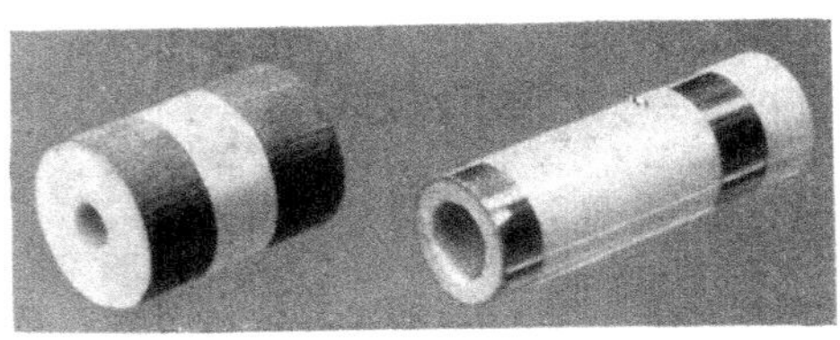

a b

Abb. 396. Metallisiertes Porzellan (glasiert) vor dem Verlöten mit Metallkappen (vgl. S S W *4*). a Verplatiniert; b verplatiniert und elektrolytisch verkupfert.

die Einlötung eines Porzellandeckels in ein Entladungsgefäß aus Porzellan in Abb. 399). Über den Schutz der Weichlotnaht gegen Hg-Angriff durch Asbestvorlagen vgl. Abb. 239.

Dickwandige, dichte und nicht glasierte Porzellan- und Metallteile lassen sich miteinander verbinden, indem zwischen das platinierte und verkupferte

[1] Etwa 2 h lang mit 4 A/cm^2.

Porzellan und das zu verbindende Metallstück Ag-Cu-Lot[1] in Blech- oder Drahtform[2] gebracht und das Ganze im Hochvakuum- oder H_2-Ofen bis über den

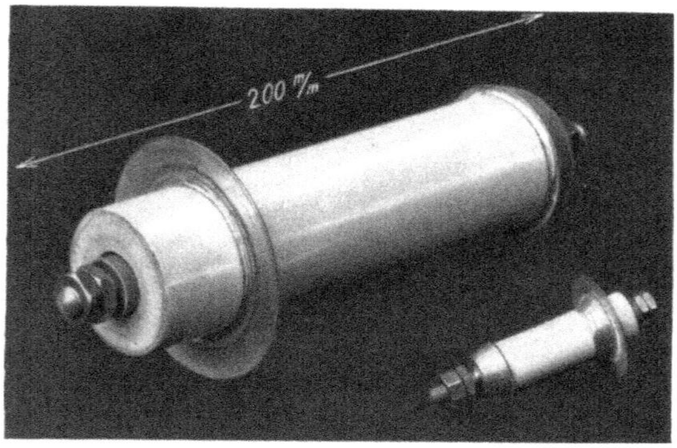

Abb. 397. Metallisierte Porzellanrohre mit vakuumdicht durch Weichlot angelöteten Metallkappen (Hersteller: Siemens-Röhren-Werk).

Schmelzpunkt des Lotes erhitzt wird. Beim Schmelzen verteilt sich das Lot durch Kapillarwirkung gleichmäßig über die ganze Dichtungsfläche.

Abb. 398. Eisengefäß eines Hg-Gleichrichters mit vakuumdicht eingelöteten Porzellanisolatoren und Stromzuführungen (gittergesteuerter, luftgekühlter Hochspannungsgleichrichter für 16000 V, 40 A; Hersteller: Siemens-Röhren-Werk; vgl. auch Abb. 239 und Siemens *1*).

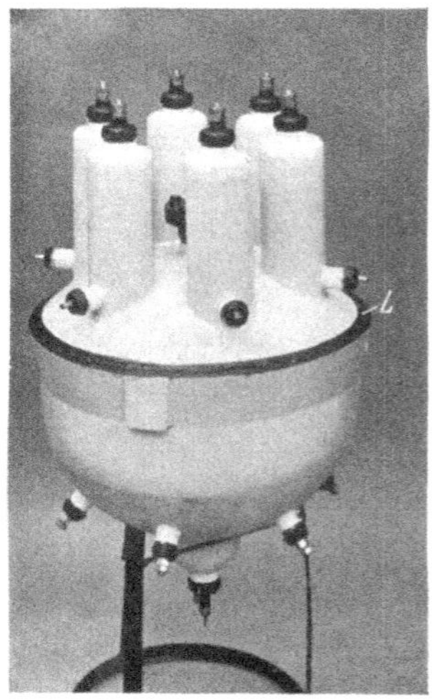

Abb. 399. Vakuumdicht verlöteter Porzellangleichrichter (13000 V, 15 A; L Lötnaht zwischen Deckel und Gefäß; Hersteller: Siemens-Röhren-Werk).

[1] Reines Ag-Lot ist für langdauernde Lötprozesse nicht gut brauchbar, da sich nach dem Schmelzen des Ag niedrigschmelzende Ag-Cu-Legierungen mit so tiefem Schmelzpunkt bilden, daß das Lot zusammen mit dem Cu der Lötstelle aus der Dichtungsfläche herausläuft (das Lot „leckt"). Man verwendet daher für Vakuumlötungen „Eutektikum"-Lote, die den niedrigsten Schmelzpunkt der Legierung der beiden zu verbindenden Metalle haben, z. B. 72% Ag, 28% Cu für Ag-Cu-Lot mit einem Schmelzpunkt von 779° C (vgl. Espe *14*).

[2] In diesem Fall empfiehlt sich das Anbringen einer zur Aufnahme des Ag-Drahtes dienenden Rille an der in der Dichtungsebene liegenden Metalloberfläche.

Anhang.

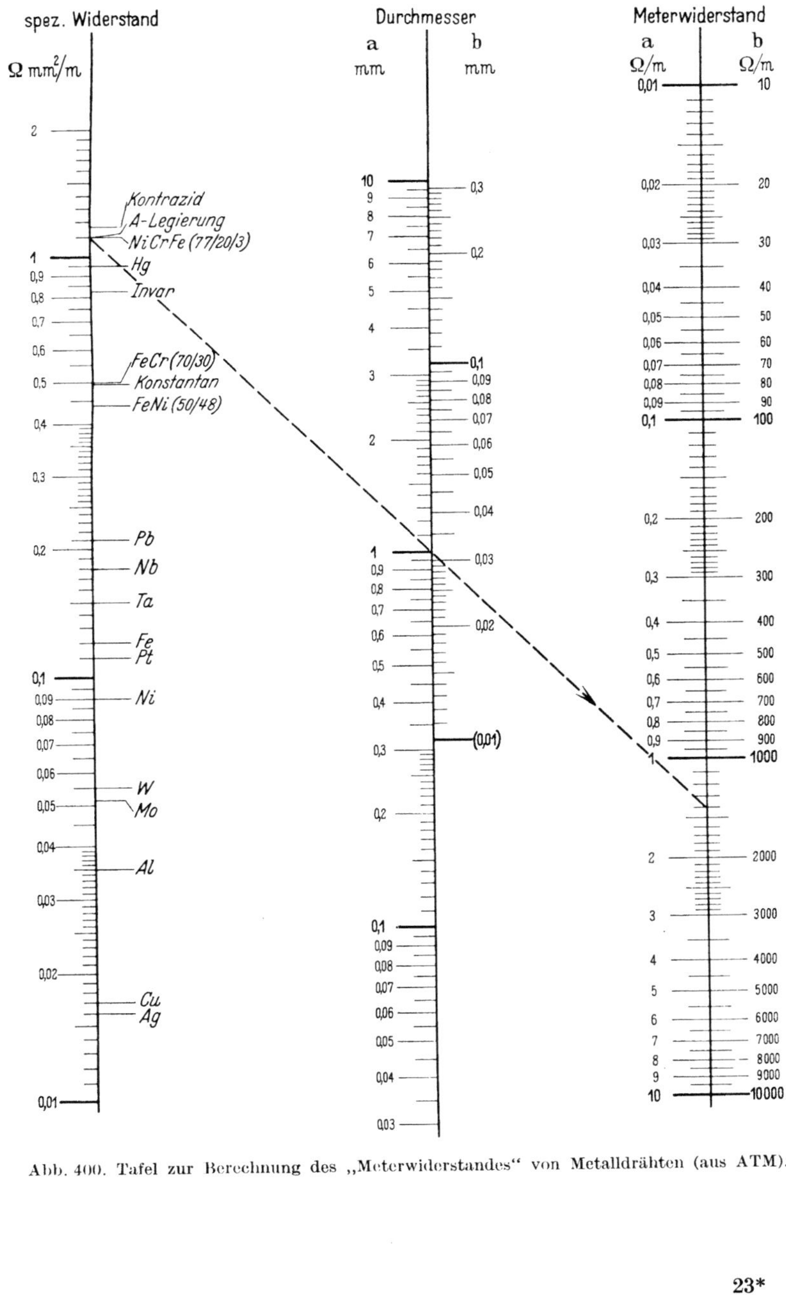

Abb. 400. Tafel zur Berechnung des „Meterwiderstandes“ von Metalldrähten (aus ATM).

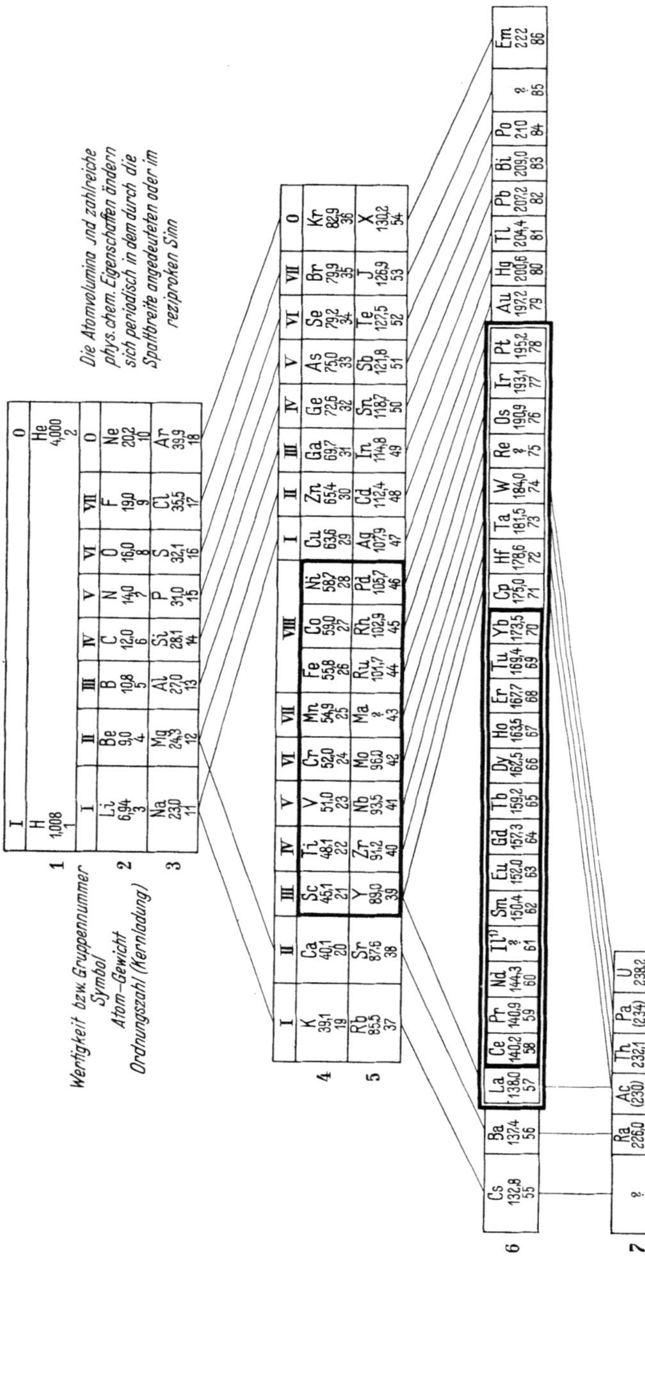

Abb. 401. Periodisches System der Elemente (aus Landolt-Börnstein, Phys.-chem. Tabellen).

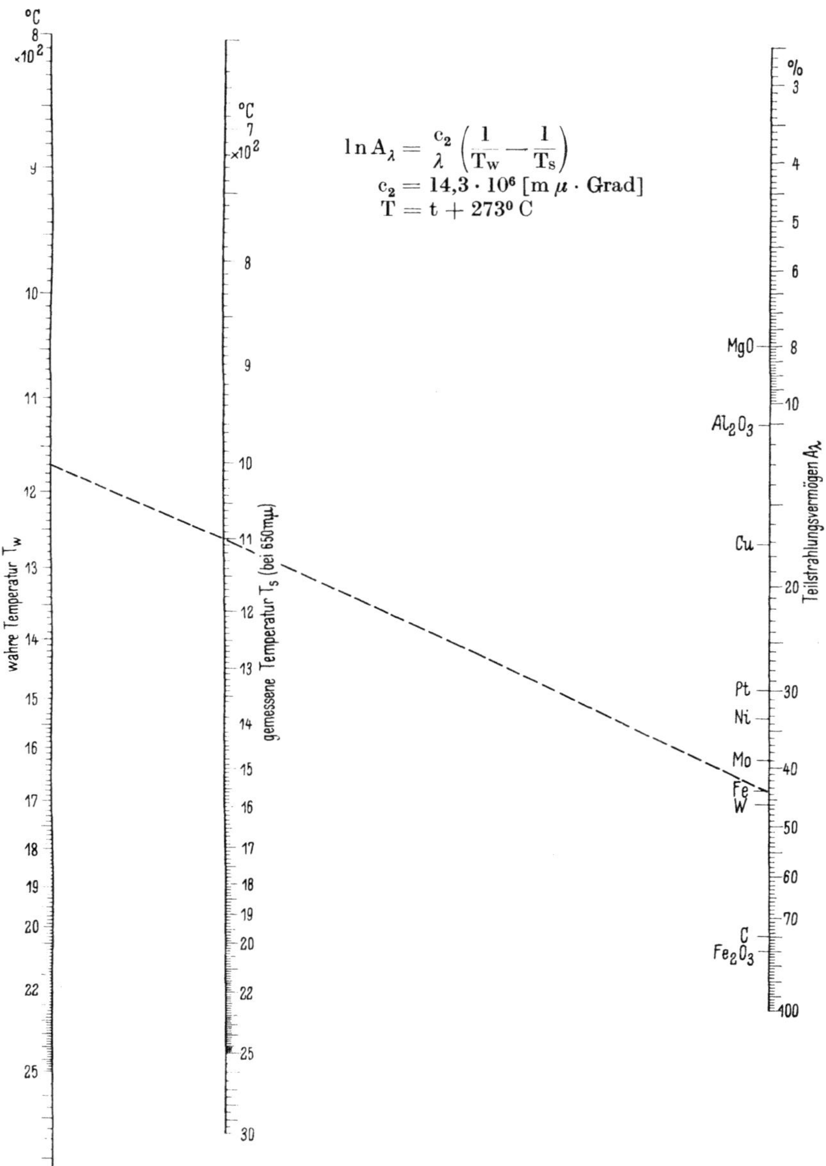

Abb. 402. Tafel zur Berechnung der wahren Temperatur T_w aus der gemessenen „schwarzen“ Temperatur T_s und dem Teilstrahlungsvermögen A_λ (Miething *1*, vgl. auch Coblenz *1*, Forsythe *1*).

Zur Ermittlung der wahren Temperatur eines heißen Körpers verbindet man den Wert für sein Teilstrahlungsvermögen A_λ geradlinig mit dem bei der Wellenlänge 650 mμ pyrometrisch bestimmten Temperaturwert T_s. Der Schnittpunkt dieser Geraden mit der Skala für T_w ergibt die wahre Temperatur. In die A_λ-Skala sind die Werte des Teilstrahlungsvermögens einiger wichtiger Stoffe (bei glatter Oberfläche!) eingetragen. Diese Skala gilt nur für frei strahlende Körper; für Strahler, die teilweise von reflektierenden Hohlkörpern umgeben sind (z. B. Kathoden in engen Elektrodensystemen), ist A_λ größer, ebenso für aufgerauhte Materialien (z. B. blankes W: 46%; W-Stücke, aus grobem Pulver gepreßt: bis zu 80%). Über $T_w - T_s$ von W, Mo, Ta und Nb bei hohen Temperaturen vgl. Abb. 283.

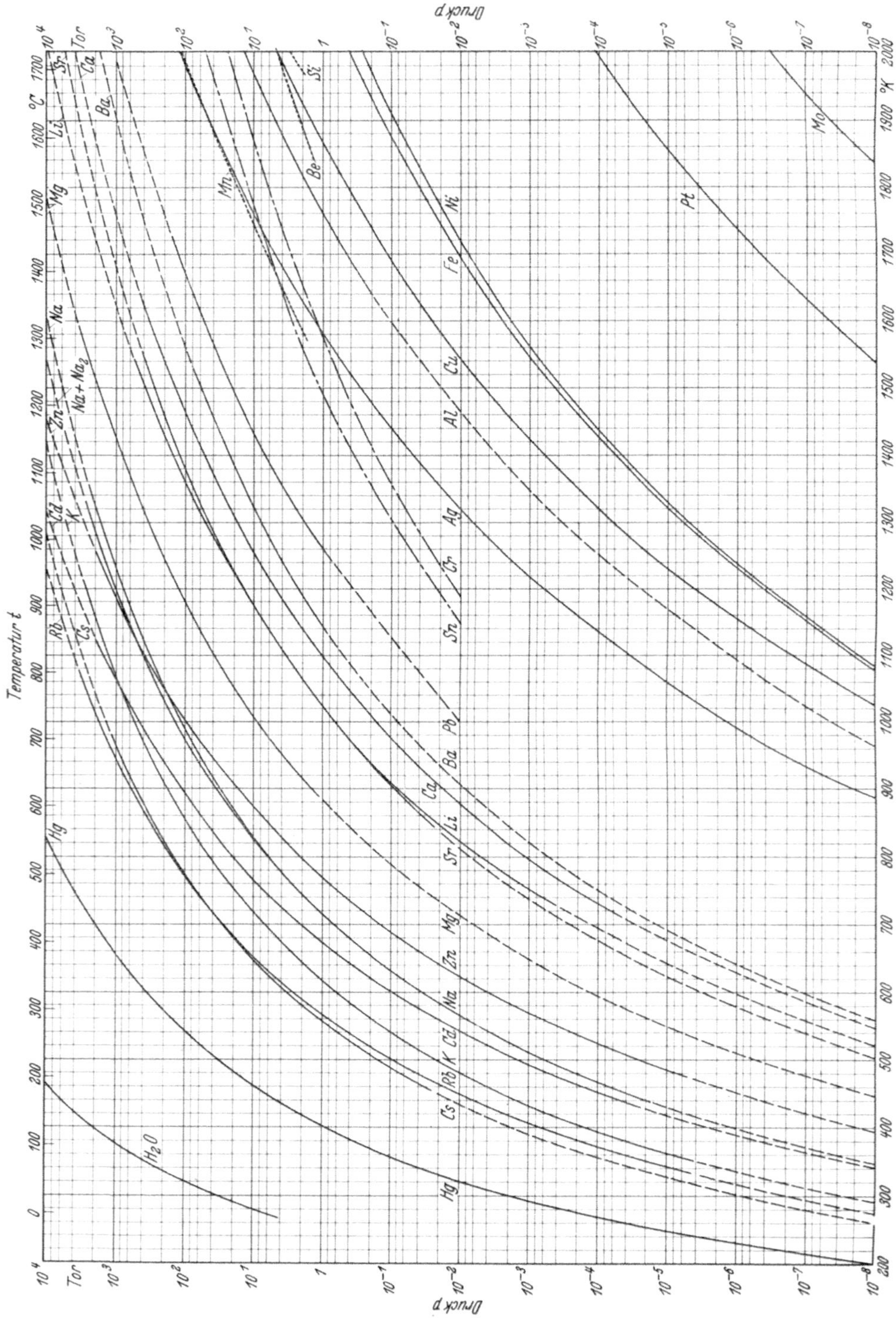

Abb. 103 a. Sättigungsdrucke von Metalldämpfen; Temperaturgebiet 200—2000° K (nach Baur 1, Knoll 2 und Landolt-Börnstein, Phys.-chem. Tabellen).

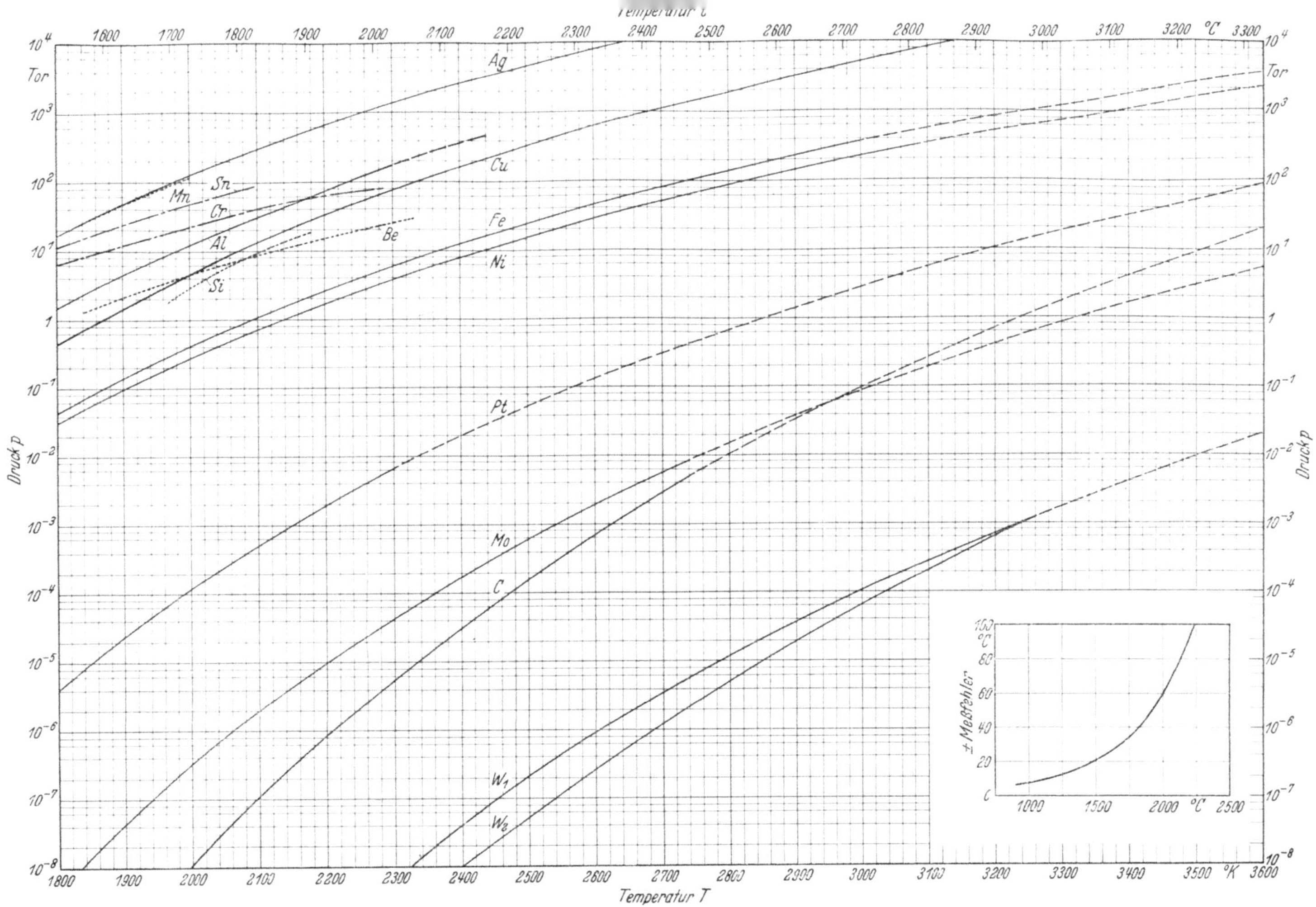

Abb. 403 b. Sättigungsdrucke von Metalldämpfen (Temperaturgebiet 1700—3600° K); rechts unten: Fehlerkurve für die Temperaturachse, bedingt durch die Ungenauigkeit der experimentellen Dampfdruckbestimmung (vgl. Leitgebel 1).

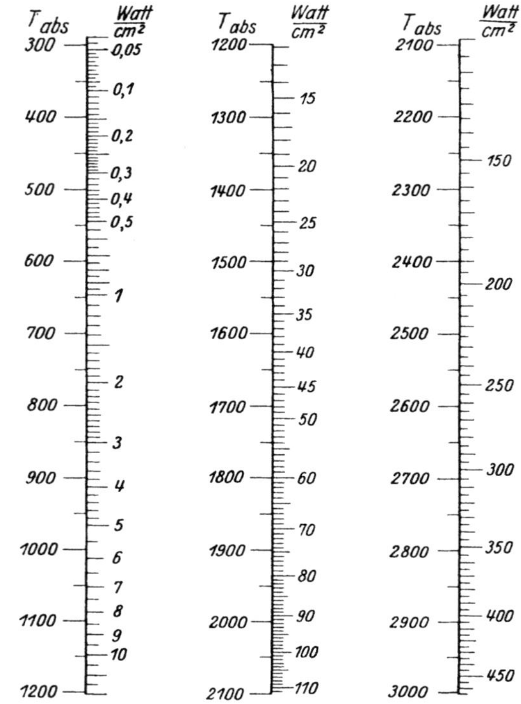

Abb. 404. Gesamtstrahlung des schwarzen Körpers, in Abhängigkeit von der Temperatur; nach dem Stephan-Boltzmannschen Gesetz: $S = \sigma\, T^4\, \frac{\text{Watt}}{\text{cm}^2}$; $\sigma = 5{,}73 \cdot 10^{-12}\, \frac{\text{Watt}}{\text{cm}^2\,\text{Grad}^4}$.

Nachtrag bei der Korrektur.

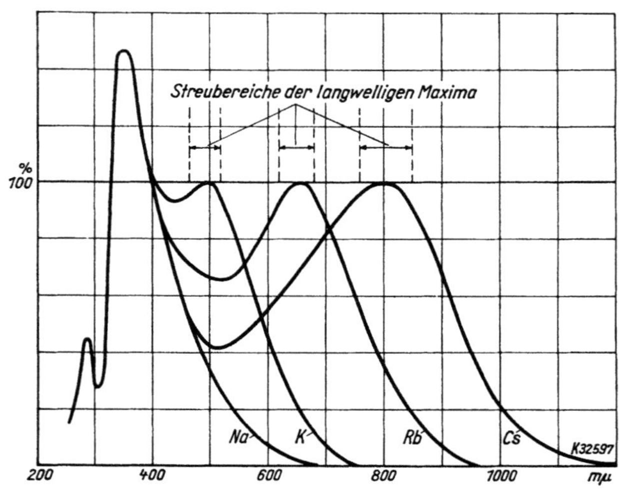

Abb. 405. Relative spektrale Empfindlichkeit von Alkali-Destillationsphotokathoden mit oxydiertem Silberuntergrund (gemessen an Zellen mit Quarzfenster); vgl. auch Abb. 312, S. 295 und Kluge *3*.

Literaturverzeichnis.

Alphabetisch geordnet nach Autoren; bei mehreren Verfassern ist die betreffende Arbeit nur einmal unter dem Namen des ersten Verfassers aufgeführt. Die verschiedenen Arbeiten eines Verfassers sind durch Ziffern gekennzeichnet, die das Auffinden nach den Literaturhinweisen im Text erleichtern. Hinter jeder Literaturstelle findet sich (in Klammern) ein Hinweis auf seinen im Rahmen dieses Buches interessierenden Inhalt. Die aufgeführten Patente sind als reine Literaturangaben zu werten; daher ist aus der Nennung oder Nichtnennung eines Patentes weder ein technisches, noch ein patentrechtliches Werturteil zu entnehmen. Die erste Zahl hinter jeder Patentnummer bedeutet das Prioritätsjahr (Jahr der ersten Anmeldung in irgendeinem Lande), die zweite Zahl das Jahr der druckschriftlichen Veröffentlichung im Lande des betreffenden Patentes. Soweit in Patentschriften der Erfinder genannt ist, ist das betreffende Patent unter dem Namen seines Erfinders aufgeführt, sonst unter dem Namen der anmeldenden Firma. Die Literaturabkürzungen wurden nach dem Kurztitelverzeichnis des Deutschen Verbandes technisch-wissenschaftlichen Vereine e. V., Berlin, gesetzt.

Abegg[1]: Handbuch der anorganischen Chemie, Bd. 4, Teil I, 2. Hälfte. 1921. „Wolfram" von E. Jender.

Aboville[1], R. de: Rev. gén. Électr. Bd. 37 (1935) S. 161. (Wolframglühlampen.)

Acheson[1], E. G. Ltd.: Techn. Bull. Bd. 191, S. 1. London 1934. (Graphitieren von Glas.)

AEG[1] (Allg. Elektr.-Gesellschaft): DRP. 290932/13/16. (Gasgefüllte Wendellampe.)

—[2] Jb. Forschungsinstitut. Bd. 3 (1931/32) S. 45. (Überspannungsableiter.)

—[3] DRP. 436678/24/26. (Cu-W-Schweißelektroden.)

—[4] Franz. Pat. 772300/33/34. (Geritzter Glimmer.)

—[5] DRP. 289543/13/16. (Ar-N_2-Gemisch für Glühlampenfüllung.)

—[6] DRP. 440044/14/17. (Wolfram-Argon-Gleichrichter.)

—[7] DRP. 266796/12/13. (W- und Mo-Borosilikatglas-Einschmelzungen.)

—[8] DRP. 278655/12/13. (Manteldraht für Glaseinschmelzungen.)

—[9] DRP. 271012/12/14. (Cr-Fe-Glas-Verschmelzung.)

—[10] DRP. 301100/16/17; 301846/16/17. (EMK-Glas-Verschmelzung.)

Agte[1], C.: Z. angew. Chem. Bd. 38 (1925) S. 1121. (Verunreinigungen in Wolfram.)

—[2] u. K. Becker: Physik. Z. Bd. 32 (1931) S. 65. (Torsionsmodul von W.)

Akkumulatoren-Fabrik A. G.[1]: DRP. 304347/15/19. (Oxydkathoden-Edelgasgleichrichter.)

Albers-Schönberg[1]: Nach freundlicher Mitteilung, auf Grund von Versuchen des Laboratoriums Dr. Scharfnagel, Stuttgart.

Alberti[1], E.: Braunsche Kathodenstrahlröhren. Berlin 1932.

Alexander[1], P.: Gen. electr. Rev. Bd. 29 (1926) S. 169. (Lichtbogenschweißung in H_2.)

Allen[1], V. O.: Radio-Engng. Bd. 10 (1930) S. 19. (Indirekt geheizte Kathoden.)

Alterthum[1], H., M. Reger u. R. Seeliger: Z. techn. Physik Bd. 9 (1928) S. 161. (Zündspannung in Wolfram-Argongleichrichtern.)

—[2] Wolfram. Braunschweig 1925.

—[3] Elektrotechn. Z. Bd. 50 (1929) S. 1727. (Wolframdrahtlampen.)

—[4] Physik. Z. Bd. 32 (1931) S. 305. (Rekristallisation.)

—[5] u. R. Rompe: Physik. Z. Bd. 35 (1934) S. 814. (Alkalimetalle, Photoeffekt.)

Andreew[1], K. K.: Physik. Z. Sowjet-Union Bd. 6 (1934) S. 121. (Calciumazid.)

Andrews[1], M. and S. Dushman: J. physic. Chem. Bd. 29 (1925) S. 462. (WC, W_2C, el. Widerstand.)

—[2] M.: J. physic. Chem. Bd. 27 (1923) S. 270. (W, WC, W_2C, el. Widerstand.)

Angerer[1], E. v.: Technische Kunstgriffe bei physikalischen Untersuchungen, 2. Aufl. Braunschweig 1928.

—[2] Handbuch der Experimental-Physik, Bd. 1, S. 465. 1926. (Herstellung von Leuchtschirmen.)

Ardenne[1], M. v.: Die Kathodenstrahlröhre. Berlin 1933.

Arkel[1], A. E. van: Physica Bd. 3 (1923) S. 76. (W-Aufwachsverfahren.)
—[2] u. H. de Boer: Z. anorg. allg. Chem. Bd. 148 (1925) S. 345. (W-Aufwachsverfahren.)
—[3] Physica Bd. 4 (1924) S. 286. (W-, Ti-, Ta-Carbid-Aufwachsverfahren.)
—[4] Metallwirtsch. Bd. 13 (1934) S. 405, 511. (Duktiles Zr nach dem Aufwachsverfahren.)
Arndt[1], K.: Die künstlichen Kohlen, 2. Aufl. Berlin 1932.
Arnold[1], H. D.: Physic. Rev. Bd. 16 (1920) S. 70. (Oxydkathoden.)
Asao[1], S. and M. Suzuki: Proc. Inst. Radio Engr. Bd. 19 (1931) S. 655. — Physics Bd. 2 (1932) S. 12. (Photokathoden.)
Aschermann[1], G.: Glas u. Apparat Bd. 10 (1929) S. 115. (Gasdichte Einschmelzungen.)
—[2] Glas u. Apparat Bd. 9 (1928) S. 223. (Leuchtröhren.)
Askenasy[1], P.: Einführung in die technische Elektrochemie. Braunschweig 1910.
Assoc. Electr. Industries[1]: DRP. 500239/23/30. (Einklemmen von Gitterdrähten.)
Auergesellschaft[1]: DRP. 212895/08/09. (Mo-Halter in Glühlampen.)
Austin[1], C. R.: Amer. Soc. Met. Preprint Nr. 20, Sept.-Okt. 1935. (Warmfeste Konel-Legierungen.)
Austin[1], J. B.: Physics Bd. 3 (1932) S. 252. (Wärmeausdehnung von Pt.)
—[2] and R. H. H. Pierce: Physics Bd. 4 (1933) S. 409. (Ausdehnung von Carbonyleisen.)
Bär[1], R.: Handbuch der Physik, Bd. 6. Berlin 1927. (Abschn. Glimmentladung.)
Bainbridge[1], K. T.: Brit. Pat. 303476/28/29. (Film-Photokathode.)
Balke[1], C. W.: Chem. metallurg. Engng. Bd. 27 (1922) S. 1271. (Tantal-Herstellung und Eigenschaften.)
—[2] Ind. Engng. Chem. Bd. 21 (1929) S. 1006. (W, Ta, Nb.)
Banneitz[1], F. u. a.: Ann. Physik Bd. 61 (1920) S. 113. (Gefäße für flüssige Luft.)
Barbrow[1], L. E. and J. F. Meyer: Bur. Stand. J. Res. Bd. 9 (1932) S. 721. (Berechnung von Glühlampen.)
Bardtke[1], P.: Darstellung der gesamten Schweißtechnik. Berlin 1931.
Barnett[1], C. E.: Ind. Engng. Chem. Bd. 26 (1934) S. 303. (Wärmeleitfähigkeit von Gummi.)
Barreiss[1], M.: Z. techn. Physik Bd. 8 (1927) S. 449. (Glimm-Gleichrichter.)
Bartlett[1], W. C.: Ind. Engng. Chem. Bd. 21 (1929) S. 970. (Phosphor-Getterung, Sockelkitt.)
Baukloh[1], W.: Gießerei Bd. 22 (1935) S. 406. (Verringerung der H_2-Diffusion durch Alitieren von Fe.)
Baukloh[2] u. A. Hoffmann: Ber. dtsch. keram. Ges. Bd. 15 (1934) S. 424. (H_2-Durchlässigkeit von keramischen Stoffen und Quarz.)
—[3] u. F. Kayser: Z. Metallkde. Bd. 26 (1934) S. 159. (H_2-Durchlässigkeit von Ni, Fe, Cu und Legierungen.)
Baur[1], E. u. R. Brunner: Helv. chim. Acta Bd. 17 (1934) S. 959. (Dampfdrucke von Metallen.)
Baxter[1], G. P. and H. W. Starkweather: Proc. Nat. Acad. Sci. U.S.A. Bd. 11 (1925) S. 232. (Reinigung von He mittels Chabasit.)
B.B.C.[1] (Brown-Boveri & Cie.): DRP. 577063/30/33. (Vakuumdichte Porzellan-Metalldurchführung.)
—[2] BBC Nachr. Bd. 22 (1935) S. 27. (H_2-Diffusion durch wassergekühlte Stahlrohre.)
Beauvais[1], G. A.: Öst. Pat. 91271/17/23. (Fußisolationshütchen.)
Becker[1], A. u. H. Salmang: Glastechn. Ber. Bd. 7 (1929) S. 241. (Gasgehalt von Gläsern.)
Becker[1], J. A.: Physic. Rev. Bd. 34 (1929) S. 1323. (Oxydkathoden.)
Becker[1], K.: Z. Physik Bd. 42 (1927) S. 226. (Entfestigung von Wolfram.)
—[2] Hochschmelzende Hartstoffe und ihre technische Anwendung. Berlin 1933.
—[3] u. F. Ebert: Metallröntgenröhren. Braunschweig 1925.
—[4] u. H. Ewest: Z. techn. Physik Bd. 11 (1930) S. 148 u. 216. (Elektronenaustrittsarbeit von Tantalkarbid.)
—[5] Physik. Z. Bd. 32 (1931) S. 489. (Gaseinflüsse auf Kathoden.)
Bedford[1], L. H.: Brit. Pat. 360433/30/31. (Strahlungsgekühlte Gitter.)
Beese[1], N. C.: Physic. Rev. Bd. 36 (1930) S. 1309. (Oxydkathode mit NiBa-Kerndraht.)
Bell Telephone Man. Co.[1]: DRP. 454806/21/28. (PtNi-Kern für Oxydkathoden.)
Benda[1], H.: Siemens-Z. Bd. 12 (1932) S. 394. (Spannungsableiter.)
Benedicks[1], C.: Physik. Z. Bd. 17 (1916) S. 320. (Wollastondraht.)
Benjamin[1], M. and H. P. Rooksby: Brit. Pat. 408062/32/34. (Oxydkathoden-Herstellung.)
—[2] — Phil. Mag. Bd. 20 (1935) S. 1. (Ti-haltige Oxydkathoden-Kerndrähte.)

Berdennikowa[1], T. B.: Physik. Z. Sowjet-Union Bd. 2 (1932) S. 77. (Nachweis von Ba in formierten Oxydkathoden.)
Berg[1], H.: Radiohändler Bd. 10 (1933) S. 1210. (Urandioxydwiderstände.)
Berger, E.[1]: Glastechn. Ber. Bd. 12 (1934) S. 172. (Bestimmung der Transf.-Temp. von Glas.)
Berger[1], K.: Schweiz. Pat. 136425/28/30. (Kugelschliff.)
Berliner Quarz-Schmelze[1]: Sonderprospekt VLK 3507. Berlin 1935. (Chemisches Verhalten von geschmolzenem Quarz.)
Berthold[1], R.: Grundlagen der technischen Röntgendurchstrahlung. Leipzig 1930.
Blechschmidt[1], E.: Ann. Physik Bd. 81 (1926) S. 999. (Kathodenzerstäubung.)
Blodgett[1], K. B. and J. Langmuir: Rev. Scient. Instr. Bd. 5 (1934) S. 321. (Wolframspiralfedern.)
Bockstahler[1], L. J.: Physic. Rev. Bd. 25 (1925) S. 677. (Einschmelzen von Wolfram.)
Boer[1], I. H. de u. J. D. Fast: Z. anorg. allg. Chem. Bd. 187 (1930) S. 177. (Hafnium-Aufwachsverfahren.)
—[2] Ind. Chem. Bd. 19 (1927) S. 1256. (Zirkon.)
—[3] u. J. D. Fast: Z. anorg. allg. Chem. Bd. 153 (1926) S. 1; Bd. 187 (1930) S. 177. (Zirkon.)
—[4] — Z. anorg. allg. Chem. Bd. 187 (1930) S. 193. (Hafnium.)
—[5] u. P. Clausing: Physica Bd. 10 (1930) S. 267. (Titan.)
—[6] u. a.: Z. anorg. allg. Chem. Bd. 160 (1927) S. 128. (Cs-, Rb-, K-Gewinnung aus Chlorid.)
—[7] — Z. anorg. allg. Chem. Bd. 191 (1930) S. 113. (Alkaligewinnung durch Reduktion mit Zr.)
—[8] Foote Prints on Rare Metals III, No. 2. 1930. (Zirkon.)
—[9] Electron Emission and Adsorption Phenomena. Cambridge 1935.
Bogorodizky[1], N. u. M. Malyschew: Arch. Elektrotechn. Bd. 28 (1934) S. 644. (El. Widerstand von Glimmer.)
Bohner[1], H.: Met. u. Erz Bd. 30 (1933) S. 334. (Herstellung von Rein-Aluminium.)
Bolton[1], W. v.: Z. Elektrochem. Bd. 11 (1905) S. 45, 503, 722. (Tantal.)
—[2] Z. Elektrochem. Bd. 13 (1907) S. 145. (Niob.)
Bondley[1], R. I.: The Machinist 1936 (Jan.) S. 764. (Schweißen von Ganzmetall-Rundfunkröhren.)
Borchers[1], W.: Das Nickel. Halle a. S. 1917.
—[2] Das Kupfer. Halle a. S. 1915.
—[3] Aluminium. Halle a. S. 1921.
Borelius[1], G. u. S. Lindblom: Ann. Physik Bd. 82 (1927) S. 201. (H_2-Diffusion durch Metalle.)
Born[1], F.: Ann. Physik Bd. 69 (1922) S. 473. (Calciumlichtbogen zur Edelgasreinigung.)
Borries[1], B. v. u. M. Knoll: Physik. Z. Bd. 35 (1934) S. 279. (Lichtausbeute von Leuchtschirmen.)
—[2] Diss. Berlin 1932. (Kathodenstrahl-Oszillograph.)
Bosch[1], M.: Elektr. Bahnen Bd. 11 (1935) S. 243. (Gesteuerter Hg-Großgleichrichter.)
Bosch[1], R.: DRP. 555295/26/32. (Vakuumschalter mit Glasfeder.)
Bouwers[1], A.: Z. techn. Physik Bd. 8 (1927) S. 271. (Belastung von W-Antikathoden.)
Bower[1], J. H.: Bur. Stand. J. Res. Bd. 12 (1934) S. 246. (Trockenmittel.)
Brandsma[1], W. F.: Ingenieur, Haag Bd. 49 (1934) S. 9. (Chromeiseneinschmelzung.)
Braun[1], E.: Z. techn. Physik Bd. 7 (1926) S. 505, 640. (Quarzdilatometer.)
Braun[1], F.: Wiedemanns Ann. Bd. 60 (1897) S. 552. (Zinksilikate.)
Brit. El. Research Association[1]: World Power Bd. 11 (1929) S. 32. (Mechanische Daten von Glimmer.)
Brit. Thomson-Houston Co.[1]: Brit. Pat. 8642/07/08. (Schweißen unter Schutzflüssigkeit.)
Brüche[1], E.: Z. techn. Physik Bd. 8 (1927) S. 12. (Druckreduzierventil.)
Buchner[1], G.: Hilfsbuch für Metalltechniker, 3. Aufl. Berlin 1923.
Budgen[1], N. F.: Kadmium. London 1924.
Bültemann[1], A.: Dielektrisches Material. Berlin 1926.
Burch[1], C. R.: Nature, Lond. Bd. 122 (1928) S. 729. (Hochvakuum-Öle und -Fette.)
—[2] Proc. Roy. Soc., Lond. (A) Bd. 123 (1929) S. 271. (Vakuumdestillation von Fetten.)
Bureau of Standards[1]: Circular No. 100, Nickel and its Alloys. Washington 1924.
—[2] Circular No. 73, Copper. Washington 1918.

Burger[1], E. E.: Gen. electr. Rev. Bd. 37 (1934) S. 93. (Glas-Metall-Einschmelzungen; Ausdehnungsmessungen.)
Burstyn[1], W.: Das Löten. Berlin 1927.
Busch[1], H.: Ann. Physik Bd. 64 (1921) S. 404. (Eisenwasserstoffwiderstände, Theorie.)
Cachemaille[1], A. S.: Brit. Pat. 240252/24/25, DRP. 503613/24/30 (vgl. auch Western: Brit. Pat. 348176/30/31). (Maschinelles Streichen von Oxydkathoden.)
Campbell[1], N. R. and D. Ritchie: Photoeletric Cells. London 1931.
Cardwell[1], A. B.: Phys. Rev. Bd. 47 (1935) S. 628. (Elektronenemission von Ta.)
Cartwright[1], H.: Rev. Scient. Instr. Bd. 1 (1930) S. 758. (Kathodenzerstäubungsapparatur.)
Chaffee[1], E. L.: Theorie of thermionic vacuum tubes. London 1933.
Chambers[1], G. H.: Met. and Alloys Bd. 4 (1933) S. 199. (Zirkon-Metall.)
Chevenard[1], M. P.: Rev. Nickel 1932, S. 55. (Widerstand von NiFe-Legierungen.)
Claassen[1], A. u. C. F. Veenemanns: Z. Physik Bd. 80 (1933) S. 342. (Dampfdruck der Erdalkalioxyde.)
Claude[1], A.: Bull. Soc. franç. Électr. Bd. 3 (1933) S. 1145; C. R. Acad. Sci., Paris Bd. 194 (1932) S. 2253. (Verschiedene Gasentladungslampen.)
Clausing[1], P. and J. B. Ludwig: Physica Bd. 13 (1933) S. 193. (Gesamtstrahlung von Oxydkathoden.)
—[2] and G. Moubis: Physica Bd. 7 (1927) S. 245. (Titan.)
Clay[1], R. E.: J. sci. Instrum. Bd. 11 (1934) S. 371. (Röntgenfenster aus Li.)
Coblenz[1], W. W.: Int. Crit. Tables. Bd. 5 (1929) S. 238. (Strahlungskonstanten.)
Cockcroft[1], J. D., E. T. S. Walton: Nature, Lond. Bd. 123 (1929) S. 584; Bd. 129 (1932) S. 620. (Öldiffusionspumpen.)
Compagnie Franç. Thomson-Houston[1]: Franz. Pat. 574189/22/24. (Reduktion von Cs-Verbindungen für Kathoden durch Mg oder Ca.)
Coolidge[1], W. D.: J. Amer. Inst. electr. Engr. Bd. 29 (1910) S. 961; DRP. 269498/09/10. (Sinterverfahren für W-Gewinnung.)
—[2] J. Röntgen Soc. Bd. 15 (1921) S. 3787. (Vakuumeingießen von W-Antikathoden.)
—[3] Physic. Rev. Bd. 2 (1913) S. 409. (Vorentgasen von Metallen.)
Cooper[1], H. S.: USA.-Pat. 1721544/27/29. (Al + BaO-Reaktionsgemisch als Getter.)
Cooper-Hewitt[1], P.: USA.-Pat. 1007694/08/11. (Gleichrichtergehäuse aus Fe.)
—[2] DRP. 157642/02/05; 163868/03/05. (Hg-Gleichrichterzündung durch Anlaßbänder.)
Cox[1], J. H.: Improvements in Mercury Arc Rectifiers. Sonderdruck 1933. (Vortrag im A.I.E.E. Juni 1933.)
Crossley[1], P. B.: Brit. Pat. 152780/19/20, DRP. 378522/19/23. (Micalex.)
Dällenbach[1], W.: Elektrotechn. Z. Bd. 55 (1934) S. 89. (Dichtung für Hg-Eisengleichrichter, Mikroanalyse von Gasen aus Metallen.)
— [2]E. Gerecke u. E. Stoll: Physik. Z. Bd. 26 (1925) S. 10. (Rückzündungen in Gasentladungen.)
— [3]DRP. 478043/25/29, 480170/27/29, 566924/28/32. (Elektrodeneinführung für Großgleichrichter.)
Daudt[1], W. u. H. Ewest: Z. techn. Physik Bd. 6 (1925) S. 329. (Gasabgabe von Glasoberflächen.)
Demuth[1], W.: Elektrotechn. Z. Bd. 48 (1927) S. 1629. (Porzellan, Steatit.)
Detels[1], F.: Z. Hochfr. Bd. 30 (1927) S. 10, 52. (Oxydkathoden.)
Deutsche Glühfaden-Fabrik[1]: Prospekt über Elmet-Metalle Nr. 3/3/35 (Berlin 1935) S. 9. (Löten zwischen Graphitbacken.)
Dobke[1], G.: Elektrotechn. Z. Bd. 53 (1932) S. 449. (Teilpastierte Kathode.)
Dodge[1], H. L.: Physic. Rev. (2) Bd. 11 (1918) S. 311. (W-Konstanten.)
Dralle-Keppeler[1]: Die Glasfabrikation, 2. Aufl. München 1926.
Dressler[1], A.: Licht Bd. 3 (1933) S. 185, 204. (Leuchtschirm-Lichtausbeute durch UV-Licht.)
Du Bridge[1], L. A.: Physic. Rev. Bd. 32 (1928) S. 961. (Elektronenemission von Pt.)
Duschnitz[1], B.: Elektrotechn. Z. Bd. 50 (1929) S. 1049. (W-Leuchtdraht-Herstellung.)
—[2] Helios, Lpz. Bd. 39 (1933) S. 283. (Ta-, W-, Mo-Anwendungsgebiete.)
Dusen[1], M. S. van and S. M. Shelton: Bur. Stand. J. Res. Bd. 12 (1934) S. 429. (Wärmeleitfähigkeit von techn. und reinstem Ni.)

Dushman[1], S.: Electr. Engng. Bd. 53 (1934) S. 1054; Rev. Mod. Phys. Bd. 2 (1930) S. 381. (Emission von Glühkathoden.)
—[2] Hochvakuumtechnik. Berlin 1926.
—[3] Gen. electr. Rev. Bd. 26 (1923) S. 156. (Thorium.)
—[4] Physic. Rev. Bd. 25 (1925) S. 338. (Ta-Elektronenemission.)
—[5] u. a.: Physic. Rev. Bd. 25 (1925) S. 352. (Mo-Elektronenemission.)
—[6] — Physic. Rev. Bd. 29 (1927) S. 903. (Zr auf W.)
—[7] Int. Crit. Tables Bd. 6 (1930) S. 53. (Elektronen-Austrittsarbeiten.)
—[8] and J. W. Ewald: Physic. Rev. Bd. 29 (1927) S. 857. (WTh-Emission.)
—[9] Int. Critic. Tables Bd. 1 (1926) S. 91. (Dampfdrucke bei tiefen Temperaturen.)
Ebert[1], F. u. H. Flasch: Z. anorg. allg. Chem. Bd. 217 (1934) S. 95. (Niedere W-Oxyde.)
Ebert[1], H.: Anleitung zum Glasblasen, 6. Aufl. Leipzig 1926.
Eckert[1], F.: Jb. Radiol. Bd. 20 (1923) S. 93. (Physikalische Eigenschaften der Gläser.)
Egerton[1], A. G.: Philos. Mag. Bd. 33 (1917) S. 33. (Cadmium-Dampfdruck.)
Eilhauer[1], O.· DRGM. 1305583/34, DRGM. 1308285/34. (Metallgeflechte für Elektroden.)
Eisler[1], Ch.: USA. Pat. 1522001/24/25. (Fußquetschzangen.)
Eldred[1], B. E.: USA. Pat. 1140136/13/15. (Kupfermanteldraht für Glaseinschmelzungen.)
Electr. Res. Prod. Inc.[1]: DRP. 619402/30/35. (Photozelle.)
Elssner[1], G.: Z. VDI Bd. 78 (1934) S. 415. (Verchromungsverfahren.)
Eltzin[1], J. A. and A. P. Jewlew: Physik. Z. Sowjet-Union Bd. 5 (1934) S. 687. (Entgasen von Graphitanoden.)
Elzin[1], J. A.: Z. Physik Bd. 82 (1934) S. 620. (N_2-Nachleuchten als Reinheitsprüfung.)
Ende[1], W.: Elektrotechn. Z. Bd. 55 (1934) S. 853. (Hochdruckquarzlampe mit Hg-Ar-Füllung und Oxydkathode.)
—[2] Z. techn. Physik Bd. 15 (1934) S. 313 (ultraviolettdurchlässiges Glas).
Endell[1], K.: Ber. dtsch. glastechn. Ges. Bd. 13 (1932) S. 97. (Glasspannungen.)
Engel[1], A. v. u. M. Steenbeck: Elektrische Gasentladungen. Bd. 1: Grundgesetze. Berlin 1932; Bd. 2: Technische Anwendungen. Berlin 1934.
Esmarch[1], O.: Wiss. Veröff. Siemens-Konz. Bd. 10 (1931) Heft 2 S. 172. (Hochfrequenzerhitzung.)
Espe[1], W.: Wiss. Veröff. Siemens-Konz. Bd. 5 (1927) Heft 3 S. 29. (Emissionsmechanismus von Oxydkathoden.)
—[2] Wiss. Veröff. Siemens-Konz. Bd. 5 (1927) Heft 3 S. 46. (Richardson-Konstanten von Erdalkalioxydkathoden.)
—[3] Z. techn. Physik Bd. 10 (1929) S. 489. (Richardson-Konstanten von Destillationskathoden.)
—[4] Nach unveröffentlichten Messungen bzw. Versuchen oder Entwürfen.
—[5] DRP. 488933/25/30. (Mg-Getterspiegel als elektrostatischer Schutz.)
—[6] u. P. Fritsch: DRP. 554516/27/32. (Elektrisch gesteuertes Gaseinfüllventil mit Hg.)
—[7] u. F. Evers: DRP. 567909/27/34. (Poröser Kathodenkern für Pastekathoden.)
—[8] DRP. 588414/30/33. (Oxydation von W-Kerndraht für Destillationskathoden.)
—[9] DRP. 567859/30/33, USA. Pat. 1894949/30/33. (Bombardementzündung für Thermit.)
—[10] DRP. 514104/29/30. (Anodentaschen für Destillationskathoden.)
—[11] u. P. Fritsch: DRP. 447043/26/27. (Angeschmolzener Fluoreszenzschirm.)
—[12] DRP. 591392/29/34. (Quetschfußabdeckung durch Metallhütchen.)
—[13] u. J. Kroczek: Z. techn. Physik Bd. 13 (1932) S. 443. (Apiezonfett als Dichtungsmittel.)
—[14] DRP. angem. 1934. (CuAg-Eutektikumlot für Vakuumlötungen.)
—[15] Franz. Pat. 760692/32/34; Öst. Pat. 144177/32/35. (Hochohmige Ableitungen gegen Aufladungen an isolierten Röhrenkonstruktionsteilen.)
Euriger[1], G.: Z. Physik. Bd. 96 (1935) S. 37. (Diffusion von Wasserstoff durch Ni.)
Ewest[1], H.: Fernsehen u. Tonfilm Bd. 3 (1932) S. 9. (Na-Lampe.)
Fansteel Prod.[1]: Electr. Wld., Lond. Bd. 104 (1934) S. 1184. (Schweißen von Ta unter Schutzflüssigkeit.)
Farnsworth[1], P. T.: J. Franklin Inst. Bd. 218 (1934) S. 411. (Sekundäremissionsröhre mit Cs.)
—[2] Physic. Rev. Bd. 20 (1922) S. 361. (Wood-Metall-Dichtung.)
Fay[1], C. E. u. A. L. Samuel: Inst. Radio Eng. Bd. 23 (1935) S. 200. (Getterhalterung an HF-Kurzschlußring.)

Fehse[1], W.: Elektrische Öfen und Heizkörper aus Wolfram. Braunschweig 1928.
Fehse[1], A. u. K. Schröter: Techn.-wiss. Abh. Osram-Konz. Bd. 2 (1931) S. 207. (Glasbearbeitung durch Widia.)
Fetkenheuer[1], B. u. E. Cremer: Siemens-Z. Bd. 12 (1932) S. 168. (Tantal-Eigenschaften.)
Fink[1], C. G.: USA. Pat. 1498908/15/24. (Cu-Mantel-Einschmelzdraht.)
Fischer[1], W.: Elektrowärme Bd. 4 (1934) S. 269. (Röhrengenerator für Hochfrequenzöfen.)
Fischvoigt[1], H. u. F. Koref: Z. techn. Physik Bd. 6 (1925) S. 296. (Mo-Aufwachsverfahren.)
Fleischer[1], R. u. H. Teichmann: Die lichtelektrischen Zellen und ihre Herstellung. Dresden u. Leipzig 1932.
Fonda[1], G. R.: Physic. Rev. Bd. 31 (1928) S. 263. (Langmuirscher Antidiff.-Effekt.)
—[2] u. A. H. Young: Gen. electr. Rev. Bd. 37 (1934) S. 331. (Na-Lampen.)
Föppl[1], A.: Vorlesungen über technische Mechanik, 10. Aufl., Bd. 3. Leipzig 1927.
Forro[1], M. u. E. Patai: Z. techn. Physik Bd. 12 (1931) S. 256. (Glaselektrolyse.)
Forsythe[1], W. E.: Int. Crit. Tables Bd. 5 (1929) S. 245. (Wahre u. schwarze Temperatur.)
—[2] u. A. G. Worthing: Astrophys. J. Bd. 61 (1925) S. 146. (Wolfram in Lampen.)
—[3] and E. M. Watson: J. opt. Soc. Amer. Bd. 24 (1934) S. 114. (Eigenschaften von W.)
Fox[1], G. W. u. R. M. Bowie: Physic. Rev. Bd. 44 (1933) S. 345. (Elektronenaustrittsarbeit von Ni.)
Frank[1], S.: Meßentladungsstrecken. Berlin 1931.
Fredenburgh[1], M. V.: Brit. Pat. 315801/28/30. (Karbonatherstellung für Pastekathoden.)
Friedrich[1], C. A.: DRP. 263402/12/13. (Entgasung von Röntgenantikathoden durch Innenheizkörper.)
Fruth[1], H. F.: Bell Syst. techn. J. Bd. 11 (1932) S. 283. (Kathodenzerstäubungs-Apparatur.)
Führer[1], R.: Telegr. u. Fernspr.-Techn. Bd. 23 (1934) S. 167. (Wasserdampfgehalt von Arbeitsräumen.)
Fujumoto[1], U.: USA. Pat. 1621926/22/23. (Drehanoden-Röntgenröhre.)
Gabor[1], D.: DRP. 573448/31/33. (Metallfolien-Quarz-Einschmelzung mittels Lichtbogen.)
—[2] DRP. 598214/30/34. (Metall-Quarz-Einschmelzung unter Vakuum.)
—[3] DRP. 597599/30/34. (Entgastes Ta für Quarzeinschmelzungen.)
Gaede[1], W.: Z. techn. Physik Bd. 4 (1923) S. 337. (Hg-Diffusionspumpe aus Stahl.)
—[2] Ann. Physik (4) Bd. 41 (1913) S. 302. (Elektrolytische H_2-Erzeugung.)
Ganswindt[1], S. u. K. Matthies: Z. techn. Physik Bd. 15 (1934) S. 26. (Niob-Kathode.)
—[2] Werkstoffhandbuch Nichteisenmetalle, Blatt 04. Berlin 1928. (Tantal.)
—[3] u. K. Matthies: Chem. Fabrik Bd. 6 (1933) S. 521. (Tantal.)
—[4] — DRP. 563148/30/32. (Niob-Kathode.)
Geffken[1], H., H. Richter u. J. Winkelmann: Die lichtelektrische Zelle als technisches Steuerorgan. Berlin 1933.
Gehlhoff[1], G.: Lehrbuch der technischen Physik, Bd. III. Die Physik der Stoffe. Leipzig 1928.
—[2] u. A. Thomas: J. Soc. Glass Technol. Bd. 11 (1927) S. 347. (Stoßfestigkeit von Glas.)
Gehrts[1], A.: Siemens-Z. Bd. 7 (1927) S. 559. (Thorierte Mo-Glühkathode.)
—[2] u. A. Semm: Naturwiss. Bd. 23 (1935) S. 587. (Senderöhren.)
Geiss[1], W.: Physica Bd. 3 (1923) S. 232. (W-Einkristall-Konstanten.)
Gen. El. Co.[1]: DRP. 332330/17/21. (Fußschellen zum Halten des Elektrodenaufbaues.)
—[2] DRP. 512262/17/30. (Öffnen von Glasampullen mit Cs-Füllung unter Vakuum.)
—[3] DRP. 414200/21/25. (Hülsenanschmelzung.)
Gerdien[1], H.: Z. techn. Physik Bd. 13 (1932) S. 586. (Sinterkorund.)
Gerlach[1], W. u. E. Riedel: Physik. Z. Bd. 34 (1933) S. 516. (Spektralanalyse von Pt.)
—[2] u. E. Schweitzer: Die chemische Emissions-Spektralanalyse, Bd. 1 u. 2. Leipzig 1930 u. 1933.
Germershausen[1], W.: Die moderne Hochvakuumtechnik. Leipzig 1926.
—[2] Elektrotechn. Z. Bd. 51 (1930) S. 1257. (Oxydkathoden-Gasgleichrichter.)
Gessel[1], K. M. van: DRP. 596877/24/34. (Aufdampf-Oxydkathoden.)
Gfrörer[1], O. u. H. Berger: Strahlentherapie Bd. 48 (1933) S. 570. (Grenzstrahlenröhren mit Fe-Cr-Anoden.)
Giesel[1], F. u. J. Zenneck: Physik. Z. Bd. 10 (1909) S. 377. (Zinksulfide.)
Gilby Comp.[1]: Nach freundlicher Mitteilung. (Handelsname „Cobanic".)

Glaser[1], A. u. K. Müller-Lübeck: Einführung in die Theorie der Stromrichter. Bd. 1: Elektrotechnische Grundlagen. Berlin 1935.
Gmelins[1] Handbuch der anorganischen Chemie, 8. Aufl., Bd. Wolfram. Berlin 1933.
—[2] Handbuch der anorganischen Chemie, 8. Aufl., Bd. Beryllium. Berlin 1930.
—[3] Handbuch der anorganischen Chemie, Bd. 5, Abt. III. 1915. (Platin.)
—[4] Handbuch der anorganischen Chemie, 8. Aufl., Bd. Edelgase. Berlin 1926.
Goetz[1], A.: Physik und Technik des Hochvakuums, 2. Aufl. Braunschweig 1926.
Goldschmidt[1], K.: Aluminothermie. Leipzig 1925.
Gordon[1], N. W.: Gen. electr. Rev. Bd. 37 (1934) S. 338. (Na-Dampflampen.)
Gottschalk[1], A. u. W. Kluge: AEG-Mitt. 1934 S. 67. (Oxydkathoden-Hochspannungsgleichrichter mit Hg-Dampffüllung.)
Goucher[1], F. S.: DRP. 399896/21/21. (W-Stapelkristalldraht.)
Grebel[1], B.: DRP. 527217/26/31. (Einschlagen von W-Drähten in Ni für Gitter.)
Gregory[1], H. S.: Proc. Roy. Soc., Lond. Bd. 149 (1935) S. 51. (Wärmeleitfähigkeit von H_2.)
Grigorjew[1], A. T.: Z. anorg. allg. Chem. Bd. 178 (1929) S. 213. (Konstanten des Pt.)
Gröber[1], H.: Forsch.-Arb. Ing.-Wes. 1911 Heft 104; Z. VDI Bd. 54 (1910) S. 1319. (Asbest.)
Gross[1] R.: Jb. Radiol. Bd. 15 (1918) S. 270. (W-Einkristallverfahren.)
Grossmann[1], G.: Physikalische und technische Grundlagen der Röntgentherapie. Berlin 1925.
Gruhl[1], A.: Diss. Berlin 1923. (Zinksilikate.)
Grundke[1], V. u. L. Rohde: Elektrotechn. Z. Bd. 55 (1934) S. 1214. (Verlustwinkel von Glas, Quarz und keramischen Baustoffen.)
Grunert[1], H.: „Heraeus Vakuumschmelze 1932—33", S. 139. Hanau 1933. (Kriechfestigkeit von Fe, Ni und Legierungen.)
Grunmach[1]: Physik. Z. Bd. 6 (1905) S. 795. (Diffusion von CO_2 durch vulkanisierten Gummi.)
Gudden[1], B.: Die lichtelektrischen Erscheinungen. Berlin 1928.
Gunter[1], R., K. Andrew u. A. Ringbom: Z. Elektrochem. Bd. 36 (1930) S. 211. (Bariumazidzersetzung.)
Güntherschulze[1], A.: Handbuch der Physik, Bd. 17. Berlin 1926. Elektrische Gleichrichter und Ventile, 2. Aufl. Berlin 1929.
—[2] Z. Physik Bd. 36 (1926) S. 563; Bd. 37 (1926) S. 868; Bd. 38 (1926) S. 575; Bd. 62 (1930) S. 607; Bd. 71 (1931) S. 279. (Kathodenzerstäubung.)
Guntz[1], A. A.: Thèse, S. 56. Paris 1925. C. R. Acad. Sci., Paris Bd. 177 (1923) S. 479. (ZnS-CdS-Leuchtschirme.)
Gürtler[1], W.: Metallographie, Bd. 2, Teil 2, Heft 6, S. 359. Berlin 1923. (Umwandlungspunkte der Eisennickel-Reihe.)
Halberstadt[1]: Techn. Mitt. Röntgenbetriebe 1933 Nr. 14 S. 1. (W-Antikathoden.)
Hall[1], E. W. and J. W. Davies: Electrician Bd. 113 (1934) S. 694. (Prüfung von Röhren mittels Röntgendurchleuchtung.)
Hall[1], L. G.: Physic. Rev. Bd. 47 (1935) S. 418. (Alitieren von Fe.)
Handrek[1], H.: Z. techn. Physik Bd. 15 (1934) S. 494. (Porzellan-Glas-Verbindungen.)
Hamburger[1], L.: Proc. Amst. Bd. 21 (1919) S. 1022; Engineering Bd. 108 (1919) S. 365. (Entfärber für Glühlampen.)
Hamprecht[1], G. u. L. Schlecht: Metallwirtsch. Bd. 12 (1933) S. 281. (Sinterung von Karbonyl-Ni und -Ni-Fe.)
Hampton[1], W. M.: Illum. Engr., N.Y. Bd. 26 (1933) S. 48. (Opalglas.)
Harnisch[1], M.: Nach unveröffentlichten Messungen im Siemens-Röhren-Werk, freundlich zur Verfügung gestellt. (Heizleistung von Oxydkathoden.)
Harris[1], J. E. and E. E. Schumacher: Ind. Engng. Chem. Bd. 15 (1923) S. 174. (Gasabgabe von Gläsern.)
Harrison[1], E. P.: Philos. Mag. (6) Bd. 7 (1904) S. 626. (Ausdehnungskoeffizient von Ni.)
Harvey[1], F. E.: Trans. Faraday Soc. Bd. 29 (1933) S. 653. (Bariumazidzersetzung.)
Hausser[1], K. W., A. Bardehle u. G. Heisen: Fortschr. Röntgenstr. Bd. 35 (1926) S. 643. (Röntgenstrahlfenster aus Be.)
—[2] u. P. Scholz: Wiss. Veröff. Siemens-Konz. (3) Bd. 5 (1927) S. 144. (Cu-Einkristalle aus Vakuumschmelze.)
Hecht[1], H.: Lehrbuch der Keramik, 2. Aufl. Berlin 1930.
Heindl[1], R. A.: Bur. Stand. J. Res. Bd. 10 (1933) S. 715. (Karborund.)

Helmuth[1], F. H.: Der Argonalgleichrichter. Leipzig 1933.
—[2] Helios, Lpz. Bd. 41 (1935) S. 33. (Ausdehnungslampe.)
Hertz[1], G.: DRP. 473141/24/29. (Ar-Zusatz zu Hg-Dampf.)
—[2] DRP. 443323/23/27. (Oxydkathode nach Azidverfahren.)
Hessenbruch[1], W.: Z. Metallkde. Bd. 25 (1933) S. 248. (Be-Zusatz zu Ni und Cu.)
Hickman[1], K. C. D. u. C. R. Sandford: Rev. Scient. Instr. Bd. 1 (1930) S. 140. (Dampfdruck von Vakuumölen.)
—[2] — J. physic. Chem. Bd. 34 (1930) S. 637. (Vakuumdestillation von Vakuum-Fetten und -Ölen.)
—[3] J. Franklin Inst. Bd. 213 (1932) S. 119. (Vakuum-Öle und -Fette.)
Hidnert[1], P.: Bur. Stand. J. Res. Bd. 13 (1934) S. 37. (Wärmeausdehnung von Graphit.)
—[2] u. H. S. Krider: Bur. Stand. J. Res. Bd. 11 (1933) S. 279. (Wärmeausdehnung von Nb.)
Hiemenz[1], H.: Festschrift W. Heraeus, S. 77. Hanau 1930. (Bimetall-Legierung FeNiMo.)
Hild[1], K.: Mitt. Kais.-Wilh.-Inst. Eisenforschg., Düsseld. Bd. 14 (1932) S. 60. (Strahlungsvermögen von Metall-Oxyden.)
Hippel[1], A. v.: Ann. Physik Bd. 80 (1926) S. 672. (Kathoden-Zerstäubung.)
Hocker[1], C. D. W.: USA. Pat. 1545256/18/25. (Aufstreichverfahren für Oxydkathoden.)
Hodgson[1], B. u. a.: J. Instn. electr. Engr. Bd. 67 (1929) S. 762. (Oxydkathoden.)
Hoffmann[1], F. u. A. Schulze: Z. Metallkde. Bd. 27 (1935) S. 155. (Schmelzpunkte der Erdalkalimetalle.)
Holborn[1], L.: Ann. Physik Bd. 59 (1919) S. 145. (Spez. Widerstand von Ni.)
Holladay[1], J. A.: Can. Pat. 351846/32/35. (Ni-Fe-Mo für formbeständige Gitter.)
Holst[1], G. u. a.: DRP. 497793/21/30. (Ne-Füllung mit geringem Ar-Zusatz.)
—[2] — Physica Bd. 14 (1934) S. 302. (Absorption von Cs durch Sn.)
Honigmann[1], L.: Glastechn. Ber. Bd. 12 (1934) S. 372. (Spannungen in Glas-Metall-Verschmelzungen.)
Housekeeper[1], W. G.: J. Amer. Inst. electr. Engr. Bd. 42 (1923) S. 954; USA.-Pat. 1294466/18/19, USA. Pat. 1560690/23/25. (Cu-Glas-Verschmelzungen.)
—[2] USA Pat. 1560690/23/25. (Außenanoden aus Cu.)
Hulburt[1], E. O.: Science Bd. 56 (1923) S. 147. (AgCl als Vakuumkitt.)
Hull[1], A. W.: J. Amer. Inst. electr. Engr. Bd. 47 (1928) S. 753. (Ionen-Bombardement auf WTh und Äquipotential-Kathoden.)
—[2] J. Amer. Inst. electr. Engr. Bd. 47 (1928) S. 798. (Hohlkathoden.)
—[3] Physics Bd. 2 (1932) S. 409. (Anwendung von Röhren, lichtelektrische Zellen.)
—[4] and E. E. Burger: Physics Bd. 5 (1934) S. 384. (Glas-Metall-Verschmelzungen.)
Hund[1], A.: Electronics Bd. 6 (1933) S. 6. (Glas-Porzellan-Einschmelzung, Kopfstromverstärker.)
Hunter[1], M. A. and A. Jones: Electrochem. Soc. Vordruck 66—20. Sept. 1934. (Titan, Konel.)
Huth[1], E. F. G. m. b. H.: DRP. 492046/15/30. (Gekühlte Außenanode aus Cu.)
—[2] DRP. 308490/17/21. (Hochfrequenzentgasung.)
—[3] Franz. Pat. 518783/18/21. (Entgasen von Elektroden im Ätherdampf.)
Huthsteiner[1], H. and S. Dushman: Gen. electr. Rev. Bd. 24 (1921) S. 677. (Phosphorgetterung.)
Hütte[1]: Taschenbuch des Ingenieurs, 26. Aufl., Bd. 1. Berlin 1931.
Iams[1], H. u. B. Salzberg: Proc. Instn. Radio Engr. Bd. 23 (1935) S. 55. (Photozellen mit Sekundäremissionsverstärkung.)
Idelberger[1], H.: DRP. 367628/20/23. (Stromentlastete Glas-Metall-Einschmelzungen.)
Illig[1], K.: Wiss. Veröff. Siemens-Konz. Bd. 8 (1929) Heft 1 S. 75. (Eigenschaften von Be.)
—[2] M. Hosenfeld u. H. Fischer: Wiss. Veröff. Siemens-Konz. Bd. 8 (1929) Heft 1 S. 42. (Be-Gewinnung.)
Ingersoll[1], L. R.: Physic. Rev. Bd. 16 (1921) S. 129. (Eigenschaften von FeNi-Legierungen.)
Issendorff[1], J. v.: Physik. Z. Bd. 29 (1928) S. 957. (Hg-Kathoden.)
—[2] u. H. Jungmichl: DRP. 461320/26/28. (Spritzzündung von Hg-Gleichrichtern mit Glasgefäß.)
Jacobi[1], W. u. O. Karl: DRGM. 1243631/32. (Halterung von Graphitanoden in Cu-Töpfen.)
Jakobi[1], R. u. F. Koref: DRP. 371623/21/23. (W-Stapelkristalldraht.)

Jeffries[1], Z.: Trans. Amer. Inst. min. metallurg. Engr. Bd. 60 (1919) S. 474. (Mechanische Eigenschaften von Wolfram zwischen 0—900° C.)
—[2] Trans. Amer. Inst. min. metallurg. Engr. Bd. 60 (1919) S. 588. (Metallographie von Wolfram.)
Jobst[1], G. u. F. Sommer: Telefunkenröhre Bd. 1 (1934) S. 8; Brit. Pat. 428165/33/35. (Abschirmung von Isolatoren.)
Johnson[1], F. M. G. u. P. Larose: J. Amer. chem. Soc. Bd. 49 (1927) S. 312. (Diffusion von O_2 durch Ag.)
Johnson[1], J. B.: USA. Pat. 1603284/22/26. (Leuchtstoffmischungen.)
Jones[1], H. A. and J. Langmuir: Gen. electr. Rev. Bd. 30 (1927) S. 310. (Wolfram, Elektronenemission.)
—[2] Chem. metallurg. Engng. Bd. 22 (1920) S. 9. (Wolframherstellung.)
Jones[1], L. T.: Science Bd. 55 (1922) S. 352. (Einschmelzen von W in Glas.)
Jost[1], W. u. A. Widmann: Z. physik. Chem. Abt. B Bd. 29 (1935) S. 252. (H_2-Diffusion durch Pd.)
Kahla Porzellanfabrik[1]: DRGM. 1310508/33/34. (Glas-Keramik-Anschmelzung.)
Karl[1], O.: DRP. 506662/29/30. (Glimmerfederung für Zuleitungs-Schirmrohre.)
—[2] DRP. 516310/28/31. (Cu-Hilfsfolie für Stabeinschmelzungen in Glas.)
Kaufmann[1], W. u. Ph. Siedler: Z. Elektrochem. Bd. 37 (1931) S. 492. (Durch Vakuum-Destillation gereinigtes Mg.)
Keiling[1], A.: Werksleiter 1933 Heft 9 S. 191. (Sockelkitt.)
Keinath[1], G.: Arch. Techn. Messen (ATM) Bd. 2 (1932) S. 156. (Thermoelemente.)
—[2] „Meßverfahren der Elektrothermie“, in M. Pirani: Elektrothermie. Berlin 1930.
—[3] Die Technik elektrischer Meßgeräte. Berlin 1928.
—[4] Elektrische Temperatur-Meßgeräte. München 1923.
Kiefer[1], W.: Diss. Techn. Hochschule Berlin 1935. (Punktschweißen dünner Drähte mit Stromtorsteuerung.)
King[1], R. W.: Bell Syst. techn. J. Bd. 2 (1923) Nr. 4. (Oxydkathoden.)
Kingdon[1], K. H.: Physic. Rev. Bd. 24 (1924) S. 510. (Thorium.)
—[2] u. J. Langmuir: Physic. Rev. Bd. 22 (1923) S. 148. (Pos. Ionen-Bombardement auf WTh.)
Kleen[1], W: Arch. Techn. Messen (ATM) Bd. 3 T 101 (1933). (Vakuum-Manometer.)
Kleinschmidt[1], W.: Z. techn. Physik Bd. 15 (1934) S. 386. (Eisenwasserstoff- und Urandioxydwiderstände.)
Klemm[1], A. u. E. Berger: Glastechn. Ber. Bd. 5 (1927/28) S. 405. (Wärmeausdehnungsmessungen an Glas.)
Klockmann[1], F.: Lehrbuch der Mineralogie, S. 623. Stuttgart 1922. (Chabasit.)
Kluge[1], W.: Fernsehen u. Tonfilm Bd. 3 (1932) S. 45. (Photozellen.)
—[2] Z. techn. Physik Bd. 16 (1935) S. 184. (Alkaliphotozellen.)
—[3] Elektrotechn. Z. Bd. 57 (1936) S. 145. (Alkaliphotozellen.)
Klumb[1], H.: Naturwiss. Bd. 19 (1931) S. 612. (Öl-Diffusionspumpen.)
Knepper[1], E.: Die Fabrikation von Wolframdrähten für elektrische Glühlampen und Radioröhren. Leipzig 1930.
—[2] Die Fabrikation und Berechnung der modernen Metalldraht-Glühlampen. Leipzig 1926.
Kniepkamp[1], H. u. K. Nebel: Wiss. Veröff. Siemens-Konz. (2) Bd. 11 (1932) S. 75. (Oxydkathoden.)
—[2] u. M. Steenbeck: Siemens-Z. Bd. 15 (1935) S. 193. (Hg-Glühkathodenstromtore.)
Knoll[1], M.: Z. techn. Physik Bd. 10 (1929) S. 294. (Bewegung von Elektroden im Vakuum durch Federkörper; fettfreie Dichtungen.)
—[2] F. Ollendorff u. E. Rompe: Gasentladungstabellen. Berlin 1935.
—[3] Mechanismus der Kathodenzerstäubung. Diss. Techn. Hochschule München 1923.
—[4] DRP. 522836/27/33. (Kathodenzerstäubung in strömendem Gas.)
—[5] DRP. 599565/31/34. (Kathodenzerstäubungs-Apparatur.)
—[6] Z. Instrumentenkde. Bd. 54 (1934) S. 273. (Zerlegbares Entladungsgefäß, Gummidichtung.)
—[7] Z. techn. Physik Bd. 11 (1930) S. 491. (Leuchtschirm-Kontaktphotographie.)
—[8] u. B. v. Borries: Z. techn. Physik Bd. 11 (1930) S. 493. (Großes Elektronenfenster.)
—[9] u. E. Ruska: Z. Physik Bd. 78 (1932) S. 318. (Hochsp.-Elektronenmikroskop.)
—[10] H. Knoblauch u. B. v. Borries: Elektrotechn. Z. Bd. 51 (1930) S. 966. (Metallentladungsröhre, Elektronenfenster.)
—[11] u. B. v. Borries: Z. techn. Physik Bd. 11 (1930) S. 111. (Elektronenfenster.)

Knoll[12], M. u. a.: Z. Physik. Bd. 78 (1932) S. 340. (Magn. Elektronenmikroskop.)
—[13] Arch. Techn. Messen (ATM) Bd. 1 (1931) J 834—1. (Literatur über Kathodenstrahlröhren bis Mitte 1931.)
Koch[1], Gebr.: DRP. 536980/29/31. (Leuchtschirmherstellung mit Glyzerin.)
Kohl[1], H.: Ber. dtsch. keram. Ges. Bd. 13 (1932) S. 70; Keram. Rdsch. Bd. 41 (1933) S. 75; Arch. Techn. Messen (ATM) Bd. 1 (1931) S. 96. (Sinterkorund.)
Köhler[1], W. u. R. Rompe: Die elektrischen Leuchtröhren. Braunschweig 1933.
Kohlrausch[1], F.: Lehrbuch der praktischen Physik, 16. Aufl. Leipzig 1930.
Koller[1], L. R.: Physic. Rev. Bd. 22 (1925) S. 671. (Oxydkathoden.)
—[2] Physic. Rev. Bd. 33 (1929) S. 1082. (Kathoden aus Cs auf Oxyd. Ag.)
Kordatzki[1], W., A. Schleede u. F. Schröter: Physik. Z. Bd. 27 (1926) S. 392. (Leuchtschirm-Lichtausbeute durch Elektronen-Stoß.)
Koref[1], F.: Z. Elektrochem. Bd. 28 (1922) S. 511. (W-Aufwachsverfahren.)
—[2] u. K. Moers: DRP. 424879/23/26. (W-Stapelkristalldraht.)
Körös[1], L.: Elektrotechn. Z. Bd. 50 (1929) S. 786, DRP. 600128/28/34. (Glimmspannungsteiler.)
Kossel[1], W.: Jb. Radioakt. u. Elektr. Bd. 18 (1921) S. 236. (Kalte Kathoden.)
Krais[1], P.: Werkstoffe. Leipzig 1921.
Kraus[1], C. A.: USA. Pat. 1093997/12/14. (Stromentlastete Glasmetalleinschmelzung.)
Krause[1], H.: Masch.-Bau Bd. 12 (1933) S. 599. (Chemisches Reinigen von Metallen.)
Krefft[1], H. u. E. Summerer: Licht Bd. 4 (1934) S. 1. (Hg-Hochdruck-Lampen.)
Kremenezky[1], J.: DRP. 212860/08/09. (Kolbeneinschmelzen mit Maschine.)
Kroczek[1], J.: Diss. Dtsch. Hochschule Brünn 1930. (Aufheizeffekt von Oxydpastekathoden.)
Kroll[1], W.: Metallwirtsch. Bd. 13 (1934) S. 725. (Vakuumdestillation von Metallen.)
Krüger[1], F.: Z. techn. Physik Bd. 10 (1929) S. 495. (Hochohmige Widerstände, hergestellt durch Kathodenzerstäubung.)
Kruh[1], O.: DRP. 424133/17/26. (Angeschärfte Cu-Kappen für Glasanschmelzungen.)
—[2] DRP. 346111/17/21. (Elektrodenhalterung durch Cu-Kappen.)
Krupp[1], F. Akt.-Ges.: Nichtrostende und säurebeständige Stähle. (Druckschrift Ve 3438 und 3439, 1934.)
Kühlewein[1], H.: Physik. Z. Bd. 31 (1930) S. 627. (Magnetische Umwandlungstemperaturen von Fe-Legierungen.)
Künzel[1], V. u. I. B. Slavik: Z. techn. Physik Bd. 16 (1935) S. 272. (Gaseinlaßventil.)
Kurnakow[1], N. S. u. W. A. Nemilow: Z. anorg. allg. Chem. Bd. 210 (1933) S. 19. (Widerstand von PtNi-Legierungen.)
Kurrein[1], M.: Die Werkzeuge und Arbeitsverfahren der Pressen, 2. Aufl. Berlin 1926.
Kusunose[1], Y.: Proc. Instn. Radio Engr. Bd. 15 (1927) S. 431. (Kurzwellendurchbläser in Glas.)
Laatsch[1], W.: Die Edelmetalle. Berlin 1925.
Langmuir[1], I.: Physic. Rev. Bd. 2 (1913) S. 450. (Emission von C.)
—[2] J. Amer. chem. Soc. Bd. 41 (1919) S. 167. (Mo + N_2.)
—[3] Physic. Rev. Bd. 1 (1912) S. 406. (Antidiffusions-Effekt.)
—[4] u. a.: Physic. Rev. Bd. 30 (1927) S. 201. (Dampfdruck von Metallen.)
—[5] u. de Ryder: J. Amer. chem. Soc. Bd. 4 (1912) S. 1310. (Mikroanalyse von Gasen.)
—[6] M. Lane and K. B. Blodgett: Physic. Rev. Bd. 35 (1930) S. 478. (Emissionsverlust von Glühkathoden-Enden.)
—[7] J. Franklin Inst. Bd. 217 (1934) S. 543. (Thoriumkathoden.)
Laszlo[1], H. de: J. sci. Instrum. Bd. 10 (1933) S. 296. (Borax bei Cu-Glas-Anschmelzungen.)
Laug[1], E. P.: Ind. Engng. Chem. Anal. Bd. 6 (1934) S. 111. (Reinigen von Glas.)
Lauster[1], F.: Das Glas als Werkstoff der Elektrotechnik. Leipzig 1930.
—[2] Elektrotechn. Z. Bd. 57 (1936) Heft 20. (Mo-Folien-Einschmelzung in Quarz.)
—[3] Nach freundlicher Mitteilung.
Lax[1], E. u. M. Pirani: „Wolfram“, in G. Gehlhoff: Lehrbuch der technischen Physik, Bd. III. Leipzig 1929.
—[2] — in Geiger-Scheel: Handbuch der Physik, Bd. 19, S. 27. 1928; Bd. 21, S. 241. 1929. (Strahlung fester Körper.)
—[3] — in Geiger-Scheel: Handbuch der Physik, Bd. 19, S. 351. 1929. (Lichttechnik.)
—[4] — in Geiger-Scheel: Handbuch der Physik, Bd. 19, S. 440. (Lebensdauer von W-Drähten.)

Lax[5], E. u. M. Pirani in Geiger-Scheel: Handbuch der Physik, Bd. 19, S. 379. 1928. (Leuchtröhren.)
—[6] — in Geiger-Scheel: Handbuch der Physik, Bd. 19, S. 400. 1928. (Pyrometerlampen.)
—[7] — u. R. Rompe: Naturwiss. Bd. 23 (1935) S. 26. (Gasentladungslampen.)
Lehmann[1], W.: Brit. Pat. 404283/31/34. (H-Ionen-freie Kühlung für Eisengleichrichter-Gefäße.)
Leitgebel[1], W.: Metallwirtsch. Bd. 14 (1935) S. 267. (Dampfdruck von Metallen.)
Lenard[1], P., F. Schmidt u. R. Tomaschek, in Wien-Harms: Handbuch der Experimental-Physik, Bd. 23, S. 1. 1928. (Leuchtstoffe.)
Levy[1], L. A.: Brit. Pat. 230226/24/25. (Reduktion von Oxyden für Kathoden durch Mg oder Ca.)
Lewkonja[1], G. u. W. Baukloh: Z. Metallkde. Bd. 25 (1933) S. 309. (H_2-Diffusion durch Fe.)
Leybolds Nachf.[1], E.: DRP. 417275/23/25. (Nadel-Gaseinlaßventil.)
Liebig[1], R. G. M.: Zink und Cadmium. Leipzig 1913.
Liempt[1], J. A. M. van: Rec. Trav. chim. Pays-Bas Bd. 53 (1934) S. 941. (Rekristallisation.)
—[2] Rec. Trav. chim. Pays-Bas (4) Bd. 52 (1933) S. 399. (Manteleinschmelzdrähte, Berechnung des Ausdehnungskoeffizienten.)
—[3] u. H. W. Geiss: DRP 529338/24/31 (Mo-Seele für W-Wendelherstellung.)
Lincoln[1], I. C.: J. Amer. Inst. electr. Engr. Bd. 49 (1930) S. 110. (Schweißen mit Kohlelichtbogen.)
Lindemann[1], C. F. u. C. A.: Z. Röntgenkde. Bd. 13 (1911) S. 141. (Röntgenstrahlendurchlässiges Glas.)
Linn[1], A. (S. S. W.): Franz. Pat. 773497/33/34. (Fixierblech für Hg-Brennfleck.)
—[2] DRP. 567471/30/33, DRP. 585350/30/33. (Hg-Kathodentauchzündung.)
Littleton[1], J. T. and G. W. Morey: Electrical Properties of Glass. London 1933.
Loebe[1], W. u. W. Ledig: Z. techn. Physik Bd. 6 (1925) S. 325. (U.V.-Durchlässigkeit von Gläsern.)
Loebner[1], F.: Veröff. Geb. Nachrichtentechnik Bd. 3 (1933) S. 253. (Eindringtiefe von Hochfrequenz.)
Löwe[1], F.: Optische Messungen des Chemikers und des Mediziners, 2. Aufl. Dresden 1933.
Loewe[1], S.: Öst. Pat. 113452/26/29. (Beweglicher Getterhalter.)
—[1] DRP. 545905/24/32. (Röhren-Getterung.)
Lord[1], H. W. u. O. W. Livingston: Electronics Bd. 6 (1933) S. 186. (Stromrichtersteuerung von Punktschweißmaschinen.)
Lowry[1], E. F.: Physic. Rev. Bd. 35 (1930) S. 1367. (Konel als Oxydkathoden-Kerndraht.)
—[2] Rev. sci. Instrum. Bd. 4 (1933) S. 606. (Vakuumofen.)
—[3] Electronics Bd. 6 (1933) S. 281. (Oxydkathoden.)
—[4] Electronics Bd. 8 (1935) S. 520. (Kathodenschutz gegen Unterheizung.)
Lubszynski[1], G.: Diss. Technische Hochschule Berlin 1933. (Abschirmwirkung von Eisen und Kupfer.)
Lübcke[1], E. u. W. Schottky: Wiss. Veröff. Siemens-Konz. (1) Bd. 9 (1930) S. 390. (Hg-Wandstromverstärker.)
Ludwig[1], L. R., A. H. Toepfer and F. A. Maxfield: Electr. Engg. Bd. 53 (1934) S. 75. (Ignitron-Gleichrichter.)
Luff-Schmelkes[1]: Chemie des Kautschuks. Berlin 1925.
Mackay[1], G. M. J.: Int. Crit. Tables Bd. 6 (1929) S. 153. (Widerstand von Oxyden.)
Macnabb[1], V. C.: J. opt. Soc. Amer. Bd. 19 (1929) S. 33. (Oxydkathoden.)
Madine[1], J. J.: USA. Pat. 1545591/23/25. (Glasperlen-Metall-Einschmelzung.)
Marden[1], J. W.: Brit. Pat. 267902/26/28. (Erzeugung von Ba, Cs, Rb, K durch Thermitverfahren.)
Marino[1], A. J.: Electronics Bd. 6 (1933) S. 4. (Ni als Elektrodenmaterial.)
Marton[1], L. u. E. Rostas: Z. techn. Physik Bd. 10 (1929) S. 52. (Photozellen durch Glaselektrolyse.)
Masing[1], G. u. L. Koch: Z. Metallkde. Bd. 19 (1927) S. 278. (Wirkung von S auf Ni.)
—[2] Z. Elektrochem. Bd. 37 (1931) S. 414. (Ausscheidungshärtung.)
Matériel Telephonique[1]: Franz. Pat. 597658/25/25. (Bespulung von W-Draht mit Getterdraht.)
Matthies[1], K.: Materialkonstanten von Ta und Nb. (Nach unveröffentlichten Messungen im Siemens-Röhren-Werk, freundlichst zur Verfügung gestellt.)

McBain[1], J. W. u. D. G. Hopkins: J. physic. Chem. Bd. 29 (1925) S. 198. (Wasserglas-Kitte.)
Meller[1], K.: Elektrische Lichtbogenschweißung, 2. Aufl. Leipzig 1932.
Mellor[1], J. W.: Treatise Inorg. Chem. Bd. 9 (1929) S. 837. (Niob.)
Memmler[1], K.: Handbuch der Kautschukwissenschaft. Leipzig 1930.
Mendenhall[1], H. E.: Bell Labor. Record Bd. 11 (1932) S. 30. (Senderöhren-Bau.)
Messkin[1], W. S. u. A. Kussmann: Die ferromagnetischen Legierungen. Berlin 1932.
Metcalf[1], G. F. u. J. E. Beggs: Electronics Bd. 8 (1935) S. 149. (FeNiCo-Glas-Verschmelzungen für Ganzmetall-Röhren.)
Mey[1], K.: Ann. Physik Bd. 11 (1903) S. 127. (Hydrierung von Alkali durch H_2-Glimmentladung.)
Meyer[1], H.: Z. Physik Bd. 67 (1931) S. 264. (Dampfdruck von Ramsayfett.)
Meyer[1], W.: Z. techn. Physik Bd. 14 (1933) S. 126. (Urandioxydwiderstände.)
Michel[1], F.: Edelmetallprobierkunde, 2. Aufl. Berlin 1927.
Mierdel[1], G.: Wien-Harms Handbuch der Experimental-Physik, Bd. 13/III. (Kathodenzerstäubung.)
—[2] Ann. Physik (4) Bd. 85 (1928) S. 612. (Clean-up-Effekt.)
—[3] Nach unveröffentlichten Messungen; freundlichst zur Verfügung gestellt.
Miething[1], H.: Meßtechn. Bd. 4 (1928) S. 180. (T_W—T_S-Diagramm.)
Mindt[1], W.: Glas u. Apparat Bd. 9 (1928) S. 11. (Chemische Oberflächenbearbeitung von Glas.)
Mittasch[1], A.: Z. angew. Chem. Bd. 41 (1928) S. 832. (Karbonyleisen.)
M. O. Valve Co.[1]: Brit. Pat. 378994/31/32, Brit. Pat. 389170/31/33. (Catkin-Röhren, Glimmer-Verwendung.)
—[2] DRP. 577652/31/33 (vgl. auch Huth: DRP. 434008/15/26). (Vakuumzulötung von Metallpumpstutzen.)
Möbius[1], P.: Die Neon-Leuchtröhren. Leipzig 1932.
Moers[1], K.: Z. anorg. allg. Chem. Bd. 198 (1931) S. 233. (Aufwachsverfahren.)
—[2] Metallwirtsch. Bd. 13 (1934) S. 640. (Ta-Aufwachsverfahren.)
Molthan[1], W.: Z. techn. Physik Bd. 14 (1933) S. 546. (Störeffekte durch Streuelektronen.)
Moritz[1], H.: Z. VDI Bd. 77 (1933) S. 1321. (Spektralanalyse.)
Morris[1], S. D. D.: J. sci. Instrum. Bd. 11 (1934) S. 232. (Quarz-Metall-Lötung.)
Moser[1], H.: Physik. Z. Bd. 36 (1935) S. 154. (Ar-Füllen von Hg-Thermometern.)
Moser[1], L.: Reindarstellung von Gasen. Stuttgart 1920.
Müller-Lübeck[1], K. E.: Der Quecksilbergleichrichter, Bd. I u. II. Berlin 1925 u. 1929.
Müller[1], N. L.: Die Fabrikation und Eigenschaften der Metalldrahtlampen. Halle a. S. 1914.
Muth[1] & Co.: DRP. 515763/27/31. (Elektrolytische Reinigung von Einschmelzdrähten.)
Mylius[1], F. u. A. Mazzucchelli: Z. anorg. allg. Chem. Bd. 89 (1914) S. 1. (Chemische Platinanalysen.)
—[2] Silikat.-Z. Bd. 1 (1913) S. 2. (Hydrolytische Klassifizierung von Gläsern.)
Nally[1], J. O. M.: Proc. Instn. Radio Engr. Bd. 20 (1932) S. 1263. (Eisenkobalt-Legierung für indirekt geheizte Kathoden.)
Navias[1], L.: J. Amer. Ceram. Soc. Bd. 15 (1932) S. 234. (Fertigung von MgO- und Al_2O_3-Röhrchen.)
Nawo[1], L.: Elektrotechn. Z. Bd. 55 (1934) S. 904. (Chromoxyd.)
Neuburger[1], M. C.: Z. Kristallogr. Bd. 78 (1931) S. 164. (Dichte von Nb.)
Neumann[1], A. J.: Elektrische Widerstandsschweißung und Erwärmung. Berlin 1927.
Nichols[1], E. C.: J. opt. Soc. Amer. Bd. 19 (1929) S. 164. (Vakuumdichte AlSi-Gußlegierung.)
Nickel[1], G.: DRP. 565052/28/32. (Zusammensetzung von Pasteoxydkathoden.)
—[2] DRP. 527491/24/31, vgl. auch Brit. Pat. 362984/30/31 von A. Fevre. (Isolationsfehler-Abbrennen.)
Nienhold[1], J.: DRP. 319806/16/20, DRP. 342609/18/21, DRP. 348995/18/22. (Kopf- und Wandstromverstärker.)
—[2] DRP. 403209/20/24. (Selbstaufheizende Sinterkathode.)
N.N. (Veröff. ohne Autorennennung)[1]: AEG-Mitt. 1928 Nr. 12. (Micalex.)
—[2] J. Instn. electr. Engr. Bd. 68 (1930) S. 1313. (Glimmer.)
—[3] Dtsch. opt. Wschr. Bd. 55 (1934) S. 409. (Modulationsglimmlampen.)
—[4] Elektrotechn. Z. Bd. 55 (1934) S. 229. (Urandioxydwiderstände.)
—[5] Helios, Lpz. Bd. 41 (1935) S. 675. (Gasdichte Nahtschweißungen mittels Stromtorsteuerung.)

N.N.[6] (Veröff. ohne Autorennennung): Electrician Bd. 89 (1922) S. 651. (Glasanschmelz-Kappe aus Cu-bedecktem Ni-Stahl.)
—[7] Siemens-Z. Bd. 15 (1935) S. 239, Stromrichtersonderheft. (Stromtorsteuerung für Schweißmaschinen.)
—[8] Electronics Bd. 8 (1935) S. 297. (Herstellung von Ganzmetall-Rundfunkröhren.)
—[9] Funkbastler 1933 Heft 33 S. 527. (Indirekt geheizte Bifilar-Kathode.)
—[10] Electronics Bd. 8 (1935) S. 148. (Ganzmetallröhren, Einschmelzmaschine.)
—[11] Siemens-Z. Bd. 15 (1935) S. 188. (Schwarzverchromen von Vakuumelektroden.)
—[12] Helios, Lpz. Bd. 14 (1935) S. 1373. (Universalglasverarbeitungsmaschine.)
—[13] A discussion on the making of reflecting surfaces. London 1920.
Nolte[1], H. J. u. a.: Gen. electr. Rev. Bd. 38 (1935) S. 212. (Ganzmetall-Röhren, FeNiCo-Glas-Verschmelzungen.)
Northrup[1], E. F.: Met. chem. Eng. Bd. 11 (1913) S. 45. (W-Mo-Thermoelement.)
Nottingham[1], W. B.: Physic. Rev. Bd. 36 (1930) S. 386. (Thorium.)
Nusselt[1], W.: Diss. München 1908. Z. VDI Bd. 52 (1908) S. 906, 1003. (Asbest.)
Oberhoffer[1], P. u. W. Oertel: Stahl u. Eisen Bd. 39 (1919) S. 1061. (Rekr.-Diagramm von Fe.)
Oesterheld[1], G.: Z. Elektrochem. Bd. 19 (1913) S. 585. (Ta und H_2.)
Parker[1], H. W. and F. J. Fox: Proc. Instn. Radio Engr. Bd. 21 (1933) S. 710. (Metallbespritzen von Röhren.)
Patai[1], E. u. G. Frank: Z. techn. Physik Bd. 16 (1935) S. 254. (WMo mit Ni umwendelt als Kerndraht für Pasteoxydkathoden.)
Pat.-Treuhand-Ges.[1]: DRP. 486515/28/29. (H_2-Einlaßventil aus Pd für Ne-Röhren.)
—[2] Schweiz. Pat. 171166/33/34. (Maschinelles Löten.)
Patin[1], A.: DRP.-Anm. P 64613/32/35. (Einbringen von Alkalimetall in Vakuumröhren als Ammoniaklösung.)
Payne[1], J. H. jr.: USA. Pat. 1432411/21/22. (Riegelverbindungen für Gitter.)
Penning[1], F. M.: Z. Physik Bd. 46 (1928) S. 335. (Zündspannung von Gasgemischen.)
—[2] u. A. A. Kruithof: Physica Bd. 2 (1935) S. 793. (Photozellen mit Sekundärelektronen-Verstärkung.)
Pfanhauser[1], W.: Die elektrolytischen Metallniederschläge. Berlin 1928.
Philips[1]: Franz. Pat. 764126/32/34. (Cu als Oxydträger für indirekt geheizte Kathoden.)
—[2] Holl. Pat. 24989/28/31, DRGM. 1222872/28/32. (Zr als Getter.)
—[3] Brit. Pat. 242915/25/25. (Röntgenröhre aus CrFe.)
—[4] DRP. 419526/22/25. (Einwalzen von Gitterdrähten.)
—[5] Schweiz. Pat. 171167/32/32. (Bedeckung auf Glas gegen Na-Dampfangriff.)
—[6] DRP. 610877/27/25. (Quetschfußisolation durch CaO-Aufstrich.)
—[7] DRP. 427354/22/26, DRP. 466639/25/28. (Pumpautomaten.)
—[8] DRP. 562203/29/32. (W-Glas-Verschmelzung mittels W-Bronze.)
—[9] DRP. 452346/22/27, DRP. 468555/25/28, DRP. 496041/22/30, DRP. 526604/22/31, DRP. 563956/22/32. (CrFe-Glas-Verschmelzungen.)
—[10] DRP. 598153/32/34. (CrFe-Glas-Verschmelzung.)
—[11] DRP. 470421/24/29. (Verkupferung von Kerndrähten für Dest.-Kathoden.)
Pietsch[1], E.: Erg. exakt. Naturwiss. Bd. 5 (1926) S. 213. (Clean-up-Effekt.)
Pike[1], O. W. and G. W. Metcalf: Electronics Bd. 7 (1934) S. 312. (Ganzmetall-Röhrenbau.)
Pintsch-Akt.-Ges.[1]: DRP. 291994/13/16. (W-Einkristall-Erzeugung.)
Pirani[1], M.: Elektrothermie. Berlin 1930.
—[2] u. E. Lax: Z. techn. Physik Bd. 3 (1922) S. 232. (Glaselektrolyse.)
—[3] Wiss. Abh. Osram-Konzern Bd. 2 (1931) S. 40. (Hg-Hochdrucklampen mit Topfkathoden.)
—[4] u. H. Wolff: DRP. 599700/33/34. (WNiCo-Einschmelzdraht.)
—[5] u. G. v. Wangenheim: Z. techn. Physik Bd. 6 (1925) S. 358. W-WMo-Thermoelement.)
—[6] Physik. Z. Bd. 2 (1934) S. 133. (Gasentladungslampen.)
—[7] u. H. Ewest: DRP. 529392/28/31. (W-BaO-Sinterkathode.)
—[8] u. H. Schönborn: Z. techn. Physik Bd. 6 (1925) S. 351. (Durchschlagstemperaturen von Isolierstoffen.)
—[9] Z. Elektrochem. Bd. 11 (1905) S. 555. (Gas-Absorption von Ta.)
—[10] u. A. Rüttenauer: Licht Bd. 5 (1935) S. 93. (Leuchtstoffe in Gasentladungslampen.)
Pokorny[1], E.: Molybdän. Halle 1927.

Pollack[1], A.: Chem.-Ztg. Bd. 59 (1935) S. 56. (Schwarzverchromung.)
Pomp[1], A.: Werkstoffhandbuch Stahl u. Eisen, Abs. C Bd. 47 (1935) S. 1—5. (Dauerstandfestigkeit.)
Popp[1], M.: Kautschuk Bd. 11 (1935) S. 60. (Asbest für Heizöfen.)
Powell[1], R. W.: Proc. physic. Soc., Lond. (5) Bd. 46 (1934) S. 659. (Wärmeleitfähigkeit und el. Widerstand von Fe.)
Prescott[1], C. H. and M. J. Kelly: Trans. electrochem. Soc. Bd. 62 (1933) S. 297. (Cs-Photokathoden auf oxyd. Ag-Träger.)
Prince[1], D. C. and F. B. Vogdes: Principles of mercury arc rectifiers. London 1927.
—[2] Brit. Pat. 248396/25/26. (Elektrodeneinführung für Großgleichrichter.)
Pringsheim[1], P., in Geiger-Scheel: Handbuch der Physik, Bd. 19, S. 287. 1928. (Leuchtstoffe.)
—[2], in Geiger-Scheel: Handbuch der Physik, Bd. 23, S. 477. 1926. (Leuchtstoffe.)
—[3] Fluoreszenz und Phosphoreszenz. Berlin 1928.
Rabinowitsch[1], E.: „Edelgase", in Abegg: Handbuch der anorganischen Chemie, Bd. IV 3,1. Leipzig 1928.
Randolph[1], D. W.: Electronics Bd. 6 (1933) S. 244; Electrochem. Soc., Preprint 1934 (Sept.), S. 66—35. (NiBa-Legierung.)
Ransley[1], C. E. u. C. J. Smithells: J. Inst. Met., Lond. Bd. 49 (1932) S. 287. (Mechanische Eigenschaften von Ni-Drähten.)
Rassow[1], E. u. L. Velde: Z. Metallkde. Bd. 12 (1920) S. 369. (Rekr.-Diagramm von Cu.)
—[2] — Z. Metallkde. Bd. 13 (1921) S. 557. (Rekr.-Diagramm von Al.)
Reche[1], K.: Wiss. Veröff. Siemens-Konz. (1) Bd. 12 (1933) S. 1. (Kernlose Induktionsöfen, Hochfrequenzerhitzung.)
Regelsberger[1], F.: Aluminium, in Ullmann: Enzyklopädie der technischen Chemie, 2. Aufl., Bd. 1. 1928.
Regenstreif[1], J.: DRP. 522077/30/31. (Maschinelles Löten von Sockelanschlüssen.)
Reichel[1], W.: DRP. 412050/21/25. (Eisenschutz von Gummi gegen Hg.)
R. C. A. Victor Co.[1]: Brit. Pat. 391887/31/33. (Leuchtschirmherstellung.)
Reid[1], E. H. u. C. C. Herskind: Electr. Engng. Bd. 52 (1933) S. 671. (Micalex-Dichtungen.)
Reimann[1], A. L.: Thermionic Emission. London 1934.
—[2] Philos. Mag. Bd. 123 (1934) S. 1117. (Mg, Ca, Ba als Getter.)
Reinders[1], W. and A. W. Vewloet: Rec. Trav. chim. Pays-Bas Bd. 42 (1923) S. 625. (Niedere-W-Oxyde.)
Rentschler[1], H. C.: Trans. Illum. Engng. Soc. Bd. 29 (1934) S. 437. (Spektra von Leuchtröhren.)
Research Staff Gen. El. Co.[1]: Philos. Mag. (6) Bd. 45 (1923) S. 98. (Kathodenzerstäubung von Wolfram.)
Retzow[1], U.: Die Eigenschaften elektrischer Isoliermaterialien in graphischen Darstellungen. Berlin 1927.
—[2] Elektrotechn. Z. Bd. 47 (1926) S. 409, 443. (Micalex.)
Reynolds[1], N. B.: Physic. Rev. Bd. 35 (1930) S. 158. (Ta-Elektronen-Emission.)
—[2] and S. Dushman: Nach unveröffentlichten Messungen, mitgeteilt von Dushman. Rev. Mod. Phys. Bd. 2 (1930) S. 403.
Ribbeck[1], F.: Z. Physik Bd. 38 (1926) S. 725; Bd. 39 (1926) S. 798. (Spez. el. Widerstand von NiFe-Legierungen.)
Richmond[1], W. O.: Physics Bd. 5 (1934) S. 131. (Konel-Legierung, Kriechfestigkeit.)
Ricq[1], J.: Radio-Électr. QST franç. Bd. 11 (1930) S. 28. (Thoriumkathoden.)
Riedel[1], J. and E. de Haën, A. G.: DRP. angem. R 88396 IVb. 57b/33/35. (Aktivierung von ZnS-CdS-Leuchtschirmen.)
Riemer[1], F.: Diss. Berlin 1920. (Wolframate als Leuchtstoffe.)
Robinson[1], E. Y.: Brit. Pat. 307857/28/29. (Geflechtanoden.)
—[2] Brit. Pat. 436606/34/35. (Federnde Glimmerscheiben zur Aufbauhalterung.)
Rocard[1], Y. A.: DRP. 539889/29/31. (NiCo für indirekt geheizte Kathoden.)
Roggendorf[1], A.: Physik. Z. Bd. 36 (1935) S. 660. (Frequenzabhängigkeit gasgefüllter Photozellen.)
Rohde[1], L. u. W. Schlegelmilch: Elektrotechn. Z. Bd. 54 (1933) S. 581. (Verlustwinkel von Glas, Quarz, keramischen Baustoffen.)

Rohn[1], W.: Z. Metallkde. Bd. 24 (1932) S. 127. (Erhöhung der Kriechfestigkeit von Metallen durch Vorglühen.)
—[2] DRP. 558948/29/32. (NiBe, NiTi für Vakuumröhren.)
Rohn[3], W.: Festschrift W. Heraeus, S. 80. Hanau 1930. (Bestimmung der Kriechgrenzen von Metallen.)
—[4] DRP. 486655/27/29. (Anschweißen von Cu an FeCr mittels Ni.)
—[5] DRP. 345161/18/21, DRP. 350701/18/22. (Schmelzen von Metallen in Vakuum.)
—[6] Jubil.-Festschrift Heraeus-Vakuumschmelze, S. 24. Hanau 1933. (Vakuumschmelzöfen.)
—[7] Z. Metallkde. Bd. 21 (1929) S. 12. (Eigenschaften vakuumgeschmolzener Metalle.)
—[8] Z. Instrumentenkde. Bd. 34 (1914) S. 349. (Hg-Vakuumdestillierapparat.)
Rompe[1], R.: Erfahrungen an Leuchtröhren mit Dampffüllung, freundlichst zur Verfügung gestellt.
Röntgen[1], P. u. F. Möller: Metallwirtsch. Bd. 13 (1934) S. 81, 97. (Löslichkeit von Gasen in Cu und Al.)
Rothe[1], H.: „Technische Elektronenröhren und ihre Verwendung“, in Wien-Harms: Handbuch der Experimental-Physik, Bd. 13/III. 1929.
—[2] Z. Physik Bd. 36 (1926) S. 737. (Austrittsarbeit von Oxydkathoden.)
—[3] u. W. Kleen: Telefunkenztg. Bd. 16 (1935) Heft 71 S. 44. (Gashaltige Verstärkerröhren.)
Rother[1], F. u. H. Bomke: Physik. Z. Bd. 35 (1934) S. 703. (Gasgefüllte Photozellen.)
—[2] Dtsch. opt. Wschr. Bd. 7 (1921) S. 578. (Kathoden-Zerstäubungsapparatur.)
Rottgardt[1], K.: DRP. 492768/26/30. (Pumpautomat.)
Ruff[1], O. u. W. Goebel: Z. anorg. allg. Chem. Bd. 133 (1924) S. 228. (Sinterung reiner Oxyde.)
Rühlemann[1], E.: Arch. Elektrotechn. Bd. 25 (1931) S. 509. (Al-Kathoden für Kathoden-Strahloszillographen.)
Rukop[1], H., W. Schottky u. R. Suhrmann: Die Physik in regelmäßigen Berichten, Bd. 3 (1935) S. 136. (Lichtelektrische langwellige Grenzen von Metallen.)
Russ[1], A.: Sprechsaal. Bd. 61 (1928) S. 908. (Wärmeleitfähigkeit von Gläsern.)
Sachs[1], G.: Praktische Metallkunde. Teil I: Schmelzen und Gießen. Berlin 1933.
Salzberg[1], M. u. Rad. Corp. Am.: Franz. Pat. 790940/34/35. (Kurzwellenröhre mit Ringquetschfuß.)
Sauerwald[1], F.: Lehrbuch der Metallkunde. Berlin 1929.
Scaff[1], J. H. u. E. E. Schumacher: Metals and Alloys Bd. 4 (1933) S. 7. (Gase in Metallen.)
Schaller[1], O.: Z. angew. Chem. Bd. 30 (1917) S. 71. (W-Einkristalldraht.)
Schenkel[1], M.: DRP. 372588/18/23. (Verwendung reinsten Fe in Entladungsröhren.)
Schimpke[1], P. u. H. A. Horn: Praktisches Handbuch der gesamten Schweißtechnik (2 Bde.). Berlin 1926.
Schlecht[1], L. u. a.: Z. Elektrochem. Bd. 37 (1931) S. 485. (Sinterung von Karbonyleisen.)
Schleede[1], A.: Naturwiss. Bd. 14 (1926) S. 586. (Fluoreszenzmaterialien.)
—[2] u. A. Gruhl: Z. Elektrochem. Bd. 29 (1923) S. 441. (Zinksilikate.)
Schlichter[1], W.: Ann. Physik Bd. 47 (1915) S. 573. (Ni, Elektronen-Emission.)
Schmidt[1], J.: Chem. Ber. 55 (1922) S. 3988. (Zinksulfide.)
Schnabel[1], W.: Arch. Elektrotechn. Bd. 28 (1934) S. 789. (Leuchtschirmlichtausbeute durch Elektronenstoß.)
Schöllmann[1], W.: Das Ganze der Asbestfabrikation, 3. Aufl. Berlin 1925.
Schott[1] u. Gen.: DRP. 330372/18/20. (Vakuumschmelzen.)
Schottky[1], W. u. H. Rothe: „Physik der Glühelektronen“, in Wien-Harms: Handbuch der Experimental-Physik, Bd. 13, Teil I. 1929.
Schriever[1], W.: Physic. Rev. (2) Bd. 23 (1924) S. 255. (Torsionsmodul von W.)
Schröder[1], K. in H. Schering: Die Isolierstoffe der Elektrotechnik. Berlin 1924. — Elektrotechn. Z. Bd. 54 (1933) S. 541. (Glimmer.)
Schröter[1], F.: Handbuch der Bildtelegraphie und des Fernsehens. Berlin 1932.
—[2] Die Glimmlampe und ihre Schaltungen, 3. Aufl. Leipzig 1932.
—[3] Z. techn. Physik Bd. 4 (1923) S. 208. (Edelgas-Sicherung mit Alkali-Elektroden.)
—[4] Elektrotechn. Z. Bd. 36 (1915) S. 677, 689. (Glimmreduktoren.)
—[5] DRP. 535163/29/31. (Hohlkathode für Braunsche Röhren.)

Schröter[6], F.: Z. techn. Physik Bd. 4 (1923) S. 1, 162. (Leuchtstoffe.)
—[7] DRP. 383269/22/23. (Manteldraht mit Ba-Füllung.)
Schröter[1], K.: Z. Metallkde. Bd. 23 (1931) S. 198; Techn.-Wiss. Abh. Osram-Konz. Bd. 3 (1934) S. 134. (Cu-Manteldraht.)
Schulz[1], H.: Glas. München 1923.
Schulze[1], R.: Z. Physik Bd. 92 (1934) S. 223. (Lichtelektr. Effekt.)
Schulze[1], W.: Z. Metallkde. Bd. 23 (1931) S. 263. (Titan, Zirkon.)
Schumacher[1], E. E.: Bell Labor. Record Bd. 12 (1933) S. 17. (Gase in Metallen, Apparaturbeschreibung.)
Schürmann[1], E. u. W. Esch: Kautschuk Bd. 10 (1934) S. 102, 104, 119. (Asbest für Heizöfen.)
Schwarz[1], M. v.: Metallphysik. Leipzig 1925.
Schwarz[1], O.: Die technischen Werkstoffe. Leipzig 1932.
Schwarz[1], R. u. J. Halberstadt: Z. anorg. allg. Chem. Bd. 210 (1933) S. 286. (Glaselektrolyse.)
Schwarzenbruch[1], H. A.: Ann. Physik (5) Bd. 17 (1933) S. 385. (Ni-Anode in Magnetfeldern.)
Schwarzkopf[1], P.: DRP. 480287/26/29, DRP. 521570/27/31, DRP. 566948/27/32. (Sublimationsverfahren für W- und Mo-Gewinnung.)
—[2] Unveröffentlichte Messungen und Versuche im Metallwerk Plansee der Deutschen Glühfadenfabrik, freundlichst zur Verfügung gestellt. (MoO_3-Analysen; W-, Mo- und Ta-Gewinnung.)
Scott[1], A. H.: Bur. Stand. J. Res. Bd. 14 (1935) S. 99. (Gummi.)
Scott[1], H.: USA. Pat. 1942260/29/34, USA. Pat. 1942261/30/34. (Kovar-Legierung für Glasverschmelzungen.)
—[2] Trans. Amer. Inst. min. metallurg. Engr. 1930 S. 506. (Kovar-Legierung für Glasverschmelzungen.)
—[3] Min. & Metallurgy Bd. 16 (1935) S. 229. (Kovar-Legierung für Glas-Metall-Verbindungen.)
—[4] J. Franklin Inst. Bd. 220 (1935) S. 733. (Fe-Ni-Co-Legierung für Glasverschmelzungen.)
Seeliger[1], R.: Einführung in die Physik der Gasentladungen, 2. Aufl. Leipzig 1934.
Seitz[1], E. O.: Licht Bd. 3 (1933) S. 128. (Ultraviolettphotozellen.)
Selenyi[1], P.: Ann. Physik Bd. 84 (1927) S. 111. (Glaselektrolyse.)
—[2] Physik. Z. Bd. 30 (1929) S. 933. (Aktivierte Na-Photozellen.)
Sellin[1], W.: Ziehtechnik. Berlin 1926.
Shepherd[1], M.: Int. Crit. Tables Bd. 3 (1928) S. 385. (Trockenmittel.)
Sherwood[1], R. G.: J. Amer. chem. Soc. Bd. 40 (1918) S. 1645. (Gasabgabe von Gläsern.)
Seydel[1], G.: Z. techn. Physik Bd. 16 (1935) S. 107. (Dampfdrucke von Apiezonfetten.)
Siegbahn[1], M.: Spektroskopie der Röntgenstrahlen. Berlin 1931.
Siemens[1], A.: Siemens-Z. Bd. 8 (1928) S. 316. (Gummidichtungen, Lötverbindungen zwischen Metall und Porzellan.)
Siemens-Plania-Werke[1]: Materialkonstanten von Silit II, freundlichst zur Verfügung gestellt.
Siemens-Reiniger Werke[1]: DRP. 549550/28/32. (CrNi-Glas-Anschmelzung.)
—[2] DRP. 473930/25/29. (WCu-Schutzkappe mit Be-Fenster für Röntgenröhren.)
SSW.[1] (Siemens-Schuckert-Werke): DRP. 512976/27/30. (Asbestvorlage gegen Hg-Dampf bei Weichlötungen.)
—[2] Siemens-Z (Stromrichter-Sonderheft I) Bd. 13 (1933) S. 253. (Gesteuerte Gleichrichter.)
—[3] DRP. 537790/27/31. (Herstellung von Oxydkathoden.)
—[4] DRP. 363569/16/22, DRP. 535660/27/31, DRP. 577128/28/33, DRP. 625072/28/36. (Porzellan-Metall-Lötung.)
—[5] DRP. 589526/28/33. (Spritzzündung von Hg-Gleichrichtern mit Fe-Gefäß.)
S. & H.[1] (Siemens u. Halske): DRGM. 1243631/32. (Graphithalterung durch Cu-Töpfe.)
—[2] DRP. 300191/17/21. (Geschränkte Stanzgitter.)
—[3] DRP. 397641/22/24. (Tantalsinterung im Hochvakuum.)
—[4] DRP. 404096/21/24. (Glasperlen-Cu-Anschmelzung.)
—[5] (H. Vatter): Franz. Pat. 775170/33/34. (AlK-Legierung für Glimmlampen.)
—[6] DRP. angem. 1934. (Aufsprengen von Hg-Ampullen durch Hochfrequenz.)
—[7] DRP. 391232/21/24. (Getrockneter Sockel.)

S. & H.[8] (Siemens u. Halske.) DRP. 152848/03/04, DRP. 152870/03/04, DRP. 153826/03/04, DRP. 155548/03/04. (Schmelzen von Ta im Vakuum-Gleichstrombogen.)
—[9] DRP. 607420/29/35, DRP. 611200/31/35. (Schwarzverchromen von Elektroden.)
—[10] DRP. 350318/20/22. (Doppelwandung von Entladungsröhren.)
Sieverts[1], A.: Z. physik. Chem. Bd. 60 (1907) S. 129; Bd. 74 (1910) S. 277; Bd. 77 (1911) S. 591; Z. Metallkde. Bd. 21 (1929) S. 37. (Löslichkeit von H_2 in Metallen.)
Silica Syndicate[1]: DRP. 241260/10/11. (Klargeschmolzener Quarz.)
Simon[1], H.: Z. techn. Physik Bd. 8 (1927) S. 434. (Elektronenröhrenbau.)
—[2] „Herstellung der Glühelektroden", in Wien-Harms: Handbuch der Experimental-Physik, Bd. 13, Teil II. 1929.
—[3] u. R. Suhrmann: Lichtelektrische Zellen und ihre Anwendung. Berlin 1932.
Singer[1], F.: „Geschmolzener Quarz", in M. Pirani: Elektrothermie. Berlin 1930.
Sixtus[1], K.: Ann. Physik Bd. 3 (1929) S. 1041. (Sekundäremission.)
Skaupy[1], F.: Metallkeramik. Berlin 1930.
—[2] DRP. 437165/24/26. (Tantalkarbid-Überzug auf W.)
—[3] u. a.: DRP. 440353/26/27. (N_2-Nachfüllen aus Azid in Leuchtröhren.)
—[4] DRP. 414517/22/25. (Ba-Überzug aus Azid für kalte Kathoden.)
—[5] DRP. 282840/13/15. (Vakuumdichte Porzellan-Glas-Metall-Verbindungen.)
Skinner[1], H. W. B. u. J. H. Burrow: J. sci. Instrum. Bd. 7 (1930) S. 290. (Cu-Kappen-Anschmelzung an Pyrexglas.)
Slepian[1], J. u. L. R. Ludwig: Electr. Engng. Bd. 52 (1933) S. 605. (Ignitron; Hg-Kath.-Zündung.)
Slomann[1], H. A.: Met. Ind., Lond. Bd. 64 (1934) S. 160, 183; Z. Metallkde. Bd. 24 (1932) S. 304. (Gewinnung und Eigenschaften von reinstem Be.)
Smithells[1], C. J.: Inst. Met., Lond. Bd. 27 (1922) S. 107. (Beimengungen zu Wolfram, ThO_2.)
—[2] Tungsten. London 1926.
—[3] u. C. E. Ransley: Proc. Roy. Soc., Lond. Bd. 150 (1935) S. 172. (Diffusion von Gasen durch Metalle.)
Sommerfeld[1], A.: Plastische Massen. Berlin 1934. (Gummi, Keramik, Glas, Asbest.)
Sosman[1], R. S.: Properties of Silica. New York 1927.
Spanner[1], H. J.: Brit. Pat. 356234/29/31. (Oxydkathodenherstellung.)
Späte[1], F.: Glastechn. Ber. Bd. 10 (1932) S. 521. (Gläser für Vakuumzwecke.)
—[2] Glastechn. Ber. Bd. 2 (1924) S. 1; Bd. 4 (1926) S. 121. (Glasspannungen.)
—[3] Weiß-, Hohl- und Geräteglas. Leipzig 1931.
—[4] u. a.: Glastechn. Ber. Bd. 12 (1934) S. 34. (Kritik betr. Transformationstemperatur.)
Spitzer[1], E. E.: Proc. Instn. Radio Engr. Bd. 21 (1933) S. 1075. (Graphitanoden für Elektronenhochvakuumröhren.)
Stäger[1], H.: Z. angew. Chem. Bd. 42 (1929) S. 370. (Bleiglätte-Glyzerin-Kitt.)
—[2] Elektrotechnische Isoliermaterialien. Stuttgart 1931.
Statz[1], W.: Z. techn. Physik Bd. 11 (1927) S. 452. (Herstellung von Oxydkathoden.)
Steatit Magnesia A. G.[1]: Öst. Pat. 142094/32/34. (Metalleinschmelzungen in Keramik mittels Zwischenglas.)
—[2] Elektrotechn. Z. Bd. 56 (1935) S. 245. (Vakuumdichtes Verschmelzen von Glas mit keramischen Werkstoffen.)
Steenbeck[1], M.: Müller-Pouillet Bd. 4 (III), S. 412. 1933. (Kathodenzerstäubung.)
Stock[1], A.: Z. angew. Chem. Bd. 47 (1934) S. 64, DRP. 588531/31/33. (Jodkohle gegen Hg-Dampf-Vergiftung.)
—[2] u. F. Cucuel: Ber. dtsch. chem. Ges. Bd. 67 (1934) S. 122. (Nachweis von Hg in Arbeitsräumen.)
—[3] u. H. Goldschmidt: DRP. 375824/21/23. (Be-Gewinnung.)
Strong[1], J.: Physic. Rev. Bd. 43 (1933) S. 498. (Herstellung von Al-Spiegel durch Vakuumdampfverfahren.)
Suhrmann[1], R.: Erg. exakten Naturwiss. Bd. 13 (1934) S. 148. (Photoeffekt an Schichtkathoden.)
Summers[1], R. D.: J. opt. Soc. Amer. Bd. 24 (1934) S. 261. (Optische Konstanten von zerstäubtem Mo.)
Sykes[1], Ch. u. a.: Brit. Pat. 421209/33/34. (Induktor-Abbürsten von Schmutzschichten.)

Sykes[1], W. P.: Trans. Amer. Inst. min. metallurg. Engr. Bd. 64 (1921) S. 780. (Mo- und Ni-Zugfestigkeit.)
Symons[1], H. and M. Walker: J. Instn. electr. Engr. Bd. 48 (1912) S. 674. (Glimmer.)
Tafel[1], V.: Lehrbuch der Metallhüttenkunde. 2 Bde. Leipzig 1927 u. 1929.
Tammann[1], G.: Lehrbuch der Metallkunde, 4. Aufl. Leipzig 1932.
Tapsell[1], H. J.: Creep of Metals. London 1931.
Tarjan[1], E.: Naturwiss. Bd. 19 (1931) S. 166. (Niederes Wolframoxyd.)
Taylor[1], J. B.: Rev. Scient. Instr. Bd. 6 (1935) S. 243. (Einfüllen von O_2 durch erhitztes Ag-Röhrchen.)
Taylor[1], N. W.: Glass Ind. 1935 S. 243. (Haften von Glas an Metall.)
Tedham[1], W. F.: Brit. Pat. 367449/30/32. (Destill. Photokathoden.)
Telefunken[1]: DRP. 370292/18/23. (Anoden teilweise aus Ta.)
—[2] Öst. Pat. 144737/33/36. (Ringquetschfüße.)
Tellmann[1], W.: Glas u. Apparat Bd. 13 (1932) S. 58. (Spektralprüfungen von Edelgas-Leuchtröhren.)
—[2] Glas u. Apparat Bd. 11 (1930) S. 187. (Kalte Kathoden.)
—[3] Glas u. Apparat Bd. 16 (1935) S. 17. (Lumophor-Gläser.)
Thiene[1], H.: Glas. Jena 1931.
Thomas[1], M.: Glastechn. Ber. Bd. 4 (1926/27) S. 323. (Glaskühlung.)
Thomson[1], J. J.: Philos. Mag. Bd. 20 (1910) S. 753. (Leuchtschirm nach Everett.)
Thomson-Houston[1]: Franz. Pat. 574189/22/24. (Thermitverfahren für Dest.-Kathoden.)
Tiede[1], E.: Zbl. Mineral., Geol., Paläont. 1921 S. 154. (Zinksulfide.)
—[2] u. A. Schleede: Chem. Ber. Bd. 53 (1920) S. 1721. (Zinksulfide.)
—[3] — Z. Elektrochem. Bd. 29 (1923) S. 304. (Wolframate als Leuchtstoffe.)
T.K.D.[1] (Südd. Tel., App., Kab. u. Draht-Werke A. G.): DRP. 492314/21/30. (Metallvorentgasung in H_2.)
—[2] DRP. 556089/30/32. (Schwärzung von Elektroden durch Vanadintrioxyd.)
Todd[1], H. C.: Radio Engr. Sept. 1932, S. 18. (Svea-Eisen für Elektroden.)
Tomaschek[1], R.: Handbuch der Arbeitsmethoden der anorganischen Chemie, Bd. 4, Teil 2, S. 327. 1926. (Darstellung von Leuchtstoffen.)
—[2] Ann. Physik Bd. 65 (1921) S. 189. (Zinksulfide.)
Trimble[1], F. H.: Rev. Scient. Instr. Bd. 6 (1935) S. 216. (Einschmelzen von Mo-Scheiben in Cu.)
Ullmann[1], F.: Enzyklopädie der technischen Chemie, 5. Aufl. Wien 1930.
Umbreit[1], S.: Met. & Alloys Bd. 6 (1935) S. 273. (Metalle für Röhrenbau.)
Ungelenk[1], A.: Fortschr. Röntgenstr. Bd. 49 (1934) S. 166. (Rotierende Antikathoden aus W.)
—[2] u. J. Wiehr: Z. VDI Bd. 74 (1930) S. 431. (Röntgenröhrenbau.)
—[3] IV. Internationaler Radiologen-Kongreß, Bd. II. Zürich 1934. (Belastung von W-Antikathoden.)
—[4] Gemessen an Bleiglas der deutschen Spiegelglas A. G. Grünenplan; freundlichst zur Verfügung gestellt.
Vereinigte Glühlampen u. El.-Ges. Ujpest[1]: DRP. 593719/27/34. (Ba-Mg-Legierung.)
—[2] DRP. 604107/29/34. (Ta-Hauteinschmelzung in Quarz.)
—[3] Brit. Pat. 289763/27/29, DRP. 596645/27/34. (Dest.-Kathoden nach dem Thermitverfahren.)
Voorhis[1], C. C. van u. a.: Rev. Scient. Instr. Bd. 5 (1934) S. 367. (Reinigung von Edelgas.)
Vosburgh[1], F. J.: Electr. Engng. Bd. 52 (1933) S. 844. (Graphitelektroden-Herstellung.)
Voss[1], R. v.: Z. Mechaniker Bd. 17 (1909) S. 229. (Berechnung von Blatt-, Draht- und Bandfedern.)
Wagner[1], E. R.: Electronics Bd. 7 (1934) S. 104 u. 213. (Rohmaterialien für Röhrenbau.)
Wahlin[1], H. B. and L. O. Sordahl: Physic. Rev. Bd. 44 (1933) S. 1030; Bd. 45 (1934) S. 886. (Elektronen-Austrittarbeit von Niob.)
Waibel[1], F. u. O. Findeisen: Z. Metallkde. Bd. 25 (1933) S. 6. (Spektralanalyse von Metallen.)
Walter[1], B.: Ann. Physik Bd. 18 (1905) S. 860. (Picein.)
Warren[1], H.: Electrician Bd. 105 (1930) S. 673. (Micalex.)
Wartenberg[1], H. v.: Z. techn. Physik Bd. 13 (1932) S. 479. (Bestimmung der Transf.-Temperatur von Gläsern.)

Weber[1], H.: Die elektrischen Metallfadenglühlampen. Leipzig 1914.
Weeks[1], P. Th.: Brit. Pat. 319208/28/30. (Kreuz-Glasfüße.)
Wegener[1], A.: Die Herstellung der Osramlampen. Berlin 1927.
Wegener[1], X.: Z. Metallkde. Bd. 23 (1931) S. 285. (Waschen von Metallteilen.)
Wehnelt[1], A.: Handfertigkeitspraktikum. Braunschweig 1920.
Weicker[1], W. u. a.: Elektrotechn. Z. Bd. 56 (1935) S. 915 u. 937. (Eigenschaften keramischer Werkstoffe.)
Weigel[1], R. G.: Licht Bd. 4 (1934) S. 1, 13, 39. (Trübgläser.)
Weinmann[1], R. W. u. J. Langmuir: Gen. electr. Rev. Bd. 29 (1926) S. 160. (Arcatom-Schweißverfahren.)
Weintraub[1], E.: USA. Pat. 1154081/12/15. (Mo- und W-Einschmelzung in Borosilikatglas.)
Welo[1], L. A.: J. opt. Soc. Amer. Bd. 8 (1924) S. 453. (Vakuumschliff-Dichtung mit Wood-Metall.)
Wendt[1], H.: Z. VDI Bd. 77 (1933) S. 853. (Rot. Röntgenanoden.)
Wendt[1], K.: Kruppsche Mh. Bd. 3 (1922) S. 133; Bd. 6 (1925) S. 29. (Alitieren von Flußeisen.)
Werkstoffhandbuch[1]: Stahl und Eisen. Düsseldorf 1927.
—[2] Nichteisenmetalle. Berlin 1928.
Werner[1], K.: Sprechsaal. Bd. 63 (1930) S. 537, 557, 581, 599, 619. (Spez. el. Widerstand von MgO und Al_2O_3.)
Western El. Co.[1]: DRP. 459375/24/28. (Riegelverbindung für Gitter.)
—[2] Brit. Pat. 185030/21/22. (Elektroden-Schwärzung durch NiO.)
—[3] DRP. 545329/24/32, Brit. Pat. 228760/24/25. (Oxydierte CrNi-Gitter.)
Westinghouse[1]: Öst. Pat. 41247/06/10. (ThO_2-Zusatz zu Wolfram.)
—[2] DRP. 549282/29/32. (Schwärzen von Metallen durch Karbonisieren.)
—[3] DRP. 521050/28/31. (Oxydkathodenpaste mit Nitrozelluloselack.)
Whipple[1], G. A.: Proc. physic. Soc. (2) Bd. 46 (1934) S. 621. (Gaseinfüllvorrichtung mittels Diffusionswiderständen.)
Wiedmann[1], G. u. W. Hallwachs: Verh. dtsch. physik. Ges. Bd. 16 (1914) S. 107. (Umdestillieren von K bzw. Na).
Wilson[1]: Electrician Bd. 54 (1904) S. 356. (Durchschlagsfestigkeit von Glimmer.)
Winkler[1], O.: Z. techn. Physik Bd. 14 (1933) S. 319. Kokusnußkohle und Silicagel.)
Wolf[1], P. M. u. N. Riehl: Z. techn. Physik Bd. 16 (1935) S. 142. (Nachleuchten von Leuchtschirmen.)
Wolff[1], M.: Elektrotechn. Z. Bd. 56 (1935) S. 1273. (Kupferkappenanschmelzungen an Hartglas.)
Wolfke[1], M.: Elektrotechn. Z. Bd. 33 (1912) S. 917. (Cadmiumamalgam-Lampe.)
Worthing[1], A. G.: Physic. Rev. Bd. 28 (1926) S. 190. (Mo, Ta.)
—[2] Physic. Rev. Bd. 25 (1925) S. 853. (Mo-Strahlung, A_λ.)
—[3] Physic. Rev. Bd. 28 (1926) S. 174. (Ta, Pt, Ni; Emmissionsvermögen.)
Woytacek[1], C.: Lehrbuch der Glasbläserei. Wien 1932.
Zabel[1], R. M.: Rev. scient. Instr. Bd. 4 (1933) S. 233. (Dampfdruck von Vakuumkitten.)
Zenneck[1], J.: Wiedemanns Ann. Bd. 69 (1899) S. 838. (Wolframate als Leuchtstoffe.)
Zimber[1], R. M. and A. B. Du Mont: Radio Eng. Bd. 10 (1930) S. 31. (Röhrenbaumaschinen.)
Zschimmer[1], E.: Z. VDI Bd. 39 (1923) S. 960. (Therm. Wid.-Koeffiz. von Glas.)
Zwikker[1], C.: Physik. Z. Bd. 30 (1929) S. 578. (Hafniumemission.)
—[2] Proc. Acad. Amsterd. Bd. 29 (1926) S. 792. (Elektronen-Emission von massivem Th.)
—[3] Eigenschaften von W bei hohen Temperaturen. Diss. Amsterdam 1925.
Zworykin[1], V. K. u. E. D. Wilson: Photocells and their application. London 1930.
—[2] Z. Hochfrequenztechn. Bd. 43 (1934) S. 109. (Kathodenstrahl-Röhren für Fernsehzwecke.)
—[3] Electronics Bd. 7 (1934) S. 303. (Ikonoskop, Fernsehsenderöhre mit Photokathode.)
—[4] Electronics Bd. 8 (1935) S. 424. (Photozellen mit Sekundärelektronen-Verstärkung.)
—[5] u. a.: Wirel. Wld. Bd. 37 (1935) S. 539. (Photozellen mit Sekundärelektronen-Verstärkung.)

Sachverzeichnis.

(Die Zahlen bedeuten die Seiten.)

GPSR Compliance

The European Union's (EU) General Product Safety Regulation (GPSR) is a set of rules that requires consumer products to be safe and our obligations to ensure this.

If you have any concerns about our products, you can contact us on ProductSafety@springernature.com

In case Publisher is established outside the EU, the EU authorized representative is:

Springer Nature Customer Service Center GmbH
Europaplatz 3
69115 Heidelberg, Germany

Batch number: 10704711

Printed by Printforce, the Netherlands